录音技术基础

FOUNDATIONS OF RECORDING TECHNOLOGY

（第二版）

王建林　编著

中国广播影视出版社

图书在版编目（ＣＩＰ）数据

录音技术基础 : 第二版 / 王建林编著. -- 北京 : 中国广播影视出版社, 2023.3
ISBN 978-7-5043-8956-5

Ⅰ. ①录… Ⅱ. ①王… Ⅲ. ①录音－技术－教材 Ⅳ. ①TN912.12

中国国家版本馆CIP数据核字(2023)第014343号

录音技术基础：第二版

王建林　编著

责任编辑	毛冬梅
装帧设计	元泰书装
出版发行	中国广播影视出版社
电　　话	010-86093580　010-86093583
社　　址	北京市西城区真武庙二条 9 号
邮　　编	100045
网　　址	www.crtp.com.cn
电子信箱	crtp8@sina.com
经　　销	全国各地新华书店
印　　刷	涿州市京南印刷厂
开　　本	787 毫米 ×1092 毫米　1/16
字　　数	560（千）字
印　　张	28
版　　次	2023 年 3 月第 1 版　2023 年 3 月第 1 次印刷
书　　号	ISBN 978-7-5043-8956-5
定　　价	68.00 元

前言

1887年爱迪生发明了留声机，它使得人类第一次记录下了自己的声音。在此之前，人们记录信息的手段只有文字和图片，音乐作为一种纯听觉的艺术也只能被转换为乐谱符号，音乐才得以保存、流传，并且乐谱这种冷冰冰的印刷符号不能为普通人所欣赏。录音技术的出现使音乐的传播，乃至创作、表演都发生了翻天覆地的变化，它使音乐艺术真正成为大众的东西，使每个人都可以在家里欣赏大师的杰作。

今天我们谈到的录音技术，从狭义上讲就是如何将生活中的各种声音记录下来。大家可能觉得在当前的技术条件下这已是一件很容易的事，只要有一只话筒和一台录音机，甚至一部智能手机就可以轻松实现。但是，要想能够清晰、不失真，即高保真地将声音记录下来，并且还要体现出声音的各种表现力，让人们将来再返回来聆听当初记录的声音时，能够感觉到声音的逼真、纯净甚至具有某种艺术感染力，那就不是想象中那么简单的事了。目前，由于科学技术的进步给录音技术带来了巨大的变革，尤其是计算机音频处理技术的实现，多轨录音技术、虚拟声场技术和数字多媒体技术的发展，使得现代的录音技术和工艺有了很大的变革，录音技术水平有了巨大的提高。作为声音艺术工作者，除了要具备良好的艺术素养，还必须熟悉录音制作过程中所用到的高科技录音设备的操作使用和声音处理的技术手段，充分发挥这些声音处理设备的潜能，使得我们能够创作出优秀的声音作品。

本书作者根据多年录音艺术与技术的教学和实践经验，根据录音艺术和音响工程技术相关专业的本、专科教学与实践，以及音响技术爱好者的系统自学要求，于2010年编写了《录音技术基础》这本书，如今十多年后又进行了第二版的修订。在该书编写中，考虑到录音技术涉及内容太多，从教学用书角度看，既不可能涵盖那么多内容，又要有系统、完整的知识结构，因此，编写者依据声音信号的拾取、处理、记录（存储）及还原这四个录音工艺环节，系统地讲述了各个环节所涵盖的基本知识，特别注重对实际应用问题的诠释。

本书在编写过程中，对涉及的一些电路原理性分析内容，力求采用一些通俗的语言或图示去描述，并依据实际应用情况对内容作了精心的组织与安排。本书在介绍传统的模拟录音技术基础的同时，尽可能兼顾介绍了一些现代数字音频处理技术与设备，以及新型网络音频传输技术。

本书第二版修订为七章，去掉了录音声学基础部分内容。第一章详细介绍了传声器的原理、性能特点和选择使用；第二章介绍调音台，详细阐述了调音台的基本功能、原理和操作使用；第三章介绍各种音频效果处理设备的功能和原理，重点讲解了常见音频处理设备的应用技巧；第四章介绍模拟磁带录音技术，虽然模拟磁带录音机已经淘汰，但它是现代数字录音技术的基础；第五章较为全面地阐述了数字音频技术的基础理论，讲解了各种数字录音设备和音频工作站的原理和应用，附带介绍了 MIDI 的技术原理；第六章介绍声音放还设备，主要阐述了音频功率放大器和扬声器、音箱、耳机的原理和应用知识；第七章具体介绍了音频系统的组成、设备的连接等技术，对目前最新的网络音频传输技术也作了讲解。

本书可作为高等院校、职业技术学院的录音艺术、音响技术、广播电视工程、多媒体教育技术等相关专业的音频技术类课程教材，也可供广大音频工程技术人员及音响爱好者自学参考。本书的编写参考和引用了一些国内外学者的研究成果、著作和论文，由于引用较多，有些未能在参考文献中一一注明。在此，特向这些作者表示诚挚的谢意。

录音技术涉及的领域广泛，相当多的技术发展更新的速度很快，由于编者的水平有限，难免出现差错和疏漏之处，恳请广大读者和专家同行不吝赐教。

王建林

2022 年 7 月于浙江传媒学院

目录

第一章

传声器的原理与应用

传声器俗称话筒，是一种把声音信号转换为电信号的能量转换器件，又按音译成麦克风（Microphone，缩写为 Mic），它的性能好坏和使用是否得当会直接影响到录音的质量。作为拾音的第一个环节，录音师必须对传声器的性能有充分的了解，学会根据声源特点和声场环境的特性正确地选择传声器，以及掌握正确的设置和使用方法。本章首先讲解各种类型的传声器的原理结构和性能特点，最后介绍传声器的选择和使用情况。

第一节　传声器的分类与特性

大自然的声音千奇百怪，各种各样的声源都有它们自己不同的特点，加上各种环境对声音的影响，目前还没有一种传声器能够把所有的声音都完美地拾取下来，胜任所有的拾音工作的需要。为了适应各种声源和拾音环境，音响工程师们设计了各种各样的传声器，以适应不同声源在不同环境下的拾音需要。再则传声器也和其他的电子设备一样，随着电子技术和材料技术的发展而不断发展，新产品层出不穷。因此，就出现了很多种类的传声器，掌握各种传声器的性能及其正确的使用方法，就成为从事录音行业的人员所应掌握的基本知识。

一、传声器的分类

传声器的分类方法有很多，通常按其工作原理、指向特性、信号传输方式、用途等方式来分，常见的种类有：

1. 根据声电转换原理不同，传声器可分为：

（1）电动式传声器

电动式传声器是利用磁场中导体运动产生电动势而工作的传声器，它包括动圈式传声器和（铝）带式传声器两种。动圈式传声器是我们生活中主持、唱歌用得最多的一种；而（铝）带式传声器见的不多，在早期专业录音中用得较多，后来由于其比较娇气而逐渐被电容式传声器所取代。如图 1.1.1 所示，为动圈式传声器和铝带式传声器。

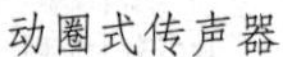

动圈式传声器　　（铝）带式传声器

图 1.1.1　电动式传声器

（2）电容式传声器

电容式传声器是利用电容器的两个极板间距离的变化而引起电容量变化而工作的。它包括普通电容式、驻极体电容式和 RF 电容式三种。其中，必须在两个膜片（相当于电容器两个极板）之间馈送直流电压（幻象电源），使两膜片上存有电荷，使电容变化导致电荷变化而输出电信号的电容传声器为普通式；而采用驻极体材料构成电容器极板，不再在两膜片之间馈以电压的电容传声器称为驻极体式；把电容作为振荡电路的一个元件，由电容的变化来改变振荡器的振荡频率，从而产生调频信号，随后再从调频信号中解调出音频信号输出，这种传声器称为 RF 电容式传声器或射频电容传声器。

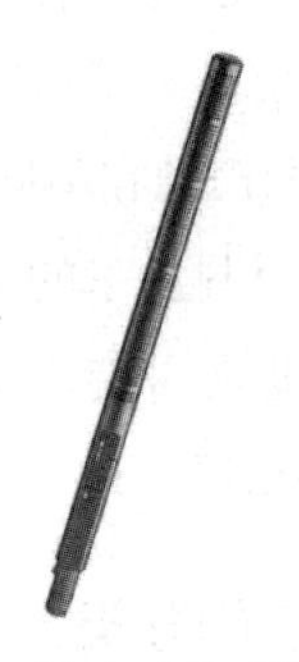

普通电容传声器　　驻极体传声器　　RF 电容传声器

图 1.1.2　电容式传声器

（3）压电式传声器

有一种晶体，当它们的片材两面受到压力后，两表面之间会产生电压，而且特别敏感，这一特性称为压电效应。这种利用具有压电效应的材料制作的传声器，称为晶体式话筒，也叫压电式传声器。根据压电材料的不同分为晶体式、陶瓷式和高聚物式。

（4）碳粒式传声器

它是利用碳的电阻特性随着密度的变化而变化来完成声电转换的传声器，这是过去在老式电话机中广泛使用一种传声器。

2. 按指向性的不同可分为：

根据传声器接收声波的方向性不同，可以分为全指向传声器（又叫无指向传声器）、单指向传声器（包括心形指向、超心形指向、强指向传声器）和双指向传声器。

还有一类可以在多个指向性之间切换的可变指向传声器。

3. 按声波作用方式可分为：

（1）压强式传声器

压强式是指传声器的振膜只有一面接收声波而产生电信号，其幅度仅与作用声波的压强的大小成比例，这种传声器具有无指向特点。

（2）压差式传声器

压差式传声器是振膜的前后两面都要受到声波的作用，振膜的振动要由两面的声压差来决定，这种传声器往往具有双指向或单指向特性。

4. 按输出阻抗可分为：

（1）高阻传声器

它是在电子管的年代为了匹配放大器的输入而设计的输出阻抗较高的一种传声器，通常传声器的输出阻抗会大于 1kΩ。

（2）低阻传声器

它的输出阻抗较低，早期的低阻传声器输出阻抗通常是 600Ω 的标准。现在由于场效应管放大器的应用，我们常用的传声器输出阻抗都设计成 150Ω ~200Ω。

5. 按能量的来源方式可分为：有源传声器和无源传声器。

6. 按信号输出形式可分为：模拟传声器和数字传声器。

7. 按录音通道可分为：单声道传声器、双声道立体声传声器、多声道环绕声传声器。

8. 按信号传输方式可分为：有线传声器、无线传声器（包括手持式、别针式、头戴式）。

9. 按用途可分为：演唱传声器、会议传声器、采访传声器、测量传声器等。

传声器有这么多种类，分别有不同的性能和技术特点。我们在应用中依据什么技术指标去选择和使用呢？衡量传声器各项性能的技术参数有灵敏度、频响特性、指向性、动态范围、等效噪声级和信噪比、输出阻抗、瞬态性能，以及其他技术规格等。了解这些技术指标会帮助我们在不同的条件下，针对不同的声源和声场特性，正确地选用和设置不同种类的传声器。

二、传声器的灵敏度

传声器的灵敏度是用来表征传声器的声电转换效率的技术指标。其定义为：在单位声压作用下传声器输出端产生多大电压。即在自由声场中，当向传声器施加一个声压为

1Pa（帕）的声信号时，传声器的输出电压即为该传声器的灵敏度。

灵敏度依据测试方式不同，分为空载灵敏度和有载灵敏度两种。

1. 空载灵敏度

即在空载时（或开路时），单位声压作用下，测得的开路输出电压。单位用 mV/Pa（毫伏/帕）或 $mV/\mu Pa$（毫伏/微帕）。这种表示方法又叫电压表示法，我国和西欧一些国家大多采用这种方法。

若用分贝表示灵敏度，其方法如下：

$$E(dB)=20\lg\frac{E}{E_O}$$

E_O 为参考值，若取 $E_O=1V/\mu Pa$ 则 $E=1mV/\mu Pa$ 为 $-60dB$；若 $E_O=1V/Pa$，则 $E=1mV/\mu Pa$ 为 $40dB$。$E(dB)$ 称为灵敏度级，例如某型号传声器的灵敏度表示为：$-70dB(0dB=1V/\mu Pa$，$1000Hz)$。

由此可见，传声器的灵敏度随着选用单位不同而有所差异。有的产品标明的是灵敏度数值，有些则给出其灵敏度级，但通常也要标出它的参考值是多少。明白了上述道理，可以对不同的传声器指标进行换算。

不同类型和型号的传声器，其灵敏度是不同的。各种动圈式传声器的灵敏度一般为 $(1.5\sim4)\ mV/Pa$，大致在 $-65dB\sim-80dB$ 左右 $(0dB=1V/\mu Pa)$。而电容式传声器由于内装了预放大器，所以其灵敏度较高，一般为 $1mV\sim2mV/\mu Pa$ 左右；灵敏度比动圈式传声器高 10 倍左右，两者灵敏度相差 $10dB\sim20dB$。

2. 有载灵敏度

有载灵敏度是在加上负载时测得的。即单位声压作用下，在传声器输出端接上额定负载（600Ω）的情况下，测得的输出功率，其单位为 $mW/\mu Pa$（毫瓦/微帕）。美国的电声（Electr Voice）及德国的桑海塞尔（Sennheiser）等公司采用这种方法。

用 dBm 表示其灵敏度级：

$$灵敏度级\ E(dB)=10\lg\frac{W}{W_O}$$

W_O 为参考值，我们规定 $W_O=1mW/\mu Pa$，也就是 $0dB=1mW/\mu Pa$。

通常情况下，高灵敏度的传声器可以提供较高的输出信号电平。这样一方面可以降低了对后级录音机或调音台输入音频放大器的增益要求；另一方面由于输出电压较高，相对于传输线路感应噪声而言，可以保持有较高的信噪比。应该注意的是，对于高灵敏度传声器来说，如果其输出电压过高，容易导致话筒放大器前级动态范围不够而出现过载失真现象。

实际应用中，灵敏度的选择应根据实际需要而定，也并非灵敏度越高越好。如在录制鼓类打击乐时，选择灵敏度高的话筒容易失真，要选用灵敏度低的、动态范围大的话筒；在录制语音时选择灵敏度相对低一些的话筒可以避免其他噪声的进入，使声音比较干净；在现场扩音时，选用灵敏度高的话筒可以增加扩声现场的声压级，但是会增加反馈的可能性。

三、传声器的频率响应特性

对于一个传声器来说，并不是对任何频率的信号都呈现同样大小的灵敏度，即其灵敏度是随频率变化的。频率响应特性就是指传声器的正向灵敏度随频率变化的特性，即对于恒定大小的不同频率的声音作用下传声器的输出电压大小。各话筒的说明书上通常给出频率特性曲线，如下图 1.1.3 所示，即为某话筒的频响特性曲线。

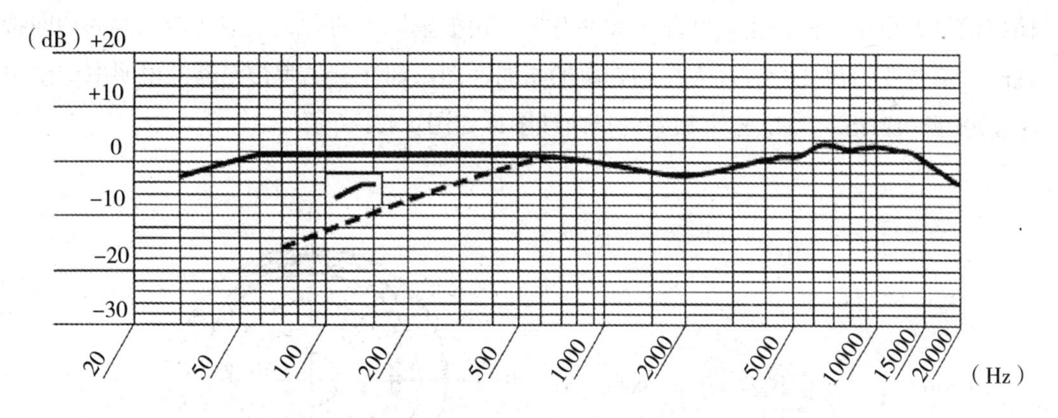

图 1.1.3　传声器的频响特性曲线

有时传声器的频率响应特性用频率响应的范围来表示，是指传声器正常工作的频率范围，即频带宽度，又叫带宽。频率响应范围可通过频响曲线来反映，我们通常以频响特性曲线上最高点下降 3dB 处的最低频率到最高频率之间的频率范围来表示。如某动圈式传声器的频响范围标出 40Hz ~ 18000Hz。

其实，单看传声器在某一频率上的灵敏度大小并没有什么实际意义，关键看它在一段频率范围内其灵敏度的变化情况，频率特性曲线是否平直，这种变化的不均匀反映了传声器的基本特性。频响变化的过程可以在特性曲线上清楚看出，但有的产品在说明书中不给画出频响曲线，只给出不均匀的幅度值。

一般来说，电容传声器的频响范围一般比动圈式的要宽，且频响特性曲线平直。一只好的传声器应具有较宽的频率范围和平直的频响曲线。但在实际应用中对频响特性的要求也不是绝对的，从经济角度来说，增加频响宽度和频响曲线的平坦度需要付出高昂的费用，应从实用效果出发，选用适度的传声器。比如，选用频响曲线过宽的传声器，则将不需要的频率声音也包括进来，杂音会增大。尤其是在现场扩声中，如果将低频扩展了，会增加声反馈的可能性，因为传声器在低频段的方向性选择差。但是不管选用宽的还是窄的频响带宽，在频带内的不均匀度要小，曲线要平。如果有较大起伏变化，必然引起声音的频率失真。

当然，有些特殊种类的传声器为了获得特殊的音响效果或弥补特殊条件下频响的不足，专门设计成不平坦的频率特性。比如后面介绍的舞台用领夹式和别针式传声器就要提升高频，近讲话筒要切削低频。

四、传声器的指向性

传声器的指向性是指传声器的灵敏度随声波入射方向的变化而变化的特性。声波从不同角度入射到传声器的振膜上时，振膜所受到的作用力的大小也不同，从而传声器的输出信号大小也不同。指向性还与频率有关，用极坐标图的方式来描述传声器的指向特性时，通常要给出几个有代表性的频率的指向性图。如在某品牌传声器的说明书中给出了 100Hz、1kHz、7kHz 三个频率的指向性图，如图 1.1.4 所示。

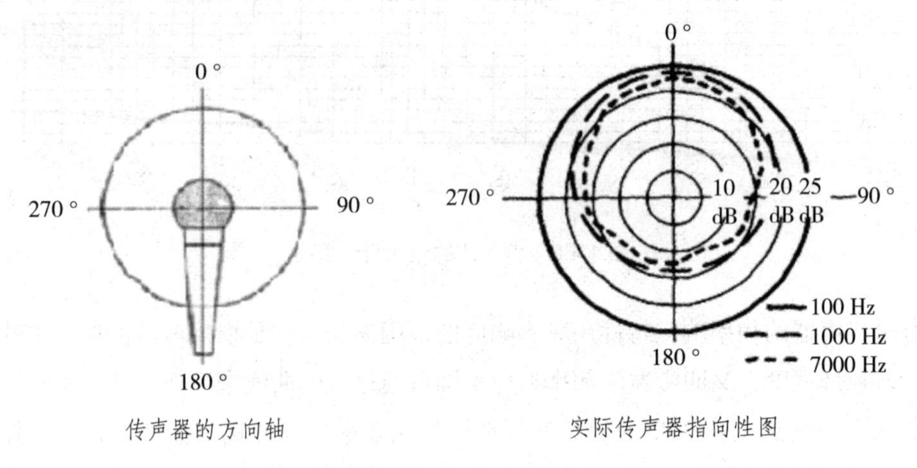

图 1.1.4 传声器的方向性

下面我们来看看不同结构的传声器所具有不同的指向性：

1. 压强式传声器——具有全指向特性

压强式是指传声器振膜在声音的压强作用下振动。当传声器的振膜只有一面是裸露在声场中，振膜后面是密封的，声波无法入射时，振膜的振动取决于声音的压强。一般作用于振膜的声波波长远大于振膜的尺寸，任意方向上来的声波作用于振膜，均会产生同一幅度大小的电信号输出。此时，这种传声器就具有全指向特性。具有这种指向特性的传声器对来自各个方向的声波呈现出基本相同的灵敏度，或者说它具有球形指向特性，故又称无指向性，如图 1.1.5 所示。

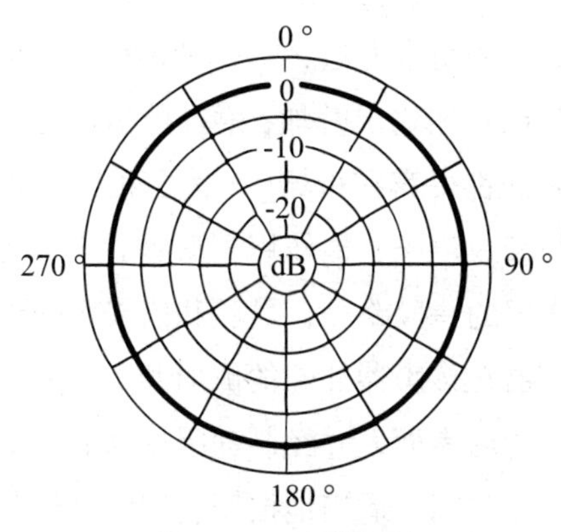

图 1.1.5　全指向性

当振膜的尺寸一定时，低频声波会呈现全指向性，随着频率的升高、声波波长减小，这种传声器就会呈现出一定的方向性。由此可知，为使指向性尽量不受频率影响，采用压强式接收声波的传声器振膜尽量采取小尺寸。实际应用中，由于传声器体积较大时也会对后方来的高频声音形成阻挡，因此会随着声音频率的升高表现出一定的方向性。

2. 压差式传声——具有“8”字形指向特性

压差式传声器的振膜后面不密闭，振膜的两面都要受到声波的作用，因此振膜的振动取决于前面和后面的瞬时声压差。很显然，从前面 0° 和后面 180° 入射的声波，都可以产生很大的声压差，所以接收能力最强，具有较高的灵敏度。从侧面 90° 和 270° 入射的声波，到达振膜前后两面的强度相等，因而声压差为零，传声器没有电压输出，灵敏度为 0。因此，压差传声器具有“8”字形指向特性。

这种传声器的灵敏度在正面和背面两个方向上最大，并且对称，但声音作用到两面输出的声音信号相位是相反的。或者说，声波从正前方和正后方入射时，输出信号最强（灵敏度最高），而从左右方向入射时，输出信号最弱，甚至为 0，如图 1.1.6 所示为“8”字形方向性图。

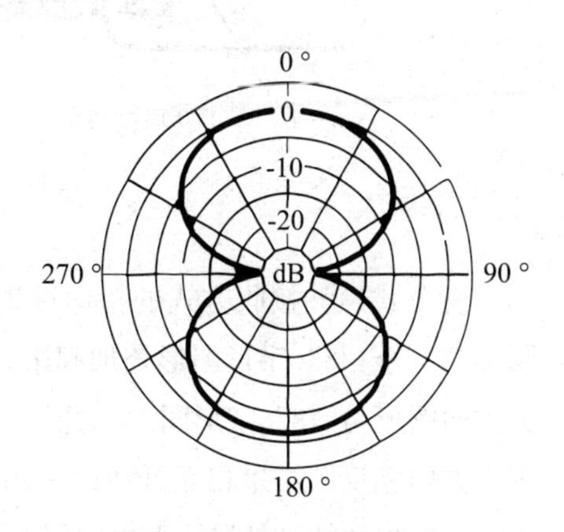

图 1.1.6　“8”字形指向性

3. 复合式——具有单指向特性

复合式即压强式和压差式相结合的声波接收方式。这一类传声器在主轴方向上的灵敏度最高，随着方向角的增大，灵敏度逐渐下降，即具有单一方向指向特性。

复合式声波接收方式有三种组合方法，第一种是将一只全指向性和一只双指向性的振膜紧密地结合在一起，将两者的输出叠加；第二种是将传声器振膜的一部分只有前面暴露在声场中，另一部分两面都暴露在声场中；第三种又叫相移式声波接收方式，这种方式振膜的前后两个表面都接收声压，但作用到振膜后表面的声压要经过传声器侧后方的声入口后，再经传声器内部的一段路径，最后和前表面的声波作用叠加。

通常单指向性动圈传声器在传声器外壳的侧面开了声入口，声波进入传声器，经音圈和磁缝隙的间隙到达振膜的后表面，并经制动阻尼与后气室相通。声音从侧后方声入口到达振膜内表面要延时一定时间，适当地控制它们的结构和阻尼数值，可形成单指向性。它的结构截面如图 1.1.7 所示，目前大多数单指向性传声器都采用这种方式。

在电容传声器中，如果在固定极板上开洞，使后声入口的声波也能到达振膜后表面，也可形成单指向性电容传声器。

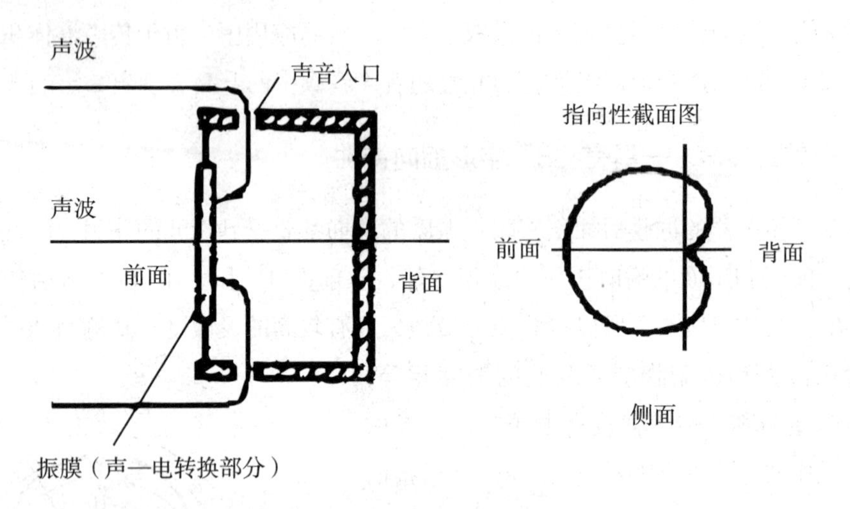

图 1.1.7　复合式传声器结构

复合式声波接收方式的指向性图可以由全指向性和双指向性合成，将一个无方向图形与一个“8”字形图形叠加起来，就能得到一个心形图形。这是因为在 0° 方向上，无方向图形与“8”字形图形相叠加，得到了两倍的灵敏度；在 180° 方向上两者大小相等，方向相反，结果相互抵消；在 90° 和 270° 方向上，因“8”字形图形灵敏度为零，因而，叠加的结果是保持无方向图形的灵敏度，它是 0° 入射灵敏度的一半。

现在，我们可以用无方向、“8”字形和心形指向特性为基本图形，通过适当的组合，就可以得到许多个合成指向图形了，图 1.1.8 给出了五种主要的合成指向特性图形。

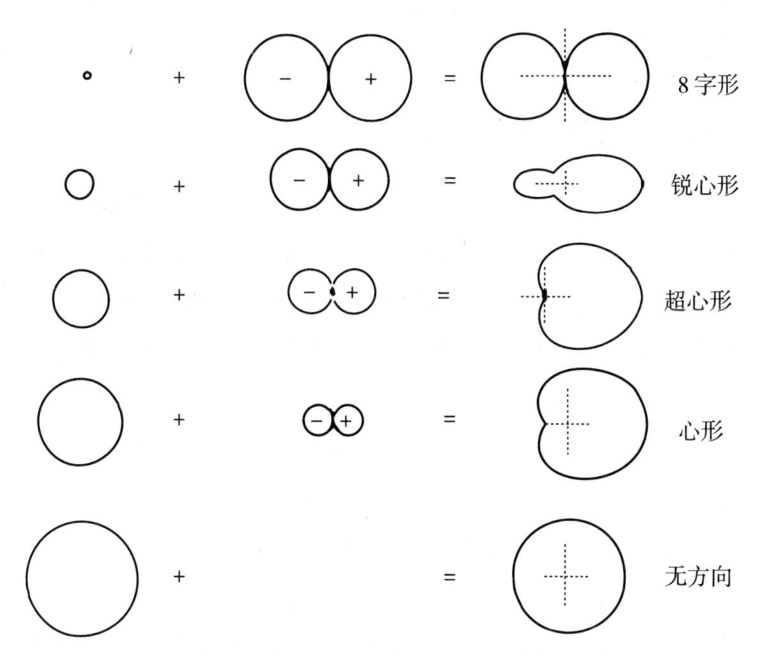

图 1.1.8　多种指向特性的合成

实际的单指向性传声器就是利用其灵敏度前后比的不同，制作出单指向程度不同的类型。单指向性可进一步分为心形指向、超心形指向和锐心形指向（超指向性）等单指向性，如图 1.1.9 所示为实际的单指向特性图。

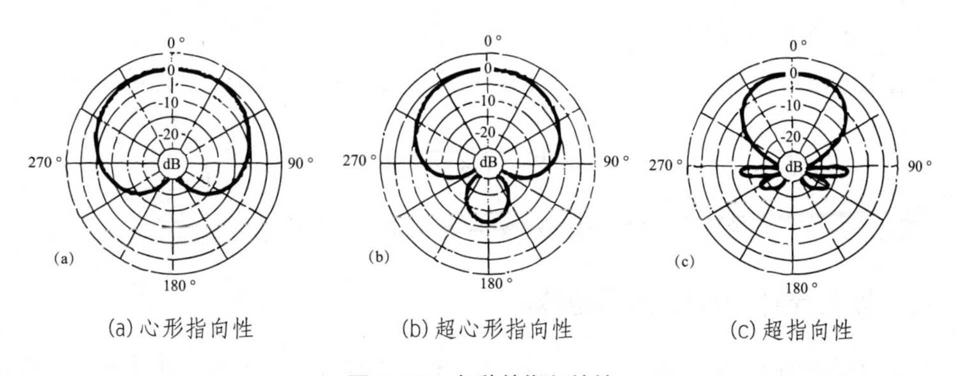

(a) 心形指向性　　(b) 超心形指向性　　(c) 超指向性

图 1.1.9　各种单指向特性

心形指向性的指向性图案类似人的心脏，在正向具有较高的灵敏度而背向几乎为零。超心形是一种比心形指向性更尖锐的指向性。锐心形又常常称为超指向或强指向，是一种指向性类似于狭窄的棒形。这些单指向性的传声器，在实际工作中用的很多，比如心形指向传声器在舞台的扩音中特别实用，它能有效地抑制声反馈，提高直达声的拾取量，从而提高了扩声的清晰度；超心形传声器大量用于音乐录音中，在录制多声部乐曲时可以减少不同声部间的串扰；强指向传声器则多用于新闻采访和影视同期录音中，可有效地衰减非轴向噪声的干扰。

五、传声器的等效噪声级和信噪比

在理想情况下，我们认为传声器在没有声波作用时是没有电压输出的。但在实际应用中，传声器在没有声音作用时也会有很小的噪声信号输出。造成这种噪声输出的原因是，电容传声器需要有放大电路、幻象电源供电，会有电路内部热噪声和线路干扰噪声的产生；动圈传声器由于振膜的机械阻尼会产生噪声，还和它的屏蔽效应及所处的电磁环境有关。

等效噪声级就是将这一输出噪声电压折算成相当于有一声波作用在传声器上时产生的相同大小电压，这一等效的声波的声压级就是等效声压级。例如，某一电容传声器的等效噪声级等于 26db（A），这里指的是 A 计权等效噪声级，也就是说噪声电压是用 A 计权测量的。

传声器等效噪声级可以衡量传声器拾取最低声压级的能力，其值愈小，拾取低声级的能力愈强。等效噪声级比固有噪声更能确切反映传声器的性能，因为噪声和灵敏度有着直接关系，灵敏度越高噪声越大。如果单独标出传声器的固有噪声，还不能反映其真正的噪声水平。

有时也用信噪比来衡量传声器的输出噪声情况。信噪比是指单位声压作用于传声器的输出信号电压与本身的固有噪声电压之间的比，通常用 dB 表示。

例如，电动传声器的灵敏度为 $0.1mV/\mu Pa$，即当作用到振膜的声压约为 $1\mu Pa$，此时，传声器输出电信号为 $0.1mV$。而传声器的内在噪声电压约为 $0.5\mu V$，则信噪比为

$$\frac{S}{N}=20\lg\frac{0.1\times10^3}{0.5}=42(dB)$$

一般优质电容式传声器的信噪比 S/N 值为 $55dB\sim57dB$。

六、最大允许声压级和动态范围

在强声压作用下，传声器会产生非线性失真，声压愈高，非线性失真愈大。使传声器出现最大允许的非线性失真时的相应声压级为传声器的最高声压级。通常以传声器产生 0.5 % 谐波畸变时的声压级作为最大容许声压级。

一般动圈话筒的最高承受声压比电容话筒要大。高质量传声器的最大容许声压级已达 $135dB$。

传声器所能接受声音声压的大小，上限受非线性失真的限制，下限受固有噪声的限

制。因此传声器的最大允许声压级减去等效噪声级就是传声器的动态范围。在拾取像交响乐这样大动态的声源时，就应选较大动态范围的话筒。

七、传声器的输出阻抗

输出阻抗通常又称为源阻抗，是用来表明信号源对下级负载提供信号的能力。传声器的输出阻抗就是从传声器的输出端测得的交流阻抗（一般以 1000Hz 时测得的阻抗值为标称值）。通常根据传声器输出阻抗的大小分为低阻和高阻传声器，一般 600Ω 以下为低阻传声器，1000Ω 以上为高阻传声器。

低输出阻抗的优点是，和后级放大器或调音台连接时，可消除诸多电磁辐射干扰。我们通常采用平衡式传声器电缆，利用传声器的低阻抗特性有效地消除外界电磁场干扰，它可使用长到数十米长的电缆。

高阻抗传声器在过去用起来比较便宜，因为过去的电子管放大器的输入阻抗很高，如果使用低阻抗的传声器，电子管放大器输入端需要使用比较贵的阻抗变压器。高阻抗传声器的缺点是高阻抗电缆传输线容易拾取到干扰噪声，在传输线较长时，高频特性会恶化。高阻抗传声器一般用不平衡传输线，传输线不能用得过长，一般不超过 10 米。

我们现在的专业录音工作中，已很少见到高阻传声器了，常见的是低阻传声器，阻抗大多在 200Ω 左右。

八、瞬态响应特性

瞬态响应是指传声器的输出电压跟随输入声压急剧变化的能力，是衡量传声器振膜对声波波形反应快慢的特性。这是一个相对主观的指标，由于目前在业内还没有一个统一的测量标准，在一些传声器的说明书中并没有给出，但是它能体现出传声器不同的音色特性。

电容式传声器的振动系统质量小，对声波的机械惯性小，瞬态响应就好，音色清晰明亮。动圈式传声器的振膜一般做得较大，再加上线圈和芯体，质量往往较大，对声波的响应就慢，因而得到的声音较粗犷。相比之下，铝带传声器的振膜轻得多，瞬态响应就好得多。

同一类型传声器振膜的大小也对瞬态响应有影响，大膜片传声器的瞬态影响劣于小膜片传声器，因此声音解析力不如小膜片传声器。

通常在传声器的说明书中还有一些参数，如电源供电电压、输出插头形式、尺寸规格、重量等，大家可以参考一些技术资料，在此就不一一介绍了。

第二节　传声器的原理

在录音系统中，传声器起着将声音转换为电信号的作用。其基本原理是：以声波形式表现的声音信号被传声器接收后，使传声器内部传感装置产生机械振动，由换能机构将机械振动转换为电信号输出。前面我们根据传声器换能原理的不同分类可以分为四大类，每一类里又分为几种。本节我们分别讲述每一种传声器的工作原理和性能特点。

一、动圈式传声器

传声器通常由三大部分组成：传导声波的声学系统、感受声波振动的机械系统和转换输出电信号的电学系统。动圈式传声器（Dynamic Microphone）主要是利用电磁转换原理工作的，因其内部有个线圈（音圈）在动而得名，如图 1.2.1 所示，主要由振膜、音圈和磁路系统组成，其原理如图 1.2.2 所示。

图 1.2.1　动圈传声器图

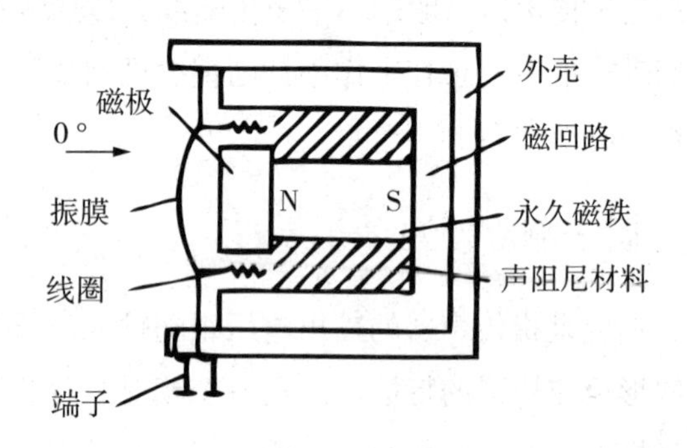

1.2.2　动圈式传声器原理

传声器的振膜（音膜）通常就是一个聚酯薄膜。薄膜上粘附着一个由很细导线绕成的线圈，叫音圈，它精确地悬挂在高强度磁场中。当声波冲击振膜的表面而引起薄膜振动时，附着的音圈便随声波的频率和振幅成正比例移动，使音圈切割永久磁铁提供的磁力线。这样，在音圈导线中就产生了有着特定大小和方向的并与声音对应的模拟电信号，将音圈的电信号用线缆引出就得到了我们需要的音频电信号。

动圈式传声器的音圈输出阻抗很低，一般在 30Ω ~ 50Ω 左右。为了能够和后级连接的放大器的输入端匹配，更好地不失真传输信号，大多数动圈式传声器内部还装有一个变压器，目的是将阻抗变换到 150Ω ~ 600Ω，同时也起到使信号电压升高的作用，其结构如图 1.2.3 所示。

为了消除音圈受外界杂散磁场的干扰产生的交流声，有的传声器内还增设了交流声补偿线圈。这个线圈与音圈的大小、圈数完全一样，但不和振膜相连接，也不放在磁路系统里，因而不受声波推动，它与音圈反相串联，从而将两者感应的交流声信号互相抵消掉。

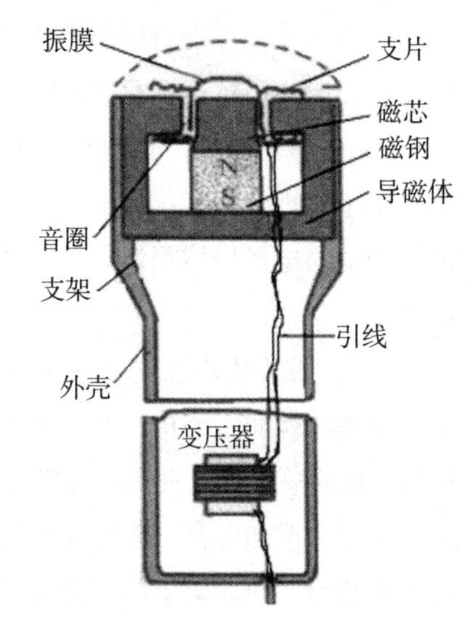

图 1.2.3　动圈式传声器结构

动圈式传声器是应用最广泛的一种传声器。从它的原理构造可以看出其具有以下的特点：

① 性能比较稳定，具有较强的承受温度、湿度的变化能力。结构简单，有较好的抗机械冲击能力。

② 不需要供电，使用方便。动圈传声器内无须附加放大器，因而省去馈电之麻烦，特别适用于一般的舞台扩声和家庭娱乐等。

③ 输出阻抗低，优点是可以使用较长的传声器线而不会受到严重的噪声干扰。

④ 固有噪声电平低，但其音圈易受外界电磁场干扰的影响。为此，高质量的动圈传声器都在内部加装了交流声补偿线圈。

⑤ 频响范围窄，频响特性曲线有起伏（与电容式传声器相比较），音质一般要比电容式传声器差一些。

⑥ 灵敏度低、瞬态响应特性差，这是由于振膜和音圈比较重造成的。

⑦ 价格相对而言较便宜，被广泛用于语言广播和扩声系统中。

二、（铝）带式传声器

（铝）带式传声器（Ribbon Microphone 或 Band Microphone）的工作原理和动圈传声器相同，都是利用电磁转换原理工作的。它使用极薄的金属铝带做振膜，如图 1.2.4 所示，该振膜沿其长度方向做成均匀波纹状，挂在强磁场中。当声波作用于铝带前后两表面时，形成声压差，铝带随声波作相应振动，切割磁力线，在铝带上下两端间产生感应电动势，从而产生与声波的振幅和频率成比例的电流。铝带式传声器实际上就是动圈传声器的一种演变形式，它的铝带既是振膜，又是音圈。

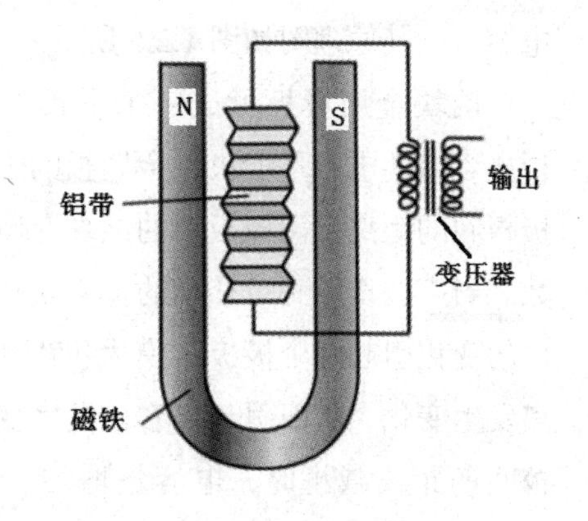

图 1.2.4　（铝）带式传声器原理

铝带的阻抗很低，它的电阻只有约 0.2Ω。

这个阻抗太小，不能直接驱动所连接调音台或录音机的输入级，因此必须用一个升压变压器以使输出阻抗达到可接受的 150Ω～600Ω 的范围。

（铝）带式传声器虽然和传统的动圈式传声器的换能原理相同，但是，它的输出的电平很小。即使用变压器把输出信号提升到了适用的电平上，在传统的录音中，带式传声器的输出电平仍然很低。但它可以用在音乐录音棚中，尤其是放在声级较大的乐器前使用。

（铝）带式传声器的优点是瞬态响应特性好，频响范围宽，频响特性曲线平坦，音色自然，其一般具有 8 字形指向特性。它的缺点是抗机械冲击能力较弱，在气流强劲的地方，必须对铝带严加保护，否则强气流会将铝带吹弯，脱离原位而不能复原，因而铝带传声器大多应用于室内录音。铝带传声器的另一缺点是难以小型化，如图 1.2.5 所示。

图 1.2.5　铝带式传声器

过去几十年来，某些传声器厂家在铝带传声器小型化方面取得了长足的发展。例如德国的 Beyer dynamic（拜亚动力）公司设计了 M260 和 M160 小型带式传声器。在 M260 系统中，使用了稀土元素磁铁来产生一个磁结构，小得足以将其放进一个直径5cm 的栅网球中。另外，在带上还有两个附加的爆破音过滤器，与栅网球一起大大减小了铝带潜在的爆破音和风吹损害，使得（铝）带式传声器能适应户外和手持使用。

三、电容式传声器

电容式传声器（Capacitor microphone）的头部由两块金属极板组成，它是将接受声波的可移动薄金属膜片作为电容器的一个极板，与另外一个固定不动的电极板组成一个电容器。其原理图如图 1.2.6 所示。

两块金属极板形成一个平板电容器，平板电容器的电容量取决于金属板的表面积、两极板间的距离及两极板间的绝缘介质的介电常数。当声波作用到可移动的金属膜片上时，声压的变化引起两个极板（膜片和背极）之间距离发生变化，从而引起电容量发生变化。两极板间的距离减小时，电容量增加；距离增大时，电容量减小。

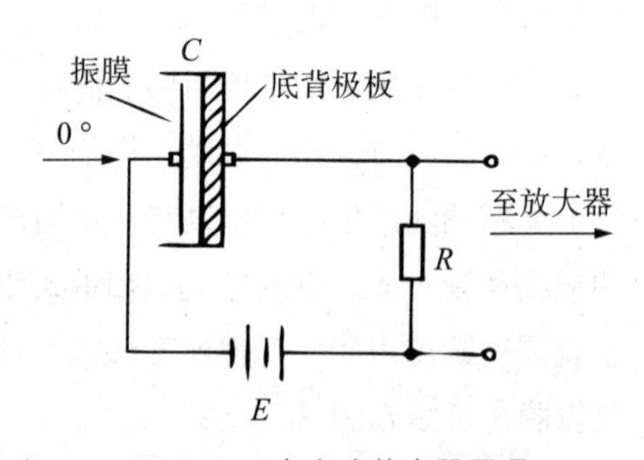

图 1.2.6　电容式传声器原理

在大多数厂家的设计中，电容传声器的两个极板之间，通过一个高阻值电阻（30Ω～1000MΩ）加有直流极化电压（约为40V～200V）。一个高阻值电阻与金属板电容器串联产生的电路时间常数，即电容器充放电一周所需的时间比音频的周期要长。当电容量随音频发生变化时，电阻阻碍了电容器电荷随着变化，可以认为电容器两端的电荷 Q 基本不变。根据公式：

$$C=Q/U$$

两极板间的电压 U 会随着电容量 C 的改变发生相应变化，电阻与电容器串联在电路中，电阻两端电压也随之作相应变化，从而得到输出的电信号。

由于电容传声器的内部平板电容结构会使其表现出极高的输出阻抗，如果将信号直接输出，一是很容易引起外界干扰，二是传输线的分布电容也会导致高频响应恶化，三是不便与低阻抗的调音台相匹配，所以需要通过一个阻抗转换器来将输出阻抗降低。另一方面，微弱的电压信号需要进行放大后才能输出。所以电容传声器的内部都要有一个阻抗变换放大器电路，如图1.2.7所示，为了防止交流噪声的串入，以及减少信号电平的损失，该放大电路放置在离振膜很近的传声器壳体内。大多数电容传声器都使用场效应晶体管来减少阻抗，但也有使用电子管放大器的设计方式，以获得一种特殊的电子管音色。

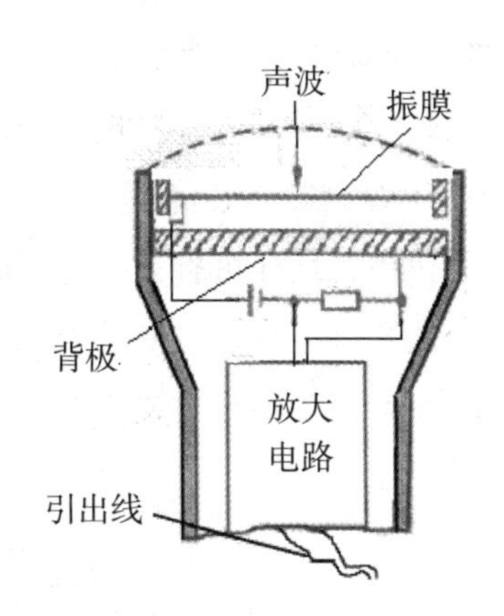

图1.2.7 电容式传声器结构

为了减小电容式传声器在高声压输入时所产生的失真，必须使用较高的极化电压。电容式传声器所需的直流极化电压通常是40V～200V的电压，现在使用场效应晶体管放大器的电容式传声器，大多使用48V直流电压。该电压可以从外部电源，如幻象供电得到，也可以由传声器内部电池供给。由电池供电的电容式传声器，通常使用1.5V～9V的低压电池电源，在传声器内部设有一个直流电变换器将电池的低电压转换成高的极化电压，也有使用40V左右的高电压电池直接供电的电容传声器。电容传声器的供电除了供给极化电压外，也为内部的放大电路提供必要的电源。

与动圈传声器相比电容式传声器有以下的技术特点：

① 频响范围宽，频率响应曲线平坦，音质较好。

② 灵敏度高，由于内部加装有前置放大器，输出电平可以设计得较高。

③ 瞬态响应特性好、非线性失真小。

④ 不易受外界电磁场干扰。

⑤ 工作时需外加极化电压，使用时不太方便。

⑥ 防潮性能差，受潮后容易产生噪声；机械强度低，比较娇气。

⑦ 价格比较昂贵。

由电容传声器的工作原理可知，普通电容传声器需要供给两种电压，一种是供给电容极板作静电电压用的极化电压，另一种是供给前置放大器的工作电压。电容传声器的供电方式通常有三种：幻象供电、A–B 制供电、干电池供电方式。其中采用以幻象供电方式为最多，一般由和传声器相连的录音机或调音台内部设计的幻象电源提供。

1. 幻象供电

“幻象供电”一词来自英文 phantom circuit。幻象供电就是利用传声器输出电缆内的信号芯线和屏蔽层作为直流供电的通路来传输电源的一种供电方式。把传声器的信号线作为传输信号和施加极化电压的复用通路，电容式传声器就可由原来的使用多芯电缆变为使用普通的二芯屏蔽缆，利用调音台上提供的幻象电源（Phantom Power）向电容传声器供电，这样可省去电容话筒的专门供电电源，大大地方便了实际使用。

幻象供电是通过双芯屏蔽电缆线的芯线为电容传声器提供直流正电压，而直流电源负端则与双芯屏蔽电缆线的屏蔽相接，以构成直流供电电路。如图 1.2.8 所示。

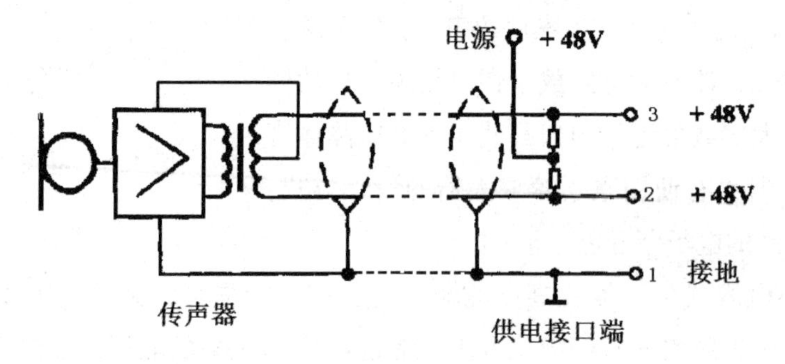

图 1.2.8　幻象供电原理图

幻象供电只适用于平衡传输、对称输入的信号传输方式。在幻象供电电路中，双芯屏蔽电缆线中的屏蔽层为地线“1”，地线和芯线“2、3”构成直流回路，两根芯线“2、3”之间电位差为零，即等电位。这样，传声器工作时声音交流信号从芯线“2、3”输出互不影响，从而避免了使用多芯电缆和多脚插头座，只采用三芯插头座及两芯屏蔽电缆线。这种线路具有线路简单、可靠性高、节省材料等许多优点。

现在大多数调音台都提供 +48V 幻象供电，这样将传声器直接接到调音台使用，即可省掉供电电源盒，使用更加方便。幻象供电也有用 +12V 幻象供电的，这时在电容传声器的前置放大器中装有直流升压变换器，将低电压变换成高电压以提供极板的极化电压。

2.A–B 制供电

早期电容传声器的供电方式也有用 A–B 制供电方式，图 1.2.9 所示即为 A–B 供电的原理图。

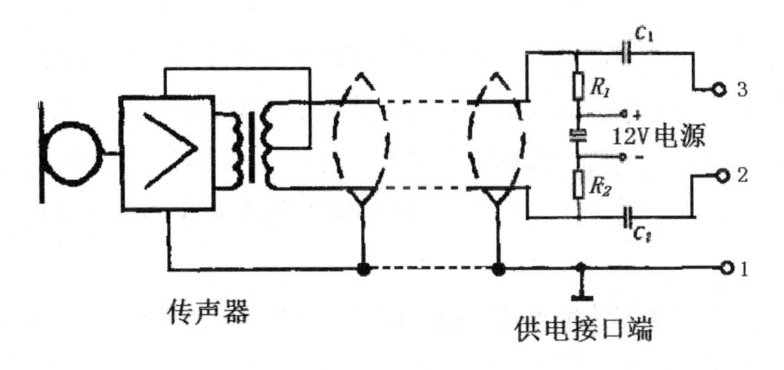

图 1.2.9　A–B 制供电原理

图中所示的 A–B 供电电路，是利用音频信号输出线经两只阻值相等的电阻 R1 及 R2 馈给放大器直流电，两根线分别接正负 12V 电压，图中 C1 和 C2 起隔直作用，不致使直流串入后面的电路。

A–B 供电与上述幻象供电一样，能在双芯屏蔽电缆中实现音频信号和直流电流的同时传送，不同之处是芯线的电位是一正一负。由于 A–B 供电在双芯屏蔽电缆中处于高低不同电位，因此不能在 A–B 供电的插口上直接插接动圈传声器，否则会烧毁动圈传声器。

由于 A–B 供电电源的干扰会叠加在信号中，所以 A–B 供电对电源质量有较高的要求，为克服这一不足，直流电源需要有良好的滤波，且要求降低电容传声器的输出阻抗。当多个传声器共用一组电源时，应加装去耦合滤波器以防止相互串音干扰。

A–B 供电由于有不少局限性，因而也限制了其应用范围，实际上现代音频设备中多由幻象供电取而代之。

3. 干电池供电

当外出采访、露天演出时，使用 220V 交流电源盒不方便，如果采用干电池供电的直流电源盒就方便多了。所以就有了一种用几节 1.5V ~ 9V 干电池，内置一个 DC/DC 变换电路，将干电池电压转换为较高的极化电压，这样做成了小型供电盒，就

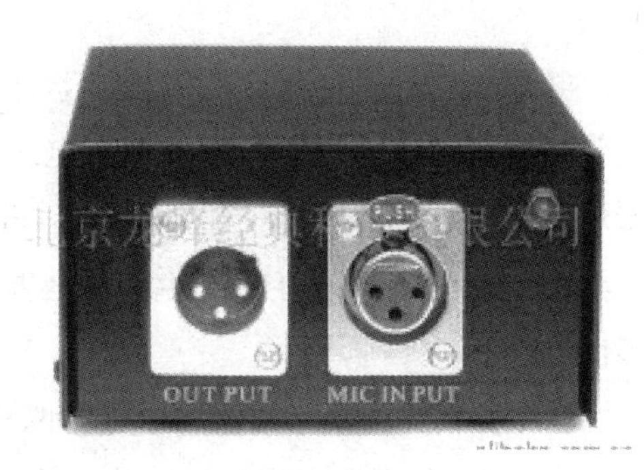

图 1.2.10　幻象供电盒

可以供电容传声器供电了，如图 1.2.10 所示。

电容式传声器是目前性能最好的一种传声器，一般用在广播、影视、音乐录音和要求较高的舞台拾音等专业环境中，应用比较广泛。

四、驻极体电容传声器

将高分子绝缘物（如聚四氟乙烯）薄膜夹在两个电极之间，在高温条件下对其施加很高的极化电压进行电晕放电或用电子轰击。结果是薄膜的分子在正电极一端出现负电荷，在负电极一端出现正电荷，这种电荷在薄膜内部均匀分布，称为极化层。高分子材料被极化后，即使外加极化电压降为零，薄膜内部所带电荷也会继续保持不变，这种材料称为驻极体。

将驻极体材料用于电容传声器的振膜或固定极板时，因这种材料表面能够永久性地带有极化电荷，而无须再加给极化电压。因而可以简化电路，使传声器小型化，并降低造价，这样制造成的传声器称为驻极体电容传声器。

驻极体电容传声器的工作原理与一般电容传声器相同，当膜片受声波作用后，其电容量变化，此时电容器中的电荷在电路中流动所产生的电流，在负载电阻两端产生电压信号输出。之后再通过阻抗非常高的场效应管将负载电阻两端的电压取出来，同时进行放大，输出后就可以得到和声音对应的电压了。图 1.2.11 所示为驻极体传声器原理图。

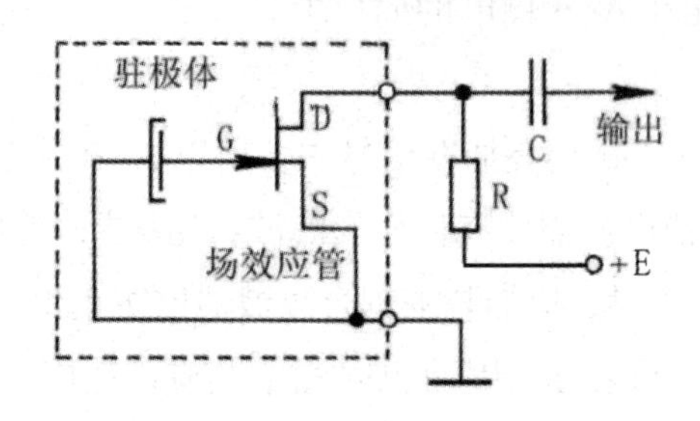

图 1.2.11　驻极体传声器原理

驻极体传声器也需要在极板后紧接装有场效应晶体管阻抗变换放大器。由于场效应管是有源器件，需要一定的偏置电压才可以工作在放大状态，因此，实际的驻极体传声器仍需要外部供给一直流电压，该电压可由 1.5V 干电池替代。所以和普通电容传声器相比，驻极体传声器的特点就是省去了极化电压，但是它还具有电容传声器的好多优点。

驻极体传声器从结构上可以分为两种形式，一种是振膜驻极体化，称为驻极体振膜式传声器；另一种是背极驻极体化，称为驻极体背极式传声器。以常见的微型驻极体电容传声器头为例，其结构如图 1.2.12 所示。仅在固定的后极板携带电荷，轻而薄的前板是利用蒸发涂层方法，生成薄层做成导电板。这个超轻振膜提供了好的频率传输响应和高灵敏度。

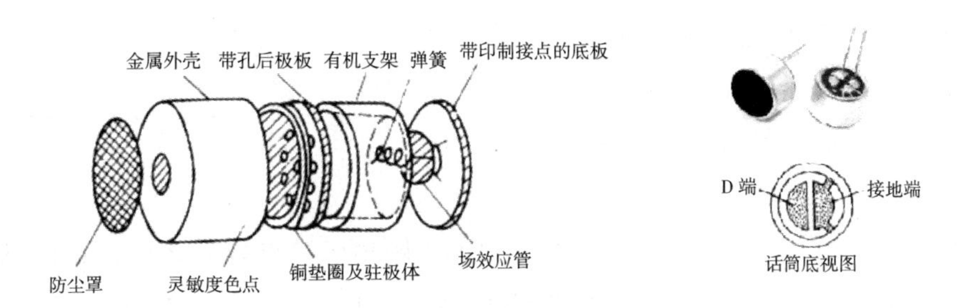

图 1.2.12　驻极体传声器结构

驻极体传声器的特性与驻极体材料的性能和极化工艺有密切联系，它的最大优点是无须外加极化电源，因而结构简单、体积小、重量轻、价格低廉。由于驻极体有一定的使用寿命，因此驻极体传声器的使用寿命是有一定年限的。此外，其防潮、耐高温性能也较差。

驻极体传声器的中高音频响特性良好，所以适合于语言和某些中高音乐器的拾音。此外，由于驻极体话筒具有体积小、结构简单、价格低的特点，还广泛用于电话机、手机、微型录音机内置、无线话筒及声控等电路中。

五、RF 电容传声器

上述的普通电容传声器和驻极体传声器可以说是直接利用电容的充放电特性来工作的。还有一种电容传声器的工作原理是：把电容传声器的两个极板形成的平板电容作为 LC 震荡电路中的电容器，在声波作用下，由于电容量的变化引起回路振荡频率的变化，从而实现对固定频率信号的调频，将这一调频信号解调后就得到了我们需要的声音信号。这有点像是调频收音机的收音过程，用这种方法设计的传声器叫作射频电容传声器或 RF 电容传声器。

射频电容传声器与普通电容传声器的主要差异在：电容膜片作为振荡电路元件工作，在内部先形成调制波（调频波），然后再经内设解调器恢复为音频信号输出。

如图 1.2.13 所示，将电容传声器的电容量 Co 与线圈自感量 L 做成谐振电路，使其中流有 8MHz ~ 10MHz 频率电流。电容传声器的可动膜片受声波振动后，电容量发生变化，使谐振频率发生相应改变，谐振电路的电流值也会随着改变，从而形成调频信号。调频信号经过检波器解调出声音信号后输出。

这种方法避免了极化电压的使用，但是由于内部振荡器和解调电路都需要供电的原因，同样需要供电。大多使用干电池供电，也有为了和调音台连接使用方便而使用幻象供电方式将48V电源经过电压变换后供给内部电路使用。

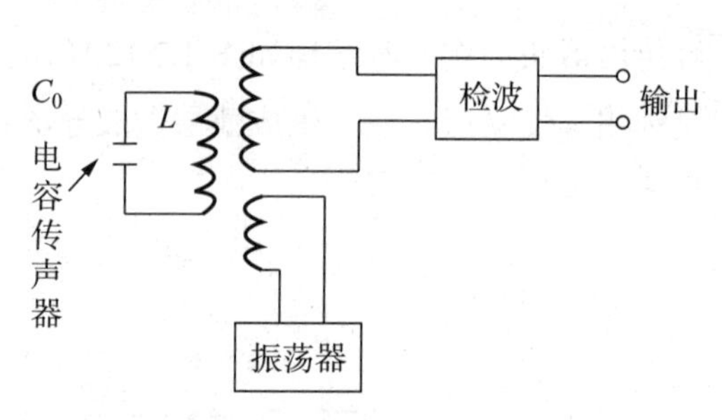

图 1.2.13 射频电容传声器原理

使用此方法生产的射频电容传声器，电路简单，元器件少，有利于缩小体积，减轻重量，传声器的稳定性得到了不断增长。德国著名的制造商森海塞尔（SENNHEISER）公司已申请了这种技术的专利。它最大特点是20Hz～20000Hz频率范围内实现非常平坦的频率响应，与普通电容传声器相比，还具有可将信噪比提高20dB的优点。但是，当声源声压级很高时，会超出谐振频率变化范围，产生失真，使其工作不稳定。

六、压电式传声器

某种陶瓷晶体或玻璃质材料在受到振动的冲击时，将直接以压电效应的方式产生电压，用这种具有压电效应的晶体材料来做传声器的换能原件，将声波引起的振膜的振动传递到陶瓷晶体换能器元件上，由于压电效应而产生音频电压信号输出，这样就形成了压电式（或陶瓷式）传声器。压电晶体式传声器的原理结构如图1.2.14所示。

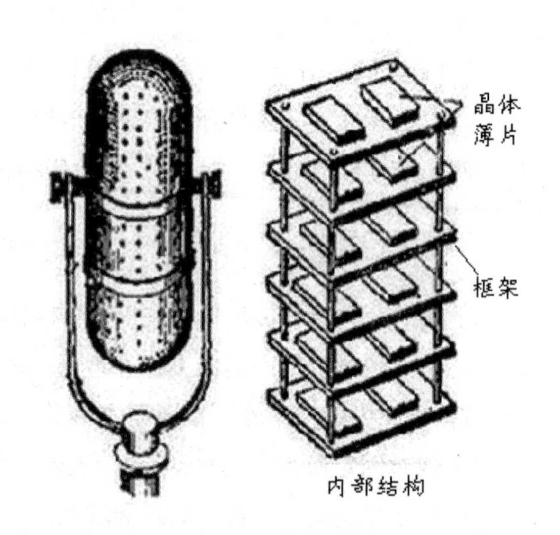

图 1.2.14 压电晶体式传声器结构

这样的压电晶体材料有很强的共振特性，要想制作一个较宽频率范围的压电式传声器是非常困难的。这种压电式传声器在我们的专业录音中很少使用，在有些电影电视节目录音中，可以用于水下传声器（水听器）的制作，对水听器来说，这种玻璃质结构的坚固性是相当有用的。当然，水下录音也可以用其他由防水器材封装的传声器，但是这种防水罩会压抑声音。

压电晶体传声器另一个主要应用就是用于声学测量和电声乐器中。比如可以直接在电吉他或电贝司的共振箱内部装一个压电传声器，直接将声音信号电路输出。

压电传声器的特点是：输出电平高，输出阻抗高，频带窄（80Hz～7kHz），价格便宜。

七、碳粒式传声器

碳粒式传声器是最早发明的传声器之一，主要用于通信领域，比如说早期电话机的受话器就是利用这种传声器的。

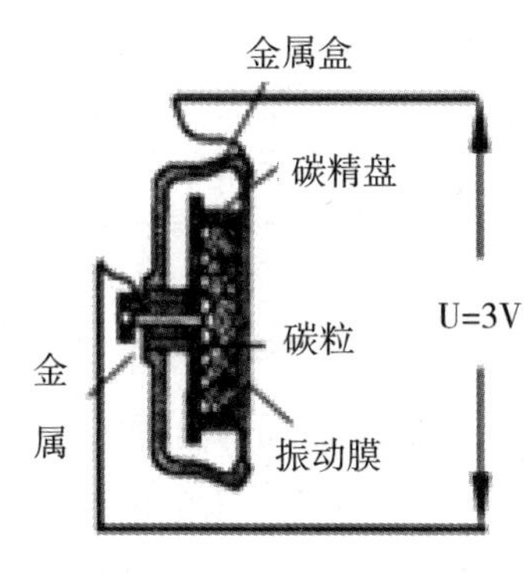

图 1.2.15 碳粒式传声器原理

最早的碳粒式传声器是将一张振膜平铺在松散的、布满小颗粒的碳状物的桶状容器上构成的。声压作用于振膜后由于振膜的振动将会挤压桶状容器内的碳粒。由于碳的电阻特性随着密度的变化而变化，这样由于振膜的挤压使得碳粒的电阻随声音发生变化。所以，在碳粒和电池电源相连接的时候就可以产生一个和声压成比例的电压。由于碳粒式传声器输出的电信号来源于电源的电能，所以它属于有源传声器的一类。

由于碳粒的非线性电阻特征使传声器的失真很严重，要想让此种传声器既感应灵敏，又频率响应平直是极为困难的，所以在专业的录音领域很少使用。然而，近百年来，这种传声器一直是电话工业的核心。所以，目前在日常生活中仍大量使用着这种传声器。

碳粒式传声器的特点就是：灵敏度高，但是频响范围窄、失真大，音质也差。

第三节 特殊类型的传声器

传声器种类繁多、性能各异，根据其专门的结构特点和应用特性，本节介绍一些特殊类型的传声器，主要包括无线传声器、别针式传声器、界面传声器、超指向传声器、近讲传声器、立体声传声器、数字传声器等传声器。

一、无线传声器

无线传声器实际上是指无线式传声器系统，由传声器、小型无线电发射机和无线接收机三部分组成。其工作原理是：用普通传声器头将声音变换成相应的电信号，小型无线电发射机则将音频信号调制成高频无线电波从天线发射出去，再由接收机接收到已调载波信号后解调还原出原来的音频信号。其组成原理如图 1.3.1 所示。

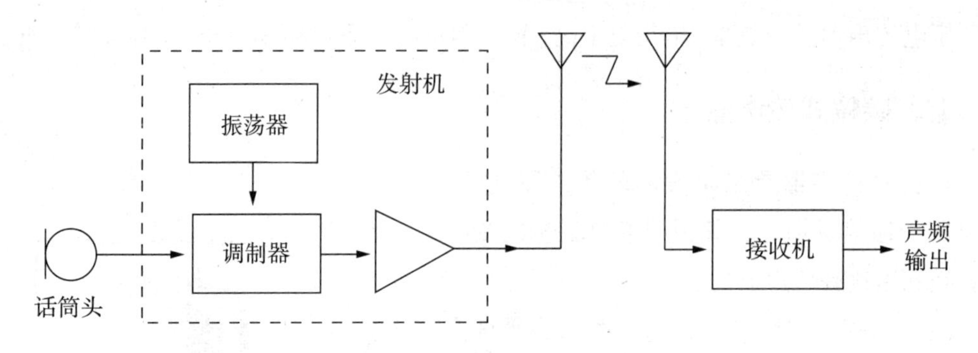

图 1.3.1　无线传声器的组成

例如，由演员胸前佩戴一只微型驻极体电容传声器头，腰间挎一台小型发射机，发射机将传声器头输出的电信号通过调制器调制到高频载波上。设在录音室或歌舞厅舞台一角的接收机接收该高频信号并进行解调，使其还原为音频信号，最后送到录音机或调音台。

无线传声器的调制大多采用调频方式。实现调频的方法主要有两种：一种是利用音频信号改变并联在振荡器回路上的有源器件（变容二极管）的内部电容，使振荡频率发生变化，从而获得调频。另一种就是前面讲到过的 RF 电容传声器原理。把电容传声器的极头直接接入调频用振荡器的振荡回路中，充当一个回路电容。当其振膜受到声波作用振动时，电容传声器膜片与后极板之间的电容量随之变化，致使 LC 振荡回路的总容量发生变化，从而使振荡频率改变，实现了频率调制。

无线传声器的载波频率有 VHF（Very high frequency）米波段，频率 150MHz ~ 216MHz 和 UHF（Ultra high frequency）分米波段，频率 400MHz ~ 470MHz 与 900MHz ~ 950MHz 两种。UHF 段的抗干扰能力强，但其售价也比 VHF 段的贵了近一倍。

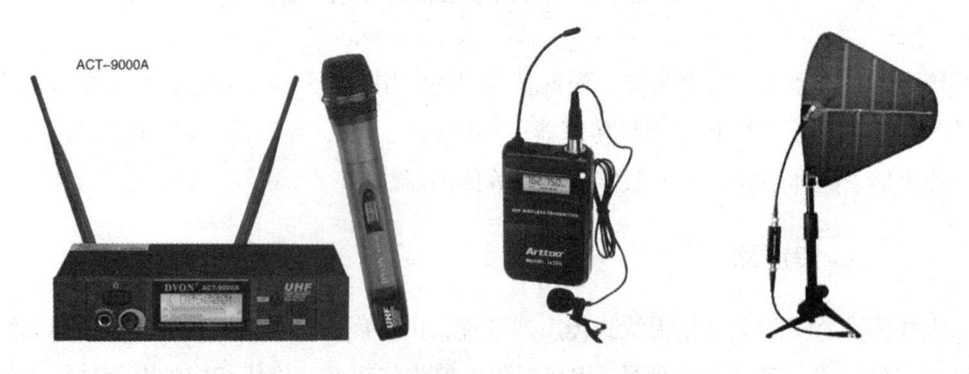

图 1.3.2　无线传声器发射、接收机及天线

构成无线传声器系统的传声器头、发射机和接收机三个部分，厂家在提供时有其预先设计好的常规组合，也可根据用户要求自行组合。无线传声器的传声器头有驻极体式、

电容式和动圈式，其中驻极体电容传声器因其体积小、重量轻、性能好，应用最为广泛。

1. 无线传声器的性能特点

首先说无线传声器具有的优点：

① 无线传声器不使用传送电缆，因而使用方便。特别适用于移动声源，如演讲、舞台表演、现场指挥等拾音场合。

② 拾音清晰度很高。利用无线传声器拾音，可以始终保持近距离拾音，从而减少混响声的拾音，声音清晰。

③ 影视同期录音时便于隐藏。近年来，传声器头可以做得体积很小，加上集成电路的发展和应用，发射机也可以做得很小，特别便于隐藏。

当然无线传声器也具有不可避免的一些缺点：

① 由于其属于射频传输，容易产生无线电干扰、同时也对其他设备造成干扰。使用时一方面要防止其他无线电设备干扰，如对讲机、手机等干扰，另一方面要防止多台无线传声器的接收机和发射机之间相互干扰。

② 容易出现频率偏移，存在信号失落现象。由于电波的多径传输，空间反射和干涉造成接收信噪比大幅度下降，甚至出现接收死点。

③ 传输信号时因需要高频发射和接收，技术指标相对有线传声器相对较差，保密性也差。

④ 技术上比有线传声器复杂，设备制造成本较高。

⑤ 电池的消耗量大。发射机一般均使用 9V 小型层叠电池作电源，各型号机型的连续使用时间不同，使用中注意及时更换电池。

2. 无线传声器的使用

无线传声器由于省去了电缆，解脱了连线对使用者的束缚，使用者可以根据需要在较大范围内移动，因此无线传声器在广播影视、录音、歌舞晚会和课堂教学中获得广泛的应用。一般无线传声器的有效工作距离大约为 100 米，为了避免信号失落及回馈问题，使用中通常注意以下几点：

（1）接收机位置

一般性原则就是接收机放置越高越好，接收机距离发射机（无线话筒）越近越好，发射机与接收机之间不可有阻碍物。接受机与发射机之间的距离加大，将会使得无线信号降低，如果低于背景噪声或外界的干扰，就无法正常工作。

（2）避免多路径干扰

多径传输的电波在空间干涉的结果，必然造成接收信噪比大幅度下降，甚至出现接收死点。为了克服这一现象，现在都用多副无线接收天线（最多的为双天线接收）的分集接收方式来保证信号的传输质量。

分集接收是指这样一种技术，即接收端会自动比较多个天线所接收的信号强度并选择信号最强的一个作为输出信号，同时这个比较和选择的过程必须迅速而不带进任何噪声地进行。在单只无线传声器系统里，两根天线是安装在同一个接收机上，天线的间距是固定的，但角度可以调整。而在多只无线传声器系统即集群式多通路无线传声器系统里，两根天线是分开设立的，它们处在不同的位置上，所能控制的接收范围大大增加。

现在的无线传声器基本上全部采用了分集接收方式，利用多天线接收技术来使无线信号较好接收，减少信号失落。最常用的就是双天线接收，从相位分集来说，当天线A的信号强度减弱时，天线B的相位会自动调整来加强天线A的信号。从空间分集来说，天线以一定的间距设置，然后联合接收，这样两根天线不会同时遇到信号失落。

接收天线应避免靠近反射的平面，例如混凝土墙、金属表面或金属栏杆。

（3）避免信号被吸收下降

信号被吸收也是信号下降的最主要原因之一，人身也会吸收无线电信号，墙壁、柱子及其他障碍物也都会产生干扰以致影响无线电信号的品质及强度，如果障碍物无法移除，我们得加装天线强波器，延长天线来保持接收的音质。

（4）天线伸缩长度

无线传声器的接收机的天线长度和波长有关系，超高频接收机的天线一定比高频接收机的天线短，因为它的频率高，波长是频率的倒数，所以频率高波长短，同样天线也短。

二、别针式（领夹式）传声器

别针式传声器是一种小型传声器，又叫领夹式、纽扣式、佩戴式传声器。如图1.3.3所示，这些传声器一般别在胸前，或者别在某些物体上以便于拾音，通常配套有无线发射机和接收机，属于无线传声器的一种。

图1.3.3　别针式传声器

别针式传声器也有动圈式和电容式，别针式电容传声器的小型化得益于驻极体技术的发展，由于不需给电容极板供电而使电路大大简化。别针式传声器由于其特殊的佩戴方式，具有以下几个特点：

（1）它们通常是用全指向性压强式传声器头，这是由于其结构的微型化和佩戴方式很难保证指向性固定。

（2）内部必须具有特殊设计的减震悬挂装置，以减少传声器和传声器电缆和衣服摩擦产生的噪音。

（3）具有特殊的频响特性。由于传声器位于胸前的位置，语音信号中的高频成分辐射方向朝向嘴的前方，在胸前拾音会因偏离口腔有高频信号的损失，衣服对高音也有吸收滤波效应，拾取的声音会变得模糊不清。因此，传声器的频响通常做成高频提升，频率响应在 2kHz ~ 7kHz 通常有 8dB ~ 10dB 的提升，提升峰点在 5kHz 处。另外为了克服胸腔的共鸣，还采用声学设计或电学的方法对这种 700Hz ~ 800Hz 的提升进行衰减。

别针式传声器也分为有线和无线方式。在无线方式中由于集成电路的发展与应用，发射机也能做得很小，与别针式传声器头之间靠电缆连接，可以很方便地别在演员的腰间，很适合于舞台表演（歌剧、话剧、相声小品等）和电影电视同期录音中移动声源的拾音。

为了减小有害的摩擦噪声，在传声器的使用上有一些技巧。例如在佩带传声器时尽量避免传声器头与衣服的摩擦，利用传声器夹使电缆相对固定，并且使电缆与传声器头的接头部分不要受到电缆拉伸的影响。

三、界面传声器（压力区传声器）

界面传声器也叫压力区传声器（Pressure Zone Microphone，即 PZM），如图 1.3.4 所示。它是将一小型电容传声器的振膜朝下对着反射板或边界，通常直接安装在一块声反射板上，使振膜处于“压力区域”内的传声器。“压力区域”是指反射板附近直达声和经反射板反射的反射声相位几乎相同的区域。

图 1.3.4 界面传声器

当将传声器靠近反射面放置时，从附近声源传到传声器振膜的声波有直达声和经附近反射面反射的反射声，如图 1.3.5 所示。对于不同频率的声波，反射声滞后直达声的相位也不同。例如，在 1ms 的滞后时间里，假若 1kHz 声波有 360° 相位差，直达声和反射声同相位，两者叠加使声压加倍；500Hz 声波假若有 180° 相位差，则直达声与反射声反相，两者互相抵消使输出为零，振膜上的声压频率特性曲线因而就会出现峰谷相间的梳齿形状，即梳状滤波效应，如图 1.3.6 所示。

梳状滤波效应的后果是使录音的音色产生失真，即出现声染色。只有反射声滞后直达声的时间应尽可能短，使声压抵消的频率移到可听频段范围以外，才能消除梳状滤波效应。

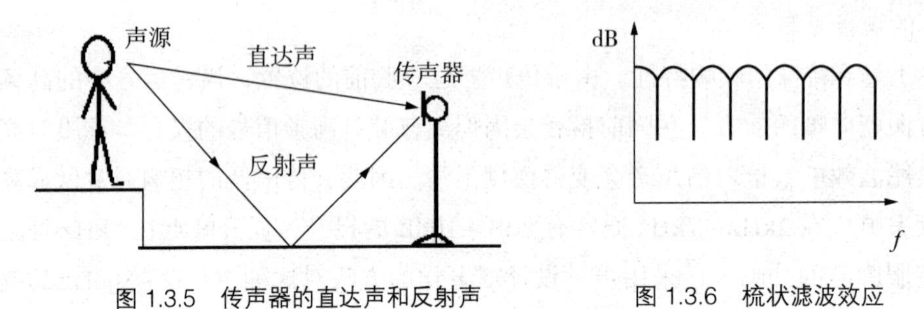

图 1.3.5　传声器的直达声和反射声　　　　图 1.3.6　梳状滤波效应

界面传声器的振膜与反射板平行放置，两者非常接近，使直达声和经反射板反射的反射声几乎同时到达振膜。反射声滞后直达声的时间越短，相位抵消的频率就越高，直至移到可听声频段之外，从而得到平直频响。振膜距反射板越近，高频响应越能延伸。界面传声器的高频响应还与传声器振膜尺寸有关，由于振膜的不同部分接收声波的时间不同，会造成高频因干涉而有所衰减。要获得平直的频率响应，界面传声器的振膜尺寸应小于 5mm。

通常，界面传声器可以放置在地板、墙面、桌面或其他平面上，这时的地板、墙面、桌面或其他平面即成为传声器的一部分。界面传声器的频率响应与被放置的反射板尺寸有关。反射板越大，低频响应越可延伸。为使低频得到平直响应，界面传声器应置于大于 1.2m × 1.2m 的反射板上。如果将界面传声器置于地毯上，则应放在一块尺寸至少为 30cm × 30cm 的反射板上，才能保持平直的高频响应。

由于直达声与反射声同相位相加使界面传声器的输出电平加倍，即提高 3dB。

界面传声器与普通传声器相比，具有以下的优点：

① 频带宽，频响曲线平直，避免了梳状滤波效应。

② 直达声与反射声同相位叠加，灵敏度可提高 3dB，拾声能力强、声音清晰。

③ 界面传声器的音膜尺寸一般都很小，所以不会产生声染色现象。普通传声器的音膜尺寸较大，当声波偏离轴向入射时，由于声波到达振膜不同部分的时间不同，便使得不同频率的声音产生了不同的相位差，综合作用的结果是出现了声染色，这就是离轴染色效应。

④ 一般具有半球形指向性图形。界面传声器对从反射板上各方向来的声波具有相同的灵敏度。

⑤ 声源移动时，音质不受影响。直达声与反射声路程相等，所以音质与声源的方向及高度无关。

⑥ 有更好的临场感和空间感。界面传声器能高保真地拾取来自墙面、地面和天花

板的反射声，清晰地反映出房间的尺寸和自然特性。它能保持直达声和混响声的自然特性，因而使听众有身临其境的感觉。

普通传声器在厅堂录音中，远距离拾取声源时，高频衰减大于其他频段，同时混响比例也增大，导致清晰度下降，传声器离声源越远，声音越浑浊。如果把压力区话筒放在地板上，就可以很大程度上改善这一状况，无论传声器到声源距离如何变化，其频响几乎不变，声音清晰悦耳。

界面话筒的灵敏度高，频带宽且响应平坦。如果将界面传声器安装在一个角落里，与一般传声器相比，其直达声可升高 18dB，而混响声只升高 9dB。在直达声与混响声比率上，界面话筒比一般全向话筒高出 9dB。也就是说用界面话筒拾取远距离声源，可以比一般全向传声器听起来似乎近得多、清楚得多。由于这些优点，在录制交响乐队等这样需要远距离拾音的群体声源时，用界面话筒大有优越性。

界面传声器的以上特点，使它适用于舞台演出的拾音，放在地板上的传声器不仅可以对整个舞台空间的声音有效拾取，还可以避免因使用传声器支架造成对电视画面的破坏。在一些电视直播室也多用这种话筒，它放在桌面上，不影响画面的拍摄。在桌面会议中，界面传声器的特点也为拾音带来许多方便。

近年来，随着界面传声器应用的普及，又出现了单一指向性的界面传声器。它是由一个超小型、超心形指向性的驻极体传声器做成的，与普通界面传声器的工作原理相同，也可消除梳状滤波器效应。它的振膜不像界面传声器那样与界面平行，而是与界面相垂直。它又被称为相位相关心形（即 PCC）传声器。由于它使用了超心形指向性传声器头，因而对后方及侧方的声音可以很好地抑制，使拾取到的声音非常清晰。

四、超指向传声器

比超心形传声器还要窄的指向性传声器，即超指向（又叫锐心形）传声器。它只拾取轴向上的声音，偏离轴向时灵敏度大幅下降，此类传声器一般使用在新闻采访、电影电视的同期录音和一些特殊场合。另外遇到一些特殊情况，也需要远距离拾音，如采录动物音响，为了不惊动它们，利用超指向传声器也是十分必要的。例如在电影、电视剧的同期录音中，传声器不能进入画面，所以为了拾取较远距离的对白及音响，只好采用一些辅助的方法扩大声音信号或提高有用信号与无用信号之比。

超指向性的获得通常采用声音的干涉和聚焦两种方法，分别对应枪式和抛物面反射式两种不同形式的传声器。

1. 枪式传声器

它的外形很像手枪而得名，是利用声音的干涉，即不同路径信号，因相位不同而相抵消的原理，使无用信号得到衰减，有用信号同相位加强，从而提高了有用信号与无用信号之比。

枪式传声器的设计方法是在全指向性或单指向性传声器的振膜前面装一根长管，长管的侧面均等间隔地开有与管前端开口面积相等的许多开缝，形成进声孔，这些进声孔被一层声阻材料所覆盖，因为有了这根长长的干涉管，人们又叫它长杆话筒，如图 1.3.7 所示。

图 1.3.7 KMR 82i 型枪式传声器

其工作原理是从传声器正前方入射的声波经过干涉管中间的进声孔顺利到达膜片；而从侧面入射的声波，需经过长度不同的路径才能到达膜片位置，使声音按比例延时，由于不同路径的声波相位将发生变化。从而导致声音的部分抵消，特别是高、中频段的声音抵消更为明显，以达到降低灵敏度的目的。

为了便于说明，我们以四个开缝为例，如图 1.3.8 所示。设管长为 D，在每相距 D/5=d 处开一缝隙，当声波沿管轴方向入射时，与由缝 2、3、4、5 入射的声波同相到达振膜，使振膜受到各缝声压 5 倍的声压作用，如图 1.3.9(a) 所示。

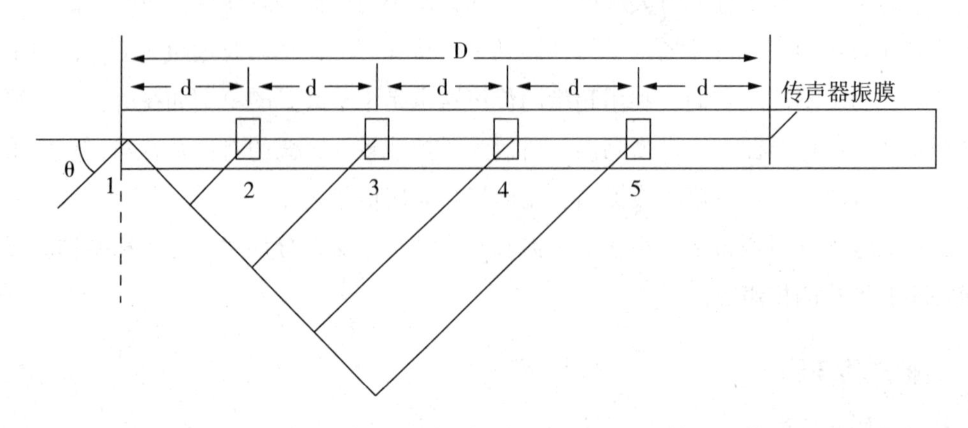

图 1.3.8 枪式传声器开缝示意图

当声波与管轴成 θ 角方向入射时，声波由管前端开口入射到达振膜的距离要长于由各开缝入射的声波到达振膜的距离，越靠近振膜的开缝，入射声波到达振膜的距离越短，可表示如下：

管前端开口 $5d = D$

第二开缝　$d\cos\theta + 4d = D - d(1 - \cos\theta)$

第三开缝　$2d\cos\theta + 3d = D - 2d(1 - \cos\theta)$

第四开缝　$3d\cos\theta + 2d = D - 3d(1 - \cos\theta)$

第五开缝　$4d\cos\theta + d = D - 4d(1 - \cos\theta)$

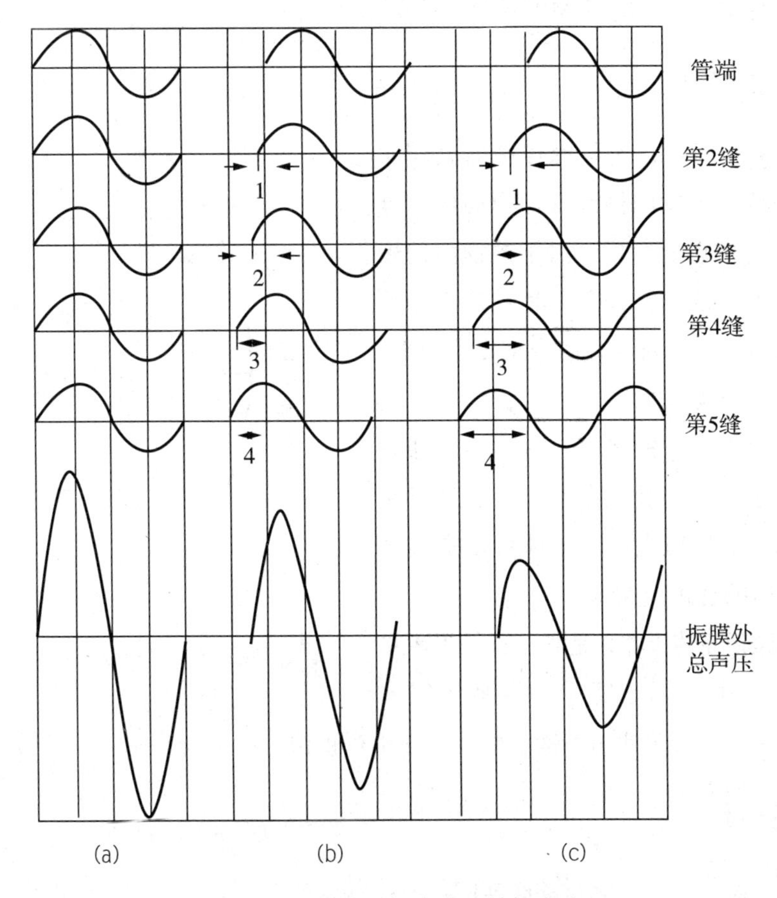

图 1.3.9　总声压与声波入射角关系

因此，与远离振膜的开缝入射的声波相比，靠近振膜的开缝入射的声波到达振膜时，相位要超前。将五处入射的声压相加，可得到图 1.3.9(b) 所示的总声压，它小于图 1.3.9(a) 的总声压。这种现象随 θ 角的增大而越发显著，如图 1.3.9(c) 所示，因而可以获得超指向性。

当声波频率变高，声波入射角不变时，各缝入射声波到达振膜的相位差会增大，振膜处总声压将减小更多，指向性会更尖锐。

总之，超指向传声器的特点是：只拾取目标方向上的声音，对其他方向上的声音作大的衰减。因此，在嘈杂的现场可以有效地抑制串音，摒除环境噪声，提高直接声的清晰度，抑制回受啸叫，提高录音信号的信噪比。枪式传声器常用于现场采访录音和电影、电视节目的同期录音。

枪式传声器的频率响应范围一般为 50Hz ~ 15kHz，超指向性角度随频率不同而略有差异。枪式传声器按照管子长度分为长枪式和短枪式两种，长枪式比短枪式具有更尖锐的指向角和更高的灵敏度，常见的类型是 SENNHEISER 公司的 MKH–816p 和 MKH–416p，NEUMANN 公司的 KMR 82i 和 KMR81i 等。

2. 抛物面传声器

如图 1.3.10 所示，抛物面传声器又叫集音器，它是将一全指向性或心形指向传声器置于抛物面的焦点处形成。由于抛物面的聚焦作用，使远处的声波经过聚焦被传声器拾取。由于抛物面反射将声音信号聚集了起来，所以拾取的信号被放大。

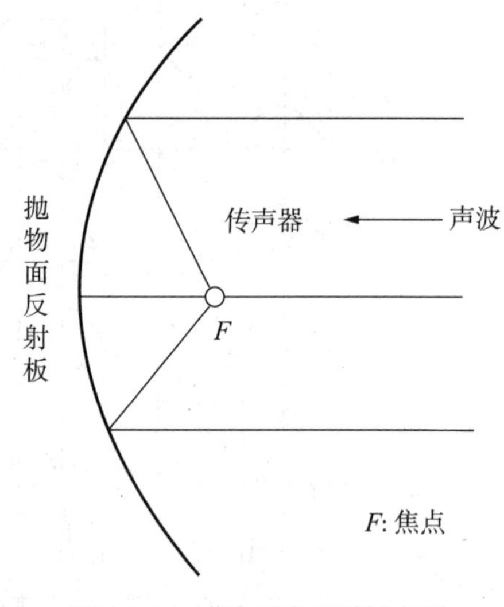

图 1.3.10　抛物面传声器示意图

由于反射面尺寸的缘故，这种传声器只对高声频的短波长声波效果明显，在低声频时会失去作用。所以大多用于体育比赛或鸟鸣声等环境声的远距离拾音。

具体的抛物面传声器，是利用直径 1 米左右的抛物面反射面（如卫星信号接收天线）。由于反射面较大，安装使用不便，所以只在影视拍摄等特殊场合用，不容易普及。

五、近讲传声器

近讲传声器是专门为流行歌曲演唱而发展起来的，可以有效地克服近讲效应。下面我们来看看什么是近讲效应。

声源在空间某点所产生的声压与该点与声源的距离成反比关系，因而距声源越近，声压的变化量就越大。当传声器距声源很近进行拾音时，其振膜处在球面声场中，对压差式或复合式声波接收方式而言，到达振膜两表面的声波除了相位差之外还有振幅差。对于低频段信号，其相位差很小，振幅差起主要作用，因而受距离影响较大，表现为近距拾音时低频提升，且随着距离的减小提升越为明显。在高频段，相位差的影响较大，因而近距拾音对高频没有影响。这种由于近距离拾音而造成的压差式或复合式声波接收方式的方向性传声器低频提升的现象，叫“近讲效应”。一般低于200Hz的频率所受到的影响比较严重，有指向性的传声器都有近讲效应。

在实际录音中，近讲效应可以增加声音的“亲切感”，但其所引起的低频提升会使得声音的清晰度降低，尤其是在语言录音中，为了避免低音过重，有些电容式传声器上设有低频滚降滤波器开关，可衰减由近讲效应产生的低频声，以恢复平坦、自然的声音平衡。当然也有一些歌唱演员利用近讲效应提升低频声的比重，以求得歌声的温暖感并使声音更为饱满，因而故意靠近传声器拾音。

在通俗歌曲演唱中，为了克服近讲效应带来的影响，专门设计了近讲传声器。与普通传声器相比有三个方面的特点：

1. 具有特定的频响特性

为了克服传声器近距离拾音时低频提升现象，通常设计成在150Hz以下每倍频程有6dB的衰减，这样可有效地抑制低频噪声。

2. 心形或超心形指向特性

心形的指向性，一方面可以适应通俗歌手手持传声器做大范围的动作，另一方面传声器的侧、背后能有效地抑制环境噪声，不易出现声反馈。

3. 动态范围大

一般近讲传声器都采用动圈式结构，固有噪声极低，承受高声压的能力强，因此动态范围非常大，特别适合于通俗歌曲的演唱。

六、立体声传声器

立体声传声器是专为立体声拾音而设计的传声器。立体声有许多形式，目前有双声道立体声和多声道环绕立体声，多声道环绕立体声录音要使用多只传声器，位置常常是固定的形式。这里主要对双声道立体声的A/B制、X/Y制、M/S三种制式所采用的立体声传声器做一个简单介绍。

我们知道，依据两只传声器指向及相互位置组成可分为AB制、XY制、MS制三种立体声制式：A/B制立体声是使用两只型号与性能相同的传声器，指向性为单方向心形指向，把两支传声器放在声源前方的左右两侧，两者相距3米~5米，指向角度对着声源；X/Y制立体声的两只传声器是放在一点上，传声器放置有两种方式，一种是上下装置，另一种是重叠装置。使用两支心形指向传声器时，主轴间要保持90º~120º的夹角，使用“8”字指向性传声器时，夹角必须为90º，因为“8”字形指向前面是0º，后面是180º，所拾取信号正好相反。如果主轴夹角不是90º，则某些方向会产生声抵消现象；M/S制式立体声使用的两只传声器，一只为心形指向性，另一只为8字形指向性，两支传声器重合安放在同一垂直线上，上面为心形传声器，指向对准前方，下面为8字形传声器，指向对准左右两侧，两只传声器的输出通过矩阵电路进行加减，产生立体声。

目前常用的双声道立体声录音用传声器可分为组合式和仿真头式立体声传声器两类：

1. 组合式立体声传声器

组合式立体声传声器是将两只单指向性传声器的组件装配好置于同一壳体内而制成的。一般是安装在垂直轴线的同一点上，使声波几乎同时作用于两只传声器的振膜，两只传声器之间的夹角可根据拾音情况进行调整。

一般是将置于下方的膜片固定，上方的膜片可旋转。有些立体声传声器设计成可变指向性，上下两个膜片的指向性都可通过旋纽进行选择，且上膜片相对于下膜片可朝不同的方向旋转，这样的传声器能组合出不同的拾音制式。

图1.3.11所示为NEUMANN公司的USM69i型立体声传声器，其上下膜片的指向性都可在全指向性、心形指向性、8字形指向性、超心形指向性之间进行转换。

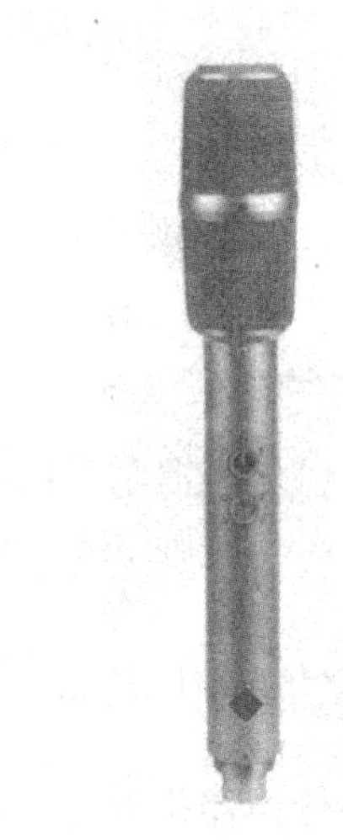

图1.3.11　USM69i型立体声传声器

当两膜片设定为相同指向性，且旋转成一定角度，以两膜片夹角的中间方位朝向声源进行拾音时，是采用XY制的拾音制式，其输出接口标明了上膜片和下膜片的输出，但X信号和Y信号要根据旋转方式来确定；当将其中一只膜片调整为任意指向性，另一只膜片调整为8字形指向性，且将任意指向性朝向声源，8字形指向性朝向声源的侧面时，是采用MS制的拾音制式，其输出分别为M信号和S信号。传声器M、S信号与立体声左、右声道信号的转化在一只矩阵放大器里完成。立体声拾音宽度可通过改变边侧信号的放大量来调节。

现在市面上的多数立体声录音话筒均由上述几种方式组合而成，原理是一样的，构造上只不过是把两个振膜做在一支话筒内了。

2. 仿真头式立体声传声器

利用仿生学原理产生立体声信号的方法，用木头或塑料制成假人头，直径约

18 厘米～20 厘米，其模仿人体器官具有耳壳、耳道，并在耳道末端鼓膜位置分别装有两只微型动圈式或电容式传声器（一般是全指向性或心形指向性），然后将两面声道的输出分别作为左右声道信号。有些仿真头连带有仿制的人体上半身，它的拾音效果更好。如图 1.3.12 所示，为 Sennheiser 公司生产的 MKE2002 仿真头式立体声传声器，它是在一个模特的两个耳道内放置传声器头构成的。图 1.3.13 是 Neumann 公司的 KU100 立体声传声器。

图 1.3.12　Sennheiser MKE2002

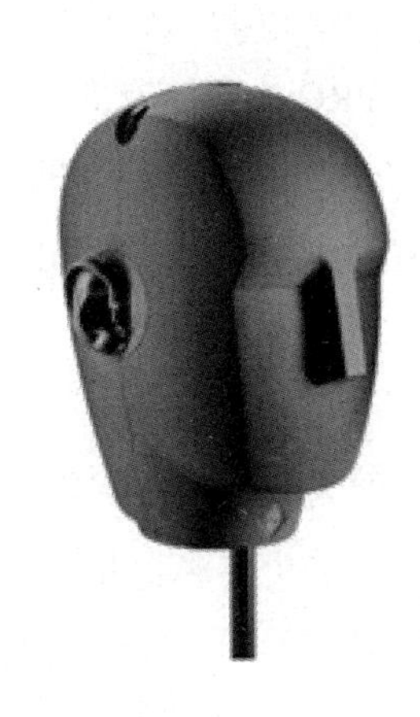

图 1.3.13　Neumann KU100

仿真头拾音方式属于时间差和音量差的复合型系统，重放时必须使用高质量的立体声耳机聆听，听者听到的声音就与仿真头两耳在原声场中拾取的声音完全相同，因此立体感与真实感强。如果用两个扬声器重放，此时听者左右两耳除了直接听到分别从左右扬声器发出的声音以外，还能听到它们分别绕过听音者头部交叉传来的声音，致使所感觉到的声像与原声场中的声源位置有所不同，产生声像畸变。

用仿真头录制的节目感染力强，具有三维立体感，定位方向准确，录制或传送广播剧，效果十分逼真，尤其再现移动声像效果是其他制式无法比拟的。

应用仿真头拾音的缺点是容易产生头中和头前效应，即听音人不是感到声像在自己面前，而是在两耳连线上的头部内，或是在头部前额附近，因而感到不太自然。另一个弊病是，如果听音人在听音过程中偏转头部，则声像也会随之移动。

3. 多声道环绕声传声器

近年来，在双声道立体声基础上，很快发展到了多声道环绕声录音。要求拾取不同方向上的声音，可使聆听者获得来自四面八方的声场定位感及逼真的自然音响效果，有身临其境的包围感。从早期的四声道（电影 3.1）到现在为 5.1、7.1 声道，直至更多声道的 3D 全景声。随之发展出现了不同的录音制式和一些专门的传声器，在此我们介绍两个一体式多声道传声器，关于更多制式的环绕声录音传声器设置在其他课程深入学习。

（1）仿真头式多声道传声器

这种传声器就是在一个仿真人头内部不同方向部位放置多个单指向传声器，最为代表性的是 Holophone 公司的系列产品。按照环绕立体声制式有 5.1 和 7.1 声道，如图 1.3.14 为 Holophone H2 PRO 7.1 声道传声器。

图 1.3.14　H2-PRO 传声器

Holophone H2 PRO 内部装有 8 个传声器，能够拾取 7.1 声道的环绕声。它在 7 个声道拾音的基础上还增加了低频效果（LFE）声道输出。可以与 Dolby、DTS 等环绕声编码格式兼容。

（2）3D 全景声传声器

这类传声器主要为 3D 全景声和 VR（虚拟现实）拍摄而生产的，它可以将多个传声器集中于一点，分别指向不同的方向拾音。这类传声器的声道数有时可以很多，如图 1.3.15 为几个代表性的 3D 传声器。

(a) Ambeo VR Mic

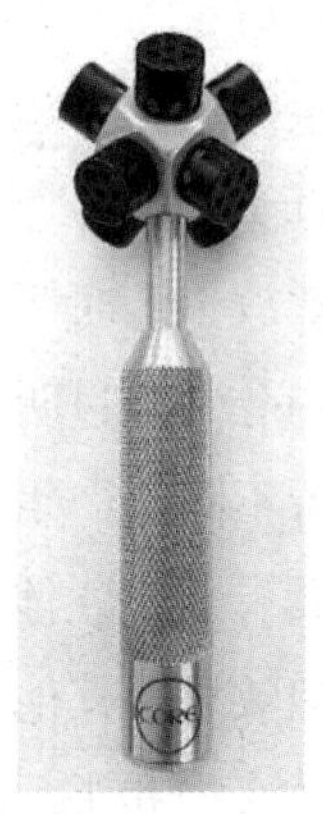

(b) Octo Mic

(c) ZYLIA ZM-1

图 1.3.15　全景声传声器

图（a）为 Sennheiser 公司的 Ambeo VR 四声道传声器；图（b）为 Core Sound 公司的 Octo Mic，主要用于 VR 和环绕声录音；图（c）为 ZYLIA ZM-1 录音话筒，它是一个球体话筒，它内部有 19 个舱体，每个舱内放置一个传声器，可以在 180 度的一圈的范围内进行无限多个方向的拾音，并将每个指向的录音分成不同音轨保存。

七、水中传声器

水中传声器又称为水听器，是用来拾取水中传播的声音，比如水中环境声和水中生物发出的声音，即拾取水压微振动中属于声音频带振动的部分。通常用压电晶体作水听器的敏感元件，其外形如图 1.3.16 所示。

图 1.3.16　水中传声器外形

在广播、电视的科学节目中，对水中环境声和水中生物发出的声音进行拾音所使用的传声器就是水中传声器。由于水深不同，水压可在几十个大气压上下变化，所以水中传声器不能使用普通传声器振膜，另外还有防水措施等限制。因此，水中传声器采用能直接由振动产生电信号的压电式传声器，使用与水的声学特性相似的橡胶、有机塑料或以油为媒介的振膜来驱动。

在水中传播的不只是可听频带的声音，还可传播超声波频带的声音，例如，鲸鱼等动物在水中就是以发出超声波来彼此通信。现在已研制出能拾取 10kHz ~ 100kHz 振动的水中传声器。

八、数字式传声器

数字传声器实际上是在普通的传声器内加装了 A/D 转换电路，直接输出数字信号的传声器。在传声器内部声音信号经声电转换后直接进入 A/D 转换器，缩减了模拟信号的传输距离，使传声器的抗干扰能力大大增强。数字传声器在接入音频系统时，无须采用传统的屏蔽音频线缆，而大多采用数字双绞线。

数字传声器原理和传统的驻极体传声器很相似，用 ADC 转换 IC 芯片取代了传统驻极体传声器内部的场效应管，从而实现了数字信号的直接输出。目前数字传声器的输出接口有两种：一种是采用能与计算机相连接的 USB 接口，这样就可以直接将此“USB 传声器”连接到 PC 电脑上。无须调音台、幻象供电设备、专业接口和复杂的连线，就能进行录音，音质也毫不逊色；另一种方式是采用 AES/EBU 格式专业数字音频接口，通常采用平衡式卡侬头和专用数字 110Ω 双绞线连接，可以方便地和大多数专业数字调音台和数字音频接口卡相连接。

数字传声器通常还附带有能够对其进行遥控的软件，可以通过软件控制界面对传声器的低切、指向性等进行遥控切换，它甚至可以显示出所连接话筒的输出电平，同时能把话筒各项设置的参数储存起来，方便下次调用。

数字传声器的优点就是抗干扰能力强，电声指标好。如图 1.3.17 所示，为 Neumann 公司近年推出的 SOLUTION–D 数字传声器，A/D 转换的采样率有 44.1kHz/48kHz/88.2kHz/96kHz/176.4kHz/192kHz 可选，内部可选量化位数高达 28Bit 至 60Bit，等效噪声级 8dB–A，灵敏度 –44dBFS，动态范围 130dB。

目前数字传声器的缺点是，专业的数字传声器价格偏高，例如 SOLUTION–D 数字传声器的售价高达 8.5 万元。

图 1.3.17　Neumann Solution–D

第四节　传声器的应用

传声器的应用技术包括很多方面，如传声器的选择、传声器与声源的相对位置设置、传声器与录音设备的连接等，这里一方面有技术的因素存在，另一方面还需要一定的经验。下面将围绕这几个问题进行讨论。

一、传声器的选择

传声器不仅种类繁多，而且特性指标也各有不同，那么如何选择传声器呢？其选择和使用又很难说有什么固定规律可循，实际情况中往往要根据所录制声源的特点、声源所处的声场特性以及录音的用途和所要形成录音作品的风格等因素来综合考虑。

1. 根据传声器的性能特点来选择

充分了解传声器的技术性能是正确选择的前提，除了掌握传声器的结构、指向性、频率特性、灵敏度、输出阻抗、信号输出形式及插接件的型号外，还需要了解各种传声器的特殊性能。如专门为语言设计的人声传声器，在语言频段可获得良好的音质；专门为通俗歌曲演唱设计的近讲传声器，可以避免近讲效应；手持式传声器用手抓握时不致引起手持噪声等特殊的性能。要考虑到不同厂家的产品也各有各的特色，对于各种传声器的主观听觉特性也要熟悉，从而在具体选用时就能做到心中有数。

（1）根据方向性的选择

实际应用中，无指向传声器适用于拾取演出现场的环境声或者效果声，可收取特别完美的低频声音及房间的环境音，又称之为环境传声器。也可用于对于舞台上演出的声音进行全方位的拾取，用于乐器拾音时，无近讲效应，可作为主传声器。

单指向性传声器是最常用的，适用于拾取环境声杂乱的场所中局部声源的声音。例如拾取交响乐队中某件乐器发出的声音或在嘈杂的街道被采访人的谈话。至于选择心形、超心形以及超指向性，应视具体要求及现场情况而定。比如，超心形指向性可得到较“干净”的录音或者压抑邻近声源的声音；心形指向性可增加侧面声音的拾取或者增加低频声。

双指向传声器与其他指向性的传声器相比较，对两个方向来的声音有同样的灵敏度。从后部来的声音产生的电信号与前方来的振幅相同，但相位差 180°，即反向。其指向性受频率的影响较小，对两侧入射声的衰减量最大。这一类传声器一般只适用于专业的录音棚或播音室内使用。

（2）根据频率响应特性来选择

了解每只传声器的频率响应才能帮助我们选择适当的传声器应付各种场合，例如，传声器的频率响应曲线在频率高处上扬的，将会加强声音的明亮度，适合于人声的录音。频率响应平坦的传声器适合在理想的录音室作录音使用；特殊频响的传声器要在特殊的场所使用，例如在嘈杂的工厂或交通工具内拾音，为了避免收到低频的噪声，就得使用具有低频衰减特性的传声器。

一般来说，人讲话的声音频带范围比音乐的窄，乐队演奏的比独唱、合唱等来得宽。在要求较高的场合，如高质量的播音和录音，通常选用频响范围较宽的电容式传声器和高质量的动圈式传声器。而一般作语言扩音时，考虑到语言信号的频率范围不宽，故可采用普通的动圈式传声器。因为普通动圈式传声器的频响不宽，所以讲话的扩音效果更响亮、更清晰。当需要对环境噪声抑制或声反馈抑制的要求较高时，可选用单指向特性较强的近讲传声器，这样能有效地衰减周围的杂音并提高整个系统工作的稳定性。

（3）输出阻抗带来的影响

专业的低阻抗传声器的额定阻抗常为 150Ω ~ 250Ω，甚至更低。它采用平衡输出，抗干扰能力较强，可配用较长的话筒线。但这种低阻抗传声器的输出电压较低，必须配接性能指标较高的前级音频放大器。

为了使传声器的特性阻抗和后面设备的输入阻抗对整个系统的频率响应不会产生任何影响，现在通常要求后面设备的输入阻抗是传声器阻抗的 5 ~ 10 倍，这种阻抗配接方法叫作电压跨接法。由于高质量低阻抗传声器的阻抗多为 200Ω，所以推荐的负载阻抗多为 1kΩ，这是专业调音台和录音机常用的输入阻抗值。

传声器的输出阻抗值要从以下几方面考虑：

① 消除外界干扰以提高信噪比，选用低阻抗传声器和采用平衡式传输电缆来连接，可消除静电噪声的干扰，它可使用长到数十米的电缆。

② 为减弱传输线带来的传输损失和因传输线路的分布电抗带来的频响特性变坏，尽可能使用低阻抗传声器及专门的传输线缆。

③ 尽量使传声器相接的设备获得较高输入电压，实现后级设备的阻抗匹配或电压跨接。

（4）注意传声器的动态范围

对于低声压级的声音，如交响乐队小提琴独奏，或距离声源较远时，要考虑传声器的等效噪声的影响，即低声压级声音拾取受传声器固有噪声限制。而对于大动态的声源，如交响乐演奏有高达上百分贝的动态范围，此时要求传声器具有相应高的动态范围，才不会在声电转换中带来声音失真。这点对于现代技术的电动式或电容式传声器都可以做到。

传声器的输出电压过高会导致后续设备的第一级放大器过载，使声音产生削波失真。为了防止这种情况产生，在一些电容式传声器内设置了可切换的电平衰减器，用设置的开关切换以降低输出信号电平，从而减小声音失真。

（5）结构尺寸的考虑

尽管不同型号传声器的性能参数差不多，但由于它们的结构（如尺寸、音膜的支撑方法）存在差异，会使得某个型号的传声器更适合拾取某种声源和在某些环境中使用。

比如，当传声器的膜片直径尺寸增大时，会使产生的电信号幅度大，灵敏度提高，低音频会丰富，可把微弱的声音拾取，使声音细腻。因此，对于鼓类打击乐器，就适用膜片大些的，而对于弦乐中的小提琴，就适宜用膜片小的电容传声器。

音膜的支撑结构对膜片的拉紧程度影响膜片的自由度，当声压冲击时要做出快速反应随之振动，而声音停止膜片不能产生余振，用技术术语即膜片的阻尼系数要适当，这对瞬态声音的拾取质量很是关键。如拾取打击乐的鼓、钹，以及为了钢琴的“颗粒声”时就需要用音膜支撑结构好的传声器。

2. 根据录音的用途及声源和声场的特点来选择

选择传声器还要考虑录音的用途，声源的特点、声场环境的特殊性等各方面因素。

（1）根据用途选择

选择传声器还要根据录音的用途，比如普遍家庭录音，就不一定需要高级传声器，一般动圈传声器或驻极体传声器即可。这类传声器价格低廉，拾取的声音清晰明亮，并且使用方便、牢固耐用，适于配接一般录音机或功率放大器。如果是专业录音或舞台扩声使用，就要选择技术指标高的传声器。

一般情况下录音乐使用电容传声器较好，录语言使用动圈传声器较好，但这也不是绝对的。如录通俗歌曲就专门选用动圈或驻极体近讲传声器，或无线传声器；录美声唱法使用电容传声器；有时还要看乐器的种类，管乐器需要选声音明亮的传声器，弦乐器需选用高音清晰，低音丰富的传声器，而打击乐就不能选灵敏度高或低音多的传声器。还有各种特殊用途传声器更是在专门的场合使用的。

（2）根据声源的特点选择

声源的性质各有不同，例如人声和鼓声在声强大小、频率范围及瞬态特性等方面就相差很大，要录制时所选择的传声器就有不同的要求。所以要达到正确拾音的目的，就要首先了解声源的特性，并依据这些特性来选择合适的传声器。

（3）根据声场的特性来选择

声音自声源发出后，第一个有“加工”的环节就是声场。声场情况不同，会引起音质有不同变化，要体现声场特性并完好的录制，就要在了解声场特性的情况下进行。如室内录音与室外录音不同，舞台扩声与录音棚录音也不同，室外有噪声干扰，室内有反射和混响，舞台扩声有反馈，棚内录音有串音。室外录音最好使用单指向性传声器，室内录音可使用双指向性或单指向性传声器，为了增加室内混响还可使用无指向性传声器。在混响较大的厅堂中录音，使用指向性传声器可以提高声音的清晰度。

（4）根据主观听觉来选择

选择传声器时，有些人对某种传声器有一种偏爱，其原因往往并不是这些传声器的技术指标多么优越，很重要的因素之一是传声器的主观音质，它在听觉上具有一定特色。一般可以通过试听比较来做出选择，即使是名牌传声器也要进行试听，通过主观评价来判别其音质特点。

试听时可采用相对比较法，即选用一只公认质量好的传声器，在同一设备条件下用同一声源进行试听或试录。比如公认 NEUMANN U87 传声器质量较好时，就可用这只传声器做标准，与选用的传声器做比较。试听前要选好声场并确定放音条件，初听时不要加任何频率补偿，声源最好是利用钢琴弹奏或短笛吹奏，也可用语声中嘶音较多的语句。每只传声器都有不同的音色，根据用途和爱好来确定是否选用。

二、传声器的位置设置

录音的质量既取决于传声器的设计，又取决于外部因素，如声学环境和传声器的拾音位置等，所以在进行拾音时，一方面要对传声器的特性和使用规律有充分的了解，另一方面还要结合具体使用环境和使用对象进行选择和调整，以便从声源拾取到最好的声音。

传声器与声源之间的距离及相对位置，对拾音效果有很大的影响。现在介绍一下传声器的位置设置。

1. 远近位置设置

传声器和声源的距离远近，通常影响到以下几点：

（1）调节传声器的距离，可以避免声压级过大引起的失真或声压级太小造成的录音电平不足。

（2）传声器和声源的距离不同，可以获得不同的空间感。

（3）传声器和声源的距离过近或过远，可影响声源的频率特性，从而带有特殊效果。

传声器和声源的距离决定了直达声和混响声的比例大小。距离越近，直达声的成分就越多，对于声源原始情况反映的也就越真切，在没有混响的声场同样如此。

近距离拾音中传声器所拾取的声音多是直达声及初期（近次）反射声，从音质上说有纯真、纤细、清晰、宽厚有接近原声的特点，但是缺乏临场感，而且容易暴露原声的缺陷，比如语言中的齿音、喉音等。比如，流行歌曲演唱者大多数喜欢手持式传声器，并将传声器紧靠演唱者的嘴边，以充分利用动圈传声器的“近讲效应”，获得温暖、亲切的通俗唱法效果。多声道音乐拾音也多采用近距离拾音方式，因为近距离拾音具有提高信噪比、防止旁串音等优点。

远距离拾音一般距声源在 1 米以上，自然混响录音棚里录音和舞台扩声常采取远距离拾音，远距离拾音除直接声外还可拾取室内的散射声和混响声，它有很强的融合感和临场感，以及声音的空间感。远距离拾音时混响与噪声会相对增加，从而降低了信噪比。因此布置传声器时要注意传声器的高度和距离，以及它的指向角度，最好把传声器正对准声源，以提高声音的清晰度。

2. 高低、偏正位置设置

传声器的主轴与声源的角度也很重要，一般选取在有效的指向角度之内拾音，但不一定要正对传声器拾音。高低、偏正位置的设置主要考虑以下几点：

（1）高低位置的变化，可以改变拾音的频率特性，往往用以改善声音的质量。辅助以俯仰的变化可以弥补高低设置时的频率损失，以获取良好的频率特性。

（2）偏正的设置同样可以影响拾音中的高低频比例成分，去掉不受欢迎的高频噪声或增加高频成分，如喷话筒的现象。比如，唱歌时一般选择偏离传声器主轴一定角度，否则有可能拾取到气流冲击传声器而引起“噗噗”声。

（3）高低位置的变化还可用来解决影视录音中传声器与画面之间的矛盾，因为在大多数场合，传声器只能设置在画框之外。

总之，传声器在其位置设置过程中要避免声场中的一些带有声学缺陷之处。要远离强大反射面（体），声源要保持在传声器的有效工作角之内。除了追求特殊效果，它的设置要放在声场中不同声源的均衡之处。

3. 传声器设置中注意的几点

传声器的设置很复杂，除了注意上述的距离和方位问题，还要注意以下几点：

（1）传声器的离轴染色现象和近讲效应

在传声器使用中，要注意传声器非轴线上拾音时引起的声源频率特性变化；任何传声器，特别是指向性传声器，在近距离上拾音会产生近讲效应，尽量避免。

（2）相位抵消现象

有两种情况会引起信号相位抵消现象。其一，多个传声器的相位不同，需要采取统一的接线方法来避免。其二，由于声音信号传播的路径不同造成的声学相位差，在录音过程中要时时注意。

由于反射面的存在，声音在传播时有直达声及反射声，因为它们二者的传播路径不同，在接收点得到的是两种不同信号的叠加，从而造成接收点的梳状滤波效应。接收点离反射面越近，直达声和反射声的路程差越小，梳妆滤波效应越不明显。所以应尽量减少直达声和反射声的路径差，并减少反射的能量，让指向性的“死”边对着有反射的一面。

同样，多个传声器同时拾音时也可能会发生声音到达传声器的路径不同，产生相位抵消现象。所以，“能使用一个传声器，就不要用更多的传声器”。

（3）环境气候因素的影响

室外录音时除和室内声场存在好多不同特性，除了要避开噪声外，一些特殊的气候因素也要特殊处理。

风对传声器的影响常常是令人难以忍受的，实际录音中的风经过传声器后，听起来就完全不像刮风反而像打雷，产生“隆隆”的声音。因而室外录音要采取加装防风罩的措施来防风。防风罩的外形越大防风的效果也就越好，有时一层不行还要加多层。

三、传声器连接中应注意的问题

1. 必须使用专用电缆馈送传声器信号

一般传声器的内阻有几百欧姆，输出信号又很微弱，因而必须使用专用的屏蔽电缆作信号传输线，并使屏蔽层的一端与传声器的外壳良好相接，另一端与后级电声设备的外壳良好相接，这样才能减小外界电磁场的干扰。一般传声器输出的电压信号在 mV 数量级上，如此微弱的信号在传输过程中若无良好的屏蔽措施，就会受到周围电磁场的严重干扰。另外，即使屏蔽良好，传输线也应尽量短且要避开干扰源。

2. 使用平衡传输可有效减小外界干扰

在音频系统中，存在着平衡与不平衡两种传输形式，如图 1.4.1 所示：

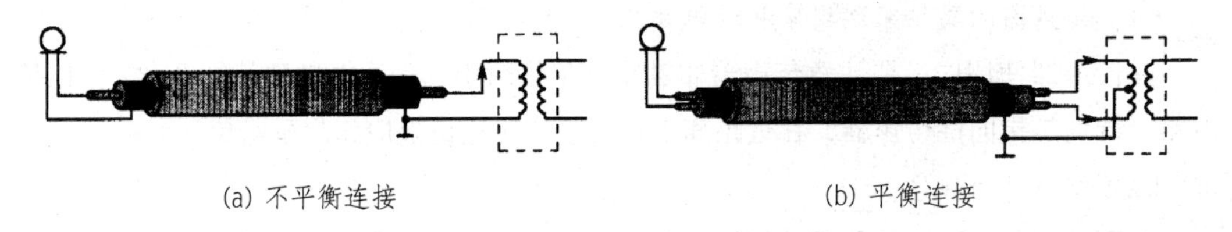

(a) 不平衡连接　　(b) 平衡连接

图 1.4.1　平衡及不平衡连接示意图

所谓平衡传输，是指传输线有两根芯线，连接时要求与前级放大器连接的传声器的两根芯线都不接地，只有屏蔽层和地相接。两根芯线与高质量的声频变压器输入相连，声频变压器的输出再与前级放大器相连。它们上面的声音信号正好对参考点（大地）呈现数值相等而极性相反的情况。当信号传输受到干扰时，干扰信号在终端负载上可以互相抵消，达到抗干扰的目的。同样，平衡线传输也不容易干扰别的电器设备。所以，平衡传输的优点是抗外界干扰能力强，专业级设备通常全部采用平衡传输方式。

不平衡传输是采用一根芯线的电缆，用屏蔽层作为另一根信号线。这样的传输方式使得传声器与前置放大器之间的两根传输电线中，屏蔽层一根必须接地。有可能将线路的干扰噪声通过单根芯线而传到下级，从而影响声音信号的传输质量。但这种接法成本低，仅用于话筒线较短的家用音响设备上。

3. 注意阻抗匹配与电压跨接

阻抗匹配的目的就是让负载从设备中获得最大功率。最简单的例子就是负载阻抗和电源的内阻抗都是纯电阻的情况。在这种情况中，如果负载电阻小于或者大于电源内阻，负载电阻获得的功率都是比较小的，只有使负载电阻等于电源的内阻，负载电阻才获得最大的功率。如果负载和电源内阻都不是纯电阻，要做到匹配就复杂一些，不但要求电阻部分相等，而且要求电抗部分大小相等符号相反，也就是要做到阻抗相等。

阻抗匹配可以提高电路的传输效率，让负载获得最大功率，让前后级电路处于最佳工作状态，信号不产生失真。在传输线中，使负载阻抗等于传输线的特性阻抗，也叫作匹配。它的目的是消除负载引起的反射，让负载获得最大功率，电视天线的匹配就属于这种情况。

在实际应用中，传声器在和调音台或功放连接时，为了提高小信号电压的传输效率，调音台或录音机的输入阻抗要大于传声器输出阻抗的3倍到5倍，这时的传输效果最佳。通常，动圈传声器的负载阻抗要大于传声器输出阻抗3倍以上，电容传声器的负载阻抗要大于输出阻抗的5倍以上，我们把这种连接方法称为电压跨接。

4. 注意过载

在录音过程中，一旦出现信号过载，就会产生严重的失真，即我们说的声音爆了。过载也有两种情况：其一，大声压级信号使传声器本身产生过载失真。如打击器、鞭炮声。其二，传声器输出电平过大，造成后面放大电路的过载现象。

对于灵敏度较高的电容传声器，则更容易发生过载现象。这一点说明传声器的某一指标并非越高越好，要看具体的使用场合，在录制高声级信号时，一方面要选择合适灵敏度的传声器，另一方面要控制传声器距离。

5. 注意多只传声器的极性

在同时使用两只或两只以上传声器时，必须使各传声器的电路连接极性相同（即相位相同），否则，由于极性的反接使两只传声器输出两个相位相反的信号，经调音台第一级放大后，在混合网络上将会产生抵消作用。

使用传声器时，还要注意不应将两只或两只以上的传声器进行简单的并联使用，否则不仅会影响它们的频率特性，而且还会降低灵敏度和增加失真度。

四、传声器的附件

在实际的使用中，生产厂家往往还专门为设置安装以及保护传声器不受到干扰而生产了一些辅助器件，下面简单做一介绍。

1. 传声器架

传声器架是用来支撑和固定传声器的一种支架。常用传声器的支架有台式支架、落地式、头戴式和领夹式等多种。台式传声器支架通常只用于语言拾音，如录制旁白或解说；落地式支架固定传声器更适合于美声和民族演唱风格，主要在音响录音棚和音乐录音棚里使用，如图1.4.2(a)所示。近年来还流行头戴式传声器支架，更适合于边舞边唱的通俗唱法。

还有一种可调位置传声器架，主要在摄影棚或电视演播室内使用。它可以随演员的移动位置而轻松地改变方向。

2. 传声器杆

传声器杆是用来在同期录音时支撑和固定传声器的一种支架。在影视拍摄现场为了不让传声器出现在画面里，传声器往往很难靠近声源，使用吊杆支撑的枪式传声器拾音可解决这一问题。传声器杆一般分成金属和碳素纤维杆二种，长度 1.5 ~ 10 米，有一节到多节等几种，如图 1.4.2(b) 所示。工作时，由录音助理手举着，跟随着演员的位置而运动，以最佳拾音位置来拾取拍摄时的各种声音。

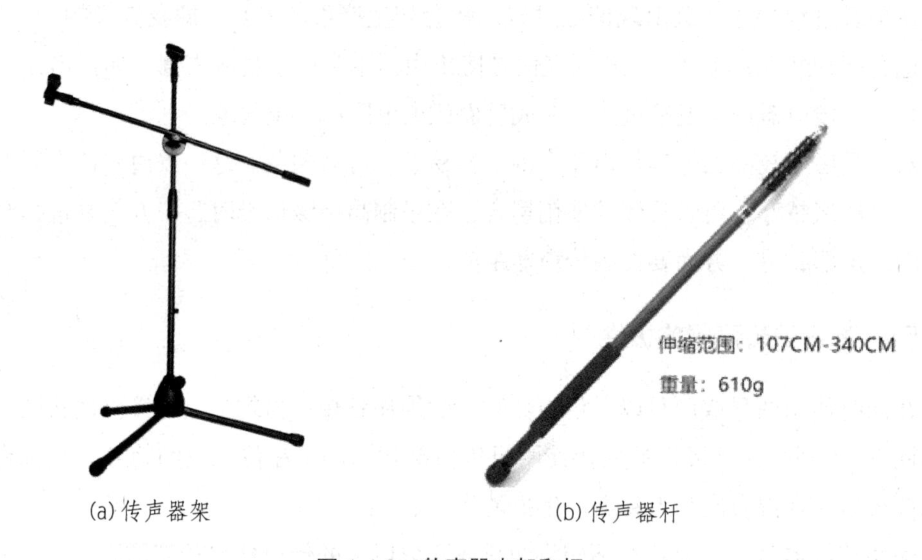

(a) 传声器架　　(b) 传声器杆

图 1.4.2　传声器支架和杆

3. 减震器

传声器是通过接受微弱的声波振动来完成声—电转换的，所以强烈的震动往往会损伤传声器的振动系统或使其灵敏度降低。电容式传声器尤为敏感。因此，使用传声器时应尽量减少强烈震动，更应避免摔碰。

减震器是用来连接传声器和传声器架或传声器杆的柔性支架。使用时，传声器固定在减震器的弹性支架上。如图 1.4.3 所示，用来减掉从地面、桌面或手上传来的各种震动噪声。同期录音使用的传声器减震器一般还配有手枪把（一种类似手枪的手架，既可手拿，也可连接到传声器杆上）。

一些特制的具有坚固外罩和内部弹性悬挂装置的动圈式传声器，抗震能力相对较强，摔在地上也不易损坏，最适宜于舞台扩音和室外录音。

另外注意，在日常试音时应当用正常声音讲话，不应对传声器吹气，更不应用手敲击，以免损伤传声器。

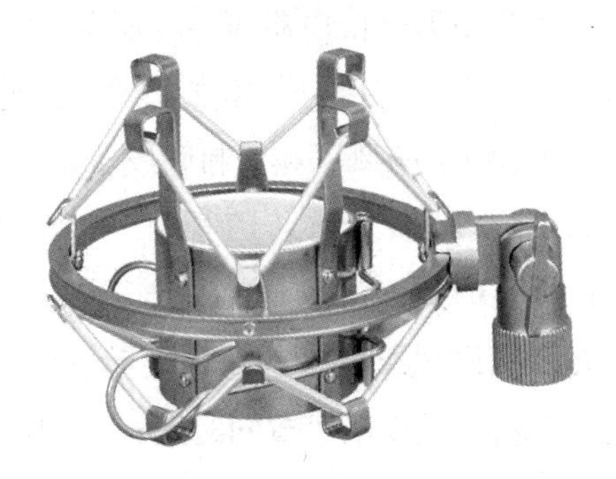

图 1.4.3　传声器减震架

4. 防喷罩

话筒防喷罩（Pop filter）是一个可以有效地避免喷话筒现象发生的防护罩。防喷罩为双层网膜设计，能有效避免喷音，同时能对话筒起到一定保护作用，如图 1.4.4 所示。

图 1.4.4　话筒防喷罩

在录人声时，经常会将气流喷到话筒上。这样录出来的声音就会带有明显的喷话筒爆破音，给后期处理增添了麻烦。在录人声的话筒前面，摆放一个专业的防喷罩，能有效地抵消掉喷音。

5. 防风罩

传声器在使用时遇到风或移动而受到气流冲击时都会发出“呼呼”的噪声。当用作近距离拾音时，爆破音、齿音或口唇气流会使传声器发出“啪啪”的噪声，这些都会影响录音效果。为了减少气流冲击信号，常需给传声器戴上合适的防风罩。防风罩能将气流冲击噪声降低 20dB 以上。防风罩除了防风作用外还能防尘，特别是能防止磁性颗粒进入传声器，万一不慎将传声器摔落时还有一定的防震保护作用。

一般来讲，传声器的指向性越强，灵敏度越高，对风的抗干扰力就越差。常见的防风罩主要有两种：海绵防风罩和塑料防风罩。

海绵防风罩可以直接套在传声器上，一般在室内录音时使用，可防止演员近距离讲话时的“喷口声”喷到传声器上产生声音失真。而塑料防风罩主要在室外进行同期录音时使用，如在塑料防风罩的外部再加上毛皮防风外衣，如图 1.4.5 所示，可抗八级左右的大风天气。塑料和毛皮防风罩同时还有保护传声器在雨中使用的功能。

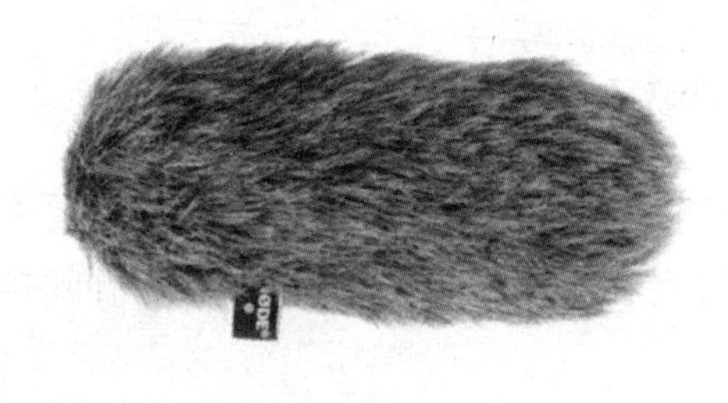

图 1.4.5 塑料和毛皮防风罩外形

防风罩应经常保持清洁，可用压缩空气除尘或用洗洁剂漂洗，不要让积尘堵塞微孔，否则会降低防风罩的性能。

思考与练习题一

1. 什么是传声器？传声器的主要作用是什么？

2. 按换能原理分类，传声器可分为哪几类？按指向性的不同，传声器可分为哪几类？

3. 举例说明日常生活中所见到的不同型号的传声器分别属于哪一类型。

4. 简述动圈式传声器和电容式传声器的原理和性能特点，分别在什么情况下选用？

5. 什么是幻象供电？为什么电容式传声器必须要有幻相供电？

6. 普通电容传声器和驻极体传声器主要区别有哪些？

7. 传声器的灵敏度、频率响应特性是如何定义的？

8. 一般优质传声器的频率范围、动态范围和信噪比各为多少？

9. 什么是梳状滤波效应、离轴染色效应，如何避免？

10. 为什么唱通俗歌曲时通常使用近讲传声器？

11. 界面传声器有什么优点？在什么时候会选用？

12. 领夹式传声器在频响设计上有什么特点？

13. 无线传声器有哪些优缺点？使用中要注意哪些问题？

14. 采访话筒是依据什么原理来获得超指向性的？

15. 如何避免传声器设置中造成的相位抵消现象？

16. 什么是平衡传输和不平衡传输？平衡传输有哪些优点？

17. 什么叫阻抗匹配和电压跨接？分别在什么情况下使用？

18. 在使用有线传声器时应注意什么问题？

19. 分别说明在人声、钢琴、低音鼓录音时，应该选择什么样的传声器。

20. 独唱录音时传声器的正确位置如何设置？为什么？

第二章

调音台

调音台是专业音响系统中必不可缺少的核心设备，它常常被誉为专业音响系统的“中枢”。以它为中心，连接各种信号源设备和音频处理设备、声音记录与放大输出设备，对来音源设备的多路声音信号进行放大、音质补偿、音量平衡、效果处理等加工，然后加以混合、分配送入录音机给以记录，或分配给还音系统重放。本章我们将对调音台的主要功能、工作原理和调控方法作一阐述。

第一节　调音台的功能与特点

在录音过程中，由传声器拾取声音信号后，通常还要对拾取的多路电信号进行一些必要调整、控制、修正、效果处理和混合、分配，这些功能的实现通常都是围绕调音台来进行的。

一、调音台的主要功能

调音台是音响艺术工作者进行艺术再创造的主要工具，也是对各路声音信号进行混合、分配和控制的中心，它的主要功能可以归纳为以下几个方面：

图 2.1.1　模拟调音台

1. 信号的混合与分配

调音台的最基本的功能就是声音信号的混合与分配控制，其英文名称 Audio Mixing Console，直译就是声音混合控制器。在录音或扩音过程中，调音台输入的音源种类很多，其中仅传声器的数量可多达十几只甚至几十只。调音台把来自各种音源，如传声器、磁带录音机、CD 或数码播放机、电脑声卡输出、各种电子乐器（如电子琴、电子合成器、电吉他等）或各种声处理设备（如混响器、延时器等）的音频信号，分别进行技术上的加工处理，然后混合成一路或两路立体声、多路环绕声信号输出。

由于调音台作为音频信号的控制、处理中心，需要为许多周边设备提供输出信号。

如为母带录音机提供立体声信号，为多轨录音机提供各个轨道的信号或多轨编组输出，以及为各种效果处理设备提供信号，还有各种监听需要的信号等。这就要求调音台将每一个音源输入的信号分配给不同的输出设备传输到不同的地方。

2. 电平放大

调音台作为声音信号混合调控的中枢，必须能够与其他音频设备互相连接和传递信号。录音或扩音系统中来自各种音源设备的信号电平高低不同，小的信号需要加以放大，大的信号需要衰减，即需要把强弱不同的声音信号电平调整到适宜统一处理的电平。输入信号通常经过各种处理调整后还会产生一定的衰减，这就需要经过再次放大，最后的输出要达到录音机或还音功率放大器所需的输入电平。因此调音台的另一主要功能是将不同电平的信号按要求进行放大。

通常调音台内部需设置：前置放大器（话筒放大器）、节目放大器（也称中间、缓冲或混合放大器）、线路放大器（也称为输出放大器）。调音台对放大器要求是有优良的电声指标，并且要求输入输出放大器能与不同音频设备的输入、输出端口有良好的阻抗匹配，以保证信号高质量、高效率的传输。

3. 音量平衡控制

调音台有许多路音源输入与信号返回，还要根据监听和处理等需要分配到许多的支路输出。不论输入或输出，都需要依据节目要求控制其音量大小，以达到音量平衡，故音量控制也是调音台的重要基本功能之一。在调音台中，通道主音量控制器习惯上称为衰减器（Fader），推拉式的衰减器俗称为“推子”，一般占据了调音台面板上的下半部一整排。

4. 频率均衡和滤波

由于拾音环境（如播音室或厅堂建筑结构）可能出现“声缺陷”，演员或乐器也可能存在发声缺陷，或对录（扩）音的音色有不同的要求，再加上音响系统设备的电声指标可能不完善，在进行分配、混合之前，往往需要对声音进行适当的频率补偿，以保证声音质量和需要的艺术效果。

因此，调音台的每一路输入组件均设有均衡器（Equalizer）及滤波器（Filter）。滤波器用来消除高、低频的噪声以及有害的音频信号；均衡器用来补偿声源和电声设备存在的或受拾音条件限制而造成的节目信号的频率损失，将音频信号的质量尽可能提高。此外，滤波器和均衡器还可以按照节目的艺术要求，对声源的音色进行修饰美化处理，或创造特殊的音响效果。

5. 声像定位

在录制立体声节目，特别是采用“多声道方式”录音时，因输入信号的声源并没有明确指定其所在的声像位置，所以需按照该声源的习惯方位或依据录音的艺术要求来分配“声像方位”。

一般具有两声道立体声或多声道环绕声主输出的调音台都设有“声像”（Pan）电位器或多声道“声像摇杆”，用来设置或修正重放立体声的声像位置。

6. 效果处理

在录音制作节目和扩声过程中，为了艺术的需要多数时候都要对声音进行延时效果处理，所以大多数调音台都专门设置了外接效果处理器的效果发送与返回通道控制功能。专门用来扩声的调音台和数字调音台一般都会内置效果处理器，具有一些简单的效果处理功能。

7. 信号监听与监测

调音台在对信号加工处理的许多环节上必须监听信号的质量，以便鉴别和调节。监听的对象可以是经过调音台技术处理和艺术加工后分配输出的混合信号，也可以是音源输入的各路信号或处理过程中各个位置的信号。通常在调音台上设置耳机插孔，用来插耳机监听。有时还要考虑（如在调音控制室或演播室）外接“监听（Monitor）”系统，用扬声器监听。

调音台上设置的音量（VU）表或准峰值（PPM）表能协同听觉来对时刻变化的音频信号的电平进行监视。高档的大型调音台，采用数字化光柱和音量表显示相结合，给视觉监测带来更直观的效果。

较高档的调音台为了测试各组件的技术指标及工作状态，往往特别设置了振荡信号源组件，输出各种频率的测试用单音频信号，或输出白噪声和粉红噪声信号，供测试机器和声场时使用。

8. 对讲联络

在分设的演播（播音）室及调音（控制）室进行录音或播音时，两室之间必须相互联络和相互对讲才能方便工作。对讲控制装置常附设在调音台内，当开启调音台上的对讲开关时，接通其对讲传声器，可以和演播室进行联络。在播音室一端也有另外设置控制小盒的，但它必须与调音台有对应的联锁关系。例如，当红色信号灯亮，表示录音开始，此时接通调音台内节目拾音的各传声器通路，而将对讲道路切断或哑声（Mute）。

有些调音台还有一些附属功能，如通常附加在专业的大型调音台上的自动化功能（Auto Function），现在的数字调音台还有遥控功能等。

上述调音台的主要功能，并非所有调音台都具备。如用于录音棚和剧院的大型专业调音台，结构复杂，体积庞大，价格昂贵，具备了以上的全部功能，有时甚至更多；而卡拉 OK 歌厅和“迪斯科”舞厅使用的中小型娱乐级调音台，则功能相对要简单一些。

二、调音台的分类

调音台可以从各种不同的技术角度进行分类，下面介绍不同分类方法和各种类型调音台性能特点。

1. 按信号处理方式的不同分类

（1）模拟调音台

声音信号本身是模拟信号，不改变声音信号的性质而进行加工处理后再输出模拟声音信号的调音台就是模拟调音台。20 世纪最为普及的就是模拟调音台，其操作界面看似很复杂，各种旋钮、按键密密麻麻，但是操作起来相对比较直观，如图 2.1.1 所示。目前模拟调音台的技术比较成熟，成本也较低，它的缺点是自动化功能难以实现、技术指标也比数字调音台稍差、相对比较笨重。

图 2.1.2　数字调音台

（2）数字调音台

数字式调音台的各项功能单元基本上与普通模拟调音台一样，不同的只是数字调音台内的音频信号是数字化信号，所有模拟音源信号进入调音台后，首先经由模 / 数转换器转换成数字信号，而输出母线上的信号送出调音台之前，多数情况下需要先由数 / 模转换器，转换成模拟信号。

数字调音台的技术指标可以轻易做到很高的水平。 其所有功能单元的调整动作都可以方便地实现全自动控制，并可方便地与计算机配接来实现遥控，给录音带来极大的方便，大大提高录音的效率。现代常见的高档调音台几乎都实现了数字化。

（3）数控调音台

数控调音台本质上是一个模拟调音台，但是在控制系统方面采用了一些数字技术，可以说是一种过渡性质的产品，如图 2.1.3 所示。鉴于目前数字调音台在音质方面还有待改进，模拟调音台依然有一些无法替代的优点，这种产品很受欢迎，但数字化发展是必然趋势。

图 2.1.3 数控模拟调音台

2. 按用途不同分类

（1）录音调音台

录音调音台是指专业的录音棚内录制节目的专用调音台。它有极高的技术指标，极完善和丰富的功能，是调音台中档次最高的。它多用于录音棚中进行高质量音乐节目录制的多轨录音系统中。

录音调音台必须具备多轨录音的相应功能，它的构成比其他类型的调音台要复杂得多。多轨录音是将一首乐曲的各声部先分录在多轨录音机的不同音轨上，然后再进行缩混。在缩混时，我们可以通过反复试听，以获得最佳的响度平衡、声像定位及各种特殊效果的配置方案。为完成这些工作，录音调音台具有一些特殊的功能单元，如通常设有效果的发送和返回通道、多轨录音返回通道、直接输出接口、编组与矩阵输出、专门的监听通道等。

（2）扩声调音台

扩声调音台是专为各类剧院、场馆的舞台表演扩声和现场直播设计的，也可用于双轨立体声录音。其主要功能是将舞台上多路话筒拾取的现场信号进行一定的响度平衡、均衡处理、声像定位和加配适当的效果后，混合为两路立体声信号，送入功放和扬声器，为表演现场的观众提供声音信号，为舞台上的表演者提供返听信号。

这类调音台通常只有立体声主输出、单声道输出和辅助输出等，均衡段数也较少，有的带有四个以上编组输出。有的小型扩声调音台中还带有功放，并常常含有效果器和多频段均衡器，便于流动演出扩声使用。

（3）直播调音台

直播调音台专用于电台的直播节目，故有一些不同于录音调音台或扩声调音台的特点，其播出可靠性要求很高。从功能上讲，直播台比录音调音台或扩声台都要简单，但有一些特殊的功能系统。比如，具有对外接音源设备的推子启动遥控功能、热线电话耦合系统等。

图 2.1.4　广播电台直播调音台

（4）外采便携式调音台

外采便携式调音台主要用于影视同期录音现场录音和外出采访。其特点是结构简单，输入路数较少，通常有 2 ~ 4 个通道，功能模块较少，装有简单的高、低音均衡器，但其电声指标并不因此降低，同样具有很高的质量。这类调音台通常体积小巧、携带方便、易于操作，可以装入干电池供电。

图 2.1.5　便携式调音台

（5）DJ 调音台

DJ 调音台是专用于迪斯科舞厅的调音台。其结构简单，但有较多的输入接口，此外还有一些特殊的功能单元。比如，软切换电位器，用于两条立体声信号的平滑软切换；数码采样器，它可以对音源进行数码采样录音，然后用特殊方式进行播放，如变速播放、循环播放等。

图 2.1.6　DJ 调音台

3. 按结构形式分类

（1）一体化调音台

所谓一体化调音台，通常是将调音台、功率放大器、图示均衡器、混响器集于一体，并装在一个机箱内，外形看还是一个调音台。这种调音台有时被称为“四合一”的台子。一般来讲，这类设备的输出功率较小（不超过 2×250W），操作方便，主要用于流动性演出。

（2）非一体化调音台

非一体化调音台最明显的特征是不带功率放大器，我们常用的录音调音台都属于这一类。

4. 根据安装情况不同分类

（1）固定式调音台

固定式调音台有大型与中型两类，大型调音台有 24 个通道以上，甚至上百个通道，中型调音台一般有 12～24 个通道，功能齐全并附有混响器、压限器等周边设备。多用于电台、影视制作单位、音像制作部门等，既可用于音乐录音，又可进行节目的后期缩混制作。输出声道多，配合多轨录音机，可以进行多声道录音。在大型剧场、音乐厅也使用固定式调音台进行扩音。

（2）移动式调音台

移动式调音台一般有 4～12 个通道，台上装有高、中、低频率补偿器，有的还装有高、低通滤波器及自动音量控制，主输出多为双声道。主要用于语言录音，影视制作部门使用最多。

调音台还有其他一些分类方法，例如：根据操作模式不同可以分成手动式、半自动式和全自动式调音台；根据功能和外形大小，可以分成大型、中型、小型和袖珍调音台；按输入路数分为 4 路、6 路、8 路、12 路、16 路、24 路、32 路、40 路、48 路、56 路等；按主输出信号形式分为单声道、双声道（立体声）、多声道调音台。

三、调音台的结构特点

1. 调音台的机械结构

现代调音台由于功能上的需要，机身构造越来越复杂。为了便于安装、运输、调试、维护和用户扩展方便，传统的模拟调音台总是制造成模块形式。一般包括机架、电气单元功能组件（模块）及母线和接口板。

我们常见的调音台，虽然在品牌、型号以及大小上有很大不同，但很多调音台厂家都使用了模块式设计，绝大多数的调音台是由：输入模块、输出模块和监听模块、主控组件等几部分构成。各单元组件均采用接插件式，信号通过插座与母线相连，而母线多制作在印刷电路主板上。用户只需根据安装和功能要求，从中选取模块类型插装到主板上即可。在许多调音台生产厂家当中，可扩展的配置已成为标准。调音台的模块结构如图 2.1.7 所示。

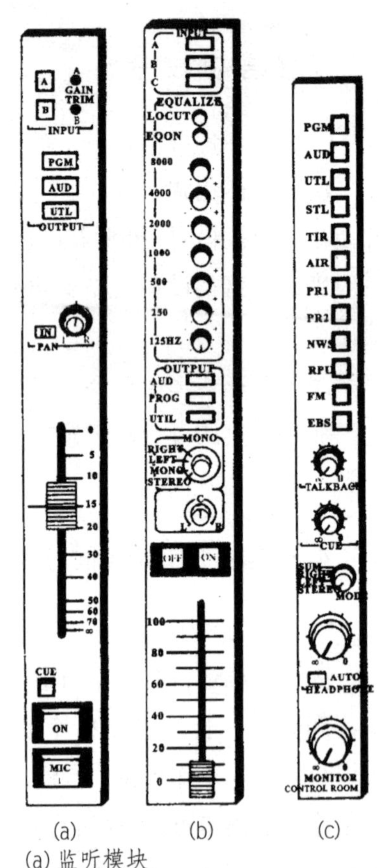

(a) (b) (c)

(a) 监听模块
(b) 输入模块
(c) 输出模块

图 2.1.7　调音台的模块

对于数字调音台，内部已经实现了数字集成电路芯片化设计，完全是电脑程序控制处理。但是为了沿用模拟调音台的操作习惯，大多数依然沿用了模拟调音台的外观结构设计，只是增加了显示控制参数的液晶显示屏。

2. 调音台电气结构

为了完成复杂节目录制工作，传统的模拟调音台必须具备的电器组件有：供电组件、接口组件（端子板和跳线盘）、通道输入组件和母线分配输出组件、监听和监视组件、辅助组件（效果送出和返回系统、返送系统）、对讲联络系统和控制系统组件。

通常，信号源从通道输入组件进入调音台，经相应的调整控制单元进入到母线通道，再由母线分配到各输出组件，由输出总控组件送出调音台。其中，通道输入组件由多路控制单元配置完全相同的信号通道组成；不同的母线输出组件用途也不同，所有输入通道上的信号都可以通过相应的控制单元任意分配给各条母线，然后经总控单元送出调音台；控制单元用于控制各条输入通道上的信号进入输出母线的电平值。有些一体化的调音台还将功率放大器、图示均衡器和效果器等电路模块集于一身，装在一个机箱之内。

数字调音台从外观形式上和模拟调音台可能差异不大，需要有一个分布许许多多旋钮、按键、推子的控制面板，也需要有大量的输入输出接口。最大的不同是面板上多了一个用来显示各种调整参数的液晶显示屏幕，像电脑一样增加了类似鼠标和键盘功能的输入键钮，有些可以直接外接鼠标和键盘。

数字调音台内部处理的是已经采样、量化、编码后的数字信号，通过内部的数字信号处理器芯片和 CPU 对信号进行程序运算处理，数字音频信号通过接口以数据流（或文件）的方式传输，其中的旋钮、开关、推子等的控制对象不再是传统模拟调音台的实际音频信号，而是数字算法的控制信号，数字调音台对信号的处理更灵活、更精确、处理流程和效果显示更形象。

数字信号处理部分（DSP）是数字调音台的核心，负责对数字信号进行各种处理、加工，它基本上决定了整个调音台的功能好坏和质量高低。调音台的主控单元由中央处理器（CPU）结合软件运行，实现整个调音台的指令执行、信号路由控制等功能。调音台操控部分，这是人机对话的界面，外观类似模拟调音台，操控的也是一系列推子、旋钮、指示灯等，有些调音台还可以连接视频显示器、键盘、鼠标，使得调控更为方便。

多数的数字调音台同时可以具备模拟接口，用来连接模拟信号设备，目前这些模拟输入口用于支持台子无缝过渡到全数字化，数字接口的类型有 AES/EBU、S/PDIF 等标准。

第二节 调音台的原理

调音台的电路组成结构，一般可分为输入部分、母线输出部分、主控部分、监听与监视部分、接口部分（跳线盘）等。下面我们将以一个小型模拟调音台为例，来介绍各个组成部分的工作原理和简单电路结构，本节后面的图 2.2.17 所示，为一个 SPIRIT POLIO 4 型调音台的原理框图。

一、输入部分

调音台的电路十分复杂，如果用一般含有电子元器件的电原理图来描述调音台的原理会变得十分繁杂，甚至是难以实现的，即使拿来那样的电路图也是一般人很难看得懂的。事实上，作为录音师也没有必要一定去细致地掌握具体电子电路的工作原理，但是掌握其电路组成结构和原理方框图却是完全必要的。

调音台的输入部分，一般是由很多个相同或相似的信号输入通道组合而成，也就是常说的路数。每个输入通道一般都包括信号的输入、均衡滤波处理、声像调节以及通道信号的控制和分配四个主要部分。简单的调音台原理框图如图 2.2.1 所示。

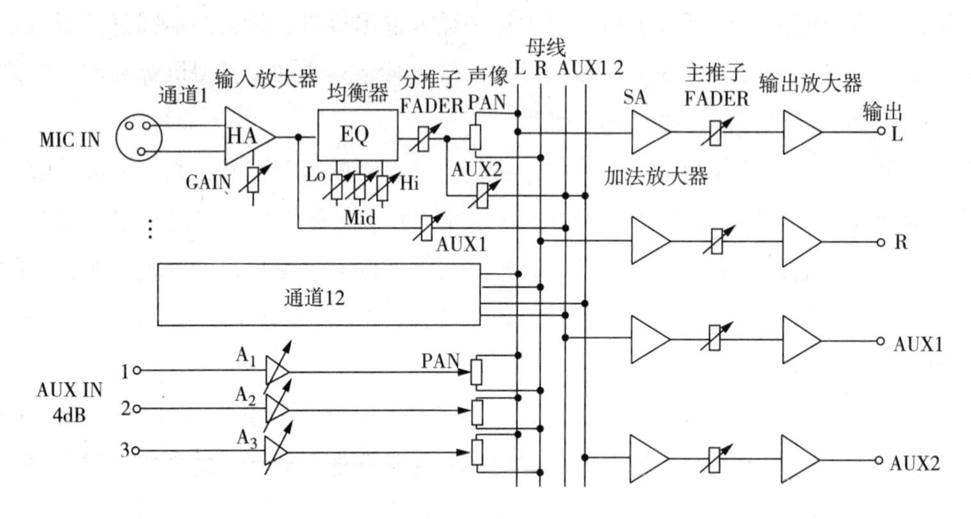

图 2.2.1 调音台的原理框图

1. 信号输入

调音台的信号输入部分主要由输入接口、增益调节、相位倒转、幻象供电以及用于切除低频的高通滤波器等组成。

（1）输入接口

输入接口主要是指调音台输入部分的每一个通道上与信号源进行连接的插座。由于调音台输入接口所要接收的信号是来自具有不同输出阻抗、电平相差悬殊的各种信号源。所以调音台的输入接口对外呈现的输入阻抗与所接入的输入信号源的输出阻抗之间要满足电压跨接的要求。即调音台的输入阻抗至少要比所接设备的输出阻抗大五倍以上。

由于演播室中使用的专业传声器的输出阻抗大多为 200Ω 以下，为了采用电压跨接的方式实现信号的高效传输，传声器输入端口的输入阻抗一般为 1kΩ 以上；而磁带录音机、声处理设备等线路输出的信号源的输出阻抗多为 600Ω，因此线路信号输入口的输入阻抗一般在 10kΩ 以上。所以，一般在输入单元的输入端，通常设有一个为低阻

（LOW–Z）的传声器输入（MIC IN）接口，和一个为高阻（Hi–Z）的线路输入（LINE IN）两种插口。

高质量的调音台的输入接口均采用平衡的输入方式，这种连接方式的优点是可以有效地减小由于线路引入的干扰。在有些调音台的设计中，出于设计方面考虑，高电平的线路电平信号输入口也可采用非平衡的连接方式。

XLR 型（卡侬）接插件由三个插针的插头和插座两部分组成，图 2.2.2 所示为卡侬插头的示意图。一般使用这种标准的 XLR 型接插件进行信号的平衡式连接时，是按照一定的接插件接口标准来进行的。其中 1 脚接屏蔽层，2 脚接信号“热”端，3 脚接信号的“冷”端。

高电平信号线路接口采用的是 TRS（尖—环—套）型的 6.35mm 大三芯插接件接口，即耳机（Head Phone）插头样式的大三芯接口，这种插头的连接方式如图 2.2.3 所示，其中 T（Tip，尖部）接信号“热”端，R（Ring，环部）接信号“冷”端，S（Sleeve，套管）接屏蔽层。

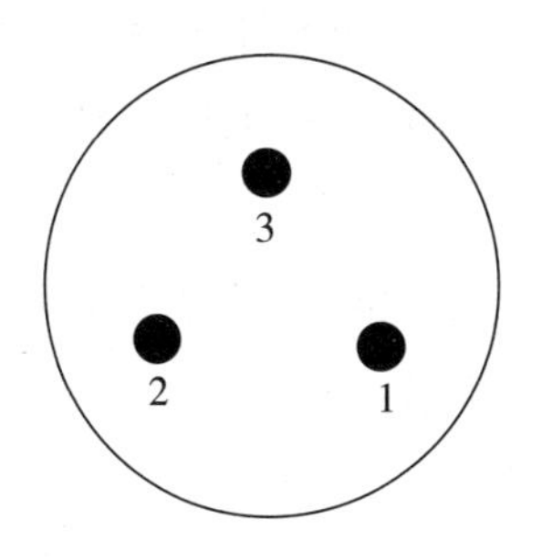

图 2.2.2　XLR 型插座示意图

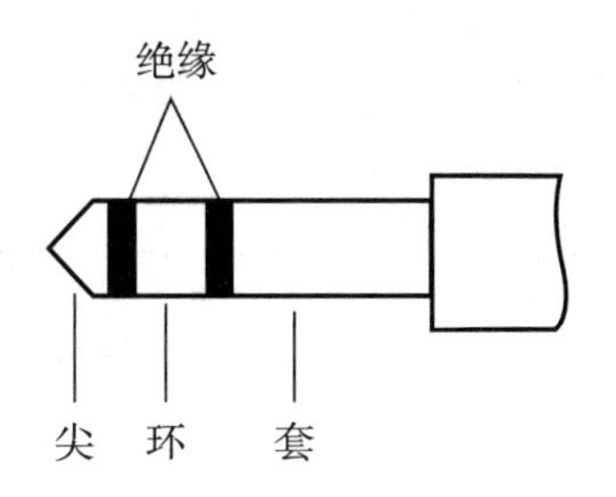

图 2.2.3　TRS 型插头示意图

（2）输入信号电平的调整

传声器信号的电平一般为 –60dB ~ –20dB，而线路输入信号的电平为 –30dB ~ +10dB，信号电平相差很大，当信号通过输入插座进入调音台后，需要对其电平的大小进行调整以满足调音台的后续处理要求。

传声器输入（MIC IN）接口的微弱信号，需经调音台内的前置放大器无失真地放大到额定电平，然后送到后续电路进行音量平衡处理。这种先将弱信号放大到足够的信号电平再进行电平调控的方法，有利于避免感应噪声，以保证最佳的信号信噪比。线路输入（LINE IN）的信号电平较高，通常可以不再进行放大，直接送至后续电路进行音量平衡处理。

输入信号大小的调整主要通过传声器放大器或线路放大器的增益调整，是通过输入电平调节旋钮（GAIN，增益旋钮）来完成的。但是有时调音台的输入信号太大，已经超出了调整增益的控制范围，换言之，即使将输入电平的增益旋到最小增益的位置时，仍然会超过最大不失真电平，使调音台的输入级出现削波失真。这时常常要使用输入级上的一个固定衰减开关（PAD），将大的输入信号衰减，一般衰减量为 20dB ~ 30dB。按下该键使该输入通道的输入信号衰减 20dB，从而扩展了输入通道的动态范围。通过输入信号电平的连续调整控制和固定衰减的配合，就可使得输入信号调整到调音台要求的电平。

有些调音台的信号输入部分还设有高 / 低（MIC / LINE）电平输入的转换开关，以及可以分别对输入的高 / 低电平信号进行单独调整的旋钮，这些只是电路设计上的不同。其目的都是为了满足信号源与调音台间的电平匹配。

应当注意的是，虽然调音台的输入部分有高电平（LINE IN）和低电平（MIC IN）两类输入插座，但在调音台工作时，一个输入通道只能选择其中一个端口输入信号（或是选择高电平输入或者是低电平输入）。

（3）幻象电源（PHANTOM POWER）

为了使调音台能够向电容传声器提供电源，在调音台的输入部分安装有幻象电源开关。当某个输入通道接有电容传声器时，按下相应通道的幻象电源（+48V）开关，就可以通过信号电缆向传声器提供电源了。幻象电源只能送入到低电平输入（MIC IN）的卡侬（XLR）插座，不管幻象电源是否接通，高电平输入插座（TRS）都不会有幻象电源送入。

图 2.2.4 给出了典型的话筒幻象供电示意图。一般幻象供电的接线方式有两种，如图 2.2.4 所示，图 (a) 为变压器中心抽头连接，图 (b) 为电阻模拟中心抽头连接。

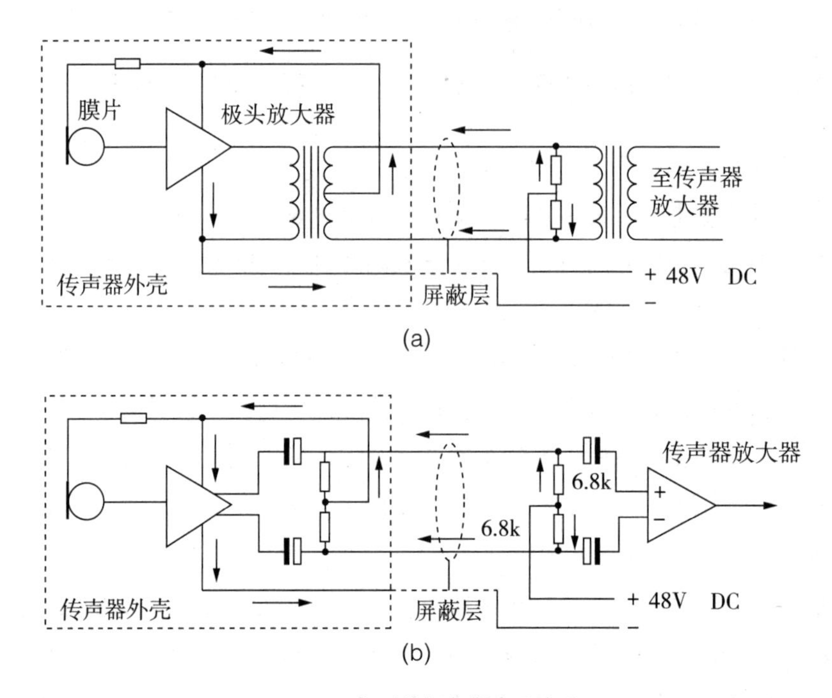

图 2.2.4 典型的幻象供电示意图

有些调音台为了简化电路、降低成本，将输入通道分为几个组，每个组由一个独立的幻象电源开关对其进行集中幻象供电控制，或干脆由一个幻象电源开关直接控制所有输入通道上的幻象电源供电。从幻象供电的原理可知，在正确连接的情况下，如果在送有幻象电源的通道上接有不需要幻象电源的动圈传声器，幻象电源本身将不会影响到动圈传声器的正常使用。

另外，还有一种称为 A–B 制供电系统为电容传声器供电的方式，现在较少使用。它同样不需要专门的供电电缆，是将 12V 电源用信号电缆的两根芯线送入传声器，在传声器内部经过直流变换器将电压升高后供给电容传声器的极化电压。图 2.2.5 所示是典型的 12V A–B 制供电方式。

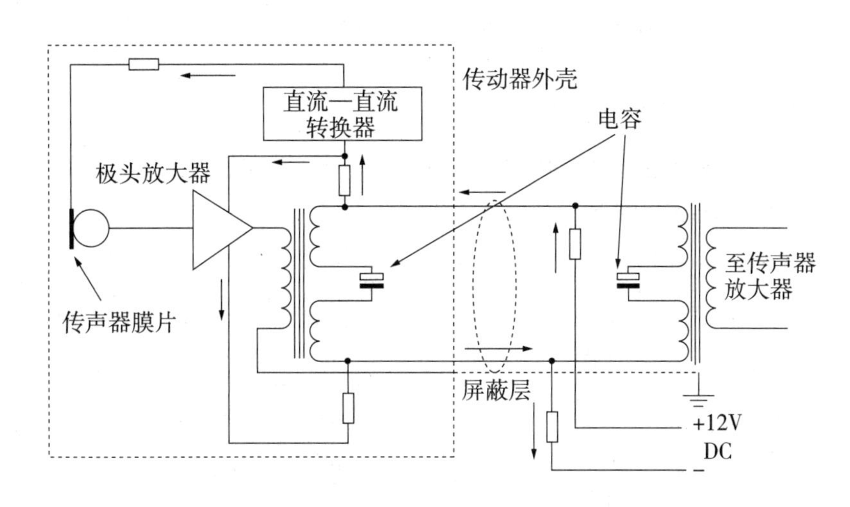

图 2.2.5 典型的 12V A–B 供电方式

（4）相位倒转（PHASE REVERSE）

有些时候，由于信号电缆、插头插座和传声器内部接线方式以及传声器设置等原因，使得某些输入到调音台的信号与其他输入通道的信号可能出现相位反相的现象，造成通道间信号相抵消。为了使输入到调音台的信号相位一致，在一些调音台的信号输入部分安装有相位倒转（PHASE）开关或按键，按下按键时，能使输入信号的相位翻转 180° 。当输入信号出现反相时，可按下相应的相位倒转按键对其进行调整。

（5）高通滤波器（HI PASS FILTER）

在调音台的输入部分一般设有一个高通滤波器，也称作低切滤波器。主要用来去除输入信号中有害的低频噪音（如对传声器讲话或演唱时出现的“气流声”）。大多数的调音台上安装的是一个高通滤波 HPF 按键开关，按下时将切除输入信号中 100Hz 以下频率的信号。有些调音台还设有频率选择旋钮，可对切除的频率点位置进行选择（如 60Hz、100Hz、120Hz 等）。

2. 信号的均衡处理

对输入到调音台的信号进行均衡处理，是调音台的重要功能之一，调音台的均衡部分一般是由多个不同性质和特性的滤波器组合而成的。调音台上常见的均衡部分主要由以下三种类型的均衡器组合或单独组合而成。

（1）频率点固定的均衡器

频率点固定的均衡器对进行均衡的中心频率点是无法选择的，操作时可以通过调整相应的增益旋钮完成对信号的补偿。由于只能在其固定的中心频率点上进行调整，使用上不如频率点可调的均衡器方便和准确，一般常用在高频 HF（10kHz 左右）和低频 LF（100Hz 左右）这两个固定频率点上对信号进行均衡。有些低档的模拟调音台还将其用于中频段的均衡。

（2）频率点可调的均衡器

频率点可调的均衡器，由于其调整方便准确，被广泛应用于调音台的中频均衡部分。由于其中频均衡的中心频率点是可以选择的，所以它比频率点固定的均衡器多了一个中心频率选择旋钮，操作时需先选定好需要均衡的中心频率，再调节增益旋钮对进行补偿。

在调音台面板上，一般设有两个中频调节旋钮，上面的一个旋钮用来选择均衡的频率位置，即均衡处理的中心频率。下面一个旋钮用来调整均衡的幅度。中频段包括了人声的大部分频响范围，利用这个中频点选择旋钮，可进行针对性的调音。下面的旋钮进行提升和衰减增益量的调节。

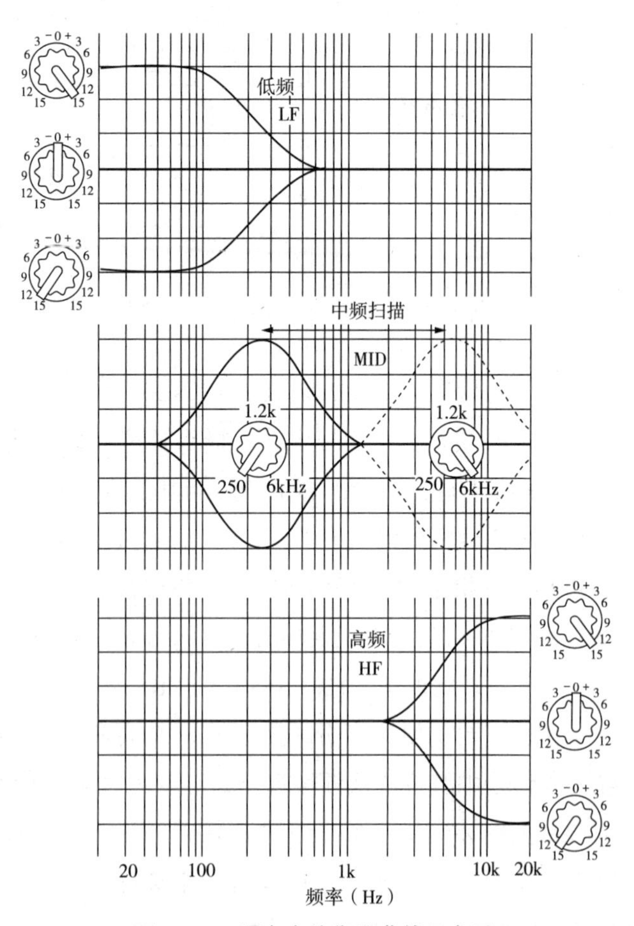

图 2.2.6　调音台均衡器曲线示意图

目前常见调音台的均衡部分，多数是由 1 个高频 HF 端固定均衡器和 1～2 个中频带 MID 频率点可调的均衡器及 1 个低频

LF 端固定均衡器组合而成。

在先进的调音台上都采用四段均衡，即高频段（HF）、中高频段（MHF）、中低频段（MLF）和低频段（LF）。将中频段分成两段来控制，主要是因为大多数乐器的能量都集中在这一频段，同时人耳对该频段信号的灵敏度比较高。图 2.2.6 所示为调音台的均衡曲线示意图。

（3）Q 值可调的均衡器

这一均衡器除具备频率点可调均衡器的特点外，还能够对均衡位置的 Q 值（频带宽度）进行调整，使得整个的均衡调整更加精细准确。由于它的电路复杂，成本较高，一般在大型高档的调音台上才能够见到。每一个这样的均衡器都是由中心频率选择旋钮、增益调节旋钮和 Q 值调整旋钮等三个调节部分组成。使用时，除了频率点可调外，还可对均衡器的频带宽度进行调整控制。

（4）均衡器开关

在一些功能齐全的调音台上一般都还设有一个均衡器（EQ）开关，用来控制调音台的均衡部分是否插入到信号的通道中。当按下此按键时，通道上的均衡部分被插入到信号通道上，这时可以对信号进行补偿调节；当按键被抬起时，均衡部分将被旁路，不再对信号进行均衡处理。其作用主要是用来对比均衡前和均衡后的声音变化。

3. 信号的输出控制、分配和辅助开关

调音台的输入信号通道数量很多，有时可多达十几路，甚至几十路。调音师首先对各路输入信号分别进行技术上的加工和艺术上的处理，然后再将信号混合成一路或数路立体声信号输出，进而分配到不同的地方用于扩声或传输记录下来。

（1）混合母线

母线（BUS）是各路输入通道信号的混合处（或汇合点），就像汇流之后的高速公路，它可以看作调音台输入部分与输出部分的分界线。各路输入信号在这里汇合并送往输出部分进行叠加。母线的多少与调音台的功能有关，通常母线越多，调音台的功能越强。通常有主母线、编组母线、辅助母线、效果母线、监听母线等，一般调音台最基本也有四条母线：左（L）输出母线、右（R）输出母线、监听母线和效果母线。后面两条母线有时和辅助（AUX）母线混用，故有时称为辅助 AUX 1、AUX 2 母线。有时为了能对几个输入信号进行整体电平控制，也可以利用编组母线分配开关将几个输入通道的信号分配到同一条母线上进行控制。

目前，调音台中的信号混合电路基本上采用的是运算放大器的加法器电路。这种运算放大器母线混合方式的优点是，不容易感应干扰信号，电平损耗与混合信号的数目关系不大。混合电路的原理电路如图 2.2.7 所示，为保证信号分路输出后不影响主输出的

音质，调音台中多采用的分配电路如图 2.2.8 所示。

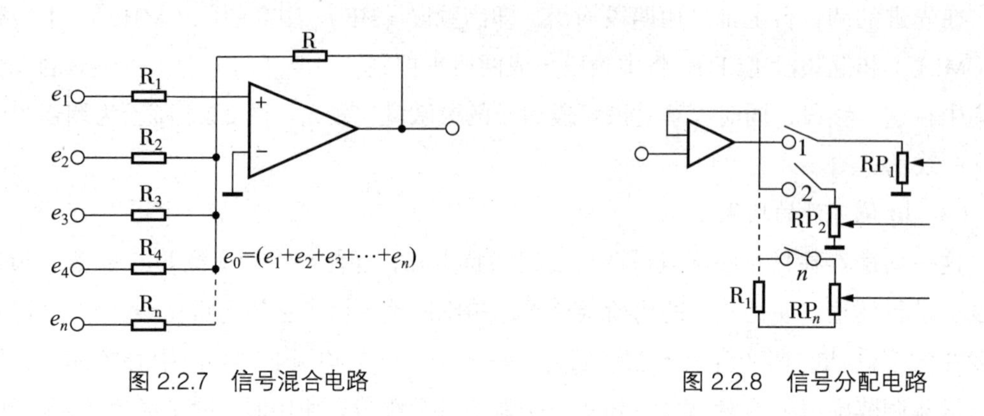

图 2.2.7 信号混合电路

图 2.2.8 信号分配电路

在大型的音乐制作调音台中母线可达十几条。用来与多声道录音机相配合，以便进行多声道录音。为此在调音台的输入模块上装有大量的母线分配开关，用来将通路上的信号分配到指定的母线上。

有的调音台采用每个按键开关对应一条母线的方式，也有些调音台是将母线分配开关与一个奇、偶母线选择电位器相配合，可以方便地将一路传声器信号以立体声形式分配到相邻的两条母线后输出。例如将第 3、4 声道安排成记录双声道立体声背景人声的声道，那么就可以利用声像电位器，将每个拾取背景人声的传声器信号按照声像的要求分配到第 3、4 条母线上。

除了这些分配开关以外，调音台有时还设有直接输出开关（DIRECT OUT），它可以将声道的输出信号不通过混合母线而直接输出到多声道录音机的相应声道上，这样可以减小由于在母线上将大量的声道输出相加而产生的叠加噪声。

（2）信号的输出控制

输入通道信号的输出控制，一般可分两种：一种是由每个输入通道的通道衰减器（FADER 常称作“推子”）进行控制的，它控制的是输送到主输出母线和编组母线上的信号大小；另一种是由每个输入通道上的辅助 AUX 旋钮进行控制的，它控制的是输送到辅助母线上的信号大小。

输入到辅助母线上的信号又分为两种控制：一种是受输入通道衰减器控制的（称作衰减器后输出（POST），它是从通道衰减器后端取出信号，再通过辅助旋钮将信号输送到辅助母线中去，其特点是输出到辅助母线上的信号大小，除受本身的辅助旋钮控制外还受通道衰减器的控制；另一种是不受输入通道衰减器控制的（称作衰减器前输出 PRE），它是从通道衰减器的前端直接取出信号并通过辅助旋钮将信号直接输送到辅助母线上。不管是哪种方式，输送到辅助母线上的信号都会受到通道上辅助 AUX 旋钮的控制。

大型调音台一般是通过辅助旋钮旁的衰减器前 PRE / 衰减器后 POST 转换按键，对这两种辅助信号的控制方式进行转换。一般的调音台主要是采取将一部分通道上的辅助旋钮联接成通道衰减器前输出，将另一部分辅助旋钮联接成通道衰减器后输出，以适应不同的使用需要。

（3）信号的声像设置

在立体声工作方式时，输入到各母线的信号大小除受到通道衰减器控制外，还会受到声像旋钮偏转位置的影响。声像旋钮（PAN）又称全景电位器，它实际上是一个同轴转动的双连电位器，一进二出。随着旋轴转动，一路输出增大，另一路输出则减小。例如，当 PAN 旋钮转到 L（左），则 L（左）路电位器输出最大、R（右）路输出最小，即合成的声像将出现在左路扬声器一侧。同理，当旋钮转到 R（右），则 R（右）路输出最大，声像在右路扬声器一侧。当旋钮转到中间位置 C（中），则 L、R 两路电位器输出相等，故声像定位于中央。

调音台在立体声方式工作时的母线分配方式一般是：将主输出的左母线和编组的奇数母线设定为左母线组，将输出的右母线和编组的偶数母线设定为右母线组。

有些调音台在单声道工作方式时，为保证分配到所选母线中的信号大小一致和不受声像旋钮偏转的影响，在声像旋钮旁安装有一个声像 PAN 按键，当按键抬起时，信号将不受声像旋钮的控制，直接把信号分配到所选的母线上，当按键按下时，分配到母线上的信号将受到声像旋钮的控制。

（4）哑音开关（MUTE 或 CUT、ON）

为便于操作和管理，在调音台的每个输入通道上还常安装有哑音（MUTE）或通道开关（ON）。

哑音（MUTE）开关实际上是控制输入通道信号是否输出的一个开关。抬起时，输入通道向选定的母线输送信号；按下时，切断向外输送的信号。通道（ON）开关的功能与哑音按键的功能完全相同，操作状态却完全相反。通道开关抬起时是切断信号，按下时是接通向外输送的信号。

（5）预听（PFL 或 CUE）按键

要检查各路音频信号是否符合要求，就要将信号分别馈送给“预听”（PFL）或“提示”（CUE）监听电路。

预听（PFL）按键也称作选听键，是专门供调音师查看此输入通道的电平幅度和声音效果的，所选的信号取自通道衰减器的前端，且不受通道衰减器的控制。按下此按键时，主输出的电平显示器将会显示所选通道信号的电平大小，同时耳机或控制室监听扬声器里会自动播放所选信号的声音，便于调音师监听信号的质量和电平大小。

通常调音台有一条独立的单声道混合母线，这条母线完成由通道 PFL 开关分配来的各路 PFL 信号的混合工作。在某些调音台中，利用其内部的逻辑控制，使得在 PFL 开关按下时，监听输出自动选择成 PFL 信号。

（6）AFL 监听（SOLO“独奏”监听）

AFL 与 PFL 类似，只不过它是从推拉衰减器之后取出的信号，有时也把 AFL 称作“独奏监听”（SOLO）。AFL 是将声像控制之后的信号分配到主监听通路上，并且切除其他通道的监听信号。这一功能常用来将某一声道的信号单独选出来进行调整和查找信号的缺陷。

大多数调音台的 AFL 母线是立体声方式的，当选择了 AFL 或 SOLO 时，可以对单独选出的信号进行效果或均衡的调整，以排除混合信号中其他信号的干扰。通常的独听功能开关都配有一指示灯，以表明独听功能是否正在使用。如果没有信号指示声道上的独听开关被按下，扬声器将没有声音。所以有些调音台在中央控制部分设置了一个独听安全（SOLO SAFE）控制开关，以避免上述情况的出现。

以上叙述了调音台输入部分各单元的基本构成形式。在调音台的面板上各电位器（旋钮和推子）的排列也有一定的规律，一般电位器排列的顺序为：增益（GAIN）——均衡（EQ）——辅助（AUX）——声像（PAN）——推子（FADER），如图 2.2.9 所示。少数调音台也有例外，例如均衡（EQ）与辅助（AUX）顺序调换。

各种型号调音台为了适应不同使用要求，往往在输入部分还增设一些其他功能开关或插口。例如，较大型的调音台在输入通道中还设置有编组开关（GROUP）。录制调音台还常在输入放大器与 EQ 均衡器之间设置插入（INSERT）插口，以便在此处将待外接的压限器、噪声门或频率均衡器等插入输入通道。

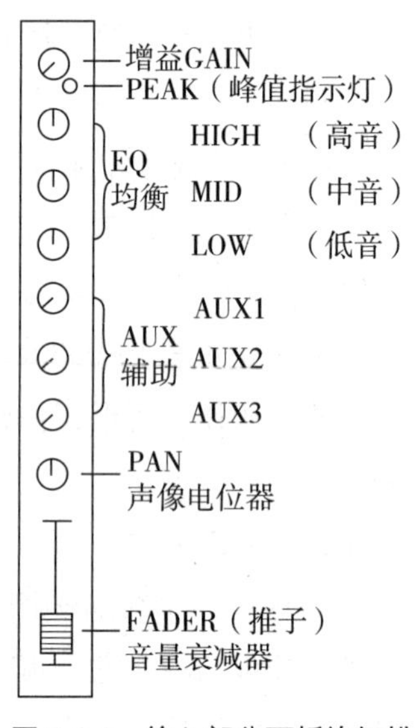

图 2.2.9　输入部分面板旋钮排列

二、母线输出部分

调音台的输出单元从母线开始，一般包括主输出 MIX OUT、编组输出 GROUP OUT、矩阵输出 MATRIX OUT 以及辅助输出 AUX OUT 和一些相应的控制按键。它们是用来控制调音台的各个输出通道输出信号大小的。

1. 主输出

通常有左 L 右 R 两个输出通道，有些固定安装的调音台还增加了中间 C 声道的输出通道。这些输出信号的大小由各通道上的通道衰减器（Fader）进行控制。

主输出的通道衰减器通常称作主“推子”。

2. 编组输出

编组（GROUP）输出是调音台除主输出通道以外又一重要的输出通道，除可以通过编组输出的接口向外输送各自独立的编组信号外，还可以通过编组上的主输出开关和声像旋钮将编组信号送入到主输出通道上。

编组输出信号大小由各编组输出通道上的通道衰减器进行控制。编组输出的通道衰减器通常称作编组推子。

编组输出在作为音乐演出使用时，通常将不同类型的乐器按种类或按声部通过输入通道上的信号分配按键进行编组，在排练时用输入通道上的衰减器调整好每个编组内乐器间的平衡，在演出时只需通过调整不同声部所在的编组衰减器，就可以直接对声部间的平衡进行调节。

当作为扩声系统控制时，可以将不同位置的扬声器或音响设备联接在不同的编组上，这样在演出时可以根据需要对各个位置的扬声器或不同的音响设备分别进行控制。

3. 矩阵输出

矩阵（MATRIX）输出实际上是对各主要输出通道上的信号（一般是主输出和编组输出的信号）进行再次分配，它是通过各主要输出通道与各个矩阵输出通道间相互联接的旋钮来完成分配工作的。这种联接方式除可以控制信号的去向外，还能对分配到不同矩阵通道上的信号大小和分配比例进行控制。在每个矩阵输出通道上还装有一个矩阵通道衰减器，用来控制每个矩阵通道总的输出电平。

4. 辅助输出

调音台的辅助（AUX）输出实际上是一个附加的混合系统（这是有辅助母线给出的），这个混合系统包含有预听系统、混响系统和返送系统。辅助输出是用来控制各辅助输出母线向外的信号输出，它是通过联接在每一条辅助母线上的控制旋钮对输出信号进行控制的。有些调音台还在每一个控制旋钮旁装有一个衰减器后 AFL 监听按键，便于了解此路信号的输出大小并对此路信号进行监听。

辅助发送主要有两种：一是信号取自于输入通道衰减器之前（PRE）；二是信号取自于输入通道衰减器之后（POST）。在衰减器前取得信号通常用作“返听”。例如，给演奏者耳机馈送的一个他正在演奏的信号，或者是馈送一个已录制在记录载体上的信号，演奏者就可以及时听到自己演奏的或是原记录载体上的音乐声，以保证演奏质量。

衰减器后发出的信号用于效果处理，并使效果声与直达声的比率保持恒定。将给定母线上的混合信号馈入一个外接效果单元，使其输出再返送至调音台，这样做可以使更多的通道共用一个效果单元，从而节省了效果处理的路数。

另外，在有些调音台的输出通道上还装有与输入通道相类似的哑音或通道开关以及衰减器前 / 后监听等辅助控制的按键。其目的都是为了满足操作上的方便和管理。

三、主控部分

主控组件一般由辅助主控（AUX）和立体声主控（STEREO）等部分组成。

辅助主控包括与输入组件上相同数量的辅助放大器；立体声主控包括有振荡器（OSC）、对讲器（Talk back）、演播室监听（Studio Monitor）、调音控制室监听（Control Room Monitor）、监听源选择（Source Selector）、哑音电路（Mute）、单独选听（Solo）、立体声主推子（Master Fader）等，它还包括一个耳机放大器（Head Phone）供监听使用。

1. 哑音编组

哑音编组（MUTE GRUPS）在功能比较齐全的调音台上经常见到。哑音编组由安装在各个通道上的多个可以接通和断开通道信号的按键组成。它可以通过控制部分的哑音总开关对各通道上设定的哑音状态进行控制。哑音编组主要是用来对各通道上的信号通道进行集中控制。当哑音总控的某个开关按下时，各通道上的与其标识相同的哑音按键如果已经按下，这些通道的信号将被切断，没有按下的通道信号将继续保持接通。有些调音台上，为了保证一些不需要受哑音编组控制的通道不会被误操作而影响信号的传输，在每个通道的哑音编组按键上面一般还装有一个哑音安全（SAFE）按键，当此按键按下时，无论此通道的哑音编组开关是否按下，此通道的输出信号将不会受哑音编组的总开关的控制。

2. 录音回放和效果返回

一般的录音用调音台都设有录音回放接口，主要是为了不占用输入通道就可以直接回放录音机的声音。简单的可能只设有一路立体声磁带返回通道，专业的调音台都设有连接多轨录音机用的多路放音返回通道。

调音台上还考虑了外部效果处理设备的输出需要返回到调音台与调音台的原信号进行混合，专门设置了效果返回通道。在效果返回通道中，有的调音台还带有简单的均衡器，可以对效果信号再进行均衡处理；有的还带辅助发送（AUX）送出，可以为演员的返送提供带有效果的信号。返回的效果信号还可以进行电平和声像的控制。通常，返回的效果信号是送到混合母线上，但是也可以根据需要再分配到某一声道上。需要注意的是在使用时千万不要构成内部信号通路的正反馈环路，以免造成内部自激。

3. 监听控制

一般调音台都设有各通道输信号的监听选择开关，可以直接监听各通道的声音。例如，要检查各路传声器输入的信号是否正常，需要分别对这些通道信号鉴别聆听，这就要将信号分离出来，并馈送给“预听”（PFL）或“独听”（Solo）电路，以及输出给监听（Monitor）设备。播音员或演奏员需要监听节目内容，又要将信号从“提示监听”（CUE）送到演员耳机或演播室监听。而且，有时需要将信号进行混响或延时处理，还要分配到各个相应音频设备。

为保证监听信号的准确性，有的调音台上设有专门监听通道，并且有相应的辅助仪表显示音量。演播室监听和调音控制室监听均可以通过监听源选择来选择不同的节目源，并分别调整监听信号电平的大小，以满足不同的节目录音制作的需要。监听控制要求不能影响调音台主输出（MASTER OUT）的音质。例如，接通或断开分配电路时不能产生噪声；不论接通多少条支路，都不能对主输出的信号电平有过大的影响等。

监听信号输出接口主要是为固定安装的调音台安装监听扬声器所设置的输出接口，其功能与监听耳机相同，只是监听信号是通过外接监听扬声器发出的。

4. 音频振荡器

音频振荡器主要是为了在系统调试时能够通过调音台本身向各个输出通道发送测试音频信号。一般有 100Hz、1kHz 和 10kHz 等几个振荡信号频率点，可输出正弦波、白噪声或粉红噪声信号。其信号电平的大小可通过信号输出控制旋钮进行调节，大型调音台上还可以通过音频振荡器的信号分配按键，将信号选送到不同的输出通道。

5. 对讲联络

调音台上的对讲功能主要是帮助录音师在排演时能够与现场的乐队和演员进行联络。专业的录音调音台上一般都会设有一个用于对讲的传声器接口，可用于插入动圈式传声器，供控制室的录音师与演播室演员之间进行沟通，同时在调音台的面板上设置有对讲（Talk back）按钮，用于控制对讲通路的开关。其对讲传声器信号还可以和音频振荡器一样被切换进入调音台的不同辅助输出通道，用于录入提示音。其实，大多数调音台的对讲和音频振荡器这两个部分合二为一，只是通过一个切换按键来进行转换。

四、信号监视部分

在调音台的输入部分和输出部分中还有显示单元，用以指示各路声音信号的音量的大小和电平，录音人员是通过声音信号指示器来监视信号的动态。调音台的显示部件有 LED（发光二极管）、VU 表和 PPM 表三种，其中 LED 灯一般用于指示输入单元的信号大小，VU 表和 PPM 表一般用于输出部分。

1. 输入通道电平的显示

输入通道电平的显示比较简单，有些小型的调音台只装有一个发光二极管作为信号状态的显示。例如，接在输入单元的均衡器 EQ 之后的峰值（PEAK）LED 或过载削波（CLIP）LED 指示灯，用来指示该输入通道信号的峰值。当输入信号的电平接近削波时发光二极管开始闪亮，削波时会变为全亮，表明输入信号过强，这时需调小调音台输入放大器增益，或调节节目源的输出电平使输入信号减小，否则就会产生过载削波失真。反之，如果该 LED 灯长灭不亮，表明激励不足，应将输入信号幅度调大，否则会导致信噪比下降。

大型调音台输入通道的电平显示一般多由几个或十几个二极管组成，显示精度相当准确，并且还可以通过按下衰减器前监听按键，用主输出的显示表头对其进行精确的显示。

2. 编组、辅助和矩阵输出通道的电平显示

编组输出通道的电平显示一般是通过调音台上固定的显示表头，在大型调音台上还可以通过切换开关在编组输出辅助输出和矩阵输出的通道间进行显示切换。有些调音台上，常采用安装衰减器后监听按键的办法，用主通道的显示表头进行显示，由于它所显示的信号是取自辅助旋钮的后端，所以信号大小实际上就是此辅助输出通道输出信号的大小。

3. 主输出通道电平的显示

在调音台的主输出通道上，一般都会安装与主输出通道数量一致的显示仪表。常规的立体声调音台一般有两个，分别显示在左声道和右声道的输出电平。并且还都能够与其他通道上的衰减器后监听按钮相配合，显示其所选通道上的电平大小。

调音台中常用来指示信号电平的仪表有两种：一种为音量单位表，即 VU（Volume Unit）表。常见的模拟调音台上大部分的信号显示，不论是机电指针类表头还是发光二极管（LED）组成的表头，一般都是音量表（VU 表），音量表所显示的是信号本身的有效值；另一种为峰值节目表，即 PPM（Peak Program Meter）表。一般只安装在大型

调音台上，当峰值表与音量表同时测量一个信号时，峰值表所显示的电平值与音量表所显示的电平值会相差 6dB 左右。现在，数字调音台安装的都是峰值表。有些调音台还安装相位指示等辅助仪表。

（1）音量单位表

典型的 VU 表的面板情况如图 2.2.10 所示。它是采用平均值检波器（二极管桥式整流器），并按交流信号的有效值确定刻度的。不过它的刻度用对数和百分数表示，并将 VU 表中的 O VU 参考电平（100%）定在满刻度以下 70% 左右（满刻度下 3dB 处）。

VU 表是一种准平均值表。对于正弦信号而言，准平均值比实际的平均值高约 ldB。这种仪表的指示特性与人耳对声音的响度的感觉相吻合。

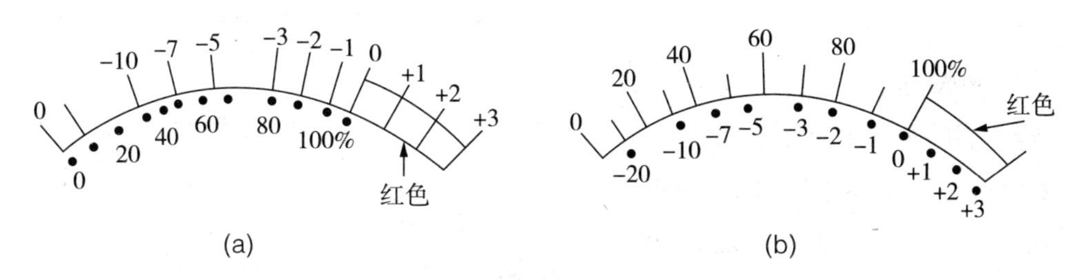

图 2.2.10 VU 表的两种刻度

标准音量表的 0VU（100%）相当于被测信号电平为 +4dB（以 0.775V 为 0dB），相当于交流信号均方根值为 1.228V。不过在具体使用 VU 表时也可插入所需的衰减器，图 2.2.11 为音量表插入衰减网络示意图。因此 0VU（100%）参考值实际上是根据需要决定的，因此 VU 表上（或说明书内）都要注明参考值。

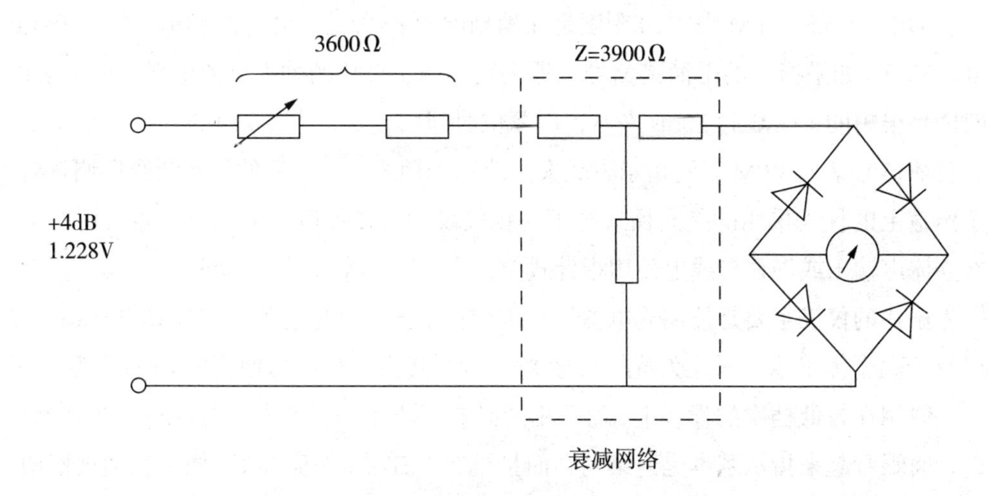

图 2.2.11 音量表插入衰减网络示意图

由于 VU 表测量的是振幅变化的声音信号，所以表头的动态特性是很重要的。按照标准规定：当以稳态时达 0VU（100%）的 1kHz 正弦信号突然加入音量表时（信号源内阻为 600Ω），其指针达到刻度上 99% 处所需的时间为（300 ± 30）ms，指针过冲不得超过稳态值的 1.5%，过冲的摆动不应超过一次；当信号突然消失后，指针从 100% 降到 1% 所需的时间也应是（300 ± 30）ms。

由于 VU 表的起动时间相对较长，所以很难指示出信号的准确峰值电平，特别是用来测量含有很短的瞬态成分信号时，就会出现 VU 表读数较小，而信号已导致记录媒质出现过调制现象。特别是数字录音机对峰值过载非常敏感，人耳对其重放出的峰值过载信号很容易察觉。录音人员使用 VU 表来监测信号电平时，要掌握不同信号的峰值电平与 VU 表读数之间的关系。一般来说，VU 表比较适合瞬态较小的连续信号，而对于数字录音而言，其指示的值容易造成混乱。所以在这种情况下，最好采用 PPM 表来指示信号电平。

（2）PPM 表

峰值表的表头电路中使用的是峰值检波器，而刻度是按交流信号的有效值表示的，因而它指示的是信号的准峰值电平。

PPM 表的种类很多，不同的国家或地区所采用的 PPM 表也不尽相同。我国目前使用的是 IEC 承认的 ANSI（美国）和 DIN（德国）标准的 PPM 表。其表头刻度如图 2.2.12 所示。

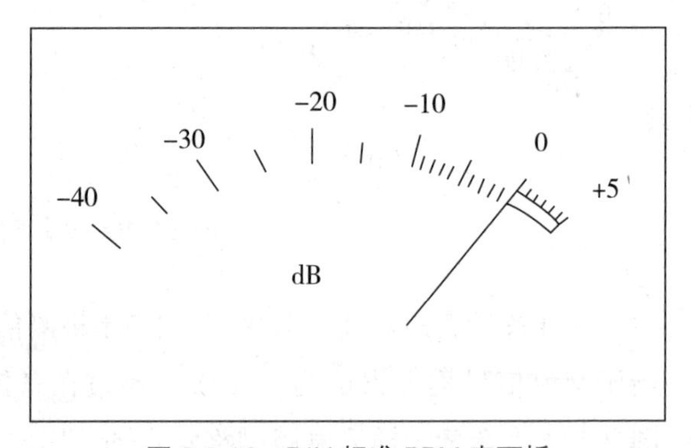

图 2.2.12　DIN 标准 PPM 表面板

在 DIN 标准的 PPM 表中，0 刻度是在满刻度的 80% 处，此点的灵敏度为 +6dB（0dB 为 0.775V），如果指示的是简谐信号，那么它相当 1.55V 的均方根值电平。峰值表的上升时间是很短的，一般为 10ms 左右，而复位时间则较长，大约为 1.5s。

目前，VU 表和 PPM 表的指示方式大多改用光栅式。在大型的录音制作用调音台上，各个声道上的仪表采用的是光栅式电子柱状仪表，这样可以大大减小仪表占用的空间；而在立体声输出或混合母线上使用指针式 VU 表，各厂家却不尽相同。

光栅式的仪表主要是使用光电器件来进行指示的，其中有发光二极管显示、液晶显示以及等离子体显示。采用发光二极管来显示，其指示精度由使用的 LED 的数目来决定，一般用在较低档次的设备上；而采用液晶或等离子体显示方式的仪表，在其测量范围内，肉眼看起来指示基本是连续的，而且没有 LED 的闪烁现象，便于长期观察使用，所以录音制作用的大型调音台都采用这种显示方式。

在某些仪表上带有一个转换开关，它可以使仪表在峰值方式与音量方式间转换，这种仪表的面板如图 2.2.13 所示。

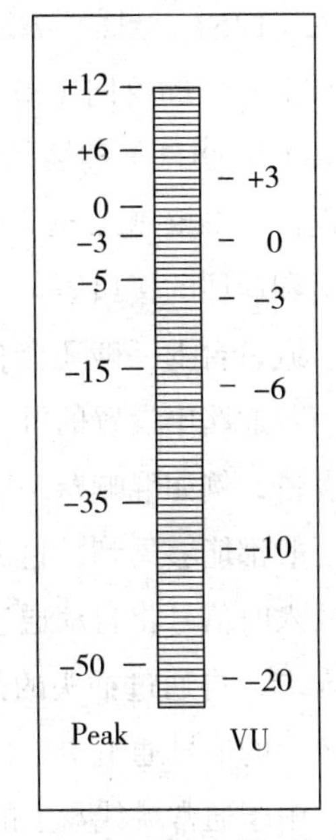

图 2.2.13 光栅式音量指示表

实际上，PPM 表在录音节目制作中的真正目的并不是指示出信号的准确峰值，而是通过其指示提供有关信号峰值是否使记录媒质出现峰值过载失真的信息。由于人耳对信号失真是有一定的容限的，所指示的瞬间出现的失真有时是感觉不出来的。因此有些调音台只使用 VU 表来指示，但其表头上有一发光二极管，用来指示峰值信号是否超过了峰值储备的允许上限。

（3）相位表

随着立体声节目的普及，调音台上又安装了相位表或相关表，它主要是显示左、右立体声输出信号间的相位关系。相位表有指针式的，也有光栅式的。图 2.2.14 所示的是指针式的相关表的表盘刻度。

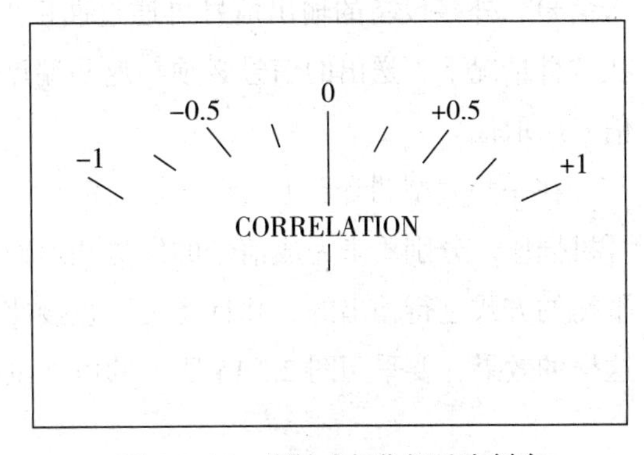

图 2.2.14 指针式相位相关表刻度

在相关表或相位表中，是通过信号间的相关系数来表示信号间的瞬间相位差的。当相关表的读数为 +1 时，表明信号间相位差为 0°，是完全同相的；而指针读数为 –1 时，表明信号间相位差为 180°，两信号是反相的；当读数为 0 时，表明信号间相位差为 90°，或者其中一路无信号；当读数在 0 与 1 之间时，相位差在 0° 与 90° 之间；而当读数在 0 与 –1 之间时，相位差在 90° 与 180° 之间。

在实际使用中，还经常用相位表来判断所作节目是单声道节目，还是立体声节目。

五、接口（跳线盘）部分

接口部分是调音台与外接设备相互联系的界面，调音台的每个模块部分的输入和输出接插端口都装在接口盘上。此接口盘一般安装于调音台背部，通过接口盘，我们可以进行各种声音信号的连接与交换工作，接口盘的接口越全面、数量越多，可供连接的外部设备就越多，录音制作也就越具灵活性。

专业调音台的接口盘一般包括所有通路的标准接口（传声器输入（MIC IN）/ 线路

输入（LINE）、插入 / 返回（INSERT）、直接输出（Direct Out）；所有辅助输出（AUX OUT）及辅助返回（RETURN）的接口；主输出（L、R）和插入返回的接口；编组输出（GROUP OUT）和插入返回及监听（MON OUT）输出的接口；母带（Tape Out）送出和返回（Tape Return）的接口；OSC 和对讲（Talkback）信号的送出接口；外部设备的送出和返回的接口等。

调音台上一般还会有一个比较特殊的端口就是断点插入口（INSERT），它是在调音台信号通路中设置的可复位式断点，通过 INSERT 接口可以在信号通路中引入外接声处理设备，例如混响器、压限器等。调音台信号插入 INSERT 接口在调音台的大部分通道中一般都能够见到，它是通过一个采用特殊接线方式的插座。当 INSERT 接口插座有插头插入时信号将自动通过插头的一个接点将信号引出（称作发送 SEND）到外接设备的输入端，再通过插头的另一接点将外接设备的输出信号送回（称作返回 RETURN）到调音台的信号通道中。

由于通常跳线盘上的 INSERT 接口是不用的，所以 INSERT 接口的信号送出端点必须是可复位弹簧式的，即它平时必须与 INSERT 接口的信号返回端点相连，以保证信号的正常通路畅通。当外接的插头插入到插座中时，插接点的送出端点为外接设备提供输入信号，外接设备的输出信号再通过插接点的返回端点回到调音台原来的信号通路中。在这种情况下，送出的信号必须与返回端点断开，返回端点上的信号由外接设备返回的信号所取代。

在一些大型调音台上，有很多的信号插口采用的是两个 1/4 英寸（6.35mm）立体声耳机插座，分别用来完成信号的发送和返回，虽然多了一个插座，但是信号是能够采用平衡的方式进行输出的，并且还可以直接使用标准的信号电缆进行设备联接。为了取得这样的效果，要采用图 2.2.15 所示的可复位式插接点。

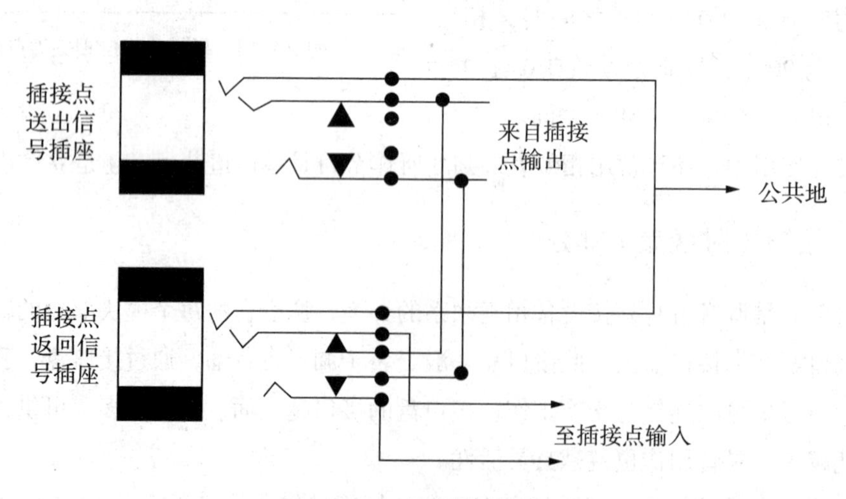

图 2.2.15　INSERT 接插口

在一些小型调音台中，它没有专门的跳线盘，它的 INSERT 接口就设在面板上。为了减少插接点所占的面板空间，一般采用 1 个 1/4 英寸（6.35mm）立体声耳机插座就可以完成信号的发送和返回。它的插接点的送出和返回端点集中在一起，包含有：头—Tip、环—Ring、套管—Sleeve 三个接点。此时信号采用的是不平衡方式，并且需要焊接专用的信号电缆，即采用 Y 型连接线来实现，图 2.2.16 所示就是这种方法的示意图。

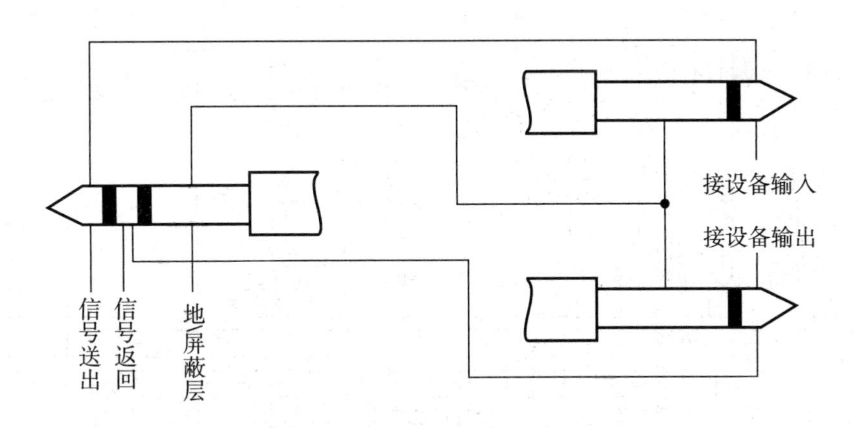

图 2.2.16　INSERT 接插口连接线

当插头插入插接点时，信号通路被切断，插接点信号被输出（插头的尖部）至外接设备的输入，而外接设备的输出信号返回通路中（由插头环部）。如果将插头的尖和环短接，可以保持通路不被切断，并从插接点分出一路信号给外接设备或做其他用途。

数字调音台中大多用了电子控制的跳线，不用实的连接导线，而用数字信号控制的系统来完成其跳线功能。每一种跳线状态都可以存储在系统的内存中，并能根据需要调出使用。

虽然调音台的规格、型号形形色色，功能键、旋钮有多有少，输入 / 输出通道数相差悬殊，但其主要功能、工作原理及各控制旋钮、开关、推子的排列位置并没有太大的差异。各生产厂家均按录音师所习惯的“固定模式”来设计和制造调音台。因此，弄清一个基本的调音台的原理和用法，便能举一反三。

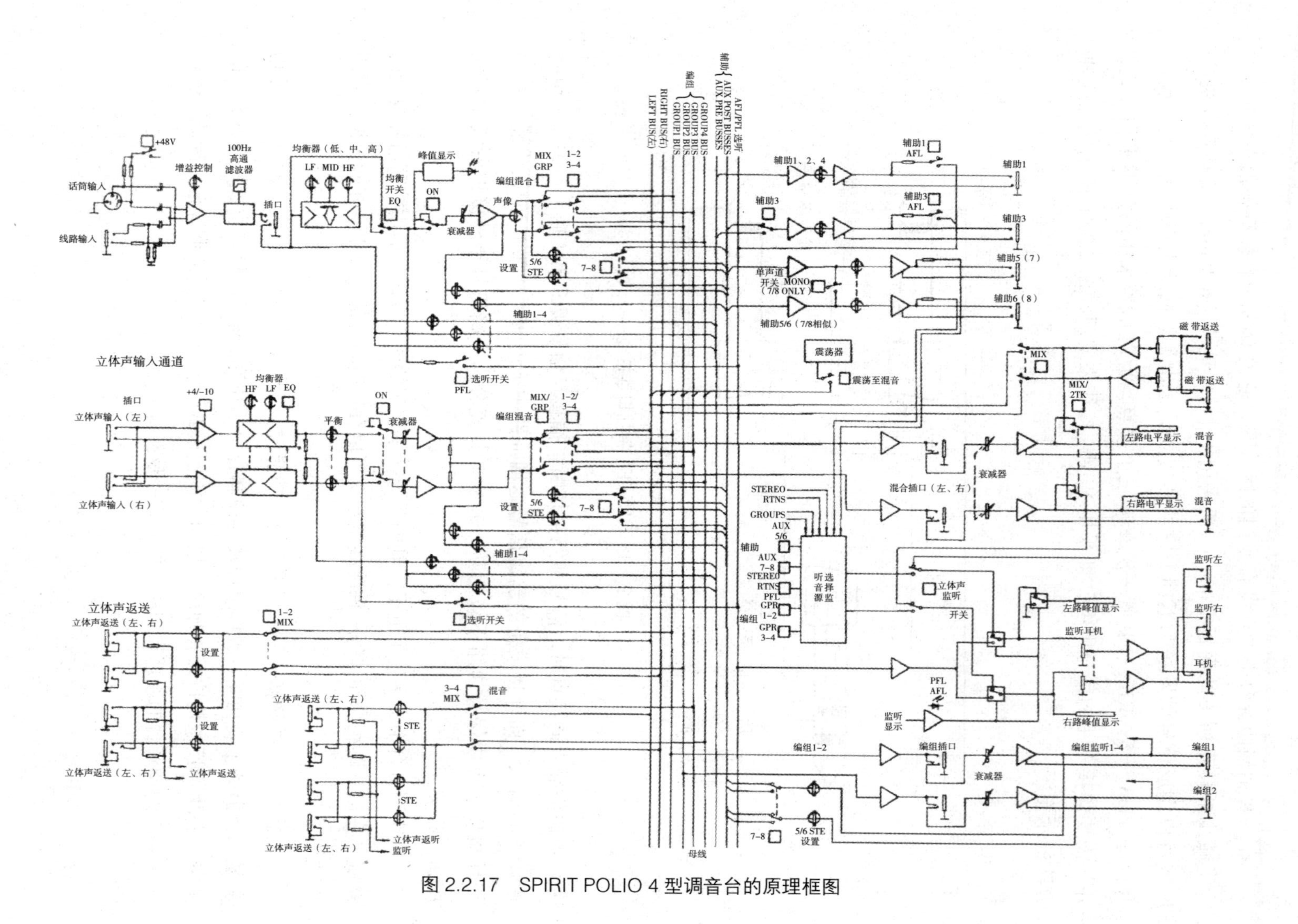

图 2.2.17　SPIRIT POLIO 4 型调音台的原理框图

第三节 数字调音台

随着数字化音频技术的不断发展，调音台的设计实现了数字化。声音信号在调音台内部转变成数字信号，采用计算机处理，通过界面进行人机对话设置音频信号路径，包括：通道分配、辅助输出等；利用功能强大DSP数字信号处理对音颇信号进行频率均衡、动态处理、效果处理；而且还可以实现调音操作自动化。

一、数字调音台原理

数字调音台设计基本思路，或者说信号流程仍是按照模拟调音台的格式，如实现“音源输入”、“通道处理”、“多轨缩混”及“录放监听”四大部分。模拟调音台给出的结构图可以表示声音信号从输入到输出的流程，图上标出的旋钮、开关处于信号通路中，同时一一对应出现在操作台的面板上，使用者观看后很容易掌握调音台的使用。而数字调音台就不那样简单，虽然也给出结构图，但那仅是操作上的按钮、开关控制作用示意图，执行起来和模拟调音台完全不同，和电脑却非常相似。

数字式调音台的各项功能单元基本上与普通模拟调音台一样，并依照传统调音台的使用习惯设置面板，不同的只是数字式调音台内的音频信号是数字化信号，面板上多了一块液晶显示屏用于显示各种调节参数，如图2.3.1所示。

数字台虽然有着模拟调音台相似的操纵面板，与模拟调音台不同的是它只是一个纯粹的控制操作台。数字调音台其结构，是由主机（信号部分）和控制操纵台（控制部分）组成，犹如PC机的主机与键盘。中小型台将二者安置在一起，如YAMAHA 02R、03D、美奇D8B等；而大型台将二者分开，如SONY OXF-R3，将主机放置机框中，称之主机框，通过跳线盘与控制操纵台连接。输入/输出信号端口安装在主机上，二者之间的连线传送控制信号。

数字调音台的工作原理是，所有音源信号进入调音台后，首先经由模/数转换器转换成数字信号；内部利用计算机数字化信号处理技术对数字音频进行各种放大、混合、效果、分配控制等处理，而输出母线上的信号送出调音台之前，再由数/模转换器转

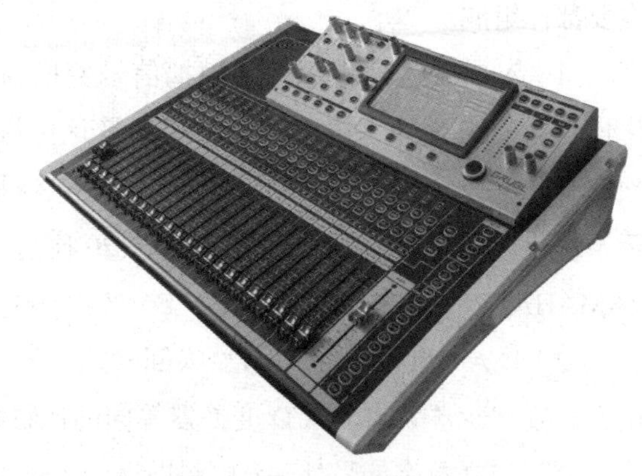

图 2.3.1 数字调音台面板

换成模拟信号。数字调音台的工作原理方框图如图 2.3.2 所示。

目前推向市场的数字调音台型号很多，但其基本结构大致等同，它们之间的差异主要表现在使用 DSP、运算算法、数字矩阵规模及要实现的功能，或者说在芯片及软件方面的差异。

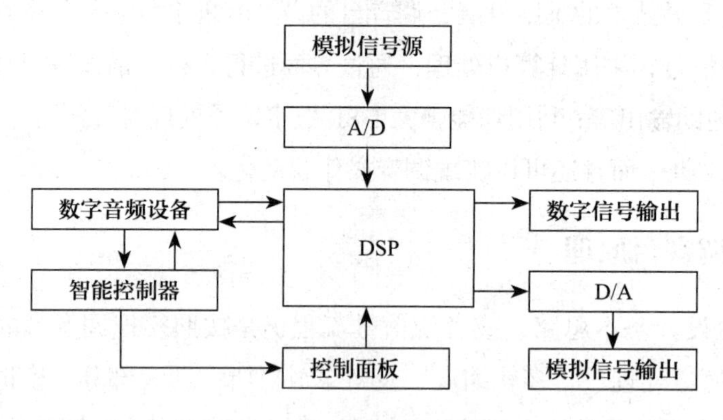

图 2.3.2　数字调音台原理框图

数字调音台的传声器输入仍然是模拟信号，所以输入部分的 PAD、GAIN 及监听输出电平控制完全与模拟调音台相同。声音模拟信号输入数字调音台，由模 / 数转换器转换成数字信号，通过音频数字接口进入数字信号处理中心，中心则执行由控制面板传出来的各种指令，用以完成对数字信号的频率均衡、压缩扩展、延时混响等处理，并经过电平控制和分配控制单元送往相应的母线输出通道，将数字信号通过数字电缆或光缆送到数字录音机，或通过 D / A 转换后送出模拟音频信号供给录音机和监听系统。

数字式调音台的对讲系统、测试信号发生器，以及演播室监听信号、控制室监听信号、节目信号、辅助信号等接口与模拟式调音台大体一致。不同的是数字式调音台还有节目信号和辅助信号的数字信号输出、输入接口。

数字调音台主机由 A/D 变换器、DSP 数字信号处理、I/O 矩阵、接口、D/A 变换等主要部件组成。

（1）A/D 变换器将输入的模拟信号变换为二进制数码信号，其音质将由采用的量化比特数及取样频率决定。应采用大量化比特数、高取样频率，目前声音数字化采样频率有 32kHz、44.lkHz、48kHz 及 96kHz，演播室节目制作统一采用 48kHz 采样频率。至于量化比特有所不同，有 16 比特、20 比特、24 比特，高档机均采用 24 比特。比如 YAMAHA 02R 为 20 比特、SONY DMX–R100 为 24 此特（采样频率为 96kHz）。

（2）D/A 变换将数字信号变换回模拟信号，其音质将由量化比特决定。应采用大量化比特数。通常采用与 A/D 变换器等同的比特数。

（3）DSP 数字信号处理：控制操纵台不存有声音信号，是产生控制数据来控制 DSP

对声音信号进行幅度控制，进行频率均衡、动态压缩、时间效果加入。故而DSP的功能是否强大将直接决定数字调音台所能完成任务的多少，可谓数字调音台的心脏。另外，DSP采取的运算算法也至关重要，影响着处理精度，各厂家采用的方式不同。

（4）I/O矩阵就是数量众多的电子开关，其通、断状态受外界电压或数码控制，从而引导信号的走向。如去向多轨输出、辅助输出、编组输出、立体声输出等。

（5）接口为模拟和数字信号AES/EBU、多路音频数字接口（MADI）、RJ45网络接口等类型。

由于数字信号在总谐波失真和等效输入噪声这两项指标可以轻易地做到很高的水平。并且其所有功能单元的调整动作都可以实现全自动化，因而数字调音台常被用于要求较高的音频系统中。

二、数字调音台的应用特点

数字调音台作为音频设备的新生力量已经在专业录音领域占据重要的席位，特别是近一两年来数字调音台开始涉足扩声场所，足见调音台由模拟向数字转移是一般不可忽视的潮流。但由于数字调音台界面多，操作直观性差，所以许多用户有敬而远之的感觉。

数字调音台的功能特点关键在于数字性，概括起来有以下一些特别之处：

1. 音频处理环节单元的增加

一些数字调音台在其各分通道和总通道中都可以插入延时（器）、均衡（器）、压限（器）等单元，这样的设置是一般模拟调音台所无法达到的，相当于增加了许多周边设备从调音台的断接插孔中接入，使得音响系统的配置简要、功能增多。

2. 音频处理环节的数据库功能

在均衡、压限、机内效果等音频处理环节有许多现存的根据不同音源、场合、信号特征等所设置的标准处理模式程序可供调用。虽然这类似于傻瓜式照相机的方式，不宜完全照搬，因为不同节目源和现场总是有其特殊性，不可能绝对一样，但处理模式毕竟提供了大致的处理方式，可在此基础上予以调整。此外数据库也相当于教科书和资料的作用，提供了各类处理模式的参数。

3. 各调音环节的记忆存储

在局部，均衡、压限、机内效果的环节有一定的用户程序空间，可供存储各类用户自行调整的处理参数；在总体，一些数字调音台有场景（Scene）记忆的存储程序空间，可用来存储包括均衡、压限、机内效果以及分路电平、总路电平等各项参数的当前状态，因此对一些经常演出的固定节目可有一个相对稳定的调音标准。也有数字调音台在两存储场景转换时可设置分推和/或总推在两场景不同位置的转换移动时间，这样可产生自动淡入和淡出的效果。

4. 调音台内部各环节灵活的组合交换

这类功能在不同调音台有较大的不同，但都是利用数字信号的灵活处理手段来实现的。如电平指示点的改变、两输入信号交换通路、分推的直接编组和静音编组、一分路的调音控制状态对其他分路的复制等。

5. 多功能直观的显示屏

数字调音台通常有一个较大的显示屏来显示不同的控制界面，给出各类状态参数，并予以形象化的图案显示。

6. 数字音响设备的数字直接配接

数字调音台可按常规的模拟信号输入和输出方式与音响设备配接，也可用光缆和数据线以数字信号直接输入和输出的方式与数字音响设备配接。由于是数字信号，虽然仅一根光缆，亦可达到多路的输入或输出，扩展了输入和输出通路。

7. 可实现 MIDI 功能

数字调音台可实现 MIDI 的功能，所谓 MIDI 即电子乐器的数字接口（MIDI）。MIDI 的原意仅是电子乐器间和电子乐器与计算机间的相互连接，现在也包括数字音响设备与电子乐器、计算机相互之间的连接。通过连接，用 MIDI 的数字接口传输反映乐曲音符、音色、节奏、和弦等参数的键盘按键信息和设备间的控制信息，来实现作曲、多声轨的音响合成等任务。

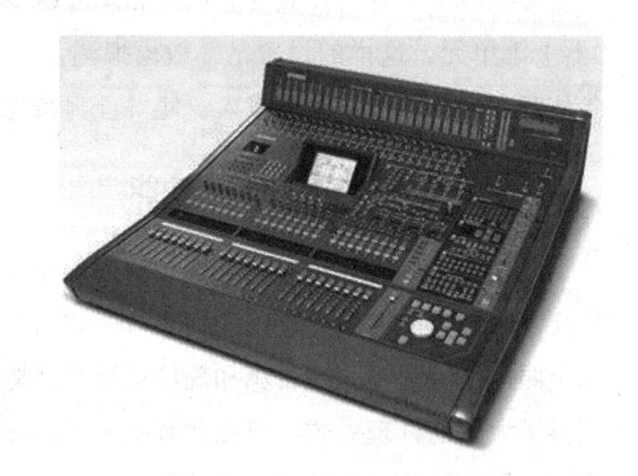

图 2.3.3　DM2000VCM 数字调音台

一些用惯模拟调音台的专业人员往往觉得不顺手，因为数字调音台的一个最大缺点就是有些功能调节不像模拟调音台那样直接在面板上反映出来，一些键在不同状态下有不同的作用，要通过转换界面来实现，一些功能要有一个调用过程，不同型号的数字调音台在功能的调用操作上也有不同。因此，在现场调音中如果不熟悉该型号的数字调音台就会出现问题。

实际上数字调音台不难掌握，如前面所述，数字调音台的本质还是调音台，只要真正掌握调音台，能够从调音台的信号流程方框图来分析调音台的基本配接、功能和操作，那么调音台的数字化特性部分还是有其规律的。

从数字调音台的操作层面看，其主要特点如下：

（1）信号的数字化处理，具有调节参数的交互式显示面板，有些还具备触摸调控功能。由于调音台内流动的本来就是数字信号，所以它可以方便地直接用于数字化处理和电脑控制。

（2）输入通道的数字移位寄存器，可以给出足够的信号延迟时间，以便对各声部的节奏同步做出调整。

（3）每个输入通道都可方便地设置高质量的均衡器、数字压缩限制器和降噪滤波器，可用于对输入信号进行必要的技术处理。

（4）效果器的内置在数字调音台上是十分方便的，它可以方便地对各通道输入和输出信号实施效果处理。

（5）立体声两个通道或多个通道的编组联动调整十分方便。通道状态调整过程中，所有调整参数可以方便地从一个通道复制到另一个通道上。

（6）模拟调音台的连续平滑调整单元，在数字式调音台上只能是步进式的。例如：声像控制在数字调音台上，通常只有 17 个步进位可供选择。

（7）可以实现自动化混音调节。由于数字技术的引入，使调音台的所有功能单元对信号的处理控制都可以更简单、方便和自动化。

（8）方便与外围的数字信号音频设备联动同步运行。例如，数字多轨录音机，可以通过智能控制面板实现连接。这样，可在混缩时随着多轨机上音频数字信号的播放，在同步信号的控制下使其相应的各功能单元自动动作，从而实现混缩操作的全自动化，因而数字调音台被广泛地应用于电影电视节目的音频制作系统中。

（9）操作过程的可存储性。数字调音台的所有操作指令以及状态设置都可存储在一个存储器中或外置 U 盘上，从而可以在以后再现原来的操作方案。

（10）数字式调音台很多都设有故障自动诊断功能。

（11）数字调音台的信噪比和动态范围高。普通的噪声干扰源对数字信号是不起作用的，因而数字调音台的信噪比和动态范围可以轻易地做到比模拟调音台大 10dB，各通道的隔离度可达 110dB。现代数字调音台都采用高品质的 DSP（数字信号处理器）芯片，目前高达 24Bit 量化和 96kHz 取样频率，可以保证 20Hz ~ 20kHz 范围内的频响不均匀度小于 ±1dB，总谐波失真小于 0.015%。

由于数字调音台在技术、性能方面目前还处于不断改进时期，各个厂家生产的数字调音台的性能、结构、技术规格都相差很大，其使用与操作也各有所长，所以有关具体的数字调音台的技术特点及操作使用必须要参考相关型号的资料。

三、数字调音台实例

下面我们以经典的YAMAHA DM–2000VCM数字调音台为例做一个介绍。DM2000VCM是扩声/音乐制作数字控制台，其集合了雅马哈数字音频制作领域前沿的技术科技，包含96路输入22个混音总线可实现完美的环绕声音效，同时标配VCM插件和其他高品质效果器插件，并获得全球公认的THX pm3环绕声标准的认证。

DM2000VCM尽管是桌面型控制台结构，依旧能提供96路同时输入，提供的通道数量几乎比02R96多一倍。全部96个输入通道都带有4段参数EQ、门限、压缩/限制以及多453毫秒的延迟，同时具备可变反馈功能。所有的通道都可在96kHz取样率下工作，输出部分也以22总线提供了强大的混音功能：8组总线、12个辅助总线以及主立体声总线，编组总线1到6可以充当环绕声总线，Bus to Stereo功能可用于扩声类用途的子混音，还包括简便的5.1或3.1环绕声到立体声的缩混功能。12个辅助混音总线中的8个可以当作环绕声效果发送，另外还有个“Unity”功能，可以自动将辅助总线设置为标称（0dB）电平，使之能作为额外的编组总线使用。4个立体声矩阵可以为现场扩声、环绕声和其他用途提供更多的应用性。

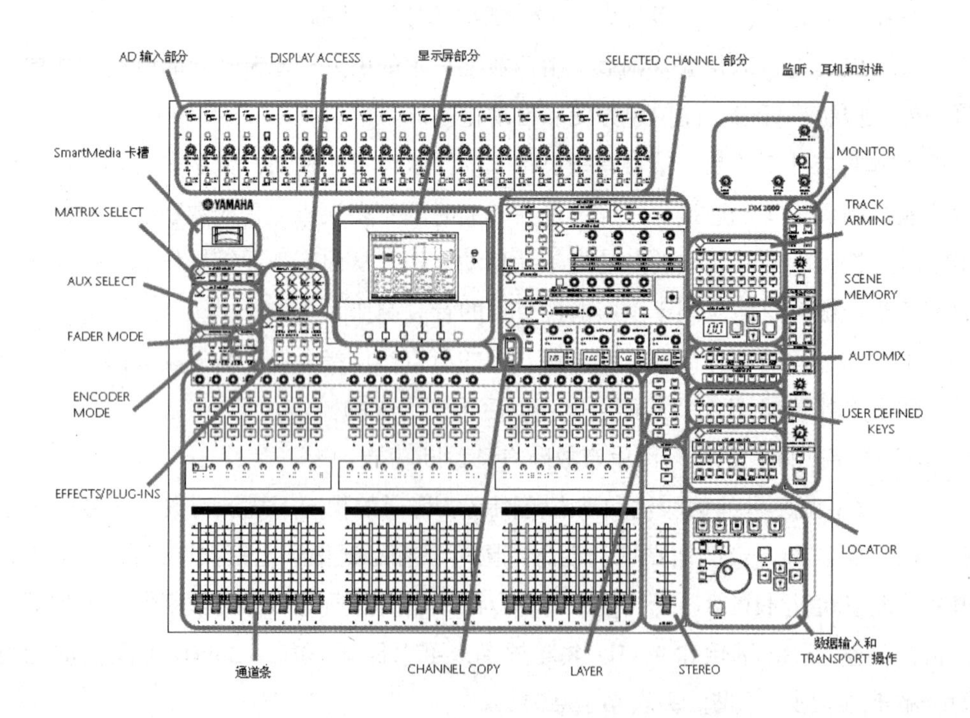

图 2.3.4　DM2000VCM 数字调音台面板

DM2000VCM 由于增加了许多专用控制装置而更加易于使用。深受欢迎的是用一个荧光图形便笺条来显示通道名称、路由选择、处理选择和编码器数值。25 个触感式移动推子通过 5 个可调出的层来控制通道和母线。具有高度整合的 DAW（数字音频工作站）控制功能，使得该控制台能够轻松自如地解决当今音频制作和广电行业的一切需要。

1. 具有全面的高音质输入输出接口

DM2000VCM 的后面板以平衡 XLR/TRS 形式提供了 24 个话筒 / 线路输入口，输入由 24 个分立的晶体管话筒放大器（带有前置转换器插入点）控制，这些放大器可用作高质量的传声器前置放大器或线路输入，可以创造出色的音质。这些输入通道还提供了带有旁通开关的 Insert I/O 插口以及独立的幻象供电开关。一共有 5 组 2 track 输入：2 组为模拟，3 组为采用内建采样率转换器的数字口。

所有模拟输入和输出都具有 24Bit AD/DA 转换能力、96kHz 采样率，打造了清晰明澈的音质。8 个 “omni” 型输出口可用于立体声或环绕声监听。2 对 XLR 型 CR 监听输出口可以方便地连接到大型或小型监听音箱。2 个 AES/EBU 格式数字立体声输出口和 1 个同轴数字立体声输出口，3 组数字输出都自带采样率转换器，可以进行多种格式的连接。

2. 满足大量用途的信号路由与连接能力

所有物理输入都可以从内部转接到任何通道，而母线和通道直接输出也可以转接到任何物理输出。由于有 96 个输入和 116 个可能输出，调音台变成了一个适用于许多数字设备的路由器。通道插入（可单独选择为预均衡、预增益和后增益）也可以循环输出。3 个数字 2T 输入和输出还提供独立的实时 SRC（取样率转换），这样可容易地连接不同采样率的外部项目。

除了立体声模拟输出外，还有 8 个额外的 “总” 模拟输出用于环绕声监听（或用于传统外置设备的发送）。选择调音台的 5.1 监听模式，把首批 6 条母线用于多声道混录，一个控制装置通过总输出调整环绕声播放音量。来自多通道录音机（连接到任何一个扩展槽）的返回通道相对用于置信度测试的调音台输出可以是 A/B 式。DM2000 提供全面的 5.1 环绕声监听功能，如扬声器校准、扬声器独奏、下混合和低音控制。

DM2000VCM 还提供了大量的扩展空间去安装新的可以任意选择附加的效果插件，还有大量的除已有的内置效果以外的更多效果。6 个内置 I/O 扩展槽便于以多种格式进行扩展，提供广泛的 I/O 能力。每个槽在单取样率可以传送 16 条通道，在双取样率可以传送 8 条通道。新设计的 6 个 MiniYGDAI（雅马哈通用数字接口）扩展卡插槽的每一个都支持多 16 个额外的 AES/EBU、ADAT 或 TASCAM 格式的数字 I/O 通道，还包括双倍速 96kHz（AES/EBU）数字 I/O 卡、96kHz 可兼容 AD/DA 扩展卡以及大量模拟 I/O 扩展卡等其他接口卡。

3. 具有灵活的通道控制和跳线能力

控制台还为跳线、辅助 / 矩阵发送、动态处理、立体声和环绕声声像、EQ 等功能提供了专门的便捷访问控制器。复制和粘贴通道参数的操作也提供了专门的控制器，甚至包括不同的场景之间的参数。可以通过 LCD 屏幕实现图形化的数据控制，所控制的数据可以保存到“资料库”以便将来需要时调出。

通过图形化的“digital patching”画面，所有的输入、输出、插入跳线点、直接输出、效果发送、返回都可以按需配置给系统：例如，您可以将一个输入信号跳线到多个通道，或将信号从一个总线分配到多个输出口。无须再参考 LCD 画面，关联到每个推子的编码器和名称显示都可用来执行输入跳线和直接输出设置，你可以将自己的跳线设置保存为资料库数据，以备将来需要时调出。

4. 强大的编组和配对、场景记忆和自动混音功能

DM2000VCM 除了可以将相邻的通道“水平配对”，还可以将不同操作层的通道进行“垂直配对”，例如，您可以从一个单独的操作层控制多 24 个立体声声源。在这种设置下，24 个立体声信号甚至可以同时显示在电平表桥中。编组功能包括相似的推子和静音组以及复杂的 EQ 和动态处理编组。 当进行环绕声混音时，可以利用这种设置的优势。

DM2000VCM 具备自动混音能力，它能以 1/4 格的精度实现从参数到内部效果的全面自动化操作。本机还可以用操作方便、易于访问的专门按键控制自动混音功能。场景记忆功能可以单独指定各通道的淡入淡出时间、调出安全等设置，调出安全甚至可以被指定为一个功能。设置好的数据可以保存到 Smart Media 存储卡。

5. 内建了先进的多声道综合效果器

DM2000VCM 配备了一些新的效果程序，如多段压缩、兼容 5.1 环绕声效果处理器增强了控制台的处理能力，这些效果可以用于发送 / 返回，或作为插入效果使用。8 个内建效果器即使在控制台以 96kHz 规格运行时也能全面发挥作用和性能。DM2000 还带有 6 个 31 段图形均衡器，并可在 6dB、15dB 或 24dB 范围内切换。

VCM 技术是 DM2000VCM 中一种对经典的压缩器、EQ、模拟磁带机和 stompbox 型等效果的模仿机制。VCM（虚拟电路建模）技术实际上是从电容到电阻，对模拟电

路的特性进行仿真建模而形成的，它捕捉到的声音的精妙之处是简单的数字仿真手段根本无法比拟的，是广受追捧的经典器材的真实还原。

iSSP 技术是 DM2000VCM 非凡的环绕声后期效果得以产生的关键，为后期环境声效制作提供了强大的空间声音效果系统。iSSP 是“交互式空间音响处理功能”的缩写，这种技术为环绕声处理的应用提供了的真实感、可操作性和性。它的声场定位而活跃，只需简单的操作即可实现真实的声源移动效果，能模仿几乎所有声音空间环境的变化。

DM2000VCM 同时还沿用了 SPX2000 中新推出的 REV-X 混响算法。“REV-X”是雅马哈新一代混响和环境类效果所依托的先进算法，它衰减平滑，能提供混响深度和维度。REV-X 充分利用了 DM2000 24Bit、96kHz 的处理能力，使混响和环境类效果具有了真实声音环境下的温暖感和可信度。

6. 支持环绕声制作的理想平台

环绕声像功能早出现在 02R 和 03D 上，但 DM2000 在环绕声制作方面更胜一筹。矩阵混音和 Bus to Stereo 功能让 5.1 或 3.1 环绕声声源缩混为立体声提供了方便，还可以通过 Dolby Surround 或 DTS 立体声编码器将 3.1 输出信号返回 DM2000 的扩展槽输入口，以便对已编码和未编码的声音进行对比。Selected Channel（选定通道）控制部分提供了声像摇杆，用以处理复杂的声像移动、规划特定的声像类型。

DM2000VCM 的监听部分提供了静音独立总线（音箱）、所有监听输出的置中电平控制、逆向混音监听、已编码和未编码杜比环绕声或 DTS 立体声之间的对比等一系列控制手段。缩混过程可以将几乎任何环绕声格式缩混为几乎任何其他环绕声格式或立体声以便进行监听，但不会影响发送到录音设备的信号。音箱控制功能可以精细控制监听环境，以匹配您混音的节目素材及您的工作环境。DM2000VCM 还带有低音管理、用于音箱精确控制的衰减器、用于控制延迟的“虚拟音箱响应”等功能。

在通道层，环绕声混合由一个 360° 操纵杆、一个 LCR 发散控制装置和一个 LFE 馈送器完成。在主控层，可插入机载处理器，编组多条输出母线供 5.1 EQ 和动态使用。DM2000 基本上能提供一个完整的环绕声混合解决方法。多可以级联 4 台 DM2000（甚至加上一台 02R），使输入通道多达 384 条。

7. 与数字音频工作站或数字录音机结合可形成完整的录制环境

DM2000VCM 整合了控制 DAW 软件或数字录音机功能，它配备了大量的专门控制器，用以对外接设备进行直接控制，它还可以作为一个物理控制台对 DAW 的录音和混音功能区进行控制。标配资源库包括各种控制兼容性：Pro Tools、NUENDO 工作站等。控制功能可以分配到遥控层 1 到 4，还可以创建 MIDI 控制列表，用以控制可兼容 MIDI

类的 DAW 系统。

DM2000 的面板上也提供了专门的录音机控制器：track arming 区域有针对 24 轨的控制键、编组键 A 到 D、带录音键，供 MTR 或母带录音机使用。Locator 部分有 8 个定位记忆键和 pre、post、in、out、return 到 zero 键及 roll back 键，有助于高速高效地完成操作。DM2000 的物理控制器兼容 DAW 系统和支持 MMC 或 P2 协议的录音机。

8. 有级联接口和大量的控制界面选择性

2 台 DM2000VCM 控制台可以通过级联接口连接在一起，使之多支持 192 路输入的通道。MIDI IN、OUT 和 THRU 接口和 1 个独立的 MTC 输入口可以实现多种 MIDI 控制功能。USB 和 RS422“TO HOST”接口、XLR 型 SMPTE 时码输入口、支持 P2 命令或 HA 远程控制的 9 针 D–sub 遥控接口以及 25 针 D–sub 控制接口，使 DM2000 具备了适合多种应用方式的扩展控制能力。另外还有 PS/2 键盘接口，可以方便地连接键盘鼠标进行名称输入操作。2 组字时钟 I/O 接口支持双通道 96kHz 规格操作。

9. 有包括 100 毫米力度马达推子在内的控制界面

24 个推子用来分 4 层访问控制台的 96 个输入通道。加上立体声主推子，可以拥有 25 个质量的 100 毫米力度马达推子。另一个操作层也提供了总线、辅助和主推子，有 4 个“遥控”层可以控制外接设备。Fader Mode 键可以用来将辅助发送电平分配到推子。每个推子都关联了旋转编码器和开关，通过 Encoder Mode 键可以切换到任意模式。编码器可用来调整声像或执行辅助 / 矩阵发送，也可以分配为任意其他 4 个功能。可以将输入跳线、直接输出分配，或对诸如 Yamaha AD8HR 的外接 HA 设备的遥控分配全部分配到编码器，在工作中高速、高效地完成设置。

10. 可以和计算机联机对各种参数进行控制和管理

DM2000 附赠了需要运行在 Studio Manager 程序中的 DM2000 Editor 软件，运行平台可以是 Windows 或 Macintosh 计算机。DM2000 要通过 TO HOST 接口（USB 或 RS422）连接到计算机，这样不但可以进行简单的参数浏览，更可以创建一个音乐制作环境。控制台的窗口、Selected Channel 模块、环绕声编辑器、跳线编辑器、效果编辑器、时码读数窗口、GEQ 编辑器和资料库窗口都可以通过计算机的大型显示屏进行访问，主混音功能也可以离线编辑。DM2000 的存储管理功能能够将数据发送到计算机或从计算机载入回控制台，数据还可以在计算机中进行管理，甚至通过 LAN 或互联网与他人共享。

第四节　各种类型的调音台

现代调音台的种类繁多、型号各异。虽然它们的基本功能大致相同，但是根据用途的不同，它们之间存在有一定的技术性能差异。本节我们就对常见的几种特殊类型调音台原理和性能特点做一介绍。

一、数控模拟调音台

数控模拟调音台是为了实现自动化的需求而诞生的，其本质上是一个模拟调音台，在控制系统方面采用了一些数字化自动控制技术。虽然目前数字调音台已在大量地推广使用，但模拟调音台依旧有着无法替代的优点，因此这种模拟加数控的过渡性产品仍然很受欢迎。

1. 调音台自动化技术的发展

20 世纪最为普及的就是模拟调音台，其最大的缺点是自动化功能难以实现。而没有自动化功能的调音台，在进行混录工作时需要花费录音师很大的精力。利用自动化功能既可以大大减轻工作压力，又可提高录音节目的艺术和技术质量，特别是在进行长达数十分钟的连续音乐节目或多声道的立体声电影混录时十分方便。

最初自动化的调音台仅仅是将它的推拉衰减器的位置进行实时的记录下来，并在重放已录节目时能同步地将推拉衰减器按先前已记录的数据恢复到其所在的位置上。自动化的目的就是协助录音师在缩混时完成对多个推拉衰减器的同时处理，减轻录音师重复性的工作强度。

在 20 世纪 70 年代中期，调音台引入了压控增益放大器 VCA 的自动化系统，后来又出现了由微型电机带动推拉衰减器的自动化系统，且越来越普及。进入 80 年代中期，由于微型计算机技术和数字存储技术的快速发展，使得调音台的自动化又大大地向前迈了一步，出现了各种新型的自动化系统。例如面板存储（snapshot storage）、全动态自动化（total dynamic automation）和以 MIDI 为主的自动化系统（MIDI-based automation），等等。

目前，控制和记忆通道增益的常用方法有两种，一种是存储推拉衰减器的位置，并且利用这一数据去控制 VCA 或 DCA（Digitally Controlled Attenuator，数据衰减器）的增益；另一种方法也是存储推拉衰减器的动作，但它是利用存储的数据信息去控制小型电机，使电机带动推拉衰减器动作来实现自动化。前者成本较低，但是使用起来不够直观，因为推拉衰减器的物理位置不能与通路的增益保持统一。

现在使用较便宜的MIDI控制自动化系统已越来越普遍，它是利用MIDI信息来传递推拉衰减器的位置信息，具体实现方法是通过VCA推拉衰减器上的接口将推拉衰减器的位置数据转换成MIDI信息存储在计算机内音序器中（实际上是装有音序软件的计算机）。这种自动化系统用在声道不多或并不复杂的调音台中是非常适合的，但对于大型的调音台就不一定适用这种自动化系统。因为以串行方式传送的MIDI系统会因数据太多，而造成信息过载。

通过这些自动化技术，就可以完成在节目制作中的任何自动化功能，例如编组、哑音、SOLO，甚至是压缩和噪声门的控制。

图2.4.1为一台Solid State Logic Matrix数控模拟调音台，16通道、40输入端口，内部带跳线和多层的数字控台，16+1自动马达推子，可以同时控制4种音频工作站软件，如Pro Tools、Logic Pro、Cubase、Reason，它将模拟化的声音通过数字化的方式控制，可以同时得到模拟和数字两方面的优势。

图2.4.1　Solid State Logic Matrix 数控模拟调音台

2. 数控调音台的自动化原理

后期缩混是一项为制作出优秀作品的创造性工作，在实际的工作中常常是演员演出之后就离开了演播室，只是将记录其演出的多声道素材磁带留下来供制作人和合成者进行不同方案可能的合成，以便从中选出一种最佳的缩混方案。每一位制作人都可能遇到这样的问题，即常常花费很长时间来回忆几小时或几天前初混时所取得的较满意合成效果的各种电平和衰减器的设定情况。

对衰减器设定的存储记忆，革新了缩混的操作。通常所说的“调音台自动化”，即能够记录所有衰减器电平的变化，它使录音师能回忆起在以前合成时所进行的尝试，很快地找到较为满意的效果。

自动化调音台的工作状态主要有三种：写入状态、读出或安全状态和调整修改状态。

在写入状态时，调音台上的每个压控衰减器或按键的控制输入被以一定的次序扫描或采样后，经过编码器对得到的控制电压信息编码，然后加以存储。这些自动化数据必须能在混音阶段与录音节目信号同步进行恢复。其中一种存储方式是将数据和音频信号一起记录在模拟磁带的磁迹上，这种垂直编排模式可以确保自动化数据和音频节目同步；另一种方式是计算机的硬盘或软盘，如果是采用计算机记录，那么就要在多声道录音机的一个声道上同时记录同步时间码，以便计算机能和多声道录音机在重放时取得同步。

在读出状态下，调音台的各控制器不再给各自的控制输入提供直流电压，取而代之的是由数据声道或计算机中读出的控制信息，并将读出的信息控制送给译码器，译码器将控制信息再转换成直流控制电压，送到相应的压控装置的控制端。这样调音台的各压控装置便恢复到写入状态时的设定情况。如果录音师或制作人在听了在 VCA 控制下缩混的几条声道后，确定某些功能控制器需要完全改变，那么只需将这些功能控制器改为写入状态，而其余部分则仍处于读出状态，保持自动控制。然后将由译码器和手动控制产生的直流电压进行编码，并存储在第二条数据声道或微机的另一文件名下即可。

现在先进的自动化系统，都是由装有自动化软件的计算机实现的。这样必须在多声道录音机的一个声道上记录时间码。通过时间码就可以使磁带录音机不论在什么位置起动都能使计算机与之锁定在一起。

除了记录缩混过程中推拉衰减器的电平信息以外，自动化系统还可以记录下各个声道上的哑音状态。此外自动化调音台还可以记录下跳线的情况，使跳线自动化。

不同厂家生产的自动化调音台，其自动化程度是不同的。例如 SSL（Solid State Logic，英国调音台生产厂家）将其数控系统命名为“total recall”（全面恢复），实际上它不能自动地恢复调音台的每个控制，而是将推拉衰减器及哑音状态自动恢复。其他控制器是以图形的方式显示在监视器上，录音师可以参照所显示的情况，手动地将它们恢复。所以还不能将其称为全自动化的调音台。如要实现调音台的全部自动化，就必须使所有的控制器都是数控形式。同时要求有更复杂的软件和处理速度更快的处理器，存储器的容量也比简单的自动化系统要大得多。

二、DJ 调音台

DJ 调音台是专门用于迪斯科（DISCO）舞厅的调音台。DJ 调音台通常规模较小，其结构简单，输入接口不超过 8 路，但每路都是立体声输入，此外还有一些特殊的功能单元。图 2.4.2 为一小型 DJ 调音台。

下面来介绍一些 DJ 调音台特殊的功能单元。

图 2.4.2　DJ 调音台

1. 信号平滑过渡

在迪斯科舞厅，常常希望将两首乐曲不露痕迹地头尾衔接在一起，以使之在节奏不间断的情形下，将乐曲接长。DJ 调音台的最大特点是设有用于信号平滑过渡、切换的交叉推子（CROSS FADE），以保证更换唱片时播出的音乐不会中断。交叉推子是由一横向放置的直滑电位器构成。通过交叉推子进行两路立体声信号的平滑软切换时很难让人察觉，这是因为当交叉推子位于中间位置时，A、B 两组立体声信号就会同时混合输出。如果将交叉推子向左边的 A 组输入信号慢慢滑动时，A 组信号在主输出电平中的电平增益就会逐渐增加，B 组信号在主输出电平中的电平增益就会逐渐减弱，直至切断；而当交叉推子向右边滑动时，情况与之相反。

此系统一般都配备有两套完全一样的音源设备（如唱机、CD 机等），这样就可以在一台设备上的乐曲即将结束时，开启另一台设备上的乐曲，并将这两路乐曲的节奏加以调整，以便其精确同步后，即可搬动此软切换控制钮，将后一乐曲切入主输出。图 2.4.3 为一小型 DJ 调音台的原理电路图。

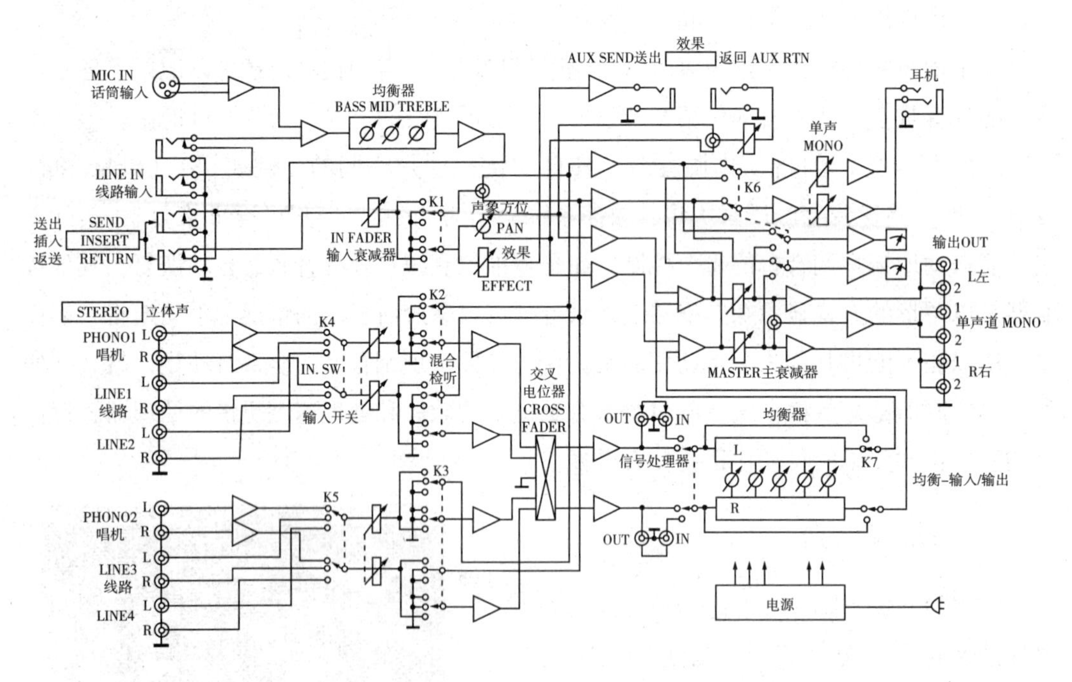

图 2.4.3　DJ 调音台的原理图

2. 人声自动增益控制

DJ 调音台的另一个特点是设有人声自动增益控制（TALK OVER）功能和自动哑音功能。在播放 DISCO 音乐时需要使用 DJ 话筒，只需打开话筒的开关，按下 TALK

OVER 功能键即可。当 DJ 话筒有信号输入时，原来正在播放的音乐信号，其增益会自动衰减 14dB，以突出 DJ 话筒的声音；当关闭 TALK OVER 功能键后，原来的 DISCO 音乐信号就会自动恢复到自动衰减前的电平，因此不用手动设置 DJ 话筒和音乐的信号输入电平就能使话筒和音乐信号在调音台的输出中始终都处于最佳状态。

如果没有人声自动增益控制功能，在播放 DISCO 音乐时使用 DJ 话筒，话筒信号必须大于音乐信号才能听清楚 DJ 话筒的声音，这样很容易使话筒信号过载产生声反馈而导致设备损坏。采用衰减音乐信号的方法一般较难把握。只有具备 TALK OVER 控制功能，才能自然平稳地进行 DJ 话筒和音乐输入信号电平增益的自动控制。

另外，DJ 调音台的 TALK OVER 自动增益控制功能不仅可用于 DISCO 舞厅，还可用于时装表演活动以及公共场所的背景音乐。在这两种情况下，可以将 DJ 调音台放在音控室，TALK OVER 自动增益控制功能键始终处于打开状态，平时把 DJ 话筒上的开关关闭，需要使用时打开话筒上的开关即可工作，而话筒可以放在远离音控室的地方。

3. 数码采样

这也是 DJ 调音台常有的一项功能，它可以对音源进行数码采样录音，然后用特殊方式进行播放，如变速播放、循环播放等。Numark DM-2175X15 多功能 DJ 调音台的数字采样功能，其采样频率为 44.1kHz，采样时间可达 180s。

4. 节拍同步显示功能

Numark 系列的 DM-1835X DJ 调音台就有两路四通道的节拍同步显示器，用于显示各路信号源的节拍，使 DJ 在播放和衔接碟片时能时刻了解和掌握各路信号的节拍，对提高播放音乐的衔接质量提供了有利条件和可靠的保障，使调音师能轻松地接好每一首曲子，不仅减轻劳动强度，而且缓和紧张的精神状态。

5. 磨盘机输入接口

DJ 调音台至少有两路电唱机输入端口，即可接受两台立体声电唱盘的信号。具有相应的唱头放大器（RIAA）和电磁式拾音头所需的均衡网络，而普通调音台不能直接接受电磁式唱头的电唱盘的信号。例如 DM-1835X DJ 调音台有 3 路磨盘唱机输入（Phone in）、8 路线路输入（1ine in）、两路话筒输入（Mic），一组平衡式（XLR）主输出和两路区域（Zone）输出。

DJ 调音台和普通调音台一样，每一个输入通道均设有输入增益（GAIN）控制、均衡（EQ）、声像（PAN）和预听（PLF）功能。内置了可选择的数字采样记忆库和不同的延时与各种混响效果，可随意地将任何一种效果分配到每一个通道中，多段立体声均衡用来改善和刻画现场的气氛和效果。

三、直播调音台

直播调音台专用于广播的播音设计，故有一些不同于录制调音台或扩声调音台的特点，其外形结构如图 2.4.4 所示。

图 2.4.4　直播调音台

（1）要有很高的电声指标，以保证播出节目达到广播级水平；

（2）必须具有很高的可靠性，能够长时间连续播出不出故障。鉴于电台工作的重要性，要求使用的设备具备最高的质量，减少设备失效的机会，避免空播事故。如果某个通道模式出现问题，即使主持人正在播音，也可单独将其更换；

（3）直播调音台还必须操作简便，控制面板的设置力求醒目、简单明了。这种调音台只有有限的均衡功能且很少具有特殊处理效果。调音台的简单控制意味着主持人能通过简单快捷的培训，在实况播音时，尽量少出差错。

从功能上讲，直播台比录音台或扩声台都要简单，但有一些特殊的功能系统。

（1）推子启动功能。即对外接音源设备的遥控功能，它使主持人可以通过带触点控制开关的推子直接启动外接音源，如 DAT、CD、卡座、热线电话系统等；

（2）数字记时器功能。包括有计时器和报时钟模块，方便正点和半点报时；

（3）电话耦合器功能。为方便接驳热线电话，加装了电话耦合模块，在每个电话输入模块有干净的信号输入，无须再另配耦合器就可直接使用；

（4）控制室和演播室监听哑音控制；独特的读稿盘外观设计为主持人提供了方便；

（5）直观的音量表（VU）或峰值表（PPM）来显示主输出音量电平；

（6）模块式结构，可使调音台配置、扩充更灵活。

四、背包式调音台

一般影视外景用的便携式调音台采用背包式设计，采用 9V 碱性电池或多节 AA 电池供电，如图 2.4.5 所示。具有 2～4 个独立的 XLR 平衡输入端口，带有幻象供电（48V 或 12V）电源。每个输入通道都有输入增益控制、参量均衡、电平控制、声像控制、20dB 衰减按钮以及低切开关。它具有标准的 VU 电平指示表，另外，有些还配备有门限可调的压限器。其可靠的机械结构可应对各种恶劣的现场环境，目前的便携式调音台也都实现了数字化，并且现在一些背包式数字调音台内部还集成了多轨数字录音机。

图 2.4.5　背包式调音台

五、机架式调音台

这是一种多用途、灵活性强的适合于标准机架安装的调音台，可被用于酒店、会议中心、公共设施、主题公园、酒吧、餐厅等固定安装系统中，或在固定安装的音视频设备中，被当作线路混音器使用。通常有多路输入通道，可连接模拟音源，如各种播放器、调谐器或卡座，也可以接动圈、电容麦克风。每个通道均配有增益控制、LED 电平表、3 段均衡器和 100 毫米推子。面板如图 2.4.6 所示。

图 2.4.6　MZ-372 机架式调音台

第五节　调音台的使用

调音台作为一个录音和扩声系统的核心设备，只有正确地使用和合理调控才能达到优美动听的音响效果，也才能发挥调音台的最佳性能。本节就初学者而言，通过对基本的模拟调音台的基本操作步骤与调控技巧做一阐述。

一、调音台基本操作

尽管调音台的种类很多，性能各异，但是其基本功能是一致的，对信号的处理流程也基本一样。下面介绍模拟调音台最基本的开关机和电平设置方法。

1. 掌握正确的开关顺序

（1）先检查以调音台为中心的整个音频系统的连接是否正确，各个设备的输入、输出接口是否用匹配的接插件接好。

（2）调音台开机之前各衰减推子应置于最小位置，以防浪涌电压冲击周边各声处理设备和扩声设备。并且将调音台的分推子、主推子置于最小位置，台上均衡器（EQ）和声像电位器（PAN）设置在中央位置，输入通道增益（GAIN）、辅助电位器（AUX或效果、返送旋钮）置于最小位置，总之所有控制钮都要回到起始状态。

（3）打开调音台电源后，按照"先小信号，后大信号"的顺序，依次打开声源及周边设备电源，最后开启扩声功率放大器的电源。

（4）关机的顺序与上述相反，将主推子和分推子均拉回到最小位置。然后先关闭功放电源，后关闭周边声处理设备电源，最后关调音台及其他音源设备电源。

2. 电平的调整设置

调音台对信号处理的过程是：首先对输入的不同电平的信号做放大或衰减，通过增益调节，放大到一定的电平以后进入均衡处理与分配调节，在信号处理的过程中会再放大再衰减。最后以合适的电平输出到周边设备去。那么，如何设置输入输出电平，调整内部各级的放大量和衰减量才能获得最好的效果呢？这是正确使用调音台的关键。

（1）了解调音台各级的电平

调音台电平图就是在直角坐标上把电路方框图上各点的电平连成一条线的图，可以让我们了解调音台内部各级电平的变化情况。如果没有按照电平图的电平分布来合理调整和设置各级电平，就会使整个调音台的技术指标下降，产生严重的失真和噪声。调音的一个重要方面就是通过操作音量衰减器和电平调整钮来获得各级音量平衡。所以要掌握调音台方框图和电平图，合理分布各级电平，是非常关键的一步。如图 2.5.1 所示为典型的调音台电平图。

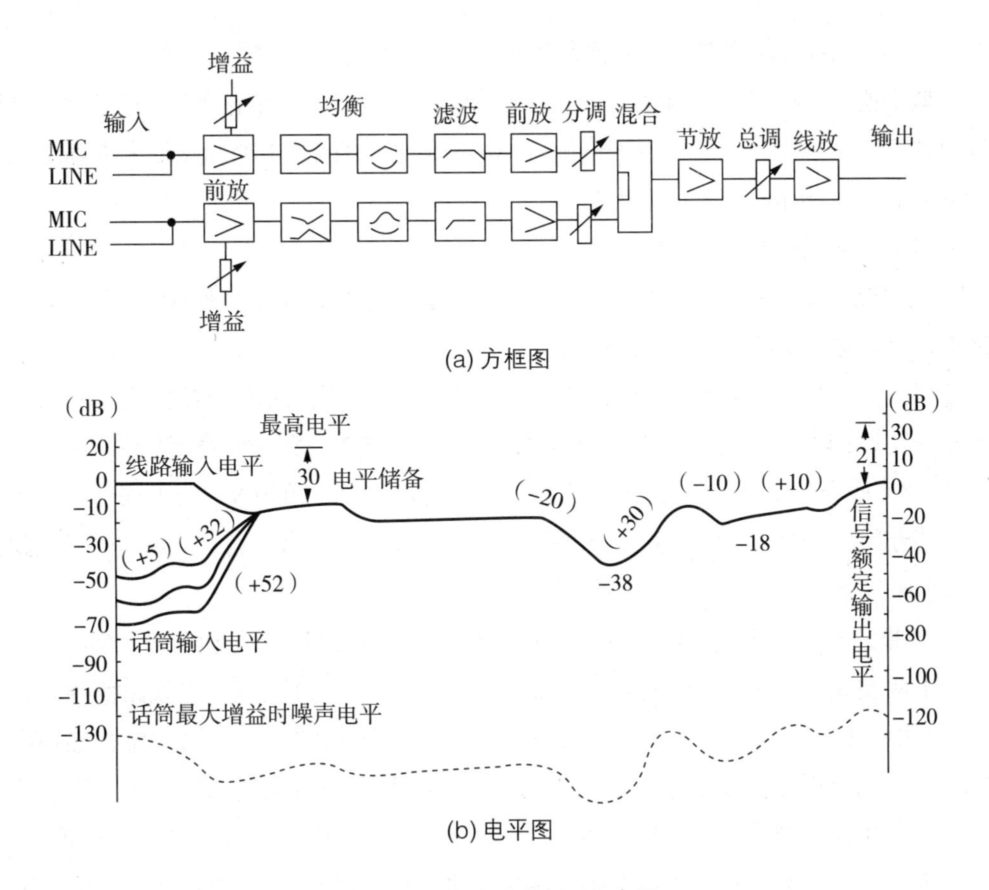

(a) 方框图

(b) 电平图

图 2.5.1　调音台的方框图和电平图

（2）选择合适的输入电平

任何放大器都有一定的本底噪声和最大输出电平，放大器在放大前级电路送来的有用信号的同时也放大了前级带来的噪声。显然，如果输入信号太小会使得输出信号的信噪比不足，而输入信号太强又会产生削波失真而降低输出信号的动态范围，因而适当大小的输入电平和合理调节放大器的放大量和衰减量都是十分重要的。

对于输入调整来说，要特别注重输入部分的插入衰减器（PAD）和增益控制放大器的增益（GAIN）调节状态。如果输入信号电平过大，如 CD、卡座、电脑声卡等线路（LINE）高电平音源都要将 PAD 键按下去，才能保证信号电平不超过输入电平的动态范围，使之处在正常的工作状态。如音源是低灵敏度的动圈式传声器，则不需要将 PAD 键按下去。这时可用 GAIN 旋钮进行调整，使输入电平适当。

操作时，衰减器（PAD）按钮和增益旋钮（GAIN）的调节必须相结合。当峰值指示灯（CLIP 或 PEAK）常亮时，表示输入信号激励过强，必须降低输入放大器的增益，甚至按下插入衰减键；当峰值指示灯常暗时，则表示输入信号激励不足，应取消插入衰减，甚至提高输入放大器的增益，从而使前级放大器的输出电平接近额定（+4dB，

0VU）电平，以保证调音台的信噪比和动态范围达到最佳状态。

一般来说，在固定场合调好 GAIN 后就不要再去动它，千万不可在节目录制的过程中通过调整 GAIN 来改变音量。缓慢旋转 GAIN 旋钮，直到 CLIP 提示灯未闪烁之前的位置，或 PEAK 指示灯偶尔闪亮为最佳。

具体可以分以下几步去操作：

① 开机后先逐一打开音源设备，观察各通道上的削波或峰值指示灯（CLIP 或 PEAK)，决定是否要将 PAD 键按下去。

② 调节输入增益（GAIN）旋钮到其旁边的削波或峰值指示灯到刚闪亮，然后回调一点至未亮处；调节调音台该输入通道的分推子（FADER）于 70% 高度处。

③ 调节调音台输出主推子，使主输出的 VU 表指针大致在 0 VU 附近摆动（不允许长时间指针超过 +3VU），此时主推子位置也宜在 50% ~ 75% 的位置内。如果不在此范围，可相应调整输入增益或音源输出电平。

④ 如果还觉得监听音箱响度不够，可开大功放音量旋钮到所需监听声压级。

以上调控顺序是从信号输入逐步向输出调整。如果输入不是高电平线路信号而只是传声器，由于传声器输入信号很小，初学者调整输入通道时听不到声音而常常感到茫然不知所措，此时可先将输出主推子置 70% 处，再调输入增益旋钮和分推子（分推子也宜在 50% ~ 70% 范围内），再按上述第二步步骤调整，这种调音方法对初学者比较适合。

调音台中的衰减器推子（FADER）是用来控制该通道输出混合到母线中声音所占的比例。要平衡一个节目中各种声音的比例（相对大小），就需调节相应的衰减推子。要特别强调的是，它与过载指示灯之间没有内在的联系，换句话讲，调小它并不能改善由于输入信号的过激而引起的失真；调大它也不能改善由于输入信号激励不足而引起的信噪比降低。若该通道中没有输入信号时，应将该通道的推子放在最小的位置（位于最下端），这时它对信号的衰减为最大，可避免该通道的噪声在母线上叠加。

（3）正确调整工作电平

调音台各级电平的调整由输入增益旋钮、分推子和总推子三个电位器来完成。在一定的范围内，这三个电位器置于不同的位置，虽可获得同样的总增益，但此时调音台实际的信噪比，动态范围会有所不同。因此合理设置输入电平的增益，正确调整这三个电位器，可有效地发挥调音台的功能。

具体做法是：将总推子、分推子置于 0 刻度位，调整 GAIN 钮，使输出信号在输出音量表上的读数不超过 0VU。另外注意：不论分电平还是总电平推子都不要调到满刻度，都要留存余地。一般设置 70% 位置，即 0dB 位置。

（4）调整合适的输出电平

为保证调音台有正常的输出电平，不致因信号过强而产生失真，应使所有控制钮尽可能保持在标准位置上。输出指示发光二极管中的一个红灯闪亮，则表明输出的电平已超过了 +4dBu，但此时不一定产生失真；如果所有的红灯都亮了，则表明已产生了过载失真，应将总推子向下滑动，消除输出信号过强而产生失真。

调音台的输出电平可用音量型（VU）电表或峰值型（PPM）电表（有指针式或 LED 式发光管）来指示。其实音量表并不能反映实际音量，只是反映声音的相对大小；峰值表也不能反映实际音量而只是指示声音的峰值。所以，无论哪一种指示表都只能作为参考。在实际操作中，必须密切配合各分路中的指示灯和总路输出两排发光电平指示灯的位置。需要注意的是，在现代的数字调音台中，音量电平显示通常用的都是发光二极管峰值指示表，只要顶端的红色指示灯点亮就表明信号产生了削波失真。

另外要正确处理前后级之间的关系，若是前级衰减量不足，而最后靠总推子衰减，将会损失节目的动态范围，甚至造成消波失真。若前级过分衰减，而后级衰减不足往往又会使信噪比降低。

二、声音的均衡调整

调音台输入通道上一般都设有高低通滤波器和均衡器（EQ），用来消除输入信号噪声和对音色进行补偿。由于是每个通道单独调整控制，所以调音台可以对每一路声音进行音质校正和均衡调控而不会相互干扰。

通常调音台的输入均衡器分为三段，即高频（HIGH）、中频（MID）、低频（LOW），其中中频又往往为中心频率可调（半参量式）。三段的中心频率或转折频率一般为：高音（10kHz）、中音（350Hz ~ 5kHz 可调）、低频（100Hz）。

在实际的录音工作中，频率均衡控制包含三个方面的内容，首先是为了补偿录音设备的技术性能而进行的频率调节，即音质补偿；其次是根据导演或录音师的艺术创作要求而进行音色美化；最后是消除节目中的某些弊病，如嘶音（或齿音）、哼声等。

1. 音质补偿

在调音台上进行音质补偿，首先要了解节目信号的声源。语言、音乐等都是随时间变化的复音信号，每一声音都具有独特的波形，包含着不同的谐波成分。音质补偿就是运用均衡器（EQ），调整各频段的音频信号的频率包络，来改变声音的音色。

（1）低音补偿

低频主要影响乐器的低音区和人声的厚实度，提升时音色浑厚，提升过多则齿音不清晰；衰减时声音显得较清晰，齿音良好，背景噪声和嗡声可有效去除。

现有乐器所能奏出最低音的是管风琴，它可奏出 16Hz 的声音。这样低的频率人耳一般是听不到的，但是身体可以感受到；从 20Hz ~ 64Hz 人耳是可以听到的，但是必须使用高保真设备才能放出来；从 64Hz ~ 250Hz 才是低音区，一般对音乐录音非常重要。它是音乐的基础，低音节奏型乐器均属于这一频段。这类乐器音质调整的好坏，决定音乐骨架是否完整。

一般情况下低频频响特性要保持平直，这样可以使声音丰满而自然。当然，你也可根据乐器的特性和个人喜好来补偿。

（2）中音补偿

从 250Hz ~ 2000Hz 为中低音区，这一频段在录音和传输过程中最不易受到损失，一般不需要补偿。

2kHz ~ 4kHz 为中高音区，而这一频段对声音的清晰度与明亮度有重要贡献。提升时音色明亮，如果声音浑浊音色太暗、发“闷”时，可提升这一频段使它明亮。但是不能提升过多，听觉容易有疲劳感，声音过硬时可以进行衰减使它“柔软”。语音或歌声通常调整这一频段。

对中心频率 1kHz 左右调整，则主要影响乐器和人声的中音区。提升时音色轮廓明确，声像会向前突出，衰减时声像会后缩。

若对中心频率 500Hz 左右进行调整，则主要影响乐器和人声的中低音区。提升时音色厚实有力，提升过多会出现电话音色；衰减时音头较硬，平衡倾向高音，衰减过多质感变薄。

（3）高音补偿

4kHz 以上为最高音区，这一频段对音色有重要贡献，可结合声源的音色特点进行适当补偿。

高频主要影响乐器声音的高次谐波。从 4kHz ~ 6kHz 这一段高音区可以保持频响特性平直，这时声音的自然度好。也可根据乐曲内容和声源特性，进行相应地衰减或提升。6kHz 以上可以增加声音的透亮感，对于这一段人耳的敏感度下降，音频设备的传输损失也会增大，一般情况下可以稍作提升。但是无论提升或衰减，都不能过多。提升多时，金属声增多，音色比较尖，提升过多会使噪声明显听见。衰减时可去除“嘶嘶”声，衰减过多则高音区的透明感就会失落。

不论对哪一频段的补偿都需要结合节目内容和听感效果，同时还要配合音量调整，以达到总体上的平衡。

2. 美化音色

利用调音台的均衡器除了进行音质补偿，录音师可以根据导演和自己的欣赏口味，对声音进行加工、处理，乃至再度创作。

美化音色的频率调节，可以在整个频带内进行。各个音域的加强或减弱，都会使音质发生变化。高频（6kHz～20kHz）主要影响音色的表现力、解析力；中高频（2kHz～6kHz）主要影响音色的明清晰、明亮、透彻度；中低频（250Hz～2000Hz）主要影响音色的力度感和结实度；低频（20Hz～250Hz）主要影响音色的浑厚感和丰满度。在实际录音中，当进行低、中、高频的均衡时，其三者的作用往往不能截然分开，它们之间可能有些重叠，结果形成组合均衡的响应曲线。

在调音台上进行音色美化的调节可借助如下两种EQ均衡器：

（1）参量均衡器

这种均衡器的参数是可变的，可以选择中心频率，带宽范围、Q值大小、提升和衰减增益幅度。使用这种均衡器，录音师可以在均衡器的频带范围内，把它旋转到任一频率点上，还可以在录音时按照特殊效果的要求，来回旋转频率选择器。

大多数模拟调音台的均衡器都是半可变参量的，一般会在中频段设置中心频率调节旋钮。而现代的数字调音台的均衡器都采用了全部参数可变的参量均衡器。

（2）图示均衡器

它实际上是由多个频段的窄带均衡器组成，可以对整个音频范围多个频段进行均衡调节。它的一系列控制钮的物理位置，就显示出一种直观的频率响应曲线的图形。在有些用于扩声的模拟调音台内装有小型的图示均衡器，它有9个间隔为1个倍频程的衰减/提升按钮。

3. 消除弊病

消除声音弊病的典型设备是滤波器。这种滤波器可以有三种类型：一是高通或低通滤波器是把20Hz～20kHz声音频带的低端或高端进行衰减切除的设备；二是带通滤波器，它是一种可将低频与高频同时衰减的均衡器。它只能使两个截止点之间的频带通过，而且这个通过的频带是比较窄的；三是陷波滤波器，简称陷波器，是一种特殊形式的频率衰减器。其特点有二：一是陷波的带宽极窄；二是通过调谐可使中心频率任意改变。

有了上述这三类滤波器，就可以消除信号中的弊病或人为制造某种效果。为了便于理解，我们举几个例子。

（1）如果发现在山林中实录的鸟声信号中夹杂着噪音或“噗噗”的风声，就可以用高通滤波器，把500Hz以下的低频滤掉，只剩下鲜明悦耳的鸟啼声，因为鸟的鸣啼声没有什么低频成分。此外，“噗噗”的风声也在500Hz以下。

（2）如果发现信号中感应了50Hz的哼声，就可以把陷波器调谐到50Hz，将不愉快的交流声滤掉。

（3）语言中的齿音或嘶声是很讨厌的，一个有经验的录音师可以把陷波器调谐到高频的某一个位置，将齿音滤掉。

（4）剧场或某种环境下的嗡嗡声或换气声，可通过切除掉低频而得到改善。

（5）电话效果也是一种声音弊病，但为了在影片中突出这种真实感，往往通过带通滤波器制造这种效果。

三、整个系统的音量调整控制

音量调整有两个目的：一是控制声音信号的动态范围；二是调整各路信号的比例关系。音量调整需要与音质补偿结合起来进行，因为音量与频率是相互牵连的。因此，在调音之前对原信号的动态范围、频率特性以及各路信号之间的比例关系等都要非常熟悉，需要多次试听。同时还要考虑未来放音的各种环境条件和放音的效果。音量调整应遵循下述原则：

1. 动态范围的控制

我们知道，各种音源的动态范围是大小不一的。交响乐队可以有 110dB 的动态范围，而语言只有 40dB。但是现在的模拟录音磁带可记录的动态范围一般只有 60dB 左右，这一动态范围就是调音台控制的动态范围。

声音信号的动态可分为三类，即强信号、中等信号、弱信号。强信号的最高电平要控制在音量表的 0dB 处；中等信号要控制在 -10dB 处；难以处理的是弱信号，弱信号至少要高于噪声 6dB 。噪声是录音中的大敌，时刻不要忘记降低噪声。一般来讲，弱信号与噪声比越高越好，弱信号最好控制在 -40dB ~ -20dB。

2. 各路信号的音量平衡

音量平衡就是调整声音信号的比例关系。声音的音量大小不完全取决于电平的高低。它与音量平衡有很大关系。比如解说与背景音乐的平衡，如果把背景音乐调大则感觉解说的声音小，反之，把背景音乐调小则会感到解说的声音增大。

此外，还要注意音量的前后平衡。当把前面的声音调大时，后面的声音就小。音量平衡好比摄影画面的反差，如把明暗处理合适，不仅增强清晰度而且有丰富的层次感。音量平衡完全要靠听感，根据听感来调节节目信号的比例关系。调整过程中还要充分运用对比手法和衬托手法，以及掌握声音的渐隐渐显等调音技巧。

3. 音量调整与音质补偿相联动

前面讲过声音响度与频率的关系。声音在低声级或高声级时，高频段与低频段都会有明显的变化。因此在音量调整时，要考虑将来放音时的条件，放音条件要以监听为准。

所以，首先要调整好监听的音量和音质。如用耳机或扬声器监听时，就要增强低频；用大功率监听时，要注意高频与中频的提升及对低频的衰减。

其次，声音的音量大小与频率的分布状态有很大关系，如打击乐的音量表指示看上去很大，但实际的听感音量并不大。而手风琴虽然表的指示很小，但在实际听感上却有很大的音量。这就是因为两者的频率分布不同，因此要根据声源的波形特点来调整音量。

第三，除考虑频率与音量的关系外，还要考虑声音的持续时间、群众气氛或背景音乐。虽然表的指示很小，但听感音量并不小。因为它是长时间连续不断的音量。而傍晚的寺院钟声，表的指示虽大但却感觉到音量不足。

第四，音量调整还要与信号加工结合起来，比如声音加上混响或延时音量就感到增强了，而加高通滤波则音量就会减小。所以，音量的调整不是孤立进行的，它与音质的补偿和信号的加工有着密切的关系。

四、调音台的技术指标简介

作为音响系统的核心设备，调音台技术指标的好坏，直接影响着录音和扩音的音质。不同的调音台，其产品说明书中可能会罗列多项指标，主要有输入特性、增益、动态余量、频率响应、非线性谐波失真、信噪比、通道均衡特性、通道分离度（串音）、输出特性和附属功能等。

1. 增益

指调音台的输出电压与输入电压的比值的对数，单位为分贝 (dB)，用 K 表示：

$$K=20\lg \frac{U_{出}}{U_{入}} \quad (\mathrm{dB})$$

调音台要有足够的增益，能够将话筒输出的低电平信号提高至放大器要求的电平，以保证放大器的正常工作。

当输入单元置于最高灵敏度（GAIN 旋钮调到最大）、分路和总路的衰减器置于 0 位置（70% 高度）时，若输出达到额定电压，则此时的增益为额定增益。调音台的额定增益一般为 60dB ~ 70dB，即可将最低灵敏度话筒的输出信号（约 –70dBv）放大到功放的输入电平（–10dBv 到 0dBv）。一般要求调音台约有 20dB 电平储备值的要求。

通常，调音台不直接给出增益指标，而是通过输出电平和输入电平间接表示出来，两者之差即为增益。

2. 频率响应

指在调音台的频率范围内输出电平的不均匀度。这项指标是在通道中所有均衡器或音调控制器和滤波器都在“平线”（即任何频段不提升也不衰减，滤波器断开不用）位置时进行测量所得的值。调音台的频响，应能保证不窄于话筒的频率范围，一般频率范围为 20Hz ~ 20kHz，但也不宜太宽，否则会增加噪声能量，影响音质。

调音台的频响不均匀度，在整个工作频率范围内约为 ±1dB。高档调音台要求带宽 20Hz ~ 20kHz，频率不均匀度小于 ±0.5dB。

3. 等效输入噪声和信噪比

调音台额定输出电平与无信号输入时实测的噪声输出电平之差（即电压比）称为信噪比，用 dB 数来表示。有时也用等效输入噪声来描述，即若要达到输出端的噪声电平，相当于在输入端加了多大的激励信号后达到的输出电平。等效噪声的电平值越小则调音台的信噪比就越高。

调音台有两种输入通道：话筒输入和线路输入。衡量调音台噪声的大小，用话筒输入通道的等效输入噪声电平表示；对线路输入通道用 0dB 增益时的信噪比表示。

等效输入噪声电平 ＝ 输出端总的噪声电平 − 调音台增益 (dBv)

例如：调音台输出端噪声电平为 −50dBv，调音台增益 70dBv，则等效输入噪声电平为 (−50)−(70) =(−120)dBv。该指标表明了调音台前置放大器的噪声质量，专业调音台的等效输入噪声通常在 −124dBv ~ −126dBv 以下。

线路输入以信噪比表示其噪声指标，线路输入通道的信噪比指单独一路输入 / 输出单元的指标，通常都在 80dB 以上。

4. 谐波失真

指在额定输出电平时，调音台输出电压中各高次谐波合成电压的有效值（均方根值）与基波有效值电压之比，即为谐波失真，用百分数表示。

专业调音台的谐波失真一般应小于 0.1%，较高档的调音台小于 0.05%。

5. 分离度或串音

分离度或串音指相邻通道之间的隔音度。串音越小（串音衰减越大），通道之间的隔离度越好。隔离度还与信号的频率有关，高频段的串音较中、低频严重。调音台相邻通道间的隔离度应高于 60dB ~ 70dB，相邻母线间的隔离度应高于 70dB ~ 80dB。

6. 动态余量

也称电平储备量，指最大的不失真输出电平与额定输出电平之差，以 dB 表示。动态余量越大，节目的电平峰值储备量就越大，声音的自然度也就越好，不易出现峰值信号过荷失真的现象。通常，调音台的动态余量至少应有 15dB ~ 20dB，较高档的可在 20dB 以上。

7. 输入输出特性

输入特性是用来表征调音台可同时输入音源的路数以及输入形式、输入阻抗和输入电平大小的特性。

输出特性表示调音台可同时输出信号的种类、路数、输出阻抗、输出电平以及输出形式等特性。

此外，有些调音台还集成了功率放大器、图示均衡器和效果器等周边设备。如果带有上述设备，则还有与之相应的一些技术参数，表 2.5.1 是某系列模拟调音台的主要技术指标。

表 2.5.1　某系列调音台的主要技术指标

<table>
<tr><th colspan="2">型号</th><th>MC802</th><th>MCI202</th><th>MCI602</th></tr>
<tr><td></td><td>路数</td><td>8 路</td><td>12 路</td><td>16 路</td></tr>
<tr><td rowspan="2">输入特性</td><td></td><td colspan="3">全部带通道插入，3 路辅助输入、2 路立体声效果返回</td></tr>
<tr><td>形式</td><td colspan="3">低阻（4kΩ）平衡式，高阻（10kΩ）平衡式，输入灵敏度 -80dB</td></tr>
<tr><td colspan="2">频率响应</td><td colspan="3">+1，-3dB（20Hz ~ 20kHz，±3dB，600Ω）</td></tr>
<tr><td colspan="2">谐波失真</td><td colspan="3">≤0.1 %（20Hz ~ 20kHz，±3dB，600Ω）</td></tr>
<tr><td colspan="2">输入通道均衡特性</td><td colspan="3">高频 ±15dB（10kHz）中频 ±15dB（350Hz ~ 5kHz，可调）低频 ±15dB（100Hz）1515dB（100Hz）</td></tr>
<tr><td colspan="2">哼声和噪声</td><td colspan="3">-128dB（等效输入噪声）</td></tr>
<tr><td colspan="2">串音</td><td colspan="3">-60dB（临近通道）</td></tr>
<tr><td rowspan="2">输出特性</td><td>路数</td><td colspan="3">1 对主输出（立体声），3 个辅助输出（单声道，1 路耳机输出）</td></tr>
<tr><td>特性</td><td colspan="3">150Ω、+4dB、平衡式（主输出）或非平衡式（辅输出）</td></tr>
</table>

思考与练习题二

1. 调音台的主要功能是什么？有哪些不同类型？
2. 为什么说调音台在专业音响系统中起着枢纽作用？
3. 调音台主要是由哪些电路部分构成的？
4. 调音台上的频率均衡器有哪些可调节参数，如何调节？
5. 调音台各输入通道中的声像控制钮（PAN）有什么作用？
6. “提示”（CUE）监听与 SOLO“独奏”监听有什么不同？
7. 辅助（AUX）输出与编组（GROUP）输出、矩阵（MATRIX) 输出有什么不同？
8. VU 表与 PPM 表有什么异同？
9. 调音台的 INSERT 接口是做什么用的，如何与外部设备连接？
10. 数控模拟调音台有什么优点？
11. 相对模拟调音台而言，数字调音台有哪些显著的优点？
12. 电台用直播调音台与普通调音台有什么区别？
13. DJ 调音台有哪些特殊的功能？
14. 如何设置调音台的输入电平和工作电平？
15. 你认为用于录音室的调音台和舞台扩声调音台主要有哪些区别？
16. 在录音工作中，用调音台进行频率均衡的目的是什么，应如何调节？
17. 调音台的主要技术指标有哪些？
18. 列举一种自己熟悉的调音台，说说它属于哪种类型，并对其功能进行总结。

第三章

音频信号处理设备

音频信号处理设备（Audio signal Processor）是指在音响系统中对音频信号进行修饰和加工处理的电子设备、装置或部件。由于在专业音响系统中，音频信号处理设备通常是以调音台为中心连接的，因此也将独立的音频信号处理设备称为调音台的周边设备，简称周边设备。通常将除了调音台、功放、音箱以外的其他设备都可以看成周边设备，它主要包括均衡器和滤波器、延时器和混响器、压缩 / 限幅器、扩展器、降噪器、听觉激励器、反馈抑制器、电子分频器等。

在音响系统中加入信号处理设备通常有两个目的：一是对声音信号进行修饰求得音色美化，以达到更为优美动听或取得某些特殊音响效果，例如一些流行歌手和 KTV 演唱常常借助混响器来加厚其单薄的声音；二是为了改善传输信道、记录设备本身的质量，以求得改善还音的信噪比和减小失真，或者用来弥补某些环境的声缺陷等。

音频信号处理设备是现代音响系统中必不可少的重要组成部分，它给广大的音响师、录音师等艺术大师们提供了艺术创作的强有力的技术手段，使他们能够在录音、音乐制作、扩音等领域，把主观创造性与客观的技术设备充分结合起来，创作出更多更优美的音响作品，同时也为广大音响技术和音乐爱好者们欣赏更加优美动听的声音创造了条件。

本章主要介绍各种音频信号处理设备的主要功能、工作原理和一些重要技术参数，以及其使用技巧。

第一节　均衡器

均衡器（Equalizer）是一种对声音的不同频率或频段的信号分别进行提升、衰减或切除的设备。它主要用于补偿由于各种原因造成的声音信号中缺失的频率成分，以达到美化音色和改进传输信道质量的目的；还可以用来对扩声环境的频率特性加以修正，处理一些声场的声缺陷，校正设备造成的失真等。它主要是通过对音频放大电路的频率响应特性曲线进行调节来实现信号频率均衡的。

一、均衡器的工作原理

从早期的模拟均衡器到当今的数字多频段均衡系统，音响系统利用频率均衡技术已有多年的历史。均衡器中使用的是滤波器电路，这种电路可以对信号频谱中的某些频率成分不予理睬（通过），而对另外一些部分进行提升或是衰减。

均衡器中基本滤波器电路的频率响应特性如图 3.1.1 所示，其中心频率是指提升频段的中心点，最大提升峰值处的频率。在中心频率的两边各有一点，它们的值低于峰值点 3dB，这两点间的频率范围就是滤波器的带宽。带宽的宽窄决定信号受滤波器影响的频率范围的宽窄，它表示了滤波器的锐度，通常由回路的 Q 值来决定。

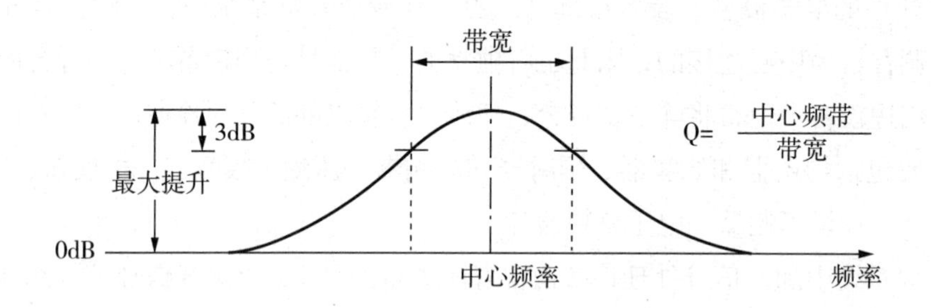

图 3.1.1　基本滤波器频率响应

决定滤波器锐度的 Q 值通常用滤波器的中心频率除以其带宽后得到的数值来表示。对于中心频率为 100Hz，带宽为 50Hz 的滤波器，其 Q 值是 2；而对于中心频率为 10kHz，带宽为 50Hz 的滤波器，其 Q 值是 200。典型的提升滤波器的 Q 值介于 1 ~ 0 之间。

图 3.1.2 描述了滤波器的 Q 值恒定时，响应曲线随增益的变化情况。曲线描述了每个滤波器增益随频率的变化情况。图 3.1.3 则表示当最大提升幅度下降时，Q 值也变小了，但频率响应图的基本形状保持不变。在实际应用中，当要求滤波器在某些频率段内进行切除或衰减时，使用提升特性曲线的镜像更适合，这样的响应曲线如图 3.1.4 所示，这种特性的滤波器称为倒峰滤波器。这些滤波特性均被生产厂家应用于不同的机型中。

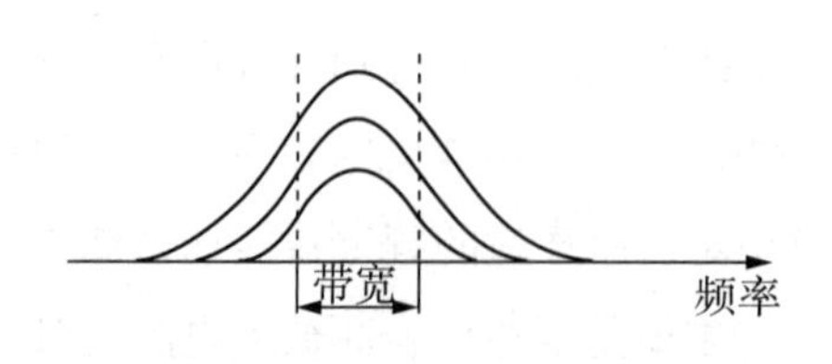

图 3.1.2　恒定 Q 值的滤波器频响

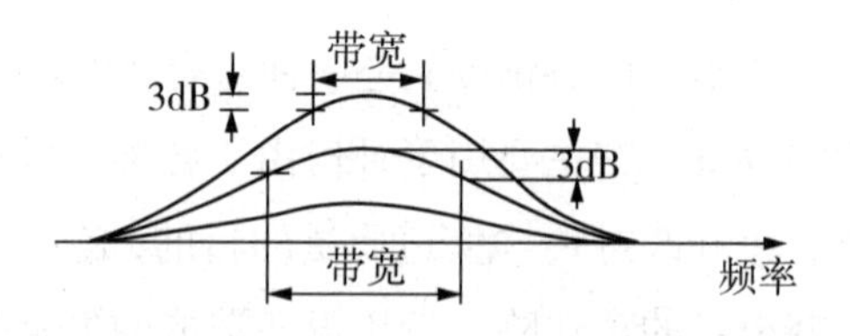

图 3.1.3　波形恒定的滤波器频响

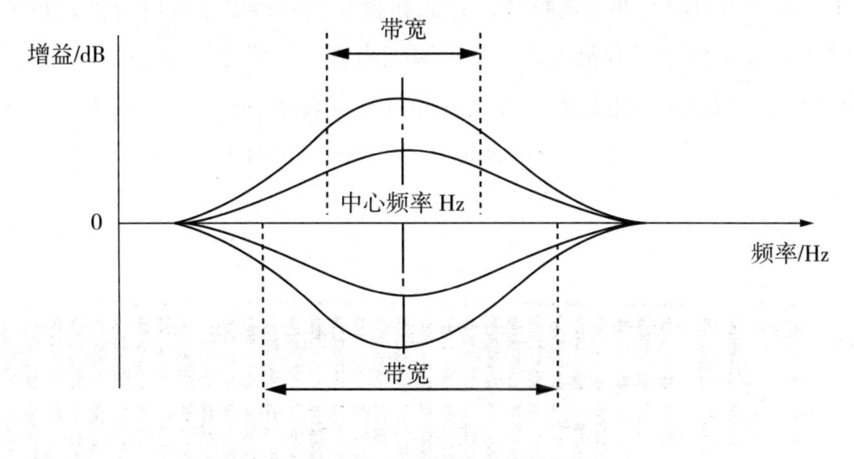

图 3.1.4 倒峰滤波器频响

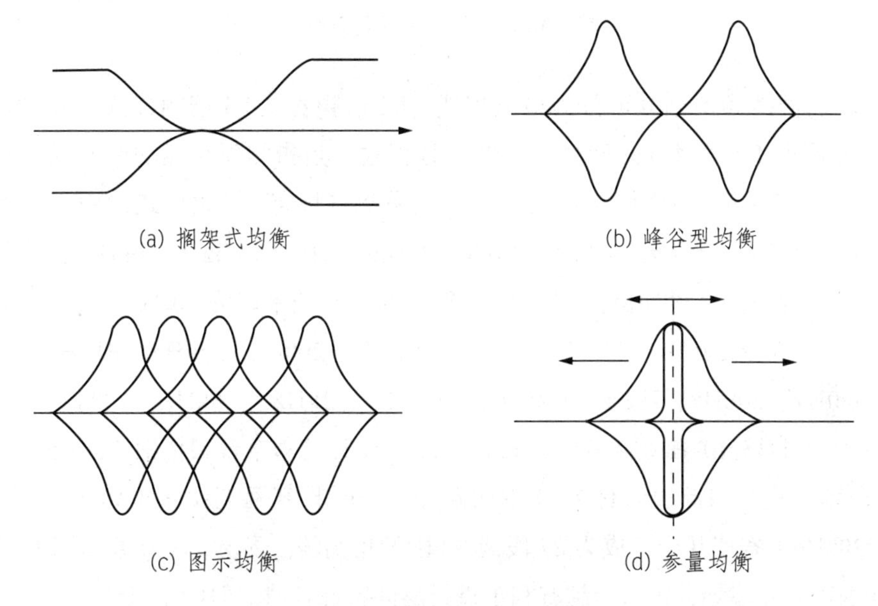

图 3.1.5　四种类型频率均衡器曲线

实际的均衡器按对频率响应特性曲线调整的形态不同可分为四种，即斜坡型均衡器、峰谷型均衡、图示均衡和参数均衡器，有时采用它们的混合形式。

图 3.1.5(a) 为斜坡型（Shelving），又称搁架式均衡器，用于在宽的频率范围内对高频和低频进行提升或衰减。它的特性变化较平缓，不适于对音色进行细微调节。它实际应用的是倒峰滤波器的一个侧边。

图 3.1.5(b) 所示为峰谷型（Presence）均衡器，其基本形式是单峰谐振特性，用于对某一频带进行提升或衰减，通常使用若干个谐振峰特性，可用来进行较细致的音色调整。

图 3.1.5(c) 为图示均衡器均衡特性，它的面板装有一排推拉式电位器，每个电位器对应一个中心频率。整个音频范围内（从低频到高频）一般分为 9 ~ 31 个中心频率，它调整的频响曲线可以从推拉电位器推杆所处的位置直观地显示出来，给人一种非常直观的感觉，因此称之为图示均衡器（Graphic Equalizer）。如图 3.1.6 为一个 31 段图示均衡器前面板图。

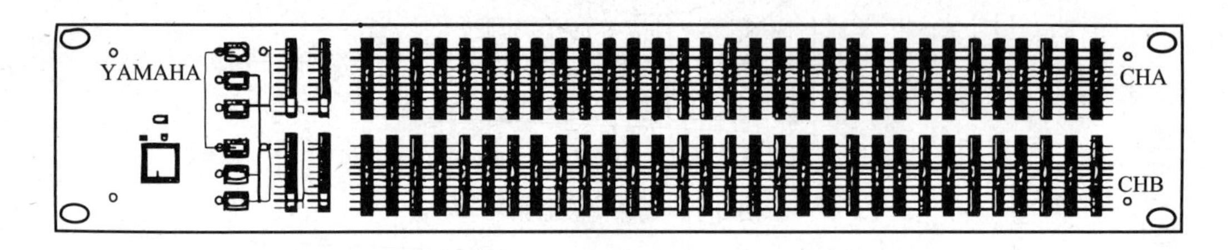

图 3.1.6　图示均衡器前面板

图示均衡器按频率划分可分为倍频程式、1/2 倍频程式 1/3 倍频程式等几种。常见的是倍频程式和 1/3 倍频程式两种，所谓倍频程式，是指相邻频段的中心频率相差一倍。国际上对倍频程与 1/3 倍频程的各中心频率都有规定：倍频程式的中心频率一般设在 63Hz、125Hz、250Hz、500Hz、1kHz、2kHz、4kHz、8kHz 和 16kHz 这 9 个频率上，所以有时也称为 9 段均衡器。1/3 倍频程式的中心频率定为 20Hz、25Hz、31.5Hz、40Hz、50Hz、63Hz、80Hz、100Hz、125Hz、160Hz、200Hz、250Hz、315Hz、400Hz、500Hz、630Hz、800Hz、1kHz、1.25kHz、1.6kHz、2kHz、2.5kHz、3.15kHz、4kHz、5kHz、6.3kHz、8kHz、10kHz、12.5kHz、16kHz、20kHz，即把整个音频范围（20Hz ~ 20kHz）分为 31 个频率点，因此通常称为 31 段均衡器。有时将其两端频率（如 20Hz、25Hz、31.5Hz、20kHz）省掉几个，成为 27 段或 30 段的均衡器。显然，对于房间特性均衡用的频率均衡器，频段划分越窄，越有利于进行房间特性补偿，但频率点增多。目前最常用的是 27 ~ 31 个频率点的 1/3 倍频程频率均衡器。图 3.1.7 所示为 31 段图示均衡器均衡曲线，对于工作于每个频率点的推拉电位器来说，都可以认为是均衡频率和 Q 值固定的峰形均衡。所以对某一个频率信号的处理是相邻的多个推拉电位器产生的综合均衡效果。

图示均衡器在录音和扩音工作中的主要用途，是为了弥补一些室内环境声场的声缺陷，用来对放音的频率特性加以修正，以平衡房间声学环境对听音带来的影响，所以也将图示均衡器称为房间补偿器。

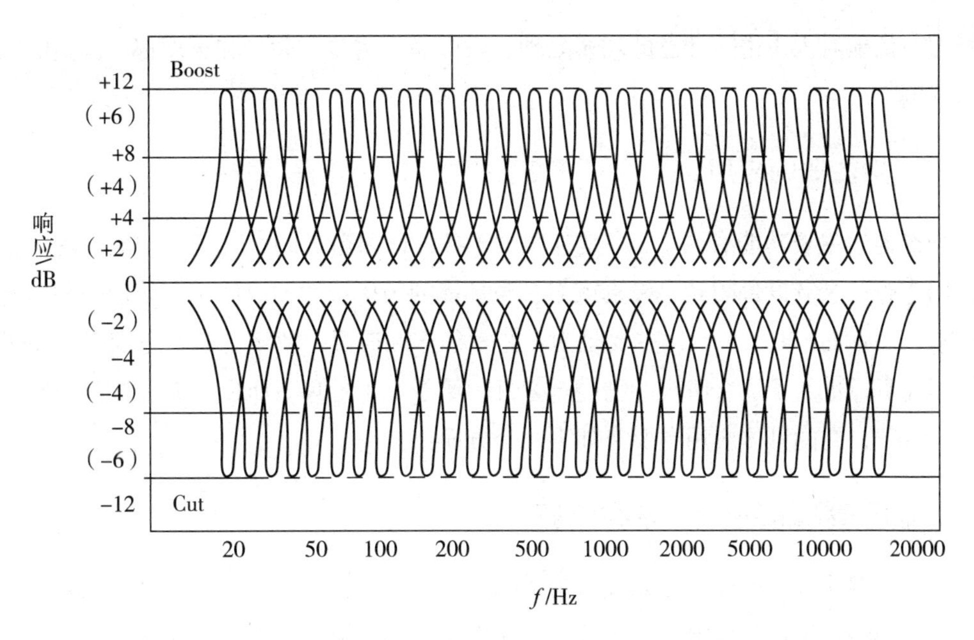

图 3.1.7 图示均衡器均衡曲线

上述的均衡器都是中心频率固定而调整各频点的提升或衰减的幅度。还有一种均衡器，如图 3.1.5(d) 所示，其中心频率、Q 值（对应于该中心频率的带宽）和提升（或衰减）幅度三种参数都分别可调，所以称之为参量均衡器（Parametric Equalizer）。这种参量均衡器可在整个音频范围内方便、精确地进行各种节目信号的均衡处理，也可用来对某些频带大幅提升以造成特殊音响效果，或者用来大幅抑制某一频率点以滤除特定的干扰或噪声，又尽可能少地损失有用信号。

在音频系统中用得最多的就是参量均衡器，均衡器的可调参量主要有三个，即均衡频率、均衡量及均衡范围或均衡带宽。参量均衡器可以对全频段上的任何一个以频率 F 为中心的一定范围内信号进行操作。范围宽度是由 Q 值来控制的，Q 值越大，均衡宽度越窄。均衡量是由内部放大电路的增益 G 来决定的。参量均衡是音色均衡调整的有力工具，所以调音台的输入模块中都装有参量均衡器。

还有一种准参量均衡器（有时也称为半参量均衡器），它与参量均衡器的区别在于只有中心频率和提升、衰减的控制，而不能对带宽进行调节。有许多小型调音台上的频率均衡器的可调参数都只有增益 G 一项，然而这并不意味着其他两项参数不存在，只不过这两项参数为不可调的固定参数。当然这两项参数设置为可调也并非难事，但这样不仅会增加设备的成本，而且会使其调整变得复杂化。所以增益、频点和宽度都可调整的参量均衡电路，通常只有在高档调音设备上才能见到。

很明显，频率均衡的分段越多，效果处理的精细程度也就越高。除了图示均衡，一般调音台上的均衡单元通常只有三四个频段，这显然满足不了精确处理音源的要求。为了能够灵活地对人声进行任意的均衡处理，最好使用增益、频点和宽度都可调整的四段频率均衡。

二、均衡器的应用

均衡器的主要功能有两个：一是补偿由于各种原因造成的声音信号中缺失的频率成分，用于改进录音设备的频率失真或对扩声环境的频率特性加以修正，处理一些声场的声缺陷；二是加工美化声音，主要是为了艺术创作的需要，使声音的音色变得更加优美和悦耳动听，也为了适合听众的情趣与爱好，给予加工处理。所以还有人把均衡器称作“电子味精”，它的具体应用主要有如下几个方面：

1. 校正音频设备所产生的频率畸变

一个音响系统是由许多音频设备组成的，音频信号在传输过程中不可避免会造成某些频率成分的损失，如传声器、录音机、功率放大器、扬声器等电声器件，由于技术原因所产生的频率失真，通过均衡器可以对其进行适当弥补。

2. 校正剧院、歌舞厅等听音场所的声缺陷

任何一个厅堂都有自己的建筑结构，其容积、形状及建筑材料（不同的材料有不同的吸声系数）各不相同，因此构造不同的厅堂对各种频率的反射和吸收的状态也不同。某些频率的声音反射得多、吸收得少，听起来感觉较强；某些频率的声音反射得少、吸收得多，听起来感觉较弱，这样就造成了频率传输特性的不均衡，所以就要通过均衡器对不同频率进行均衡处理，才能使这个厅堂把声音中的各种频率成分平衡传递给听众，以达到音色结构本身的完美表现。

3. 对声源的音色进行加工美化处理

均衡器可以用于增强或减弱某一频段上的信号，以达到改变音色的目的。在录音艺术创作中，通过均衡器对声源的音色加以修饰，可以有意识地提升或衰减某些频率的信号，以获得满意的聆听效果。比如均衡器可以把某一种音色中的某一种令人讨厌的谐波成分减低，同时还可以避免最终混音中各种声音之间发生冲突。假设你在人声演唱的后面使用了一架节奏钢琴，由于钢琴和人声是在同一个频段内，于是就发生了冲突。这时的解决办法是：降低钢琴声音在中频段的成分，将该频段让给人声。

4. 影视录音创作中用于产生某些特殊的声音效果

在影视后期制作中，可以用均衡器制作一些特殊音效，如电话声、袖珍收音机的效

果、老式的录音效果等。

5. 现场扩音中用来抑制声反馈、提高传声增益

在现场扩音时，当出现某些频率成分信号形成的正反馈时，会引起啸叫，容易损坏功放和扬声器等设备，此时可以利用图示均衡器抑制相应的频率成分来消除正反馈。

6. 消除特定频率的噪声

当存在某一频率范围的噪声时，可以用它消除，例如用均衡器衰减 50Hz 左右的信号，可以有效地抑制市电交流干扰等。

三、均衡器的主要参数

除了音频系统常用的技术指标，如频率响应、谐波失真、信噪比等常规三大技术指标外，均衡器还有自己一些独特的技术参数，如中心频率、均衡量等。

1. 中心频率及其调节范围

中心频率是指均衡控制电路中各谐振回路的谐振频点，即提升或衰减频段的峰点或谷点所对应的频率。中心频率的设置有一定的规律，如倍频式、1/2 倍频式和 1/3 倍频式等。图示均衡器的各中心频率是固定不变的，而参量均衡器则是可调的。

参量均衡器的中心频率可在一定频率范围内调节，这一参数决定它的调节范围大小。好多调音台上面都设定有一个扫频旋钮，正是调节中心频率的。

2. 均衡量

均衡量也叫控制范围，是指均衡器调节钮在中心频率点对所对应音频信号能够提升或衰减的最大能力，用 dB 来表示。数值越大，表示控制能力越强，常见的有 ±6dB、±12dB、±15dB 等范围。

3. Q 值和各段频带宽度

对于参量均衡器还有 Q 值和各频带宽度。Q 值又称品质因数，Q 值越高，均衡器提升或衰减曲线越尖锐，带宽也越窄；反之，Q 值越低，带宽越宽。Q 值调整范围通常在 0.3 至 20 之间。

各段频带宽度是指以中心频率点为中心，–3dB 点所对应的频带宽度。它与 Q 值有关，Q 值越大，频带越窄；Q 值越小，频带越宽。图示均衡器各段频带宽度是固定不变的，而参量均衡器则是可调的。

4. 最大输入 / 输出电平

最大输入 / 输出电平是指正常工作时输入 / 输出可达到的最大电平，常用的单位有 dBm，有时也用 dBv 。

5. 输入 / 输出阻抗

许多均衡器上都设有旁路开关（bypass），这对于比较通过均衡器的信号和没有通过均衡器的信号的区别带来了方便。

四、均衡器的应用

均衡器的应用目的应尽可能单一，不要既用于系统频率特性的均衡又用于音色调节，这样只会引起混乱。下面分别对图示均衡器和参量均衡器的调控方法做简单介绍。

1. 图示均衡器

专业扩声系统中使用的图示均衡器以选择 1/3 倍频程为好，这类均衡器一般都不少于 30 个调节频点。大于 1/2 倍频程（如 15 段、9 段式）的机型频点设置少，其每频点的受控带宽都较大，在调整中频率特性实际上会出现畸变，对声音音色的影响也是明显的，在扩声系统中有时还会制造新的麻烦。

下面以 YAMAHA 203l 型均衡器为例，说明图示均衡器的操作方法。YAMAHA 2031 型均衡器的前面板如图 3.1.8 所示。各控制键说明如下：

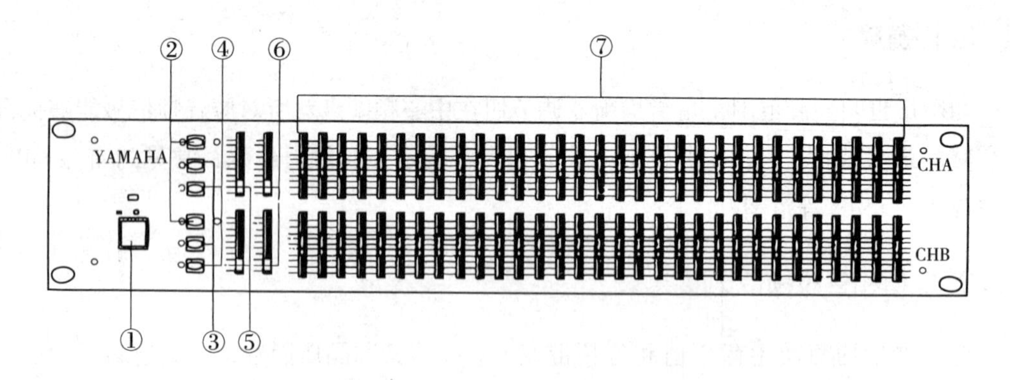

图 3.1.8　YAMAHA 203l 型均衡器的前面板

① 电源开关键（POWER ON / OFF）：按下后，电源接通，相应的指示灯亮。再按一次，电源断开，指示灯熄灭。

② 范围选择键（RANGE）：用来选择图示均衡器的控制范围。该键在正常位置时，

控制范围为 ±12dB，按下该键后，控制范围缩小，但控制精度提高。

③ 高通滤波器开关（HPF）：用来选择是否在图示均衡器之前加入高通滤波器。在正常（抬起）位置时，高通滤波器断开，输入信号直接进入图示均衡器；按下该键后，高通滤波器接通，输入信号经过高通滤波器后再进入图示均衡器，这时左边的指示灯点亮。

④ 均衡开关（EQ）：用来选择是否接入均衡器。该键在正常位置时，均衡器断开，输入信号不经均衡处理而直接输出，或者说均衡器被旁路（BYPASS）；按下该键后，均衡器接通，输入信号经过均衡器的均衡处理后才输出，这时左边的指示灯亮。该键可以帮助我们比较均衡前后的效果有什么不同，或者需要迅速取消某种特殊的均衡效果时也是十分有效的。有时该键的英文标记是：IN / OUT 或 BYPASS。

⑤ 输入电平控制钮（LEVEL）：用来调整本机的输入灵敏度，以适应不同信号源的输出电平。输入信号电平太低会降低信噪比，而输入电平太高又会导致过激失真。调节该钮，以过载指示灯（PEAK）偶尔闪亮为佳。有时该键的英文标志是 GAIN。

⑥ 高通滤波器（HPF）：用来调节高通滤波器的转折频率，本机的转折频率在 20Hz～200Hz 范围内连续可调，低于所选转折频率的信号将以每倍频程 12dB 的斜率迅速衰减。该功能的作用有：

a．可以用来消除房间中的低频驻波。

b．消除卡拉 OK 演唱时的气流或风在话筒中引起的低频噪声。

c．减小各种原因引起的交流噪声。

⑦ 提升 / 衰减控制（BOOST CUT）：用来控制各自对应中心频率处信号的提升或衰减幅度。置于中间时，对该频率的信号不提升也不衰减，向上推动该电位器，就会将其对应频率的信号加以提升；反之，向下拉电位器就是将信号加以衰减。事实上，这 31 个电位器所形成的曲线就是该均衡器此时的均衡曲线。

后背板如图 3.1.9 所示，各插口和开关说明如下：

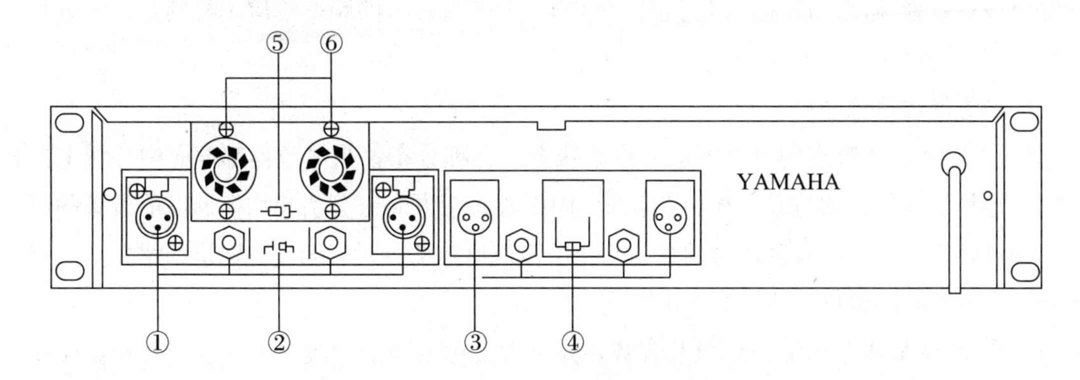

图 3.1.9　YAMAHA 2031A 型均衡器的后面板

① 输入插座（INPUT）：包含两个平衡式的卡侬插座和两个非平衡式的大二芯插座，可选用其中的一组输入。输入电平为：+4dB/–20dB，输入阻抗为 15kΩ。

② 输入电平选择（INPUT LEVEL）：有 +4dB 和 –20dB 两档可供选择。根据前面所连设备的输出电平来设定。通常应设在 +4dB 挡上。

③ 输出插座（OUT PUT）：包含两个平衡式的卡侬插座和两个非平衡式的大二芯插座，可选用其中的一组输出。输出电平为：+4dB/–20dB，输出阻抗为：150Ω。

④ 输出电平选择（OUT PUT LEVEL）：有 +4dB 和 –20dB 两档可供选择。根据后面所连设备的输入电平来设定。

⑤⑥ 是八脚输入变压器的插座和旁路开关，是专门为美国和加拿大设计的。

2. 图示均衡器的调试

为了提高扩声系统的品质，希望其扩声频率特性曲线要平坦。而现实中房间建筑结构或多或少存在着声学缺陷，使声场变得复杂混乱。再者，每个扬声器，甚至是同一型号的扬声器频率曲线也是不完全一样的。下面将介绍如何通过均衡器来补偿扬声器、补偿声场缺陷，改善扩声系统的传输频率特性。

（1）电输入法

所谓电输入法就是借助粉红噪声和频谱分析仪进行调试。把均衡器串接于调音台和功放之间，用粉红噪声作为输入信号送入调音台。将调音台各段均衡器置于平直状态，均衡器各点电位器放在 0dB 位置上。输入粉红噪声信号，调节均衡器各频点电位器，用频谱分析仪上的测试传声器接收该系统扬声器发出的声音，使频谱分析仪上显示的曲线趋于平滑。调整完成后，均衡器在此房间中使用时无须再做调整。

（2）声输入法

声输入法一般用在以唱歌、表演为主的场所，而且扩声系统中要使用固定的传声器和扬声器进行调试和演出。如果更换传声器或扬声器，频响曲线会发生变化。用声输入法可以有效地克服声反馈，但是会影响 CD、卡座放音时的频率响应（特别是话筒频响曲线不平坦时）。

（3）调试注意事项

① 均衡器各频点的电位器应在中心线上下合理分布，当电位器都偏向中心线上方时，容易引起均衡器过载；当电位器都偏向中心线下方时，会引起均衡器以前设备的电信号过载产生失真，而且这样的状态在使用多声道均衡器时还会使各通道的增益产生差别并产生不同的相移，使声像发生变化。

② 避免某两个相临频点提升衰减差异过大，尽量圆滑过渡。否则会产生相位变化太大，使声音变怪。

③ 不把电位器调节在最上方或最下方，以免产生过大的相位移动，减小系统实际的动态。

④ 扩声时，16kHz 以上的频率不宜提升过高，防止在特殊情况下将高频扬声器烧毁；20Hz、25Hz 的低频也不应提升过多，那样容易对低音扬声器造成冲击。

3. 参量均衡器的调整

应用均衡器能美化人声或乐器声的音质，正确使用均衡器显得十分重要。实际上，增益、频点和宽度都是可调整的频率均衡，我们必须研究音频信号的物理特性、技术参数以及与听感上的对应关系，有目的地去调整。一般情况下很难使用胡猜乱试的方法找出一个理想的音色，要注意以下几点：

① 在调整的时候，尽可能地使用衰减功能而不要使用提升。例如，一般都是对中频段进行衰减，而不是对低频段和高频段进行提升来使声音变得厚实和更具有穿透力。如果整体音量变小，可以对中平进行衰减之后，再对整个频率范围整体进行提升。

② 要不断对通过均衡器的声音和未通过均衡器的声音进行比较。一定不要犯这样的错误：对高频段进行了较多的提升，发现低音显得有些单薄，于是就又对低频段进行提升，然后又发现中频段偏弱了，只好又对中频段也进行提升，就这样无休止地进行下去，结果是产生过载失真。

③ 尽量使用必要的最少均衡量。均衡必定是对原来音色的改变，一种人为的失真处理，往往是仅几个分贝的提升或衰减就会产生非常大的音色变化。

通常情况下，扩声系统对音色的调节并不要求十分精细，可由调音台上各输入通道的均衡装置进行，况且专业调音台上的这类均衡大多可调频率拐点，有较大的适应性。若确须用多频段均衡器调节音色，合理的方法是单独配置专用的图示均衡器，以免因调节音色而改变整个系统的频率均衡。

专门的均衡器有些被连接在调音台的某一固定的声音通道上，有的则以独立的辅助设备连接在调音台之后、功率放大器之前。

第二节　延时器与混响器

延时器的作用是将声音信号延迟一段时间后再传送出去，混响器则是用来产生声音的空间混响效果的设备。因为混响声是由逐渐衰减的多次反射声组成，因此混响器可以看作是声音信号经多路不同的延迟，并乘上依次减小的系数后再相加输出，也可以简单地看成延迟后的信号再经一定衰减，和输入端的直通信号经过一定比例混合后输出。由于延时器和混响器都利用了声音延时技术，并且都可用来产生各种不同的音响效果，因此它们都属于效果器一类，通常将它们合并在一起做在一台设备内部，统称为效果处理器。利用延时器和混响器并结合计算机技术，还可以构成具有多种特殊效果的多重效果处理器。

一、延时器

延时器（Delay）是一种能将声音信号延迟一段时间后再输出的声音处理设备。延时处理是效果处理当中应用最为广泛的方式，其中，混响、合唱、镶边、回声、振铃等效果，其基本处理方式都是延时。

1. 延时器的工作原理

常见的延时器有弹簧延时器、BBD（电荷耦合型器件）式延时器和数字式延时器三种。弹簧式延时器属于机械式，现在已经基本淘汰了。后两种属于电子式，是利用电子技术产生延时的，其优点是音质好、体积小、功能多、使用方便，目前正广泛应用着。

弹簧式延时器是依靠弹簧的振动传递来延时，延迟时间与弹簧的长度成正比。它的原理是在弹簧的一端（发送端）利用换能器件把声音电信号转变为机械振动，通过弹簧将这一机械振动向另一端传递，由于弹簧的机械特性，传递的过程中必将产生延时，在弹簧的接收端再将振动还原为音频信号。这种延时器的特点是简单、廉价，但延时的时间不好精确控制，延时时间不能很长，失真大的问题。在电子技术不发达的早期使用弹簧延时器，现在已经不再使用了。

目前常用的是BBD延时器和数字延时器两种。

电荷耦合器件（BBD）是一种模拟延时集成电路，内部由场效应晶体管构成多级电子开关和高精度电荷存储器，在外加时钟脉冲的作用下，这些电子开关不断地接通和断开，对输入信号进行采样、保持、存储并向后级传递，从而使BBD的输出信号相对于输入信号延时了一定的时间。BBD延时器的工作原理如图3.2.1所示，它由频带限制滤波器、BBD延时线、时钟信号发生器和低通滤波器等四部分组成。

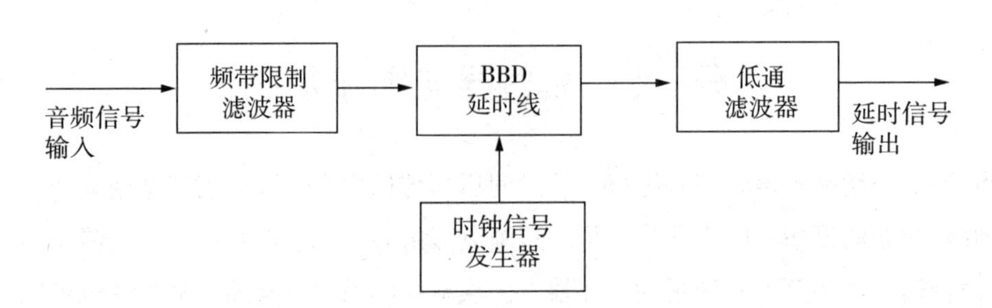

图3.2.1　BBD延时器原理框图

信号输入端的频带限制滤波器是一个低通滤波器，用来保证不引入高频干扰，而输出端的低通滤波器则用来防止时钟高频信号串入输出级。经低通滤波的音频信号在时钟信号的控制下，经 BBD 逐级传递得到延时。BBD 延时器的延时时间由时钟频率和 BBD 的级数决定，一般可做到 30μs ~ 200 ms。

BBD 延时器具有结构简单、价格低廉的优点，但动态范围较小，音质欠佳。因而一般多用于家庭卡拉 OK 机等民用音响设备中，在各种专业音响设备中普遍采用数字延时器。

数字延时器是通过模数、数模转换，数据缓存方式实现的。即将音频信号转换成数字信号后存储在移位寄存器中，直到获得所需的延时时间后，再转换成音频信号输出。

数字延时系统如图 3.2.2 所示，进入延时系统的音频信号经低通滤波器滤除高频噪声后，音频信号再经模数（A / D）转换器，被精确地转换成数字信号，每一个数字比特依次进入长度与所需延迟时间相当的移位寄存器中，当数字信号出现在移位寄存器的输出端时，已获得一定的延迟时间，此时经过数模（D / A）转换及低通滤波网络，在系统的输出端就得到一系列经过延时的音频信号。

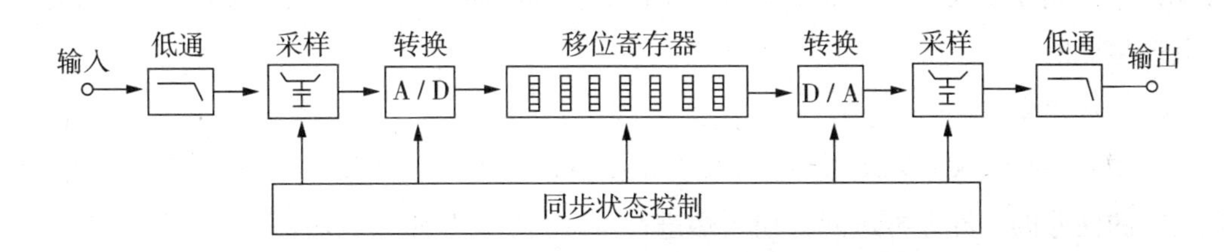

图 3.2.2　数字式延时器原理框图

数字延时器电声指标高，功能齐全，控制灵活，被广泛应用于各种专业扩音和录音系统中，其延时的时间长短一般都是可调的。

利用延时器可获得许多特殊的声音效果，例如，当延时时间在 3ms ~ 30ms，人耳感觉不到滞后的声音存在，当它与原来的直达声叠加后，会因其相位干涉而产生“梳状滤波”效应，这就是镶边（Flang，法兰）效果；如果延迟时间在 30ms ~ 50ms，人耳开始感到滞后的声音存在，但无法区分出滞后的声音，因此它与原来的直达声叠加后会产生合唱（Chorus) 效果；如果延时时间在 50ms 以上时，其延迟音便清晰可辨，此时的处理效果才是回音（Echoes）；如果经延时处理后的信号，再返送回原信号输入端进行往返循环处理，并逐次衰减，即为所谓的“振玲效果”，用此处理方式也可产生较为简单的混响效果。

2. 延时器的调节参数

延时器的主要作用是产生延时，但是单独的延时器往往是作为一台效果处理设备而使用的，它不仅仅用作简单的延时处理，更多的是产生一些特殊的效果处理，例如合唱、镶边、回声、振铃等效果。这些延时效果器的调节参数主要有：

（1）延时时间

延时时间（Dly）：即延时电路的延时时间调整，它反映的是原始信号与延时信号间的时间间隔。为了能快速而准确地调节这一参量值，一般将它的可调精度设成两档，一档是供在大范围快速调整使用的粗调，另一档是供在小范围连续调整的微调。该参量可以从微秒级一直到几秒范围内进行连续调整。

在回声效果中还有一个初始延时（Ini Dly），指延时电路的预延时时间调整，这个参数决定了直接声与第一声回声之间的时间间隔。

（2）混合比例

混合（Mix）或平衡（Balance）：这个参数调整了直接声与延时声音之间的平衡关系。如果你将一个合唱算法设定 100% 的湿度（即全部通过效果器），那么你将听不到任何合唱效果，其原因是合唱效果是由“干”信号（即不通过效果器）和经过延时调制的信号共同生成的。

（3）反馈量

反馈（Feedback）又称为再生（Regeneration）或再循环（Recirculation），就是将已经延时的信号的一部分再送回到输入端进行再延时，产生重复延时的效果，或回声的效果。换言之，就是将已延时的信号与未进行延时的信号加以混合后再延时，这样便产生了回声。

这个参数决定了从输出端返回到输入端信号量值的多少。在回声效果中，最小的反馈量提供了一种单一的回声；而较大的反馈量值则增大了回声的效果。在回旋效果中，增大反馈量会使效果变得尖利，这与增大滤波器的共振参数十分类似。

（4）反馈高频比

反馈高频比（Hi Ratio），即反馈回路上的高频衰减控制。在某些延时单元里，带有使反馈信号反相的功能，它虽不是一个必不可少的功能，但可以用它产生一些特殊的效果。如果在立体声状态下采用延时，可以将其中的一路反馈信号反相 180°，这样可以产生声像摇曳的感觉。

（5）调制参数

这里所谓的调制（Modulation），是指用低频振荡信号去调制延时器的延时时间参量。调制信号一般是低频振荡器产生的 0.5Hz 至 10Hz 的次声频信号，利用这一信号对延时器的时基进行调制。由于调制信号是一个在零电平上下周期性变动的波形，可以使延时时间在所选定的设定值上下变动。调制深度就是延时时间变化的范围，而调制速率的大小可以控制所产生的时间延迟变化的快慢。

可见，调制参数是一种在某一特定范围内进行延时时间变化的参数，决定了使用多少调制量（有时也称之为扫描范围）来使得延时时间产生变化。它使得延时时间在最大值和最小值之间不断地来回变化，用来制造一种很活泼的变化效果。

调制主要是为了模拟真实的延时效果而设的，它有两个参量：调制深度（Depth）和调制速率（Modulation Rate）。

调制深度有时也用扫描范围（Sweep Range）表示，是指在选定的延时值附近，调制控制的延时量变化的范围，即在指定的延时时间上下的变化是 5ms、10ms 或 100ms。一个较宽的扫描时间对于生动的回旋效果来说最重要，合唱和回声效果则不需要过多的扫描范围。

调制速率设定了可调制低频振荡器的速度。典型的速率范围是从 0.1Hz（即每 10 秒钟一个循环）到 20 Hz。作为最标准的合唱效果，通常是使用 2 Hz 或是更低的频率，较高的速率则用于一些不大常用的效果。

由于调制改变了时基，而时间与频率是相互关联的，所以它会使延时信号的音调在原始声信号的音调上下产生变化，这种效果可能是微小的波动或是很大的颤音。通过参数的调整，调制可以产生很有趣的、生动的声音形象。但是调制的设定必须正确，要考虑到延时时间和反馈的互相作用，同时也要考虑相对于干信号来说的效果电平的大小，只有通过仔细的调整与试听才能达到满意的效果。遗憾的是，大多数人只使用厂家预置的一些合唱、加倍、镶边、相位或其他的调制效果，而不再进行仔细的参量调整。

3. 延时器的应用

延时器的作用虽然只是对声音信号的简单延迟，但它却有许多的用途，被广泛应用于厅堂扩声和电影、电视节目制作中，下面列举说明它的一些应用：

（1）利用哈斯效应，解决声像一致问题

如图 3.2.3 所示的剧院扩声系统，位于楼上 C 点座位区的观众离顶棚音箱系统 B 比离舞台音箱系统 A 近得多。如果顶棚音箱系统中不加延时器△t 时，C 点的观众必然是先听到顶棚音箱系统所发出的声音，在经过（t_1–t_2）时间后，才能听到舞台音箱系统发出的声音，也就是说在诸如 C 点的地方，声像不能一致。若在音箱系统中加入延时器，同时调整延时量△t 使之大于（t_1–t_2），小于 50ms，则 C 点的观众先听到舞台音箱系统发出的声音，然后才听到顶棚音箱系统 B 发出的声音。根据哈斯效应可知，C 点的观众感觉到声像是在舞台上，从而解决了声像一致问题。

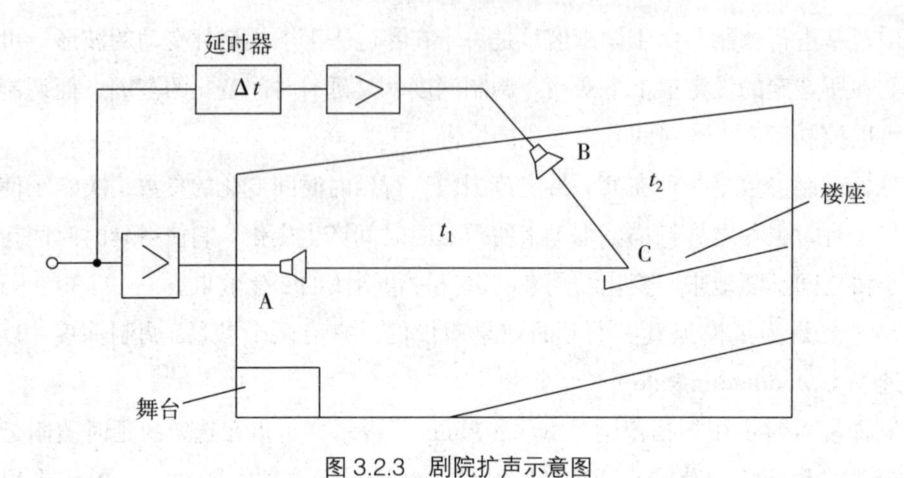

图 3.2.3 剧院扩声示意图

（2）在扩声系统中，用来消除回声，提高扩声系统的清晰度

延时器常用于扩声系统中补偿因分散配置的声源之间因距离不同而造成的时间差，用来消除回声干扰，提高扩声系统的清晰度。例如，体育馆、露天体育场的扩声。

如图 3.2.4 所示，在较大的厅堂中，除原声（演讲或演唱）声源外，还存在不少音箱，各个音箱与听众的距离不同，比如后排听众就先听到后场音箱发声，再听到前场的音箱发声，最后还可能听到原始声，这几种声音到达后场听众的时间不同，有时间差，若时间差大于 50ms（相当于距离 17m），会因这些不同时到达的声音而产生回声，破坏清晰度，严重影响扩声质量。

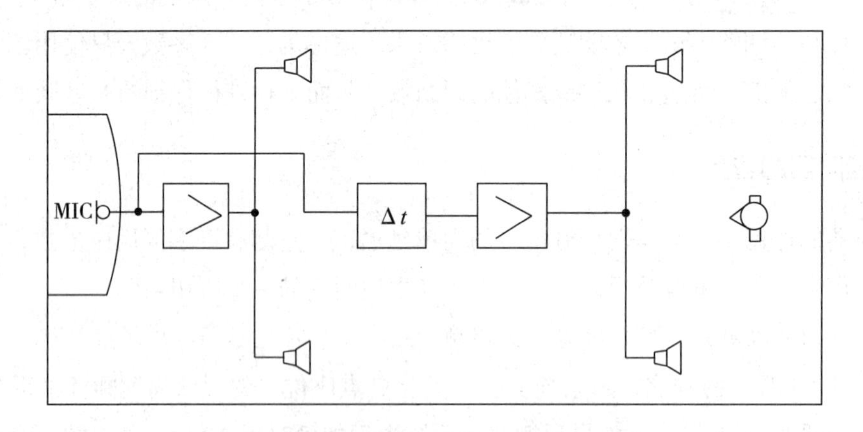

图 3.2.4 长的扩声场所扩声示意图

如图 3.2.4 所示在后场功放之前加入延迟器，精确调整其延迟时间，就能使前排音箱和后场音箱发出的声音同时到达后排听众，从而获得很好的扩声效果。

（3）产生模拟立体声效果

如图 3.2.5 所示，将单声道信号和延时信号相加后作为 L 声道信号，相减后作为 R

声道信号，利用调音台的声像调节旋钮（PAN）将相加的两路信号旋往“L”方向，将相减的两路信号旋往“R”方向，可得到两路信号，即模拟立体声效果。延时量的调节可改变立体声的声像宽度。

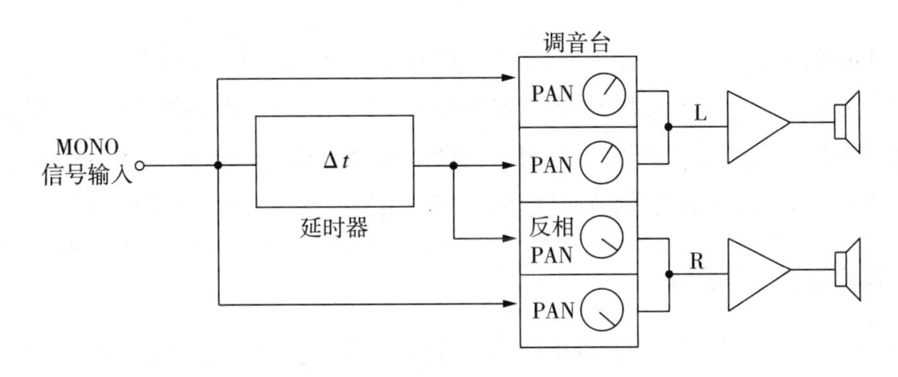

图 3.2.5　延时器模拟立体声

在立体声录音和放音中，还可用延时器来扩展声场，增强立体感。利用 L、R 两个声道的差信号经延迟器形成延迟信号，再分别与 L、R 直达声信号相减或相加，从而使 L 和 R 的声像分布比原 L 和 R 宽得多。

在制作立体声节目时，单靠立体声的主传声器有时并不能取得理想的效果，特别是对乐队中音量较弱而又距主传声器较远的乐器，常常用点传声器来加以补充，这便造成传声器的声音中直达声成分太多，而使声音过于靠前，使声场分布不正常，这时就必须通过延时来恢复自然的声场分布。一般对声音的水平方向上的定位处理，往往是利用调音台上的声像电位器所产生的强度差来获得，而对声音的深度上的定位处理，往往是利用延时，延时的时间越长，声音越靠后。

（4）改善声音厚度和力度感，使声音甜润悦耳

将直达声与一个延时声相加，只要延迟时间选择恰当，声信号的清晰度就不会受影响，但厚度和力度感却得到明显改善，听起来甜润悦耳，延迟时间的长短与声音的频率高低和节奏快慢有关。频率越低，节奏越慢，则延迟时间可适当取长些。反之，延迟时间取短些。对于语言声，男声约取 40ms，女声约取 20ms ~ 30ms 较为合适。低音乐器声还可适当取长些。

采用混响方法也可提高声音的厚度感，但清晰度损失较大，力度感也有所降低。因此，如果对清晰度或力度感要求较高，或者声音信号本身就不够清晰（如音乐的低音声部），则采用上述的延迟方法处理比混响器方法好。

（5）制造一些合唱、回声等特殊效果

比如，可以把一名演奏员或歌唱者的声音变成许多人的合奏或合唱的效果。

（6）用在广播直播延时等特殊的场所，产生数秒至数十秒的延时时间，保证节目播出安全

二、混响器

混响的概念来源于建筑声学，它是指声源停止发声后，声音在厅堂内传播，经过多次反射或散射而形成声音延续的现象。混响器是一种人工产生混响的装置，它是通过电路来模拟调整声音在室内的反射、延时、混合来增加音源的融和感。它的主要功能是模拟声波在厅堂内多次反射或散射而产生的效果，属于调整声音时间的设备。

1. 混响器的工作原理

混响器是在上述延时器的基础上，加上各种形式的处理电路而实现的。早期的混响器采用模拟的方式，可分为机械式（如弹簧混响器、钢板混响器、箔式混响器等）混响器、电子式两种。机械式混响器，是利用钢板、弹簧或金箔受震动而产生的简正波的传播和衰减来模拟声音在厅堂内的传播，以获得混响。机械式混响器已经成为历史，在现在的录音制作中，通常采用的都是数字混响器，所以我们下面只对数字式混响器的原理作一介绍。

数字式混响器是通过一个算法来处理声音，这种算法中用滤波器建立了一系列的延时，模仿在真实房间中声波遇到墙壁和天花板后发生反射的情况。它的信号处理过程是：先将信号经过 A / D 转换，把音频信号变为数字信号存储在移位寄存器（MOS）和随机延迟存储器（RAM）的存储单元中，再经过中央处理（CPU）单元对其进行运算、处理，最后再经过 D / A 转换，以获得所需的各种混响声和自然效果声。图 3.2.6 为数字式混响器原理框图。

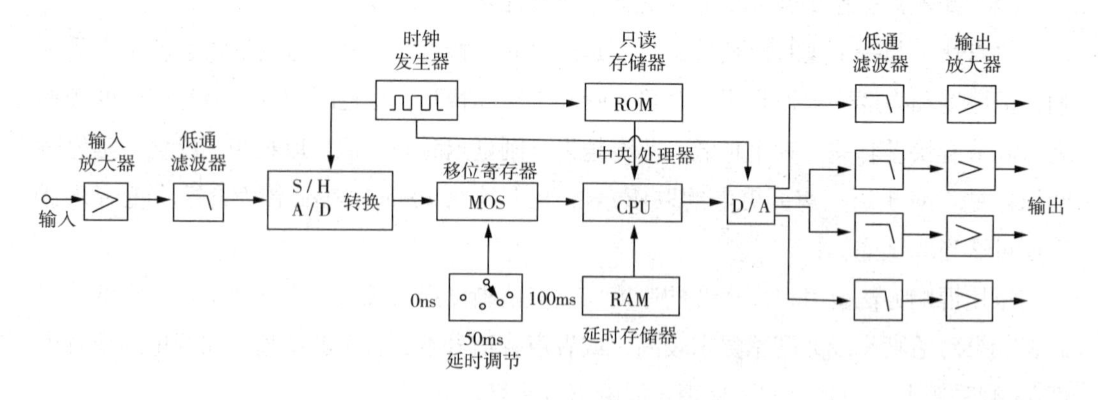

图 3.2.6　数字式混响器原理框图

输入的音频信号经过低通滤波器后，将听觉之外的高次谐波成分滤去，接着再用低

频（25Hz）脉冲信号去调制，通过 A / D 转换器将调制后的信号编为 12Bit 的数码送入移位寄存器 MOS 中，从而可以获得延时量。经延时后的数字信号被送入 CPU 进行处理，在运算处理期间，所有数码信号均存储在 RAM 中，根据程序指令不断调入 CPU 进行处理。处理后的数码信号，经过 D / A 转换器，转换为具有混响的音频信号，由衰减特性良好的低通滤波器控制输出。

采用数字式混响器对信号的电平、混响时间以及空间参量均可自由控制，无频率畸变和染色失真现象，所以能够获得更为自然的混响效果，以及产生一些自然界根本无法得到的特殊音响效果。数字混响器具有频率范围宽、混响特性好、信噪比高、调节范围大、调整方便等优点，因此被广泛应用于现代音响系统中。

2. 混响器的调节参数

能逼真地模拟自然混响的数字混响器上都有一套复杂的程序，其上有很多技术参数可调。常见的调控参数有以下几种：

（1）混响时间（Reverb time）

混响时间这一参量设定声音信号在混响声场衰减的速度，其设定值可影响房间的大小、房间的形状和反射面的类型等因素。

（2）高频滚降（High Frequency Roll off）

由于实际的房间中混响时间是随着信号频率的改变而变化的，并且频率越高，被墙壁、家具和空气吸收的声能就越大。所以混响器中就设定高频滚降这样一个参量来模拟这种情况。此项参数用于模拟自然混响当中，墙壁和空气对高频的吸收效应，以产生较为自然的混响效果。一般高频滚降的可调范围为 0.1ms ~ 1.0ms。此值较高时，混响效果比较接近自然混响；此值较低时，说明房间的边界材料或其中的设施是弱吸声的，或者声源与听众距离较近。

（3）扩散度（Diffusance）

真实的声学空间的边界情况是很复杂的。扩散参量描述的就是边界的不规则性或复杂性。如果该参量很小，那么产生的混响声就很干净，混响效果则较空旷、冷僻，并且比较“硬”；如果该参量增大，那么就增大了反射声的复杂性，使混响声比较丰满、厚实、温暖。

（4）初始延时（Initial Delay）或预延时（Pre Delay）

自然混响声阵的建立都会延迟一段时间，初始延时和预延时描述的是直达声与最初的早期反射声之间的时间间隔。该参量的大小，影响人耳对声场的空间感的感觉。该参量值越大，说明声学空间越大。

（5）反射声密度或声阵密度（Density）

该参量控制的是效果中反射声的密度。一般来说，空间越大，反射声的密度就越小，而小房间中，反射声的密度很大，混响声也比较“紧”。例如，低密度的设置值对于敲击的声音就会出现问题，这是由于第一声反射声更像离散的回声，而不是混响声。提高密度值可以解决这一问题。然而，低密度的设置值可以与人声很好地进行配合，使得声音更加丰满。

（6）早期反射电平（Early Reflections Level）

早期反射是一种间隔非常接近的离散的回声，这一点与较晚产生的混响声音不同，后者将会持续混响声的尾部。早期反射电平参数就是用于调整早期反射声与混响声阵之间响度平衡。

（7）交叉转换频率（Crossover Frequency）

转换频率是一个为高频和低频成分分别设定延时时间的参数，它决定了高频和低频之间的“界线”。例如，对于一个 1kHz 的转换频率来说，低于该频率值的信号将隶属于低频延时时间，而高于该频率值的成分将隶属于高频延时时间。为了创造一个感觉“宏大”的声音，你可以将低频延时时间设置比高频的长一些。如果为了得到一个非常“轻”的声音，则反之。

（8）混合比例

混合（Mix）和平衡（Balance）参数设定了混响声和直接声的混响比例，也就是通常说的干湿比例。

以上只是最基本的几个参量。不同的数字混响器，其中的参量会有些不同，比如有些混响器还有房间类型、房间尺寸大小、活跃度、听音位置等参量。

3. 混响器的应用

混响器本身就是在延时器的基础上增加多重反馈而来的，因而它既可以调节延时，又可以调节混响。如果再和延时器配合使用，理论上就可以完全自由调节室内声音的直达声、近次反射声和混响声的时间间隔及幅度结构，从而模拟出不同结构厅堂的听觉效果，甚至还可以制造出自然界没有的听觉效果来。

（1）模拟声音在不同空间环境位置时的效果

不同的声学空间，会具有不同的混响特性，混响时间的长短也不一样。如果将不同混响时间的声学环境下拾取到的声音，再现在同一声学环境中，就必须考虑到用混响器实施人工混响。在室外或一些较“干”的环境空间扩音或录音时，就可以利用混响器模拟出不同空间的声音效果，使声音更具临场感和真实空间感。可以改变混响器的混响时间，对较“干”的声音信号进行加工补偿，以体现不同大小空间的感觉。通过混响声和直达声的比例，可以体现声音的远近感和深度感。

多声道录音中，大多采用近距离拾音，因此拾取的声音大多是声源发出的直达声，再加上演播室大多是短混响的，所以在后期缩混的时候，为了使声音获得应有的临场感和空间感，必须加入适当的延时和混响。

在一些数字混响器中，还预设了好多不同环境空间的参数设置，就是用来模拟产生不同空间（如剧院、音乐厅、大厅、山谷回响等）声音效果的。有些数字音频工作站软件内带的混响器还可以通过人工设置各种房间的尺寸大小、墙体材料吸声系数来产生不同的空间效果。

（2）美化修饰声音的音色，使声音更加丰满

声音信号在经过了混响处理之后，声音的包络有了明显的改变，特别是对维持过程和衰减过程，即对音腹和音尾的影响很大，它延长了这两个过程经历的时间，可以掩盖掉演唱上的微小偏差，使声音感觉更丰满。一些最为优秀的混响器仅仅提供了非常短的房间混响算法，使得混响声在混音中很不起眼，你不注意都不太容易发现。

（3）利用混响器人为地制造一些特殊效果

由于数字式混响器的信号处理特点，它还能产生一些特殊的混响效果。通过参数的设置，可以形成声音的群感或回声，如山谷、山洞的回声等特殊效果，而且能够“创造”出各种奇妙的“太空声”、“颤音”以及“幽灵般飕飕声（Swishing）”等自然界所没有的声音。

还有就是可以制造一些特殊的效果处理，比如门混响和反向混响等。门混响效果相当于混响信号再通过一个噪声门处理的效果。实际上是加快了混响衰减的速度，缩短了混响过程。这种效果常用在流行歌曲的打击乐器、电吉他或电贝司中，它可以在使乐器声丰满的同时，保持节奏的清晰。反向混响效果是将真实的混响声包络反转，使声音具有一种膨胀感，即声音不是越来越小，而是逐渐增加，然后戛然而止。这种也常用在流行歌曲中的鼓和电贝司中。

三、混响器的连接

将混响器接入音响系统的方法有几种，实际使用中要根据系统的效果处理要求来连接。

1. 利用调音台“效果发送”与“效果返回”接口

对于专业音响系统，可以利用调音台的效果接口实现混响效果器连接，如图 3.2.7 所示，即从调音台的效果发送（EFF SEND）或辅助输出（AUX OUT）提取信号，连接到效果器的输入，从效果器的输出再回到调音台的效果返回（EFF RTN）或辅助输入（AUX IN）。这样连接的特点是不中断直通信号，可以自由调节直通信号和效果信号的混合比例，还可以方便对比处理效果。

另外，也有人从调音台的编组输出（GRUP OUT）辅助输出（AUX OUT）取信号，把从效果器输出的信号接到调音台的空闲的输入通道，再和其他信号混合。至于哪种接法更好，可根据具体调音台调试效果自行决定。

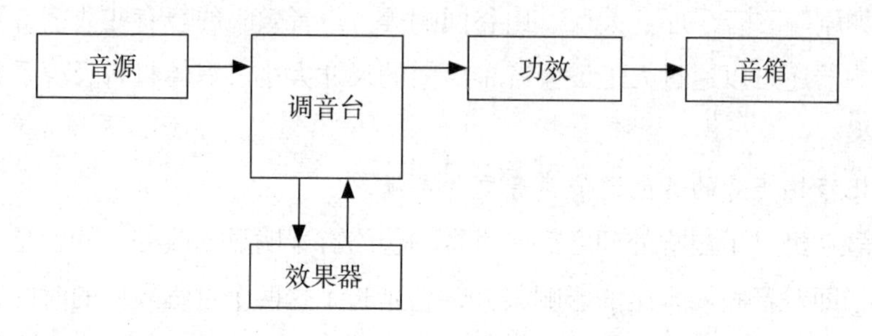

图 3.2.7 通过调音台的效果端口接入效果器

2. 利用调音台的插入（INSERT）端口接入

大多数调音台都有一个很有特色的插入（INSERT）端口，可以用来连接效果器，实际上这一端口的设计主要就是用来连接混响效果器的。

这种接法要用到专门的 INSERT 连接电缆，INSERT 插口本身位于调音台的某部分输入通道中，连接以后是将相应通道的输入信号断开，经效果器处理后再回到该输入通道。这种接法的特点是，只处理对应通道输入信号，而不是像前两种处理的是总线混合后的信号。

3. 串联接入系统

即将混响效果器串联在音源和功率放大器之间的信号通路上，如图 3.2.8 所示。这种接法的特点是信号全部经过效果处理，无法对不需要实施效果的信号做出选择。当需要对部分信号实施效果处理时就不适合用这种接法。

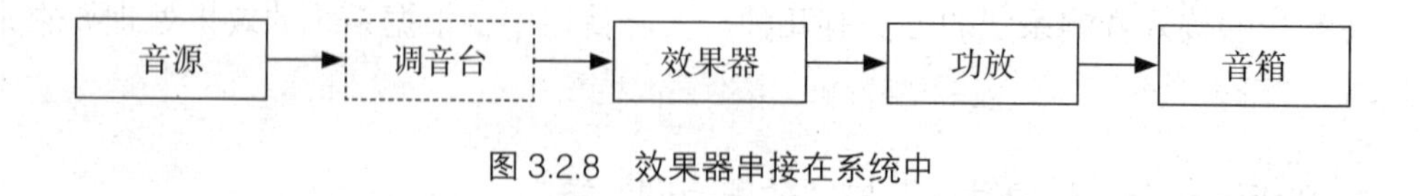

图 3.2.8 效果器串接在系统中

考虑到许多非专业系统并没有调音台，所以调音台部分用了虚线表示。

四、混响器实例

通常将利用延时器、混响器等组成的可以产生多种混响效果的处理设备也称作效果器。下面以 YAMAHA EXP－100 效果器为例，使读者对效果器有个初步了解。图 3.2.9

所示为 EXP－100 效果器前面板，各功能键钮操作如下所述：

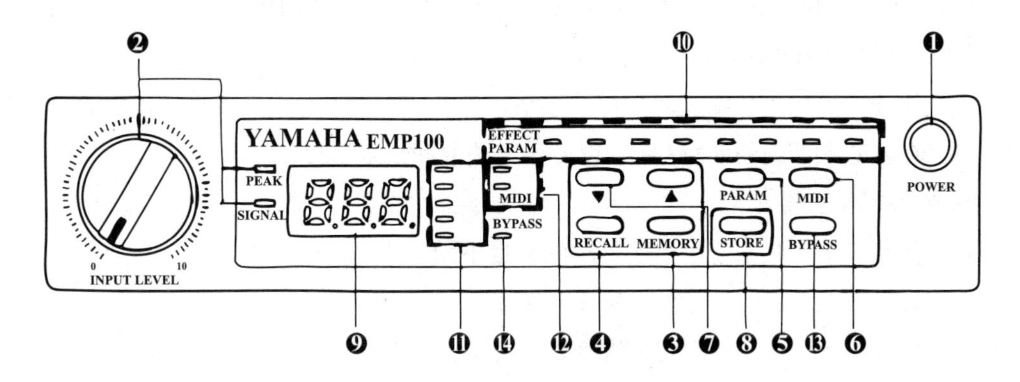

图 3.2.9　EXP－100 效果器前面板

① 电源开关（POWER）

这是一个按键，按一下效果器开启，再按一下则关闭。当处于开启状态时，除非重新设置，否则效果器执行上次关机前选择的效果程序。

② 输入电平控制（INPUT LEVEL）

该旋钮用来调整输入信号电平，调整时应使信号显示器（SIGNAL）常亮，而峰值显示器（PEAK）不应闪亮或只是偶尔闪一下。

③ 记忆状态键（MEMORY）

此键用来控制效果器的记忆状态，并通过增（▲）减（▼）控制键选择效果项目（1～150），这 1～150 个效果项目是已存储在效果器内的可执行效果程序。

④ 恢复键（RECALL）

此键控制效果程序的执行。在记忆状态下，用（▲）或（▼）键选好所要的效果项目，按下恢复键，使该项目对应的效果程序进入实际运行状态。

⑤ 参数状态键（PARAM）

此键控制效果器进入选择参数状态，此时再利用（▲）或（▼）键，可以对效果项目的参数值进行重新编程。

⑥ MIDI 状态键（MIDI）

此键用来启动 MIDI 状态，并可通过（▲）或（▼）键选项。在 MIDI 状态下，效果器可以接受外部 MIDI 信号（如合成器送入的信号）对效果器信号处理系统的控制。此功能主要用于节目制作。

⑦ 增（▲）和减（▼）控制键

在记忆、参数和 MIDI 三种状态下，此键的功能各不相同：

- 记忆状态下，（▲）或（▼）控制键用来选择效果项目；

- 参数状态下,(▲)或(▼)控制键用来调整参数值，并对所选效果项目进行编程；
- MIDI 状态下,(▲)或(▼)控制键用来进行效果器对 MIDI 效果项目变化的控制。

⑧ 储存键（STORE）

此键用于对效果项目编程后储存的控制。在参数状态下对效果项目编程后，按储存键可将其存在效果器内的 RAM 中，以便将来选取和恢复执行。

⑨ 数字式显示器

在不同状态下，数字显示器的显示内容也不同。

- 记忆状态下，显示所选效果项目的序号；
- 参数状态下，显示所选效果的参数值状态；
- MIDI 状态下，显示 MIDI 效果的参数值变化情况。

⑩ 效果 / 参数显示器（EFFECT / PARAM）

该显示器由 8 个发光二极管组成。在不同状态下，显示的内容不同。

- 记忆状态下，显示所选效果项目的种类，对应显示器上方标示；
- 参数状态下，显示所选参数的种类，对应显示器下方标示。

⑪ 参数种类显示器

在参数状态下进行参数调整时，该显示器指示哪种参数正在被选取。

⑫ MIDI 项目和记忆显示器

MIDI 状态下，此显示器指示 MIDI 效果项目是否工作，其参数序号在数字显示器中显示。

⑬ 旁路控制键（BYPASS）

按一下旁路键，旁路显示器闪亮，此时效果器进入旁路状态，输入信号被直接送至输出端，不经任何效果处理；再按一下旁路键，即取消旁路状态。

⑭ 旁路显示器（BYPASS）

效果器处于旁路状态时，该显示器亮。

EXP－100效果器的后面板（背板）如图3.2.10所示。其中部分端口的功能如下所述：

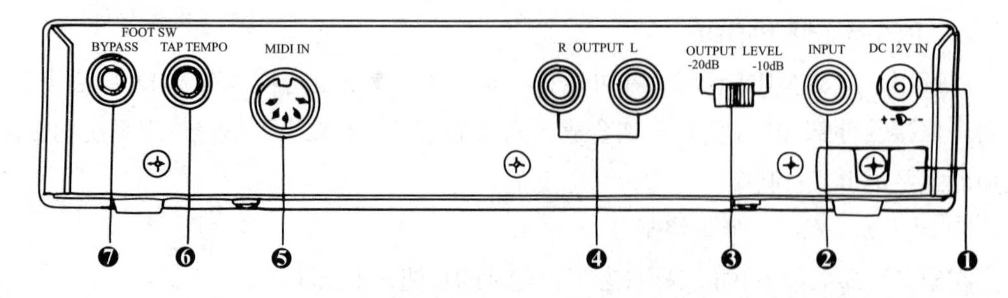

图 3.2.10 EXP－100 效果器后面板

① DC 12V IN —— 直流电源输入端。EXP – 100 效果器配有专门的外接直流电源，工作电压 12V。

② INPUT —— 输入端口。EXP – 100 效果器采用单通道输入方式。

③ OUTPUT LEVEL —— 输出电平控制。EXP – 100 效果器的输出信号电平只有两种固定的选择，即 –20dB 和 –10dB。

④ 0UTPUT L / R —— 输出端口。EXP – 100 效果器采用双声道输出方式，即左 (L)、右 (R) 声道立体声输出。

⑤ MIDI IN —— MIDI 信号输入端口。通常用于音乐制作中实施由 MIDI 信号自动控制。

⑥⑦ FOOT SW —— 脚踏开关（FOOT SWITH)）连接端口。此端口用于接入脚踏板，可实施两种控制：

- BYPASS —— 旁路。利用脚踏开关控制效果器的旁路状态，与前面板的旁路键功能相同。
- TAP TEMPD —— 敲打节拍。利用脚踏板控制节拍。

以上介绍了 EXP – 100 效果器各控制键钮和接线端口的功能，使用时具体选择哪种效果及参数的调整要根据临场需要而定。EXP – 100 效果器预先设置的效果程序很多，其项目清单列于表 3.2.1 中。

表 3.2.1 EXP–100 效果器预设效果项目清单

序号	功能	通道名称	备注
概述（一般部分）			
1	混响	厅堂混响 1	
2	混响	厅堂混响 2	
3	混响	房间混响 1	房间中等大小，硬墙壁
4	混响	房间混响 2	
5	混响	声音混响 1	
6	混响	声音混响 2	独声或和声均可
7	混响	板混响 1	较柔和，适用于弦乐
8	混响	板混响 2	
9	早反射	厅堂早反射	直接早反射
10	早反射	随机早反射	声较粗
11	早反射	可调早反射	
12	早反射	弹性早反射	
13	延迟	立体声延迟 1	强调立体声效果，轻微延迟
14	延迟	立体声延迟 2	

续表

序号	功能	通道名称	备注
15	和声	立体声和声	
16	加强音	加强音	
17	交响音	交响音	比和声更柔和，更优雅
18	立体声音高	立体声选通 1	
19	立体声音高	立体声选通 2	
20	三连音音高	主音高	
21	三连音音高	第七音符	
22	立体声音高＋混响	立体声选通混响 1	
23	立体声音高＋混响	立体声第八音选通	
24	立体声音高→混响	立体声选通混响 2	两者联合效果
25	交响音＋混响	交响音混响	
26	延迟＋混响	立体声延迟混响	
27	延迟→早反射	延迟早反射 1	
28	延迟→早反射	延迟早反射 2	
29	和声→延迟	延迟和声 1	
30	和声→延迟	延迟和声 2	
关键（主要部分）			
31	混响	适用于钢琴演奏厅	可产生自然混响
32	加强音	快速旋转音话筒	
33	加强音	慢速旋转音话筒	
34	混响	适用于教堂	好像从空荡荡教堂发出的
35	延时＋混响	出现神秘的古琴声	形成古老、幽远的味道
36	延时	主弦 1	
37	延时→早反射	主弦 2	使声音更深远、透彻
38	混响	打击铜管乐混响	尖而短
39	延时	立体声延时 3	120 节拍 / 分钟
40	延时＋混响	立体声回声	
41	延时＋混响	短延时混响	强烈、突发
42	交响音	交响音拉长声（装饰音）	
43	立体声音高	立体声选通 3	
44	交响音＋混响	交响音壁	形成音墙效果
45	和声	颤动和声	直接连接乐器，效果最强烈
46	和声	环绕和声	
47	和声→延时	全景和声	
48	加强音	模仿加强音	
49	延时→早反射	贝斯音早反射	使声音更浑厚

续表

序号	功能	通道名称	备注
50	三连音音高	三和弦	适于独声，可产生奇效
吉他			
51	立体声音高	音高转换和声	
52	交响音＋混响	弦交响	
53	立体声音高→混响	硬结构房间	
54	早反射	主要早反射	用于疯狂激烈的声音
55	和声→延时	深度延时和声	
56	延时＋混响	爵士乐吉他声	
57	延时＋混响	60 年代吉他声	
58	延时→早反射	传音爵士乐	声音热切，全方位传音
59	交响音	琶音交响音	
60	加强音	吉他加强音	
61	三连音音高	第 2 档	
贝司			
62	三连音音高	音高转换、贝司和声	
63	加强音	贝司加强音	
鼓类			
64	混响	房间气氛	
65	混响	厅堂气氛	
66	混响	明朗的气氛	
67	混响	紧凑的气氛	使声音丰满
68	混响	硬结构的房间	
69	混响	撞击音混响	使乐声热切
70	延时→早反射	撞击门效果	
71	混响	紧绷音混响	
72	延时→早反射	紧绷门音	
73	立体声音高＋混响	铙钹音混响	
74	早反射	可调整门音	
打击乐			
75	早反射	打击门音	
76	早反射	可调整的打击门音	
77	加强音	打击乐加强音	
78	立体声音高	双立体声音高	可制造出欢快的打击乐声
79	混响	打击乐混响	
80	混响	打击乐房间	
81	早反射	打击乐早反射	

续表

序号	功能	通道名称	备注
82	早反射	重复颤音	
83	立体声音高	多打击乐音	
84	延时→早反射	少数民族打击乐	如脚鼓等
85	混响	声音混响	
86	立体声音高＋混响	流行声乐混响	使声音逼真
87	立体声音高	双声转换	
88	早反射	浴室	
89	延时＋混响	卡拉 OK	
声音效果			
90	三连音音高	立体声音高下降	
91	三连音音高	立体声音高升高	
92	三连音音高	半音阶滑音（延长音）	
93	三连音音高	三连音滑音	
94	三连音音高	整音滑音	
95	三连音音高	三连音升高	
96	三连音音高	琶音	
97	立体声音高	深度选通混响	
98	＋混响	长隧道	约 12s 长
99	加强音	弯曲音	
100	加强音	单一“嗡”音	只发这种音

第三节　压限器

压缩器（Compressor）和限幅器（Limiter）是对信号幅值进行处理的设备，通常压缩器与限幅器合装在一起，简称为压限器。它其实就是一种增益随着信号大小而变化的放大器，其作用是对音频信号进行动态范围的压缩或扩展，从而达到美化声音，防止失真或降低噪声等多种不同的目的。下面首先对压限器的原理及应用做一介绍。

一、压限器工作原理

压限器实际上是一个自动增益（幅值）控制器。当压限器检测控制电路检测到要处理的信号超过了预定的电平值（阈值 Threshold）之后，压限器的放大增益就下降，此时声音信号电平便被衰减，增益下降的幅度取决于压限器的压缩比率的设定值；反之，当检测的信号低于预定的电平值，增益将恢复到原单位增益或对信号进一步放大。所以压限器的增益值将随着信号的电平变化而变化，这种增益变化的速度是由压限器的两个参量，即建立时间和恢复时间决定的。

图 3.3.1 是一个实用的压限器的原理图。它是一个双通道压限器，图中为了简化起见，只画出了其中一个通道。

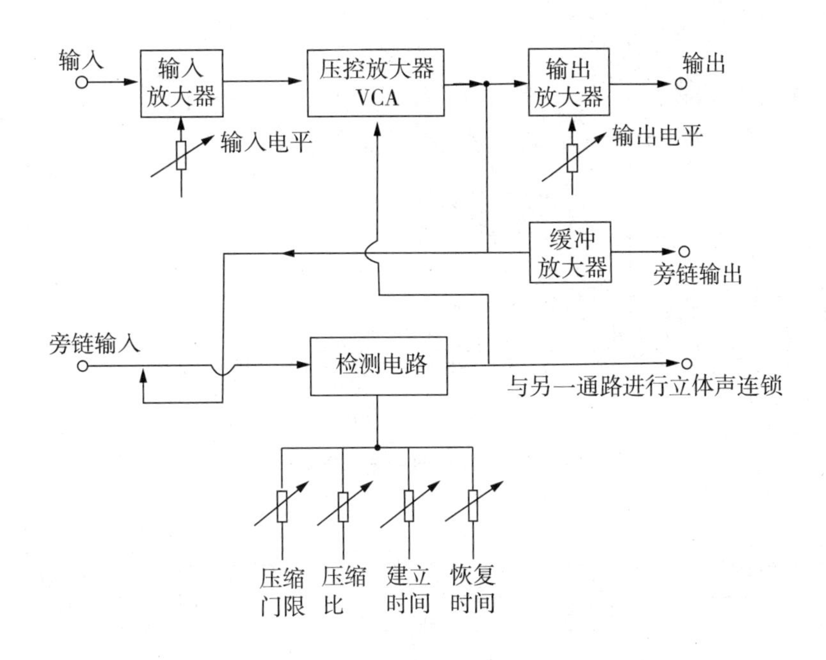

图 3.3.1　压限器的原理框图

压限器的输入输出特性曲线如图 3.3.2 所示。图中 OP 直线表示斜率为 1，即为线性放大器。当输入电平超过一定电平（门限电平）时，斜率小于 1，此时称为压缩器，如图中 ODC 特性（图中压缩比为 3∶2，工作范围 30dB，拐点在 –15dB）；具有斜率大于 1 的电路称为扩展器，如图中 ODE 所示（扩张比为 2∶3，工作范围 20dB，拐点在 –15dB）；若使压缩比足够大，压缩器就成为限幅器（Limiter），所以限幅器实际上是压缩器的一种特例，通常限制器的压缩比为 10∶1 到 20∶1，如图 4.20 中的 OAB 特性（压缩比为 10∶1，工作范围 20dB，拐点在 0dB）。

从图 3.3.1 可以看出，信号通路可以分成两部分：一部分为受控信号通道，也称为主通路，另一部分为控制信号通道。而控制信号可以由两种方式来获得，一种是内部控制方式，即控制信号取自主通道的输入信号，这种方式是常用的方式；另一种是外部控制方式，即控制信号取自从旁链输入来的信号，这一信号与主通道的输入信号不同，它可以是与主通道完全不相关的信号，也可以是经过另外处理的输入信号。图 3.3.3 所示是两种不同的控制方式的框图。

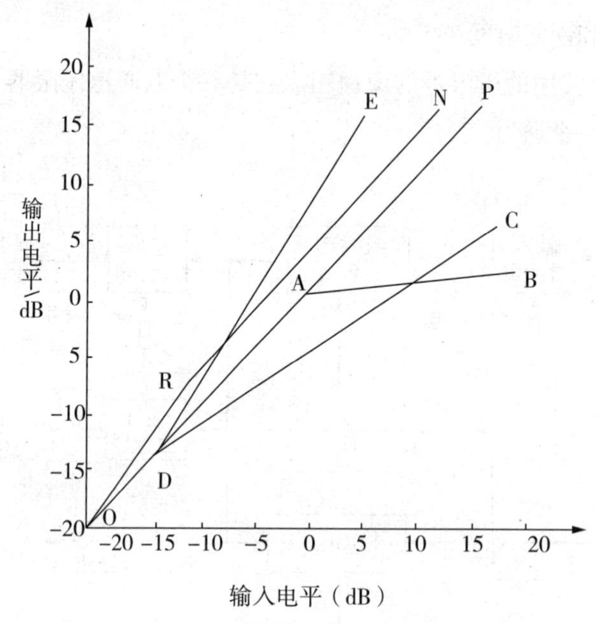

图 3.3.2　压限器的输入输出特性

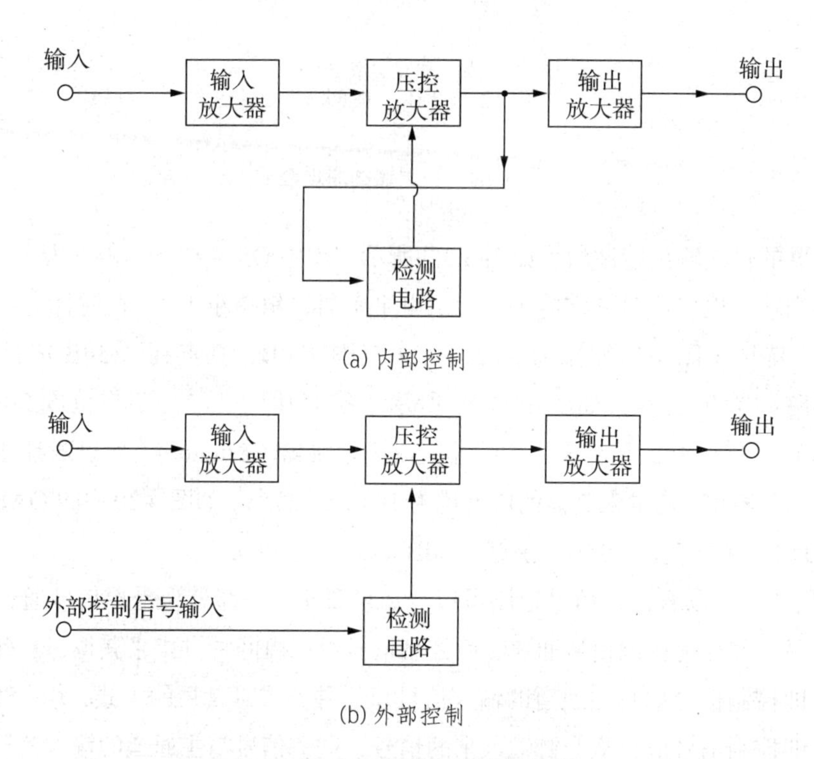

图 3.3.3　压缩器的两种控制方式

二、压限器的调控参数

一般的压限器的可调工作参量有4个，即压缩比（Ratio）、压缩门限或阈值（Threshold）、建立时间（Attack Time）和恢复时间（Release Time）。

1. 压缩比（Ratio）

压缩比（Compression Ratio）是输入信号分贝数与输出信号分贝数之比，其大小决定了对输入信号的压缩程度，如果它为1∶1时，对信号没有进行任何压缩；当压缩比为4∶1时，则每增加4dB的输入信号，输出信号才增加ldB。

太大的压缩比则会对信号过度压缩，使动态损失过大。过分的压缩还会导致声音非常窄，且听起来感觉很不自然，并且会产生噪声。在扩声系统中，如果作为压缩器使用，一般应将压缩比调到3∶1左右，此时，意味着输入信号每增加3dB时输出信号才增加ldB；如将压缩比调到∞∶1，就可作为限制器使用了，此时意味着输出信号不随输入信号的增加而增加。

当然，压缩和限制的条件必须是输入信号的电平要超过压限器的阈值电平；否则，起不到压缩和限制的作用。在一些特殊场合，压限器的压缩比也可以根据需要来确定，例如，在拾取吉他的声音时，有时要将压缩比调到15∶1，这是因为吉他的低音部分和高音部分的音量差异较大，为了达到强声不强、弱声不弱的目的，就必须提高压缩比。但是，一般认为，压缩比小于10∶1时为压缩，大于10∶1时则为限幅。

2. 阈值（Threshold）

阈值（Threshold）是决定压限器在多大输入电平时才起作用的参数。如果输入信号的电平高于阈值，那么压控放大器的增益将会明显减小，输入信号的动态范围被压缩；如果输入信号的电平小于阈值，那么压限器不会对输入信号作压缩处理。阈值调得过小，会造成输入信号还不是很强时就开始压缩，声音听起来十分压抑，信号动态损失严重；调得过大，则会出现输入信号已经很大仍得不到压缩的现象，压限器根本起不到作用，从而造成音箱或功率放大器的烧毁。

正确的调节方法应该是：将阈值调节到最小位置，把调音台的音量开到最大（音量提升必须在确认压缩比大于2∶1后进行。这时，输入信号一出现就开始压缩，不会造成输出信号过强的现象），然后逐渐提升阈值，此时音量在逐渐变大，当音量大到一定程度时（已经达到所需要的最大声压级或功放和音箱的额定功率），立即停止提升阈值。这种调节方法保证了在增强输入信号的情况下，压限器的输出信号都不会超过所限定的幅度。

一般限制阈点在压缩阈点之上的 8dB 左右。当瞬间的信号电平超过设置的阀点电平时，压缩信号的顶部将被自动削去，以避免在放大器或磁带上形成过载失真。比如当压缩比为 10∶1 或 20∶1 以上时，压限器的限制阈就开始起作用。

3. 启动时间（Attack）

由于声音信号的电平是不断变化的，瞬间信号电平既可能超出设置的阈值电平，也可能低于这个阈值电平。因此如何使压限器工作和不工作则有一个速度问题。这个速度分别取决于信号的启动时间（Attack Time）和恢复时间（Release Time）的大小。

所谓启动时间，是当输入信号超过阈值后，从不压缩状态进入到压缩状态所需要的时间。此时增益的变化如图 3.3.4 所示。如果压限器的启动时间长，输入信号超过阈值后要等一会儿才进入压缩状态，致使输出信号从弱到强的起始前沿变得陡峭并出现声音“前冲”现象，使声音变硬；如果压限器的启动时间很短，输入信号一旦达到阈值就立即进入压缩状态，声音则会变软。

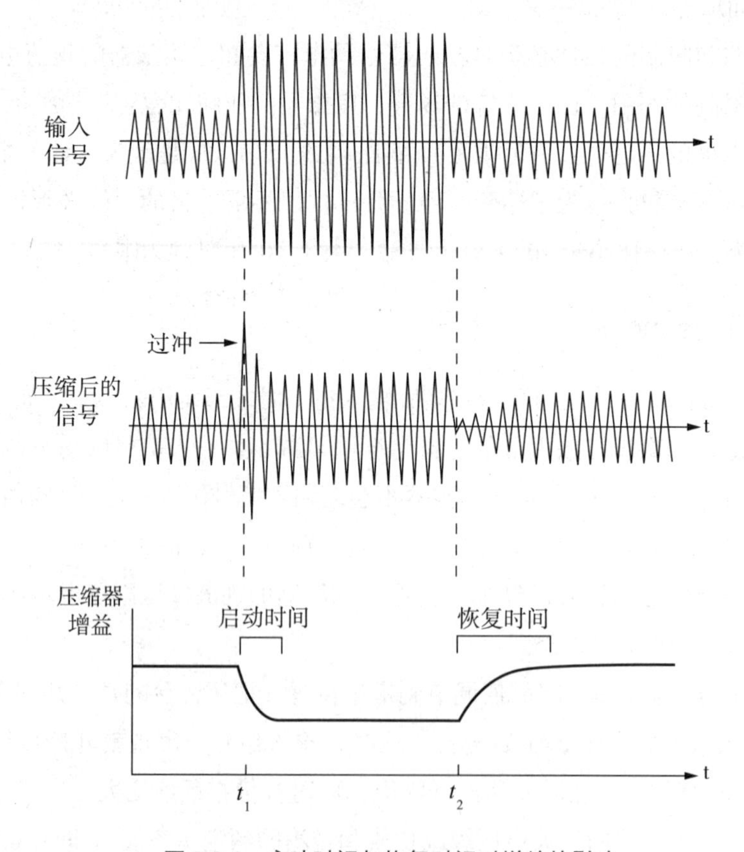

图 3.3.4　启动时间与恢复时间对增益的影响

目前，压限器启动时间的调节范围一般在 100μs ~ 100ms，具体应该调节到多大，要由使用者根据实际需要来确定。比如，在播放迪斯科或摇滚乐时，就可以把启动时间调得长些，使声音更有力度，音乐更具感染力；在给鼓的声音扩音时，可用启动时间调整鼓声的软硬度。但是，这种调节必须要与恢复时间互相配合，否则根本调不出所需声音的软硬效果。

4. 恢复（释放）时间（Release）

恢复时间是当输入信号小于阈值后，从压缩状态恢复到不压缩状态所需要的时间。如果压限器的恢复时间很长，输入信号低于阈值后要等一会儿才恢复到压缩前状态，这就会使压限器在恢复时间内始终保持在压缩状态下，也就是说，保持在较小的放大倍数（增益）状态下。

压限器恢复时间的调节应根据音乐的节拍速度或乐器声音衰减的过渡时间来确定。音乐的节拍速度为 40 拍 / 分 ~ 120 拍 / 分，即一拍所需时间为 1.5s ~ 0.5s，因为无论何种音乐其第一拍均为强拍，所以当音乐信号很强时，第一拍首先进入压缩状态。如果压限器在一拍内仍不能恢复到不压缩状态，那么第二节拍开始时压限器还是处于压缩状态，此时音乐很难摆脱被压缩的状态；如果恢复时间小于一拍所需时间，则不会使音乐始终处于压缩状态，此时配合启动时间的调整，还可以创造软或硬的音乐效果。在调整乐器声音衰减特性时，恢复时间的长短起着非常重要的作用。恢复时间短，能使乐器的余音悠长；恢复时间长，会使乐器的余音短促。假如乐器余音的衰减时间长于恢复时间，还会出现超过恢复时间后余音又增加的现象，这种现象通常被称为喘息效应。

5. 输出电平（Output）

输出电平调节是对压限器的总输出电平大小进行调节，提高输出电平可以抵消掉由于动态范围的压缩而使得输出电平过低。

利用压限器还能创造一些特殊的音响效果。比如对一件弹拨乐器，仔细地调整启动时间、恢复时间、压缩门限以及压缩比，特别是恢复时间调得快，就能得到一种类似于手风琴的声音。还有，用很短的恢复时间并施以很大限制，可使钹的声音变成一种奇怪的声音，就像将钹的录音带倒着放一样。这是色彩性很重要的一种特殊声响。

此外，较长的恢复时间还可以起到改善对声音间歇过程中本底噪声的抑制作用。其原理是：当声音信号逐渐消失时，由于恢复时间很长，压限器在一定的时间内仍保持在较小的放大倍数（增益）的状态上，致使噪声没有被放大，其音量仍然很小，故噪声被有效地抑制。

三、压限器的应用

不同的节目信号和音频设备的动态范围是不一样的，例如，交响乐队的动态可达100dB，而一般数字录音设备（16Bit）量化的动态范围在90dB左右，磁带录音机的最大动态范围只有约70dB。为了保证信号的记录不产生失真，必须对信号的动态范围进行适当的控制，这就是压限器的主要功能。多年来，压限器主要用于自动调整宽动态范围的输入信号，使其适合低动态范围的传输和存储媒介。

实际应用中，压限器在录音和扩音方面有许多用途：

（1）压缩节目信号的动态范围，保证音频设备能高保真传输，重放或记录

例如，磁带录音机的动态范围比较小，录制动态范围大的音乐节目，可能会产生比较大的过载，经过压缩以后，控制节目信号的动态范围，可以保证录制节目的质量。

（2）对大电平信号的峰值进行限幅，以保护后级的功放和音箱不致损坏

在扩声系统中最容易损坏的是功率放大器和扬声器系统。这两者配接时，主要考虑阻抗配接，各自的额定功率可能不同，因此，整个系统在进行统调时，可以通过压限器来控制功率放大器输入端的信号，避免因过高的电平输入而损坏功率放大器或扬声器系统，特别是扬声器系统，一般它没有保护装置。

（3）平稳节目音量的作用

对于音量变化比较大的情况，例如，独唱演员表演时，有时难以保持到传声器的距离不变，这会使音量忽大忽小，或者电声乐器由于演奏方式不同，其动态变化也相当大，音量难以控制。这时使用压限器就可以使输出音量较为平衡，在现场扩音中还可用于提高平均响度。

（4）利用压限器来提高节目的响度

由于节目的响度主要与信号电压的有效值有比较直接的关系，而与节目信号的峰值的大小没有直接的关系。如果对混合的节目信号进行适当的压缩处理，就可以提高信号电压的平均值或有效值与峰值的比值，从而感觉节目的响度得到提高。在音频节目的发射中，也可以用此办法来提高发射机平均的调制度，有效地提高发射机的效率。

（5）产生特殊的效果声

比如，使用很短的上升时间和较长的恢复时间可以制作“反向声”的效果。快的压缩动作信号电平立即减少，缓慢的恢复时间使自然衰减的信号电平提高了增益，经过这种处理的声音很像录音带倒放时的效果。

再比如利用大的压缩处理来使打击乐器的声包络反转。如果用短的恢复时间对吊镲一类的打击乐器进行很大的压缩处理，使输入信号始终处在压缩门限之上，节目就会表现为固定的输出电平。这样听到的声音效果就好像把吊镲的声音倒放出来一样。

（6）利用压缩器产生“声上声”的效果

这时也将压缩器称为画外音压缩器，采用画外音压缩器可以把混合了背景音乐的主持人的语声突出出来，音乐节目首先通过压缩器，然后再与语声信号合成。但是压缩器是工作于外部控制方式，即由语声信号控制压缩器，以便衰减背景音乐的增益，但并不衰减语声线路本身的增益。这样，当画外音（主持人语声）出现时，背景音乐的电平就会自动减小。

压限器虽然具有多种用途，但是，千万不要忘记压限器的使用会造成动态损失。为了进一步提高音质，现代压限器普遍采用了软拐点等新技术，这样可进一步减小压限器的副作用，但这并不一定意味着压限器对音质的破坏作用就已经不复存在了，从某种意义上讲，使用压限器仍然是迫不得已的。所以，在扩声系统中，不要滥用压限器，即使要用也应该慎用或少用压限器对信号进行处理。

四、压限器的连接

根据压限器使用的目的不同，其接入音响系统的方式也不同。一般有以下几种方式：

1. 串联接入到主（左、右）通道

这种接法主要用于保护功放和音箱。此时，压限器必须放在均衡器后、功率放大器前。现在，有些人把均衡器错误地接在压限器的后面，这是不允许的。如果采用这种接法，将会带来以下后果：

① 调整均衡器时极易烧毁功放和音箱。均衡器的调整一般应在高声压级下进行（大约在95dB，太低调整结果会不准确），在这样大的声压级下，一旦增益提升较大，输出信号就会过强，由于压限器没有接在它的后面，起不到对过强信号的压缩和限制作用。这样，功放或音箱不可避免地会得到难以承受的过强信号，以致烧毁功放和音箱。

② 压限器附带的噪声门无法消除均衡器部分的噪声。现代压限器一般都带有噪声门，噪声门可以消除声音间歇过程中系统的本底噪声。如果将压限器接在均衡器前，那么其后面的均衡器产生的噪声就根本无法消除。

2. 串联（插）入传声器信道

串联（插）入传声器信号有下列三种作用：

① 限制人声动态。一般来讲，人声的动态范围是非常大的。演员在表演时，声音可以从低声细语到引吭高歌，既可以将嘴紧贴着话筒演唱，也可以远离话筒演唱。这就势必会使声音信号出现强烈的峰值起伏，很有可能造成削波失真和信号过激等诸多问

题。所以，要对人声信号进行压缩，可使音量变化平稳。

② 抑制声反馈。声反馈是音箱放送的音量较大时，音箱的声音传到话筒而引起的啸叫现象。声反馈出现后，由于信号很强，会烧毁功放的音箱，所以要抑制声反馈。抑制声反馈有很多种方法，使用压限器就是其中的一种。使用压限器抑制声反馈的调节方法就是将压限器的阈值调节到反馈临界点（最高可用增益点，即要啸叫又没有啸叫的点）上，适当选择压缩比（一般应大一些）即可。此时，话筒通道一旦出现过大的声反馈啸叫信号，立即就会被压缩或限制，使系统不会进入到深度的声反馈状态。应该指出的是，使用压限器彻底消除声反馈虽然可以做到，但所付出的代价是话筒通道的增益变小，音量下降。

③ 防止话筒不慎掉落地上而带来的过强信号。在歌舞厅中，经常会出现客人没有将话筒放置好、使话筒掉落地上的情况。发生这种情况极有可能造成音箱高音头烧毁。话筒通道接上压限器后，就可以完全避免发生上述事故。

3. 利用旁链（Side Chain）控制

旁链控制是一种将控制信号直接送入压限器内部的增益控制电路中，对输入信号的压缩情况进行控制的一种特殊控制，有时也称为“潜控”（Ducking）。只要有插头插入压限器的旁链输入（Side Chain in）插口时，输入信号（Input）就不能再控制压限器的状态了，此时由输入到压限器的旁链信号的大小来决定压限器是否要进行压缩或限制。

在扩声系统中，使用旁链方法可以实现两种特殊效果：

① 画外音压缩。将人声作为控制信号，背景音乐作为受控信号，这样一来，在人声出现时，背景音乐的电平将自动减小。这种用法在实际应用中非常有意义，如有时人们在演唱时，经常会觉得自己的声音由于背景音乐的作用显得不够突出，而用这种方法就可以处理好演唱和伴奏的关系。为了使人声实时控制背景音乐，即人声一出现背景音乐就立即弱下去，人声一消失背景音乐就变强，压限器应该调成启动时间最短、恢复时间最短和阈值较小的状态。

② 音头同步。假如一个乐器声音的启始阶段比另一个乐器声音的启始阶段更为短促，而两个声音同时出现时，更为短促的声音的音头要压制另一个声音的音头，致使两个声音的同步感变差，如鼓和贝司同时打节奏时就会出现这种情况。解决的方法是，将贝司的声音作为控制信号，将鼓的声音作为受控信号，当贝司的声音和鼓的声音共同出现时，由于贝司的声音先行将压限器置于压缩状态，所以鼓的音头上升变缓，这样就实现了良好的两个声音的同步感觉。此种用法的调节也是采用快启动、快恢复，但阈值应调到最小。

除了以上两种使用压限器旁链的方法外，压限器旁链还有一种去“嘶声”的用法。

这种用法是：将压限器旁链输出端接到均衡器的输入端，再从均衡器的输出端连接到压限器的旁链输入端，由于高频“嘶声”的频率范围是 2.5kHz ~ 10kHz，所以只要将均衡器的这一频段进行提升，压限器就会相应地减小这一频段的增益，从而也就减少了高频“嘶”声。

五、压限器实例

压限器也是录音和扩声系统的常用设备之一，特别是在较大型专业演出场所的扩声系统中，压限器是必不可少的设备，有时甚至要使用多台压限器。近几年在一些高档次的歌舞厅等业余演出场所的扩声系统中也越来越多地使用到压限器。

下面通过日本 YAMAHA GC2020B 型压限器来介绍一下压限器的使用。

YAMAHA 2020B 型压限器是一种双通道压限器，其主要技术指标为：信噪比大于 90dB；总谐波失真小于 0.05%；频响 20Hz ~ 20kHz ± 2dB；其他指标均在键钮上显示出来。YAMAHA 2020B 型压限器的系统原理框图和前后面板图分别示于图 3.3.5 和图 3.3.6。

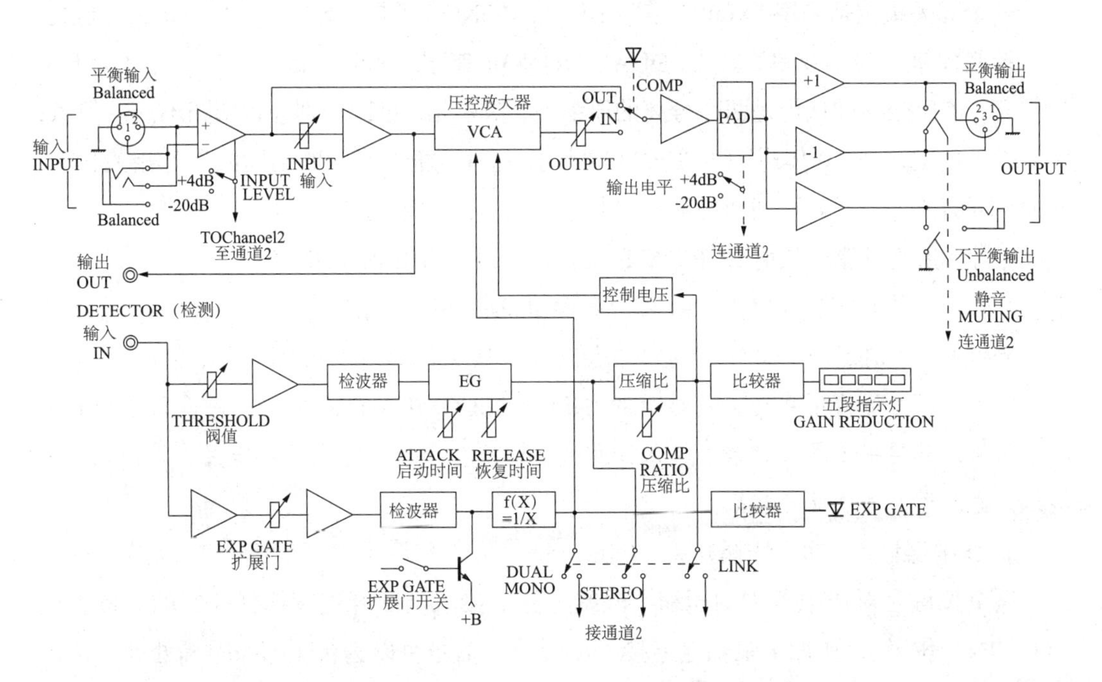

图 3.3.5　YAMAHA 2020B 型压限器系统方框图

1. 前面板——各键钮功能

压限器的各种控制按钮大多设置在前面板上，见图 3.3.6 所示。

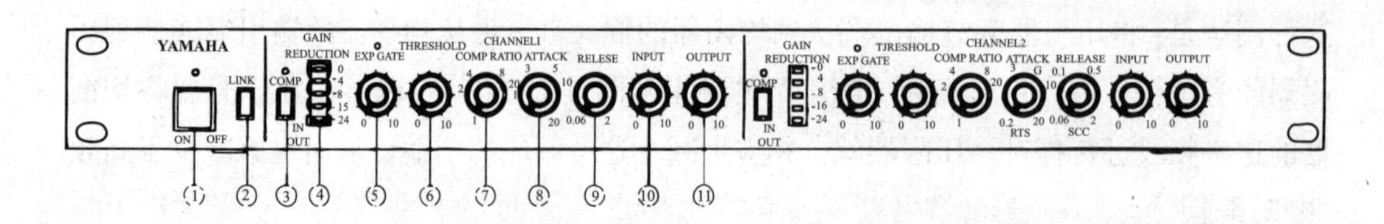

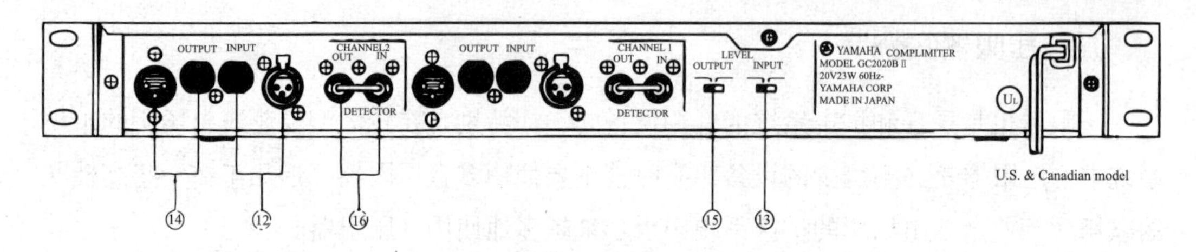

图 3.3.6 YAMAHA 2020B 型压限器前、后面板

① 电源开关（P0WER）

按一次为开，再按一次为关。电源接通后指示灯亮。

② 关联开关（LINK Switch）

这个开关决定是采用“双单声道”（DUAL MONO）还是“立体声”（STEREO）制式。

抬起此键，为“双单声道”（DUAL MONO）制式，通道 1 和 2 独立，这是标准工作状态，该压限器被认为是两个分离的压缩 / 限幅单元，可以分别处理两路不同的信号；

按下此键，为“立体声”（STERE0）制式，此时“通道 1”和“通道 2”是相关联的，两通道同时工作，并且两通道控制参量是按下列方式联系的：

- 对两通道设置最低的 EXP GATE 值和最高的 THRESHOLD 值。
- 对两通道设置最短的 ATTACK 时间和 RELEASE 时间。
- 如果一个通道的 COMP 开关处在抬起（关闭）位置，该通道将不被连接。
- 在使用立体声制式时，两通道的 INPUT 和 COMP RATI0 按钮必须设置在相同数值，只要一个通道有信号输入，两个通道都会产生压缩或限幅作用。此功能特别适用于处理立体声节目。

③ 压限器输入 / 输出选择开关（COMP IN / OUT）

这个按键是对压限器中的压缩 / 限幅电路的接入与断开进行选择控制的。按下此键（“IN”位置），压缩 / 限幅电路接入压限器，信号可以进行压缩 / 限幅处理，该键上方的工作状态指示灯亮；抬起此键（“OUT”位置），压缩 / 限幅电路将从压限器中断开，信号绕过压缩 / 限幅电路直接从输出放大器输出，不进行压缩 / 限幅处理，指示灯灭。

④ 增益衰减指示表（GAIN REDUCTION）

这个指示表用 dB 表示增益衰减来显示压限器处理的信号，共分五档：O、-4、-8、-16

和 –24dB。

⑤ 噪声门限控制与显示（EXP GATE）

“EXP”是 EXPANDER（扩展器）的缩写，扩展器的功能之一是，当信号电平降低时，其增益也减小，用它可以抑制噪声。每个通道有一个“EXPANDER GATE”，其阈值可调，这对节目间歇时消除背部杂音和噪声尤其有效。通过旋钮设置一个低于节目信号最低值的门限（GATE）电平，这样，低于门限的噪声就被限制，而所有节目信号可以安全通过，这个功能特别对节目间歇时消除背景杂音和噪声尤其有效。从这个意义上讲，这个门限就是噪声门限，它的作用就是抑制噪声，所以将“EXP GATE”称为“噪声门”而不是“扩张门”。需要说明，压限器的“EXP GATE”功能与其压缩 / 限幅功能是独立的，它不影响压限器的压缩 / 限幅状态。

通常闸门值设置为低于节目的最低值，使得所有节目信号都可通过闸门。低于闸门值的杂音和噪声被有效地消除。

噪声门限的调节范围与前面板的“INPUT”（10 钮）旋钮的设置和后面板的“INPUT LEVEL”（13 键）选择开关的设置有关。闸门值的范围确定方法如下。

（1）“INPUT LEVEL”选择开关置于“–20dB”位时：

- “INPUT”旋钮设在“0”位，门限调节范围为 –24dB ~ –64dB；
- “INPUT”旋钮设在中央位置，门限调节范围为 –49dB ~ –89dB；
- “INPUT”旋钮设在“10”的位置，门限调节范围为 –64dB ~ –108dB。

（2）“INPUT LEVEL”选择开关置于“+4dB”位时：

- “INPUT”旋钮设在“0”位，门限调节范围为 0dB ~ –40dB；
- “INPUT”旋钮设在中央位置，门限调节范围为 –25dB ~ –65dB；
- “INPUT”旋钮设在“10”的位置，门限调节范围为 –40dB ~ –80dB。

闸门打开时，“EXP GATE LED”指示灯亮。往逆时针方向旋转“EXP GATE”就可解除闸门功能。

噪声门限的调整方法：先把开关打到“0”，然后接通电源，但不输入信号。在一个高到可以听到杂声和噪音的状态下监听输出：慢慢旋转“EXP GATE”直到噪声突然停止，再继续旋转几度，然后开始收听节目，检查闸门是否截掉了节目中信号较弱的部分。如果闸门颤动，并发出“嗡嗡”声，说明闸门值应该降低，直至问题消除。

⑥ 压限器阈值（门限）调节旋钮（THRESHOLD）

这个旋钮用来控制压限器阈值的大小，它决定着在信号为多大时压限器才进入压缩 / 限幅的工作状态。如压限器原理所述，阈值设定后，低于阈值的信号原封不动地通过，高于阈值的信号，按压限器设置的压缩比率及启动和恢复时间三个参数进行压缩或限幅。

和“EXP GATE”调节相同，压限器阈值的调节范围也取决于“INPUT”钮和“INPUT LEVEL”开关的位置，同样有两种情况。

（1）“INPUT LEVEL”置于“–20dB”位时：

- “INPUT”设在“0”位，阈值为 –4dB ~ –19dB；
- “INPUT”设在中央位置，阈值为 –4dB ~ –44dB；
- “INPUT”设在“10”位，阈值为 –19dB ~ –59dB。

（2）“INPUT LEVEL”置于“+4dB”位时：

- “INPUT”设在“0”位，阈值为 +20dB ~ +5dB；
- “INPUT”设在中央位置，阈值为 +20dB ~ –20dB；
- “INPUT”设在“10”位，阈值为 +5dB ~ –35dB。

压限器阈值的大小，要依据节目源信号的动态来决定。“THRESHOLD”旋钮顺时针旋转，阈值越高，信号峰值受压缩 / 限幅的影响就越小；但是阈值过高，就有可能起不到压缩 / 限幅的作用。多数情况下，门限控制被顺时针旋转到刻度“10”的位置，这样少数信号峰值被有效地压缩 / 限幅。

⑦ 压缩比调节旋钮（COMP RATIO）

阈值确定以后，用这个旋钮来决定超过阈值信号的压缩比。压缩比∞∶1，通常用来表示限幅功能，限制信号超过一个特殊的值（通常是 0dB）；超高压缩比 20∶1，通常用来使乐器声保持久远，特别适用于电吉他和贝司，同时会产生鼓的声音；低压缩比 2∶1 ~ 8∶1，通常用来使声音圆润，减少颤动，特别是当歌唱者走近或远离麦克风时。

⑧ 启动时间调节旋钮（ATTACK）

所谓启动时间是指当信号超过阈值时，多长时间内压缩功能可以全部展开，它与原理中介绍的信号增加时间是一致的，这个旋钮就是用来调节启动时间长短的，它的调节范围为 0.2ms ~ 20ms。

启动时间在很大程度上取决于被处理信号的种类和希望得到的效果，极短的启动时间通常用来使声音“圆滑”。前已述及，高压缩比可以使电吉他等乐器的声音保持久远，在这种情况下，通常选择比较长的启动时间，启动时间的大小应包容信号的增加时间。

⑨ 释放时间调节旋钮（RELEASE）

与启动时间相反，释放时间是指当信号低于阈值时，多长时间内能释放压缩，它与原理中所说的信号恢复时间是一致的。这个旋钮就是用来调节释放时间长短的，它的调节范围为 50ms ~ 2s。

与启动时间相同，释放时间的控制也在很大程度上决定于被处理信号的种类和希望得到的效果。其主要原因是，如果信号低于阈值，压缩立刻停止，会造成信号的突变，尤其是当乐器有长而柔和的滑音时。除非有特别要求，一般调节释放时间的长短，应使其包容被处理的信号。

⑩ 输入电平调节旋钮（INPUT）

这个旋钮用来控制压限器的输入灵敏度，使压限器能接受宽范围的信号。

⑪ 输出电平调节旋钮（OUTPUT）

这个旋钮用来控制压限器输出信号的大小，其控制范围与“INPUT”相同。

2. 后面板 —— 接线端口

压限器的输入、输出端口均设在后面板上。

⑫ 输入端口（INPUT）

一般压限器的输入端口有两组，它们是连在一起的（见图 3.3.6），而且均采用平衡（Balanced）输入，分别使用平衡 XLR 插件或 1/4 英寸直插件。

⑬ 输入电平选择开关（INPUT LEVEL）

YAMAHA 2020B 压限器的后面板上设有一个输入电平选择开关键，同时控制两个通道，它有两种选择状态，即“–20dB”和“+4dB”。具体操作视声源信号而定。它与前面板的“INPUT”钮配合，使压限器的输入电平与所接设备的输出电平匹配。

⑭ 输出端口（OUTPUT）

压限器的输出端口也有两组。与输入端口不同的是，它们分别从两组输出回路输出，而且其输出方式也有平衡输出和不平衡输出两种，分别使用平衡 XLR 插件和不平衡 1/4 英寸直插件，以方便与下级设备的连接。

⑮ 输出电平选择开关（OUTPUT LEVEL）

这个开关键与“INPUT LEVEL”开关键相同，也是用来控制电平匹配的。它也有“–20dB”和“+4dB”两种选择。当与前面板的“OUTPUT”钮配合时，使压限器的输出电平与所接设备的输入电平匹配。

⑯ 压缩检测器输入 / 输出端口（DETECTOR IN / OUT）

我们知道，压限器主要由两部分组成，即压控放大器部分和检波电路部分，这里的检测器实际上就是压限器原理中介绍的检波电路部分。检测器输出端口（DETECTOR OUT）直接与压控放大器（VCA）的输入端相联。取自 VCA 输入端的信号经耦合棒送入检测器输入端（DETECTOR IN），经处理后控制 VCA 的增益，从而对压限器输入信号完成压缩 / 限幅等功能。除输入、输出电平调整外，压限器的压缩比等参数均在检测器电路中控制。

DTECTOR IN / OUT 还有一个功能，就是同时去掉两个通道的耦合棒，将一个通道的“DETECTOR OUT”与另一个通道的“DETECTOR IN”直接相联。在这种情况下，通道 2 将对输入到通道 1 的信号做出反应，而通道 1 对本身的信号或通道 2 的信号都不做反应。这种功能对讲话者尤其有益。讲话者的话筒信号进入通道 1，而音乐信号进入通道 2，因此，通道 2 信号的放大由通道 1 来控制。通道 2 的压缩比可被调整至无论何时讲话者说话，通道 2 中的音乐信号就会及时减弱，使得说话声能清晰地听见。

正常使用压缩器时，请将耦合棒按图 3.3.6 所示方式接入。

以上我们讨论了压缩 / 限幅器的基本原理和使用，可以看出压限器的调整是非常麻烦的，多数情况下是依靠操作者的听觉和经验来调整的，这就要求音响师不但要了解节目的特点，而且还要有十分丰富的实践经验。

第四节　扩展器与噪声门

扩展器（Expander）和噪声门（Noise Gate）可以说都是压限器使用的一个特例。利用扩展器对压缩的信号进行还原，利用噪声门可以限制低电平噪声信号通过，还可以用它们制造出一些特殊的音响效果。在前面介绍压限器的工作原理时已经提到过，下面就它们的工作原理和应用特点再做一详细介绍。

一、扩展器和噪声门的工作原理

扩展器与压缩器的工作正好相反，通过使强的信号更强，弱的信号更弱来增加节目信号的动态范围。换言之，当信号电平低（在扩展阈值以下）时，增益就低，节目的响度就被衰减；当信号电平高（在阈值以上）时，增益就增加，节目的响度就被放大。扩展器除一般用于恢复经压缩过的节目的动态范围外，多用于降噪系统。

如果把扩展器调节的扩展比很大，当有一定阈值以上的声音信号输入时就让声音信号顺利通过，当低于一定阈值的噪声信号输入时，就进行很大比率的向下扩展衰减，相当于把输入通道关闭，从而使各种低电平的噪声不能通过，这样就起到了噪声门的作用。

从原理上讲，扩展器的核心器件也是一种增益随着输入电平的变化而变化的压控放大器。当信号电平降低时降低信号的增益，当信号电平增大时提高信号的增益。它可以将视为噪声的低电平信号衰减得更低，人耳完全听不到它，从而消除噪声，所以噪声门可以看成是扩展器的一个特例。

图 3.4.1 所示是扩展器和噪声门的原理方框图。对于高于规定阈值电平的输入信号，它是一个单位增益放大器，而对于低于规定阈值电平的输入信号，它把信号衰减到更低的电平上。

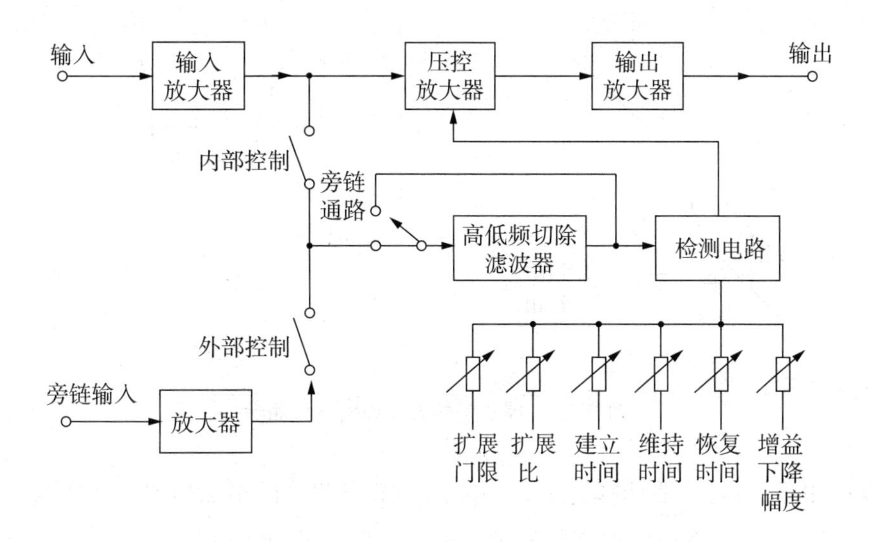

图 3.4.1　扩展器和噪声门的原理框图

图中旁链通路中的高、低频切除滤波器可以对输入检测电路的信号进行频率选择，使噪声门只能被所选频段的信号控制。该信号称为键控信号，并可以选择到输出电路进行监听。

由图可以看到，扩展器也可以有两种控制方式：一种是内部信号，即输入信号；另一种是外部控制信号。

二、扩展器和噪声门的调控参数

与压限器一样，它也有扩展比、扩展门限、建立时间和恢复时间等调节参量，除此之外，它还有增益下降幅度和保持时间等参量。

（1）扩展比——是反映扩展器对低电平信号或噪声的衰减能力大小的参量，一般以输入信号的变化量与输出信号的变化量之比来表示。

（2）扩展门限——是表明扩展器产生扩展动作时输入电平高低的参量，该参量确定了噪声门分辨信号与噪声的标准。其输入、输出特性曲线如图 3.4.2(a) 所示。当信号电平高于门限（阈值）电平时，扩展器的放大器增益为1；当信号电平低于门限电平时，放大器的增益降低，因此降低了小信号和噪声电平。如果将扩展器的门限电平调整在噪声电平以上和节目信号最低电平以下，如图 3.4.2(b) 所示，则扩展器可在节目信号消失后自动抑制低电平的噪声。

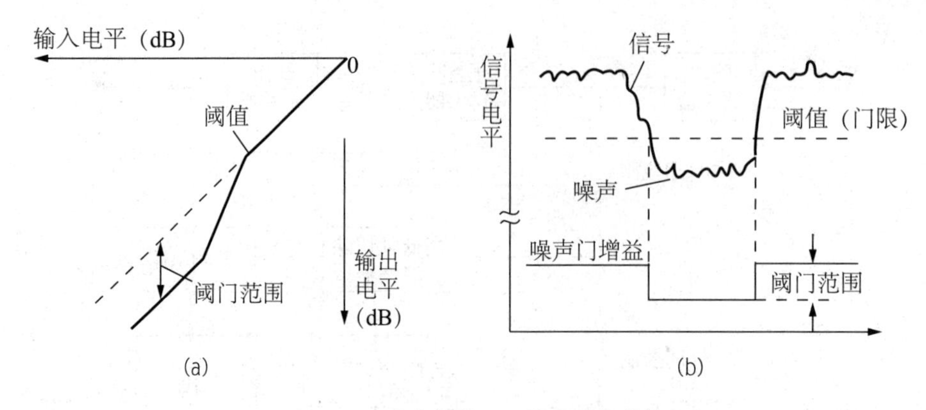

图 3.4.2 噪声门输入、输出特性曲线

噪声门的门限电平要选择适当，不能高于节目信号的最低电平，否则会切除节目信号的尾音。通常，噪声门的阈值电平应高于噪声电平 10dB 以上，低于节目信号最小电平。

（3）增益下降幅度——是表明扩展器对低于门限信号的衰减幅度的参量。如果该值为 0dB，则不产生任何衰减动作；如果该值为 90dB 以上时，则低电平信号就会完全听不到，即所谓被“门掉了”。

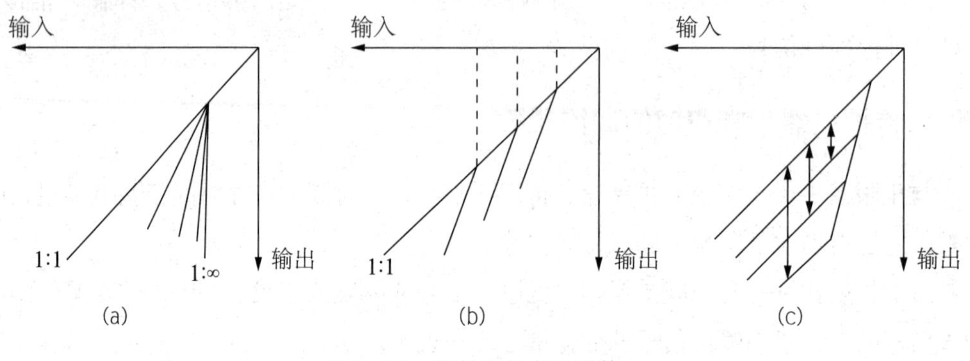

图 3.4.3 扩展器的参量调整

图 3.4.3 所示是扩展器上述三个参量的变化情况，图 (a) 是改变扩展比曲线，图 (b) 是改变门限曲线，图 (c) 是改变增益下降幅度曲线。

（4）建立时间——是指当信号由低于门限设定的电平变到高于门限电平时，噪声门由关闭状态转换到打开状态的速度参量。该参量的设定很大程度上影响处理信号的音头。

（5）恢复时间——是指当信号由高于门限设定的电平改变到低于门限电平时，在保持时间过后以多快的速度将门关闭的参量。

（6）保持时间——是当信号由高于门限变到低于门电平后，噪声门继续维持其处于打开状态的时间。这主要是为了解决由于信号电平变化过于频繁，使噪声门快速开关所带来的副作用。

图 3.4.4 所示是建立时间、恢复时间和保持时间的效果。

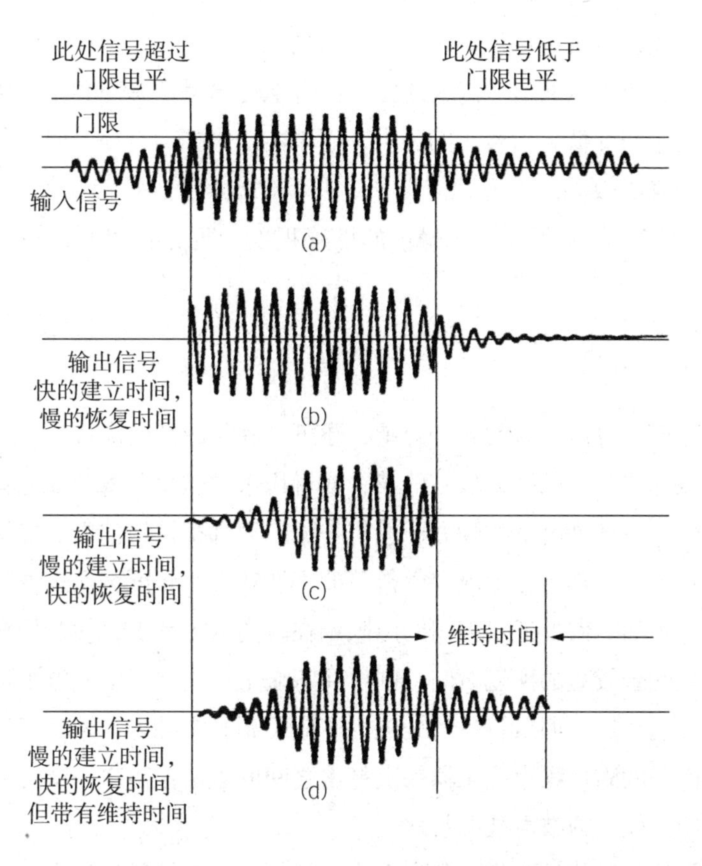

图 3.4.4　建立时间、恢复时间和保持时间的效果

图 (a) 表示输入信号及门限设定情况；图 (b) 表示输入信号在快的建立时间和慢的恢复时间设定时的输出信号；图 (c) 表示输入信号在慢的建立时间和快的恢复时间设定时的输出信号；图 (d) 表示的是该输入信号在图 (c) 的条件下，并具有保持时间的情况下的输出信号。

三、扩展器和噪声门的应用

扩展器和噪声门在录音和扩音系统中的应用主要是以下几个方面：

1. 扩展节目的动态范围

利用扩展器可调的扩展比控制，可以将节目信号的动态范围加以扩展加大。利用扩展器对因为记录设备动态范围不足，在录音过程中对压缩过的信号进行还原。

2. 降低系统噪声

利用噪声门，在系统无信号或者信号电平低到不能满足听音条件要求的最低信噪比时，截断信号通路，或者大幅度降低增益，以防止噪声干扰；当信号电平升高到某一规定值时，噪声门开启，接通信号传输通路，或者把传输增益升高到正常值。

噪声门只能用来降低无信号时的噪声，而不能用来提高有信号时的信噪比。尽管如此，仍有明显的降噪效果。因为无信号时，人耳对噪声的感觉特别明显；有信号时，由于信号的掩蔽作用，削弱了人耳对噪声的敏感程度，听觉心理上就好像提高了信噪比一样。

3. 对音色进行处理

利用扩展噪声门可以把软的声音变硬，还可以软化较硬的声音。

例如，可以加“紧”松弛或较软的鼓，或者用来“软化”太硬的低音鼓声。以小鼓为例，小鼓产生一系列高电平的瞬态声，每一瞬态声都很快地消失。如果每一次敲击声持续的时间太长，在主观感觉上就会觉得总的声音缺少紧张度，而这种紧张度是一些音乐作品中必不可少的。假如把噪声门的门限调在较高的电平上，使其处在鼓声本身的电平范围内，并且配合较短的恢复时间，则可在每敲击一次之后就使电平迅速下降，瞬态声很快消失，音响短促。如果将这种处理方法应用到有多种打击乐演奏场合，就可减小或去掉所有低电平的附加噪声或乐器每次打击之间的阻尼振荡声，从而加强了打击乐的冲击感，也可使“软”的鼓声被绷紧。

利用外部键控信号，软化较硬的节奏声。例如，对于较硬的鼓声节奏，可采用以下的技术来处理。将贝司声道的信号送到噪声门的输入，同时把大鼓的信号接到键控输入，使噪声门的工作控制方式为外部键控方式。这时，贝司的声音便与大鼓的声音同步起来，使大鼓的声音变得更加厚实。

利用噪声门还可以将“远的”声音拉近。人们对声音的远近感觉，很大程度上取决于混响声与直达声的声能之比。由于声音的混响部分是逐渐衰减的，所以当它衰减到噪声门门限之下时，将使衰减过程加快，也就是使混响的声能减少，这样就可感觉到声音变近了。

4. 将单声道信号模拟成立体声

一般将单声道信号模拟成立体声的方法有两种，一种是利用延时器，产生时间差或相位差的立体声；另一种就是利用噪声门，产生强度差的立体声。

采用噪声门产生方法是，将单声道声源信号直接送到左声道，同时将单声道声源信号经过噪声门送入右声道，由噪声门处理过的节目信号与左声道相比占有明显的强度差异，这样就形成了比使用延时器更为逼真的假立体声节目源。

四、噪声门调控要点

利用噪声门可以消除背景噪声，由于音乐和噪声之间的界限并不太明确，噪声门能很容易地把极微弱的音乐片段和噪声一起切除掉，所以在运用这类扩展技术时，应小心谨慎。为了能更好地使用噪声门，应该掌握其参量的设定对音质的影响。

1. 扩展比、增益下降幅度和扩展门限对音质的影响

调整扩展比，可以使处理设备由噪声门状态变成扩展状态。一般噪声门的扩展比是比较大的，所以在有些只具备噪声门功能的处理设备中，就不设该参量，而在内部设计时已将它设为一个较大的值。如果想扩展节目的动态范围，一般该参量大约在1.2 : 1 ~ 1.5 : 1。

增益下降幅度影响的是最大的衰减量，在大多数情况下并不是将该参量设到最大。特别是对于一些自然衰减时间较长的乐器，将增益下降幅度设得合适，可以保留乐器的自然包络特性，如果增益下降幅度大于 6dB ~ 10dB，那么对独奏乐器声音就会产生非常明显的影响，若恢复时间也设得很短，影响会更明显。

扩展门限的设定要根据要求来设定。在减小噪声时，门限设定应能使所需的最弱声信号正常通过。但如要减小噪声的电平比最弱的声信号还高，就不能用噪声门来减小噪声了，因为这时噪声门将小信号也当成噪声一起衰减掉了。

门限值的确定应以节目对象为根据，比如响度高的乐器的门限值可设定高些。但是如果经过处理的信号断断续续、声部不完整时，就应检查门限值是否过高了。门限值定得过高时，即使声音不断，也是很不自然而生硬的，听感无感情，有明显的音头、音尾，人为切入、切出痕迹；过低的门限值也是无益的，在混入较高噪声时会造成假触发，误开闸门，使噪声门失控。

选择门限值要根据声源和噪声的响度来判断。通常要参照节目强信号过去后的弱信号来选择门限电平通过值，以保证节目信号完整的包络线。当然，在音乐弱信号和噪声之间常常是没有明显界限的，应将门限定在节目信号电平以下而又高于噪声电平的值上。一般情况可在噪声电平以上 6dB ~ 10dB 选择门限值，大约在 −30dB ~ −40dB。

2. 建立时间对声音音质的影响

从技术要求上说，噪声门的建立时间要快。只有较快的建立时间才能保证音头完整、

自然，不产生被钳位或被卡掉一块那种生硬的感觉。

建立时间这一参量主要影响声音的起振，即节目声音的起始前沿。如果建立时间很短，它可以强调声音的起始前沿部分。一般为了加强打击乐器的冲击感或硬度，常常将建立时间设定很短。而较长的建立时间设定，对于像钢琴或吉他等稳定过程较长的乐器来说，可以产生一些特殊的声音效果，比如倒放声效果。较长的建立时间也可以减弱打击乐器太硬的建立前沿的边缘声。

噪声门的建立时间一般在 10ms 至 1 s 内连续可调。好的噪声门具有运算处理功能，它能根据节目信号提供的信息资料自动在 5ms 至 40ms 内选定上升时间。而操作只在“快动作”和“自动”两种状态的一个按键上选择。除制作特殊效果时建立时间可调整得慢些，一般情况下建立时间不应慢于 20ms。

3. 保持时间对音质的影响

对于语言信号，经常存在一些短暂的停顿。这些停顿常常导致门的再触发，从而产生不自然的声音效果。通过保持时间的设定，可以保证在字与字之间的短暂停顿期间，仍能使门处于打开状态。只有当停顿超过了保持时间的设定值之后，门才会按照所选恢复时间将信号衰减。由于许多乐器的声音特点是靠其稳定过程表现出来的。比如钢琴、吉他、镲等乐器就是如此，它们有很短的建立时间和比建立时间长很多的稳定过程，对它们进行处理时，经常要设定一个门的保持时间。

4. 恢复时间的调整

恢复时间这一参量主要影响声包络的衰减过程。

打击乐器常常具有缓慢的衰减过程，比如通通鼓的振铃，定音鼓的“咔啦”声，镲的慢衰减过程等。如果将恢复时间设得很短，可以使这些尾音听不到。可以根据需要来设定恢复时间长度，以得到不同长度的尾音衰减过程来满足音乐的要求。

恢复时间的调整范围一般可以在 1ms ~ 3s 或 2ms ~ 4s 内调整。在操作时，应将恢复时间掌握慢些，因为人耳对突变的噪声远比对恒定的低噪声感觉敏锐，较短的恢复时间远比较长的恢复时间更容易觉察出噪声，所以恢复时间要慢一些，以保证被钳住声音的音尾缓慢地把噪声淡化出去，而不是突然切断，恢复时间太快时尤其影响音乐信号的自然度。

另外，恢复时间的长短与声信号特性、节奏快慢有关。如小军鼓的瞬间特性明显，信号跌落很快。而电贝司就不同了，它衰减得比较慢。在调整恢复时间时，应考虑到这些因素。

5. 滤波器的调整

噪声门一般都设有滤波器，设置它的目的是防止较大干扰噪声在本信号通道造成假触发，以便把节目信号与噪声或串音有效地分开。比如同时录制鼓和镲信号时，鼓信号通道使用低通滤波，镲的信号通道使用高通滤波，由于选定的频率段不同，就可以大大降低相异信号的串入。

噪声门上的滤波器频段一般可在 20Hz ~ 20kHz 范围内调整。有的噪声门每一信道装置分为两段的高低通滤波器，分别可在 20Hz ~ 4kHz 和 250Hz ~ 25kHz 之间自由调整。使其调整余地更大和作用更方便。操作时首先打开按键听音，监听对比信号，精确地选择最适于录音对象的频率范围并设定 Q 值，当确定了频率范围后也就确定了这一信道的属性。

第五节　听觉激励器

听觉激励器（Aural Exciter）又称声音激励器（Sound Exciter），简称激励器，是专门用来修饰美化声音的。它是依据"心理声学"理论，在原来的音乐信号的中高频区域加入适当的谐波成分，从而改变声音的泛音结构，使声音更具有自然鲜明的现场感和细腻感，增加声音的穿透力，起到美化声音的作用。

一、听觉激励器的基本原理

激励器的发明，对于传统的音频信号处理技术来说是一个变革。非线性失真、谐波失真等这些历来被视为音响设备必须力求避免的大敌，随着人们对音乐声学，心理声学的深入研究发现，在音响作品中适当加入特定的谐波失真（主要是低电平的中高频成分），不但不会破坏乐曲的音质，反而听起来更感清晰、明亮且有穿透力，这就是近年来脱颖而出的所谓"听觉激励器"之类的处理设备的基本构思。

尽管利用均衡器也可以对某些频率进行补偿，起到美化声音的作用，但它只能提升原信号所包含的频率成份，而听觉激励器却可以结合原信号再生出新的谐波成分，创造出原声源中没有的高频泛音，以改善声音的泛音结构。

图 3.5.1 是激励器的基本原理方框图。由图可见，输入信号分成两路：一路使信号不经处理直接延时后送入输出放大电路得到直接信号；另一路经过高通滤波器滤去低频成分，然后送入谐波产生器。谐波产生器是激励器的核心，根据滤波后送来的中高频信号产生出与输入节目信号相关的谐波（泛音）成份。这路额外产生的谐波成份再与未加

修饰的另一路延时后的原信号混合放大后输出。

激励器的核心部分是谐波产生器电路，关键是它必须能产生出与原来信号频率成整数倍关系的谐波频率成份。通常产生谐波的方式有三种：限幅法、瞬态压扩法、相位调制法。

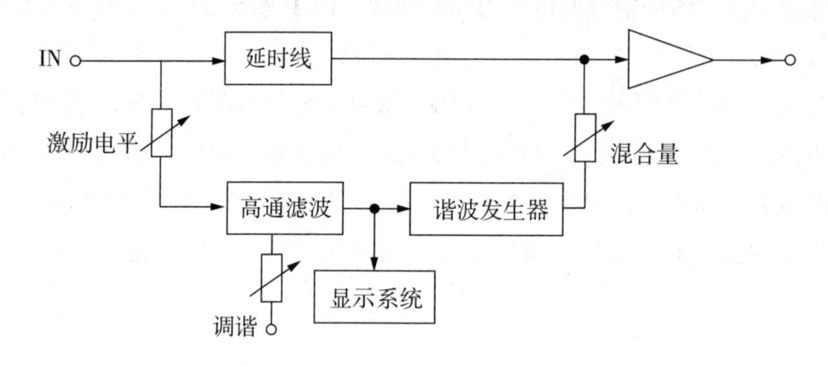

图 3.5.1　听觉激励器电路结构

最普遍使用的是限幅法产生谐波，即对原声音信号中的某一频段信号进行限幅处理，由于波形的削波失真而产生高次谐波，从而产生出高次谐波成份。这里只是对原信号的某一高频段成份进行限幅，而不是整个声音信号限幅，否则就与一般的削波失真没有区别了。

图 3.5.2 所示为演播中常用的一种典型的激励器的电路组成方框图，它就是采用限幅法产生谐波的。

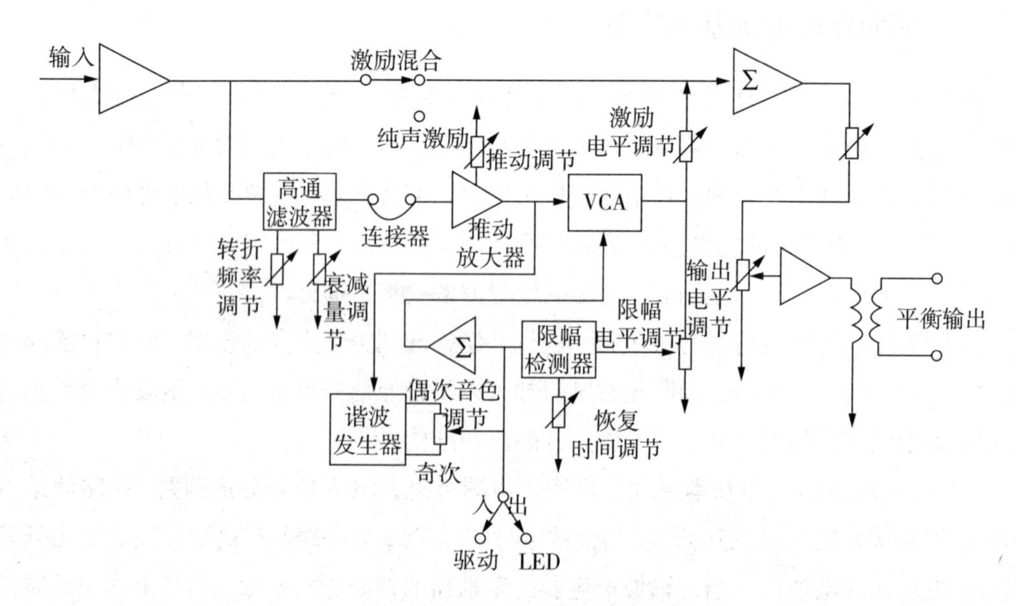

图 3.5.2　一种听觉激励器电路原理框图

其工作原理是：输入的音频信号经平衡输入放大器后，一路送入加法器，另一路送入高通滤波器。高通滤波器的转折频率可在 700Hz ~ 7kHz 选择，其输出的幅度也可以通过衰减量调节来控制。高通滤波器的输出进入谐波推动放大器，产生的谐波经放大后，一路送入压控放大器（VCA），另一路进入谐波发生器及其奇偶谐波选择电路，选择以奇次谐波为主、以偶次谐波为主和奇偶次谐波都存在三种方式中的一种。其选择过程是：（1）以奇次谐波为主时，可将偶次谐波处理后作为压控放大器的负控电压，以衰减激励信号中的偶次谐波；（2）以奇次谐波为主时，可将偶次谐波处理后作为负控电压；（3）奇偶次谐波都存在时，选择电路就不输出负控电压。为了防止激励信号出现高的峰值而造成过载，限幅检测器将通过对压控放大器的负控电压的调控，使激励信号的幅值被限定在标准电平之下。最后，经过选择放大的激励信号与输入信号在加法器中叠加后输出。

对于一个声音来说，它的主要音色特性将取决于高次谐波成份，实验表明，奇次谐波和偶次谐波的听感特性也不同，奇次谐波产生一个“闭塞”或“覆盖”的声音，偶次谐波则产生“合唱队”或“活跃”的声音。所以激励器中除了设有频率调节电路外，还设置有奇次和偶次谐波调节电路。

听觉激励器近年来逐步为人们所认识，并逐步流行起来。可以夸张地说，一个普通的业余歌手，在演唱时若能很好地使用混响效果并辅以声音激励器，只要有一定的演唱技巧，其音色可能达到与名歌星相比也毫不逊色的水平，这就是声音激励器近年来应用越来越广泛的原因。

二、听觉激励器的应用

激励器的应用越来越普及，用于扩声系统时，用激励器可以提高声音的清晰度和表现力，使声音更加悦耳动听，降低听音疲劳；对于录音系统中，激励器可以对乐音进行处理，可强化其音色特征，使该乐器（声部）更加突出；美化歌声，使声音更加明亮、更加纤细、清晰。对于一些录制的节目进行处理，特别是高频损失比较大的节目，可以明显改善声音的高频特性，提高重放声音的音质。下面对各种具体应用加以介绍。

（1）在现场扩声时可以用来提高声音的穿透力，能使音响效果较均匀地分布到室内每一个角落。在剧院、会场、广场、DISCO 舞厅和歌厅等场合使用激励器，虽然拥挤的人群有很强的吸音效果并产生很大的噪音，但激励器能帮助声音渗透到所有空间，并使歌声和讲话声更加清晰。它可以在不增加电平和功放输出功率的情况下，有效地扩大现场扩声的覆盖面积。

（2）利用激励器使声音更加明亮，各种乐器的音色更加突出，歌词更易听清楚，声音更具穿透力。对于一个没有经过专门训练的普通歌唱者，泛音不够丰富，利用激励器并配合使用混响器，可以在音色方面增强丰满的泛音，使其具有良好的音色效果。使用激励器来处理鼓等打击乐器，可以使打击乐器的音色更加丰满、浑厚有力。

（3）在演奏和歌唱不同力度的乐段时，可以使音色一致。有的演奏员、演唱者在演奏、演唱力度较大的段落时共鸣较好，泛音也较丰富。但在演奏（唱）力度较小的段落时就失去了共鸣，声音听起来显得单薄。这时可以通过调整激励器上的限幅电平，使轻声时泛音增加，从而使音色比较一致，轻声的细节部分更显得清晰鲜明。

（4）录制和重放音色丰满、力度强劲的流行歌曲时，人声和伴奏声的比例往往是处于“临界”状态的，有时乐队伴奏的强烈音响和气氛会有“压唱”之感，若降低乐队的伴奏录音电平又会影响气氛。为两全其美，可用声音激励器激励演唱的声音，使在既不降低乐队的录音电平，又不提高演唱录音电平的情况下，获得把歌声浮雕般地突出来的效果，歌词更显清晰，又保持了乐队的宏大气势。

（5）在多声道分期录音时，由于每件乐器大多是单独演奏的，对力度有时会掌握得不准确。在录音合成时，对力度不足的乐段，可以用激励器来加入奇次谐波，以提高这一乐段的力度。

（6）现场录音时，可以模拟现场演出环境对声波的反射，产生声像展宽的效果，获得清晰的现场感。人对频率为 3kHz ~ 5kHz 频段的声音最为敏感，而此段频率的声音对方向感和清晰度也最重要，使用激励器人为增强这一频段的谐波成份能使空间感更强，各种乐器的音色更加清晰、突出，歌词更易听清楚，而且更具有真实感。

（7）在进行磁带复制时，为了避免转录过程中的高频衰减，可以在复制过程中进行激励处理，以获得满意的复制效果。这主要是在将节目复制到模拟磁记录媒质上时使用。

（8）在立体声广播系统中，在发射传输之前加入激励器，可以增加声音的立体感和层次感，以及声音的分离度，改善听众接收立体声音响的活力，使声音丰满、清晰、声像分布均匀。

听觉激励器主要用来改善声音的音色结构，为其适当增加泛音，因此要求音响师要有音乐声学方面的知识，对音色结构有深刻理解，这样才能对激励器使用自如，否则就会适得其反，产生副作用。

三、听觉激励器实例

1. Aphex－C 型激励器

听觉激励器是美国 Aphex Systems 公司率先推出的，广泛用于各类音响系统中。下面首先对 Aphex — C 型激励器进行简单的介绍。

Aphex — C 型激励器有两个相互独立的通道，可以分别控制；也可用作立体声的左右声道。此时应注意两通道调整的一致性。各通道的输入 / 输出的额定操作电平是 -10dBm，接线端口设在背板上。其前面板控制示于图 3.5.3 所示，各键钮的功能及特点如下所述。

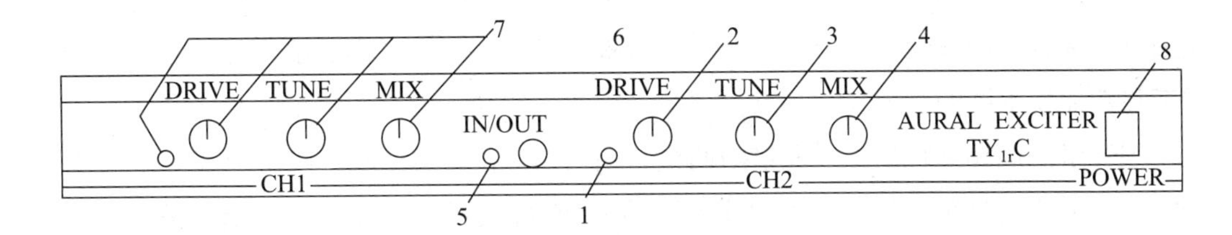

图 3.5.3　Aphex C 激励器前面板

① 为三色发光二极管。显示送往增强线路的输入电平大小，以绿 / 黄色代表输入电平，红色显示峰值。若显示为绿色，表示驱动电平低，激励效果不大；若显示为红色，表示激励电平过高，会引起失真；显示黄色则效果最好。

② 驱动控制（DRIVE）。用来调节送往增强线路的输入电平大小，与 ① 配合使用，以调到三色发光二极管显示黄色并偶尔闪现红色为最好。

调整时，对动态大的节目电平要注意留有余量，以防止过荷。另外，驱动电平控制应与下面的频率调谐相呼应，在设定频率位置后要再次确定驱动电平。这是因为，频率调谐置于低段时，此段频率的声功率较强，会造成驱动电平过高；频率调谐置于高段时，声功率较弱会造成驱动电平不足，因此在确定频率调落位置后，应再次确定驱动电平。

③ 调谐控制（TUNE）。调谐旋钮能调整增强线路里产生的泛音的频谱分布，对音色影响很大，故对不同的节目源应分别调整。在 Aphex C 激励器的面板上，没有选择中心频率的刻度标记，这是为了让使用者以听感为调谐依据。

实际上我们从原理中已经知道，这段频率范围在 700Hz ~ 7kHz。如果节目是立镲，那就应把调谐置于最高位，使其节奏清晰通透；如果节目是小号，那就应把调谐置于中间位，使其声音嘹亮清脆；如果节目是歌声，那就应把调谐置于低于中间位，使其避开齿音，音色更加纯净亲切；如果节目是语言，那就应把调谐置于较低位，使其口齿清楚、顿挫分明；如果节目是贝司，那就应把调谐置于最低位，使其更加活跃有力。总之，应视节目源频率特性而定。但是，假如是一只鼓皮松软、敲击无力的大鼓，就应在高段选定谐波，用于加强音头使鼓更强劲；如是一只声音干瘪的大鼓就应在低段选定谐波，使鼓声雄浑。所以谐波频率的选择应从声源实际情况出发来设定。

在设备面板上，有对比按键（标有（IN / OUT）“入 / 出” 字样），可以反复对比输入信号与输出信号声音的差别，监听调谐效果。当然，一旦确定效果后，要将按键置于

“出”位置。

另外，调谐控制与驱动电平互有影响，故在调谐校定后，还要重新调整②，以防过载。

④ 混音控制（MIX）。混音旋钮能调节直接信号与增强谐波信号的混合比例，即改变激励程度，从而改变混入节目中的增强效果。可由零至最大作任意调节，应根据不同的节目源而作不同的调节。

混音量的调整是临场感增强量的调整。例如，一位歌手的吐字咬不准字头，或者声音靠后，就应把增强效果的比例给得大一些，使其声音具有凸出感，听感靠前。再如，给一把吉他加一点音头上的指甲抠弦声，在混音调整时就不能把增强效果给得过大，否则会破坏整个吉他的音色。总之，混音调整应以输出端的效果自然、清晰、音质纯正、层次有序等为标准。

⑤⑥ 为输入 / 输出钮（IN / OUT）及指示灯。通过键 ⑥ 可将“激励”电路接入或断开，便于用户进行比较，当指示灯 ⑤ 为红色时，表示激励器已接入，正在发挥增强效果；当指示灯 ⑤ 为绿色时，表示激励器已停止工作，无增强效果；

⑦ 为另外一个通道的控制钮及指示灯，其意义同上。

⑧ 为电源开关（POWER）。

2. ALTO AEX2200 型激励器

意大利 ALTO AEX2200 是新一代的双通道听觉激励器，与过去的激励器相比，AEX2200 不仅可以实现人工控制中高频段激励和低频段激励，更具有智能化的自动衰减功能，可以利用这个功能去衰减在进行激励处理过程中产生的令人不愉快的噪音。在对音频信号进行激励的同时，还可以利用内部专用的电路处理，实现低频段音乐风格的转变，能满足不同场所对低频的要求。

下面介绍 AEX2200 激励器的面板及各键钮的功能。面板如图 3.5.4 所示。

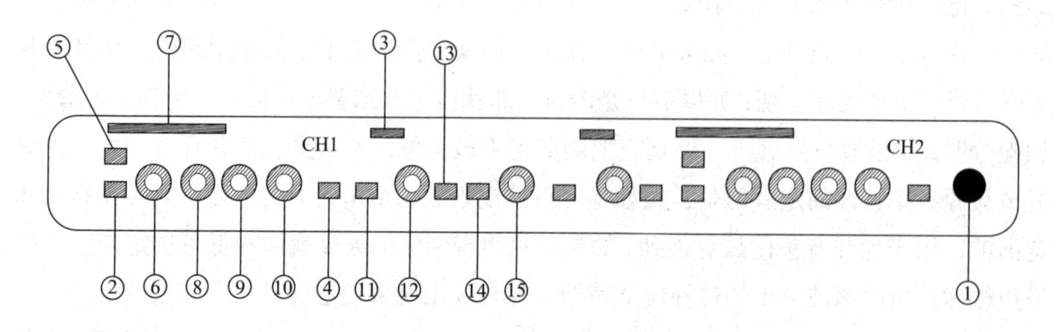

图 3.5.4　ALT0 AEX2200 激励器面板

① POWER：电源开关。

② BYPASS：直通、接入开关。按下后为直通状态，激励器对输入信号不作任何处理，可以方便地用于对比处理效果。

③ INPUT LEVEL：输入信号指示灯。指示范围 –12dB ~ +12dB，当输入信号过大时，CLIP（削波）指示灯将点亮。

④ SOLO：独奏开关。按下后指示灯变为红色，输出的处理后的信号中的原始输入信号将被静音，只输出处理后的信号。

⑤ AUTO REDUCTl0N：自动衰减处理开关。按下后进入自动处理模式，可以自动进行处理并消除一些不必要的噪声。不按下这个开关，自动控制部分不对信号进行任何处理，同时所有的效果指示灯将点亮，激励器处于最大处理模式。

⑥ SENSITIVITY：输入灵敏度控制。转动这个旋钮，可以根据输入信号的强度，对输入信号增益进行控制。

⑦ EFFECT：效果指示灯。可以实时显示激励器对信号的改变和激励量的大小。在输入信号处于很低的电平情况下，第一个指示灯仍保持点亮状态。

⑧ TUNE：频率调谐控制。通过旋转这个旋钮可以调整激励器对于中高频频段的处理范围，也是一个高通滤波器频率调整控制，可以在 1kHz ~ 6kHz 的范围选择，凡低于选择的频率之下的频带将被切除，不做处理。

⑨ PROCESS：处理方式控制。通过转动这个旋钮，可以更好地提升高频频段的响度，顺时针旋转为增强方式，逆时针旋转为激励方式。两种方式的不同点在于在提升时声音的亮度不同，激励方式提升高频的亮度，增强方式提升高频的响度。

⑩ HIGH MIX：高频信号混合比调整。这个旋钮用于调整输出信号中原始高频信号和经过提升的高频信号的混合比。

⑪ SHIFT：低频切除开关。通过按下或弹起这个开关切换切除超低频或低频信号。弹出状态下切除低频信号，按下时切除超低频信号。

⑫ LOW MIX：低频信号混合比调整。这个旋钮用于调整输出信号中原始低频信号和经过提升的低频信号的混合比。

⑬ MODE：低频增强模式转换开关。有 NORMAL（正常）和 SOFT（软化）两种状态，弹出时为 SOFT 状态，可以使比较干的低频效果变成温暖和自然的效果。

⑭ SURROUND：环绕声处理器功能开关。在输入立体声音源同时双通道处理的情况下，在 CHANNEL1（通道 1）和 CHANNEL2（通道 2）之间进行交叉处理，从而产生环绕声效果。在不需要做环绕声处理时，保持这个开关处于弹起状态。

⑮ SURROUND PROCESSOR：环绕声调节旋钮。用于调整两个通道间环绕声处理量，顺时针方向转动可以增强环绕声效果，反之则为立体声效果。

AEX2200 的后面板如图 3.5.5 所示。

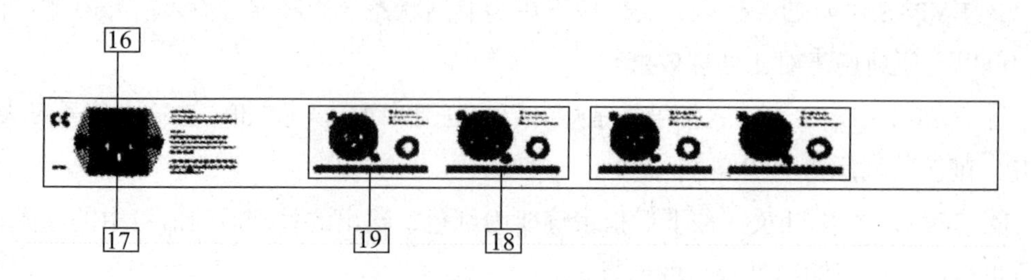

图 3.5.5　AEX 2200 激励器后面板

⑯ 电源保险丝。

⑰ 交流电源输入插座。

⑱ INPUT：信号输入。

⑲ OUTPUT：信号输出。输入与输出采用了不同规格的插座，可以有效避免输入与输出插错。

第六节　反馈抑制器

在剧院、会堂、歌舞厅等扩声中，如果处置不当很容易产生由于声反馈引起的啸叫现象。一旦出现啸叫，轻则会破坏会议、演出效果，使讲话、表演者极为狼狈，观众也大为扫兴；重则会使系统中的放大器、扬声器的中高音单元损毁。反馈抑制器就是近年来才研制出的专门用来抑制声反馈现象的声处理设备。

一、声反馈的抑制方法

在扩声系统中，往往需要对传声器拾取的声音信号进行高增益的放大后从扬声器重放，由于扬声器与传声器同处于一个空间中，扬声器重放出的声音不可避免又会传入到传声器而被再次拾取放大后进入扬声器。显然，上述过程会不断循环，当满足一定条件（如相位条件），会形成一个正反馈而引起自激振荡，从而引起扬声器啸叫。声反馈是由于扬声器与传声器同处于一个空间中，导致从传声器拾取的声音经扬声器送出后又被馈入了同一个传声器，这样形成的声短路引起的，如图 3.6.1 所示。

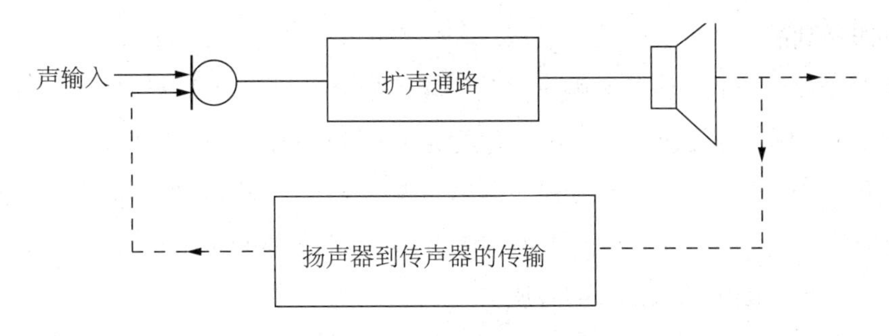

图 3.6.1　声反馈原理

可见，引起啸叫是因为扩声系统满足了一定条件。首先是存在声音回授的途径；其次是回授信号和原信号相位相同，形成正反馈；再次是由于声音传输通道的幅频特性曲线上出现了一个或几个频点的尖峰，使得反馈幅度足够大，造成了电路自激震荡。

声反馈产生的原因很多，扬声器布置不合理、电声设备选择或使用不良、演员走入扬声器辐射声场、系统调试不良等多种因素，都会大大增加扬声器的声音回输至传声器而造成啸叫的可能性。最主要的原因还是因为建筑声学设计不合理，无法避免扬声器辐射出声音又被回授到传声器。

从理论上讲，要抑制声反馈，只要破坏它的形成条件即可。归纳起来，抑制声反馈的办法主要有以下几点：

（1）合理设置传声器及扬声器位置。通过合理设置传声器和扬声器系统的位置及方向，尽量将传声器远离音箱，人为阻断或减小声音回授渠道。这种方法往往会受到空间大小和扩声要求的限制。

（2）注意选择适当参数的话筒。例如，可根据用途选择强方向性、低灵敏度的话筒，再结合合理设置来抑制声反馈。

（3）降低传声增益或扩声的音量。这种方法其实并不是一种抑制声反馈办法，降低传声增益的方法以牺牲信号的信噪比为代价。许多投资相当大的扩音系统，往往由于啸叫而限制了音量，反而扩声效果很差。

（4）改善扩声现场的声学条件。可以选取声学条件好的地方作为扩声现场，或者对扩声现场做声学调整。显然这一条是很受限制的，通常没有多大意义。

（5）采用专门抑制回授的音频信号处理设备，如均衡器、移频器、反馈抑制器等。

在反馈抑制器出现以前，音响师主要是用图示均衡器来寻找啸叫点，再将该频率点的音量进行衰减的方法来抑制声反馈。但这种使用均衡器抑制声反馈的方法存在以下问题：

（1）需要操作人员的听音水平极高。出现声反馈后，必须能及时、准确地判断出反馈的频率和程度，并立即准确无误的将该频率点的音量进行衰减，这对于普通操作人员来说是很难做到的。

（2）对重放音质有一定的影响。尤其对频率划分过疏的均衡器会导致比较严重的信号频率损失。现有31段均衡器的频带宽度为1/3倍频程，有些声反馈需要衰减的频带宽度会远远小于1/3倍频程，此时很多有用的频率成分会被衰减掉，造成无法挽回的损失。在现场扩声中也不可能有时间去细致调整，均衡器的衰减量太小会起不到应有作用，衰减太大，很容易破坏原来信号的音质。

（3）在调整过程中可能烧毁设备。用人耳准确判断啸叫频率是需要一定时间的，假如啸叫时间过长，设备会由于长时间处于强信号状态而损坏。

鉴于均衡器抑制声反馈的种种弊端，也有人用移频器来抑制声反馈。它是通过对传声器拾取声音信号放大后进行整体频率搬移来错开可能形成的声反馈频率，这样就形不成同相位的正反馈了，由于移频实际上会导致频率失真，一般只适合于对音质要求不高的语言扩声场所，如教室、一般会议室等。

针对均衡器和移频器的局限性，人们研制了专门的反馈抑制器。它是一种自动寻找啸叫频率点，并将其对应频率信号幅度衰减的设备。当发生声反馈时，系统会自动寻找并计算其发生频率和需要的衰减增益，快速自动实现抑制操作。可以看出，反馈抑制器实际上也是一种智能化程度很高的频率均衡器。

二、反馈抑制器的工作原理

近年来，人们已利用计算机技术制造出有快速扫描、自动寻找出反馈信号频率，并能自动生成一组与这一频率相同的窄带滤波器切除啸叫的频率信号，从而抑制反馈，提高传声增益的自动反馈抑制器。它不仅能自动检测和抑制反馈频率，而且还能巧妙利用滤波器的窄带带宽，自动计算出衰减量，保留了大量的有用信号。

反馈抑制器内部由多单元的集成运算放大器及控制系统组成。输入的音频信号分为两路，一路经数字滤波器后送出；另一路送入信号分析器，信号分析器不断分析输入的声音信号，把反馈啸叫信号分析出来。信号分析器内部对送入的音频信号送入比较电路。反馈啸叫信号的特点是初始幅度不断增长，然后保持一定幅度。比较电路根据这一啸叫信号特点进行全频段自动跟踪扫描，可将50Hz~15kHz中的所有反馈频率识别出来。再由分析器立即告知数字滤波器将此反馈啸叫信号频率急剧地进行衰减，从而达到抑制声反馈的目的。

经过数字滤波器滤除反馈声后再将信号送入输出端，这时的音频信号已将产生反馈的频率过滤掉了。如果再继续增大传声增益，可能又有新的反馈频率出现，这时第二路反馈抑制通道将开始工作，以抑制新的反馈的产生。声反馈抑制器一般都具有多个反馈抑制通道，可消除多个反馈频率，从而使传声增益得到提高，使整个声场的声压级提高，声场响度增大。

啸叫只发生在某些频率上，反馈的频率有些是固定的，有些则是飘移的，它与房间的结构、传声器的设置有关。反馈抑制器寻找反馈抑制点通常有两种方式：一种是将反馈抑制器接入系统后，慢慢增加扩声音量，直至出现反馈，反馈抑制器会快速（0.4s 内）将反馈抑制掉，此时反馈抑制器的第一个滤波频点设置完毕，并被存储起来。然后重复上述过程，设置第二个滤波频率点，直至反馈全部消除，这种方法适用于传声器位置相对固定的场合。另一种方法是采用动态模式，即在设备运行过程中不断扫描寻找反馈频点（扫描速度为每秒 7 ~ 8 次），在准确分析出啸叫频率点后，利用生成的再利用窄带滤波器进行抑制。

反馈抑制滤波器的滤波器带宽非常窄，只有图示均衡器的 1/10，在衰减反馈信号时对原信号影响很小。反馈抑制器还会自动检测反馈的幅度，只作出适量的衰减，也使音质不受到破坏。

三、反馈抑制器的连接

反馈抑制器的连接可有多种方式，下面列举常见四种：

第一种是针对传声器使用，可连接在传声器和调音台之间，如使用调音台输入通道的插入口（INSERT），使传声器先经过反馈抑制器后才送至调音台。这样既可明确使用声反馈抑制器的针对性，又可避免对其他声源信号和系统整体频率特性产生影响。

第二种连接方式是将反馈抑制器以插入方式单独连接在调音台某编组通道输出母线的插入口（INSERT），并以该编组作为传声器的专用通道，然后再利用其通道输出混合键将其编组终端信号并入主输出通道。

第三种方法是把它视为调音台周边设备的一部分，经过跳线盘，将有反馈危险的信号经反馈抑制器后再送回调音台。

第四种方法是将反馈抑制器接在调音台的输出位置，串接于调音台与压限器之间，或将反馈抑制器的输出送往主功放。这种直接串接在主输出通道中使用方法在一般情况下是不可取的，否则必然会破坏整个系统的频率特性。

四、反馈抑制器实例

反馈抑制器在有效抑制扩声系统的声反馈和尽量减少音色损失这两方面确有明显进步，正确的使用这些设备，可以使传声增益提高 6dB ~ 12dB，大大改善现场扩音效果。下面以目前最常用的赛宾 FBX–901 型和百灵达 DSP1100 反馈抑制器为例，对它们的工作原理及使用加以介绍。

1. Sabine FBX 系列反馈抑制器简介

SABINE（赛宾）FBX-901 是一种单通道的数字反馈抑制器，其内部有 9 个滤波器（带宽为 1/10 OCT），它能在 0.4s 内检测到反馈点，同时迅速在共振频点上设置一个数字滤波器进行反馈抑制，并且根据该频点的电平自动设定滤波深度。该反馈抑制器还针对反馈频点有可能漂移的特点，设置了一组动态滤波器，随时检测频点的变化，并进行自动跟踪抑制。

FBX-901 反馈抑制器的原理方框图如图 3.6.2 所示。可以很清楚地看到，进入处理器的信号进入输入放大器和限幅电平调节，经 A / D 转换器再由 DSP 控制的 9 个自动滤波器处理，再回到 D / A 转换器和限幅电平控制和放大后输出。旁路时由双联开关进行硬件转换，信号将不经过处理器，直接输出。

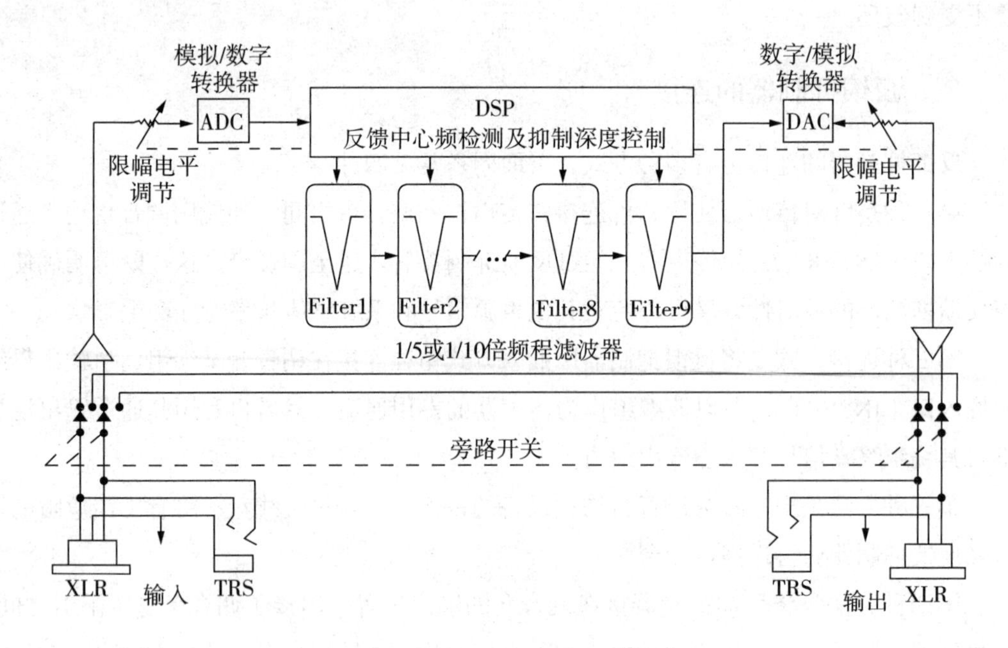

图 3.6.2　FBX-901 工作原理框图

FBX-901 的前面板见图 3.6.3 所示，下面从左向右逐一介绍各旋钮功能。

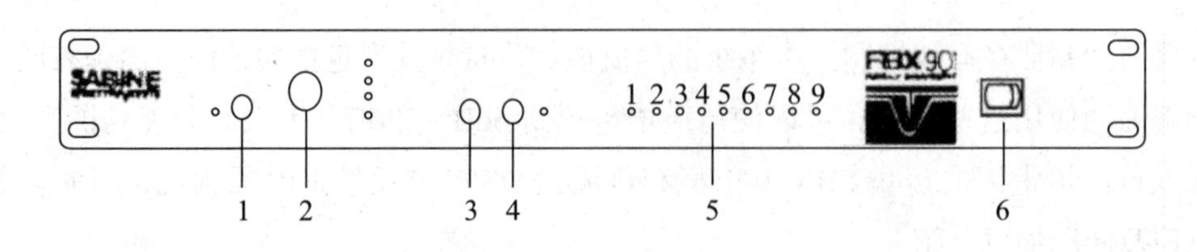

图 3.6.3　FBX-901 前面板

① BYPASS（旁路）

就是选通 / 旁路键，该机在旁路（二极管呈现红色）时，是用硬件转接的办法将自动反馈处理系统从信号通道中切除，对信号无任何影响。

在选通（二极管呈现绿色）时，信号处理单元自动地对反馈进行抑制。

② CLIP LEVEL ADJUST（削波电平调节）

调节削波（限幅）电平旋钮时，右边的削波指示二极管（LED）会间歇闪烁。电平过高会造成对音频信号干扰，过低会使信噪比下降。

③ RESET（复位、重置）

按下旋钮 4s 等二极管停止闪烁后，就可以对滤波器进行重新设定。

④ LOCK FIXED（滤波器锁定）

当“锁定”按钮按下时，LED 灯亮表示 FBX 已处于锁定状态下。锁定模式可在系统启动后任何时候进入，并可保持直到再次按下此键，这时发光二极管（LED）熄灭。

在使用时，可以用“锁定”按钮来限定主动滤波器的总数目，如果下次希望变更主动滤波器的数量，可以进行重新设定。

⑤ FBX FILTERS（FBX 滤波器工作指示）

该发光二极管分别指示 9 个滤波器的工作状态，当某一滤波器被激活选中，相应的发光二极管（LED）就会点燃，其闪烁的 LED 表明此滤波器是新选中的。

⑥ POWER（电源开关）

此开关是双刀电源开关。当打开电源时所有原设定的主动滤波器相对应的发光二极管（LED）会闪烁。

该机带有外部专用电源，不得用其他电源强行输入，以免造成设备永久性损坏。它的输入输出有 XLR 和 TRS 的平衡式和非平衡式。

SABINE FBX–901 的调试与操作步骤如下：

① 在开机调试前，应该首先检查其电源线、信号线连接是否有误；

② 系统供电后，应将音箱和话筒摆放在使用中的实际位置，应避免把话筒放在音箱前；

③ 将 FBX–90l 置于 BYPASS 状态，这时状态灯将是红色的；

④ 调整调音台每个需要抑制的话筒通道的输入电平，并将系统主音量关至不发声反馈的状态；

⑤ 将 FBX–901 的削波电平钮预先置于两点钟的位置；至于削波电平的调整，原则是当 FBX–901 的削波灯偶尔点亮。应该注意的是：电平调得太高，将有可能使信号削波或失真；电平调得太低，将有可能使信噪比变低或产生“嘶嘶”声；

⑥ 按住复位开关（RESET）保持 4s 以上，直到滤波器显示灯停止闪烁为止；

⑦ 将 FBX-901 置于选通（激活）状态（BYPASS 钮抬起），这时状态灯将是绿色的；

⑧ 慢慢将系统的通道和主音量提升，直到发生反馈，这时，将明显听到 FBX-901 把反馈很快抑制掉，同时第一组滤波器灯将变亮，这说明第一组滤波器已经起作用；

⑨ 重复上面一步的操作，直到所有滤波器灯全部变亮，而且其中一个灯在闪烁，这表明所有固定和动态的滤波器都已设定完毕。

至此，反馈抑制器调试基本完成，系统的反馈将得到很好的抑制。此时系统的最大反馈前电平也已经确定，如果再提高系统的音量，新产生的反馈将得不到抑制。

下面说明一下 FBX-901 反馈抑制器的其他特殊功能的调整：

（1）动态滤波器与固定滤波器的数目

固定滤波器是保持在一个固定的频率点上，直到用户对它重新设定。系统声反馈（啸叫）之前也一直是加载在信号的通路中工作的。FBX 的动态滤波器是用于控制节目在进行中间歇地、不规则地出现声反馈，并根据出现的不同频率的新反馈进行自我设定。

对于大多数用户，较合理的分配是 6 个固定滤波器、3 个动态滤波器。这也是厂家的默认值，在必要时可以重新设定。例如：按以下的办法即可变为 5 个固定滤波器、4 个动态滤波器。

① 将 FBX 置于旁路状态，将本机关闭后重新开启一次电源，并按下重置键。当释放重置键时，滤波器指示灯（LED）依次亮。

② 当第 5 个滤波器的 LED 亮时，立即按下重置键，如看到左边第 5 个 LED 闪烁三次，就表明第 5 个滤波器已成为固定滤波器。此后 FBX 打开后，固定滤波器相应的 LED 会闪烁三次。

（2）利用锁定功能

在某些场合下，FBX 会错把乐音信号当作反馈信号，触发固定滤波器对这个信号进行衰减切除。如教堂里管风琴音乐信号和大型演出中电吉他信号都容易造成误动作，为防止误动作而引起固定滤波器产生的过度衰减，可以在设定好固定滤波器之后，按下锁定键，此时锁定二极管发光，表明已处于锁定状态，固定滤波器衰减深度被锁定，将一直保持这种状态，直到再次按锁定键才会消除。动态滤波器则不受影响。

（3）开启噪声门电路

FBX-901 的一个突出优点是有用户可选的噪声门选通电路。

当有人使用话筒时，它相当于一个自动开关，当该话筒信号大于某一阈值电平，噪声门打开，信号通过；小于阈值（没有讲话或声压级低），噪声门关闭，该话筒相当于关闭。噪声门选通电路对于有多个话筒同时工作时提高传声增益特别有效。选通话筒大大减少了不必要的反馈点，可以获得更大的增益。

FBX-901 可以设置 4 个不同阀值其中的一个，也可以关闭它（厂家缺省值是关闭）。

若想打开噪声门并选择阈值，应先关闭 FBX–901，按住锁定按钮，再打开 FBX–90l，当松开锁定键时限幅电平的 LED 会随之而亮，当相应的限幅电平 LED 亮时，再次按下锁定来选所需要的阈值。若取消噪声门，只需在限幅电平灯未亮时，按下锁定键。当噪声门选中时，对应的阈值 LED 灯在接通电源后会闪烁，若没有闪烁现象，说明并没有选中。

（4）选择滤波器的带宽

FBX–901 的滤波器有两种带宽可以选择，一般来说以音乐为主应设置在 1/10 倍频程，以语言广播为主应设在 1/5 倍频程上。出厂时机器被缺省在 1/10 倍频程的位置上。如果想改变滤波器的带宽，可以将机器电源关闭，将上盖板取下，改变电路主板的调整频带的跳线即可。

2. 百灵达 DSPll00 反馈抑制器的使用

DSPl100 反馈抑制器的前面板及功能键如图 3.6.4 所示：

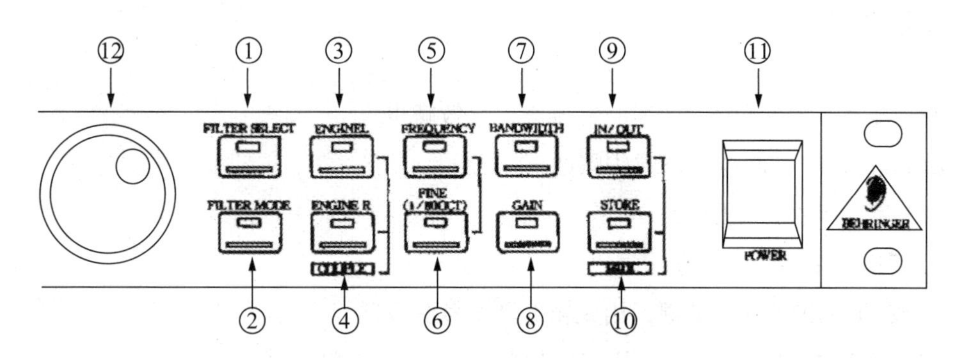

图 3.6.4　百灵达 DSPll00 反馈抑制器面板

① FILTER SELECT：滤波器选择

选择使用每个声道的 12 个滤波器。

② FILTER MODE：滤波方式选择

选择 O（关闭）; P（参量均衡）; A（自动）; S（单点）等几种滤波方式。此外，同时按此键和 GAIN（增益）键约两秒钟后，可以用旋轮调节抑制启动阈值（–3dB 至 –9dB）。

③ ENGINE L：左声道运行

④ ENGINE R：右声道运行

同时按 ③ 和 ④，左右声道可一起进行调节。

⑤ FREQUENCY：频率选择

选择准备处理的频率，频点设置为 31 段。

⑥ FINE：频率微调

以 1/6 倍频程一级微调改变所选频率。

⑦ BANDWIDTH：频带宽度

调节所选滤波器的频带宽度，调节范围为 2 倍频程至 1/6 倍频程。

⑧ GAIN：增益

选择信号提升或衰减量，调节范围为 +16dB 至 –48dB。

⑨ IN / OUT：旁路

决定是否进行处理。短时间按，参量均衡旁路，绿色发光二极管熄灭；按 2 秒钟以上，所有滤波器旁路，发光二极管闪亮；长时间按，则所有滤波器启用。

⑩ STORE：存储

按此键两次后，已经调整好的数据就存储在设备中，关机后也不会丢失，本机可存储 10 组数据。在开机前同时按 FILTER SELECT 键和此键，开机后保持 2 秒钟，可以清除原来存储的数据。

⑪ POWER：电源开关

⑫ 调节旋轮

顺时针调节，参数增加；逆时针调节，参数减少。

DSPl100 反馈抑制器的调节步骤如下：

（1）用于抑制声反馈时

① 开机后用旋轮选择存储号码（1 至 10）。

② 按 FILTER SEIECT 键，用旋轮选择 1 号滤波器。

③ 按 FILTER MODE 键，用旋轮选择 A（自动）滤波方式。

④ 按 STORE 键，第 1 号滤波器指示灯闪烁，显示屏存储号码闪烁。

⑤ 用调音台上的推子提升话筒路音量，声反馈出现后会立即被抑制。

⑥ 按 STORE 键存储，依次选择 2、3、4……滤波器，重复以上步骤，直到彻底消除所有频率的声反馈。

（2）作为参量均衡器使用时

参量均衡器数据与声反馈数据存在同一组时，在房间无较大声学缺陷的情况下，可以使系统省去一台图示均衡器；当然，参量均衡器的数据也可以单独存在某一组中。

① 用旋轮选择存储号码（1 ~ 10）。

② 按 FILTER SELECT 键，用旋轮选择滤波器号码。

③ 按 FELTER MODE 键，用旋轮选择 P（参量）滤波方式，按两下 STORE 键存储。

④ 按 FREQUENCY 键，用旋轮找到所需调节的频率，按两下 STORE 键存储。

⑤ 按 BANDWIDTH 键，用旋轮决定频带宽度，按两下 STORE 键存储。

⑥ 按 GAIN 键，用旋轮进行增益提升或衰减后按两下 STORE 键存储。

依次重复上述步骤，可以在任何存储号码中存入任何滤波器号码下的参量均衡的所有参数。其他参数（如 FINE 和反馈抑制启动阈值等）的调节均是按一下某个（或同时按某两个）键。用旋轮进行调节完毕后，按两下 STORE 键存储。按一下 STORE 键时，显示屏存储号码闪烁，此时仍可以用旋轮改变这个存储号码。

第七节　电子分频器

分频就是把信号分成两个或两个以上的频段，以便对声音的不同频段分别进行处理和放大输出。在音响系统中，用于实现分频任务的电路或音频设备统称为分频器。本节将对广泛应用的电子分频器原理和应用做一详细介绍。

一、电子分频器的功能

声音的频率范围很宽，在一个扩声系统中，如果将音频信号分成高、中、低等不同的频段，分别送入不同的扬声器系统进行分频段还音，它能使各个扬声器都工作于最佳的频率范围内，从而降低扬声器的频率失真，更好地实现高保真重放。另一方面，如果低音和高音在同一个通道中传输、放大、最后使用全频带扬声器还音，那样，占到全频带声能量的一半左右的低频声会对中高音有一定的损害，往往会对能量比较小的中高音形成一种掩蔽作用，使中高音成分细腻的部分和音色之间细小差异的表现受到限制，降低了音乐的层次感。为了避免上述情况，最好的方法是将中高音频和低音频进行分离放大和传输，用不同的功率放大器分别推动纯低音和中高音扬声器系统，从而增强声音的清晰度、分离度和层次感，增加音色表现力。

要想把低音、中音、高音信号分开进行传输和放大，首先就要把全频带音频信号分离成低音和中高音，或者分成低音、中音和高音。这样就需要有一种高性能的分频器来实现分频，这就是电子分频器。电子分频器是一种有源分频器，其作用就是将宽频带音频信号分成高、中、低等不同的频段，送入不同的扬声器达到分频段扩声的目的。

所以，分频器有两类，一类就是电子分频器，它是由晶体管等有源电子器件构成的有源分频器。在扩声系统中，电子分频器往往以一台独立的设备存在，具有选择频率点分离音频信号的功能。通常位于功率放大器之前，把分频好的高中低频信号电压分别送入对应频段的功放，再由功放直接驱动各自的扬声器；另一类就是用电感、电容和电阻原件构成的滤波电路来组成的无源分频器。虽然在多单元扬声器构成的音箱内都设有无源分频器，分别用来分离高低音单元和能量平衡，但处理效果不及电子分频器。

二、电子分频器的基本原理

电子分频器是对全频带音频信号进行分频处理的，按照分离频段的不同可分为二分频、三分频和四分频电子分频器。无论哪种分频器，要分离音频，就必须有选频特性，而且，要有一定的带外衰减。因此，电子分频器主要由高阶低通、高通或带通及晶体管或集成运放构成的有源滤波器组成。

图 3.7.1 给出了由有源高、低通滤波器组成的高、低二分频的原理电路，对于三分频和四分频只要在其中加入相应的带通滤波器即可，其工作原理比较简单，此处不再详述，读者可参照有关书籍或资料。下面我们主要依据原理讨论各类分频器的分频特性及它们在扩声系统中与音箱的连接。

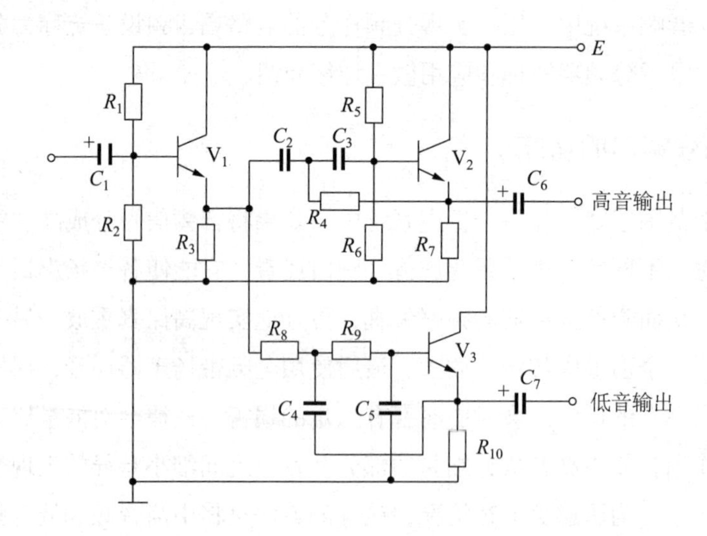

图 3.7.1　电子分频原理电路

1. 二分频电子分频器

二分频电子分频器是由一个高通和一个低通滤波器组成的。它将音频信号分为低音和高音两个频段，设有一个低频和高频交叉的频率点，称为分频点，也就是二分频的分频器只有一个分频点，其频响特性（即分频特性）如图 3.7.2 所示。

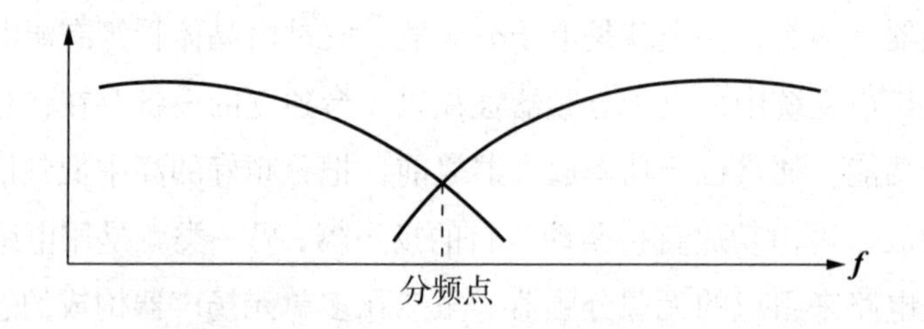

图 3.7.2　二分频频响特性

二分频电子分频器主要用于二分频音箱或中高音音箱和纯低音音箱的组合，其连接方法分别如图 3.7.3(a) 和 3.7.3(b) 所示。

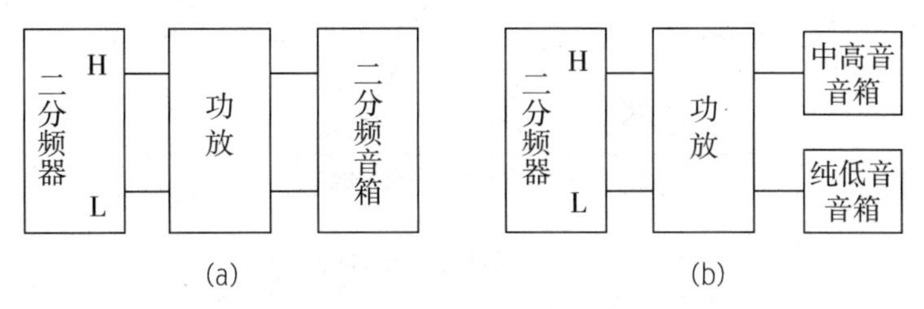

图 3.7.3　二分频电子分频器与音箱的连接

2. 三分频电子分频器

三分频电子分频器是由一个高通、一个带通和一个低通滤波器组成的。它将信号分为低音、中音和高音三个频段，设有低 / 中和中 / 高两个分频点，其频响特性如图 3.7.4 所示。

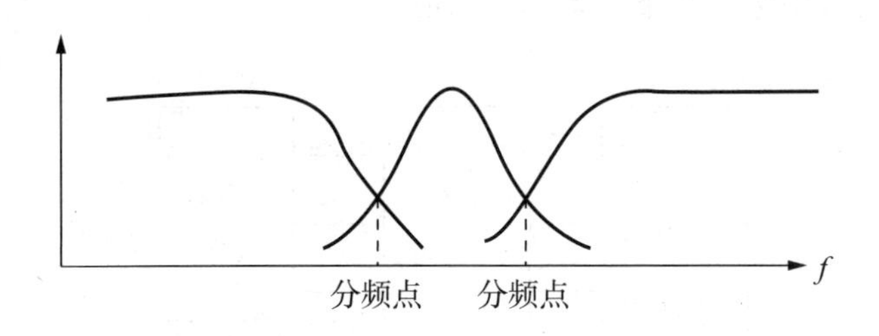

图 3.7.4　三分频频响特性

三分频电子分频器主要用于三分频音箱或中高音二分频音箱和纯低音音箱的组合，其连接方法分别如图 3.7.5(a) 和 3.7.5(b) 所示。

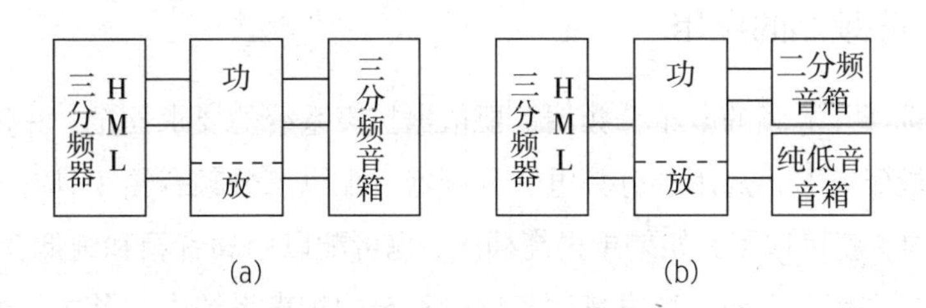

图 3.7.5　三分频电子分频器与音箱的连接

3. 四分频电子分频器

四分频电子分频器是由一个高通滤波器、两个不同中心频率的带通滤波器和一个低通滤波器组成的。它将信号分为低音、低中音、高中音和高音四个频段，设有低 / 低中，

低中 / 高中和高中 / 高三个分频点，其频响特性如图 3.7.6 所示。

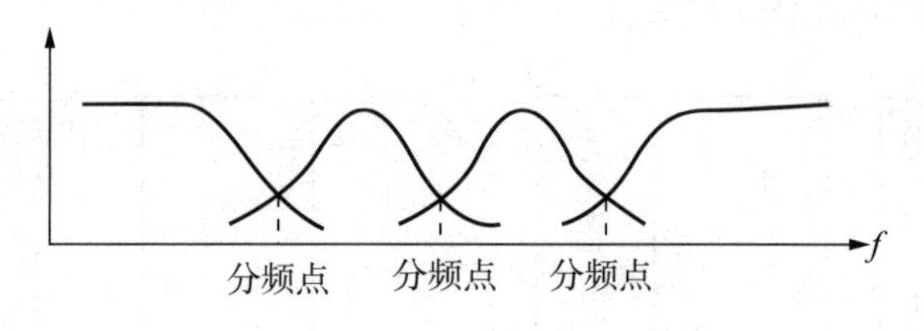

图 3.7.6　四分频频响特性

四分频电子分频器主要用于三分频音箱和纯低音音箱的组合或四分频音箱（这种音箱很少见），连接方法如图 3.7.7 所示。

无论哪种电子分频器，各分频点在一定范围内是可调的，且滤波器的带外衰减一般为 18dB / oct。这是电子分频器的一个重要指标。

此外，在电子分频器中还专门设有一个高通滤波器或低通滤波器，截止频率一般为 40Hz 或 20kHz，用来切除一些不必要的频率成分。

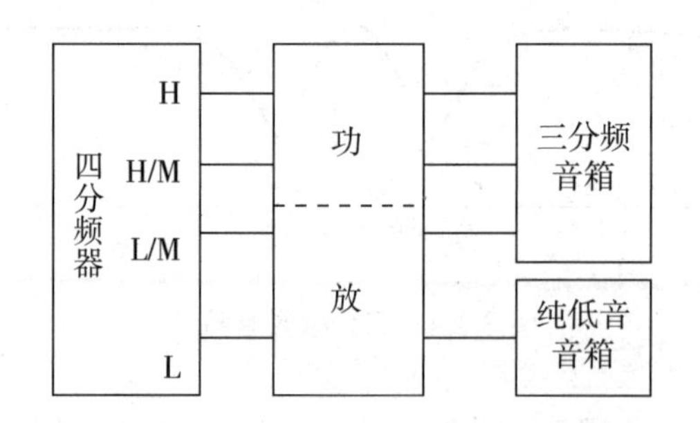

图 3.7.7　四分频电子分频器与音箱的连接

三、电子分频器的应用

在实际中选择几分频的电子分频器，要依据扩声系统的要求而定。一般的中小型歌舞厅为了降低投资成本，选用二分频电子分频器，配以二分频音箱（具有外接分频端口的音箱，以下同）就可以了，如果想提高档次，也可配以中高音箱和纯低音音箱的组合。

在音乐厅、剧院和大型高档歌舞厅等比较复杂的扩声系统中，其主扩声通道常采用二分频或三分频音箱再配以纯低音音箱，这时需选用三分频或四分频电子分频器；有些要求更高的系统用于辅助扩声的音箱也采用二分频音箱，此时需要增选二分频电子分频器，因为辅助扩声通道较少使用纯低音音箱。至于 DISCO 舞厅，因为要增加震撼力和节奏感，通常要使用较多的纯低音音箱，除主扩声通道外，周围的辅助扩声通道也要适当增加纯低音音箱，这样就应选用不止一台电子分频器。

必须明确的是，在扩声系统中使用电子分频器，调整分频点时，要使其分频点的频率接近所配音箱的分频点的频率。

电子分频器的调整比较简单，它的控制键钮均设在前面板上，主要有电平调整和频率调整等。图 3.7.8 是 DOD834–Ⅱ型电子分频器的前面板结构图，它图示出该分频器的所有控制键钮。

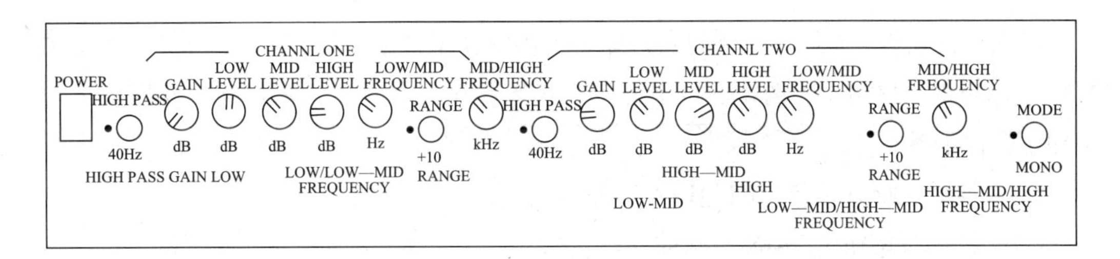

图 3.7.8　DOD834 – Ⅱ型电子分频器的前面板

834–Ⅱ电子分频器具有立体声和单声道两种工作模式。在立体声模式下，它是一台三分频电子分频器，通道 1（CHANNEL ONE）和通道 2（CHANNEL TWO）独立控制，可分别接入扩声系统的左声道和右声道；在单声道模式下，它是一台四分频电子分频器，通道 1 和通道 2 合二为一，成为一台单通道设备。

834–Ⅱ电子分频器的工作模式通过模式按键开关（MODE）选择。控制键钮对两种工作模式的控制状态有些差异，键钮上方的标示为立体声（STEREO）控制状态，下方标示为单声道（MONO）控制状态。下面结合图 3.7.8 介绍电子分频器不同工作模式下的键钮控制功能。

1. 立体声模式

两通道键钮控制完全相同且相互独立，参照键钮上方标示。

① 高通滤波器开关键（HIGH PASS）：按下此键，将 40 Hz 高通滤波器接入分频器，指示灯亮；必要时用来消除低频干扰和噪声。

② 增益调节旋钮（GAIN）：调节整机信号的增益。

③ 低频电平调节旋钮（LOW LEVEL）：调节低频段信号电平。

④ 中频电平调节旋（MID LEVEL）：调节中频段信号电平。

⑤ 高频电平调节旋钮（HIGH LEVEL）：调节高频段信号电平。

⑥ 低 / 中频率调节旋（LOW / MID FREQUENCY）：调节低频段与中频段之间的分频点频率。

⑦ 频率调节范围控制键（RANGE）：按下此键，低 / 中频率调节增加 10 倍，指示

灯亮，频率可调范围为 500Hz ~ 5000Hz，抬起此键，频率可调范围为 50Hz~500Hz，总调整范围为 50Hz ~ 5kHz，与指标相同。

⑧ 中 / 高频率调节旋钮（MID / HIGH FREQUENCY）：调节高频段与中频段之间的分频点频率。

2. 单声道模式

两通道键钮合并成一个通道进行控制，有些键钮不再起作用，工作模式由面板最右端模式选择键（MODE）选择。按下此键，进入单声道模式，指示灯亮，参照图 3.7.8 键钮下方标示。

① 高通滤波器开关键（HIGH PASS）：与前同。

② 增益调节旋钮（GAIN）：与前同。

③ 低频电平调节钮（LOW）：与前同。

④ 低中频电平调节钮（LOW—MID）：调节低中频段信号电平。

⑤ 高中频电平调节钮（HIGH—MID）：调节高中频段信号电平。

⑥ 高频电平调节钮（HIGH）：调节高频段信号电平。

⑦ 低 / 低中频率调节钮（LOW / LOW—MID FREQUENCY）：调节低频段与低中频段之间的分频点频率。

⑧ 频率调节范围控制键（RAGNE）：按下此键，低 / 低中频率调节增加 10 倍，频率可调范围 500Hz ~ 5000Hz，抬起此键，频率可调范围 50Hz ~ 500Hz，总调整范围 50Hz ~ 5kHz，与指标相同。

⑨ 低中 / 高中频率调节钮（LOW—MID / HIGH—MID FREQUENCY）：调节低中频段与高中频段之间的分频点频率。

⑩ 频率调节范围控制（RAGNE）：该键与上述 ⑤ 键功能相同，只是它对应的是低中 / 高中频率调节范围。

⑪ 高中 / 高频率调节钮（HIGH—MID / HIGH FREQUENCY）：调节高中频与高频之间的分频点频率。

834–Ⅱ电子分频器主要技术指标如下：

- 作立体声时分频点：低 / 中 50Hz ~ 5kHz；中 / 高 750Hz ~ 7.5kHz。

作单声道时分频点：低 / 低中 50Hz ~ 5kHz；低中 / 高中 50Hz ~ 5kHz；高中 / 高 2kHz ~ 20kHz。

- 输入 / 输出：2 组 40kΩ 平衡输入，7 组 102Ω 平衡输出
- 滤波器：18dB / oct
- 最大输入电平：+21dBu

- 输出电平控制：– ∞ ~ 0 dB
- 增益控制：0dB ~ +15dB
- 高通滤波器：40Hz 12dB / oct
- 频响：10Hz ~ 30kHz +0/–0.5dB
- 总谐波失真：小于 0.03%
- 信噪比：大于 90dB

在使用电子分频器时，选择哪种工作模式取决于扩声系统的设计。各分频点频率的设置要与所用音箱的分频点对应，各信号电平的大小要根据系统的聆听效果而定。

电子分频器的所有输入 / 输出端口均设在后面板上。立体声工作模式下，两通道各有一组输入和高、中、低频三组输出，此时整台设备共有两组输入和六组输出。单声道工作模式下，整台设备只有一组输入和高、高中、低中、低频四组输出。各种端口在面板上均有标示，这里不再详述。

顺便指出，不论电子分频器是哪种品牌，哪种类型，其输出端口和控制键钮都与分频点决定的频段相对应，且明确标示在面板上。

第八节　其他常用效果器

在前面几节中，比较详细地介绍了现代音响系统中比较常用的各种信号处理设备。实际上在现代专业音响设备中，还有许多专门用途的信号处理设备，特别是在大型扩声系统或录音制作系统中会经常用到，下面对这些设备做一简单介绍，供读者了解。

一、多重效果处理器

所谓多重效果处理器（Multi Effect Processor），是指在一个效果器单元中，可以产生多种常用的效果处理。根据多重效果器的种类不同，有时有几十种，有时甚至上百种，对声音的处理能力很强，除了产生各类混响效果以外还能产生如延时、均衡、压限、扩展、噪声门等各种效果。更高档的效果器还可编程，将各种效果处理按一定的方式组合起来。使用相当灵活方便，有些效果器还有接收 MIDI 信号实施远程自动控制的功能。它给使用者带来了很大方便，在现代扩声系统中得到普遍使用。

多重效果器一般都是数字式的，每一种效果一般都对应着一种算法或一种程序。因此我们调用效果器中的一种效果，实际上就是调用一个程序，并且利用输入信号数字化后产生的数据在数字信号处理器中进行运算。

一般多重效果器的程序由两种形式组成，一种是固化在只读存储器中的程序，称之为厂家预置程序，这些程序存储器的特定的地址中，它们是不能直接修改或编辑的，如果想进行修改只能将其调入缓冲器或动态随机存储器中，然后再进行修改。这就意味着每次加电后，这些地址中的程序均是厂家预置的情况。另外一种形式是存储在随机存储器中，称之为用户可编辑程序，它们可以调到缓冲器中修改后，再存到原来所在的地址中。也可以存到随机存储器的其他地址上，并将该地址上原来的信息覆盖掉。

用户程序一般是通过修改厂家预置程序的某些参量后建立起来的，这些程序一旦存入随机存储器，其地位和厂家预置程序一样了。通过自己动手设置用户程序，可以将预置程序调入缓冲器中，然后按照意愿对其中的参量进行修改，便可产生更好的处理效果。一般建立用户程序的步骤如下：

（1）调出与实际需要最相近的厂家预置程序或原来存好的用户程序。

（2）在编辑状态下，逐一修改需要编辑的参量值，修改的过程中需要不断与原始程序相比较，直到满意为止。

（3）将编辑过的程序存入指定的用户地址上，以便下次调用。如果不存储，一旦调用其他程序，对先前程序所做的修改就无效了。

一般为了自己调用方便，对新建立的用户程序应该对其存储的程序名或程序号进行记录，最好能再为其取一个新的名字。

如今所使用的数字效果器，其调用程序的方式主要有两种，一种是手动调用，另一种是通过 MIDI 信息调用。手动调用是最常用的方法，它可以通过面板上的调用键来实现调用操作。有些效果器还可以通过所接踏板来调用效果程序，这主要是在实况演出时，为了让演员自己调用效果程序而设的。

利用 MIDI 信息来调用效果程序，在进行电子音乐制作或实况演出时特别有用。现代的效果器除了有声频信号的输入、输出口外，一般都设有 MIDI 信号的输入、输出及中继口。通过 MIDI 信息中的音色变化信息，就可以调出事先安排好的效果程序，下面我们做一简单说明。

MIDI 信息中的音色变化信息共有 127 种，如果将 MIDI 信息中的音色变化号与效果器中的效果程序号建立起一定的对应关系，就可以实现这种调用操作。假设钢琴的音色变化号为 1，单簧管的音色变化号为 9，钢琴要加入一种房间混响，其房间混响的效果号码为 3，而单簧管要加入大厅的混响效果，而大厅混响的效果号码为 1，如果想实现 MIDI 调用效果，就必须在效果器中设定，音色变化号 1 对应效果号 3，音色变化号 9 对应效果号 1，设定好之后，只要合成器的音色由钢琴变为单簧管，效果器的效果就由房间混响变成大厅混响。

随机存储器中的程序是由专用锂离子电池保存着，因此即使效果器的主电源关掉，其中的程序也不会丢失。这些锂电池的寿命一般至少五年，如果效果器使用的时间太久，电池的能量耗尽，就必须更换新电池，否则就起不到保护用户程序的作用了。

目前，多重效果处理器主要分为两大类。一类是日本型的效果器，它们对音色处理的幅度较大，有夸张的特性，听起来感觉强烈，尤其受到歌星和业余歌手的欢迎，这类效果器主要用来对娱乐场所或流行歌曲演唱进行效果处理；另一类是欧美型的效果器，它们的特点是音色经过真实、细腻的混响处理，可以模拟欧洲音乐厅、DISCO舞厅、爵士音乐、摇滚音乐、体育馆、影剧院等的声响效果，但其加工修饰的幅度不够夸张，人们听起来会感觉到效果不很明显，这类效果器在专业艺术团体演出时使用较多。

二、音频（音箱）处理器

音频（音箱）处理器是现代扩声系统中常用的一台综合处理设备，内含多种声音处理模块，主要用于向扬声器系统提供各种处理后的信号，有时又把它称作音频处理器。

音箱处理器一般都采用了全数字化技术，采用了特殊的扬声器控制器和均衡器技术，拥有各种所需音频处理器功能，它具备传统模拟技术所不具备的众多优势。具有功能强大，一台处理器包含多台模拟设备的功能，均衡器、分频器、压限器、延时器、反馈抑制器等，系统简单，省掉大量系统连线，避免了系统设备太多所带来的噪音和失真，操作容易方便，能实现电脑联机控制，系统参数可以储存和方便调取，提供简易快捷的操作方法来控制和优化任何场合的扬声器系统，令音频系统的音质得到总体上的提升。

比如，某音箱处理器的功能描述如下：

本产品采用24Bit高性能AD/DA转换模块，48/96kHz采样频率，是目前最具实用价值的DSP产品之一。

- 2路输入，6路输出。输出电平独立可调，并且能通过程序自动记录。
- 每个输入及输出通道均设有带哑音功能的编辑按键。
- 每个输入通道设有6个参量均衡器，每个输出通道设有4个参量均衡器。
- 内建14种混响模式，通过不同的搭配比例，能产生各种音频效果，每种效果具有多种参数可调。
- 全频信号最大延时21mS，弥补因为全频音箱与超低音摆放不同位置产生的声音延时现象。
- 7级立体声数字键控变调。
- –90dB ~ –24dB门槛电平选择的噪声门。
- –24dB ~ 0dB电平选择，上冲时间、释放时间可调的压限器。
- 三种高低通滤波器，四种斜率（12，18，24，48dB/oct）可供选择。

- 全频输出与超低音输出，超低频从 30Hz ~ 200 Hz。
- 输出通道可任意选择，有 A、B 或 A+B 信号输出。每路通道都设有相位选择，即正、负相位。
- Digital Audio I/O 数字音频，USB 传输系统功能。
- 可通过计算机软件由计算机作远程控制及修改参量，可储存 31 个程序。附送控制软件及 USB 连接线。
- 2 行 16 字符 LCD 显示。
- 可设置密码以保护程序。

全数字音箱处理器，一般可通过外界 PC 操控，并通过程序记录下各种处理参数，也可通过外部遥控器进行操作。

三、移频器（变调器）和移相器

1. 移频器（变调器）

移频器原先是用于剧场、大会堂等场所消除扩声系统中声反馈的一种专用设备。与声反馈抑制器不同的是，移频法降低声反馈的基本原理是用偏移频率的方法破坏反馈声和原始信号同相位的条件。它是对扬声器送出的声音信号的频率进行提升（移频）处理，使声频增加 5Hz（或 3Hz ~ 7Hz），使其与原话筒声音的频率发生偏移，无法构成正反馈，也就不会产生声反馈现象。

近年来，随着性能更好的反馈抑制器的出现，移频器的这种用法逐渐被替代，而更多地当作卡拉 OK 变调器了。专门用于为伴奏音乐转调的移频装置，就叫变调器。在唱 KARAOKE 时，由于伴奏音乐的调子有时会与演唱者的发音音调不相一致，所以就需对伴奏音乐做移频处理。变调器的频率偏移量一般为 ± O.5OCT（倍频程）。也就是说，其变调的调节范围为上下半个八度音，调节方式为八级或十二级跳档式。

实现移频的方法有好几种，常见频移器用的是单边带调制方法。这种方法是使输入信号在调制和解调过程中令两个载频保持给定的频率偏移，以便输出信号与输入信号间保持固定的频移量。这种移频器的优点是简单、稳定和可靠。

移频器原理方框图如图 3.8.1 所示。从前级放大器送来的频率为 f_0 的信号加到调制器，对载频 f_{C1} 进行调制。调制器的输出经过放大后，用带通滤波器取出频率为 f_0+f_{C1} 的上边带信号，其中载频 f_{C1}（以及 f_{C2}）分别由晶体管振荡器供给。上边带信号经解调器解调，用低通滤波器取出频率为 $f_0+f_{C1}-f_{C2}$ 的有用信号，它在频率轴上的偏移量为 $\triangle f=f_{C1}-f_{C2}$，约为 3Hz ~ 8Hz。

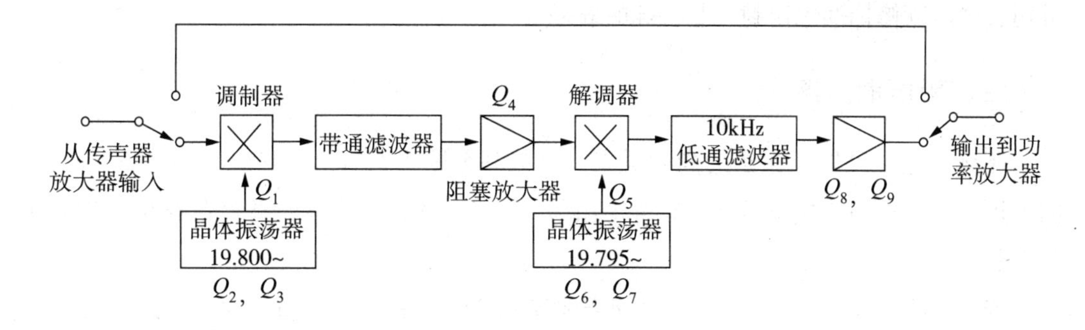

图 3.8.1　移频器方框图

数字式移频器的工作原理一般是通过数字式延迟电路，利用 DSP 处理器将声音信号压缩（或拉伸）来实现的。此类装置的一个不足之处．就是其移频量在稍大一些时，处理后的音源会带有可感觉到的“抖动”感。

移频器适用于以语言扩声为主的扩声系统和会议系统消除声反馈，但在以音乐和歌声为主的演出系统扩声中使用则不尽理想，因为音乐对频率的音高、音准要求非常严格，整个音乐如果频率提升了 5Hz，在其高音区影响还不算大，因为在 500Hz 以上的频率相差 5Hz，人耳是辨别不出来的；但是，如果是在低音区，例如钢琴最低音是 27.5Hz，最低男低音是 64.5Hz，还有某些低音乐器由于其频率很低，如果声音升高了 5Hz 时，人耳就能明显听出其声音偏高了几个音分。因此，在音乐演出系统的音响扩声当中，一般不选用移频器来进行声反馈现象的控制。

移频器用于抑制声反馈时，它的连接方法与声反馈抑制器相同，在扩声系统中也是串联在调音台与压限器之间或并接在调音台上。而作为变调器使用时，只能是插入到传声器的输入通道中。

2. 移相器

移相器的作用是将信号的相位移动一个角度，在扩声系统中如果使传声器输出信号的相位发生一定偏移，就使得从扬声器回授到传声器的声音不能形成正反馈，从而达到抑制声反馈的目的。由于用人耳对声音相位变化不太敏感，用移相器来抑制声反馈用在音乐扩声系统中，可以使扩声系统的增益提高约 4dB。

其工作原理根据不同的电路构成而存在差异。如用晶体管电路，可在输入端加入一个控制信号来控制移相大小；在有些电路中则利用阻容电路的延时达到移相；数字式移相器是利用内部时钟的变化来控制信号存取达到移相的目的。

移相器还可以产生一些特殊的效果，利用经过移相的声波与原声波之间互相干涉作用，使声音产生震颤、飘逸效果。它也是早期用得较多的效果器之一，主要用来对吉他、贝司、键盘等修饰润色得到一些特殊的效果。

四、嘶声消除器

嘶嘶声是一种固定频率的高频噪声，其频率范围为 2.5kHz ~ 10kHz. 这类噪声大都因为扩声设备之间连接不匹配引起寄生振荡，或者扩声设备中某设备存在固有高频噪声而引起。

嘶声消除器是一种用来去除扩声系统高频嘶嘶噪声的一种设备，通常将它串入左右主扩声通道，完成消除效果。用嘶声消除器的扫频旋钮寻找嘶声频点，用衰减旋钮调节衰减量，当扫频点正好对准嘶声频点时，扩声系统的嘶声便随之消失。

五、立体声合成器

立体声合成器是一种可以在单声道非立体声源中模拟出逼真的“假立体声”效果的信号处理设备，大多用在立体声录音制作系统中。

它的原理是将非立体声源信号分成多个频率段，将其中一部分频段放在立体声的一个声道上，另一部分频段放在立体声的另一个声道上，从而产生“假立体声”效果。

在音响系统中，还有一些专门对声音做某种处理的设备，如音频分配器、声音合成器、吉他效果器等。由于篇幅有限，这里就不一一介绍了，如果需要，读者可参阅有关资料。

思考与练习题三

1. 音响系统中使用音频信号处理设备的目的是什么？
2. 均衡器有哪些类型？各用于什么场合？
3. 图示均衡器的原理是什么？其名称因何而来？
4. 延时器在录音和扩音系统中各有什么作用？
5. 混响器的主要应用有哪几个方面？
6. 为什么唱卡拉 OK 时通常要用混响器加混响？
7. 压限器有哪些主要功能？为什么说限制器是压缩器的特例？
8. 压限器在扩声系统中的主要作用是什么？其压缩比率应如何选取？
9. 噪声门的主要用途是什么，如何调整？
10. 声音激励器的基本原理是什么？它与均衡器有什么不同？其主要作用是什么？
11. 你怎样理解激励器的作用与谐波失真的矛盾？
12. 什么是声反馈？它是怎样形成的？对音频系统有什么影响？
13. 抑制声反馈的方法有哪些？
14. 反馈抑制器的工作原理是什么？
15. 电子分频器的主要作用是什么？
16. 简述三分频式电子分频器的工作原理。
17. 画出四分频式电子分频器的频响特性示意图。
18. 移频器与变调器的主要作用是什么？分别在什么情况下选用？
19. 各种类型的效果器处理设备如何接入音响系统？各种接法有什么特点？
20. 如果让你去录一首歌曲，你会用到哪些声处理设备？分别做哪些处理？

第四章

模拟磁带录音技术

在录音技术发展的早期，模拟磁带录音机使用非常方便，信号记录之后立即可以重放，磁带在消磁后可以反复使用，磁性记录的重放质量也很高。以前我们所使用的声音记录设备主要就是磁带录音机，近年来随着科学技术的发展，传统的模拟磁带录音机已很少有人使用，取而代之的是数字磁带录音机、计算机音频工作站、磁光盘录音机、硬盘录音机和存储卡式录音机、微型录音笔等。本章仅就模拟磁带录音机的工作原理及其应用进行具体阐述，而采用数字信号记录的其他录音设备将在后面的章节加以介绍。

第一节　磁性记录原理

传统的声音记录方式主要有三种：机械式记录、磁性记录和光学记录方式。磁性记录就是利用电磁感应原理将声音信号记录在磁性载体（例如磁带或磁盘）上的声音记录方式。本节主要从磁性记录的基本原理，磁带的磁化过程、消音和消磁，声音的重放做一阐述。

一、磁性物质的磁化特性

自然界中有些物质称为磁性物质，如铁、钴、镍及其合金等。将这类物质置于磁场中，他们被磁化就会后呈现出磁性。如果将一块预先不带磁的磁性物质放在磁场里将其磁化，随着外加磁场的磁场强度 H 的增强，铁磁物质里由于被磁化而呈现的磁感应强度 B 也会增大。如图 4.1.1 所示，图中的曲线就称为初始磁化曲线，是用来表示磁性材料在磁化的过程中，磁感应强度 B 随外加磁化磁场强度 H 而变化的曲线，曲线的负半周表示磁场的反方向磁化特性。

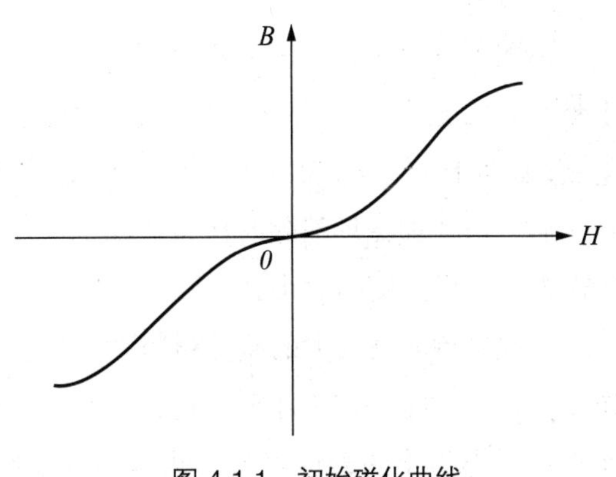

图 4.1.1　初始磁化曲线

从初始磁化曲线可以看出，初始磁化曲线在原点附近和曲线上、下部呈弯曲形状，而中间部分差不多是一段直线，这说明 B 和 H 的关系是非线性的。曲线上、下头部的弯曲是由于磁性材料的磁饱和造成的。

磁性材料被磁化达到磁饱和后，若逐渐减小外磁场强度 H，磁感应强度 B 也会减小，但是磁感应强度 B 并不是沿着原来增大的曲线下降的，而是另外一条曲线。如果我们给铁磁性材料施加一个由 0 到正方向最大，逐渐减小到 0、再反方向最大，然后再反方向减小到 0、再到正方向最大，这样的周期变化的外磁场，磁场强度 H 与磁感应强度 B 所形成的磁化曲线将是图 4.1.2 所示的一条闭合曲线，即磁性材料的磁滞回线。

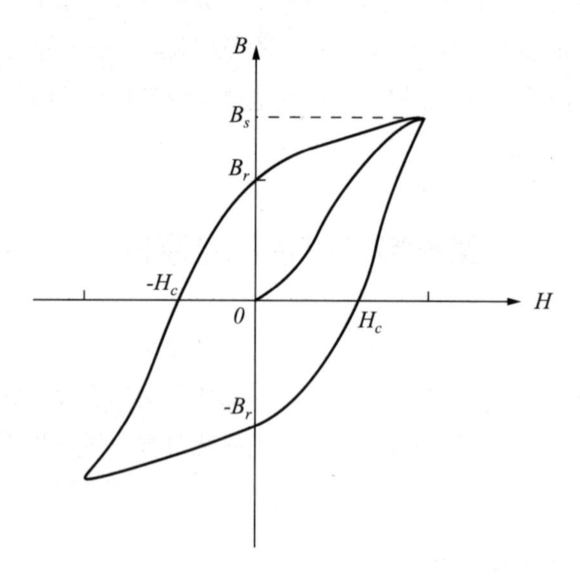

图 4.1.2　磁滞回线

由图可以看出，当 H = 0 时，B = $\pm B_r$。即把外加的磁场移去后，这些磁性物质由于被磁化而呈现的磁性往往不会完全消失，留有了剩磁，其中 B_r 称为剩磁感应强度或剩磁；而当 H = $\pm H_c$ 时，B = 0，其中 H_c 称为矫顽力。剩磁的大小表征的是磁性材料被磁化后，当外加磁场消除时保持磁能的能力；而矫顽力是使被磁化的磁性材料完全消磁所需外加磁场强度的大小，矫顽力越大，说明消磁越困难。

一般将矫顽力很大的磁性材料就称为硬磁性材料，硬磁性材料受到某一强度的磁场作用时，能产生一定大小的磁感应强度，当磁场移去时，会留下对应的剩磁感应强度。而将矫顽力很小的磁性材料称为软磁性材料，当外磁场移去后，它留下的磁感应强度很小。

硬磁性材料被外磁场磁化后都会留下剩磁，剩磁的大小取决于材料特性和外磁场的大小。在材料一定时，剩磁 B_r 将随外磁场 H 的变化而变化，把 B_r 和 H 之间的变化曲线称为剩磁曲线。

剩磁曲线可利用磁化曲线来绘制出，如图 4.1.3 所示。由图可见，剩磁曲线和磁化曲线相类似，也是一条非线性曲线，中间段也是接近于线性关系。录音机在录音时，大多是利用曲线的这一线性段区域来进行录音的。

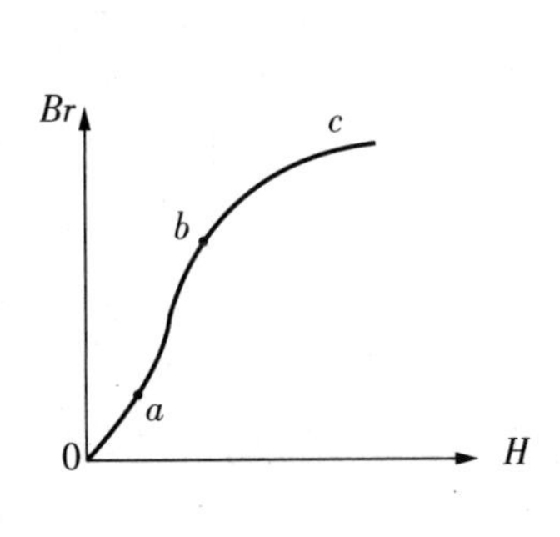

图 4.1.3　剩磁曲线

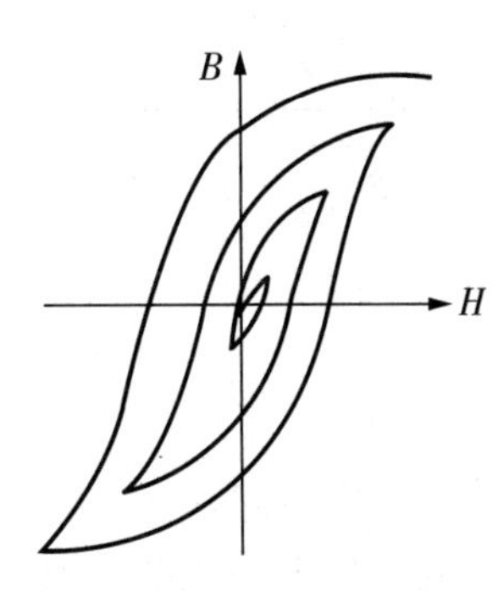

图 4.1.4　去磁曲线

若给磁性材料加上一个方向交替变化而幅值逐渐减小的外磁场 H，则可对应得到一圈圈逐渐减小的磁滞回线，最后缩到原点，如图 4.1.4 所示。应用逐渐缩小磁滞回线的方法，可以消去磁性材料中的剩磁，这就是消磁器的工作原理。本书后面要讲到的录音机中采用的交流偏磁抹音法就是利用了这一原理。

二、磁性记录原理

对于长条形的硬磁性材料，例如一条钢带，是可以分段磁化的，即它上面可以分成许多微段来记录 N 极和 S 极，涂有磁粉的磁带录音就是基于这一原理来实现的。磁带录音过程简单地说就是：涂有磁粉的磁带以均匀的速度移过录音磁头，磁带上的一个个微段就被录音磁头产生的与这一时刻音频信号相应的磁场磁化，使磁头按音频信号随时间变化的磁场大小和方向被磁带沿长度的各微段依次记录下来。

录音磁头是用高导磁率的软磁性材料做成的一个有隙缝的环形铁心。在铁心上绕有线圈，如图 4.1.5(a) 所示。当录音的音频信号电流在线圈中流过时，在铁心内就会产生相应的磁通，磁通在磁头隙缝处形成外溢磁场。外溢磁场的宽度要大于磁头隙缝的几何宽度，如图 4.1.5(b) 所示。这一外溢磁场在距离磁头很小的一段距离处可分解为水平分量和垂直分量。水平分量的磁场强度在磁头隙缝的中心最强，两边则逐渐减弱，在磁头有效宽度的边缘处强度减为零，如图 4.1.5(c) 中粗实线所示。垂直分量磁场强度则在磁头隙缝的开口边沿处最大，在隙缝中心和隙缝有效宽度的边缘处强度减为零，并且磁头隙缝两边的垂直磁场强度的方向是相反的，如图 4.1.5(c) 中细虚线所示。可以看出，只有外溢磁场的水平分量才对沿磁带长度方向的磁化起作用。

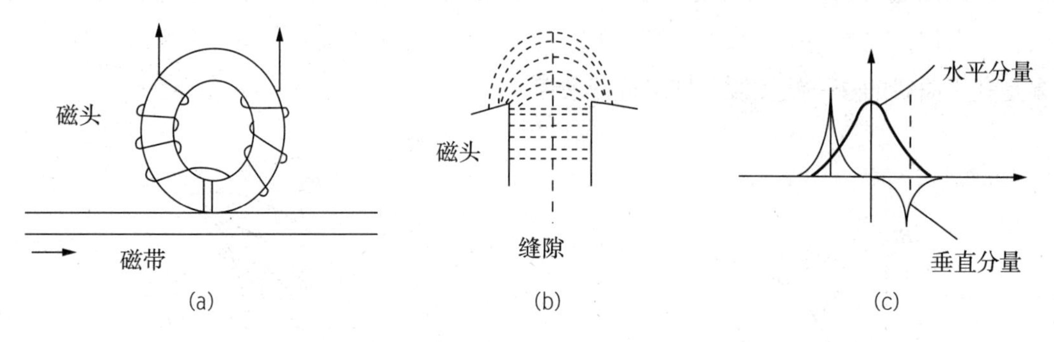

图 4.1.5　磁头对磁带的磁化

当磁带在录音磁头隙缝前匀速移动时，磁带上的一个微段移动到磁头外溢磁场边缘处开始受到磁头磁场水平分量作用，随着该磁带微段向磁头隙缝中心移动，水平磁场强度逐渐加大，在该磁带微段移动到磁头隙缝中心处时，水平磁场强度最大。该磁带微段离开磁头隙缝中心后，水平磁场强度逐渐减弱，到该磁带微段离开外溢磁场边缘处时，磁场强度减小至零，这样，该磁带微段上就留有一定的剩磁。磁带上的每一个微段在依次通过磁头前的瞬间，就被这一瞬间与音频信号相应的磁头磁场强度磁化，留下与这一瞬间音频信号大小和方向相应的剩磁。

三、偏磁记录

波尔森早期发明的钢丝录音机所记录的剩磁信号很微弱，失真很大。1909 年，他发现录音时稍叠加一些直流电流，即可改进重放信号的质量。这是最早的用电子技术改进录音质量的方法，名为直流偏磁录音法。下面介绍这一偏磁记录原理。

1. 无偏磁记录造成的失真

在磁记录的初期曾采用无偏磁的直接记录方法。由于任何一个铁磁性物质的剩磁特性曲线都不是一条直线，当直接以音频信号电流经磁头对磁带进行磁化时，由于剩磁曲线初始段存在着严重的非线性关系（图 4.1.3 所示），会使剩磁形成的响应信号波形相对于激励信号波形产生严重的失真。如图 4.1.6 所示的正弦激励信号为例，它的剩磁响应信号将产生钟形失真，其波形类似乙类放大器产生的交越失真波形。因此录音时由于录音磁带剩磁特性的弯曲，记录下的信号会产生很大失真。

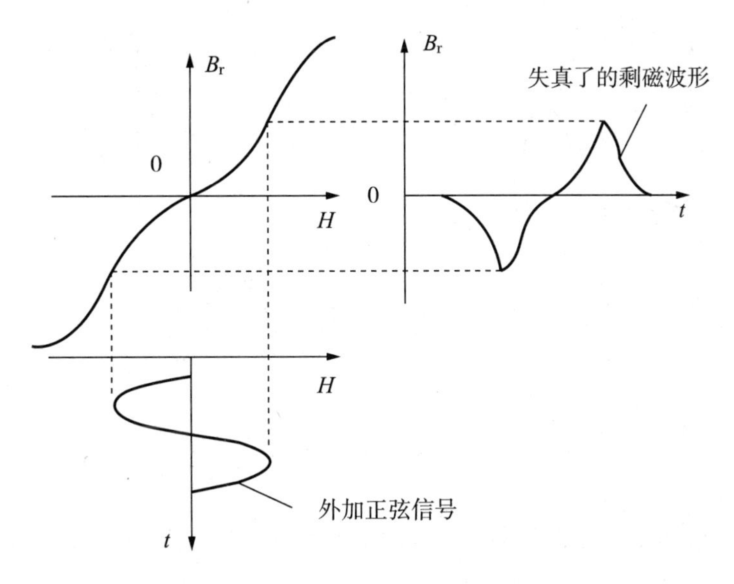

图 4.1.6　无偏磁记录失真

为避免这种失真，需将剩磁对激励磁场的响应置于曲线中间的线性段，这就要求把励磁电流的零位线从原点位置向正方向平移，其最佳位置是曲线线性段的中点，这样可使剩磁响应保持最大的不失真范围。

也就是说，为了减小失真以提高录音质量，必须设法利用剩磁曲线的直线部分来录音，从起始磁化曲线得出的剩磁特性曲线上，上下两支各有一直线段，利用这个直线段时可以得到失真小的录音。这种将励磁电流的零位线偏离原点至剩磁特性曲线的直线段中点位置的方法称为偏磁。利用偏磁记录的方法有直流偏磁与交流偏磁两种，下面对这两种偏磁记录原理做一具体介绍。

2. 直流偏磁记录

如果在录音时给音频信号叠加一个直流电流，将工作点移到剩磁特性曲线直线段的中点，如图 4.1.7(a) 所示，就可使记录的音频信号不产生非线性失真。这种使信号产生偏移的直流电流，称为直流偏磁电流。显然，由于信号工作于剩磁感应曲线的线性区，剩磁感应强度形式的响应信号避免了非线性失真。将恒定磁场强度设置在曲线线性段的中点处，可以使该记录方式的线性工作区尽可能大且灵敏度较高。

可见，直流偏磁记录就是在给录音磁头送入待记录信号的同时，给磁头线圈再送入一个直流电流，使磁头的工作磁场由记录信号的交变磁场和一个恒定磁场叠加而成。恒定磁场的强度，应对应于剩磁特性曲线线性段的中点，交变磁场在此恒定磁场的基础上变化。这样，对于一定幅度的交变信号而言，记录系统便可以工作在线性区，这一点非常类似于甲类放大器的工作点设置。

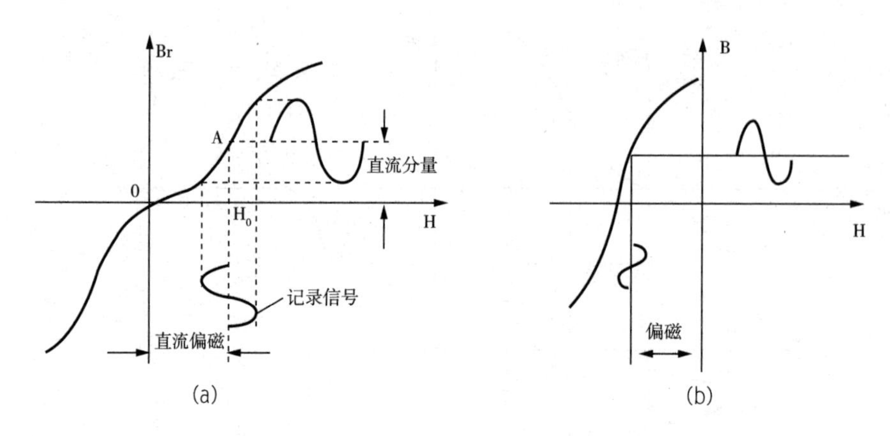

图 4.1.7 直流偏磁记录示意图

由于所加直流电流的极性不同，可以使工作点位于剩磁特性曲线的上支或下支，直流偏磁的极性决定了录音工作是在上支或下支。

利用起始磁化特性曲线所得剩磁特性曲线进行偏磁录音时，录音磁带在录音前必须完全无磁性。由最大磁滞回线一个侧支得到的剩磁曲线上也有一直线段，它与起始磁化曲线所得到的剩磁曲线相比，直线段较长并且较陡。利用这个直线段进行录音不但可以减少非线性失真，并且可以得到较大的剩磁信号，也就是可以在录音磁带上记录的信号较强，如图 4.1.7(b) 所示。因此，直流偏磁录音几乎都是使用最大磁滞回线的一个侧支所得到的剩磁来进行记录的。

利用最大磁滞回线的一个侧支所得剩磁曲线进行录音时，录音磁带应先达到饱和消磁，直流偏磁电流的极性必须与造成饱和消磁的磁场极性相反，才能使信号偏移到剩磁曲线直线段的中点。

直流偏磁记录方式简单、经济，在普及型录音机中被广泛采用，但仍然有很多缺点。第一，工作线的直线段较短，录音的动态范围受到限制；第二，当信号为零时，录音磁带上仍记录有一定数值的剩磁，会使放音时产生很大的噪声。因此，在高档录音设备中多采用下面介绍的交流偏磁记录方式。

3. 交流偏磁记录

1927 年，W. L. 卡森和 T. W. 卡彭特（T. W. Carpenter）发明了钢丝录音的交流偏磁法，大大提高了磁性录音质量。1938～1940 年，德国、日本和美国（贝尔电话公司），在原有偏磁技术的基础上，先后发明了超音频交流偏磁法，使录音质量进一步提高。用等幅超音频电流代替直流偏磁方式的直流偏磁电流，就构成了所谓的交流偏磁记录方式。现在的模拟磁带录音机几乎都采用交流超音频偏磁记录方式进行录音。

一般来说，超音频偏磁电流的频率为 40kHz～200kHz，幅度为音频记录信号的 5

倍~20倍。信号磁场与偏磁磁场叠加的结果，使磁头工作缝隙中的磁场成为一个幅值（即上下包络）随记录信号变化的超音频磁场，如图 4.1.8 所示。

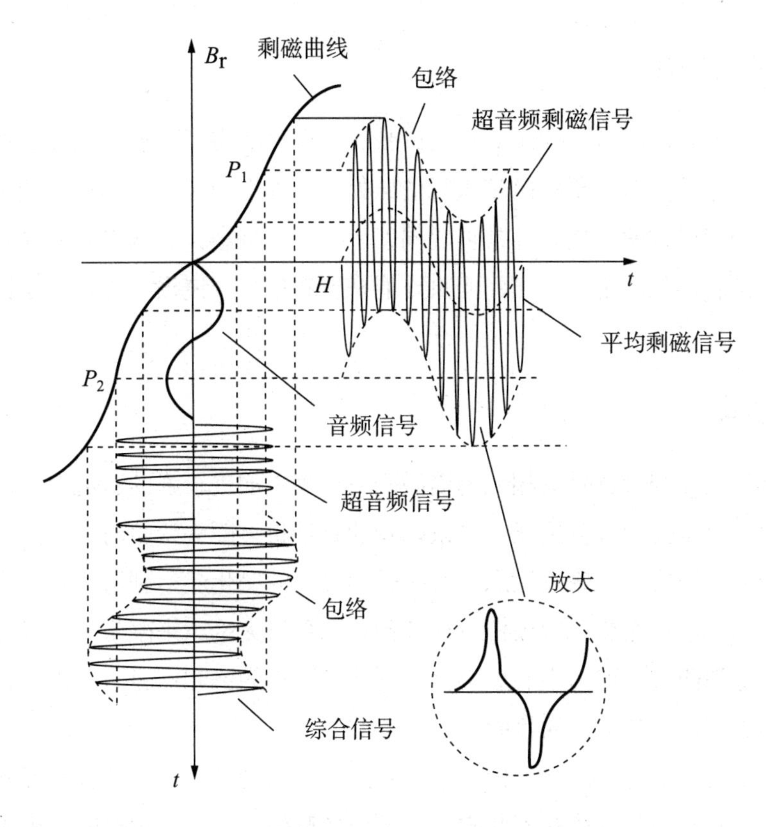

图 4.1.8　交流偏磁记录示意图

与直流偏磁方式不同，由于交流偏磁电流的上下振幅位于图 4.1.8 的直角坐标的 3、4 两个象限，因此它的响应分布在如图所示的 1、4 两个象限。由于不同方向剩磁感应强度的去磁作用，在磁带上记录下来的剩磁感应信号是图示的平均剩磁信号。显然，这是一个与音频信号同频的过零轴的正弦信号。在无音频信号时，在磁带上留下的剩磁为零。

超音频正弦振荡电流由于其幅值较小部分作用于剩磁曲线的起始段，这部分的响应信号会产生非线性失真，因此，超音频振荡电流的总体响应信号也会产生如图 4.1.8 中虚线圆所示的失真。不过，超音频振荡电流对于信号的激励与响应都只起到“载波”的作用，而由其振荡峰点构成的包络并无失真。也就是说，超音频振荡电流对记录剩磁并无影响。

交流偏磁记录方式既克服了剩磁曲线起始段的非线性失真，又不存在直流磁场，因而使背景噪音大大降低。另外，由于该方式利用了剩磁曲线 1、3 象限的两段线性区，使响应信号增强，灵敏度提高。不过，相对于直流偏磁记录方式而言，交流偏磁方式需要设置专门的超音频振荡器，电路也相对复杂一些。但是由于其性能优良，在目前的磁带录音技术中仍被普遍采用。

四、消音与消磁

记录有剩磁变化的磁带，即录好音的磁带，可以设法将所录剩磁消掉，即消磁。一般在进行模拟录音前，首先要对磁带进行消磁处理，即把原来所录的声音消掉。尽管在许多场合消音与消磁这两个概念经常被混同，但是，严格地讲，两者是有区别的。消磁可以消音，但消音却不一定要消磁，而只要能把音频信号“淹没”在接近于饱和的强磁场中即可。

1. 直流消音

直流消音法是在与录音磁头相似的消磁磁头线圈中加进较强的直流电流，使消音磁头隙缝处产生一个很强的直流磁场。当录好音的磁带移过磁头缝隙时，被这一直流磁场磁化，当磁带某一微段移过磁头缝隙中心时受到最强的磁化，达到饱和磁感应强度，从缝隙中心离开后，最后在这一微段留下饱和剩磁。由于无论原来磁带上已录信号的剩磁有多么大小，经消磁磁头隙缝中心后都会留下同样大小的饱和剩磁，所以，原来记录的声音信号就消失了，达到消音的目的。

由于直流消音法消音后磁带上留有饱和剩磁，因而磁带上磁粉的颗粒性和涂布的不均匀性以及由于磁头与磁带接触不紧密等，都会使剩磁不一致，重放时产生噪声。直流消音的另一缺点是会使放音磁头充磁，引起放音噪声。所以直流消音法只用于较低档的录音机上。

另外，早期有一些录音机的消音磁头使用一块永久磁铁来代替消音磁头来进行直流消音。由于这种磁头对周围有太强的磁干扰而逐步被淘汰。

2. 交流消磁

交流消磁是指把一定强度的等幅正弦电流通入消磁磁头，在磁头缝隙中产生交变磁场，磁场在磁头缝隙中呈中间强两边弱的对称分布，磁带在通过磁头缝隙的过程中会遇到一个先弱后强，再由强而弱的交变磁场，如图 4.1.9 所示。

由图 4.1.9 可知，磁带开始进入磁头缝隙附近的消磁磁场时，刚刚进入磁头缝隙的磁带微段即从其原来的剩磁最开始，受到一个幅度逐渐增强的交变磁场的磁化，磁化过程沿着逐渐增大的磁滞回线直到饱和。当磁带微段离开缝隙中心时，对磁带的磁化是幅度逐渐减小的交变磁场，当磁带微段离开缝隙直到磁场为零时，磁带微段的剩磁也变为零，从而达到了消磁并自然同时消音的目的。

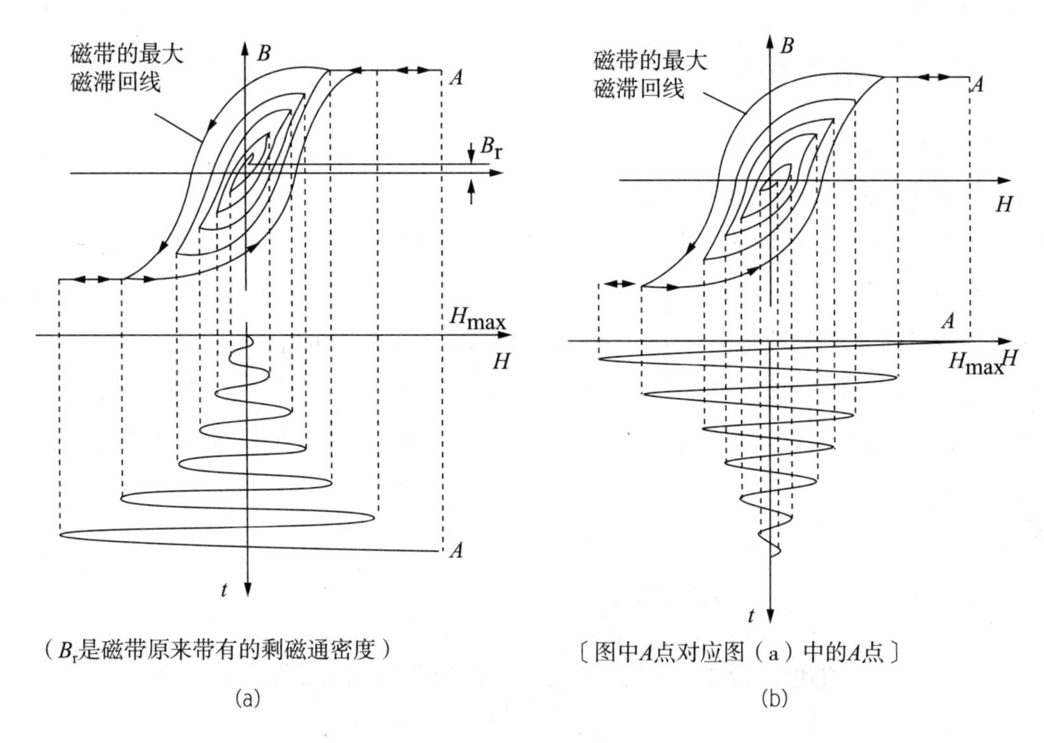

（B_r是磁带原来带有的剩磁通密度）

(a)

〔图中A点对应图（a）中的A点〕

(b)

图 4.1.9　交流消磁磁化过程

交流消音效果非常好，磁带上几乎没有剩磁，为了达到良好的消磁效果，对超音频消磁电流有如下要求：

（1）消磁电流的幅度要足够大，使得带有任何剩磁的磁带均能被磁化到饱和状态，这就需要强度达数十毫安的交流消磁电流。

（2）超音频电流的波形要严格对称，使磁滞回线对原点近似对称，最后回到原点，使剩磁变为零。

（3）消磁信号的频率应足够高，相应的消磁磁头的缝隙也应比记录磁头宽一些，使磁带微段在经过消磁磁头隙缝期间，超音频信号产生的消磁磁场变化次数要足够多。

现在模拟录音机都采用超音频交流信号对磁带进行消磁，该超音频交流信号的频率至少应取为录音信号最高频率的五倍以上。一般而言，消磁电流与偏磁电流的产生使用同一个振荡器，振荡器的振荡频率在 40kHz ~ 200kHz。

综上所述，磁带录音机的记录过程就是：匀速运动的磁带在经过消音磁头消磁后，便进入到录音磁头磁缝隙产生的外溢磁场中，由于录音磁头线圈中通过的录音电流为超音频信号电流与记录的音频信号电流之和，所以录音信号是非对称信号，其不对称程度是由音频信号大小决定的，这样当磁带微段通过录音磁头时，便受到由录音电流所产生的不对称外溢磁场的作用，当磁带离开录音磁头时，便在磁带上留下了对应音频信号的剩磁。

五、磁带放音原理及特性

放音是声音记录的逆过程，其实质是将记录在磁性物质上的磁性号转换为电信号的过程，转换的依据是电磁感应原理。

磁带上所录的磁信号进行放音时，当已录音的磁带以与最初录音时相同的速度在放音磁头前面均匀移动，由于放音磁头铁心的磁导率比磁带周围空气的磁导率高，因而磁带发出的磁通几乎全部进入放音磁头铁心，并与磁头上缠绕的线圈相铰链，使线圈中感应出电动势。电动势的大小变化与磁带上剩磁的波形相同，该感应电动势送至放音放大电路加以放大，再送到扬声器放音，使原录音得到还原，这就是磁带录音机的放音原理，如图 4.1.10 所示。

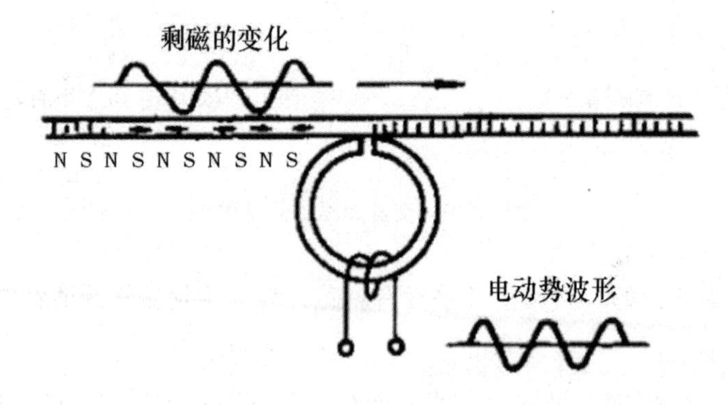

图 4.1.10　磁带放音原理示意图

在理想情况下，不考虑其他因素引入的损失，设磁带原录音信号是正弦波信号，磁带上记录下的剩磁也是按正弦规律变化的。当磁带以录音时相同的均匀速度通过放音磁头时，通过放音磁头的磁通也按正弦规律变化，即磁通 $\Phi=\Phi_m\sin\omega t$。根据电磁感应定律，线圈中感应的电动势为：

$$e=-N\frac{d\Phi}{dt}=-N\omega\Phi_m\cos\omega t$$

式中，N 为放音磁头线圈的匝数；ω 为角频率。

由上式可以看出，Φm 恒定时，放音电动势是与频率成正比的。如果以 dB 表示，那么当频率加倍时，放音输出特性将是一条每倍频程上升 6dB 的曲线。如图 4.1.11 所示，这种现象称为放音微分效应。

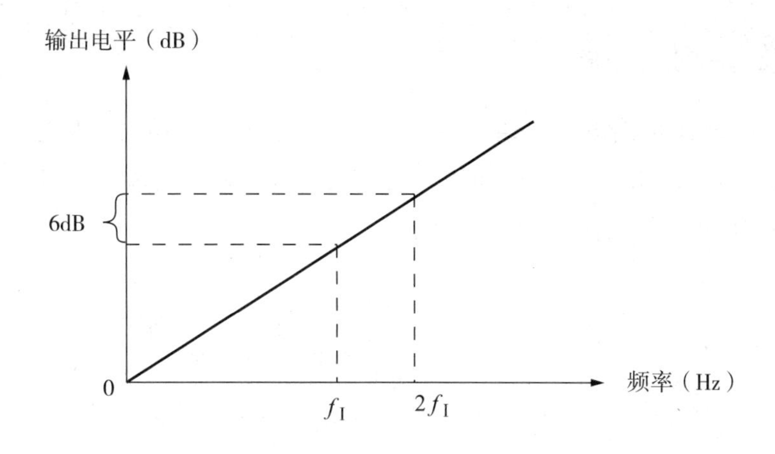

图 4.1.11　放音特性曲线

实际上，由于在录音过程和放音过程中都会产生高频损失，因而放音特性曲线在高频段将随频率升高而下降。通过一定的分析，可以得出下列几点结论：

（1）放音输出电压与录音剩磁强弱成正比。

（2）放音输出电压与录音信号频率按 6dB / oct 线性关系变化。

（3）录音信号电流和放音输出电压相位相差 90 度。

（4）同一带速，录音和放音信号频率不变。

（5）放音输出电压与带速成正比。

由于这些放音特性的存在，放音时首先是要注意磁带速度必须和录音时严格保持一致，其次是因为放音微分效应会造成放音频响特性的畸变，必须要对放音输出信号进行频率补偿。

综上，磁带录音机的放音过程就是：磁带以和录音相同的速度匀速地通过放音磁头，磁带上剩磁场产生的大部分磁力线经放音磁头而闭合，并在放音磁头的线圈上感应出对于剩磁磁通变化量的音频信号，将这一微弱的磁头感应信号放大后经过对放音微分效应的均衡处理即可还原出音频信号。

第二节　磁带录音机的电路组成

利用电磁感应原理的磁带录音机不仅可以记录模拟信号，而且可以记录数字信号。有关数字磁带录音机的内容在后面的章节中专门介绍，本节主要对模拟磁带录音机的电路原理和其附属降噪系统做一介绍。

一、录音和放音电路

从模拟录音机的电路组成来讲，一般具有以下几个部分所构成：信号输入、输出放大器，录音、放音均衡电路部分、消磁和偏磁震荡电路和放音输出电路部分。图 4.2.1 所示的是典型模拟磁带录音机的电路方框图。

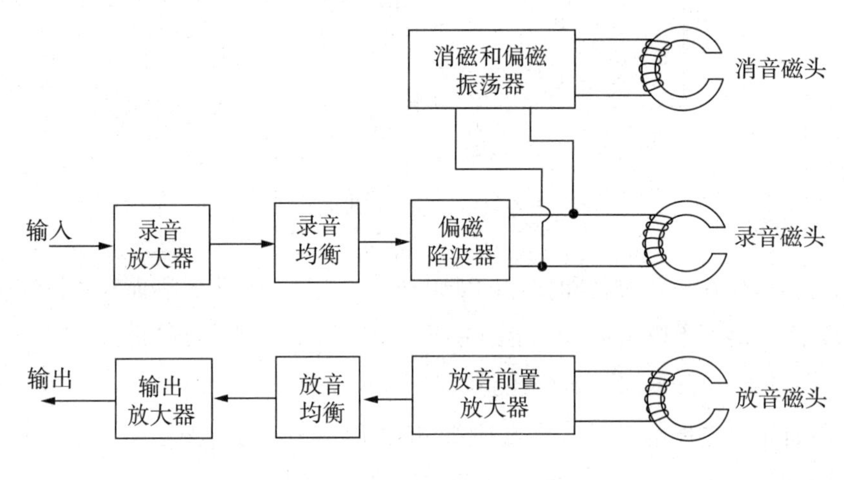

图 4.2.1　磁带录音机电路方框图

录音机电路部分的基本工作过程是：来自传声器或其他音源的较弱音频信号，需要首先经录音放大器放大，再通过录音电平调节电位器调至适当的电平值，然后经过录音均衡电路对记录过程中各种可能的损失进行均衡，最后送往磁头进行记录。送入录音磁头的音频信号还要叠加进和送入消音磁头的交流消音用超音频信号一样的超音频振荡信号实现交流偏磁记录。

放音时，由磁头取出的信号首先经过前置放大器对微弱的磁头感应信号进行前置放大，然后进入放音均衡器进行频率校正，最后经过线路放大器输出。在输出前一般还设有音量、音调调节电路、降噪电路以及输出电平指示电路。

1. 信号输入电路

一般的录音机都有信号输入电路部分，它的输入信号源主要有两种：线路（LINE）信号和传声器（MIC）信号。由于传声器信号和线路信号的输入阻抗不同、电平不同，这就要求输入电路向录音放大器提供相互匹配的阻抗与较为一致的信号电平。一般专业的大型开盘录音机没有传声器输入部分。

我们知道，从传声器送来的声音电平信号是非常微弱的，必须先对传声器的输入信号进行预放大，又称前置放大，以提高输入信号电平。前置放大器要求具有较高的电压放大倍数，尽可能低的输入阻抗，尽量小的工作噪音。

目前一般大型专业录音机输入接口上还为电容传声器提供电源，一般是极化电压为 + 48V 左右的幻象电源。而有些录音机除了提供幻象电源（48V）外，还提供了 AB 制 T 型供电电源（12V）。

2. 录音放大与均衡

录音放大器的主要作用是进行线路放大和在放大的同时实施均衡处理。线路放大器是录音放大的主要放大器，其电路就是一般的音频宽带放大电路。它要求在音频频域内幅频特性平坦，通频带尽可能宽，放大倍数足够高。因此，主要采用多级直接耦合放大器，并引入深度交流负反馈来提高电路性能（如展宽频带）。

由于模拟磁带录音机在录音和放音过程中存在各种损耗，这些损耗都与录放音信号的频率有关，而且放音本身存在 6dB / oct 上升的放音特性，磁带本身也具有不平坦的频率特性，所以必须采用与实际的放音频响特性曲线呈镜像对称的反曲线进行信号处理，即均衡，以保证各个频率的音频记录信号能够以相同的大小重放出来。通过在均衡放大电路中接入由不同的 RC 网络组成的负反馈电路，就可以实现对幅频特性的均衡处理。一般在模拟磁带录音机上有一个录音均衡网络电路和放音均衡电路。

3. 消磁和偏磁震荡电路

交流偏磁与交流消磁（消音）都需要超音频电流，但是，交流偏磁、直流消音配置的录音机中，超音频电流只供偏磁使用。偏磁震荡电路产生一个超音频的信号电流（一般为 100kHz 以上，大约是人耳听音范围频率上限的 5 倍），一路输入到消音磁头进行对磁带实施交流消磁，一路叠加在音频信号上，形成超音频偏磁记录电流。

超音频振荡电路都是典型的正弦波振荡电路，可以利用调整电路的振荡强弱来取得最佳偏磁电流值。超音频振荡电路的频率一般多选在 40kHz ~ 100kHz，高档机在 200kHz 以上。如果是直流消音的录音机，直流消音电流极易取得，将直流电源经过一个限流电阻与消音磁头串联即可，这个限流电阻同时也是消音电流的调节电阻。

使用数字信号记录的磁带录音机没有录音偏磁电路，通常是将数字信号直接记录在各种数字记录媒介上。因为重放时只要能够识别二进制信号对应的两种磁极状态即可，不需要考虑记录信号的非线性失真问题。

4. 偏磁陷波电路

偏磁振荡电路与录音放大电路不能互相影响，尤其是不能允许偏磁电流进入放大器，否则可能会引起放大器工作不稳定，增加噪音与失真。在偏磁电压较高的场合，还有可能损坏放大器的晶体管或集成芯片。

超音频偏磁信号陷波器的作用就是避免超音频偏磁信号回馈到前级录音放大器，阻隔偏磁电流的方法，是在偏磁电路与放大电路之间串入一个 LC 并联回路，其谐振频率等于偏磁电流的超音频振荡频率，由于并联谐振电路对谐振频率呈很高的阻抗，对远低于偏磁电流频率的音频信号呈低阻，这样，LC 并联回路既可阻隔超音频振荡电流窜入放大器，又可使录音信号顺利地通入磁头。

另外，为了增加偏磁陷波的效果，还常在陷波电路与录音放大电路之间对地并接上偏磁滤波电容或 LC 串联谐振电路，以滤除残漏的偏磁信号。

5. 放音前置放大器

放音时，当磁带通过放音头时会引起磁场的变化，这个变化会使放音磁头上的线圈感应出微弱的电流信号。由于这一微弱的信号很容易被外界杂散电磁信号干扰，必须首先经过前置放大器放大后再进入到均衡电路处理进行频率校正。

由于放音磁头输出的信号很微弱，前置放大器应该具有很高的增益，因此多采用多级放大电路。为保证低频响应，前置放大器一般采用直接耦合的负反馈放大器，以相对提高低频增益。

为了尽量减少干扰，放音磁头至前置放大器之间线路很短，一般紧靠放音磁头安装。

6. 输出放大电路

前置放大后通过放音均衡可以保证磁带录音机的输出频响是平直的。把这个电信号经过线路放大器进行足够的放大后输出，就可从扬声器或耳机中监听到所记录的原始声音信号。在输出前一般设有音量、音调调节电路以及输出电平指示电路。

二、录音机的降噪电路

模拟磁带录音机会产生很多噪声，包括由电路中元器件本身所产生的热噪声、磁带的固有本底噪声以及偏磁噪声、电路感应产生的噪声及录放音过程中磁带传动机构不稳带来的机械噪声等，其中最主要噪声是磁带的固有噪声。由于这些噪声的存在，系统的信噪比就会下降，造成录放音信号的动态范围缩小。为了提高信噪比，就必须采用专门的电路来加以抑制，即采用降噪系统（Noise Reduction System，缩写为 NR，简称降噪器）。

用于降噪的方法基本上可归为两大类，一类是互补型降噪法，另一类是非互补型降噪法。这两类降噪系统，都是利用人耳听觉上的“掩蔽效应”进行噪声抑制的。

互补型降噪法，它是在录音前先对信号进行压缩处理（也称编码），在放音时再对信号进行扩展处理（也称解码）。由于压缩和扩展特性是互补的，因此这种降噪方法可以使信号完全复原。目前，这种降噪法多用在录音机中，如杜比（DOLBY）降噪和dbx 降噪系统。

非互补型降噪法只在录音或放音时对信号进行处理，一般在放音时进行，而在录音时不对信号进行编码处理，使用通常录制的磁带放音就可获得降噪的效果。同时对于各种节目源噪声、音响设备产生的噪声也具有一定的降噪能力。这种降噪法的优点是，只对信号进行录或放的单端处理，因此处理后的信号肯定与原信号有差别，难以满足高质量录放音的要求，如动态降噪系统（DNR）。

下面简要介绍几种常用的降噪电路系统：

1.Dolby 降噪系统

Dolby 是英国杜比实验室的注册商标，Dolby 降噪系统是一种比较成熟的降噪电路系统。Dolby 降噪系统考虑降噪的基本出发点是依据人耳的掩蔽效应。当信号较强时，由于掩蔽效应，人耳是听不出噪声的，降噪问题就没有必要去考虑。当信号较弱时，噪声会明显地影响聆听微弱的声音，这时，必须进行降噪处理。因此，降噪问题只限于低电平信号。

杜比降噪是利用压缩和扩张技术来提高磁带录、放音过程中小信号的信噪比的。录音时首先把低电平信号进行扩展提升，我们把这种提升称为杜比编码；放音时把原来扩展的电平进行压低，使其恢复原来的状况，我们把这种压低过程称为 Dolby 解码或Dolby 译码。信号经过一升一压之后，磁带本底噪声被压缩了许多，一般达 10dB 以上。而对于低电平声音信号仍保留其原来状况，此时，低电平信号便能清楚地可闻，录放音动态范围也得到了相应扩大，这就是杜比降噪的基本原理。目前已开发的杜比降噪器有A 型、B 型、C 型和 SR 型。其中 A 型和 SR 型降噪系统主要应用在专业模拟录音系统中，而 B 型和 C 型则主要应用于民用商业模拟录音设备中。

（1）Dolby A 型降噪系统

1965 年开发的 Dolby A 型是一种性能较完善的降噪系统，多用于广播、电影电视和音像公司等专业录音系统中。它把整个可听频带（20Hz ~ 20000Hz）划分为四段，对每一段（为一独立通道）信号都分别进行降噪处理。这种降噪系统电路比较复杂，使用时往往以一台独立的设备出现。

Dolby A 型降噪系统是依据各个频段的能量和噪声分布的不同，以及人耳听觉的特点，分别对各频段进行降噪处理，将磁带的嘶嘶声降低到最小程度。图 4.2.2 为简单的Dolby A 型降噪系统的基本原理。

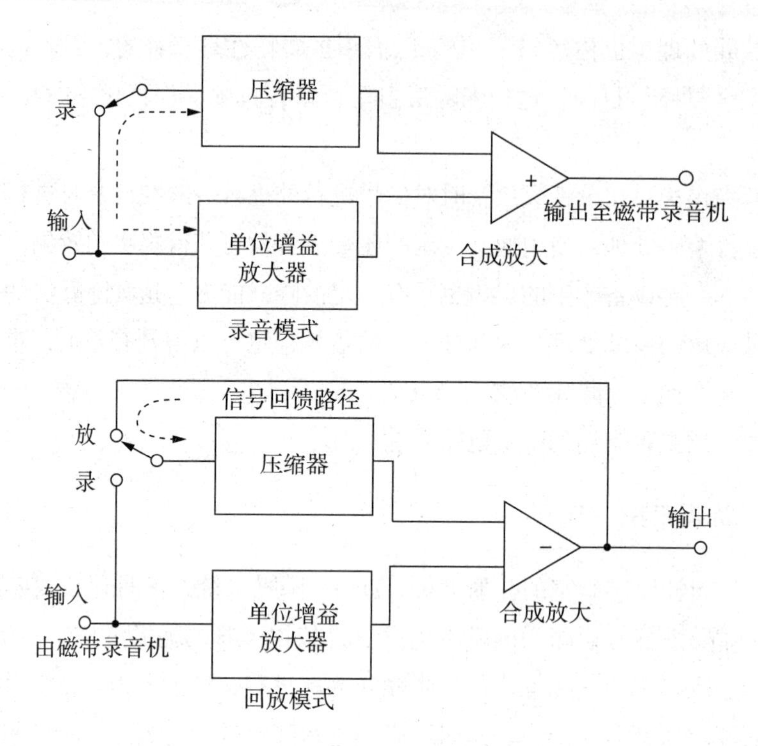

图 4.2.2　Dolby A 降噪系统基本原理

我们从图中可以看到，当一个低电平信号分别通过压缩器和单位增益放大器两条路径到达合成放大器时。其中因为压缩器的对未达压缩门限的小信号增益较大，经过压缩器的低电平信号电压相对来说被放大了，而通过单位增益放大器的信号增益不变，所以当两个信号在合成放大器同时输出时，其电压值得到提升。随着信号输入电平的增加，并超过压缩器的门限，压缩器的增益将会降低，因此压缩器输出送到合成放大器的信号值也越来越小，当输入信号增大到一定的时候，由于压缩器的压缩比增大，整个系统成为一个简单的单位增益放大器。也就是说，低电平信号被提升，而高输入电平信号则通过单位增益放大不作任何改变。

在信号回放模式，我们从图中看到，这时的合成放大器的输出信号表示为压缩器输出信号和直通路信号的差值，所以在回放阶段，放大器的输出其实应为被放大了的输入信号减去压缩器的增益，将信号恢复到原输入信号值。也就是说，同样是低电平信号通过衰减被恢复到原来的数值，而高电平信号则通过单位增益不作改变。

Dolby A 型降噪系统是利用不同的滤波器将录音节目的整体频段分为四个部分，并且每个部分有相对独立的压扩电路，以避免彼此之间的干扰。这四个用于全频段节目信号的滤波器分别为：80Hz 低通滤波器、80Hz ~ 3.3kHz 带通滤波器、3.3kHz 高通滤波器和 4.9kHz 高通滤波器。

这些滤波器的输出将被送到各自独立的压扩输入端。同时由于最高两个频段的重叠，所以造成在高频段又有附加 5dB 的降噪能力。

（2）Dolby B 型降噪系统

在录放音系统中绝对消除噪音是不可能的，只要使信号相对噪音足够强，即信噪比足够高，即可使设备达到实用效果。录音机的噪音主要来自磁带，其频谱集中于中、高频段，而且人的主观感觉也对高频的“嘶嘶”噪音更敏感。Dolby B 型系统降噪系统只对高频部分起作用，1kHz 以上的高频噪声通过 B 型系统降噪，噪声减低约 10dB。

下面着重介绍应用广泛的 B 型降噪器的工作原理。

Dolby B 型系统的工作原理框图如图 4.2.3 所示。它在录音时，将经前级放大后的输入信号分成两路：一路经主通道直接送入后级加法器中，另一路是将分出的一部分信号经副信号通道再加到加法器中。副信号通道在录音时是一个提升电路，而在放音时则是一个衰减电路。它主要由可变高通滤波器（由两级 RC 滤波器组成，其中第二级的 R 是由场效应管构成的变阻器），放大器、限幅器、整流器和平滑滤波器等组成。主信号通道对信号不进行处理，副信号通道将高频小信号进行提升（录音时）或衰减（放音时）处理后，在加法器中再与主信号相加或相减，从而使噪声大大降低。

录音时，若输入为低频信号，由于高通滤波器的阻碍作用，无论其电平高低，使送往加法器的副信号电压都很小，因此电路对低频信号几乎无提升。若输入为高频大信号，由整流器和平滑滤波器输出的直流控制电压使可变高通滤波器内的场效应管漏、源极间的等效电阻变得很小，副通道几乎被封锁，电路输出只有主信号，因此对高频大信号也无提升作用。但当输入为高频小信号时，整流器和平滑滤波器输出的直流控制电压较小，可变高通滤波器内的场效应管漏、源极间的等效电阻变得较高，高通滤波器对信号的衰减作用很小，于是高频小信号顺利通过副信道，经加法器与主信号进行相加，从而使输入信号得到较大提升。

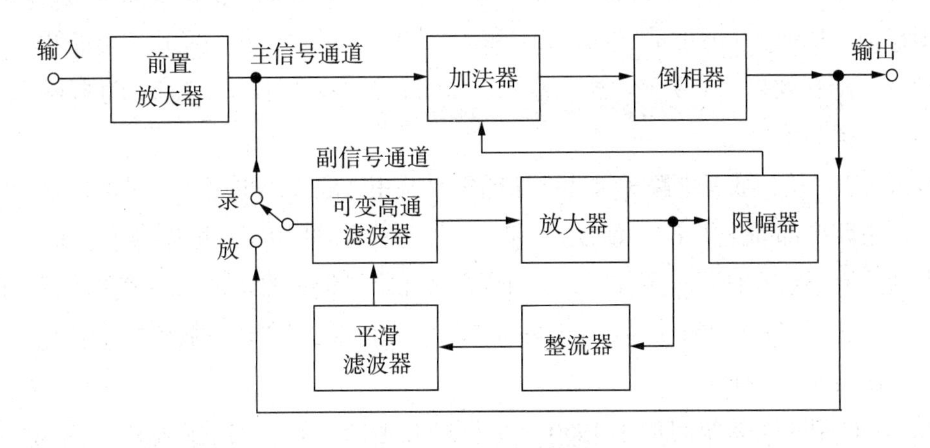

图 4.2.3　Dolby B 型降噪系统的方框图

放音时，副通道相当于负反馈网络，其输出与主通道信号相减，使放音时对中、高频的衰减恰好等于录音时对中、高频的提升，这样就恢复了音频信号原来的频率特性。经过上述方式处理后，磁带噪声被大大抑制了，从而使放音效果得到明显改善。

可见，Dolby B 型系统在录音时（具体地说，在录制到磁带上之前）提升了高频范围内的低电平信号，使低电平信号足以超过磁带的噪音电平。在放音时再作相反处理，将已被提升的高频段信号连同这一频段特别明显的噪音一并等倍数衰减。这样，在信号恢复原状的同时，噪音则被明显压缩，系统的信噪比得以提高，这一过程可通过图 4.2.4 说明。

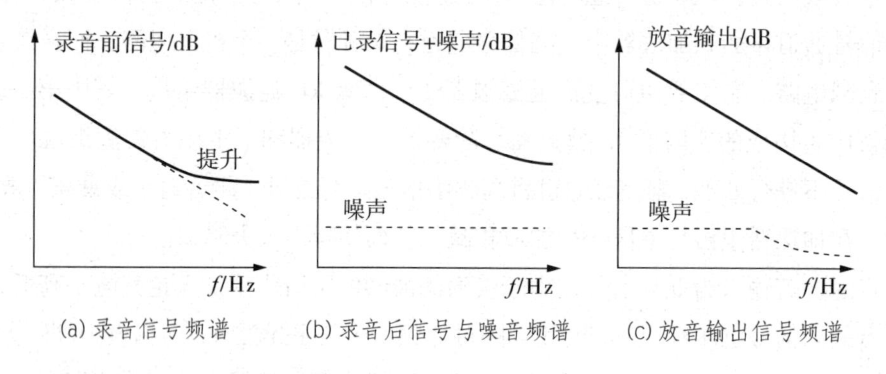

(a) 录音信号频谱　(b) 录音后信号与噪音频谱　(c) 放音输出信号频谱

图 4.2.4　杜比 B 降噪方式示意图

图 4.2.4(a) 为录音信号频谱，虚线表示未提升前频谱，实线表示低电平的高音频段已被提升。图 4.2.4(b) 表示被录信号与噪音的合成频谱，此处设噪音在音频频域内为均匀噪音，用虚线表示。图 4.2.4(c) 表示放音时作相反处理，高音频段的增益被压缩，在信号复原的同时噪音被衰减。

因为录音机的噪声和磁带的噪声主要集中在高频区，而高频噪声又最容易被人耳的听觉所感受。Dolby B 型正是把降噪的着眼点集中在高频段，从而简化了电路程式，降低了成本，降噪效果十分明显，所以盒式磁带录音机多使用杜比 (Dolby B) 降噪系统来降低噪音，提高信噪比。

Dolby B 系统的放音电路和录音电路通常是共用一块集成电路，不过需由录、放开关来控制电路内部加法器（录音时用）和减法器（放音时用）之间的转换。

杜比降噪系统在使用中要注意：使用哪种杜比降噪记录的磁带，必须在放音时也使用同一种杜比系统来放音。市场上出售的磁带，只有杜比字样时一般按杜比 B 对待。

（3）Dolby C 型降噪系统

Dolby C 型降噪系统问世于 1980 年，是在 B 型的基础上改进而成的一种降噪器，它对 1kHz 以上信号约有 20dB 的降噪效果。

相对于 Dolby B 从 300Hz 作为降噪起点，并且在 4kHz 以上提供最大 10dB 的降噪能力来说，Dolby C 型的降噪起点为 100 Hz（低于 Dolby B 型起点两个八度）。并且采用了两级可变压扩技术，这两级压扩将覆盖相同的频率范围但敏感于不同的电平值信号，其中一个压扩电路所敏感的信号电平接近于 Dolby B 型系统中的信号电平，而另一个则敏感相对较弱的信号，并且每个压扩单元都具备 10dB 的压扩能力，同时因为这两个频带使用串联方式进行连接，所以可提供共 20dB 的压扩降噪能力。

Dolby B 型和 Dolby C 型降噪系统是普及型降噪系统，适用于民用录音机。其结构简单，价格低廉，往往与录音机电路组装在一起，用起来极为方便。

（4）Dolby SR 型降噪系统

杜比 SR（频谱录音，Spectral Recording）型降噪系统是在 A 型基础上发展起来的性能更为优良的降噪系统，这项技术于 1986 年正式推出。它除了具有杜比 A 系统的四段固定频段降噪电路之外，还有一个可变频带降噪压扩电路。在磁带噪声集中占据的高频段，杜比 SR 系统将固定频带和可变频带两种降噪电路结合起来，以产生互补效果。在高频段，可以产生高达 24dB 的降噪量。

杜比 SR 不仅是一种降噪系统，它的出现使得模拟介质的录音动态范围可以超越数字格式。今天，所有的 35 毫米电影胶片上的模拟声轨都使用 Dolby SR 技术录制，此降噪系统也主要应用在专业模拟磁带录音系统中。

后来，在杜比 SR 降噪的基础上，衍生出了杜比 S 型降噪系统。它是杜比系统中性能最出色的模拟磁带降噪技术，并继承了杜比 SR 的一些优秀性能。这项技术广泛应用于中档和高档卡座产品，磁带录制效果能媲美 CD 音质。

2.dbx 降噪系统

dbx 降噪器与杜比降噪器不同，它使用一对压缩扩展器在整个频段范围内工作，它属于单频段降噪系统，它的降噪量要比杜比系统高 2 倍左右，达到 20dB ~ 30dB。

在 dbx 系统中，输入信号在进入录音之前，先作 12dB 的高频预加重提升，然后经压缩器作动态压缩，再进行磁带记录。放音时，利用扩展器恢复压缩前的状态，经过去加重电路，使磁带高频嘶嘶声下降到听阈以下。由于提升曲线和下降曲线都是用 dB 表示，两组曲线合并形成 X 线，故称之为 dbx 降噪系统。

为了使提升的高频信号不致使磁带记录进入饱和区段，往往在压缩器的电平敏感电路中引入一个高频提升（起负反作用），使之进入负反馈的增益衰减区，这样提升高频信号不会使磁带进入饱和范围。放音时，在扩展器上仍然引入一高频提升敏感电路，使有效的高频成分有更大的扩展量，再经去加重电路，使信号恢复到原来的水平上。

上述我们介绍的两种降噪器主要是用来降低磁带本身的噪声，它并不能用来删去声音信号中已存在的噪声。

3.DNR 动态降噪系统

DNR（Dynamic Noise Reduction System）是美国国家半导体公司推出的一种动态降噪系统，并已实现集成化。DNR 在录音时对信号不作任何处理，仅在放音过程中进行降噪处理。它除能降低磁带噪声外，还能降低其他音源（如收音机、电唱机等）的噪声，故适用范围较广。当然，DNR 的降噪是以损失音质为代价的动态降噪过程。

其降噪原理为：当输入信号较大时，可变低通滤波器的带宽受控制电压的控制，自动加宽到 20kHz 以上，不影响原有节目源的频响。当输入信号减小时，控制电压降低，使可变低通滤波器的带宽变窄，高频噪声被抑制，从而改善了小信号时的信噪比。DNR 降噪系统是以损失高频特性为代价来换取小信号时的信噪比，其实际降噪效果为（10～14）dB。

4. 自动降噪系统（ANRS）

它是日本胜利公司发明的，其原理和 Dolby B 型相似，但电路要简单得多，且有很好的兼容性，性能基本上还处在 Dolby B 型档次上。

人们先后提出了多种降噪系统，使用这些降噪电路虽然能够降低磁带噪声，但若使用不当，也会带来负面影响，反而影响录放音效果。因此在使用降噪电路时应注意以下两点：

（1）装有降噪系统的录音机和利用降噪系统录制的磁带，一般在面板和带盒上都注有标记。如“DOLBY NR”字样，代表该机和磁带使用了杜比降噪系统。

（2）采用某种降噪系统录制的磁带，只能用同种降噪系统放音时才能有降噪的效果。比如用杜比 B 型降噪电路录制的磁带，必须在有杜比 B 型降噪电路的录音机上放音时噪声才会降低。若用普通录音机放音，由于高频部分得不到相应的衰减，噪声反而会增加，影响放音效果。

第三节　磁带录音机的结构

磁带录音机的结构总体上可分为电路部分、磁头组件、磁带传动机构和控制部分等四大部分，电路部分几乎全部安装在印刷电路板上，放置于录音机内部，其原理已在上一节内容中做了介绍。本节主要介绍录音机的磁头组件和磁带传动控制部分的结构与工作原理。

一、录音机的磁头与磁带

在磁带录音机中，磁头是实现电信号和磁信号相互转换的关键器件，磁带是记录声音的磁性载体，它们的各项性能对录音机的整机性能指标影响很大。

1. 磁头

在录音机中，磁头是一种电磁换能器件。磁头可以将电信号转变成磁信号记录在磁带上，也可以相反地将记录在磁带上的磁信号转换成电信号，或者将磁带上记录的磁信号消去。

图 4.3.1　磁带录音机

图 4.3.2　录音机磁头组件

按磁头功能来分，有录音磁头、放音磁头、抹音磁头和录放兼用磁头。录音磁头是把电信号转换成磁信号，然后记录在磁带上的一种磁头；放音磁头是把记录在磁带上的磁信号转换成电信号的一种磁头；抹音磁头是能把直流电或高频交流电转变成足够强的直流磁场或交变磁场，以消去磁带上已录的剩磁信号的一种磁头；录放兼用磁头是一种既能录音又能放音的磁头，目前在普及型盒式录音机上多用这种磁头。

典型的磁头结构如图 4.3.3 所示，当线圈通过交变电流时，可在前缝处产生交变磁场，磁化通过的每一小段磁带，随着磁带的运行和电流的交替，不同极性的剩磁分布到磁带不同处被记录下来。如图 4.3.4 所示。放音时，当带有剩磁的磁带走过放音磁头前缝时，有一部分磁通会通过磁头铁心，在线圈内产生感应电压。

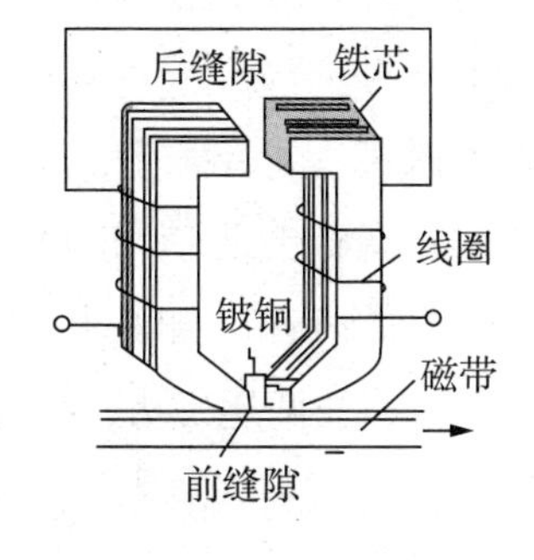

图 4.3.3　录放磁头结构

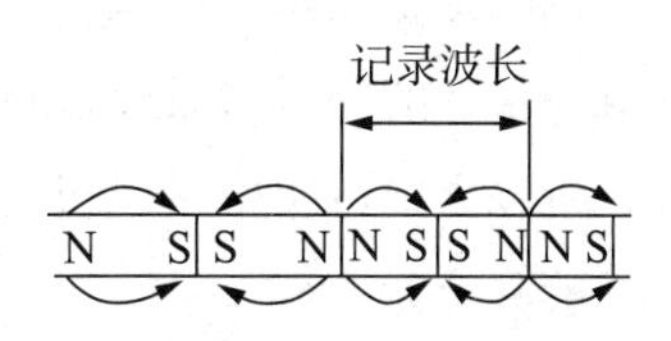

图 4.3.4　磁带上剩磁分布

磁头主要由铁心、线圈和屏蔽罩三部分构成。

铁心通常由磁导率高、矫顽力小、电阻率大及饱和磁感应强度大的软磁材料，如坡莫合金、铁铝硅合金及铁氧体等做成。铁芯通常由左右两半个合成，在两半个磁芯接合处形成两个缝隙，前面与磁带相接触的隙缝称为工作缝隙（或前缝）。工作隙缝中间填有铍铜或其他非磁性金属薄片，由于填片的磁导率很小，所以工作隙缝部分的磁阻比磁芯磁阻大得多。另一个称为后缝，后缝隙的作用是增加磁阻以防止磁头铁心磁饱和，后缝中填有非金属物质，例如纸片等。

录音和放音磁头的线圈是由两个匝数相同、对称绕制在两个半圆环形磁芯上的线圈串联而成。采用这种结构主要是为了防止外界杂散磁场对磁头的干扰。此时若线圈受外界杂散磁场感应而产生电流时，由于两半线圈产生的电流大小相等，相位相反而互相抵消。消音磁头的线圈通常只有一个，其直流电阻在 50Ω 左右。

在磁头铁心和线圈的外面还要装上一个外壳，这就是屏蔽罩。它的主要作用是防止外界杂散磁场（如电动机、电源变压器等产生的磁场）对磁头内部造成干扰，同时也防止内部偏磁外散对电路造成干扰。

磁头按声轨数可分为单轨、双轨或多轨。双轨磁头可用于立体声录放，多轨磁头常用于专业录音、编辑设备中，根据磁带宽度有多达几十声轨的磁头。专业用立体声磁带录音机的录音磁头和放音磁头都是由上下两个磁头重叠而成的双轨磁头。每一个磁头的磁芯叠层厚度比单声道磁带录音机的磁头磁芯叠层厚度薄一半多，记录在磁带上的磁迹也比单声道磁带录音机的磁迹窄一半多。这样，一条磁带的上下两半可以分别记录一路声音。录音时，左右两路音频信号由两套放大器放大后，分别送到两个录音磁头的线圈中。在磁带上记录下两条平行的磁迹。放音时，两个磁头的线圈分别从磁带的两条磁迹上感应出音频电信号，经两套放大器分别放大，输出左右两个声道的立体声。

民用盒式立体声磁带录音机所用的录放两用磁头分为两半，每一半都包含两个磁头，A/B 面往返录音在磁带上录有四条磁迹，从而重放出立体声。它是在第一次录音时，声音先录在磁带的一半宽度内，形成立体声双声道的两条磁迹。当右带盘卷满了已录好音的磁带后，将它取下，左右（A/B 面）翻转，再进行录音。由于第一次录音时磁带下半部分没有使用，现在被翻转到上面来，所以可以录上声音。

在专业录音机的磁带通路上依次排列分别装有消音磁头、录音磁头、放音磁头。专业的磁带录音机在录音的同时就可以进行放音，因为经录音磁头录好声音的磁带，立即经过放音磁头，所以立即可以由录音机的扬声器听到所录的声音，判断录音的质量。民用磁带录音机一般只有两个磁头：一个消磁磁头和一个录、放两用磁头，它无法实现边录音边放音。

2. 磁带

磁带由带基和磁性层构成，带基为磁性层的载体，其质量决定了磁带的机械性能。我们要求带基能承受较大的拉力而不伸长变形或断裂，还应足够柔软，其本身不带磁性且不易产生静电。图 4.3.5 所示为三种不同类型的录音磁带，目前大部分录音磁带均采用醋酸纤维或聚酯树脂做带基。

（a）开盘磁带

（b）卡盘磁带

（c）盒式磁带

图 4.3.5　三种录音磁带

磁性层中包括磁粉、粘合剂和助剂三种成分。磁粉是记录和存贮信息的主体，它是颗粒状的硬磁性材料；粘合剂的用途是与磁粉充分混合后，使其能牢固地粘着在带基上；助剂的作用是进一步提高磁带的性能。

磁粉的性质决定着磁带的性能，主要有三种磁带：

① 氧化铁带：使用磁粉为 $\gamma-Fe_2O_3$ 粉状微粒，其灵敏度高、噪声低，应用最为广泛，又称为普通带或低噪声（LN）带，市场上绝大部分磁带属于此类。

② 铬带：使用 CrO_2 磁粉，矫顽力和剩磁均比铁带大，高频响应比铁带好，但磁粉硬度大，需要相应提高磁头材料硬度才能经得起磨损。

③ 金属带：使用 Fe、Co 等超细微粒金属合金粉，具有极高的矫顽力和剩磁，高频响应超过铬带，可大幅度提高磁带的性能，当然，在使用时，录音机也要有相适应的磁头和电路才能充分发挥它的特性。

另外还有两种磁带，即 Fe-Cr（铁—铬）带和 $Co-\gamma-Fe_2O_3$（钴—三氧化二铁）带。前者简称为铁铬带，后者简称为铁钴带。它们的特性和使用方法与铬带基本相似。其中铁钴带由于在高频特性和信噪比方面超过了铬带和铁铬带，加上又克服了铬带对磁头磨损大的缺点，它将逐步取代铬带。

必须注意，由于磁带所用的磁性材料不同，各类磁性材料的矫顽力、饱和剩磁感应强度不同，因而其频响、灵敏度和信噪比等也不同。因此在使用不同磁带时，要求有不同的偏磁及录音补偿。如频率补偿电路的时间常数及抹音电流等也应随之改变。有些录音机只有一种方式，只能使用一种磁带，有些录音机则有几种磁带方式供选择。在较高级的录音机上通常设有磁带选择开关，用来调整这些参数。因此，在选择磁带时，应注意录音机所推荐的磁带。

根据磁带的宽度，又分成 3.81 毫米（模拟盒带和 DAT 磁带）、6.25 毫米（1/4 英寸）、8 毫米（Hi8）、12.7 毫米（1/2 英寸）、25.4 毫米（1 英寸）、35 毫米（电影磁片）和 50.8 毫米（2 英寸）磁带等多种规格。根据磁带的安装方式，又可分成开盘磁带和盒式磁带两种类型。

二、磁带录音机的传动机构

磁带录音机传动机构的作用是：使磁带以规定的速度，适当的张力，恒速地通过磁头组件，并将磁带匀速地收卷起来；在快进和快速倒带状态时，使磁带快速前进或倒退，速度一般是正常运行速度的 15 倍～20 倍；在快进和倒带时还要使磁带和磁头分离，以免产生不必要的磨损；还要使磁带从各种运行状态转为停止状态，转换过程时间要短，转换中磁带要保持一定的张力，以免磁带被拉长、拉断或松散；此外，机械传动机构还有自停、暂停、磁带计数、计时等辅助功能。

磁带录音机传动机构的优良与否，直接影响其电气性能。专业用的磁带录音机大多为开盘式的三电动机驱动方式的录音机，电动机大多采用直流驱动的，这样可以使传动机构的性能更好。民用的磁带录音机大多使用一个电机或两个电机驱动，结构相对简单，我们在此主要以专业开盘录音机的传动机构为主做介绍。图 4.3.6 所示为专业开盘磁带录音机传动部分的基本构成。

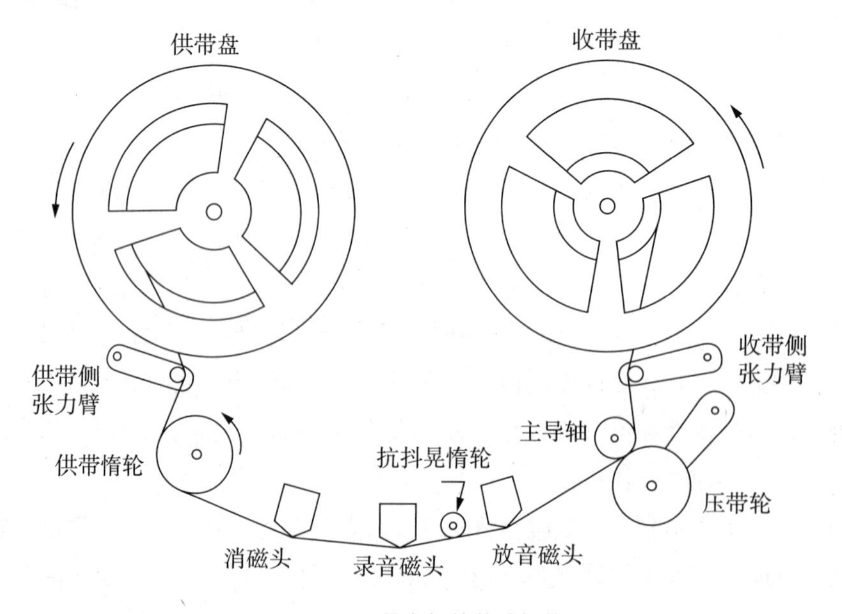

图 4.3.6　录音机的传动机构

磁带录音机的传动机构包括：磁带的恒速驱动机构，包括主导轴、主导电机、压带轮、抗抖晃惰轮；供、收带盘机构，包括供带电动机、供带盘、供带侧张力臂、供带惰轮，收带侧张力臂，收带盘、收带电机；制动机构和磁带走带路径上的各种附属机构，它包括导轮、导柱、自动停机机构、脱带机构、计数器和磁头组件、磁头调整机构等。

1. 磁带的定速驱动机构

在目前使用的录音机上，广泛采用主导轴驱动法。在这种驱动方法中，磁带被夹在主导轴与橡胶压带轮之间，压带轮以一定的压力压在主导轴上，因而磁带以一定的摩擦力与主导轴接触，当主导轴被主导电动机驱动旋转时，摩擦带动压带轮旋转，磁带以一定的速度移动，如图 4.3.7 所示。

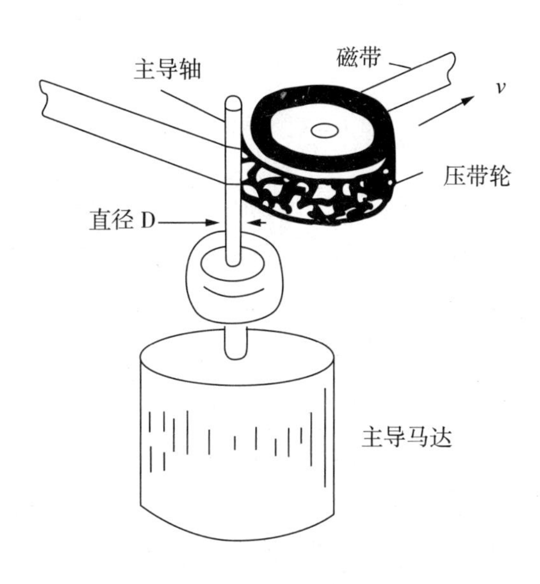

图 4.3.7　主导轴传动原理

磁带的带速为：

$$\upsilon = \pi nD / 60$$

式中 υ 是磁带速度（cm/s），D 表示主导轴直径（cm），n 为主导轴转速（rpm 即每分数圈数）。

由上式可以看出，要保证带速恒定，就要使主导轴转速恒定，以保证转速的绝对恒定。还要保证主导轴的圆度，以避免磁带速度发生抖晃。

由于现在录音机的主导轴往往就是直流电机的中心转轴，所以主导轴的转速通过给主导电动机加伺服电路之后就可以控制其达到十分稳定。主导伺服电路的原理是：当某种原因使电动机的转速发生变化时，被测速电路检测到后输出一个控制信号加到电压调整电路，通过调整加到电机的驱动电压大小来使得电机转速稳定。

如图 4.3.8 所示，为一种先进的直流电机主导伺服的原理框图。

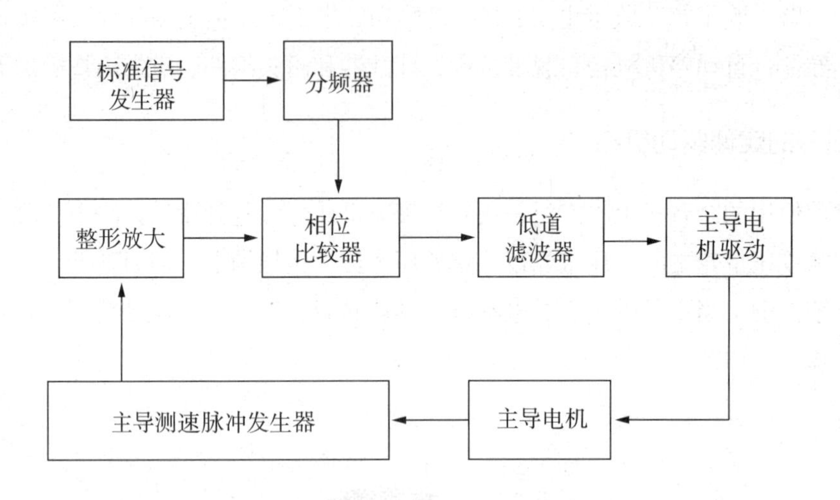

图 4.3.8　直流电机主导伺服的原理框图

图 4.3.8 中所示的标准信号发生器产生一个基准频率脉冲，主导电机的转速通过光电或磁电方式的测速装置产生相应的测速信号脉冲。相位比较器对基准信号与测速脉冲信号进行比较，比较后的差值转换成模拟的电压量，用以控制主导电机的转速。由相位比较器输出的误差信号是一个脉冲信号，其占空比正比于基准信号和主导测速脉冲之差，经过低通滤波器后就可以输出直流控制电压，送入主导电机驱动电路，控制主导电机的转速。如果测速脉冲滞后于基准脉冲，则相位比较器输出脉冲的占空比增加，滤波器输出电压增高，使电机转速加快；如果电机转速过快，那么相位比较器输出脉冲占空比下降，滤波输出电压降低，使主导电机转速下降。

图 4.3.9 是一个实用的主导伺服原理图。其中基准信号来源有三个：一是本机晶振，这时主导电机的转速与晶振频率同步，锁相后为一个恒定值。二是压控震荡器，压控振荡器中心频率为 19.2kHz，可在 20% 范围内调整，用于进行变速变调处理。三是外部基准同步输入，由外部送入一个 19.2kHz 信号，主导电机与该基准信号锁定，实现和其他录音机的同步锁定运行。

压带轮也是恒速驱动机构的重要部件。压带轮的材料结构和主导轴之间的摩擦系数、压贴力的大小以及与主导轴的相对位置等，对走带性能，特别是对速度的抖晃有很大影响。

压带轮就是一个圆柱形橡胶轮子，它的中心为含油轴承和黄铜轴套，以便能轻快地绕轴旋转。它的外层为橡胶材料，要求有合适的弹性、硬度和较大的摩擦系数，以及在较高的工作温度下不易老化变形。不同的录音机的压带轮有不同的规格。

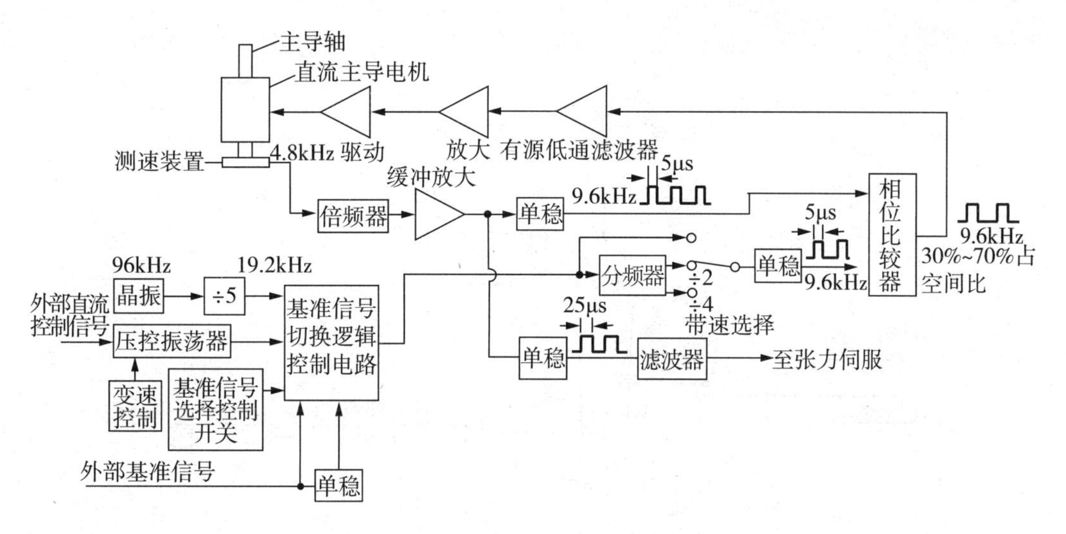

图 4.3.9　一个实际的主导伺服原理框图

压带轮的宽度通常为磁带宽度的 2 倍。这对于同样大小的压贴力，可获得最大的摩擦牵引力。因为这样可使露出磁带上下两边的压带轮与主导轴直接接触，压带轮借助于和主导轴之间的摩擦力而获得转动力矩，使之转动。这样，夹在主导轴和压带轮中间的磁带，就同时受到来自两方面的摩擦牵引力，而不会出现打滑现象。

如果压带轮对磁带的压贴力过小，会使抖动加大或带速变快。如果压贴力过大，又会使带速变慢。压带轮中心轴和主导轴必须保持平行，否则会引起磁带向上或向下偏移，使之滑离主导轴和压带轮压着的部位，盒式录音机往往容易缠到主导轴或压带轮上，造成绞带。

2. 供、收带机构

为了卷绕磁带使用了供、收带机构，它包括磁带盘（夹盘）、带盘卡紧装置和张力供给机构。

供、收带盘分别由供、收带电动机带动，正常录放走带时，收带侧电机驱动收带盘收卷磁带，作为供带侧还要电机驱动供带盘提供一个反方向张力，保证磁带不松弛，使磁带与磁头有一定的压贴力。反方向录放音时，两者作用互换。快进或倒带时，为了使磁带在带盘上卷绕整齐，也需要一定的张力。

由于磁带的张力是由带盘的摩擦阻力和与磁带盘走向相反的转动力矩提供，而它们是会随着磁带卷绕半径的减小而增加，所以理想的张力供给机构应使磁带在卷径大小变化时，张力保持恒定或变化范围很小。这时，就需要用张力伺服机构来提供一个稳定不变的张力，通常这一伺服机构都是由弹性机械检测机构和伺服电路控制系统构成。图 4.3.10 所示为一般的开盘录音机带盘张力伺服原理示意图。

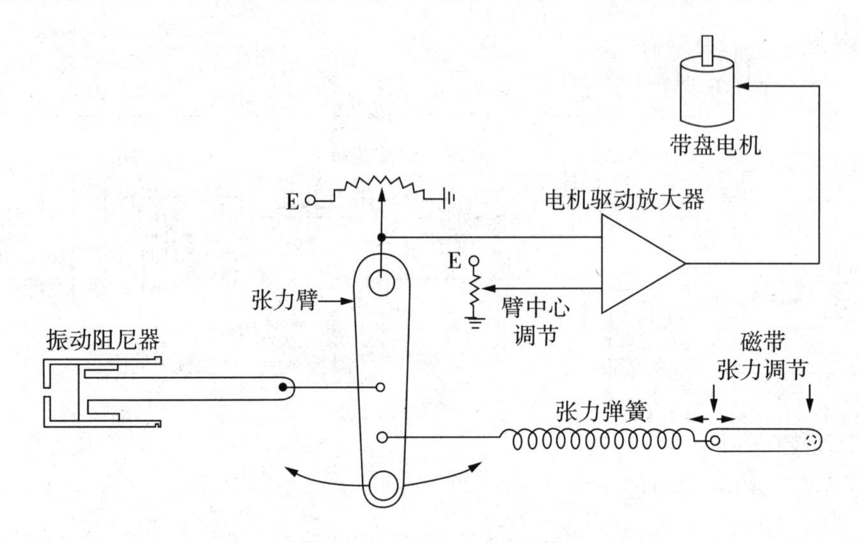

图 4.3.10　带盘张力伺服原理示意图

它的工作原理是通过张力臂检测到磁带的张力变化，将张力臂摆动角度转换成控制电压信号，并与张力臂中心调整的基准电压相加后去控制电机的转矩，最终使磁带获得不随带卷半径变化的恒定张力。

3. 制动机构

制动机构的作用是使磁带从快进、快倒或正常走带状态迅速停止下来，制动时要求磁带不松弛，也不能因张力过大而使磁带产生形变或断裂。

由于专业开盘录音机的带速较高，所以要求制动效果要好，实施制动动作时，能使带盘迅速停止转动。如图 4.3.11 为专业开盘录音机的制动原理。

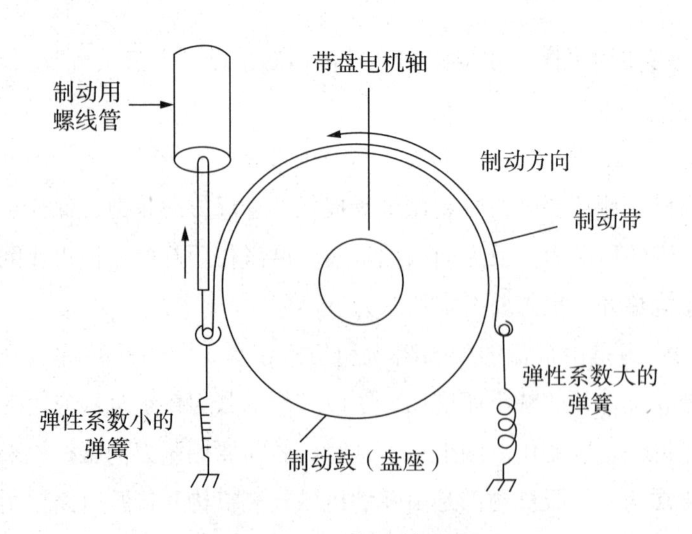

图 4.3.11　制动的原理

供带盘与收带盘要同时制动，并保持一致的制动力，不能因两侧的制动力不一致而使磁带产生形变或断裂、磁带卷带松弛或外溢等现象。录音机在停止状态时，也要使磁带维持一定张力的。

在走带时，制动带是不与电机驱动的带盘座接触的，而在实施制动动作时，制动带与带盘座接触，使带盘停止转动。制动带两边的弹簧是不一样的，这是为了产生较大的制动力。录音机在停止状态时，带道上的磁带是维持一定张力的。

4. 磁带走带路径附属机构

（1）张力臂

张力臂是从供带盘拉出磁带后首先经过的一个部件，其作用是缓冲带盘和磁头间的磁带张力变化。张力臂也是张力伺服系统的一部分，可检测出磁带张力的变化，并通过张力伺服机构，稳定磁带的运动，如图 4.3.12 所示。

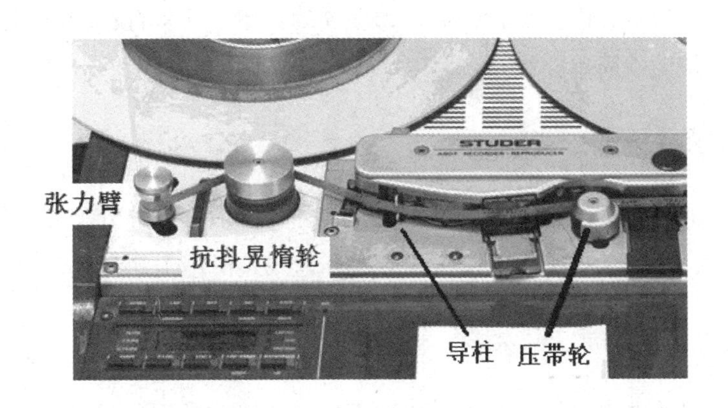

图 4.3.12 录音机走带路径

张力臂还是录音机自停机构的检测装置，当张力臂复位到初始位置时，表明磁带通路上没有磁带了，通过其下方的位置检测电路发出停机指令，使得录音机停止运行，执行供收带制动操作。

（2）导轮和导柱

磁带由带盘引出进入磁头组件前，在磁带改变运行方向时，都设置了导轮和导柱。它们是磁带在磁带走带路径上的导向部件，此外它们也保证磁带通过磁头时不产生横向位移。

（3）抗抖晃惰轮

抗抖晃惰轮又叫防噪音轮，它的作用就是用来降低由于磁带纵向抖动而引起的频率调制噪声。在磁带走带路径上，两个相邻轮轴之间的自由段在运行过程中很可能发生纵向抖动。如果磁带的自由长度过长，由于抖动产生的抖晃频率就会很低，会产生听觉频率范围内的频率调制噪声。设置抗抖晃惰轮的目的就是缩短磁带走带路径上的磁带的自由长度，提高其纵向振动频率，使产生的调制噪声尽可能移到可听频率范围之外。

（4）计时器装置

通常录音机的供带惰轮下方安装有一个转动检测装置，转动一圈发出一个计数脉冲，送到计数器电路统计这一惰轮的转数。由于惰轮的直径一定，转动一圈就说明磁带走过了一个周长，由于录音机的走带速度有一定标准，即可通过电路将磁带走过的长度换算成时间。这样就可以用显示装置显示录放音时间了。

第四节　磁带录音机的使用

磁带录音机的操作使用并不复杂，主要是要注意录音电平的调整。在日常的使用中，为了保持录音机的技术性能，维护保养也很重要的。本节就录音机的使用特点、技术指标和日常技术维护做一简单介绍。

一、磁带录音机的分类

磁带录音机的分类方法很多，其类型也非常多，但最基本的分类方法是按照其结构特点分为两大类，即开盘式（专业用）录音机和盒式（民用）录音机。

1. 开盘式录音机

这一类录音机的电声指标较高，主要用于广播电视的录音和音像出版、影视制作领域。它有三个电动机：主导电动机、收带电动机和倒带电动机；有三个磁头：消磁、录音和放音磁头；有两套放大器：录音放大器和放音放大器；还有超音频振荡器、传动机构和控制电路等。从录音声轨数分：可分成单轨、2 轨和多轨（4 轨以上）等几种录音机。

（1）单声道开盘录音机

专业开盘磁带录音机可分成台式与便携式两类。单声道便携式专业开盘录音机主要用于影视同期录音和外出采访录音，所以它有自身的特点。比如它具有线路和传声器电平的平衡输入，幻象供电和 A — B 供电功能，可以记录时间码信号，另外它可以用电池进行长时间工作，如图 4.4.1 所示。

图 4.4.1　单声道录音机

（2）双声道开盘录音机

对于演播室中用的台式录音机一般是双声道录

音机，具备线路电平的平衡输入和输出（无传声器输入）、走带控制机构、编辑功能、耳机监听插孔、磁带计数器（通常是以实时时间来指示）、带速选择和带盘尺寸选择、电平指示仪表（通常为 VU 有）等功能，如图 4.4.2 所示。

图 4.4.2　双声道录音机

这种录音机可以处理高电平的输入信号（至少 +20dB，或大约 8V 的电平信号），以便减小输入信号过载的可能性。输入阻抗至少为 10kΩ，输出阻抗低于 100Ω，接入的负载阻抗可以低至 600Ω。通常这种录音机可接入遥控单元，以便能在调音台上控制录音机的走带。除此之外，还有输入和输出电平、偏磁和均衡控制等功能。

双声道录音机所使用的磁带宽度一般都为 1/4 英寸（6.35mm），它在 1/4 英寸宽度内记录下两条磁迹，为了取得最大的声道间隔离度，要在两条磁迹间留下一定宽度的保护带。根据保护带宽度的不同，有 NAB 和 DIN 两种磁迹分布格式。宽保护带的为 NAB 格式，而较窄保护带的为 DIN 格式。这样以 NAB 格式录制的磁带在 DIN 格式的磁头上重放时，噪声将提高 ldB ~ 2dB，而用 NAB 格式的消磁头来对 DIN 格式录制的磁带消磁时，会出现消磁不彻底的问题。

（3）多声道模拟磁带录音机

多声道录音机可以在一定宽度的磁带上记录多条磁迹。目前专业用的多声道录音机（模拟）多为 16 或 24 声道的，它采用的磁带多数为 2 英寸宽。由于磁带很重，所以对多声道录音机的传动机构要求较严格。另外由于声道数很多，所以录音机的校准就比较困难、繁琐，现在使用的多声道录音机均采用计算机控制，调校也比较方便。

图 4.4.3　多轨磁带录音机

多声道录音机除了具备双声道录音机的一些基本功能以外，还有其固有的特点，比如自动重复放音或自动定位能力，实时计数器可以进行编程，以便在缩混预演时对指定的信号段落进行重复放音。在进行多声道录音时，常常要进行同步叠录，即演员听着在多声道录音机已记录的信号同步地演奏或演唱记录的内容。如果重放的信号来自放音磁头，而新记录的内容是由录音磁头记录的，那么在新、旧节目信号间就会产生记录延时，这一延时是由录、放磁头间的空间距离造成的。图 4.4.4 所示的是上述情况示意图，图中所示的为四声道录音机，歌唱演员听着已录好的三个声道的伴奏进行演唱。

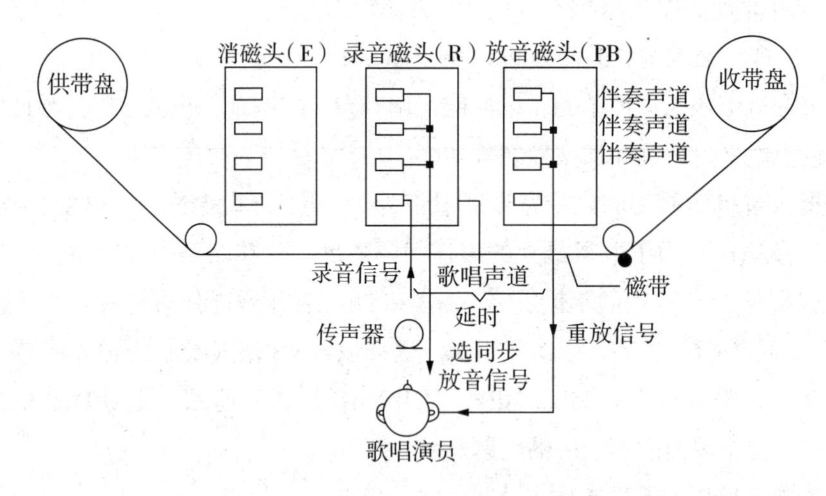

图 4.4.4　同步录音示意图

为了解决这一延时问题，现在的多声道录音机采用选同步技术（Selective sync），它是在进行同步录音时，将已录信号声道上的录音头作为放音磁头来使用，这样便解决了因磁头间距造成的延时问题。由于录音磁头的磁缝较宽，所以这时录音磁头重放出的声音音质（此时也称为同步磁头）要比放音磁头重放的音质差，但用来做提示是完全可以的。为了使同步重放的音质尽可能好，它们均配有自己的均衡，但是在缩混时，还是采用放音磁头来放音。实际使用中有时利用选同步进行“并声道”的处理。

2. 盒式录音机

1963 年荷兰飞利浦公司发明了盒式录音机。它的结构简单，操作方便，互换性好，因此在各国迅速得到普及。在磁带录音机中，除去高级开盘式录音机外，一提到录音机，一般就是指盒式录音机。盒式磁带录音机通常有以下几种类型：

（1）双磁头和三磁头录音机

盒式录音机有双磁头和三磁头之分，双磁头录音机配有专用的抹音磁头和录、放合一的录放磁头，称为录放磁头，因而录音和放音也合用一个放大器，通过开关进行工作状态的转换。其电路组成较为简单，但在录音的同时不能进行放音监听。现在它的录音和放音性能也可以做到相当的水平，而且成本较低，所以目前几乎所有普及型录音机都采用这种双磁头方式。

三磁头录音机内设抹音、录音和放音三个专用磁头，避开了录音和放音合用时的互相影响，可以使录音和放音的质量均得到提高。三磁头专业录音机的技术指标较高，并且在录音的同时可以得到放音监听，在录音不理想或有差错时，可以立即发现，重新调整到最佳状态。但因成本较高，因此多用于高级专业录音机中。

（2）单卡录音机和双卡录音机

单卡录音机指机身上只有一个磁带仓卡，兼放音和录音两用，多见于早期组合音响中。但一些高级录音机为减少噪声干扰，也常常做成单卡机形式，如图 4.4.5 所示。

双卡录音机身上有两个磁带仓卡，通常为 A 卡用于录音和放音，B 卡则专用于放音，双卡机的优点是复制磁带方便，因而目前的组合音响中多采用双卡录音机。有些高级型双卡录音机中的 A 卡和 B 卡均可录音和放音，使用起来则更加方便。

双卡录音机又有单机芯和双机芯之分：单机芯又称连体式机芯，即放音卡和录放卡是一个整体，使用一只电机和一根主导轴通过特殊的传动机构推动两卡工作，简化了结构，并使两卡带速完全一致，便于磁带复制，不足之处是不便于混合放音。双机芯是将两只结构完全相同的机芯并列安装在录音机中，每卡都设有独立的电机和传动系统，其优点是每卡均可独立录音，也可两卡混合放音，不足之处是两卡带速不能保证完全一致，复制磁带时会受到一些影响。

图 4.4.5　单卡录音机图

4.4.6　双卡录音机

从磁带介质分，可分成普通盒带及微型磁带录音机；从机器大小分，可分成袖珍型、小型、便携型及座机型等几种录音机。

二、磁带录音机的使用

磁带录音面板上通常有电源按键、停止按键、录音按键、放音按键、快速前进按键、倒带按键、音量控制旋钮和音量指示器等。

使用时，先将装有磁带的磁带盘放在左边供带盘轴上，将磁带头引出，依次通过消磁磁头、录音磁头和放音磁头，然后从主导轴和压带橡皮轮中间穿过，缠绕在右边空的收带盘上。接通电源，这时主导电动机开始工作。

录音时，要先将录音放大器和放音放大器的电源接通，使它们处于工作状态，然后调整录音电平。专业的录音机都设有录音电平调节旋钮，首先将录音机设定到录音准备（REDY）状态，然后观察电平表的指示，旋转旋钮调节录音输入电平到标准的电平。

同时按动录音按键和放音按键（有的录音机设置为只要按动录音键即可），这时磁带受机械装置推动，紧靠到三个磁头上，并且被压带橡皮轮紧压在主导轴上，依靠主导轴旋转的力量，驱使磁带向前移动，这时就可进行录音。

普通的开盘磁带录音机的磁带宽度是6.35mm，磁带的走带速度是38.1cm/s或19.05cm/s。一盘磁带录好音后，按动停止按键，然后再按动倒带按键，磁带会以比录音时快几倍的速度被左边的带盘倒卷回去。快速前进按键的作用是使磁带以比正常走带速度快几倍的速度由左带盘卷到右带盘。

开盘式磁带录音机的缺点是：录、放时，必须用手将磁带头从供带盘拉出，按一定路线经过磁头后缠绕在收带盘上，磁带容易被手指或灰尘污染。录完音后必须将磁带倒回原来的供带盘上，使用麻烦。此外，机体较大，不易携带。

民用的开盘式磁带录音机体型较小，大多是手提式的，可以直流供电或交直流两用。这种录音机通常只有一个主导电动机，利用中间轮和橡皮传动带来带动磁带盘转动，并且录音和放音时共用一套放大器。为了在放音时不致错按录音按键而将已录声音消掉，录音时通常必须将录音按键和放音按键同时按下才行。这种录音机所用磁带宽度也是6.35mm，带速是19.05cm/s或9.5cm/s，可以由变速开关来变换。录语言时可用9.5cm/s的带速；录音乐时，为了频响宽一些，可以用19.05cm/s的带速。

盒式磁带录音机克服了开盘式磁带录音机的缺点，它的磁带卷在一种特制的100mm×64mm×9mm塑料盒中，无论磁带录、放多少，都可以任意从录音机上取下或装上。这种塑料磁带盒的规格是国际上统一的。磁带的宽度是3.81mm，带速是4.75cm/s。根据磁带厚度的不同，磁带往返的录音时间有60分钟、90分钟、120分钟等几种。60分钟的磁带的厚度约为0.018mm，90分钟的磁带的厚度约为0.013mm，120分钟的磁带的厚度约为0.008mm。有的盒式录音机与收音机做在一起，成为收录机。此外，还有微型盒式录音机，它的磁带盒比普通的要小得多。

现在，高级的盒式录音机的性能不断提高，可以自动识别磁带类型来调整偏磁和均衡，杜比降噪等技术的应用，使得盒式录音机已进入专业领域。随着微型计算机在磁带录音机中的应用，盒式录音机的还实现了一系列特殊的操作功能和自动化功能：

（1）自动录音电平控制功能：录音电平在一定的范围内可以实现自动调整。

（2）电脑选曲功能：录音机能利用每首曲子之间的间隔，产生一个记数信号被“电脑”（计数器）记录，当记满设定的数之后，输出一个信号去控制录音机的放音机构，使录音机自动放音。

（3）自动翻转功能：录音机能自动“翻转”播放磁带的另一面。我们知道磁带都有两面，分别对应着两条磁迹，录音的自动“翻转”，并不是去翻转磁带，而是通过切换控制电路去控制放音磁头和磁带驱动机构，让放音磁头去拾取磁带的另一条磁迹信号，同时磁带驱动机构让磁带反转。也有的录音机是通过旋转放音磁头来完成自动翻转功能的。

（4）倍速复制功能：录音机在复制磁带时，可以用倍速的方式进行，这样可以减少复制的时间。

磁带录音机发展到现在，其各项技术指标都可以获得较满意的结果。比起其他的录音方式，磁带录音机的使用具有以下一些优点：

（1）录音后的磁带不须经过特殊处理即可重放。

（2）录音磁带通过录音机的抹音功能可以多次反复录音。

（3）磁带便于剪辑，易于拼接，使用方便，特别是开盘机在这一点上更为突出。

（4）磁带可进行长时间录音，其连续工作时间比普通的唱片录放时间要长得多。

（5）录音机的放置方式没有特殊要求，水平、垂直或移动状态下均可使用，且耐振性能较好。

（6）磁带使用寿命一般都超过数千次，并且能作长期保存。

（7）磁带的复制方便，是其他录音方式不能比拟的。

（8）可以制成小型轻巧的机身，便于携带。

三、录音机的日常维护

为了发挥录音机的性能和保证录音良好的音质效果，录音机的维护保养也是经常要进行的一项工作。

1. 磁头及磁带通路的清洁

录音机中信号的质量很大程度上取决于磁头表面是否清洁。脏磁头会使高频损失增大，输出电平下降从而造成信噪比下降。由于磁带上磁粉脱落等因素使磁头和磁带通路上的附件极易受到污染，所以，要对磁头和所有磁带经过的地方进行定期清洁。一般建议每使用 10 小时即清洁一次。作为严格要求每次使用前（特别在录制节目前）做一次清洁则更好。

清洁方法：用蘸有少量清洁剂或纯酒精的纱布或棉花棒，沿与磁带走带方向垂直地轻擦磁头，然后再擦压带轮、主导轴及磁带通路附件。但要注意：一是不要用金属镊子夹着棉球擦洗磁头，以免划伤磁头表面；二是避免使棉球上的棉丝残留在机壳内，造成故障；三是要待酒精挥发后才可开机使用。

对于盒式录音机，有一种外形像磁带一样的清洗带，其上涂有专用清洗剂，使用时，将清洗带放入带仓，按下放音键，让清洗带在录放仓内转动，即可把磁头沾上的脏物去掉。

2. 磁头的消磁

经过一段时间的使用，磁头等机件就会产生磁化现象，带有一些剩磁，从而使放音信号产生失真，并增加了高频噪声。这时就要对磁头及磁带通路中金属部件进行消磁处理。

消磁方法：最好使用专用消磁器。一般在与机器一米以外距离给消磁器加电，慢慢将探头移向磁头，然后上下移动四五次，然后再慢慢移开，同样也要远离录音机至少一米后再断电。有一点请注意，即进行消磁操作时录音机的电源一定要处于关闭位。

3. 给机芯定期注油

录音机的机芯在长时期连续使用后，相互配合的零件间原有的润滑油可能自然挥发，致使传动部件的摩擦阻力明显增大，丧失转动灵活性，引起机械噪声增大，降低机械性能指标。给配合零件之间加注润滑油，就能减少摩擦阻力和损耗，提高传递效率，延长机芯的使用寿命。

给机芯注油可分两步骤：一是向各转动轴和轴承等旋转部件注油。二是向各功能键的导向部位注油。一般说来，不同的传动部位应加注不同的润滑油。对于转轴和轴承零件常加注精密仪表油或合成钟表油，对于按键的导向部位常加注脂类润滑剂（如 GB4 合成润滑脂等）。这些润滑油在高温或低温环境下，油质无明显变化，不易挥发并具有抗氧、抗磨、抗腐蚀等特点。给机芯注油一定要注意方法，否则将产生相反结果。

具体的注油方法如下：

① 给转动部件注油：录音座中的转动部件主要有电机主轴、轴承及各齿轮轴承等，其轴承通常为含油轴承，在制造过程中已经注入过一定的润滑油，使用一段时间后需要进行补充，方法是用油针或钢丝蘸一些油珠滴入轴承孔内或轴根部位。注意一定要注入准确，量要少。

② 给按键导向部位注油后，机芯各种功能按键在正常操作的情况下应轻快灵活。

四、录音机的技术指标

录音机的技术指标是其性能和质量的衡量标准，各项指标对我们的使用具有十分重要的意义。模拟磁带录音机的主要技术指标有：

1. 磁带录音机的带速及误差

根据磁带录音机的用途、档次不同，其带速规格也各不相同。带速的单位为 cm/s。专业上普遍采用的带速为 38.1cm/s 或 19.05cm/s，而普及型录音机常用的带速为 19.05cm/s、9.53cm/s、4.76 cm/s 三种。

一般来讲，带速越高，声音信号的高频频响就越好，但磁带的消耗量也相应增加。音乐录音应尽量采用高速，语言或效果录音可使用低速。

录音机的带速误差是以带速的实际运行速度和标准磁带速度之差的百分比来表示的。录音机的带速偏差会造成声音音调高低的变化。一般要求普及录音机的带速偏差约小于 ±（2%～3%），高级型录音机在 ±0.2% 以下。带速误差过大会引起音调变化，当带速误差大于 5% 时会使听感变差，令人生厌。

实际上，带速在满盘磁带的带头和带尾是有变动的，这是由于带盘中磁带的卷径变化而产生的张力变化所引起的。此外，电源电压与频率波动、压带轮的压贴力变化，磁带的定速机构不标准等，都将影响带速的偏差。

2. 磁带的抖晃

录音机在工作时，由于机械传动部件的不规则，或磁带在运行过程中因张力变化、振动、电机力矩的脉动等，多多少少会影响到磁带的运行稳定，从而产生带速的不均匀性，即磁带的抖动和晃动。抖晃导致放音时出现声音频率变动。由于人耳对音量变动的感觉是比较迟钝的，但对于信号频率的变化是很灵敏的，因此，人耳对录音机的抖晃就非常敏感。在抖晃率不太高时（20Hz 以下），抖晃给人的感觉是声调高低波动；而当抖晃率比较高时（20Hz 以上），就会使人感到音质不清晰，像嗓子中含有痰的发声一样。

因此这个指标对录音质量尤为重要。一般来讲，抖晃率应越小越好，否则，声音听上去会产生类似音乐颤音的效果。衡量抖晃的大小用抖晃率表示。抖晃引起的寄生调频的频偏对记录信号频率的百分比称为抖晃率。

一般专业模拟两轨录音机的抖晃率应小于 0.06%（带速为 38.1cm/s 时），多轨录音机应小于 0.05%。

3. 磁带录音机的频率特性

一般将录音机的录音输入端到放音输出端之间的频率响应称为录音机的频率特性，是指录音、放音综合频率特性。

录音机在录、放音过程中，要求有好的音质，就必定要求它的整个录、放音全通道综合频率特性宽而平直。对于不同用途、等级、带速的录音机，频率特性要求范围是不一样的。例如，用于教学、语言录音的普及型录音机，它的高频响应一般只达到 8kHz ~ 12kHz；而用于音乐欣赏用的高级录音机，它的频响可达 14kHz ~ 16kHz，甚至更高。在低频段也是如此，普及型一般要求 80Hz ~ 120Hz，高级型低频响应要求达到 40Hz 以下。

4. 磁带录音机的失真

磁带录音机的失真可分为谐波失真和调制失真两种。

（1）谐波失真

录音机的谐波失真是指信号从录音输入电路到放音输出电路之间，由于放大器、磁头、磁带等非线性原因造成的信号失真。谐波失真度表示录音机重放输出信号与录音输入信号的差异程度，一般要求录音机的谐波失真要求小于 1%。

（2）调制失真

调制失真包括由放大器、磁头和磁带等元件的非线性特性引起的互调失真和走带系统抖晃引起的调幅与调频失真。所谓互调失真，是指当两个不同频率的信号同时加到录音机输入端，由于录音机的非线性特性在放音输出中除了原信号频率和它的谐波成分之外，还含有这些信号成分的和频与差频成分，由这些新成分造成对原信号的失真。

由于磁带录音机受磁性材料的限制及线路的影响，当声音信号过载时，录音机就会产生各种失真现象。一般模拟录音机的失真应控制在 0.5% 以下；数字录音机的失真应控制在 0.05% 以下。

5. 磁带录音机的信噪比

录音机的信噪比是指将其输入端短接后，其输出噪声与规定的输出信号之比。通常这个比值有计权（A、B 计权）和不计权两种。

一般来讲，录音机的运行速度和磁带类型、录音磁平都能影响到信噪比的变化。其中，模拟二轨录音机的信噪比应在 70dB 以上；模拟多轨录音机的信噪比应在 65dB 以上；数字录音机的信噪比应在 95dB 以上。

6. 声轨串音

现在专业录音机的声轨数目一般都在两声轨以上，最多的数字录音机可达到在 1/2 英寸磁带上容纳 48 个声轨（DASH 格式的数字录音机）。因此当声音信号相对比较大时，受声轨间距的影响，声轨之间会出现串音现象。串音值表征着声音的隔离度，应越高越好。一般模拟二轨录音机的串音应控制在 55dB 以上；多轨录音机应在 50dB 以上；数字录音机一般多在 85dB 以上。

7. 抹音效率

不管使用何种磁带进行录音，一般都需要进行消磁抹音。但由于受磁性材料的影响，残留的声音信号不可能被抹得很干净，往往有一些先前的声音信号残留剩余。表征这个数值的参量值就是抹音效率。一般录音机的抹音效率应大于 75dB。

8. 输入 / 输出电平

输入电平指录音机输入端接口的额定电平值。一般为 –60dB / –40dB（传声器输入）或 –10dB / +4dB（线路输入）。

输出电平指录音机输出端接口的额定电平值。一般为 –60dB / –40dB（传声器输出）或 –10dB / +4dB（线路输出）。

思考与练习题四

1. 模拟磁带录音机在录音时为什么要加偏磁电流?

2. 什么是直流消音和交流消磁? 各有什么特点?

3. 什么是直流偏磁记录与交流超音频偏磁记录? 试比较两种偏磁记录方式的优缺点。

4. 磁带录音机由哪几部分组成? 并解释每个部分的作用。

5. 录音磁带有哪几种，分别有什么特性?

6. 简述磁带录音机记录和重放的过程，并画出磁带录音机的原理框图。

7. 什么是放音微分特性? 并说明其特点。

8. 磁带录音机在录、放音过程中为什么必须要进行频率均衡?

9. 磁带录音机的带速标准有哪几个? 分别在什么情况下选用?

10. 磁带在运行过程中，由于机械或电气等原因引起带速发生随机变化时会出现什么现象?

11. 录音机的三大技术指标分别是什么? 分别简述。

12. 磁带录音机的降噪系统有哪几种? 各有什么特点?

13. 为什么磁带录音机必须定时消磁?

第五章

数字录音技术

近年来，随着信息技术的发展，人们发现将原来模拟的信号转变成数字信号，用数字化的方式来处理和传输信息，无论是文字、声音或图像，与模拟信号处理方式相比，在记录、检索、处理、传输和利用等各个方面都有着无可比拟的优越性。如今，用数字音频处理技术制造的数字录音与处理设备已经成为音响系统主流。本章将首先介绍数字音频的基础知识，然后介绍常见的数字录音设备和数字音频工作站系统，并对数字化的 MIDI 技术及设备也做一简单的介绍，旨在使读者对数字录音技术及其应用方面有一个基本的认识。

第一节　音频信号的数字化

音频信号的数字化就是将连续变化的模拟声音信号转化成数字信号。模拟信号数字化虽有多种方法，但在数字录音技术中普遍采用的是脉冲编码调制 PCM（Pulse Code Modulation) 方式。它是由取样、量化和编码三个基本环节完成数字化转换的，这个过程通常也称模数转换，简写为 A / D（或 ADC）。下面我们分别来介绍音频信号的数字化的过程。

一、取样

模拟音频信号是在时间上连续变化的电信号。取样（Sampling）是指在一定时间间隔内取出模拟电信号的样本值的过程。取样器每隔一个时间间隔从音频信号波形中抽取出一个信号的幅度样本，使其成为时间上离散的脉冲序列。取样完成之后，原来在时间轴上连续变化的模拟信号变成了时间轴上离散的脉冲序列，如图 5.1.1 所示。

我们把每秒钟抽取样值的个数，称为取样频率或采样频率，记为 fs。两个取样点之间的时间间隔称为取样周期，记为 Ts。采样频率 fs 与取样周期 Ts 互为倒数，即 $fs = 1/Ts$。若 1 秒钟取样 1000 次，则称取样频率为 lkHz 。

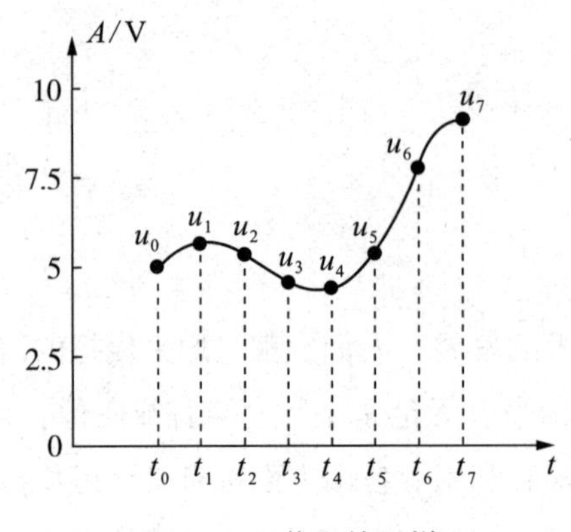

图 5.1.1　信号的取样

从直观上看，取样频率越高，则取样后的取样点排列越密，脉冲序列越接近原信号，或者说用脉冲序列表示的原信号失真越小。从这个角度出发，希望 fs 越高越好。但 fs 的提高将对同一长度的信号增加取样点，进而增加数字处理的运算量和数字信号传输和存储的难度。因而从这个角度出发，希望降低 fs 。但如果取样频率太低就会产生信息丢失，在恢复信号时会产生失真。那么如何选择 fs ，才能既减少取样点，又能使取样后的信号无失真呢？对于这个问题，奈奎斯特取样定理为用有限个离散信号能完全不失真地恢复出原来的模拟信号提供了依据。

取样定理：假设模拟信号的最高频率为 f_{max} 时，当抽样频率 $f_s \geqslant 2f_{max}$ 时，就可以从抽样后的离散信号恢复出原模拟信号。

为什么要有这样的限定条件呢？这是由于模拟信号被取样后，频谱会发生变化。如果取样频率不够高，将会产生频谱混叠，这部分成份将成为原信号的噪声，这种噪声称为混叠噪声。

如图 5.1.2 所示，经过取样后，原信号的频谱分布要有改变，图 (a) 为模拟信号波形，图 (b) 为原信号频谱图，图 (c) 为经取样后的频谱图。如果取样频率小于信号最高频率的两倍，或信号的实际最高频率超过了 f_h，则会产生如图 5.1.2(d) 所示的频谱混叠现象，以后就无法将原信号复原，并且出现混叠噪声。

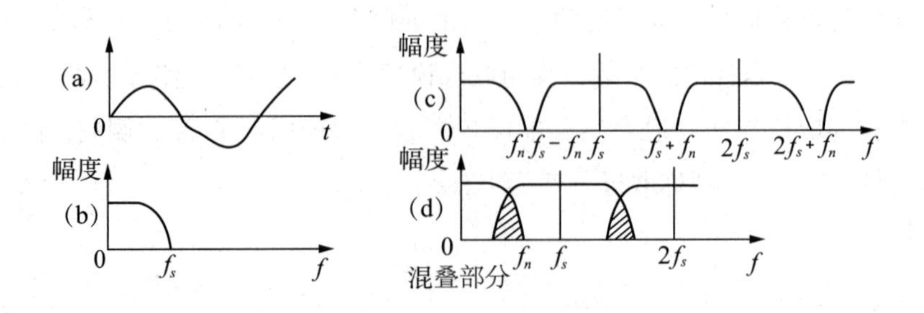

图 5.1.2　A/D 转换信号的频谱变化

为了将音频信号严格限制到f_h以下，应先让原信号通过一个高频截止频率为f_h的低通滤波器后再进行取样。由于滤波器的截止频率不是很陡，为了防止产生混叠，取样频率应取得稍大于信号最高频率f_h的两倍。

由于音频信号的最高频率为20kHz，所以优质的A / D变换，取样频率应大于40kHz，对于最高频率限制到15kHz的一般质量信号的A / D变换，取样频率也应大于30kHz。

实际的取样频率的选取应考虑以下几点：

（1）音频信号的最高频率；

（2）防混叠低通滤波器的截止特性；

（3）记录设备的特殊要求；比如以录像机作为记录器时，要便于形成以帧为单位的伪视频信号。

目前常用的有四种取样频率，即48kHz、44.1kHz、44.056kHz、32kHz。

（1）48kHz：是DAT的标准取样频率（电影的放映频率48Hz），与32kHz为3∶2的关系，能够兼容，它对24幅 / 秒的电影和PAL制电视都能很好适应。

（2）44.1kHz：由于用电视录像机来作为记录机芯时所转换的伪视频信号应有场同步和行同步信号，即应与所用电视制式相适应。对于PAL制，由于帧频为25、每帧行数为625行，所以行频为15625Hz。在每帧消隐期间，设被消隐行数37行，有效行与行数之比为588 / 625。因而行频为15625×588 / 625。设一行中有3个取样，则取样频率3×15625×588 / 625 = 44.1kHz。

对于NTSC制黑白电视，由于帧频为30，每帧行数为525行。所以行频为15750Hz。用同样的方法可算出，取样频率仍然为44.1kHz。

（3）44.056kHz：对于NTSC制彩色电视，由于行频为15734.25Hz，可算出取样频率为44.056kHz。这一取样频率不在音频工程学会（AES）推荐的频率之内。

（4）32kHz：这一取样频率适用于记录卫星直播节目和DAT的长时间（长一倍）格式的使用，它的音频最高频率只能达到15kHz。

其中（1）、（2）、（4）为音频工程学会（AES）推荐的取样频率。

由于A / D变换器的转换需要一定时间才能完成，而输入的模拟信号是不断变化的，因此，在A / D变换器之前，取样值就必须保持一段时间。为使取样保持一定时间，一些取样电路分析中还要有一个取样保持电路。

二、量化

经过取样的脉冲序列信号在幅值上还是连续值，还需要对其幅值进行阶梯化处理，从而使其成为幅值离散的脉冲信号，这就是量化（Quantization）。量化的方法是按一定的间距设定有限个不连续振幅电平，对连续变化的信号振幅进行近似变换。例如图 5.1.3 中的离散幅值通过四舍五入的方法将无限个幅值变成了有限个幅值。

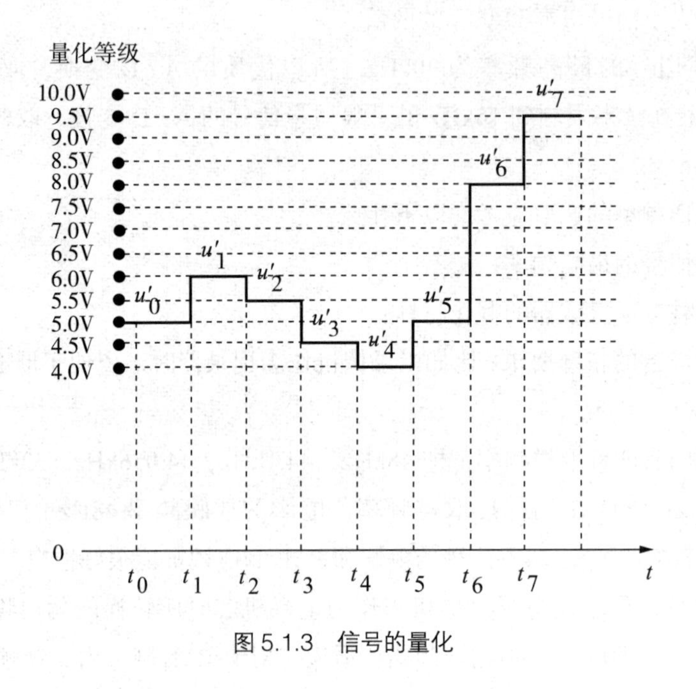

图 5.1.3　信号的量化

1. 量化比特数与量化噪声

这里引进一个量化比特数的概念：假如把电平范围分为 16 级，用二进制的码来表示信号取样的电平，即 2 的 4 次方等于 16，用 4 位二进制码即可表示这 16 个电平等级，这个 4 就是量化比特数，又叫量化位数。假定量化比特数为 n，即可用 2^n 个值表示取样脉冲幅值的大小。那么当 n 加大到一定程度时，就可以很接近原来的波形，失真就会减少到极小。

量化比特数值的选择对音质的影响很大，因为量化过程中造成的误差对信号而言，在转换为数字信号的过程中最终形成一种量化噪声。这一噪声的大小与所采用的模数转换器的量化位数有关，所选的位数越高，产生的噪声越小。根据数字信号理论，在均匀量化（指每个量化间隔相同的量化）时，量化信噪比由以下公式决定：

$$\frac{S}{N}=6n+1.76\ (dB)$$

式中：n 为二进制的位数。

上式表明，量化比特数 n 越大，信噪比越好。如果量化比特数为 16，则信噪比为 $6.02\times16+1.76=98$dB，量化噪声是均匀分布在 $0\sim f_h/2$ 的频带中；当 $f_s=44.1$kHz 时，噪声将分布在整个音频频率范围内。另外，量化噪声的幅值为常数，不随信号大小而改变，因而当信号很大时，系统的信噪比很高；但当信号很小时，则量化噪声对系统的音质影响就将十分明显。

降低量化噪声可以用提高量化比特数的方法。但是比特数 n 增大，不仅使数字信号的码率提高，并且要求A / D变换和D / A变换更精密，使A / D、D / A变换器的价格变高。因此，量化比特数 n 的提高要受到一定限制。通常数字录音机所采用的模数转换器均在16位以上。

数字系统的量化位数还将影响着系统的动态范围，当模拟信号的幅度增大时，对应的数值增大。如幅度达到一定的值时，其对应的数据达到最大。此时，再进一步提高信号幅度，对应的数据无法继续增加，即相当于信号被限幅了。数字系统的位数越多，则其能表示的信号的最大幅度与最小幅度的比也大，即动态范围越大。

2. 降低量化噪声的措施

为了在不增加量化位数的情况下尽可能降低量化噪声，现在通常采取以下几种措施。

（1）非均匀量化

信号的幅度取值按等距离分割称为均匀量化，它的缺点是当信号较小时，因为量化噪声是不变的，所以小信号的信噪比降低。虽然每增加一个量化比特可以使量化噪声减小 6dB（由上面的量化信噪比公示得出），但是不经济，通常可以采用非均匀量化和过去样的方法来降低它。

为了克服均匀量化的缺点，可以将信号幅度的取值按不等间隔进行量化，称为非均匀量化。例如，为了保持不同大小信号的信噪比相同，随着信号幅度由小变大，量化间隔也逐级增大。如图 5.1.4 所示为均匀量化和非均匀量化的对比。可以看到小信号时非均匀量化具有更小的量化误差。

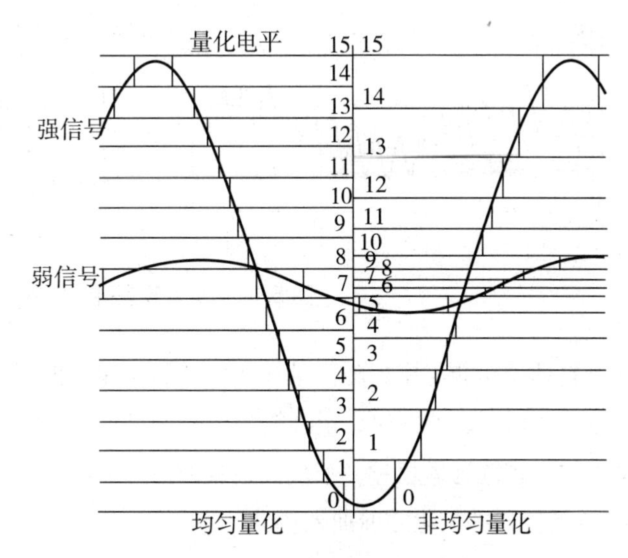

图 5.1.4 均匀量化和非均匀量化

非均匀量化在信号幅度小的部分，量化阶梯高度也小，信噪比可以较好。信号幅度大的部分，量化阶梯高度也大，虽然量化噪声增大，但由于人耳的掩蔽效应，对信号幅度大时增大的噪声会感觉不出来。

（2）加入高频抖动

量化噪声随量化比特数增大而相应减小，但不能减为零。量化噪声是不同于白噪声（即等带宽能量相等的噪声）的一种高频噪声。它是由比较少的孤立频谱重叠而成的噪声。因此，在听感上与白噪声不同，是一种较粗糙的、刺耳的、称为颗粒性噪声的声音。

可以将一种称为高频脉动（Dither）信号的、与量化阶梯高度相等的小振幅白噪声与信号叠加，经量化后再减去高频抖动信号，这样可以使颗粒性噪声被白噪声化，使听感变好。下面的例子可以看出抖动缓解量化效应的作用。

设输入幅度为一个量化级的情况，它要么在一个量化间隔内变化，产生一个直流（不变的）量化信号，要么在间隔的门限值上下变化，输出一个量化方波，如图 5.1.5(a) 和 (b) 所示。方波意味着存在严重失真。加入抖动后，量化后的结果是一个保存了低电平正弦信号的脉冲序列，被量化的信号沿输入信号的平均值抖动而不断上下偏移，被量化信号的脉冲宽度记录了这一信息，如图 5.1.5(c) 和 5.1.5(d) 所示。被量化信号的平均值在两个电平之间连续移动，大大缓解了量化误差的影响。当然，抖动信号在 D / A 重建时要被去除，留下一些具有白噪声频谱的噪声，这是一个比量化方波更好的结果。

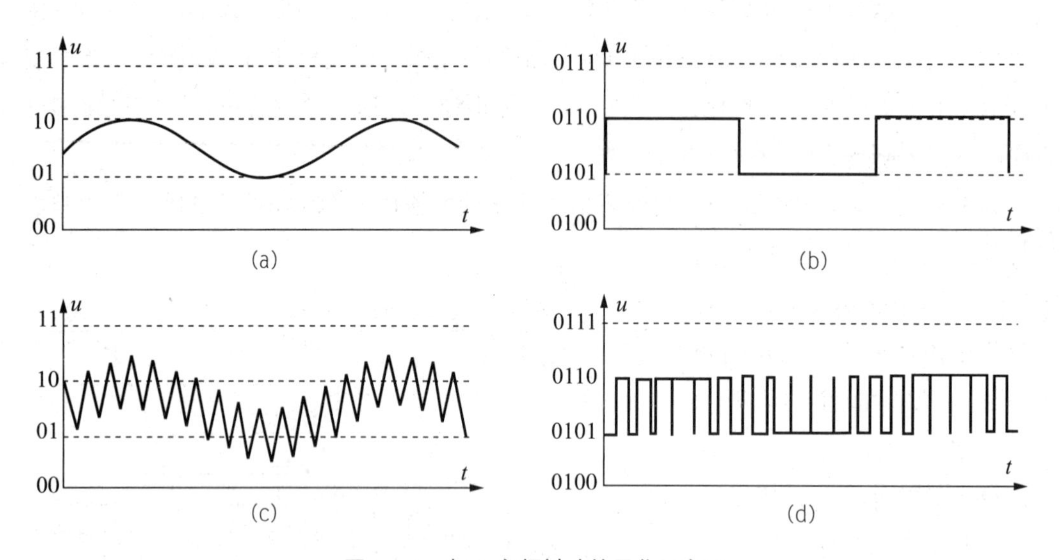

图 5.1.5　加入高频抖动的量化示意图

抖动的功能与模拟磁记录技术中的高频偏磁很类似，抖动并不能掩盖量化噪声，在大幅度降低失真的同时，也在输出信号中增加了一定的噪声。但是，一个进行了恰当抖动的数字系统远远超过一个模拟系统的信号 / 噪声性能。高质量的数字化系统都要求在 A / D 转换器的量化之前加入抖动。

（3）过取样

过取样是使用远大于奈奎斯特取样频率的频率对输入信号进行取样。设数字音频系统原来的取样频率为 fs，若将取样频率提高到 $m\times$ fs，m 称为过取样比率。在这种取样的数字信号中，由于量化比特数没有改变，故总的量化噪声功率也不变，但这时量化噪声的频谱分布发生了变化，即将原来均匀分布在 0 ~ fs/2 频带内的量化噪声分散到了 0 ~ $m\times$ fs/2 的频带上。图 5.1.6 表示的是过取样时的量化噪声功率谱。

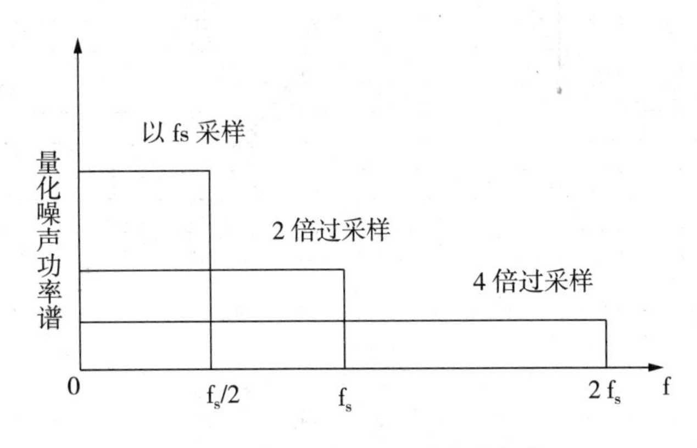

图 5.1.6　过取样的量化噪声功率谱

若 m 大于 1，则 $m\times$ fs/2 就大于音频信号的最高频率，这使得量化噪声大部分分布在音频频带之外的高频区域，而分布在音频频带之内的量化噪声就会相应地减少，于是，通过低通滤波器滤掉音频带宽以上的噪声分量，就可以提高系统的信噪比。

采用高取样频率后，使对模拟信号防混叠的频带限制变得不需很严格。滤波器的截止频率可以有充分的余量，没有必要要求陡峭的截止特性。在非常高的取样频率进行 A / D 变换，除了特别情况以外，也可以不要模拟滤波器。

三、编码

模拟信号经取样、量化、编码后，成为一系列二进制数，编码（Coding）就是把量化后的离散幅值（电压或电流）转换成二进制码列的过程。不同的编码规则产生不同的码制，最简单的方法是把每个取样脉冲量化后都用一组二进制数表示，然后按照时间顺序依次将每一组二进制数取出，形成一个二进制“1”“0”的序列，这样的操作称为脉冲编码调制（PCM）。

假如量化比特数是 4，其音频信号可用每组 4 位的一串数字表示，即（1000）、（1010）……（0011）、（0001）等。假如量化比特数为 16，则每组数码都有 16 位二进制码。

图 5.1.7 是量化及编码的示意图。从图中可以看出，量化比特数为 4，每个取样值用 4 位二进制数码表示。PCM（脉冲编码调制）系统常用的码型有自然二进制码、偏

移二进制码、格雷码和折叠二进制码、补码等。

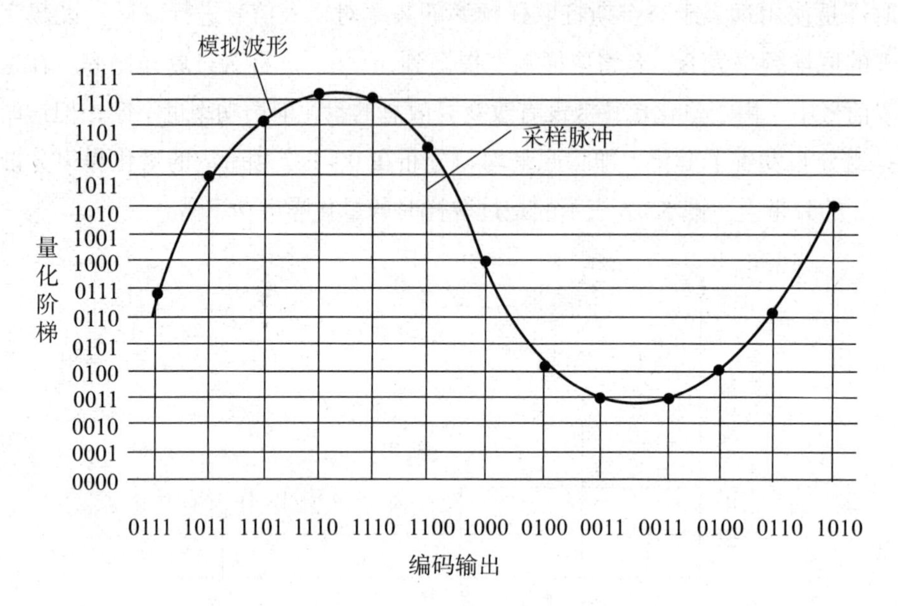

图 5.1.7　量化及编码示意图

下面说明数字信号的数据率问题。数据率又叫比特率，是单位时间内传送的二进制序列的比特数。数据率与取样频率和量化比特数成正比，即：

数据率 ＝ 取样频率 fs × 量化比特数 n

设声音信号的取样频率 fs= 48kHz，量化比特数为 16Bit，则每声道的数据率为 48 × 1000 × 16 = 768kb/s。对于双声道立体声数字信号，其总数据率为 2 × 768 = 1536kb/s = 1.536 Mb/s。

音频信号大多采用 PCM 编码，考虑音乐信号大的动态范围，一般取 16Bit 均匀量化，取样频率取 44.1kHz，在这种条件下信噪比可达 98dB，码率为 705.6kb / s。

为了减小音频信号的数据率，现在广泛采取一些新型量化编码方法：

1. 自适应 PCM（APCM）

音频信号的振幅及频率分布是随时间比较缓慢变化的，但变化的幅度则很大。我们可以按照相邻信号的连续性而改变量化步长（即量化阶梯高度），这种依据相邻信号的大小自适应改变量化步长的非均匀量化编码方法，称为自适应 PCM（即 APCM）。

APCM 是根据当前码的大小对量化步长乘以不同的系数来决定下一个量化步长的。比如，当量化值振幅为 00 与 01 时，量化步长乘以 0.9，以减小量化步长，为 10 时乘以 1.25；为 11 时乘以 1.75，以增大量化步长。这样，自适应编码在可得到各种量化步长，使低频信号的动态范围得到扩大。

2. 预测差分编码

预测编码如图 5.1.8 所示。它是由过去的几个取样值来预测推断出现在的取样值，将真的取样值与预测值之差（即将预测误差）进行编码后传输的方法。

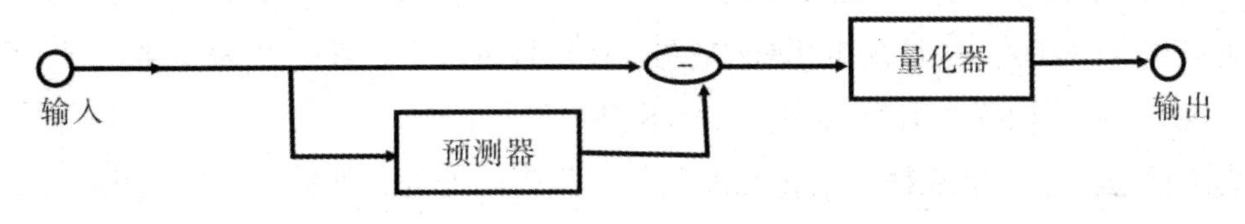

图 5.1.8 预测编码的组成

自适应差分 PCM（ADPCM）就是采用预测的编码方法，即信号不直接量化，而是将信号的预测值与实际值之差进行自适应量化的。所谓自适应就是根据差分值的大小自适应改变量化步长。因而比上述的 PCM 效率更高，是中等程度音质的高效率编码方法。

3. l Bit 编码（ΔM 增量编码）

1Bit 编码是继 PCM 后出现的又一种模拟信号数字处理方法，这种方法的优点是编译码器简单，在比特率较低时，量化信噪比高于 PCM。

1Bit 编码可看成 PCM 的一种特例，只用一位 Bit 编码并因而得名。这 1 位码不是用来表示信号抽样值的大小，而是表示抽样时刻波形的变化趋势。在每个抽样时刻，把信号在该时刻的抽样值与前一个样值的译码信号进行比较，若比前一个译码信号大，则编为“1”码；若比前一个译码信号小，则编为“0”码。

如图 5.1.9 中可以看出，将量化步长固定为 Δ M，当信号快速变化时，它将不能跟随输入信号而产生大的失真。这种失真当取样频率设得较高时虽可减小，但是设得过高则失去节约的意义。

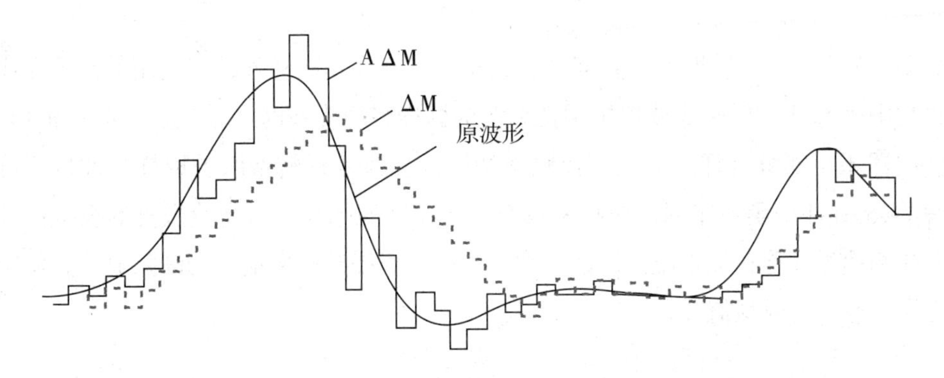

图 5.1.9 ΔM 与自适应 ΔM 量化波形

自适应 ΔM 增量编码（AΔM）即量化步长是与信号相适应而变化的，当连续出现相同的码时，量化步长系数变为 1.5，反转时为 0.8。图 5.1.9 画出了△ M 与自适应 ΔM 对信号跟随性能的比较。

对于音乐信号，由于每抽样时刻仅用 1Bit，若仍采用 44.1kHz 抽样，增量过大会产生较大噪声，使信噪比下降；增量过小会跟不上信号的变化，因此，1Bit 编码的抽样频率远高于 44.1kHz，一般取 300kHz 左右。在这种情况下，速码率为 300kb / s，低于 PCM 的数码率，其 S / N 与 PCM 的 S / N 不相上下。

模拟信号经过以上取样、量化和编码等一系列的处理，就完成了数字化，也称为模 / 数（A/D）转换。

四、数 / 模转换

模拟信号经 A/D 转换被数字化后，送入数字设备进行处理、记录或传送。最后，需重新还原为模拟信号，因为人的耳、眼等器官需要的也还是模拟信号。用于把数字信号还原为模拟信号的设备称为数 / 模（D / A）转换器。

图 5.1.10 所示为 D / A 转换的简单方框图，主要由数字解码、低通滤波和孔径补偿等三部分电路组成。

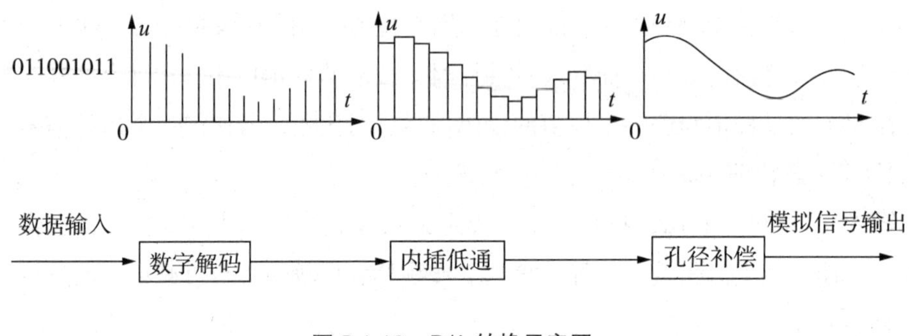

图 5.1.10　D/A 转换示意图

数字解码是 D / A 转换的主要部分，其作用是把代表取样值的二进制数码还原成相应的量化电平脉冲。低通滤波器用于把离散的脉冲转换为在时间轴上连续的模拟信号。由于滤波器不可能具有理想的门函数频率特性，又因 A/D 转换时的取样脉冲也不可能是理想的 δ(t) 冲击函数序列，而总是具有一定宽度的脉冲，这会使恢复的模拟信号高频成分受到损失，称孔径效应。因此，加入孔径补偿提升模拟信号的高频成分，使输出信号更接近原来的模拟信号。

第二节　数字音频的编码压缩

音频信号进行数字化后的数据量是非常庞大的，从存储和传输两个方面来看，存储不压缩的音频数据要占用相当大的存储空间和消耗大量的记录媒介；在传输方面，在现有的数字信道中实时地传输不加压缩的数字化音频信号也是不可想象的，所以必须对数字音频信号的数据率进行压缩。数据压缩处理由编码和解码两个过程组成，编码是对原始的信号源数据进行压缩，便于传输或存储；解码是编码的反过程，它使不能被用户直接使用的数据还原成可用数据。

一、音频编码压缩概述

从数字通信技术问世起，人们就一直在研究如何压缩音频信号的传输码率。在当今多媒体及网络技术兴起后，其音视频压缩编码技术尤其受到人们的普遍关注。专业录音用的 MD 录音机、民用的 MP3 就是音频压缩存储技术成功应用的范例。在音频存储、广播、多媒体网络通信等场合，音频压缩编码技术已形成一系列国际标准，它们为信息技术发展应用奠定了技术基础。

1. 音频压缩编码的必要性和可能性

音频信号数字化之后所面临的首要问题就是巨大的数据量给存储和传输带来的压力。例如，对于 CD 音质的数字音频，所用的取样频率为 44.1kHz，量化精度为 16Bit，双声道立体声时，其数码率约为 1.41Mb/s，而早前我们的一般家庭上网带宽传输速率也才 1Mb/s 左右，显然无法实时传输。1 分钟的不压缩 CD 立体声信号需要约 10.58Mb 的存储空间，可见存储空间占用之高。因此，为了降低传输或存储的费用，就必须对数字音频信号进行压缩。

数据压缩就是要以较少的数据量来表示原始数据形式所代表的信息。那么数字音频信号是否可以压缩呢？回答是肯定的。根据信息论，有信息冗余才有可能进行数据压缩。如果原始音频数据中除了包含有用的声音信息数据以外冗余的数据就可以压缩的。

在实际应用中，压缩过程应尽量保证去除冗余量而不会或较少减少信息量，即从压缩后的数据中要能够完全或在一定的容差内近似恢复原来信息。我们把可以完全恢复被压缩数据信号所包含信息的压缩方法称为无损压缩，而只能近似恢复原始数据所包含信息的方法称为有损压缩。

如今，有关数据压缩的研究理论和实用系统日臻完善。数字音频数据压缩的基本依据是音频信号的冗余度和人类的听觉感知机理。根据统计分析表明，无论是语音还是音乐信号，都存在着多种冗余，主要包括时域冗余、频域冗余和听觉冗余。

（1）时域冗余

音频信号在时域上的冗余形式主要表现在以下几方面：

① 幅度分布的非均匀性

统计表明，在大多数类型的音频信号中，不同幅度的样值出现的概率不同，小幅度样值比大幅度样值出现的概率要高，尤其在语音和音乐信号的间隙，会有大量的小幅度样值。

② 样值间的相关性

对语音波形的分析表明，相邻样值之间存在很强的相关性。当取样频率为 8kHz 时，相邻样值之间的相关系数大于 0.85。如果提高取样频率，则相邻样值之间的相关性将更强。因而根据这种较强的一维相关性，利用相关编码技术，可以进行有效的数据压缩。

虽然音频信号分布于 20Hz ~ 20kHz 的频带范围，但在特定的瞬间，某一声音却往往只是该频带内的少数频率成分在起作用。当声音中只存在少数几个频率时，就会像某些振荡波形一样，在周期与周期之间存在着一定的相关性。利用音频信号周期之间的相关性进行压缩的编码，比仅仅利用相邻样值间的相关性的编码器效果要好得多。

③ 静音

话音间的停顿间歇本身就是一种冗余。若能正确检测出该静音段，并去除这段时间的样值数据，就能起到压缩的作用。

（2）频域冗余

音频信号在频域上的冗余形式主要表现在以下几方面：

① 功率谱密度的非均匀性

在相当长的时间间隔内进行统计平均，其不同频率成份的功率分布呈现明显的非平坦性，功率谱的高频成分能量较低。从统计的观点看，这意味着没有充分利用给定的频段，或者说存在固有冗余度。

② 语言特有的短时功率谱密度

语言信号的短时功率谱，在某些频率上出现“峰值”，而在另一些频率上出现“谷值”。而这些峰值频率，也就是能量较大的频率，通常称其为共振峰频率。共振峰频率不止一个，最主要的是前三个，由它们决定了不同的语言特征。另外，整个功率谱也是随频率的增加而递减。更重要的是，整个功率谱的细节以基音频率为基础，形成了高次谐波结构。

（3）听觉冗余

考虑人类听觉的心理特性，也可以对音频信号进行压缩。

音频信号最终是给人听的，因此，要充分利用人耳的听觉特性对音频信号感知的影响，人耳听不到或感知极不灵敏的声音分量都可以视为是冗余的。

因为人耳对信号幅度、频率的分辨能力是有限的，所以凡是人耳感觉不到的成分，即对人耳辨别声音的强度、音调、方位没有贡献的成分，称为与听觉无关的“不相关”部分，即听觉冗余，可以将它们压缩掉。

可供音频压缩利用的人类听觉特性主要有：

① 人的听觉具有掩蔽效应。

掩蔽效应是一个十分复杂的生理和心理现象，指在人类听觉上一个声音的存在可以掩蔽另一个声音存在的现象。分为频谱掩蔽和时间掩蔽两种。

频谱掩蔽指当两个强度相同但频率不同的相邻声音同时出现时，由于人的听觉的灵敏度随频率不同而不同，灵敏度高的频率可以完全掩盖灵敏度低的频率，使得灵敏度低的声音难以听见的现象，又称为同时掩蔽。这种效应受掩蔽声和被掩蔽声音之间的相对频率关系影响很大。通常将不可闻的被掩蔽声音的最大声压级称为掩蔽门限或掩蔽阈值。

时间掩蔽指几个声音先后发生时，由于大脑处理音频信息的延迟性，强声使其先后的弱声难以听见的现象，又称为异时掩蔽。

② 人耳听觉的等响度曲线规律告诉我们，对不同频段声音的敏感程度不同，即使是对同样声压级的声音，人耳实际感觉到的音量也是随频率而变化的。

③ 人耳对音频信号的相位变化不敏感。

2. 声音的质量与压缩后的数据率

显然，对于有损压缩来说，采用同一压缩方法对同样的信号源数据进行压缩，压缩程度越高，信息损失越大，声音的质量就越差。所以，人们常常需要在压缩程度和声音的保真度之间进行权衡。

声音的质量主要以其频率范围来衡量。习惯上，将声音的质量分成实际应用的 4 个等级，它反映了人们对声音信息利用的不同需求。表 5.2.1 所示为声音质量等级的划分和其采取的压缩编码方式。

表 5.2.1 声音质量等级的划分

质量	频率范围	典型的取样频率	常用压缩标准
CD、DAT	10 ~ 20000	44.1K、48K	不压缩
卫星广播	30 ~ 15000	32K	MPEG
调幅广播	50 ~ 7000	16K	G.722
电话	300 ~ 3400	8K	G.711、G.721

显然，声音质量越高，频率范围越宽，要求取样频率和量化位数越高，这样必然导致数据率越大。如广泛用于电话的 PCM 编码压缩方法的 G.711 标准建议规定，以 8kHz 频率对语音取样，每一取样 8 位量化，则数据率为 64kb / s。由于电话音质较低，其低频分量不能较好地反映语音的自然度，而高端频率也不能较好地表现语音信号的清晰度，因此，中高音质的数字音频压缩技术的研究和应用得到迅速发展。

二、常用数字音频编码压缩方法

音频编码压缩方法需要综合考虑可懂度、音质、码率及计算复杂度等几方面的指标。现代多媒体技术在中低质量音频编码技术的基础上，进一步开发了中高质量音频信号的压缩技术，形成了一系列的音频压缩国际标准。

下面简单介绍几种常用的音频压缩编码方法：

1. 熵编码

由上述可知，数字化编码后的信号各比特出现的概率是不同的。熵编码是将出现概率高的信息源符号用短码、出现概率低的符号用长码，形成不等长的编码方法。电信中的莫尔斯码（Morse code）是典型的熵编码。数字音频压缩中最为典型的熵编码就是哈夫曼码（Haffman code）。

哈夫曼码的编码方法是将各符号按出现概率高低顺序排列，然后由出现频度最低的两个进行组合，给予“0”“1”码，将它的出现概率进行相加，再按出现概率的高低顺序排列，反复进行与最初相同的操作，决定各符号的码。结果是将出现概率高的符号分配最短的码，出现概率最低的符号分配最长的码。

例如，设传送码为信号的电平，如有 8 个电平，按正常编码，每个电平需要 3 位（23 = 8），但用哈夫曼编码时，最长的码为 6 位，似乎码的长度变长了，但将出现的概率进行加权后，平均码长只有 2.47 位，即节约了 0.53 位（相当节省了 18%）。

幅值符号	概率	码字	码长
x_1	p_1	n	n_L
x_1	0.20	01	2
x_2	0.19	00	2
x_3	0.18	111	3
x_4	0.17	110	3
x_5	0.15	101	3
x_6	0.10	1001	4
x_7	0.005	10001	5
x_8	0.005	10000	5

熵编码是不等长编码，所以使用在传输时，必须有对输入容量进行暂时存储的元件和辞典（码分配表），编码和解码时需要长的处理时间。

2. 子带编码

子带编码 SBC（Sub–Band Coding）是一种以信号频谱为依据的编码方法。它是将 PCM 宽带输入信号通过带通滤波器组分成许多个子频带，通过分析每个子带取样后的频谱，依据心理声学模型去除冗余信息后来编码。

例如，某男播音员发汉语拼音韵母 ɑ（阿）的频谱，基频为 220Hz，主要能量分布在 20 次谐波内。图 5.2.1 所示为这些频谱分量及通过心理声学模型计算出来的 20 个谐波共同形成的掩蔽阈值和安静阈值。

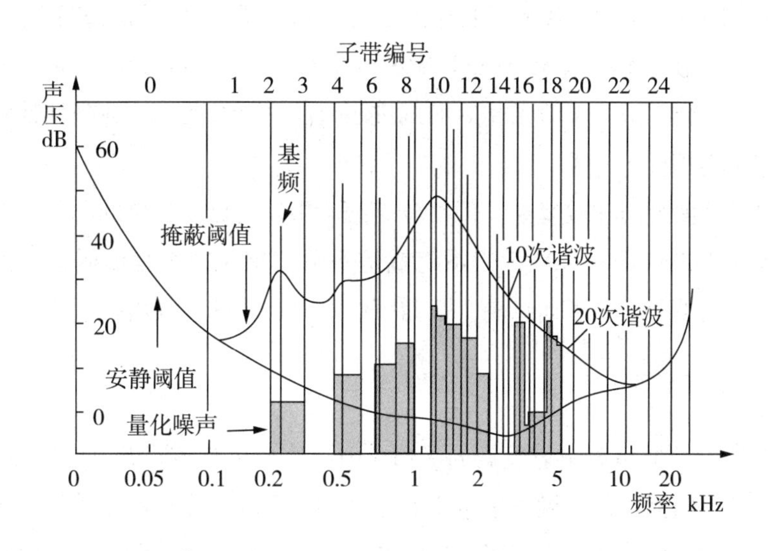

图 5.2.1　子带编码频谱分量示意图

把整个音频范围按照临界频带宽度划分为 25 个子频带后，可以发现：

① 某些子频带中没有频谱分量，如图中的子频带 0，1，3，5，8……对于这些子频带显然不必为其分配量化 Bit 数。

② 某些子频带中频谱分量虽不为零，但它们在掩蔽听阈以下，如图中的子频带 12，13，14……对于人耳来说，它们的存在与否是没有区别的，所以它们的量化 Bit 数也可以为零。

③ 分配量化 Bit 数的子频带也未必需要让量化噪声低于人耳的绝对灵敏度（安静听阈），只要低于掩蔽听阈以下就不会被人耳发现，如图中的子频带 4，6，7，9……

子带编码的优点是：一，每个子带独立进行自适应编码，可按每个子带的能量调节量化阶数；二，可根据各个子带对听觉的作用大小来设计最佳的比特数；三，可以限制某一子频带的量化噪声串到另一子频带中去。

3. 变换编码

变换编码不是直接对PCM信号进行编码，而是首先将时域信号利用高等数学理论，其中，最常用的是离散余弦变换，映射变换到另一个正交矢量空间（频域或变换域），产生一批变换系数，然后对这些变换系数进行编码处理。变换编码是一种间接编码方法，其中关键问题是在时域描述时，数据之间相关性大，数据冗余度大，经过变换在变换域中描述，数据相关性大大减少，数据冗余量减少，参数独立，数据量少，这样再进行量化，编码就能得到较大的压缩比。

典型的变换有DCT（离散余弦变换）、DFT（离散傅里叶变换）、WHT（Walsh Hadama变换）等。通常将时域音频取样信号变换到频域，然后采用离散傅里叶变换或改进的离散余弦变换MDCT（Modified Discrete Cosine Transform）。根据心理声学模型对变换系数进行量化，进一步对量化后的二进制码流进行编码，它在降低数码率等方面取得了和预测编码相近的效果。

变换编码虽然实现时比较复杂，但在分组编码中还是比较简单的，所以在语音和图像信号的压缩中都有应用。MP3编码系统就是采用了MDCT变换编码系统。从信息论的角度来看，变换编码减少了信息熵，从而可以进行有效减少数据率。

4. 联合立体声编码

立体声信号的数据是单声道数据的2倍，但很多立体声节目并不完全是双声道的，即使是真正的双声道立体声，两路信息也有很强的相关性，完全不相关的两个声音是不能产生立体效果的。联合立体声编码（Joint Stereo Coding）是一种空间编码技术，利用了多声道间的冗余来压缩数据，其目的是为了去掉空间的冗余信息。

主要有两种联合立体声编码技术：M/S立体声编码和声强立体声编码。

（1）M / S 立体声编码

M / S编码即（Mid / Side Encoding）中间 / 旁边立体声编码，它使用矩阵运算，因此也被称为矩阵立体声编码（Matrixed Stereo Coding）。M / S编码不传送左右声道信号，而是使用运算后的和信号（L＋R）与差信号（L－R），前者用于中央M（Middle）声道，后者用于边S（Side）声道，因此M / S编码也叫作和—差编码（Sum—difference Coding）。

当左右声道信息类似时，利用M / S编码技术，计算中央声道和两侧声道差异的值，并且分配较多的位数给中央声道，增加信息记录的频宽，这样会使该技术得以较好地发挥。

（2）声强立体声编码

声强立体声编码（Intensity Stereo Coding）又叫作声道耦合编码（Channel Coupling Coding），它是利用声道间的相关性，应用心理声学原理和信号分析去除听不到的信号。例如，一个声道中的高音信号会掩蔽其他声道中的低音信号。在 2kHz 以上主要通过幅度来进行声音的定位，为了传送多声道的环绕声音，每个声道的高频被分成很多频带，然后逐个地合成在一个声道中，从而达到数据压缩的目的。

另外，在合成声道之前也可以采用其他掩蔽原理来进行数据压缩。声强立体声编码在相同的质量下可以减少约 10kb/s ~ 30kb/s 的码率。

三、MPEG 音频编码标准简介

为了取得良好的压缩效果，MPEG 标准强调对于人的听觉生理和心理特性的利用，使压缩率得到显著提高，而重现的音频仍然有满意的听觉效果。当前广泛应用的音频编码标准是国际活动图像专家组制定的 MPEG 数字音频编码标准和美国 Dolby 实验室开发的 AC–3 数字音频编码标准。音频数据编码的主要规格如表 5.2.2 所示。

表 5.2.2 音频编码的主要规格

标准规格	MPEG–1	MPEG–2	Dolby AC–3
取样频率 kHz	32/44.1/48	48	32/44.1/48
量化位数 Bit	16	压缩 (16)	压缩 (16)
最大数据传输率 (kb / s)	448	640	448
最大通道数	2	5.1/7.1	5.1

1.MPEG–1 编码

MPEG–1 标准分系统、视频（Video）和音频（Audio）三个主要部分。MPEG–1 音频压缩标准是第一个高保真音频数据压缩国际标准。MPEG–1 可以支持在 CD 带宽为 1.41Mb/s 下 CD 级音频和视频编码，也支持比特速率在 64kb/s ~ 448kb/s 范围内的立体声。在立体声模式下，可以利用立体音响的不相关和冗余来减小比特速率。

为了取得良好的压缩效果，MPEG–1 标准利用人的听觉生理和心理特性，在基本的 MPEG–1 音频编码器中包含一个心理声学模型。该模型根据听觉的心理声学测量统计结果得到关于听觉的阈值特性和掩蔽特性的控制对照表，借此控制编码过程，实现音频压缩编码。

为了保证其普遍适用性，MPEG–1 音频压缩算法具有以下特点：

① 编码器的输入信号为线性 PCM 信号，取样频率可以是 32kHz（在数字卫星

广播中应用），44.1kHz（CD 中应用）或 48kHz（演播室中应用），输出的数码率为 32kBit/s ~ 384kBit/s。

② 压缩后的比特流可以支持单声道和双声道。

③ MPEG-1 音频压缩标准提供三个独立的压缩层次：第 1 层（Layer-1）、第 2 层（Layer-2）和第 3 层（Layer-3），用户对层次的选择可在编码方案的复杂性和压缩质量之间进行权衡。

第 1 层的编码器最为简单，应用于数字小型盒式磁带（Digital Compact Cassette，DCC）记录系统。

第 2 层的编辑器的复杂程度属中等，应用于数字音频广播（Digital Audio Broadcasting，DAB）、CD-ROM、CD-I（CD-interactive）和 VCD 等。

第 3 层的编码器最为复杂，应用于 ISDN（综合业务数字网）上的音频传输、Internet 网上广播、MP3 光盘存储器等。

④ 可预先定义压缩后的数码率，支持用户自己设定的数码率。

⑤ MPEG-1 音频压缩标准还支持在数据流中载带附加信息。

下面我们以 MPEG-1 层 3 的压缩编码为例简单说明以下 MPEG 编码器的原理。如图 5.2.2 所示为 MPEG-1 层 3 的编码器原理方框图。

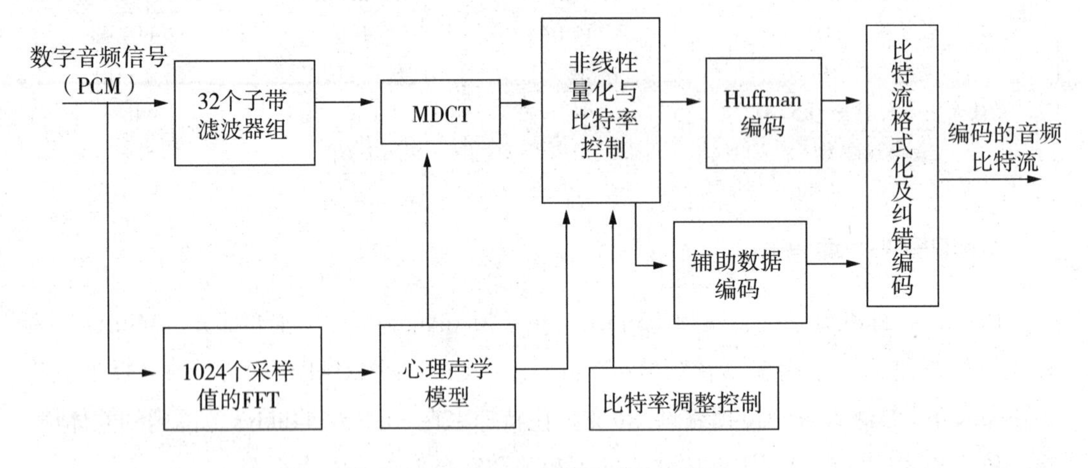

图 5.2.2 MPEG-1 层 3 的编码框图

对输入的 PCM 数字信号经过临界频带滤波器，划分成不等带宽的子带。使用了改进离散余弦变换（MDCT），根据每个子带内的量化噪声大小对每个子带进行动态比特量化。

心理声学模型是模拟人类听觉掩蔽效应的一个数学模型，它根据快速傅立叶变换 FFT 的输出值，按一定的步骤和算法计算出每个子带的信号掩蔽比。32 个子带的比特分配就是基于这些子带的信号掩蔽比。

除了使用 MDCT 外，层 3 还采用了 Huffman 编码进行无损压缩，这就更进一步降低了数码率，提高了压缩比。采用 Huffman 编码以后，可以节省 20% 的数码率。最后，将编码后的数据和其他附加辅助数据按照规定的帧格式组装成比特数据流。

2.MPEG-2 编码

MPEG-2 标准委员会定义了两种音频压缩编码标准，一种称为 MPEG-2 后向兼容多声道音频编码（MPEG-2 backward compatible multichannel audio coding）标准，简称为 MPEG-2BC，它与 MPEG-1 音频压缩编码标准是兼容的；另一种称为 MPEG-2 高级音频编码（MPEG-2 advanced audio coding）标准，简称为 MPEG-2 AAC，因为它与 MPEG-1 音频压缩编码标准是不兼容的，所以也称为 MPEG-2 NBC（Non Backward Compatible，非后向兼容）标准。

（1）MPEG-2BC

MPEG-2BC 即 ISO / IEC 13818-3，是一种多声道环绕声音频压缩编码标准。主要是在 MPEG-1 和 CCIR 775 建议的基础上发展起来的。与 MPEG-1 相比较，MPEG-2BC 主要在两方面做了重大改进。一是增加了声道数，支持 5.1 声道和 7.1 声道的环绕声；二是为某些低数码率应用场合，如多语言声道节目、体育比赛解说等增加了 16kHz、22.05kHz 和 24kHz 三种较低的取样频率。同时，标准规定的码流形式还可与 MPEG-1 的第 1 和第 2 层做到前、后向兼容，还能够与杜比环绕声形式兼容。

在 MPEG-2BC 中，由于考虑到其前、后向兼容性以及环绕声形式的新特点，在压缩算法中除承袭了 MPEG-1 的绝大部分技术外，为在低数码率条件下进一步提高声音质量，还采用了多种新技术。如动态传输声道切换、动态串音、自适应多声道预测、中央声道部分编码等。

然而，MPEG-2BC 的发展和应用并不如 MPEG-1 那样一帆风顺。正是与 MPEG-1 的前、后向兼容性成为 MPEG-2BC 最大的弱点，使得 MPEG-2BC 不得不以牺牲数码率的代价来换取较好的声音质量。一般情况下，MPEG-2BC 需 640kBit / s 以上的数码率才能基本达到欧洲广播联盟（EBU）的声音质量要求。由于 MPEG-2BC 标准化的进程过快，其算法自身仍存在一些缺陷。这一切都成为 MPEG-2BC 在世界范围内得到广泛应用的障碍。

（2）MPEG-2 AAC

由于 MPEG-2BC 强调与 MPEG-1 的后向兼容性，不能以更低的数码率实现高音质。为了改进这一不足，后来就产生了 MPEG-2 AAC，现已成为 ISO / IEC 13818-7 国际标准。

MPEG-2 AAC 是一种非常灵活的声音感知编码标准。就像所有感知编码一样，

MPEG–2 AAC 主要使用听觉系统的掩蔽特性来压缩声音的数据量，并且通过把量化噪声分散到各个子带中，用全带宽信号把噪声掩蔽掉。

MPEG–2 AAC 支持的取样频率为 8kHz ~ 96kHz，编码器的输入可以是单声道、立体声和多声道的声音，多声道扬声器的数目、位置及前方、侧面和后方的声道数都可以设定，因此能支持更灵活的多声道构成。MPEG–2 AAC 可支持 48 个主声道、16 个低频增强（LFE）声道、16 个配音声道（overdub channel）或者称为多语言声道（multilingual channel）和 16 个辅助数据流。

MPEG–2 AAC 在压缩比为 11∶1，即每个声道的数码率为（44.1 × 16）kBit/s ÷ 11 = 64kBit/s，5 个声道的总数码率为 320kBit/s 的情况下，很难区分解码还原后的声音与原始声音之间的差别。与 MPEG–1 的第 2 层相比，MPEG–2 AAC 的压缩比可提高 1 倍，而且音质更好；在质量相同的条件下，MPEG–2 AAC 的数码率大约是 MPEG–l 第 3 层的 70 %。

MPEG 压缩编码标准是目前许多声音记录设备广泛采用的。在计算机音频存储处理中，还有许多的编码压缩方式，并形成了许多不同的数字频文件格式，我们将在后面的章节加以介绍。

四、多声道环绕立体声编码

1. 杜比 AC–3

美国杜比（Dolby）实验室开发的 AC–3（全称是 Dolby Audio Codec v3）数字音频压缩编码技术与 HDTV 的研究紧密相关。1987 年美国高级电视咨询委员会开始对 HDTV 制式进行研究，要求它的声音必须是多声道的环绕声。当时还只有模拟矩阵编码的多声道立体声技术，为了提高 HDTV 声音的质量，避免模拟矩阵编码的局限性，提出了以双声道的数码率提供多声道的声音编码的设想。杜比 AC–3 是为了实现这一设想而开发的。

杜比 AC–3 系统采用了数字编码压缩技术，它利用了人耳的掩蔽效应，将声音信号中的不相关冗余信息去除，从而实现数据的压缩。杜比 AG–3 环绕声系统共有 6 个完全独立的声音声道：3 个前方的左声道、右声道和中置声道以及 2 个后方的左、右环绕声道，这 5 个声道皆为全频带的（20Hz ~ 20kHz）；另外 1 个超低音声道，其频率范围只有 20Hz ~ 120Hz，所以将此超低音声道称为“0.1”声道，加上前面 5 个声道，就构成杜比数字（AC–3）的 5.1 声道。

杜比 AC–3 虽然是 5.1 声道环绕立体声格式，但具有对不同声道数和音频设备向下兼容的特点，还音时杜比 AC–3 的解码器可以自动识别原信号的编码类型，也可以依据设备的不同输出相匹配的声道信号，通过一个信号比特流自动分配输出 5.1 多通道环绕声、Pro Logic 环绕声、双声道立体声、单声道。就技术指标而言，AC–3 的频响为 20Hz ~ 20kHz ± 0.5dB，超低声道频率范围是 20Hz ~ 120Hz ± 0.5dB。可支持 32kHz、44.1kHz、48kHz 三种取样频率。数码率可低至单声道的 32kBit/s，高到多声道的 640kBit/s，以适应不同需要。

AC–3 是在 AC–1 和 AC–2 基础上发展起来的多声道编码技术，采用了变换编码、自适应比特分配和“立体声联合编码”等技术，从而获得了很高的编码效率。

杜比公司在 AC–3 之后，近年又相继为电影院还音系统开发了 6.1 声道数字环绕声制式 Dolby Digital Surround EX 和为高清影视节目开发了 7.1 声道的 Dolby Digital Plus（杜比数字 +、DD+）技术。Dolby Digital Plus 编码技术被定为了 HD DVD 的音频标准，以及 Blue–ray 光盘的可选音频格式，其编码效率也能够满足未来的广播需求。

杜比公司还专门为高清光盘媒体开发了采用无损的压缩编码技术的 Dolby True HD，支持 8 个独立的 96kHz/24Bit 全频带声道，让您能够体验前所未有的影院声音效果。所有这些新开发的杜比多声道音频格式均有杜比专门开发的音频编码器（Dolby Media Encoder）或者直接由杜比公司提供编码服务支持。

2.DTS 编码

我们通常说的 DTS 格式是指 DTS 数字化影院系统（Digital Theatre System）的环绕立体声编码规范，它也属于 5.1 声道系统。它采用了相干声学编码技术（Coherent Acoustics Coding），利用人的心理声学原理对音频数据流进行了压缩。相对于杜比 AC–3 格式，DTS 的压缩比较小、数据率较高，重放声音的音质更好一些。

DTS 在早期的 5.1 声道基础上，近年又推出了 6.1 声道的 DTS–ES 和 7.1 甚至更多声道系统的 DTS–HD，目前已经广泛用于三维、四维电影的配音中。

DTS ES（Extended Surround）是在原 5.1 声道的基础上增加了后中置环绕声道，构成了 6.1 环绕立体声系统。DTS ES 分为 Matrix 和 Discrete 两种，DTS ES Matrix 运用的是矩阵编码方式来增加出一个后中置环绕声道，其声道间隔离度差，致使声场的定位感不太准。DTS ES Discrete 从素材编辑、声道编码、解码还原都是完全按照独立的 7 个声道进行，所以声道分离度好，声场定位准确。

DTS–HD 是在 ES 6.1 声道之后推出的高清音频格式，也称为 DTS++ 格式，支持更多的声道。DTS–HD 以 7.1 声道起步，并能兼顾更高的音质，有很好的向下兼容性和交互性。DTS–HD 可以适应从高品质的无损压缩 HD 格式到普通的有损 DTS 环绕声，向下兼容 6.1、5.1 环绕声和双声道立体声。DTS–HD 又分为采用固定比特率有损压缩的 DTS–HD High Resolution Audio 和采用动态可变比特率编码、类似于 FLAC 无损压缩技术的 DTS–HD Master Audio，能够存储与录音母带完全一样的 96kHz/24Bit 多声道环绕声音频。

第三节　纠错编码与调制技术

数字音频信号经过压缩编码后，通常还不能直接进行记录，一是考虑到数字音频信号在传输记录的过程中可能会出现数据丢失或误码。例如磁带上的磁粉可能脱落或沾上灰尘，激光唱片在使用过程中会发生损伤，这些因素均可能造成误码，需要采取一定的措施。二是为了适应记录介质对记录信号的要求，必须对记录数字信号进行码型变换成适合特定介质记录的信号形式。由于纠错编码和码型变换的方式很多，使用的算法也很复杂，本节只对纠错编码方法与调制原理做一概括性介绍。

一、纠错编码技术

在模拟录音机中，一般瞬间的信号丢失对听感影响不很显著，但是在数字录音方式中，数字误码对信号质量有较大影响，甚至少量的误码可能导致整个录音宣告报废。因此必须采用误码纠错技术来纠正错码。

1. 纠错编码的基本原理

纠错编码的原理是在记录之前采用某种在译码时能发现和纠正一定传输差错的较复杂的编码方法对所传信息进行编码，加入少量监督校验码元，在重放时对读取出的数字编码信号先利用校验码来核对重放的信号编码是否出错，如检测出某一数据流出现错码时，还能够根据编码规则纠正误码。

先举一个日常生活中的实例。如果某单位发出一个通知：“明天 14：00 至 16：00 开会”，但在通知过程中由于某种原因产生了错误，变成了“明天 10：00 至 16：00 开会”。大家收到这个错误通知后由于无法判断其正确与否，就会在这个错误时间去开会。为了使接收者能判断正误，可以在通知内容中事先增加“下午”两个字，即改为：“明天下午 14：00 至 16：00 开会”。这时，如果仍错成：“明天下午 10：00 至 16：00 开会”，则收到此通知后根据“下午”两字即可判断出其中“10：00”发生了错误。但仍不能纠正其错误，因为无法判断“10：00”错在何处，即无法判断到底是几点钟。

为了实现不但能判断正误（检错），同时还能改正错误（纠错），可以把通知内容再增加“两个小时”四个字，即改为：“明天下午 14：00 至 16：00 开会两个小时”。这样，如果其中“14：00”错为“10：00”，不但能判断出错误，同时还能纠正错误，因为其中增加的“两个小时”四个字可以判断出正确的时间为“14：00～16：00”。

通过上例可以说明，为了能判断传送的信息是否有误，可以在传送时增加必要的附加判断数据；为了能纠正错误，则需要增加更多的附加判断数据。这些附加数据在不发生误码的情况之下是完全多余的，但如果发生了误码，即可利用被传信息数据与附加数据之间的特定关系来实现检出错误和纠正错误，这就是差错控制编码的基本原理。

具体地说，为了使信息代码具有检错和纠错能力，应当按一定的规则在信息码元之后增加一些监督码元（加进的这些监督码不包含声音信息，又称冗余码元），使这些监督码元与被传送信息码元之间以某种确定的规则相互关联（约束），发送端完成这个任务的过程就称为差错控制编码；在接收端，按照既定的规则校验信息码元与监督码元的特定关系，来实现检错或纠错。

无论检错和纠错，都有一定的识别范围，如上例中，若开会时间错为“16：00～18：00”，则无法实现检错与纠错，因为这个时间也同样满足附加数据的约束条件，这就应当增加更多的附加数据（即冗余）。信源压缩编码的中心任务是消除冗余，实现数码率压缩，可是为了检错与纠错，又不得不增加冗余，这又必然导致数码率增加，传输效率降低，显然这是个矛盾。差错控制编码的目的，就是为了寻求较好的编码方式，能在增加冗余不太多的前提下来实现检错和纠错。

2. 差错控制编码的分类

随着数字通信技术的发展，人们研究开发了各种差错控制编码方案，这些方案各自建立在不同的数学模型基础上，并具有不同的检错与纠错特性。下面我们从不同的角度对差错控制编码进行分类。

按照差错控制的不同功能可分为检错码、纠错码和纠删码。检错码仅具备识别误码功能，而无纠正误码功能；纠错码不仅具备识别误码功能，同时具备一定的纠正误码功能；纠删码则不仅具备识别误码和纠正一定数量误码的功能，而且当误码超过纠正范围时可把无法纠正的代码删除，或者再配合差错掩盖技术对误码进行覆盖替换。

按照信息码元与附加的监督码元之间的检验关系可分为线性码与非线性码。如果两者之间具有线性比例关系，即数学模型上满足一组线性方程式，就称为线性码；否则，两者关系不能用线性方程式来描述，就称为非线性码。目前使用较多的信道编码都是线性码。

按照信息码元与监督附加码元之间的约束关系的不同，可以分为分组码与卷积码。在分组码中，编码后的码元序列每若干个分为一组，其中包括信息码元和附加监督码元，每组的监督码元仅与本组的信息码元之间有确定的检验关系，而与其他组的信息码元无关；而卷积码则不同，虽然编码后码元序列也划分为码组，但每组的监督码元不但与本组的信息码元有关，而且与前面若干个码组的信息码元之间也有约束关系。

按照信息码元在编码之后是否保持原来的形式不变，又可分为系统码与非系统码。在系统码中，编码后的信息码元序列保持原样不变；而在非系统码中，信息码元会改变其原有的信号序列。

按照误码产生的原因不同，又可将纠错码分为用于纠正随机差错的码与用于纠正突发性差错的码。前者主要针对偶发性的随机误码进行检错纠错；后者主要针对产生短暂的突发性连续误码的场合，如瞬时脉冲干扰或光盘划痕造成瞬间信号丢失等情况。

根据编码过程中所选用的数学函数式或信息码元特性的不同，又包括多种编码方式。对于某种具体的数字录音设备，为了提高检错、纠错能力，通常同时选用几种差错控制编码方式混用。

3. 常用纠错编码

（1）奇偶校验码

奇偶校验码也称奇偶监督码，它是一种最简单的纠错编码方式。其方法是首先把待编码的信息数据流分成等长码组，在每一信息码组之后加入 1 位监督码元作为奇偶校验位，使得码组中所对应的 1 或 0 的脉冲数均为偶数。在重放时，对经解调和整形而获得的脉冲序列码组的 1 的个数进行校验，如果任何一个码组发生 1 位差错，则重放的码组必然不再符合奇偶校验的规律，因此可以发现误码。这时可以用一些纠错方法实现纠错，例如根据音频信号的特征可以用其前后两个相邻的量化值的平均值进行补正。

不难理解，这种奇偶校验编码只能检出单个或奇数个误码，而无法检测偶数个误码，对于连续多位的突发性误码也不能检测，故检错能力有限。另外，该编码方法没有纠错能力。

为了提高奇偶校验码对突发差错的检测能力，可以考虑用二维奇偶校验码。将若干奇偶校验码排成若干行，然后对每列进行奇偶校验，将校验位放在最后一行。传输时按照列顺序进行传输，在接收端又按照行的顺序检验是否存在差错。由于突发差错是成串发生的，经过这样的传输后差错被分散了。实际上，这是一种将交织技术与奇偶校验相结合的方法。

（2）线性分组码

分组码是一种把数据序列分成以 k 个码元为一组，由这 k 个码元按一定规则产生 r 个监督码元，并附加在信息码元之后，组成长度为 n=k+r 的码组。当 k 个信息码元与 r 个监督码元之间具有线性关系时，就称为线性分组码。

从上面的奇偶校验法可以看出，如果只有 1 位监督码，取值只能是 0 或 1，只能代表有错和无错两种信息，而不能指出误码的位置。不难推想，如果监督位变成 2 位，由于两个校验子的可能值有 4 种组合 00，01，10，11，故能表示 4 种不同的信息。若用其中一种表示无误码，则其余 3 种就有可能用来指示 1 位误码的 3 种不同位置。同理，r 个监督关系式能指示 1 位误码的（2^r-1）个可能位置。线性分组码就是使用 r 个监督码元和 k 个信息码元一起构成一个线性代数式。在重放端译码时就可以利用一组线性方程组的逻辑运算，利用根与系数的关系得出错误码的位置并进行纠正。

（3）循环码

循环码是一类重要的线性分组码，除了具有线性分组码的一般特性以外，它的最重要特性就是循环性，即循环码中任一码组循环左移（或右移）1 位后，仍为该循环码中的另一个码组。例如（7，4）循环码中一个码组为 0001101，其循环左移得到码组 0011010、0110100、1101000、1010001、0100011、1000110，它们都是该循环码中的许用码组。循环码所具有的这种特殊的代数性质，有助于按照要求的纠错能力系统地构造这类码，并且简化译码算法。

目前发现的大部分线性分组码与循环码有密切关系。循环码还有易于实现的特点，很容易用带反馈的移位寄存器来实现。正是由于循环码具有码的代数结构清晰、性能较好、编译码简单和易于实现的特点，因此在目前的纠错系统中所使用的线性分组码几乎都是循环码。它不仅可以用于纠正独立的随机差错，而且还可以用于纠正突发差错。

在数字音频领域内使用最多的里德–索罗门码（Reed–Solomon），就是一种在伽罗华域（Galois Field）上构成的线性分组码。

4. 交叉交织编码

对纠错来说，分散的差错比较容易得到纠正，但出现一长串的差错时，就较麻烦。正如人们读书看报，如果文中在个别地方出错，根据上下文就容易判断是什么错。如果连续错好多字，就很难判断该处写的是什么。

在光盘上记录数据时，如果把本该连续存放的数据错开放置，那么当出现一片差错时，这些差错就分散到各处，差错就容易得到纠正，这种技术就称为交织（Interleaving）技术。把这种思想用在数字记录系统中对突发差错的更正非常有效。

从原理上看，交织技术并非是一种纠错编码方法。在发送端，交织器将编码器输出的码元序列按一定规律重新排序后输出，进行传输或存储，在接收端进行交织的逆过程，称为去交织。去交织器将接收到的码元序列还原为对应发端编码器输出序列的排序。

简单的块交织方式的原理是：将输入码元序列以逐列顺序存储到一个存储器阵列中，该阵列有 M 列、N 行。每个存储器单元存储一个码元，当存储器阵列存满后，再以逐行顺序从存储器阵列中读出码元输出，就实现了交织。

可见交织器输出码元序列按 N × M 的大小分成块（或称为帧），在块交织器和去交织器中，必须确定块的起始码元，才能正确还原为纠错编码器输出序列的码元排序。为此，通常以块起始码元为同步字，在去交织之前据此进行块同步（帧同步），找出块的起始码元。

交叉交织（Cross Interleaving）技术是交织技术的进一步强化，它采用了双重交织编码技术的结合，这种编码技术用了两个编码器，纠错能力更强。

在光盘存储器中通常采用的里德所罗门（CIRC）纠错编码方式，就是将集中的错码利用交叉交织方式变换成分散出现的错码，以提高对错码的辨认和补偿能力。

二、差错掩盖技术

从理论上来说，可以利用冗余数据或者通过精确计算来纠正和消除差错。但是，当出现严重的差错时，这些纠错方法也无能为力。而利用差错掩盖技术就是一种行之有效的纠错处理方法。这种技术在数字音频系统中尤其实用，因为音频信号的时域相关性较强。插值和静音是两种常用的差错掩盖技术。

1. 插值

在经过去交织处理之后，大多数差错甚至包括突发性差错都被分散到有效数据中。利用周围有效数据计算得到的新数据来代替丢失或不可纠正数据就显得合情合理。只要差错足够分散，同时在数据值之间存在一定的关系，这种技术就可以有效地发挥作用。例如，由于音乐的连续性，一个音乐片段的数字信号通常可以在经过插值处理之后，对声音质量产生的影响很难被人耳察觉到。

插值处理的最简单形式是只要保持前一个取样数值，利用重复的结果替换丢失或错误的数据。这种方法称为零阶插值或前值插值。

一阶插值（有时也称为线性插值）是利用错误的取样值用前、后取样值的平均值代替错误值。在许多音频设备中，采用零阶和一阶插值相结合的方法。如果差错连续出现，则利用前值插值代替差错，但是最后一个差错用前、后取样值的均值代替。如果差错随机出现，即有效取样值包围着错误样值，则利用平均值替代错误取样值。

有时也利用其他一些高阶的插值方法。高阶插值就是利用高阶多项式计算替换值。在实际应用中，有时利用三阶或五阶插值方法。

2. 静音

静音就是简单地把丢失或未纠正的错误样值设置为零。当出现严重差错或播放器故障时，静音要比解调出错误数据产生不可预知的声音要好得多。

静音可以用来处理那些未纠正的差错产生的“咔嚓”声。一个简单静音产生的瞬间增量畸变可能是听不到的，但是“咔嚓”声一定听得到。持续 1ms ~ 4ms 的静音，人耳是察觉不到的。当两个立体声通道分别被独立处理时，更有利于采用隐藏措施。比如，可以对一个声道静音而不是两个声道同时静音。

为了尽量使静音不被听到，静音算法在完全输出静音之前，可以先逐渐地减小输出信号的幅度，之后再逐渐恢复。例如，可以通过在几毫秒的时间内对连续的取样值乘以衰减系数来调整增益，这样可以产生一个平滑的衰减。

三、码型变换和调制

为了适应不同存储媒介或传输信道的特性，音频信号经取样、量化、编码和压缩、纠错编码后形成的数字信号，还需要进行调制或码型变换。通常数字存储记录或传输系统所采用的码型变换或调制方式一般应满足以下要求：

（1）容易提取同步信号

数字信号是以字符为单位的，若偏移 1 位，就会使该字符代表的信号内容发生错误。为此，必须把记录信号分割成很小的字组（这样的字组称为帧），并在帧与帧之间插入帧同步信号作为分界线。在不同的系统中，帧结构是不尽相同的，在一帧数字信号中，含有若干个携带信息的数据字，还含有帧同步字、纠错检错字、控制字等。

为了能从接收或重放信号中提取出帧同步和系统正常运行所需的时钟信号，要求传输或记录的数码流不应出现过长的连“0”或连“1”。

（2）低频直流分量要小

在像磁性记录那样的由微分信号检出的重放系统中，传输直流信号是很困难的。因此，希望调制后的信号不包含直流分量，或直流分量要尽可能小。

（3）传输带宽要窄

由于记录、重放系统和传输信道的传输特性，一般是频率越高衰减越大，因而希望已调信号的带宽要尽量窄。

考虑到存储媒介的特性不同，对磁带和光盘分别需从磁特性和光特性来考虑码型变换。用于光盘和磁带记录的调制有多种方式，如非归零（NRZ）、改进型调频（MFM）、8 — 14 调制（EFM）和 8 — 10 变换（ETM）等。

1. EFM 调制

EFM 调制是 8 到 14 比特调制（Eight to Fourteen Modulation）的简称，用于 CD 激光数字唱片系统。它是指把纠错编码送来的每 16 位数据分成两个字符，每个字符有 8 位数据，再将 8 位变换成 14 位的数据单元，作为记录媒介的记录数据，如图 5.3.1 所示。

这样做是为了防止两个及其以上的 1 连续出现，限制连续为 0 的数目，使重放时易于录制与读出，并保持信号和同步的稳定。例如，有连续多个字节的全“0”信号或者全“1”信号要记录到盘上，如果不作码型变换就把它们记录到盘上，读出时的输出信号就是一条直线，电子线路就很难区分有多少个“0”或者多少个“1”信号，读出的信息就很不可靠。因此通俗说来，码型变换实际上就是要在连续的“0”中插人若干个“1”，而在连续的“1”之间插入若干个“0”，并对“0”和“1”的连续长度加以限制。

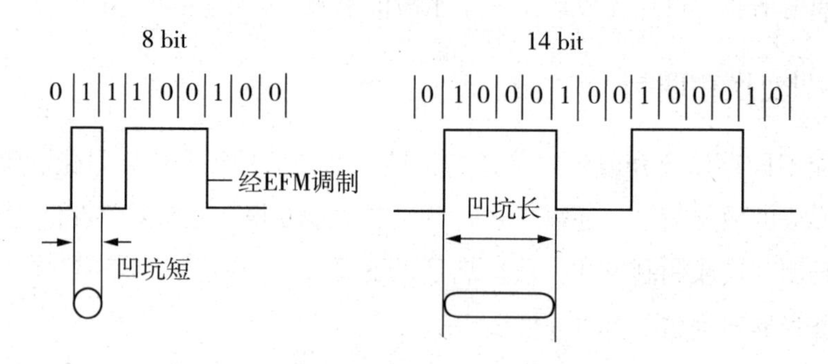

图 5.3.1　EFM 调制示意图

EFM 调制规定，将 8 位数据变换为 14 位数据时，1 与 1 之间 0 的数目最少限制为 2 个，最多限制为 10 个，共有 9 种状态；并且规定每逢 1 时，表示数据的脉冲电平改变一次。在激光唱片中，用凹坑或平台代表 1 和 0，经过 EFM 调制后，相当于将凹坑与平台的长度限制在 3 ~ 11 个码元周期，既便于读出，也不致于连续 0 过多而导致不稳定。

大家知道，8Bit 数据有 256 个代码，14Bit 通道码有 16384 个代码。通过计算机的计算，在这 16384 个代码中有 267 个代码能够满足“0”游程长度的要求。在这 267 个代码中，其中有 10 个代码在合并通道码时限制游程长度仍有困难，舍去后剩下 257 个代码，再去掉任意一个代码，就得到了与 8Bit 数据相对应的 256 个通道码。在实际编码中，可通过查表法把 8Bit 数据变换成 14Bit 的通道码。

此外，当通道码合并时，为了满足游程长度的要求，在两个通道码之间要再加上 3Bit 的合并位来确保读出信号的可靠性，于是在激光唱盘中 8Bit 的数据就转换成了 17Bit 的通道码。在 DVD 光盘技术中，把 3Bit 合并位改成 2Bit，并把它们直接插入重新设计的码表中，这样一个字节的数据就转换成 16Bit 的通道码，这也就提高了 DVD 的存储容量。

2. 8-10 调制

8-10 调制用于磁记录的数字磁带录音机（DAT），为满足数码流记录在磁带上，要求如下：

① 记录的数码流不应长时间为同一电平。

若用零电平表示数字“0”，则意味着“0”比特连续的时间不应过长；同样，“1”比特连续的时间也不能过长，以利于提取读出信息所需的时钟信号。

② 对于磁记录，要求记录的数码流不含直流或少含直流分量。即数码流中的比特 1、0 应以相同数目翻转。

③ 小型化的数字磁带录音机（DAT）不具备抹音磁头，再次写入时直接写在原记录的信号上。对于这种做法需要记录的数字信号的最大波长与最小波长之比要尽量小。

这是因为数字信号在磁带上记录，高频信号（短波长）记录在磁带表面，随着频率的降低向纵深发展。20Hz～20kHz 音频信号以模拟信号记录在磁带上，记录的磁化深度要相差近 1000 倍。这对于模拟录音机影响不大，因为在录音前先经过抹音磁头。对于不具备抹音磁头的 DAT 只有减少磁化深度差才有利于抹去以前信号。

具体实施时，是将原 8 比特数据转换成 10 比特的通道码。8 比特数据有 256 个代码，10 比特通道码有 1024 个代码，从这 1024 个代码中寻找出符合要求的 256 个代码与之对应。

3. 数字调制

信道编码后的数据信号除了一般的基带传输记录外，要作长距离的传送时，必须通过调制措施对高频载波进行特定方式的调制，然后对已调波进行发射、传输。像模拟信号中的调制有着调幅（AM）、调频（FM）和调相（PM）以及高频脉冲载波的脉宽调制（PWM）等那样，数字调制是由数据流对高频载波进行调制，对于正弦高频载还已也有调幅、调频和调相三种基本调制方式，并可以派生出多种其他调制方式，但数据流调制中不再以高频脉冲作为载波使用。

从原理上看，数字调制与模拟调制没有本质上的差别。模拟调制是由模拟信号的瞬时值改变载波信号的某个参量（幅度、频率或相位）实现载波调制的，模拟信号在时间上和幅度上都是连续的，所以载波信号的调制参量也是连续变化的。在数字调制中，由时间上和幅度上离散的数字信号改变载波的某个参量。在接收端，对接收到的已调制载波的被调制参量的进行检测，由此解调出原来的模拟调制信号。

第四节 数字音频的记录

数字音频记录是指把模拟声音信号数字化后，在数字状态下进行记录、传送以及加工处理和重放的技术。前面两节已经对数字录音系统中用到的音频信号数字化、编码压缩等技术做了介绍，下面我们对数字声音记录和重放系统的组成和原理做一概述。

一、数字音频记录系统的组成

如图 5.4.1 所示为一数字音频系统的录音、放音的系统框图。模拟音频信号经低通滤波器进行带限滤波后，由取样、量化、编码三个环节完成 PCM 编码，形成了数字信号。为了能够纠正记录过程中误码影响再经过纠错编码处理，然后经过调制或数字码型变换后变成适合特定记录媒介记录的信号，最终记录在媒介上。

放音时，记录介质上的数字信号经放音磁头或激光头将磁带、磁盘或光盘上的磁光信号转变为电信号，首先提取出同步信号，再经过解调、纠错解码处理等过程恢复为 PCM 数字信号，由 D / A 转换器，经低通滤波器恢复出原声音信号。需要指出的是，上述数字处理过程必须在同步信号的严格控制下才能进行。

有些记录系统，模拟信号转换为二进制的数字信号后，为了减小音频数码率，以便降低传输通道带宽要求、节约存储空间，还要进行必要的压缩编码。

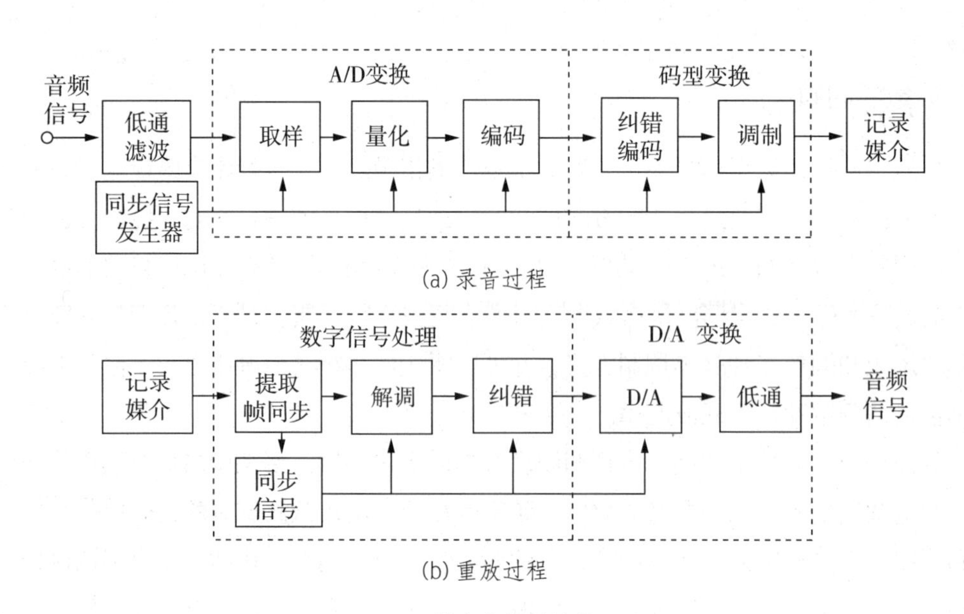

图 5.4.1 数字音频系统的原理

从记录声音的媒介的外观上看，早期主要是盘和带两大类，现在又出现了以 SD 卡为代表的电子存储媒介。传统的磁带是储存声音信号的主要载体，随着科技的进步，上世纪末出现了以光盘为记录载体的录音机和以电脑硬磁盘为记录载体的硬盘录音机和数字音频工作站。近几年来，随着计算机技术和互联网的快速发展，引发了声音存储载体和传播途径的一次革命，以半导体存储卡作为记录介质的录音设备也得到了广泛应用。

一张小小的 SD 卡就有上百 GB 的容量，硬盘的容量更以 TB 作为单位，早已大幅度地抛离任何一种光盘的容量，可以容纳更多高质量的数字音频文件。因此，以磁带和光盘作为存储介质的数字录音机渐渐地被淘汰，相继出现以 SD 卡、CF 卡以及电脑硬盘作为存储介质的数字录音机。此外，数字录音机的体积也在不断地缩小，重量也降低，轻便到可以让用户随身携带，于是就有了随身数码录音机，也有人称之为“录音笔”。

二、数字音频记录的关键

目前，数字录音技术已经渐渐趋于成熟，出现了各种各样的录音设备。而决定这些录音设备的性能指标优良与否，关键还得从以下几个方面衡量：

1. A / D 和 D / A（转换技术）

作为数字音频系统的入口与出口的 A / D 和 D / A 转换是模拟信号与数字信号的分界点。一旦把模拟信号变换成数字信号之后，数字信号本身的处理就纯粹属于数字处理。理论上来说，在整个数字域的处理过程中是可以不引入任何失真和噪声的。对录音的质量来说，音频信号通过 A / D 和 D / A 变换后，越接近原始的模拟音质就越好。一个数字录音系统究竟能使处理后的声音信号在多大程度上逼近原信号，可以说就取决于 A / D、D / A 转换器及其外围电路的性能。

采样频率和量化比特数是衡量 A / D 转换器性能的两个重要参数。为了提高数字音频的质量，需要提高采样频率和量化精度。目前，采样频率已从 44.1kHz 发展到 192kHz，目前我们的音乐录音大多采用了 96kHz 的标准；量化比特数由 16Bit 提高到了 24Bit。但是如果只是简单地通过增加量化比特数和提高采样频率的措施来改善数字音频的质量，则效果有限。为此，就需要人们去不断探求新的 A / D、D / A 转换技术。

目前，飞利浦和索尼公司共同推出的用于超级音频 CD（Super Audio CD，SACD）的一种称为直接流数字（Direct stream Digital，DSD）技术，还支持立体声和 5.1 环绕声。可以说这是一种比较先进的用于数字光盘录音机的 A / D 转换技术。

2. 压缩编码技术

随着采样频率的提高，量化比特数的不断增加，数字化后的声音信号数据量非常巨大，这无法在一般的物理介质中存储和传输。压缩编码的目的是在尽量不降低音质的条件下减少数据量，以使数字系统能够实现经济、方便地存储和传输。

到目前为止，音频压缩编码技术的水平是：立体声编码数码率已降到 64kBit/s 甚至低到 48kBit/s，语音编码已降到 2kBit/s。随着因特网传输信息量的日益增大，要求下载速度快，故数码率的进一步降低是人们关心的热点。对音频来说，降低数码率的关键在于充分利用人耳的听觉特性，创建新型的心理声学模型以及新型的量化编码方式。

3. 数字信号处理技术

数字信号处理就是对数字信号进行压扩、变换、滤波、均衡、效果等各种处理。数字信号处理器（DSP）是数字音频设备的核心组成部分。数字调音台、数字音频工作站以及对声音进行处理的数字化设备都是利用 DSP 进行幅度、频率及延时处理，实现模拟设备中的幅度压缩限幅、音量控制、频率均衡、混响效果等处理功能，通过数字滤波器滤除信号中的各种噪声和干扰。所以数字信号处理器的处理性能往往决定了数字录音系统对声音的各种处理能力。

4. 纠错编码和调制技术

上一节已经介绍，数字信号在记录过程中会产生误码，为了提高记录和读取的可靠性，能从光盘、磁盘等存储媒介中读出正确的数据，必须进行纠错编码。为了能够在磁带、光盘等这样的特定物理介质上方便记录音频数据，必须要将其数据码型变换成适合于信道传输的形式，这就要利用调制或码型变换技术。探索更好的纠错编码技术和先进的调制方法，使得在现有的记录媒介上获得更高的记录密度也是录音技术发展的关键。

目前在 CD 的记录系统中就采用了交叉交织理德—索罗门编码（Cross Interleaved Reed Solomon Code，CIRC）进行纠错编码，采用 8—14 调制（Eight to Fourteen Modulation，EFM）进行码型变换，在数字磁带录音机 DAT 的记录中使用 8 — 10 码型变换。

三、数字录音机的优越性

下面以模拟磁带录音机与现代的数字磁录音系统的比较，来看模拟技术与数字技术的不同。首先来看模拟磁带录音存在下面的一些致命缺点：

① 录音磁带和电路的噪声可以把记录声音的噪声叠加进去，所以模拟磁带录音机记录存在磁带噪声。

② 对于需要多次复制、传输的模拟录音，每复制、传输一次，信号的质量就要下降一次。

③ 录音磁带、磁头等磁化特性呈现的非线性会使记录的信号产生非线性失真。

④ 驱动、转动机械系统的不稳定会造成抖晃，使记录声音产生失真。

模拟磁带录音机还存在记录声音动态范围小、频带窄等问题。例如，开盘式录音机的动态范围只能达到 60dB 多，频响尽管已经覆盖了整个音频范围，但其谐波失真、抖晃率、声道分离度等指标很难做得很高，盒式录音机的技术性能则更差。为了克服上述缺点，就需使用高精度的制造工艺、高性能的电路设计，但克服还是有限度的。而数字录音技术的应用却能在这些方面获得很大进展，使得这些性能有大幅度的提高，图 5.4.2

为 DAT 数字磁带录音机及磁带。

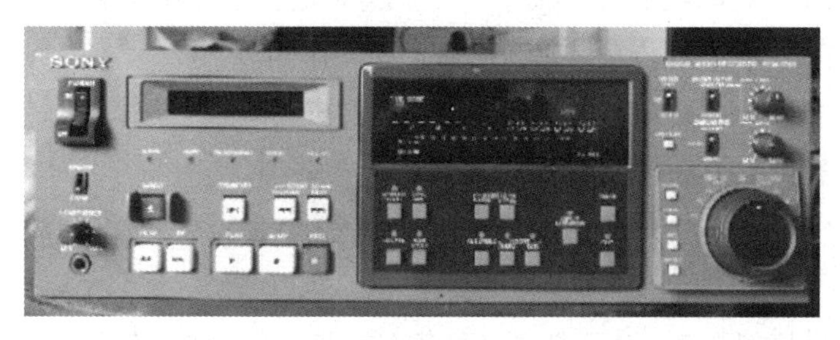

(a) DAT 录音机

(b) DAT 磁带

图 5.4.2　DAT 录音机及 DAT 磁带

与模拟磁带录音机相比，数字录音就具备许多优点：

① 记录介质的信噪比与放音信号信噪比无直接关系，令人头痛的磁带本底噪声问题不复存在。在模拟录音机中，噪声主要由磁头和磁带等引起，这些噪声很难克服。在数字录音方式中，同样会有这类噪声，但因为记录的是二进制码，在重放过程中的任务只需判断出高低两个电平值“0”或“1”，只要噪声不影响编码信号“0”与“1”的状态，则此噪声不会对编码所对应的音频信号的质量产生影响。

② 不会因为记录介质和电路的非线性特性使得声音产生非线性失真。在重放过程中的任务只需判断脉冲的“有”“无”即可，无须关心脉冲的形状。因此，和模拟记录相比，所用记录媒质可以廉价得多，省去了偏磁电路，也不必要求磁头和磁带有良好的线性。

③ 可以实现无损失复制。在数字信号传输的过程中，为了提高可靠性，通常对信息进行信道编码，便于采用纠错编码处理，以便在出现传输差错时能予以修正，降低误码率，实现信息的无差错传输和存储。

④ 驱动、转动系统的不稳定，不会造成抖晃。因重放系统中所设时基校正电路和存储器的作用，即使驱动系统不稳也不会引起抖晃，因而不必要求像模拟记录中那样的精密机械系统。

⑤ 对信号的各种处理都可以变成数字的运算，因而使数字录音具有了模拟录音无法相比的强大的编辑和处理功能，并可不改变设备硬件，而用软件进行升级。

⑥ 存取迅速，节目传输交换变得更方便。

此外，利用数字音频记录、处理和传输技术还具有以下一些优点：

① 能实现高效编码技术，有利于节省存储空间和传输带宽。

② 便于使用现代计算机技术对信号进行处理、存储和变换，从而提高了信息处理能力和灵活性。比如可以通过 DSP 实现各种声音效果处理；还可由各种程序控制，实现

各种自动化功能和遥控操作。

③ 可以进行差错控制（纠错编解码技术），因而提高了信息传输存储的可靠性。

④ 抗干扰能力强，特别是在多级中继传输时更为明显。

⑤ 易于实现网络化传输，能形成一个灵活、通用、多功能的多媒体信息传输网。

⑥ 便于加密，对所传输 / 存储的信息进行保密或版权保护。

⑦ 数字化设备易于集成化和大规模生产，产品体积小、重量轻、功耗省、可靠性高、多功能和智能化。

通常数字录音设备的技术指标都很高，比模拟录音机具有较高的信号保真度。加上数字录音设备操作简便、数字储存媒介存储的资料能够长期保存等许多优点，为声音的录制技术带来了一场数字化革命。近年来传统的模拟音频录放设备正逐步被数字录音设备所取代。但是，目前数字录音设备也存在以下一些缺点：

① 数字化标准未统一，各生产厂家生产的数字设备都有不同的格式（采样频率、量化比特、编码方式等）。

② 存在接口互不兼容的问题，不同厂家的设备互连时比较困难，给使用带来不便。

③ 虽然电声指标高，但对作用于人耳的听觉感受还是有不少争议。

④ 数字信号处理过程中不可避免要产生较大的延时。

由于声音数字化传输和记录的优点十分突出，最初的一些缺点也由于近年来数字处理技术的发展而逐步得到解决，因此，数字化录音是现代录音技术发展的趋势。

第五节　数字磁带录音机

根据数字录音机使用记录介质的类型不同，我们可以将数字录音机分为磁带类、光盘及磁光盘类和硬磁盘类、存储卡类等，每一类又有很多种，互相间没有通用性。本书只对常用的几类数字录音设备做个简单介绍，对于有些不常用的数字录音设备请读者参考有关资料。本节首先对曾经占据主流的几种数字磁带录音机的原理结构和性能特点分别做一介绍。

一、旋转磁头数字磁带录音机

最初，由于音频信号经数字化后的数据率很大，仍然使用模拟录音机的固定磁头方式来记录数字化的声频信号，技术上困难很多。于是，最初是在模拟磁带录像机技术的基础上研制出了数字磁带录音机。1967 年 5 月，日本广播协会（NHK）研制出第一台旋转磁头式数字磁带录音机（2 声道，1 轨迹，用 1 英寸宽磁带），它就是直接利用已有的录像带作为记录载体，将音频信号转变为伪视频信号，借助广播录像机巧妙地将PCM数字音频信号存入录像系统的视频磁带中。在此基础上，1982年SONY又发布了更小的盒式磁带的旋转磁头式DAT（R–DAT）录音机。此后，利用PCM处理器和磁带录像机构成的旋转磁头PCM录音机逐步得到了广泛应用。

目前，旋转磁头数字磁带录音机主要有：DAT数字磁带录音机、以磁带录像机（VTR）作记录机芯的各种数字录音机。使用的磁带有带宽3.81毫米的小型盒式DAT磁带、带宽1/2英寸的S–VHS盒式磁带、带宽8毫米的盒式磁带等几种规格，下面分别给予介绍。

1. R–DAT数字磁带录音机

R–DAT（Rotary head DAT）就是在录像机的基础上发展起来的数字磁带录音机，与盒式磁带录像机类似，采用旋转磁头方式，在旋转磁鼓上将两个磁头分设两侧，然后由高速旋转的2个磁头轮番工作，进行记录和重放信号。前一节的图5.4.2为DAT录音机，下图5.5.1所示为R–DAT录音机的机芯结构。

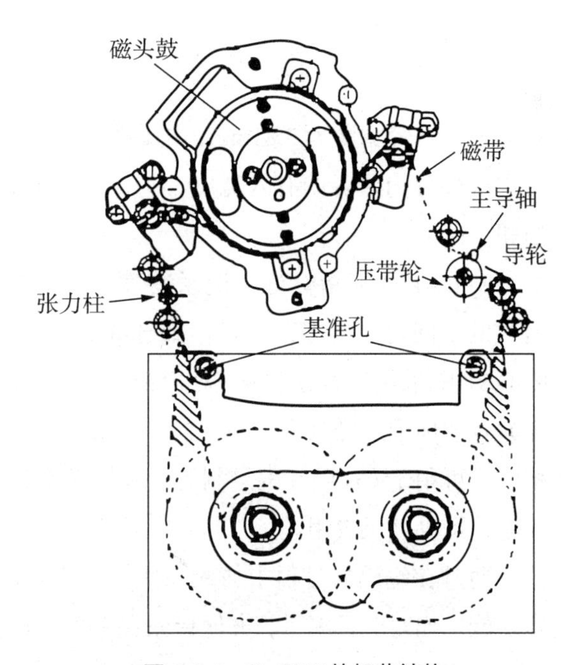

图5.5.1　R–DAT的机芯结构

R–DAT的走带系统与磁带录像机一样，在磁鼓上安装两个磁头使其高速旋转，使磁带在其磁鼓上缓慢移动而呈螺旋形走带，以此方法相对加大磁头与磁带的接触长度和相对走带速度。

R–DAT的走带机构中设有不少轴、轮，从供带侧开始，它们依次是供带侧的固定柱、张力柱、导带轮、磁鼓、斜柱、主导轴与压带轮、固定柱（磁鼓以下为出带侧）。R–DAT的走带驱动方式与模拟盒式录音机相似，也以主导轴驱动磁带。R–DAT的电机有主导轴电机、带盘电机、磁鼓电机等，共有4～6只。

磁头鼓成一定角度倾斜，它以每分钟2000转的速度转动，磁头和磁带的相对速度达到3.13 m/s，这速度大约比卡式磁带快66倍，普通90min磁带如果以这速度运行大约只有43s的录音时间。DAT磁带的运行速度是8.15mm/s。DAT磁带格式是在宽3.81mm的金属磁带中央部分，形成倾斜状的轨迹。磁带上的磁迹排列方式如图5.5.2所示。

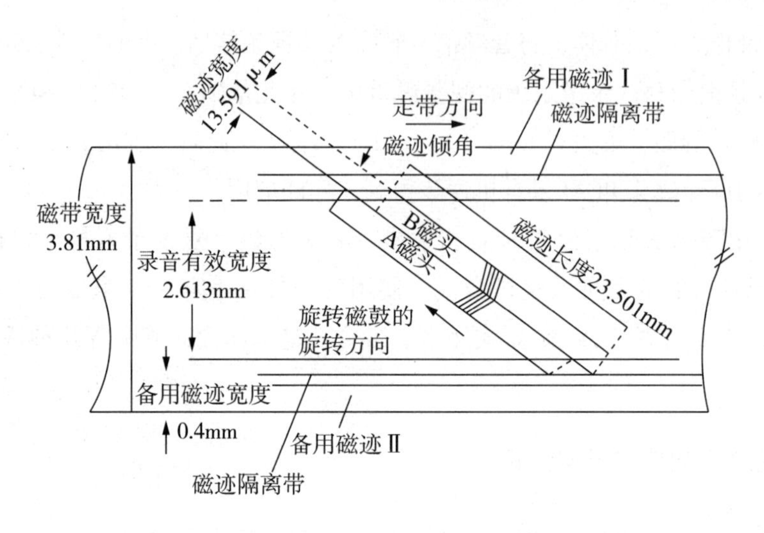

图 5.5.2　R–DAT 磁迹分布示意图

整个磁带宽度为 3.81mm，沿磁带长度上下两边各有一条 0.4mm 宽的备用磁迹。磁带中心部分为录音的有效宽度，为 2.613mm，上下各有 0.2mm 宽的隔离带与备用磁迹相邻。

R–DAT 性能指标好、记录密度高、可靠性高。按照采样频率、量化比特数和通道数的不同可以有多种录音格式选择。采样频率是决定放音最高频率的重要参数，在 R–DAT 中采用三种采样频率：48kHz、44.1kHz、32kHz。其中，48kHz 是 R–DAT 录音和放音的标准采样频率，是任何一种 DAT 机所必备的。44.1kHz 与 CD 唱机的采样频率相同，可用于 CD 唱片的录制等。采样频率为 32kHz 时与卫星广播的数字音频电视伴音兼容，可供其录放用。

通过在编码的过程中加入一些控制识别码，R–DAT 可以方便地实现一些编辑和检索功能。如对节目编号，方便检索；高速搜索节目，在重放时，保持按下快进或倒带键，磁带就会以标准带速约 2.5 倍的速度进行搜索；自动音乐检测（AMS），当按下 AMS 快进或倒带键，就会向前或向后搜索到下一个节目的起始；全部节目扫描功能，当按动节目扫描键后，无论磁带停在什么位置，都会倒带到带首，然后寻找到第一个节目起始 ID 处，重放 8s，再快进到第二个节目的起始 ID 处，也重放 8s，如此直到整盘磁带的节目都被重放 8s，再快速倒带到带首，通过这一功能可使用户了解一盒磁带所记录的内容。

R–DAT 的带盒尺寸为 73mm × 54mm × 10.5mm，比现时的盒式模拟录音带尺寸 102mm × 64mm × 12mm 要小得多。而前者的磁带长仅为后者的 1/3，却能记录 2 小时的节目。R–DAT 节目磁带有两种：一种是普通 DAT 金属磁带，目前出售的 40 分钟、60 分钟、90 分钟和 120 分钟 DAT 磁带都是厚度与普通盒式磁带相同的，只是长度不同而已。另一种是预录好节目的有声磁带。它是用高速复制系统采用接触复制技术生产的。它是将母带与复制带磁粉相接触，同时通过一个复制磁场和偏磁磁场。为了在复制时不会使母带磁化而使原有信号退磁，要求母带的矫顽力应为复制带的三倍以上。预录带的磁迹被加宽了 50%，为了使磁鼓的扫描能和它吻合，带速也要相应提高 50%，录音的时间被缩短了 1/3 左右，磁迹宽度的识别、带速的转换，都由识别孔判断后完成。

专业的 R–DAT 与非专业用 R–DAT 在技术指标方面所差无几，除了输入输出插座类型不同之外，在功能方面，专业用 R–DAT 一般具备以下几点特有功能：

① 在录音的同时能够进行监听。在磁鼓上设有 4 个磁头，先行磁头录音后，由后继磁头进行放音。

② 能记录和重放时间码。将 SMPTE/EBU 时间码记录在子码中，以便于精确地进行编辑。

③ 有电子编辑功能。能利用编辑机进行以帧为单位的精密声音编辑，能改正 1ms 的编辑点。

④ 有变速放音功能。

⑤ 可插入各种功能板卡，完成各种应用要求。例如计算机接口板、数字输入输出接口板等。

目前，由于 DAT 的记录时间长、磁带成本低、体积小、适合于现场采访、母版制作、节目的播出与交换、声音资料存挡，并可直接进行编辑等优点。R–DAT 录音机在广播影视行业得到了广泛的应用和发展，20 世纪 90 年代，在两轨立体声 DAT 的基础上又生产出了 8 轨 DAT 录音机。

2. ADAT 多轨数字录音机

ADAT 是美国 Alesis 公司出品的 8 声道 DAT 数字盒式磁带录音机。它使用 S–VHS 盒式录像带。采用 16Bit 量化，48kHz 取样频率，可利用面板上的音调控制钮，使取样频率在 40.4kHz 至 50.8kHz 之间改变，相当于音调有在 –3 至 +1 半音的变化。A / D 变换以 64 倍过取样进行。

图 5.5.3　Alesis 8 声道数字录音机

ADAT的工作原理是：模拟信号以平衡+4dBu或不平衡-10dB输入，经16Bit，64倍过取样A / D变换器（八个声道，每个声道各有一个A / D变换器）后成为数字信号，送入一个存储缓冲器。缓冲器具有数据交叉存取功能，对相继的取样值进行交织。每一声道的数据是独立储存的，对多轨数据流采用较新的编 / 解码技术，保证未被录音的声道数据不被改变。

ADAT的磁鼓类似于专业DAT的磁鼓，有四个磁头，两个读、两个写。ADAT的读磁头先于写磁头，使输入信号先进入缓冲存储器内。数字叠变器可使已记录的数据淡出，新数据淡入。

放音时，磁头拾取的信号先通过解码器，进行反交织，再经误码校正后送入另一个缓冲存储器中，当同步后，送至一16Bit线性D / A变换器，进行各声道的数模变换后输出模拟信号。

ADAT采用简明、牢固的模块式设计，使维护方便，它的走带按键形体较大。可用BRC遥控器进行走带和自动定位的控制。BRC遥控可操纵多达16台ADAT同时工作，组成128个声道录音机，带动SMPTE和MIDI同步信号，可以在录音机之间进行数字组合编辑、走带状态监视。可提供AES / EBU接口、SPDIF接口，以及44.1kHz与48kHz取样频率的转换。

ADAT采用S-VHS盒式视频磁带，可在120min的磁带上记录40min声频信号。磁带可预先进行格式化，也可在录音的同时进行格式化。在格式化过程中，ADAT先记录15s引带、2min数据，然后记录时间码（从00：05开始），直到磁带走完。

磁带由磁鼓进行螺旋扫描，磁带包绕角为180°。磁带绕带需要一定的时间，因而起动有一定时延。为了消除时延，可使用磁头耦合状态。即当磁带停止运行时，磁带仍与磁头保持接触。这样，可以较快地由停止状态进入录、放状态。并可在提示和复演功能时能够进行监视。这是在按动“停止”按键一次时，仍保持耦合状态，当按动“停止”按键两次时，磁带才与磁头脱离耦合，这时才可进行倒带和快进等操作。

ADAT的前面板上有磁带控制、磁迹选择按钮、自动定位开关，以及8条15段发光二极管光柱显示的音量指示器。此外，还有监视、格式化、音调和数字录音等开关。

ADAT的后面板上有1/4英寸不平衡输入输出插孔各8个，两个1/4英寸插孔供输带遥控、定位 / 放音踏板、补录入 / 出脚踏开关用；一只+4dBu平衡输入输出的56芯接头；三个9芯D接头用于外接同步入 / 同步出和仪表板；两个光纤输入输出端口是供数字信号同步输入和输出用。

ADAT八轨数码录音机使用了S-VHS格式录像带，采用家用录像机的走带机构和旋转磁头的方式，具有很好的音质和使用方便、扩展性好等优点，尤其是价格惊人的低廉，在市场上推广很快。但在稳定性方面还有待进一步提高。

3. Hi-8 数字磁带录音机

在 ALESIS 公司研制出使用 S-VHS 格式磁带的八轨数码录音机后，日本的 TASCAM 公司和 SONY 公司也分别推出了使用 Hi-8 格式磁带的数字录音机。它是在标准的 Hi8 录像带上录制 8 轨的数字音频，除了磁带盒小了许多之外，和 ADAT 录音机有好多相似的特点，在此不做详细介绍。

图 5.5.4　Tascam DA-88 Hi-8 磁带录音机

4.NT 超小型数字盒带录音机

SONY 公司于 1992 年上半年推出了一种超小型数字盒带录音机（也称 Scoop man），这种机器尺寸只有 55cm × 113cm × 23cm，带电池重量为 147g。NT 录音机采用金属蒸镀磁带，带盒尺寸仅为邮票大小，21.5mm × 30mm × 5mm，是普通盒带的 1/25，微型盒带的 1/4，录放时间为 60 分钟和 90 分钟，预计还将推出 120 分钟磁带。

NT 录音机采用螺旋扫描磁头，配之以半导体存储器，机器不必依赖精密的循迹而可以精确地读出磁带内容，并简化了装带及伺服系统。它共装有三个磁头，可进行双声道立体声录放。它采用的采样频率为 32kHz，16Bit 量化，其频响范围为 10Hz ~ 14.5kHz，所以，它也是民用的。

二、固定磁头数字磁带录音机

采用固定磁头方式的数字录音机（Static head DAT），简称 S-DAT，与现行的模拟磁带录音机一样，磁头固定，磁带在磁头上运行，其机械传动机构也类似，但它比模拟录音机磁头精密得多。固定磁头方式数字磁带录音机与模拟磁带录音机的结构和使用方法相似，对于习惯模拟磁带录音机的人很容易接受。

1974 年，日本索尼公司研制出双通道固定磁头式数字磁带录音机，所用磁带为 50.8mm（2 英寸）宽带速高达 76cm/s，但却只能进行两个通道的录放。而到 1981 年，索尼公司所发表的 PCM-3324 型固定磁头式数字磁带录音机，其磁带宽度降为 12.7mm

（1/2 英寸）却可进行 24 通道录放，量化位数也由 13Bit 提高到 16Bit，并采取了完善的纠错方法。至今，已经有各种类型的固定磁头式数字录音机应用在广播影视、音像娱乐等各个领域。

专业上主要以开盘式录音机为主，有两声道、16 声道、24 声道、32 声道、48 声道等几种。所用磁带宽度有 1/4 英寸、1/2 英寸和 1 英寸等几种。存在两种格式：PD（Professional Digital）格式（即 A 格式）和 DASH（Digital Audio Stationary Head）格式（即 B 格式），它们分别明确了磁迹的几何尺寸、磁带规格、线性记录密度、纠错方式、取样频率以及 CTL 格式等，各有自己的特点，彼此不能兼容。表 5.5.1 为固定磁头录音机的技术规格。

表 5.5.1　固定磁头数字录音机格式

<table>
<tr><th>项目</th><th colspan="5">PD</th><th colspan="8">DASH</th></tr>
<tr><td>声道数</td><td colspan="2">2</td><td>8</td><td>16</td><td>32</td><td>2</td><td>8</td><td>4</td><td>8</td><td>16</td><td>24</td><td>24</td><td>48</td></tr>
<tr><td>带速（cm/s）</td><td>19</td><td>38</td><td colspan="3">76</td><td>19</td><td>76</td><td>19</td><td>38</td><td>76</td><td>76</td><td>38</td><td>76</td></tr>
<tr><td>磁迹轨数</td><td colspan="2">8</td><td colspan="2">20</td><td>40</td><td colspan="2">8</td><td colspan="3">16</td><td>24</td><td colspan="2">48</td></tr>
<tr><td>辅助声轨</td><td colspan="5">模拟 2，时间码 1，辅助数字 1</td><td colspan="8">模拟 2，时间码 1，辅助数字 1</td></tr>
<tr><td>磁带宽度（英寸）</td><td colspan="2">1/4</td><td colspan="2">1/2</td><td>1</td><td colspan="5">1/4</td><td colspan="3">1/2</td></tr>
<tr><td>调制方式</td><td>2/4 调制</td><td>MFM</td><td colspan="3">4/6 调制</td><td colspan="8">HDM-1</td></tr>
<tr><td>线记录密度（kb/ 英寸）</td><td>40</td><td>20</td><td colspan="3">30</td><td colspan="8">38.4</td></tr>
<tr><td>取样频率（kHz）</td><td colspan="5">48/44.1</td><td colspan="8">48/44.1</td></tr>
<tr><td>量化比特数</td><td colspan="5">16</td><td colspan="8">16</td></tr>
<tr><td>压扩方式</td><td colspan="5">无（线性）</td><td colspan="8">无（线性）</td></tr>
<tr><td>纠错方式</td><td colspan="5">RSC</td><td colspan="8">CIC</td></tr>
</table>

民用的固定磁头数字磁带录音机主要是盒式磁带数字磁带（DCC）录音机，磁带宽度 3.81mm，与目前模拟盒式录音机兼容。下面对各自的特性分别加以介绍。

1. 1/4 英寸两声道数字录音机

数字双声道磁带录音机和模拟开盘磁带录音机一样都使用了 1/4 英寸磁带，但是它在磁带上记录的磁迹并不是只有两轨。固定磁头与磁带的相对速度很低，长度方向的磁迹记录密度有限，必须提高宽度方向的记录密度，才能记录高速率的音频比特流信号。我们利用数字编码记录的特点，利用交叉交织记录，两声道的数字声音信号可以同时记录在多达十几轨磁迹上，这样可以大幅度提高记录密度。

图 5.5.5 所示为 1/4 英寸两声道数字录音机的磁迹位形图。

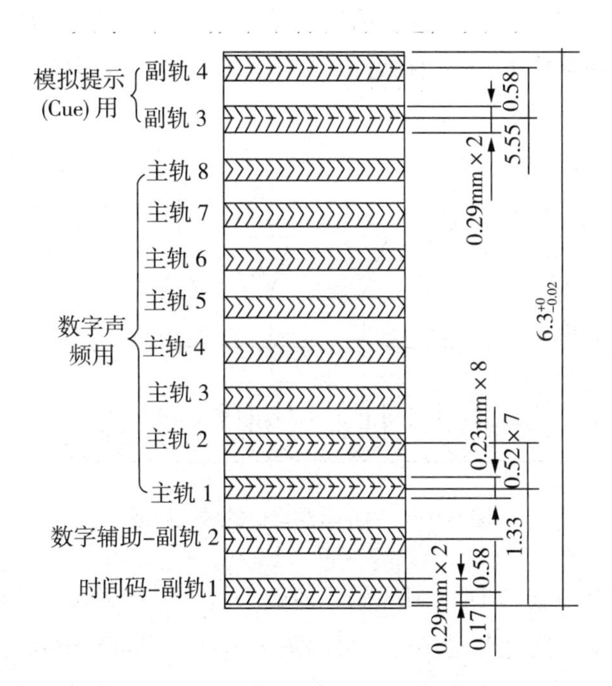

图 5.5.5　1/4 英寸两声道数字录音机磁迹位形图

图中最上面的 2 轨是为编辑用的模拟提示信号（Cue）记录轨，中间 8 轨是数字信号轨，副轨 2 在 PD 格式中是为 CD 子码等准备的，在 DASH 格式中则记入控制信号（CTL），DASH 格式在需要记录子码时可占用副轨 3，只用副轨 4 记录模拟的 L ＋ R 信号。最下面的副轨 1 用来记录同步用时间码。

PD 格式的左右声道数字信号的字交织使用适合高密度记录的 2/4 调制方式编码，用 8 轨磁迹中的 6 轨记录数据字，余下两轨记录纠错码。不设控制磁迹，机械系统用的伺服控制信号由数据中取出。

DASH 格式两声道录音机是把 A / D 输出的一个声道数字声音，通过矩阵电路分配给四个声轨，为了避免失落的影响，将左右两个声道进行分散，使左右两声道的数据交叉记录在不同的磁迹上。每个声轨，按 12 个字节为 1 个字块进行切分，在字块的正中间加入纠错码。

在 DASH 两声道的双倍记录格式中，双倍密度记录方式的磁迹是在普通密度磁迹之间的空隙位置上再增加一条磁迹，而模拟磁迹（即模拟轨）、控制磁迹及时间码磁迹与普通密度格式的位置相同，保持了两者的兼容性。相同的数据是在两种不同的排列的两条磁迹上进行重复记录的，由于每个取样在磁带上有两个不同的位置，因此，提高了对信号失落的纠正能力，可对长 39mm 的突发性误码进行纠正。

图 5.5.6 为这种录音机的磁头组成。它除读出头（R）、记录头（W）外，还有消磁头（E）和同步读出磁头（SR）。同步读出头是为了插入、插出等情况使用的。例如当一边听着一个声道的重放声，一边在另一个声道进行插入录音时，就可一边听着录音磁头前面的 SR 磁头的声音来进行演奏。

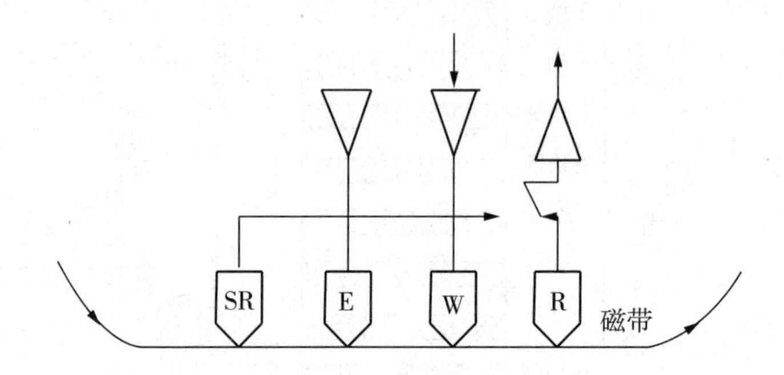

图 5.5.6　两声道录音机的磁头组成

模拟录音机是有声音和 TC（时间码）消磁头的，但数字录音机没有声音轨的消磁头。这是由于数字信号是饱和记录的，可不消去而在上面重新记录（重写），所以不用消磁头。当然，原录音信号多少会有些残留，但在 PCM 录音中，信噪比在 20dB 以上就可以了。

DASH 格式录音机有不同的带速和取样频率，两者相互关联。如表 5.5.2 所示。

表 5.5.2　DASH 格式不同取样频率与带速

取样频率 /kHz	走带速度		
	快（F）	中（M）	慢（S）
48	76.20cm/s(30in/s)	38.10cm/s(15in/s)	19.05cm/s(7.5in/s)
44.1	70.01cm/s(27.56in/s)	35.00cm/s(13.78in/s)	17.50cm/s(6.89in/s)

数字磁带录音机与模拟录音机的使用方法完全相同，还具备以下特殊功能：

（1）利用数字信号直接输入输出，可以进行音质不降低的复制；

（2）由于在 CTL 轨上记录的绝对地址是以 1ms 为单位的，所以自动定位和设置自动穿插点的时间精度要高于模拟机；

（3）也可如同两声道机那样，进行手动编辑；由于奇数字和偶数字是相距 204 个字块进行记录的，所以在编辑点附近的数据丢失很容易进行纠错和插补后重放。与模拟磁带剪辑不同的是，磁带要剪断成直角。粘接胶带要使用专用薄型的，相连接处宁可有 0.2mm ~ 0.5mm 空白，也不要使磁带重叠，以减少误码。

（4）在一台机器声轨不够用时，可以多台并行运转录音，这时不用以往的时间码，而用 CTL 的锁相方式，同步精度较高。

2. 多声道数字录音机

早期的专业用多通道录音机，主要是采用固定磁头的大型开盘磁带录音机。近年来随着数字录音技术的发展，相继出现了 DAT、ADAT 等小型盒式磁带多轨录音机，使得这种价格昂贵、体积庞大、笨重的固定磁头多轨录音机没有得到普及。固定磁头开盘式录音机也分为 PD 格式和 DASH 格式，下面分别加以介绍。

（1）PD 格式多轨录音机

目前只有 1 英寸 32 声道和 1/2 英寸 16 声道两种产品。与 PD 两声道机相同，将每 8 个数字声道作为一组。对每一组，在磁带宽度方向上记录有里德–索罗门纠错码，同时沿磁带长度方向附加有每 12 个字的 CRCC（16Bit）循环冗余校验码、进行两个方向的纠错。因此，即使在某一声轨（声道）产生了长的突发性错码，也能利用其他声轨的数据来进行纠错。沿磁带长度方向进行交织，可将突发性误码转变成随机性误码。

调制方式与两声道机稍有不同，使用 4/6 调制，将 4Bit 变换为 6Bit。与两声道机同样，机械系统用的伺服控制仍由数据中取出，所以不设控制磁迹。

（2）DASH 格式多轨录音机

DASH 格式只有 1/2 英寸 24 声道和 48 声道两种产品。它与 PD 格式明显不同的是，数字轨的每一磁迹轨就要记录一个声道信号。如图 5.5.7 为一台 SONY PCM–3348 DASH 格式数字录音机。

在磁带的中央部分设置控制轨（CTL 轨）和时间码轨（TC 轨），两端设模拟声音提示（Cue）轨。走带速度是两声道机 19cm/s 的 4 倍，即 76cm/s。在 24 声道机各声轨之间再分别插入一个声轨，就可构成 48 声道机。

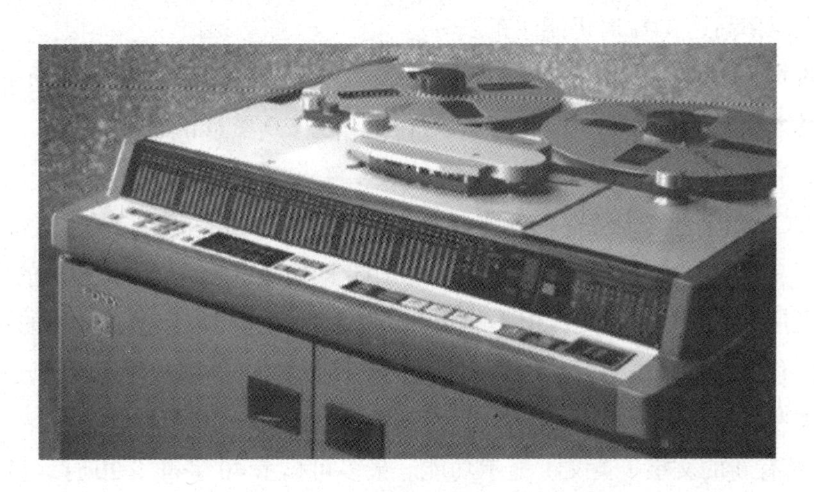

图 5.5.7　PCM–3348 DASH 格式数字录音机

3. 数字小型盒式磁带（DCC）录音机

在家用模拟盒式磁带录音机的基础上，1991 年春，飞利浦公司又向世界提出了一种崭新的、能兼容模拟和数字磁带的数字盒式磁带录音机 DCC（Digital Compact Cassette）。其公布的指标是很高的，频率响应范围为 5Hz ~ 22kHz，动态范围大于 105dB，总谐波失真小于 0.001%，可以说和 CD、DAT 相当。

数字盒式磁带录音机 DCC 使用和普通盒式录音磁带相同带盒尺寸的磁带，不仅可以数字方式进行录音与放音，还可对普通的模拟盒式录音磁带进行放音。

DCC 采用了新式的信号磁头。其磁头的精度很高，采用数字磁头、模拟磁头组合于一体的形式。上半部分为具有 9 个数字磁迹的薄膜磁头，下半部分为 2 个磁迹的普通磁带放音磁头。数字音频信号经交叉交织编码后记录在 8 条磁迹上，还留有 1 条辅助磁迹。

DCC 录音机使用了新型的智能编码系统，即精确自适应性分频段编码（PASC）。这种编码方法对采样后的信号进行分析，严格定出频率范围，将可闻声分成 32 个频段，模拟人耳听觉特性动态地对信号进行编码，对人耳能听到的信号作精确编码，对人耳可能听不到的信号作不太精确的编码。这样就实现了以较低的数码率达到很高的电声指标的设计要求，采用的采样频率也是 48kHz、44.1kHz 和 32kHz，它能提供相当于 18 位精度的编码。

DCC 主要有下述四方面的特点：

（1）高质量的声音录放

DCC 仅用相当于 CD 唱片 1/4 的数码率就可达到或超过 CD 的指标。这是因为 DCC 采用了 PASC（Precision Adaptive Subband Coding，精密自适应子带编码）压缩编码方法，它不同于用于 CD 唱片的 16Bit 线性量化编码方式。由于采用了有效的纠错方法，即使误码率高达 47% 时仍能纠正。

其频带宽为 10Hz ~ 20kHz，动态范围优于 CD，达到 105dB 以上，信噪比为 98dB，总谐波失真系数小于 0.003%（放音时），可以进行与 CD 质量相近的录音和放音。

（2）具有单向兼容性

由于 DCC 磁带盒与大量存在的普通盒式磁带盒尺寸几乎相同，并且走带速度也一样。DCC 录音机装有普通立体声格式磁头，利用它的模拟系统可以重放普通的盒式磁带，可使目前通用的磁带照常使用，但不能录音。这对广大拥有模拟盒式磁带的用户来说，无疑地会具有强烈吸引力。它不像 CD 唱机那样，只能重放 CD 唱片而不能重放密纹唱片。

（3）文字显示功能

DCC 具有新的文字（英文）显示功能。最多可显示 40 字符 ×20 行。显示出的文字数目有三种模式，可随 DCC 机上显示器的情况来选择。在商品音乐带中连续记录有磁带的专集名称、演奏者、曲号、曲名、作曲者介绍、歌词等。

（4）新型磁带盒

精心设计的数字 DCC 磁带盒具有许多特点。例如大的标签位置可供粘贴演奏家的照片、说明书等。对于用户自己录音的磁带也有足够的位置来记录录音的内容。

DCC 录音机也安装了串行复制管理系统（SCMS），只能进行一次从数字带至数字带的纯数字复制，以保护音响软件版权持有者的利益。

DCC 录音机于 1992 年 11 月由松下公司和飞利浦公司在日本等地出售。由于 DCC 录音机可录可放，又能兼容模拟盒带，因此受到用户欢迎，已在欧美发达国家推广使用。但是由于DCC的空白磁带也需交纳版税，价格也偏高，在我国没有得到普及，很少使用。

第六节 数字光盘录音机

尽管数字磁带录音机的研制比激光唱盘 CD 要早，但由于早期的数字磁带录音机价格昂贵，无法普及，于是 CD 唱盘率先得到了市场化，后来又发展了磁光盘录音机。数字光盘录音设备按工作原理不同可分为只读式 CD 激光唱机、可录式 CD 录音机和磁光盘录音机。只读式 CD 激光唱机还有 CD-DA（激光数字音频唱片）、SACD（超级 CD）、DVD-AUDIO（音频 DVD）、HDCD（高清晰兼容数字 CD）。可录式激光唱机又有一次写入激光唱机 CD-R 和可抹可录光盘录音机 CD-RW。磁光盘录音机又分普通磁光盘录音机（MO）和微型光盘（Mini Disc，MD）录音机。

一、激光唱机（CD）

随着大规模集成电路的飞速发展，在 20 世纪 80 年代初由飞利浦公司和索尼公司联合开发出一种小型数字音频唱片，这种唱片在制作母版时用激光束刻录，重放时也是采用激光束来拾取唱片上记录的数字信号，称为小型唱片（Compact Disc），简称 CD，其播放机则称为 CD 唱机。

1.CD 唱机的基本原理

激光唱机的工作原理与普通的唱机不同，它刻录在唱片上的信号不是模拟信号，而是数字信号，是由一连串的“坑”、“岛”（相当于 0 和 1）轨迹组成的数字符号。这些“坑点”的深度一般为 0.1 微米左右，坑点宽度约 0.5 微米。轨迹之间的距离为 1.6 微米（每毫米有 625 条），一张 CD 唱片的轨迹数约为 2 万条，全长达 5km。CD 唱片的基本结构和尺寸，音轨及断面放大示意图如图 5.6.1 所示。

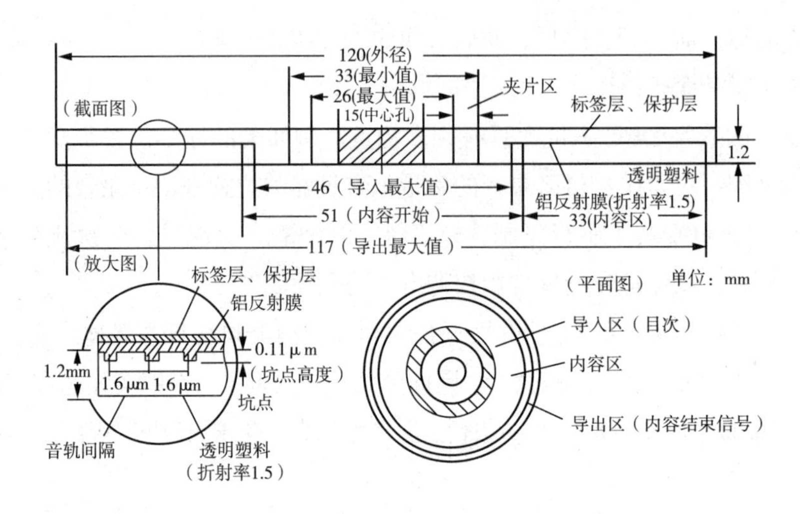

图 5.6.1　CD 唱片的结构和尺寸

激光唱头及读取信号的原理如图 5.6.2 所示。CD 放音时，唱片用平面上出现的坑点来改变激光束的反射情况。激光束通过光学系统使聚焦点落在光盘的平面上，光盘平面是由光反射材料制造的，从光盘反射回来的光沿原途径返回，经过一个折射镜照到光电传感器（或称光检测器），当有反射激光照射时得到一个（－）电平。而在有凹坑的位置，光束得不到良好的聚焦，因此得不到完全反射的光，光检测器将输出一个（＋）电平。这样得到的（－）和（＋）两种电平即代表了二进制数字信号的“0”和“1”两种信号。

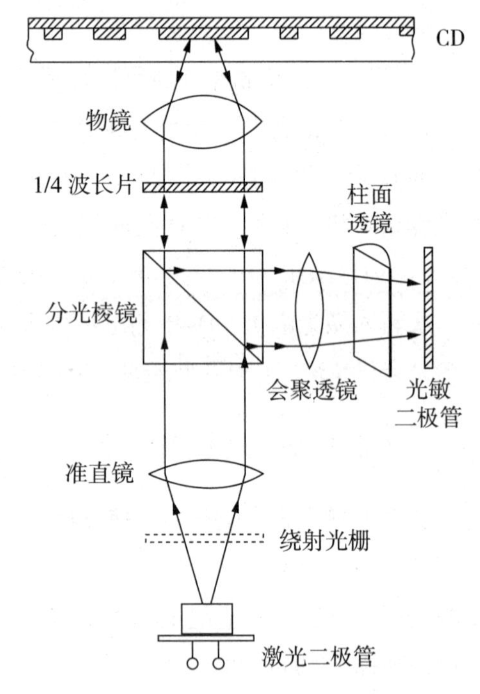

图 5.6.2　CD 信息读取示意图

激光头是 CD 唱机的眼睛，主要由光学系统和伺服系统两部分组成。而光学系统又主要由半导体激光器（激光二极管）、光路（准直镜、分光棱镜、物镜、会聚透镜）和光检测器（光敏二极管）等组成。激光束由低功率的激光二极管产生，它发射的激光束首先通过光栅，准直镜、分光棱镜和物镜后聚焦于 CD 唱片表面，然后光束从唱片内凸面或凹面散射或反射回来，反射回来的光线先进入物镜，经过分光棱镜反射后（改变 90° 传播方向），再通过相应的会聚透镜射入光检测器，由检测器中的光电二极管将光的明暗变化转换为对应的电流变化。

激光二极管所发激光通过准直镜后成为平行光束，经分光棱镜及1/4波长片后，由物镜聚焦在CD反射层上，成为直径约0.8微米的小光点。由CD反射的光束再通过物镜成为平行光束，经1/4波长片，在分光棱镜上转向90° 射向光敏二极管。

分光棱镜是将两个直角棱镜的斜面合在一起而组成的。其中一个直角棱镜的斜面上涂布有偏振膜。1/4波长片是光的双折射片，光束通过它后实现线偏振到圆偏振光的转换，经CD反射后，圆偏振光的旋转方向要左右反转。通过1/4波长片后，恢复为线偏振光。反射光的偏振面相对于入射光旋转了90° ，使通过分光棱镜的入射光与反射光的偏振面相差90° 。于是与分光棱镜入射面平行的偏振光可以直线通过，与入射面垂直的偏振光则被斜面的偏振膜阻挡，而向90° 反向反射，经会聚透镜及柱面透镜后射向光敏二极管，进行重放信号的光电转换以及聚焦误差、循迹误差的检测。

有的机器采用三束式聚焦、循迹，在准直镜前或后有一绕射光栅。它是一块表面刻有等间隔细光栅的玻璃片。激光通过光栅后彼此干涉，形成三光束。如采用单束式聚焦、循迹则无须这个光栅。

从图中可以看出激光唱片上的“坑”都是凹下的，当激光头射出的激光光束聚焦于唱片镀膜的“坑点”上时，激光束的大部分被散射（漫反射）掉，只有小部分能返回到光电二极管上。而且，由于坑点的深度约为0.11微米，考虑到聚碳酸酯（唱片材料）的折射率为1.58，坑的光学深度就变为0.17微米，接近激光波长0.78微米的1/4。就是说当激光束照到光盘上的坑点上时，因为入射光和反射光的相位差近似于反相，故几乎没有光折回到物镜上，光电二极管的输出信号为“0”。反之，如果激光束照射在无“坑点”处，即“岛”上时，激光几乎100%反射回来，这时光电二极管的输出信号为“1”。随着唱片旋转，“坑”“岛”不断地扫过激光束，反射光的密度、强弱也将发生相应的变化，从而形成了连续的信号流，经过光电转换、电流电压转换、放大、整形后，就获得了唱片上所记录的数字声音信号，经解码、数字滤波和D / A转换后获得原来的模拟声音信号。这就是激光束读取“有”“无”坑的道理。

根据CD的工作原理可以看出，CD唱机有下列一系列的优点：

① 记录密度高，存储量大

由于固体激光器能把读写的激光束聚焦成直径1微米的光点。每一比特在存储介质上所占的面积也只有1平方微米。CD盘片及唱机的尺寸小，播放时间长。盘片的直径仅12cm，放音时间可达1小时以上。

② 读 / 写头与记录介质无接触

读 / 写头的光点是用透镜将激光束聚焦而成的，光点与盘片之间没有接触。

无磨损：CD机采用激光束扫描碟面，激光拾音器与激光唱片之间无机械接触，故不会磨损唱片或光头。由于没有磨损，工作寿命主要取决于器件的老化寿命，所以使用寿命很长。

不怕灰尘和划痕：CD 唱片上有一层透明的保护层，激光束在光盘表面的光斑直径约 lmm，直径几微米的灰尘或几十微米宽的划痕都不会将激光束全部遮住，所以不影响聚焦点的功能。加之音频信号处理系统采用了误码纠正系统（CIRC 纠正码），一般由灰尘、划伤、指纹等造成的信号失落，在放音时还可以通过自动纠错予以补偿而不影响音质。

抗震动：由于记录密度高及采用缓存技术，与普通电唱机相比，它具有较好的抗震性能。

③ CD 唱机采用数字音频录音技术，具有优异的性能指标

激光唱机的技术指标非常高，频率响应达 20Hz ~ 20kHz ± 0.5dB，总谐波失真在 0.0025%（1kHz）以下，动态范围（1kHz）大于 100dB，抖晃率为具体晶体振荡器的精度，无法测出，信噪比一般在 90dB 以上。

④ 操作非常方便，显示功能丰富

具有多种控制信息，在几秒钟内就能寻找到所想要的曲目，可按自己的爱好编排曲目播放顺序；具有随机放唱功能，扫描功能（SCAN）及全功能显示播放信息等。

⑤ CD 唱片大批量制作成本低

由于是采用“压制式”，所以非常便于大批量生产，因此成本很低。

⑥ 可长期保存数据或数字音、视频信号

磁带用作模拟信号的记录时，因自退磁及外磁场的影响，放置数年后音质就开始变差；每复制一次噪声又会增加 1dB ~ 2dB。用光盘保存节目，存储寿命至少可达 15 年。从数字到数字地复制一遍也不会给节目带来任何损害。

由于 CD 系统的一系列优点，在 CD 的基础上，在 80 年代又陆续演变出 CD — V、CD — I、CD — SINGLE、CD — G、CD — ROM ……一系列变形产品。

① CD — V

于 1987 年 10 月出现了 CD — V（CD — Video），它是 CD 唱片与激光视盘（LD）相结合，它带有 5 分钟模拟活动图像和 20 分钟的数字音频信号。在唱片的内圈部分和 CD 一样记录音乐，而在外圈部分记录大约 5 分钟图像。在美国大量储备有 CD — V 光盘，作为宣传广告和插入短片等短小的图像源。

② CD — Single

1988 年 2 月发行了直径只有 8cm 的单节目 CD 唱片，即 CD — Single。它可放 20 分钟音乐。

③ CD — G

1989 年出现了利用 CD 唱片的子码区记录静止图像信号的 CD — G（CD — Graphic），在放音乐的同时可以显示静止的（或缓变的）图像。

④ CD — I

随着 CD 的发展又出现了具有人机对话功能的交互式 CD — I（CD — Interactive），除记录数字音频信号外，还可记录活动图像、静止画面、图形数据等信息。

2. 可录式 CD 录音机简介

CD 唱机是一个重放系统，不能录音。为了克服这一缺点，开发了不可逆的一次写入型和可逆的再次写入型光盘。可录式激光唱机是高科技的产物，它涉及多种学科的综合技术，包括计算机技术、微电子技术、激光技术、磁记录技术等。它除了具有数字录音机与 CD 唱机的一切优点外，它还具有灵活的随机存取能力和信息处理能力，能够很方便地制作各种节目。

（1）一次擦写式光盘 CD — R

从 CD 的原理看，只要在光盘平面上，沿信号轨迹按照数字信号的特征将能够反射激光的平面变成不能反射激光的一系列点，也就完成了写入。一次写入 CD–R 激光唱机使用的光盘称为 WO（Write–Once），是只能写入一次的不可逆型光盘。由于采用的记录介质不同，可以有各种方式来实现一次性写入信息。下面列举常见三种：

① 改变反射率法

在写入信号时，当出现“+”信号用一个强激光束照射在盘片上时，使盘片上的这一点的颜色发生改变，造成对光的反射率发生变化。放音时使入射的激光束在此点得到散射，因而只能有极少的光通过原光途反射后到达光检测器。这种反射状况的差别就代表了二进制信息。

目前 CD–R 的 WO 型光盘主要由金属薄膜型材料和有机薄膜型材料制成。在聚碳酸酯透明层和反射层之间，增加了有机色素膜构成的记录层。录音时使光束聚焦在唱片的有机色素层上，使色素层加热后产生不可逆的色素变化，这样将信号记录下来。录好的唱片可用普通 CD 唱机重放，重放寿命在 100 万次以上。

② 烧蚀法

如果光盘的平面采用金属薄膜，在须要写入“+”信号时用功率较大的激光束聚焦到盘面上，将盘面上的金属膜烧蚀（熔化、蒸发）成为宽度 0.6 微米，长度 0.6 微米 ~ 3 微米的坑点，就达到了记录信号的目的。烧蚀坑点的激光器要有 15 毫瓦 ~30 毫瓦的功率。在读出信号时也要使用激光器，但功率要小得多，不然就会在读数时，特别是在反复读某一段数据时损伤原来记录的信息。读数用激光器功率一般只有 1 毫瓦多一点。

③ 形成气泡法

在基片和表面层之间涂一层厚度适当的热致气化物质（如铝吸收层和碳氟化合物）。在写入信息时，采用激光写入阈值功率以上的较小功率，即可形成气泡。当激光功率过大时气泡会破裂，气体溢出会形成凹坑，这一凹坑即可记录数字信号。

以上三种方式的记录都只能写入一次，不能够实现重复擦写，所以叫作一次可擦写式光盘。这一擦写技术在过去的 CD 刻录机中广泛应用。

（2）相变型可擦写光盘录音机

为了克服 CD-R 只能录一次的缺点，从 20 世纪 80 年代初就开始研制可抹可录光盘录音机。目前可抹可录光盘有两种，一种是相变型可擦写光盘（即 PCR）；另一种是磁光盘（即 Magnetic Optics ，MO）。

相变型可擦写（PCR）光盘的擦写原理是：利用激光照射造成载体材料可恢复性的物理变化，以此来记录信号。擦除实际上是写成同一种符号。

相变是指同一种记录材料，在两种同素异构体中的互相转变，例如晶态和非晶态之间的可逆转变。一些物质具有这两种状态。一般来讲，物质从液态变成晶体结构的固体时，需要较慢地降低温度。而这种物质在温度骤降时（例如以 100K/s 快速下降）无法形成大面积的晶体结构，而是会变成非晶态。物质处于结晶状态时表面平滑，反射率大，是很好的反光体。而非晶态时则反射率很小，只能产生无规则的漫反射。这种反射率的差别使得记录信号成为可能。

PCR 光盘的工作原理是：记录时，对于数据“+”，以 20mW 强激光束加热，使记录层温度达到融点（600℃）以上，然后急速冷却，相变材料即由晶态变为非晶态，将信号记录下来。对数据“–”，以 10mW 激光束加热，使记录层温度达到 400℃以上，融点以下，然后渐渐冷却，相变材料即由非晶态变为晶态。无论原来记录状态如何，都会变为“–”，相当于将信号消去。这样，信号可不经消去过程重新写入新的数据，即具有重写功能。重放时，以 1.5mW 激光拾取信号。由于非晶态反射率低于晶态，根据反射光的强弱，可重放（读）出原数据信号。

从基本原理来说，只需让受热熔成液态的记录介质慢慢冷却，使之结成晶态，即可达到擦除信号的目的。但是在高速旋转的盘上，每点的线速度都很高，光照点从加热到退热的时间不超过 100ns。如此快速的冷却只能使介质变成非晶态。要使记录介质成为晶态就要使熔化的介质慢一些降温。通常采用椭圆光点，或逐步减小功率的多光点，使介质逐步降温形成结晶状态，达到擦除的目的。

PCR 光盘是在聚碳酸酯基底上依次形成介质层、记录层、金属反射层、保护层和粘合层。具有预先压好、记录有地址的沟纹，记录层由相变材料锗、碲、锑合金组成。

相变型可改写（PCR）光盘具有与硬磁盘一样能对数据进行直接重写的特点，是很有发展前途的光盘。PCR 在容量和传输率方面比通常的 CD 有很大提高。

专业的可擦写激光唱机是广播电台、电视台制作节目和存储音源的先进设备。目前，随着技术的进步和价格的降低，越来越多地进入了民用领域。

二、磁光盘录音机

磁光盘已不是单纯的激光记录方式，它是激光记录和磁性记录的结合。它先后出现有两种盘片：一种是磁光盘（即 Magnetic Optics ，MO）；另一种是经压缩编码的，直径为 64mm 的微型磁光盘（Mini Disc），它被称为 MD。

1. 磁光盘（MO）录音机

磁光盘的写读原理是：在光盘的基片上涂一层磁膜，与磁膜平面相垂直的方向是容易磁化的方向。磁膜制成后，膜面各磁畴的取向向上或向下离散地分布。如果对磁膜施以外加磁场（大于磁膜的矫顽磁力），则磁膜上的磁畴将全部与外加磁场取同一方向，此时的光盘上是没有信号的白片。想要写入信息就要设法改变微小区域的磁场方向，如果在磁膜的局部施以小于矫顽力的外加反向磁场，此点的磁场取向最终并不会改变。但是在同样的外加反向磁场作用下再用聚焦的激光束来照射，只要照射点的温度达到或超过了居里点，在激光束停止照射后，照射过的点的取向将会和外加反向磁场一致，亦即得到了反向。其他的点虽然也处在外加反相磁场作用下，但因外磁场强度小于矫顽力，并不会反向，亦即会保持着原始的方向。按照输入的数字信号将“1”的点进行磁向翻转，这就达到了写入的目的，这种写的方法称为“居里点写入”。

现有的 M0 盘的记录原理如图 5.6.3 所示。记录时，使涂有垂直磁化膜的 MO 盘先通过一个预磁化的强磁场，使垂直磁化膜的磁化方向都向下，即对应于二进制“0”，然后使 MO 盘通过一个相反方向的弱磁场。在信号为二进制“1”时，有激光照射加热，使垂直磁化膜的温度超过居里温度磁变态点，相反方向的弱磁场使垂直磁化膜方向改为向上；在信号为二进制“0”时，无激光照射，相反方向的弱磁场不能使垂直磁化膜的磁化方向改变，仍保持向下方向。于是，信号“0”“1”被以不同的磁化方向的形式记录在 M0 盘上。

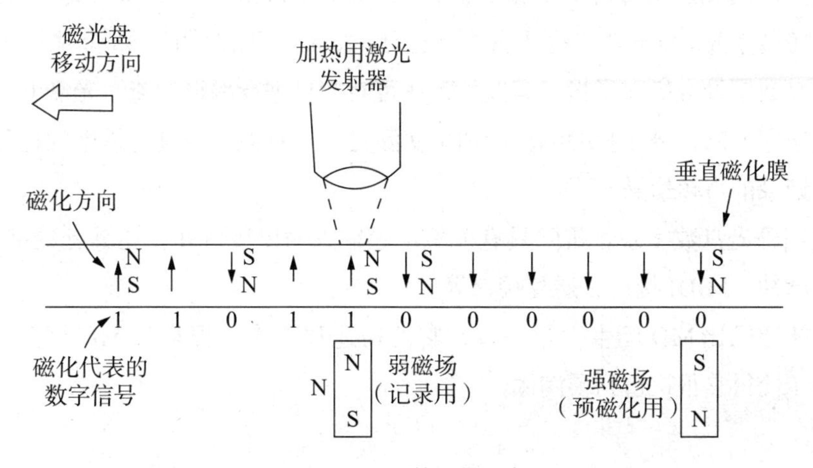

图 5.6.3　MO 的记录示意图

如果不加给激光束，而只让光盘通过预磁化的强磁场，则可将 MO 盘垂直磁化成同一状态，即将原记录消去。

磁光盘上的信号读出时，从原则上讲，只需采用一种方法检测出光磁盘上任一点的磁化方向，即可达到读出信号的目的。

读出信号时是利用科尔效应，即当具有线性偏振的激光照射到具有磁化取向的磁性层时，反射激光的偏振角会与入射激光的偏振角不同，约有 0.3° ~0.5° 的偏离，偏离的方向因磁化取向而不同。例如“1”时为正方向偏转，“0”时为负方向偏转，于是，光电转换器的输出也随之变化，从而得到电信号，如图 5.6.4 所示。

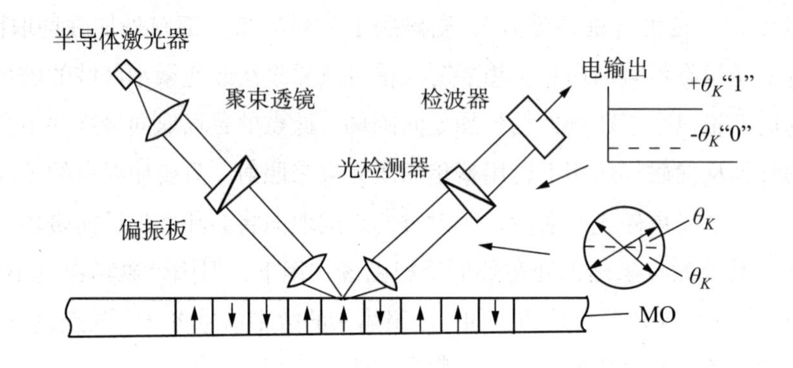

图 5.6.4　MO 信号的拾取

MO 的盘片构造是在直径 12cm 或 13cm 的聚碳酸酯基底上先溅射一层非导电膜，然后再溅射一层铽铁钴（TbFeCo）合金形成的垂直磁化膜，再溅射一层非导电膜。三层的总厚度约为 0.1 微米左右。然后再覆盖一层紫外线固化树脂。MO 光盘上压制有导沟，在沟内记录有地址码，录音信号就记录在导沟内。

早期生产的 MO 录音机采用和 CD 相同的数据记录格式，44.1kHz 取样频率，16 比特量化。还可重放 CD 光盘，磁光盘直径也是 12cm，记录时间为 45 分钟。

磁光盘数字录音机除了指标高以外，还可对节目进行编辑功能。光盘上记录的节目是按地址来存放的，磁光盘的编辑和加工实际是一个对地址码进行排序的过程，因而不会损坏原记录的声频信号。

专业用磁光盘数字录音机除具有模拟声频输入输出接口外，还具有数字音频接口、视频同步脉冲、MIDI 接口、遥控接口等。

MO 录音机比 MD 诞生得早一些，它的构造和工作原理都与 MD 相似。由于 MD 技术的进步使得它很快遭到了淘汰。

2.MD 录音机

1991 年 SONY 公布了 MD（Mini Disc）的提案，这也是一种旨在进入家庭的可以录音的数字音频技术。MD 录音机和 MO 有着相似的工作方式，都是以磁光盘为记录存储载体。但是 MD 光盘的直径只有 64mm，装在 72（长边）mm × 65（短边）mm × 5（厚度）mm 塑料保护壳内。MD 系统兼有模拟盒式录音带和 CD 光盘介质的主要优点：尺寸小，易于操作，74min 录 / 放，快速随机拾取（高速检索），良好的抗震性以及可以擦写等。

MD 播放机可以使用两种唱片放音：一种是预录节目的唱片，具有与 CD 唱片的相同的纹槽方式，可以像 CD 唱片一样大批量复制生产；另一种是用户可以自己录音的唱片，这是一种磁光唱片，最长可录放 74 分钟。

（1）预录制光盘 MD 放音原理

预录制 MD 光盘与 CD 唱片一样，盘片上已经印制好代表“1”和“0”的坑和岛。利用聚碳酸酯作基座。盒的上一面开窗口，下一面装光门供激光头读取信号，其拾音过程与 CD 相似，用 0.5mW 的激光束照射在盘片上，根据读出反射光量的大小来获取信号。MD 光学拾音头的原理如图 5.6.5 所示，它采用 A、B 两个受光元件，对于预录制光盘，如果无坑，则反射光基本返回到两个受光元件上；如果有坑，则反射光就会形成衍射，基本上不能返回到两个受光元件上。因此，根据两个受光元件的光量之和 A+B 的大小，就可以读出比特的有或无（“1”或“0”）。

（2）可录制光盘 MD 拾音原理

MD 系统对于预录制音乐光盘是利用反射光量的增减来拾音，而对于可录制光盘则是利用反射光的偏振变化来拾音。

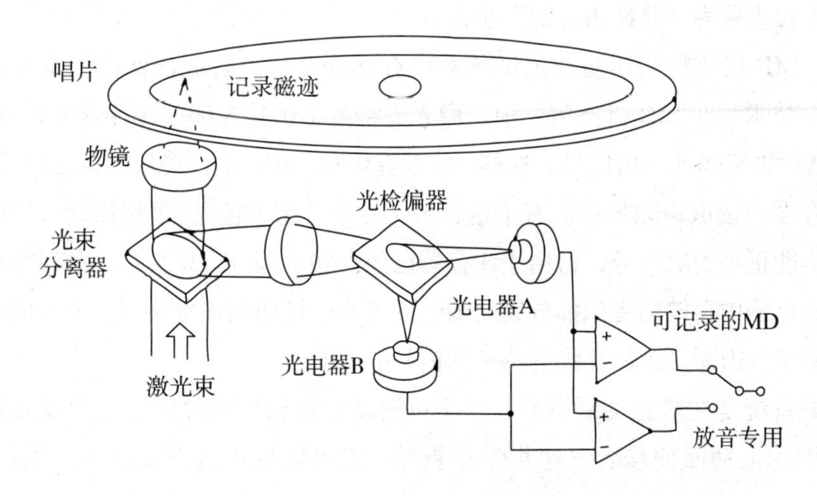

图 5.6.5　可录制光盘 MD 拾音原理

对于可录制光盘，由于科尔效应使反射光的偏振对应 N 或 S 磁极有少许正或负方向的旋转，因此当这个反射光通过偏光束分离器时，如果反射光的偏振为正方向，则两个受光元件的光亮为 A>B；如果反射光的偏振为负方向，则两个受光元件的光亮为 B>A。

因此，根据两个受光元件的光亮差 A–B 是正值还是负值，就可以读出是 N 极还是 S 极（即是“1”还是“0”）。这就是 MD 拾音的基本原理。

MD 的目标是取代盒式磁带，与 CD 唱机相比它的技术特点如下：

① ATRAC 音频压缩技术

首先要求能够长时间录音，MD 盘片的直径为 64mm，如果用这种尺寸的盘片来记录和 CD 一样的数字信号，只能录放 10 多分钟。为了能够录放长达 74min 的音频信号，必须将音频数据压缩。这种系统的特点就是利用了人耳的听觉特性（听觉阈值和掩蔽效应）进行的压缩编码，即用了自适应变换听觉编码（Adaptive Transform Acoustic Coding，ATRAC）将数据压缩了 5 倍。在直径 64mm 的唱片上可以存储同 12cm 标准 CD 唱片同等时间的节目，实现了长时间录音。

ATRAC 技术是将模拟信号转换成 1.41Mb/s 的数字信号以后，把最大约 20ms 的数据作为一个数据块，将时间轴的波形按照傅里叶级数变换，抽取出约 1000 个频率进行分析。此步骤要以心理声学为基础，利用“人耳最小可闻阈”和“掩蔽效应”，对听觉上最为敏感的频率成分依次进行提炼，最终使信息量减少到 300kb/s。

借助心理声学而开发出的 ATRAC 音频压缩技术，虽然信息量只有 CD 的 1/5，但 MD 的音质并没有太多的损失，仍可与 CD 相比。

② 防振动技术

作为便携式产品，MD 播放机平时经常会经历不同程度的振动。最大的问题是设备受到振动时会造成声音出现跳音或哑音。MD 系统利用半导体存储器解决了这一问题，我们把这个技术称为“防冲击存储”技术。

通常，MD 播放机采用防震记忆技术和 G 防振系统。防振记忆技术是 MD 播放机的主要防振技术。在 MD 机播放之前，激光头将数字信号先读人缓存器并暂时“存储”在那里，然后再流畅地送出信号。这样，播放音乐时，并不是直接从 MD 盘片读取数据，而是从缓存器中读取声频数据。有了这么一个音乐“蓄水池”，虽然振动等原因使激光头晃动而不能正确读取信号，但由于缓存器已经存储了部分音乐数据，信号并没有立即中断。在缓存器中存储的音乐播放完之前，激光头已经回到正常位置，并且能够继续正确拾取信号了，因而，人们并没有感觉到信号的中断。

G 防振系统是在激光头周围有若干个可活动的高精度部件固定的弹簧装置，在每次激光头因为振动而偏移后，这些弹簧装置可以迅速校正激光头位置，使其在 0.08s 内复位。

③ 快速节目搜索

我们知道，CD 只要几秒即可找到所需节目的始端，而盒式磁带有时则需要 1min 左右的时间才能完成这一寻找工作。MD 系统之所以采用光盘，其原因之一就是因为它可以和 CD 一样能够很快地寻找到所要的节目。

就 MD 系统来说，不论是预录制音乐光盘，还是家用的可录制光盘，都在制造的时候在盘的周围刻有成型的地址，因此不论哪种 MD 盘，都具有与 CD 相同的高速节目搜索功能。

综上所述，整个 MD 系统是集磁、光、电、机于一体的高科技产品，它既有 CD 唱片的长期保存性，又具有磁带的易录写性能。索尼公司的 MD 唱片已可进行 100 万次重写而不改变盘片的质量。同时，它还具备计算机软盘编排用户区的功能，而且在录制、重录、放音的灵活性上都是磁带所望尘莫及的。因此，MD 是一种潜力很大、市场前景广阔的新音源。

第七节　存储卡式录音机

21 世纪以来，随着科学技术的发展，采用电子存储介质来进行数据存储的技术取得突破，高容量的闪存芯片在数据存储领域得到了广泛应用，这时出现了存储卡式数字录音机。由于这些录音机体积小巧、携带方便、造型像支笔，同时拥有多种记录和播放功能，又被称为录音笔。而应用于专业录音领域的电子存储式录音机，为了节目交换方便大多采用了存储卡作为介质，我们在此定义为存储卡式录音机（简称为卡式录音机）。

一、卡式录音机的工作原理

卡式录音机首先是数字录音机的一种，采用了数字音频记录的原理，通过对模拟音频信号的采样、量化、编码后转换为数字信号，然后进行一定的数据编码压缩，用内置的闪存芯片或外插存储卡来存储音频数据信息。如图 5.7.1 为存储卡式数字录音机原理方框图。

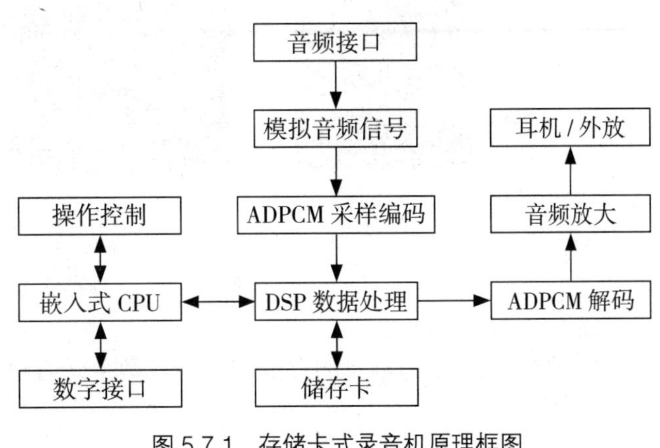

图 5.7.1　存储卡式录音机原理框图

存储卡的内部就是一个闪存（Flash Memory）芯片，它是一种长寿命的非易失性（在断电情况下仍能保持所存储的数据信息）的存储器，是电子可擦除只读存储器（EEPROM）的变种。闪存芯片最大的特点是断电后，保存的信息不会丢失，可以用来长久保存数据，理论上闪存可以经受上百万次的反复擦写。

根据不同的生产厂商和不同的应用设备，先后出现的闪存卡大概有：Smart Media（SM 卡）、Compact Flash（CF 卡）、Multi Media Card（MMC 卡）、Secure Digital Memory Card（SD 卡）、Memory Stick（记忆棒）、xD-Picture Card（xD 卡）和 Trans Flash（TF 卡，也叫作 micro SD 卡）。如图 5.7.2 所示，这些存贮卡虽然外观、规格不同，但是技术原理都是相同的。

现在的电子存储式数字录音机产品，除了有部分民用录音笔采用内置闪存芯片外，一般专业的电子存储式数字录音机都是利用外插存储卡，多数用的 SD 卡，早期的一些使用其他类型卡的录音机基本上都淘汰了。存储卡可以很方便地更换，类似于更换磁带，当一张卡的容量用完就换一张，这样可以长时间录音。同时也方便交换共享录音内容及资料传送，还可以利用读卡器将录音数据快速存入计算机中。

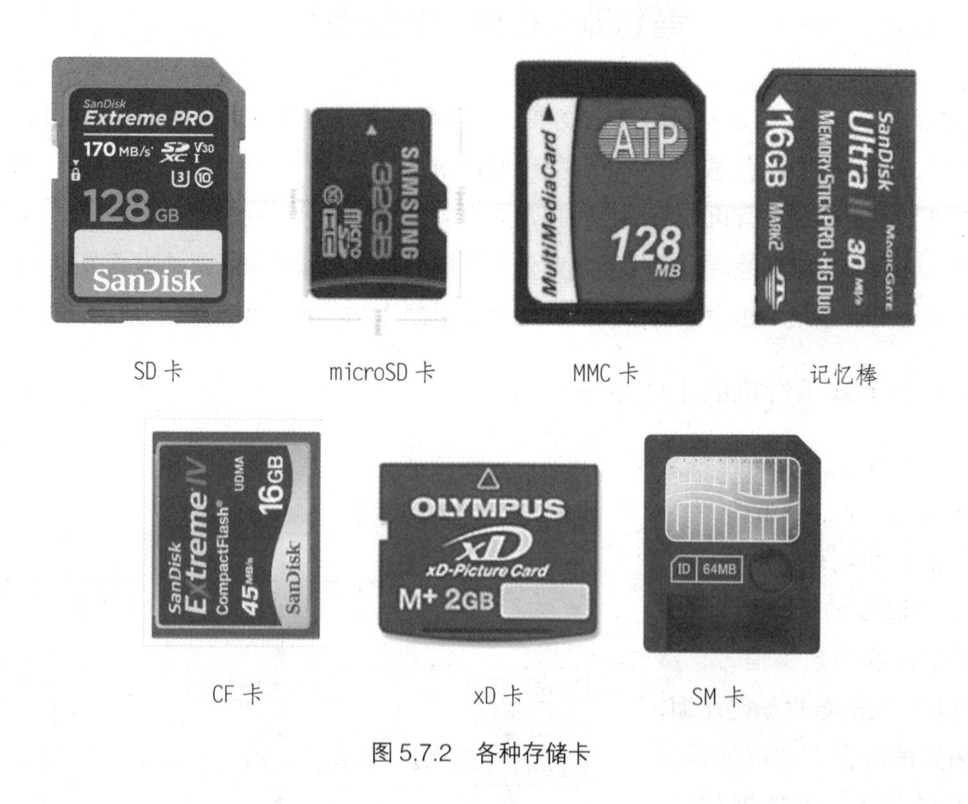

图 5.7.2　各种存储卡

如图 5.7.3 所示为常见的存储卡式专业数字录音机，有手持式和背包式两类。

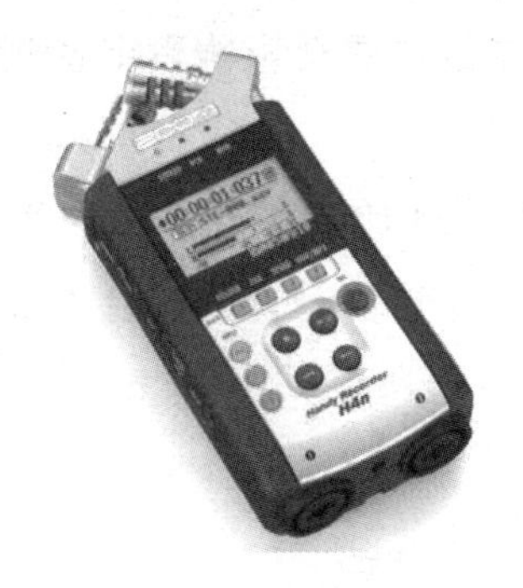

图 5.7.3 存储卡式便携录音机

通常专业的卡式录音机都会设计有外接传声器、计算机、监听耳机的输入输出端口。例如，为了能够外接专业的电容传声器，一般都会有两个 XLR/TRS 合并式输入连接端口，并且会提供 48V 幻象供电。为了在录音时能够监听，还具备监听耳机插孔，用于外接耳机、有源音箱等监听设备。

为了能和计算机或 U 盘之间进行数据传输，卡式录音机通常还有 USB2.0（或 micro USB）接口，可与电脑之间进行高速的文件传送。有些卡式数字录音机还具有音频接口的功能，用 USB 端口连接电脑后就相当于一台外置声卡，可以在电脑上实现录音与音频编辑，相当于一台音频工作站。有些厂家随机还附送了 Cubase LE 等音频编辑软件，可以直接进行专业的音乐制作。

卡式录音机一般都具有 MP3 播放器功能，可以直接播放存储卡内的音乐。

目前大部分的卡式数字录音机均带有一个液晶显示屏，通过它可以了解到录音机的工作状态和录放音电平。一般液晶显示屏尺寸根据数字录音机的大小有所不同，可以显示的信息多少也有差别。

二、卡式录音机的性能特点

卡式数字录音机利用电子闪存卡代替了传统的录音磁带或光盘，具有极其优良的存储性能，省去了体积大、成本高、易磨损的机械运转部件，从而简化并提高了录音机的可靠性。它又具有数字录音机的一切优点，在录音专业领域将具有广阔的应用前景。从性能方面看，有以下几方面特点：

1. 录音的音质主要由 A/D 与 D/A 转换电路的性能参数决定

我们知道，模拟信号一旦转换为数字信号，在处理过程中是不会引入噪声和失真的，即使经过多次复制、传输，声音信号也不会受到损失，保持原样不变。录音信号的频响、动态、信噪比都是由 A/D 转换电路决定的。目前 A/D 转换技术已经比较成熟了，主要是采样、量化、编码、压缩过程中的参数选取会影响数字音频信号的质量。

目前许多的数字录音机都可以做到96kHz采样、24比特量化，都会采用一些数字噪声整形技术使得动态和信噪比指标很高，具体还需要录音时进行参数选取和设置。

2. 录音的效果会受到内部模拟放大器电路的影响

来自传声器的模拟音频信号进入录音机后，首先要经过前置放大电路，也就是我们常说的“话放”，这一放大器的性能是影响录音效果的重要因素。事实上，不同厂家、不同档次的数字录音机的音质效果差别，主要是由模拟放大这一环节决定的。

3. 录音时间的长短由存储卡的容量决定

根据不同产品所使用的闪存容量、压缩算法的不同，录音时间的长短也有很大的差异。目前卡式数字录音机所用的存储卡容量都在16G～128G，录音时间为几十小时到数百小时，可以满足大多数录音的需要。不过需要注意的是，如果为了得到较长的录音时间而采用了数字信号的压缩后记录，压缩比率选取的高低往往对录音质量具有明显的影响。

市场上一些录音笔产品通常标明SP、LP、HQ等录音模式，就是为了延长录音时间而设置的。LP（Long Play）录音模式，即长时间录音，压缩率高，通过牺牲一定的音质的情况下来延长录音的长度，一般可以将录音的时间长度延长80%左右；SP（Standard play）录音模式，即标准录音，这种方式压缩率不高，音质比较好，录音时间适中；HQ（High quilty）录音模式，即高质量录音，这种录音方式没有压缩，音质非常好，但容量比较大，一般适合要求较高音质时使用。

4. 卡式数字录音机的其他便捷功能

（1）声控录音、定时录音功能。声控录音功能可以在没有声音信号时停止录音，有声音信号时恢复工作，延长了录音时间，也更省电，相当有用；定时录音是根据实际需要，预先设定好开始录音的时间，一旦满足条件，录音机自动开启录音功能。适合在一些特殊的场合、条件下使用。

（2）MP3播放、复读、移动存储器等附加功能会带来很大的方便。MP3播放是不少录音笔都支持的功能之一，只要将MP3文件存储到录音笔的内存中，就可以像MP3那样听到自己喜欢的音乐；由于是数字的记录方式，数据的查找、定位、播放都非常方便，可以方便实现任意两点间的重复播放、自动搜索、定时放音等功能，完全可以将数码录音笔作为一个复读机使用；还可以将卡式录音机作为外部存储器连接电脑后存取电脑中的数据资料。

（3）声音编辑功能。由于是用文件的形式存储于数码录音机中，因此文件编辑功能也就显得非常使用。除了移动，复制、删除等常规功能之外，通常还可以实现文件的拆分和合并，为文件的管理提供了方便。此外，有的卡式录音机还有分段录音以及设置录音标记功能，对录音数据的管理效率比较高，这也是相当重要的。

下面我们看一下市场上最常见的 ZOOM H4 存储卡式录音机的性能参数介绍：

Zoom H4 是一台四轨 PCM 录音机，机身约手掌大小，机体重量仅有 280g，可用于现场录音、采访、会议、课堂等场景录音的便携录音机。

① 支持 24Bit/96kHz 的高保真立体声录音，录音以 WAV 格式或者 MP3 保存。在四声道录音时只能采用 16Bit/44.1kHz 的 CD 格式。采用 MP3 数字音频格式存储时，码率最高可达 320kbps。

② 搭载两个专业品质的高灵敏度麦克风，并采用 X/Y 制立体声设置。两个 XLR/TRS 合并式输入接口，用于外接其他传声器和线路输入。

③ 内部搭载了压缩、限制、和标准化等多项处理器，避免过载失真的问题。

④ 用 SD/SDHC 卡储存录音，最大可支持 32GB 存储卡。以 2GB SD 卡为例，最大可录大约 380 分钟的 CD 音质内容，以及约 34 小时的立体声 MP3 声音。

⑤ 用 USB 接口可以将 H4 与电脑（PC/Mac）连结，将音频传输至电脑上。可以直接录音至电脑中，H4 随附的 Cubase LE 是一个非常完美的 48 Track 编辑软体，让您轻松地在 PC/Mac 上进行编辑、混音以及管理您的录音作品。

⑥ 内置扬声器，可以直接回放而不必再戴耳机。

⑦ 采用 128x64 的解析度背光 LCD 显示屏。

⑧ 采用 2 节 5 号电池供电可供长达 10 个小时的录音。

三、卡式录音机的操作使用

我们以 ZOOM H4 便携式录音机为例，来介绍卡式录音机的操作使用。

数字录音机面板上多数都是用缩写英语标识，我们应该掌握一些常用的专业英文单词，方便了解面板上一些开关的名称和功能，下图按照从上到下、从左到右顺序用编号分别给予了说明（图 5.7.4 所示）。

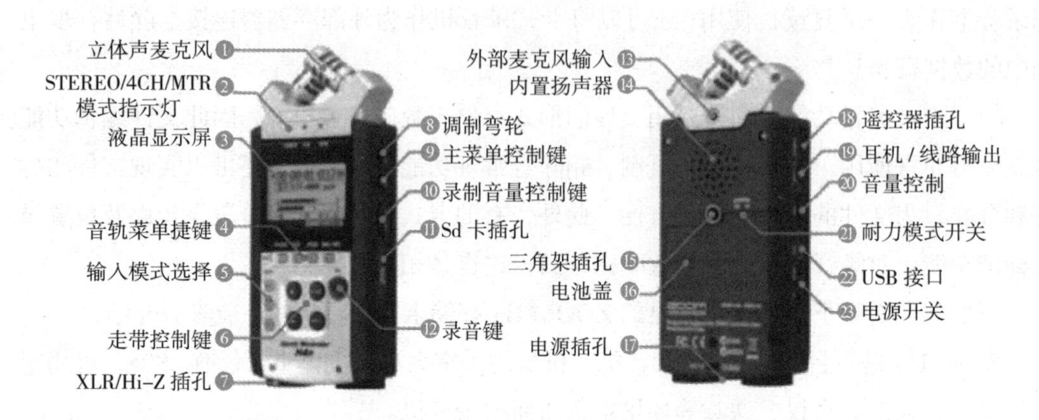

图 5.7.4　ZOOM H4 数码录音机面板

ZOOM H4 录音机正面分为上下两个区域，上面的显示屏幕为监视区域，下面的银白色面板为操作区域。操作区域一共有 12 个键钮。

操作区左侧竖排的三个键钮是声音来源选择键，中间的四个键钮是走带控制键，分别为停止、启动、暂停和快进快退。右边最大的标有“REC”的键钮是录音准备键。最上面横排的四个键钮用于查看文件信息。

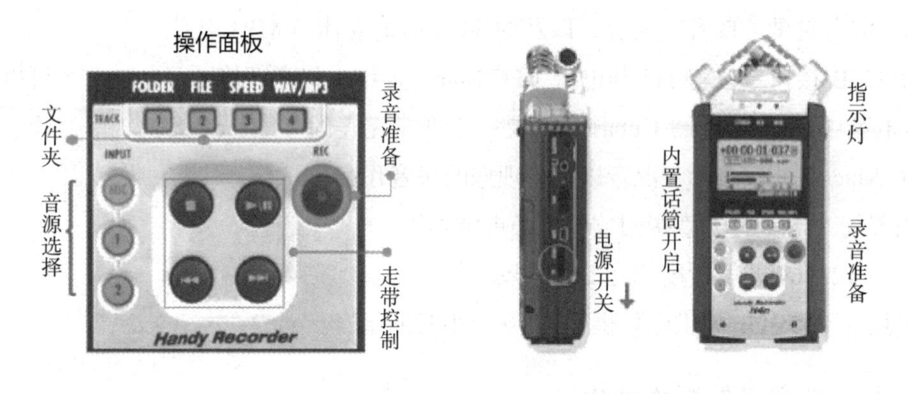

图 5.7.5　ZOOM H4 面板按钮　　　　图 5.7.6　ZOOM H4 开机及准备

下面让我们一步步来看 H4 录音机的操作：

1. 开启机器

首先将 SD 卡插到机器里，然后再装好电池，把机器侧面的电源开关向右推着保持 1.5 秒以上就开机了（如此重复操作一次是关机）。如果推向左边的 HOLD 键就把机器锁住了，此时便无法进行任何操作。图 5.7.6 所示，这时可以看到，STEREO/4CH/MTR 会有一个灯亮着，这表示处于该模式的录音状态。

2. 系统设置

按右侧主菜单键 9（MENU），显示屏跳出菜单，然后拨动弯轮 ⑧ 进入系统 SYSTEM。

DATE/TIME 为日期时间；

BACK LIGHT 为显示屏背光灯时间；

BATTERY 为电池类型选择（ALKALINE 碱性电池；NI–MH 镍氢电池）；

FAC REST 为恢复工厂设置，如果你是租用的录音机就有必要恢复系统设置。因为之前其他人的录音设置不一定与你一致，录制台词和音乐的设定也大不相同。另外，如果把系统搞乱了，通过恢复设置也比较方便。

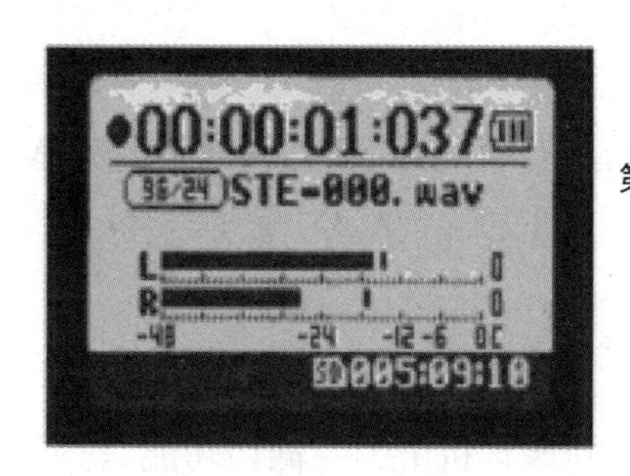

第 1 行、当前录音时间和电池余量

第 2 行、录音采样率和录音文件序列号

第 3 行、左右（LR）话筒音量

第 3 行、SD 卡的剩余量

图 5.7.7　液晶显示面板

3. 外部话筒连接设置（图 5.7.8）

ZOOM H4 数码录音机可以连接四个话筒进行同时录音。例如在影视拍摄现场的录音对象主要是演员的台词，一般只需要外接两只强指向性话筒。如果需要同时外接两只话筒采录环境声，则可用背面（EXT MIC）3.5mm 插孔再外接两只话筒。这时你还需要先把电池边上的（STAMINA）开关 21 解除，然后单击主菜单键 ⑨（MENU），跳出菜单之后拨动弯轮 ⑧，MENU>MODE> 选择 4CH 即可。

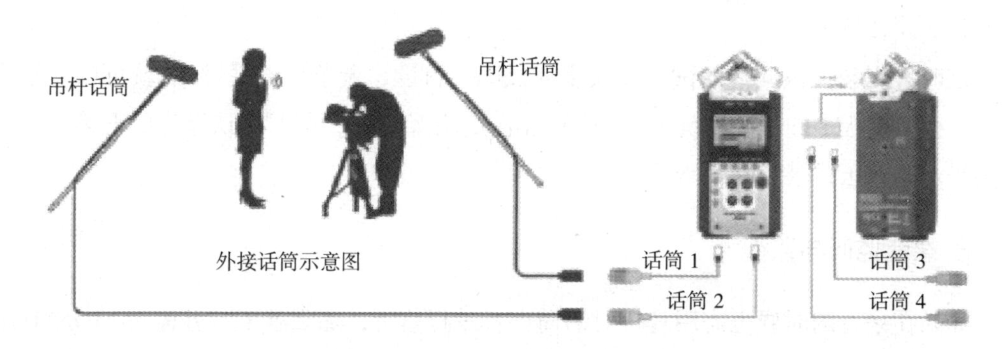

图 5.7.8　外部话筒连接示意图

4. 录音文件格式选择

数字录音的格式（REC FORMAT）影响到声音的质量，从理论上来说，16Bit/48kHz 的声音解析度应该就可以了，一般 DVD 也是这个规格。请你在右侧单击主菜单键⑨（MENU），跳出菜单之后拨动弯轮⑧。MENU>REC>REC SETTINHG>REC FORMAT> 选择 WAV 48k Hz/16Bit 即可。

注：你在面板上直接点击“WAV/MP3”键钮也可以直接调出录音格式。如果需要更高的采样率，那么就要解除省电模式 STAMINA21。

5. 自动电平控制选择

如果你对手动控制录音电平没有信心的话，可以选用自动录音电平控制功能。右侧单击菜单键⑨（MENU），跳出菜单之后拨动调弯轮⑧。MENU>INPUT SETTING>LEVEL AUTO> 选择 ON 即可。

6. 选择低切功能

为了提高语言的清晰度，我们需要用到录音机上的“低切功能”。可单击主菜单键⑨（MENU），跳出菜单之后拨动弯轮⑧。MENU>INPUT SETTING>LO CUT>MIC LO CUT> 选择具体低切频率数字即可。

7. 录音准备

首先按下面板上的录音键 12【REC】，录音机进入录音准备状态。这时就去试试话筒声音，如有信号，那么音量表应该摆动起来了。别忘了在面板竖排最上面的第一键钮【MIC】，该指示灯表示开启内置话筒，下面两个键钮【1】【2】表示开启外接话筒。然后通过机器右侧调节话筒输入电平旋钮来调节录音电平。如果你选用了 4CH 模式，打开电源面板上话筒输入的三个指示按钮【MIC】【1】【2】就会自动点亮，这表示可以分别调整话筒音量了。

这时可以请一位同学朗读一段文字或试唱一首歌，调节好电平键 10 就可以开始录音了。按下面板上的【启动键】(右三角标记)，开始走带，同时确认显示屏上第一行的时间码走动，正式录音就开始了。

8. 录音监听与监视

如果在录音的时候也需用耳机对话筒声音进行监听，那么就要打开监听 MONITOR 功能。请你右侧单击主菜单键⑨（MENU），显示屏跳出菜单，然后拨动⑧调制弯轮。

MENU >INPUT > INPUT SETTING > 选择 MONITOR 即可。

如果你想用双耳监听一支话筒声音，那么就要开启监听混合【MONO MIX】，把单声道在监听耳机电路中给与声道混合（MONO MIX）。操作方法同上，最后选择 MONO MIX 即可。可以按下控制面板上的【1】或【2】，调节耳机插口下面的监听音量键。

录音中应该目视“音量表”，不得超标（0dB），如果需要暂停录音就按暂停键。

9. 录音结束与回放

录音结束，按下面板上的【结束键】（四角标记），这样就完成一次简单的录音。

如果你想听录音效果，请按下面板上横排第二键钮【FILE】，你在显示屏上可以看到刚刚录下的音频文件了，再按一下刚才的【启动键】即可以声音回放。如果想知道音频文件中更为详细的信息，单击【滑轮】8 之后选择【INFORMATION】，那样可以看到文件的具体信息，包括文件名称、录制时间、录音长短和录音精度 / 采样率。“选择 DELETE> 选择 YES”，即可删除音频文件。

回放有以下几种方式：1. 全部播放 PLAY ALL；2. 片断播放 PLAY ONE；3. 片断重复播放 REPEAT ONE；4. 全部重复播放 REPEAT ALL。在右侧单击主菜单键⑨（MENU），跳出菜单之后拨动弯轮⑧。MENU>IPLAY MODE> 选择 PLAY 模式即可。

第八节 数字音频工作站

在计算机领域，“工作站”是指一种用来处理、交换信息和查询数据的计算机系统，由此引申发展起来的“数字音频工作站”（Digital Audio Workstation，DAW，简称音频工作站）则是指用来处理、交换和存储音频信息的计算机系统。它是一种集数字音频处理技术、数字存储技术和计算机技术于一体的高效音频处理工具。本节系统地介绍了数字音频工作站的性能特点和软硬件系统的构成。

一、数字音频工作站概述

广义地说，凡是能够输入输出音频信号并能对它做加工处理的计算机都可以称为数字音频工作站。根据这个定义，只要往计算机中插入一块声卡并装上相应软件，计算机就可以进行音频的播放和记录处理，而变成音频工作站了。实际上，严格意义的音频工作站应该是指应用于专业领域的音频节目制作系统，是一种集计算机、多轨录音机、非线性编辑、效果器、调音台等功能为一体的数字音频编辑设备。它们通过输入模拟或数字的音频信号，借助计算机的控制和处理，最终完成素材采集、节目编辑和声音混合等录音制作和艺术加工处理过程。

1. 数字音频工作站的功能特征

从专业的角度来说，计算机音频工作站应该具有如下功能特征：

（1）能够以符合专业要求的音质录入和播放声音

所谓的专业要求，从指标上说最低应该采用16Bit、44.1kHz的音频格式，频响范围应该达到20Hz~20kHz，而动态范围和信噪比都应该接近90dB或更高。

音频工作站可通过音频接口卡将音源所发出的模拟声音转换成数字信号后记录在计算机的硬盘上。采样之前可对采样方式进行设定，包括音源选择、采样频率、量化比特数、起止时间码、不同的数据格式、储存位置等。

（2）多种可视搜索编辑点的快捷方式

一般在音频工作站中可采用输入时间码的方法进行搜索操作；依编辑点步进、步退，快速找准；可以放大和缩小音频波形显示的长度，选中音频片段再放大到合适的长度，步进到编辑点等快捷方式进行编辑点的快速搜索。

（3）具有全面、快捷和精细的音频剪辑功能

数字音频的优势之一就是能够对录音内容进行剪辑。所以，专业的计算机音频工作站对于录入的声音素材，应该能够进行删除、剪切、复制、粘贴、移动、拼接（带淡入淡出）、静音、移调、伸缩等操作，为高效准确地完成声音编辑提供了设备保证。

（4）DSP效果处理系统

常见的数字信号处理功能有：压缩、限幅动态范围处理，均衡，混响、延时、合唱、回旋等信号处理效果，变调与变速处理等。可以是实时处理或非实时处理，这些效果的算法品质也要达到专业要求。

（5）能够同时播放至少8个音频轨

计算机音频工作站至少应该可以同时播放8个音频轨，以满足基本音乐制作要求。例如2轨人声、2轨立体声MIDI音乐、1~2轨声学乐器、2~3轨单独电子音色的需要。由于可以进行同步分轨录音，所以计算机音频工作站能够同时录入几个音频轨并不显得十分重要。

（6）具有完善的混音功能

计算机音频工作站是一种录制音乐的工具，而录制音乐最关键也最能体现水平的就是混音。音乐作品是否清晰、有宽度、有层次和深度全赖于此。

因此，专业的计算机音频工作站必须为操作者提供足够多的混音工具。这主要是指它能够提供多轨的编辑、移动对位、音量调整、效果处理、混合输出等。

（7）与外部设备的同步锁定

音频工作站应该既能产生内同步基准信号，也能接受外来同步信号的控制。外同步信号可以是 LTC 码，也可以是其他信号。这样就可以很方便地把计算机音频工作站接入到影视制作设备系统中去，从而给声音与画面的同步剪辑制作带来了很大方便。

计算机音频工作站主要用于对声音信号的录音、剪辑、处理和缩混。它的应用可以分为以下几个方面：

（1）声音编辑和 CD 刻录

在这种场合，计算机音频工作站不是用于从头制作音乐，而主要是对现成的音乐进行剪辑处理，或是将现成的音乐制作成 CD 唱片。比如，它可以使音乐进行重新剪辑、为歌曲伴奏移调（但不改变音乐速度）、变化舞蹈音乐的长度（但不改变音乐的音调）、将音乐中的噪声去除，或是将各种现成音乐制作成 CD 唱片等。因此，在这种场合中计算机音频工作站需要录放和处理的音频轨数只要立体声 2 个音频轨就可以了。

（2）日常音乐录制

这时，计算机音频工作站主要用于录制各种日常所用的音乐，例如歌曲伴奏、舞蹈音乐、晚会节目、影视音乐等。

在这种场合中，计算机音频工作站不会对音乐中的每一种乐器或音色进行单轨录音，一般它是将已做好的 MIDI 音乐录为立体声的两个音频轨，将 MIDI 音乐中需要单独调整的个别音色录为单独的几个音频轨，再录几个轨的人声和声学乐器。因此，在这种场合中计算机音频工作站需要录放和处理的音频轨数为 8 ~ 16 个。计算机音频工作站的这种应用方式是目前国内个人工作室中用得最多的。

（3）大规模音乐录音和混音

这是大型专业录音棚中的工作方式，主要用于录制对声音要求最高的音乐作品，目前在国内主要是用于为一些歌手制作专集，或是为一流音乐家录制专人 CD 等。

这种工作方式需要将音乐中的每一种乐器或音轨都录为一个单独的音频轨甚至是一个立体声轨，以便对每个乐器或音色单独做均衡、效果和动态处理，以创作出在动态、宽度和深度等方面都有极好表现的音乐作品。因此，在这种场合中计算机音频工作站需要录放和处理的音频轨数为 24 ~ 32 个，甚至更多。用于这种目的的计算机音频工作站是最顶级的，价格也是最昂贵的，动辄以数万元计。

（4）影视声音的制作与合成

这种场合所用的计算机音频工作站与制作日常音乐时所用的差不多，但这种计算机音频工作站可以将视频节目输入计算机，或是与视频编辑机保持同步运作，因此它能够让人看着画面，根据计算机屏幕中的视频窗或是专门显示器中的画面变化同步进行配音和配乐。

（5）多媒体音乐制作与合成

为多媒体软件，如游戏软件、教学软件、电子书籍等配音和配乐。

由于计算机音频工作站是一种计算机工具，因此利用它来为多媒体软件配音配乐是再方便再合适不过的。做这种工作很简单，利用计算机音频软件将做好的视频文件调出，然后看着画面同步录入语言或音乐即可。

2. 数字音频工作站的分类

我们通常把用电脑硬盘作为记录载体的数字录音机，按照其结构不同分为专用硬盘录音机（HDR）和数字音频工作站（DAW）。数字音频工作站是一种既可以用于声音节目的后期编辑，也可以用于实时录音，并集调音、记录和信号处理等三大功能为一体的数字音频录制系统，实际上就是一个功能强大的硬盘录音系统。

目前，数字音频工作站主要有两种基本的类型：一类是使用专用主机的专门音频处理系统，另一类是通过在计算机上添加硬件和软件的方法来实现的。大多数系统都是采用后者这种模式建立的，因为专门系统要比以计算机为基础的系统性价比低且功能受限。

（1）使用专用主机的音频工作站系统

在早期的硬磁盘音频系统中，对于制造商而言，要开发出专门的系统是要投入相当大的资金的。这主要是因为当时生产的PC计算机还不能胜任此项重任，并且大容量的存储媒体的应用也不如现在这么广泛，以及需要各种不同的接口和专门的文件存储技术。另外一个原因就是在开发之初，市场的规模较小，研究和设计投入都很可观。

这类计算机音频工作站的程序是在专用软件平台上运行的。一般使用特殊的文件操作系统对文件进行操作，以适应各种特殊的用途。如现在的硬盘录音机就可以说就是一种专用音频工作站，它也是计算机技术和数字音频技术结合的产物，是一种以硬磁盘为记录媒体的录音机或编辑系统。它主要由硬磁盘、专用计算机主机、音频输入和输出接口、用户接口、存储系统等组成。

相比而言，这种专门的硬盘录音系统具有一些明显的优点，这也是它们在专业应用中受欢迎的原因之一。这类主机由于是专门设计，所以具有操作简单、容易掌握的特点，对不懂计算机的使用者来说很方便。如图5.8.1所示，它不只是通过一个鼠标和键盘，而是为

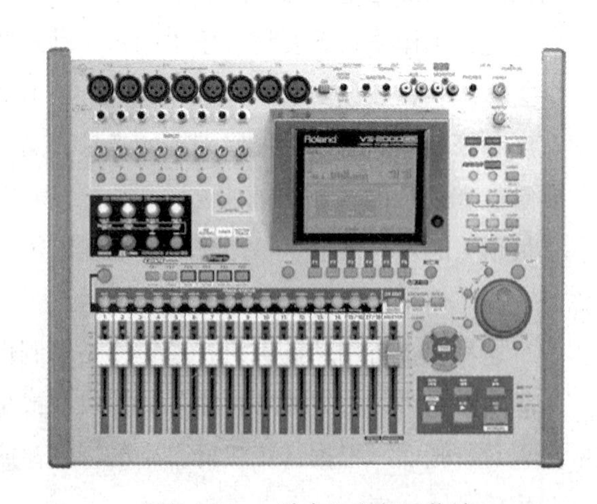

图5.8.1　一种专门音频工作站

了方便于模拟设备环境中的使用者操作习惯，设备上控制部分仍采用了传统模拟设备的推子和旋钮，甚至采用惯用的名词标在操作旋钮上。

专门的系统具有液晶显示屏幕或外接显示器，以便全面显示声音波形和各种操作控制，有的还可以通过触摸屏和专门的控制器实现各种功能的控制。

这种音频工作站大多是 8 轨、16 轨录音系统，专为节目后期制作设计的，具有能实时录音、波形显示、多功能编辑、各种效果处理和视频同步锁定等功能。虽然这种数字音频制作工作站功能强大，但声轨数和处理功能都有一定的局限性，而且通用性能不强，价格昂贵。

（2）以 PC 机为主机的音频工作站

计算机并没有直接处理数字音频的能力，但是可以通过增添第三方开发的硬件和软件来将一个 PC 计算机转变成一台音频工作站，使其具备对几乎无限数量的声轨的音频信号进行处理和存储的能力。通常的方法是在计算机的扩展槽上安装一块或一组音频信号处理卡，即声卡。

近年来，这种具有处理音视频功能的 PC 多媒体计算机已经普及，它具备了一定的编辑和处理声音能力。虽然 PC 机中内置的音频信号处理卡受到成本因素的限制，但是在许多情况下，它们均具备了 44.1kHz 音频采样，16 比特量化的能力，甚至更高。要想改善音质，则可以通过采用第三方硬件厂商开发的硬件接口设备来实现。

这类计算机音频工作站主要以 PC 机为核心，专门的数字音频处理应用软件运行在 DOS 系统或 Windows 系统的平台上。这类音频工作站的主机由于价格低廉，同时性能不断改进，所以多用于准专业领域进行影视节目的声音制作。

这类音频工作站所需的对音频信号各种处理都是由计算机内 CPU 和声卡来完成的，节省了大量硬件。这种工作站兼容性强、价格低，易于普及，尤其适用于个人制作声音节目。但它的稳定性及音质不如前述专用主机型音频工作站。

（3）以苹果机为主机的音频工作站

其实，计算机音频工作站早已有之，自从 1989 年美国 Digidesign 推出了 Protools 之后，计算机音频工作站便登上了历史舞台。但在那时，计算机音频工作站是一种十分昂贵的设备。因为那时计算机的速度很低，容量也很小。除了在计算机上从事多轨数字音频的录音和混音，计算机音频工作站不得不自带专门的 DSP 处理芯片、硬盘和内存，而且由于数字音频是一种海量数据，这种自带芯片、硬盘和内存的性能还需要比普通计算机要高许多，价格也十分惊人。

这类计算机音频工作站是由苹果机主机控制，采用 Mac OS 操作系统进行操作，软件程序在 Mac OS 平台上运行。大量的工作要由专门的硬件完成，包括各种信号处理器（DSP）。这些信号处理器通常放置在外置的机箱内，有的也会安装在声频接口卡上。这种类型的工作站常带有硬件接口，在与主机连接后，通过主机对各种硬件实施管理和控制，硬件的各种信息将显示在主机的显示器上。操作面板是键盘和鼠标，不再存在具有专用功能的按键、推子和电平表等。

这类音频工作站的扩展性能好，功能强大齐全。可对音频信号的包络波形进行各种调整和编辑，可对音频信号进行各种特技加工，内置调音台和上百条声轨，能同步锁定视频设备，并有取消和复原的功能。它还配置了丰富的音响资料库，多频段实时均衡器（EQ），声音压缩 / 扩展器、及移调、变速、倒放和自动对白替换等各种录音工具。它还有灵活的外部设备控制系统，能与其他厂家生产的数字调音台进行数字对接以及连接高速网络等，所以使用与操作极为方便。但这类设备价格昂贵，一般多用于影视声音专业制作领域。

在以前，苹果的 Macintosh 计算机系统成为音频工作站最受欢迎的一个机型。它采用了高速内部扩展总线，并具有出色的图形用户界面，而且从 1986 年就开始使用 SCSI 母线作为它与周边设备的接口。但是，近年来大量的以 MS-DOS 和 windows 操作系统为基础的 PC（个人桌面电脑）产品已经推出，以 PCI 扩展总线来取代苹果的 MuBus，因此当前的数字音频工作站多以 Windows 平台为操作系统的 PC 计算机实现。

二、数字音频工作站的硬件构成

从硬件角度来说，计算机音频工作站的构成可以归结为以下几个部分：计算机主机设备、接口设备（核心音频处理部分）、数据存储设备部分及其他外设设备；从软件角度来说，数字音频工作站可分为以下几个模块：操作平台、音频处理软件等其他相关软件。下面先来介绍数字音频工作站的硬件构成及实现，图 5.8.2 所示为数字音频工作站结构框图。

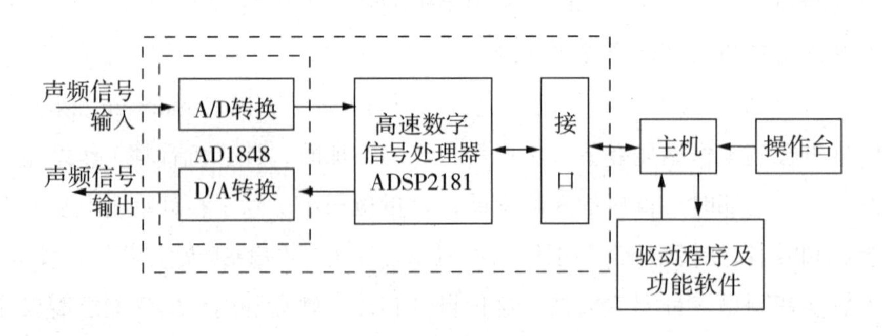

图 5.8.2　音频工作站结构

1. 主机

与普通计算机的主机相同，里面装有各种音频和视频卡、信号压缩卡、增强卡等硬件辅助设备。通过总线在各功能块间直接建立数据传输关系。其中数字或模拟音频信号接口数目的多少决定着可录音声轨的数量。

数字音频工作站的主机已由过去的专用机发展到目前的通用微型计算机。主机的核心是中央处理单元（CPU）和存储器。CPU 在计算机中如同人类的大脑，它的运算及执行能力，几乎可以决定整部计算机的速度与效能。CPU 工作是需要知道所执行的程序指令以及这些指令所要操作的数据，CPU 会自动地识别程序和数据。存储器用来存储构成可执行程序的指令序列以及随后结果，CPU 则执行这些指令。对于音频工作站来说，执行的是一个非线性编辑程序来处理音频数据。如果有外部音频硬件插卡，程序执行的速度会更快。

2. 存储设备

存储器分为主存储器和辅助存储器。主存储器是 CPU 能由地址线直接寻址的存储器，又称为内存。内存的特点是存储量小，但存取速度快。高速的 CPU 芯片要求高速的内存芯片与之匹配，否则 CPU 必须放慢自己的速度与内存打交道，导致整个系统的工作速度变慢。

辅助存储器是微处理器以输入 / 输出方式存取的存储器，又称外存，指磁盘或硬盘。用于存储主机暂时不用的程序和数据。包括固定在机内的内置固定系统操作硬盘、可拆卸的外置活动硬盘、硬盘塔（柜）、移动数据磁盘、可擦写光盘（CD-RW）以及磁光盘（MO）等，为记录和转移数据提供了丰富的设备基础。

由于硬盘具有存储容量大、存取速度快等优点，使它成为 DAW 的主要存储媒介。它还采用了阵列盘技术，使其同时记录的音轨数已超过 24 轨。随着容量的扩展，系统的音轨数及处理功能也能相应地得到扩展。音轨数的多少与 CPU 的速度、硬盘存取速度及内存的容量大小有关。

由于硬盘中记录的是与数字录音机相同的“0”与“1”两种信号，因此它也具有数字录音机所具有的频率响应宽、动态范围大及信噪比高的优点。

3. 接口设备

数字音频工作站的接口可分为音频接口和计算机接口两种。音频接口有模拟音频接口和数字音频接口两类，用来输入或输出未处理或处理过的各种音频信号。模拟音频接口主要用来与外部模拟音频设备进行对接；数字音频接口一般有 S / PDIF 格式和作为国际统一格式的 AES / EBU 格式，此外还有外部控制用的 MIDI 格式数字接口、计算机通用 USB 接口和火线接口；计算机接口被用来连接各种控制或操作设备和向外传输交换数据，此外，还有一些与视频有关的视频接口。

音频接口是指为计算机提供音频信号输入和输出的设备。广义上讲，通常所说的声卡就是音频接口。下面对音频接口进行一些简单介绍。

（1）接口的音频信号处理能力

所谓信号处理能力，就是指音频接口上是否带有 DSP 芯片。有 DSP 芯片的处理卡利用一个或多个 DSP 芯片来执行所有的声音编辑和后期处理工作，使主计算机主要成为一个用户界面。那些不带 DSP 芯片的音频接口仅仅起到接口的作用，只为主机提供输入输出音频信号的作用，剩下与音频制作有关的工作全部交给主机 CPU 去完成。

一些高档的计算机音频接口则带有自己的 DSP 芯片，因此，它们除了能为主机提供音频输入输出接口外，还能提供数字信号处理能力。如德国 CREAMWARE 公司的产品 TD3，就提供了 DSP 芯片。借助 DSP 强大的数字音频处理能力，TD3 可以提供一个 32 路的全功能调音台。除此之外，TD3 还提供了基于硬件的效果器和动态处理器。效果器提供了混响、延时、合唱和镶边等，动态处理器则提供了压缩、限幅、噪声门、参数均衡器和滤波器等。另外，目前已有 20 多家公司宣布支持 TD3 并为其开发插件程序，因此 TD3 可以选择的效果器就会有许多。

在 TD3 上，每一个输入输出接口、调音台的每一路和效果器、动态处理器的输入输出接口间，都可以使用鼠标拉线的方式进行任意连接，就像在一个大录音棚中，使用音频线来连接独立的调音台和效果器、动态处理器一样。这种连线方式十分灵活，而且符合传统的录音棚工作方法。

通常音频接口卡上可能包括了大量的 A / D 和 D / A 转换器，诸如 AES / EBU 数字音频接口，S / PDIF、ADAT、MADI 接口等，同时也具有 SMPTE / EBU 时间码接口，在某些情形下还可能有 MIDI 接口。在音频扩展卡上常常带有可与一个或多个磁盘驱动器相接的 SCSI 接口，这是为了优化音频文件交换操作而设的，有些基本的系统为了达到这一目的，使用了自身或扩展的 SCSI 母线。

（2）接口的连接方式

从与主机的连接方式上看，音频接口分为三种：插卡式、插卡并外挂接线盒式和 USB 口外挂式。

① 插卡式的音频接口

插卡式的音频接口从外形来看就是一块电路板，安装时需打开主机的机箱，将它插到计算机主板上的扩展槽中，然后将音频线连到这块电路板上的插口中即可。由于 PCI 插槽的数字传输速率较快，而且符合“即插即用”标准，安装上较为方便，因此现在的插卡式音频接口一般都采用 PCI 这种规格。插卡式的音频接口由于在电路板上可供安排音频插口的面积有限，因此一般是输入输出口较少的音频接口或是采用数字输入输出口的音频卡（一个数字音频插口可以同时输入输出多个数字声道）才采用这种方式。插卡式的音频接口目前较常见的有 MIDIMAN 公司的 DMAN PCI，FRONTIER 公司的 Wave Center 和 Dakota 等。

② 插卡并外挂接线盒式的音频接口

插卡并外挂接线盒式的音频接口也要在计算机的主板上插卡，但它在卡上连接出来一个接线盒，将音频接口都安放在了这个接线盒上。由于接线盒的体积较大，因此采用插卡并外挂接线盒的音频接口一般都能提供较多的音频插口。此外，部分厂家还在音频接口的接线盒上设计了其他接口，如 MIDI 接口、同步接口等。另外，由于接线盒是在计算机主机箱外面的，在工作时不会受到机箱电源、风扇、硬盘、光驱等干扰。

③　USB 口外挂式音频接口

通用串行总线（Universal Serial Bus，USB）口外挂式的音频接口是插在计算机的 USB 口上使用的。它支持“即插即用”标准，而且即使在计算机开机的情况下也能进行设备的插拔和自动检测。所以 USB 音频接口最大的一个特点就是安装十分方便，不用开计算机机箱，不用解决设备的中断和地址的冲突问题。

④ 输入输出接口的形式

音频接口的输入输出口的形式分为两类：模拟接口和数字接口。

模拟接口在音频领域中占有很大的比重。常见的模拟输入输出接口有 XLR 卡农头、RCA 莲花接口、TRS 小三芯和大三芯等几种。小三芯的接口主要用于家用级的多媒体声卡，在专业领域现在已很少使用。莲花接口用于普通的专业设备，它提供的信号电平为 -10dB。卡侬头和大三芯用于高级的专业设备，它提供的信号电平通常为 +4dB。其中大三芯接口是平衡式的，在信号电缆的外层又包一个屏蔽层，可以提高音频信号在传送过程中的抗干扰能力。如果工作室中的设备很多，各种音频线、电源线经常纠缠在一起，那么使用平衡式的接口和线缆就可以减少噪声的干扰。

数字接口则有两声道的 S/PDIF、AES/EBU 规格和 8 声道的 ADAT、TDIF 和 R-BUS 等规格。

在选择音频接口的形式时，首先需要考虑的是匹配问题。如果与音频接口连接的设备都是模拟接口的，那么就应该选择模拟音频接口。如果与音频接口连接的是数字设备，那么最好使用数字音频接口。这种形式上的匹配是十分重要的，目前有些用户使用的是数字调音台，却为自己的数字音频工作站选择了模拟音频接口，这样不仅在系统中增加了 D/A 和 A/D 转换的次数，使信号在传送过程中受到不必要的损失，而且过多地使用模拟音频线（尤其是这些模拟音频线再缠绕在一起），也会使线缆之间相互干扰，产生杂音。

4. 其他附属设备

组成一个数字音频工作站，除了前面介绍的主机、存储设备和音频接口外，还有一些附属配件可以选择。

（1）信号转换器

如前所述，数字音频工作站用的音频接口有多种多样的输入输出形式，有模拟的，也有数字的。数字接口中，又有 S / PDIF、AES / EBU、ADAT 等多种格式。因此，有时数字音频工作站就需要使用信号转换器，以便能够和其他设备相连。

信号转换器一般是进行 D / A 和 A / D 转换，其中又以在 ADAT 数字接口和模拟接口之间进行互换的最为常见。这种转换器目前有 FRONTIER 公司的 Tang 024 和 FOSTEX 公司的 VC–8。它们均可以将 ADAT 格式的数字信号转换为 8 路模拟信号，或是将 8 路模拟信号转换为 ADAT 数字信号。这种八声道的转换器有时十分有用，像前面介绍的 TD3，它有 20 个输入输出接口，其中有 18 个是数字的。如果是数字调音台相连当然没有问题，但如果使用的是模拟调音台，则要将它和 TD3 系统连接，就必须要使用 Tang024 或是 VC–8。

信号转换器也有在数字接口之间进行相互转换的。像 MIDIMAN 公司的 C02，可以将光缆的数字信号转换为同轴接口的数字信号，也可以将同轴接口的数字信号转换为光缆的。另外像 ROLAND 公司的 DIF–AT，则可以将 ROLAND 公司的 R–BUS 数字信号转换为 ADAT 或是 TDIF 格式的。

（2）遥控台

在数字音频工作站中，为方便混音，通常会在屏幕上提供一个虚拟的调音台，使用户能够对各轨的音量、声像等进行调整。但是，许多习惯于传统录音工艺的用户不愿意使用鼠标来进行混音，而更喜欢利用推杆、旋钮来控制音量、声像等变化。正是出于这种考虑，一些厂家专门为数字音频工作站开发了遥控台。

数字音频工作站使用的遥控台外观类似于普通的调音台，上面也有一排排的推杆、旋钮和按钮。例如，较为著名的有美国的 AVID Artist Mix 录音控制台，它采用了 EUCON（Extended User Control）这个高速、开放的控制协议，可以控制 Pro Tools、Apple Logic、Steinberg Cubase 、Apple Final Cut Pro 和其他应用程序，都支持 EUCON™，能够高灵敏地控制所有软件功能。用户将体验到软硬件之间的紧密结合，控制界面就犹如软件的物理延伸一样。

目前，数字音频工作站的遥控台有很多，许多数字调音台都集成有音频工作站的遥控功能。比如 ALLEN–HEATH QU 系列数字调音台就支持 HUI 和 Mackie Control 控制协议，用于 Mac 计算机的 MIDI DAW 控制驱动（转换为 HUI 或 Mackie Control）。

三、音频处理软件

在数字音频工作站中，音频软件起着重要的作用。可以说音频软件为操作系统提供了各种功能的实现，包括：用于音频数据处理，如时间效果；均衡、动态处理；控制录音和放音；剪切、粘贴编辑功能；多音轨的混合和放音；自动缩混。

用于数字音频工作站的软件主要分为三大类：全功能软件、单一功能软件和插件程序。

1. 全功能软件

全功能软件是真正意义上的音频工作站软件，因为它能对音频信号进行录音、剪辑、处理、混音，甚至还可以直接刻制出 CD 母盘。也就是说，音频节目的整个制作工作，都可以利用这种软件来全部完成。

目前比较流行的专业全功能录音制作软件有 Pro Tools、Nuendo、Audition、Logic Pro、SAM2496 等。

Pro Tools 是 Digidesign 公司出品的工作站软件，最早只能在苹果电脑上使用，后来有了 PC 版。在 Pro tools 8 版本以前，Pro Tools 系统是由 Pro Tools 软件和它所支持的硬件共同组成。并不是说你有 Pro Tools 软件，就可以安装在电脑上用的，如果没有它所支持的硬件，这个软件是无法安装使用的。从 Pro tools 9 以后，AVID 公司解除了与硬件的强行捆绑，软件可以单独发售单独安装在 PC 和 MAC 电脑上，PC 电脑需要有支持 ASIO 驱动的音频卡即可正常运行；而苹果电脑上则板载声卡，都可以运行。

Pro Tools 软件内部算法精良，对音频、视频、MIDI 都可以很好地支持。现在的 Pro Tools 系统可以分为三大类：高端的 Pro Tools HD 版，它是 Pro Tools 的最核心版本，由带有 DSP 的 HD 卡、音频接口、MIDI 接口、同步器、控制器等组成，价格从 5 万多到上百万不等，具体又分为 HD1、HD2 和 HD3。主要是因为 Pro Tools 依靠的是配套硬件设备来进行音频处理和效果运算，昂贵的价格有相当大一部分是硬件设备的开支。由于采用硬件运算和处理，几乎不占用 CPU 资源，因此 Pro Tools HD 版的效果自然成为公认的行业标准；低端的 Pro Tools LE 版，实际上就是有限制的版本。

LE 版本核心和 HD 版基本相同，只是要求必须在 Digidesign 自己的声卡上才能使用，并对音轨数做出了限制（32 个单声道音轨 /16 个立体声通道音轨 +32 个乐器轨 +128 个发送轨），不支持环绕声，只支持最高 96kHz 采样率，赠送的效果器少。LE 版本的硬件有 M-box、M-Audio，Digi001、Digi002、Digi003、M-Powered 版，随着市场竞争的加剧，Digidesign 后来又和 M-Audio 合作，推出了专门用于 M-Audio 声卡上的 Pro Tools M-Powered 版，这个版本和 Pro Tools LE 版其实没有什么区别，唯一不同的是不再要求必须使用 Digidesign 的声卡，而是使用 M-Audio 的声卡就可以很好地运行，现在可支持的是 M-Audio 的 DELTA 全系列 PCI 音频接口，以及全系列的火线音频接口。

Nuendo 是德国 Steinberg 公司推出的专业的音频制作软件，主要用于专业音乐制作、多媒体制作、音频编辑和 VST 开发处理技术，可满足用户录音制作处理与音乐创作的需求。它完美地扩展了现有音频工作站的制作能力，但不需要专门的 DSP 硬件。Nuendo 不再需要任何昂贵的音频硬件设备、不再需要频繁更新音频硬件设备，就能获得非常强大的录音制作能力。由 Nuendo 提供了许多强大的功能，比如支持 VST2.0 Plug-ins、虚拟 Instrument 以及 ASIO2.0 兼容音频硬件的智能化自动 MIX 处理，非常灵活多样的无限级 Undo/Redo 操作、支持 Surround Sound。

Nuendo 不仅能非破坏性编辑，所有的音频片断也能用内置的或其他音频编辑软件进行破坏性编辑，每一音轨上的音频片断能够调节的参数有 4 段均衡、4 个插入效果器、8 个辅助输出效果，所有参数电平、均衡、声像、环绕声定位、效果参数等都支持自动操作。

Audition 是 adobe 旗下一个专业的音频编辑和混合全功能数字音频工作站软件，前身为 Cool Edit Pro。Adobe Audition 功能强大，控制灵活，使用它可以录制、混合、编辑和控制数字音频文件，可同时混合 128 个声道，使用 45 种以上的数字信号处理效果。通过与 Adobe 视频应用程序的智能集成，还可将音频和视频内容结合在一起。

Audition 是一款基于 windows 平台的音频非线性编辑和混音软件，处理速度快，界面友好，功能强大。它最突出的特长就是针对波形进行各种处理，其中声音加工处理已含有频率均衡、效果处理、相位处理、降噪、压扩、变调及变速等多项动能；具有 CD 播放器，可随时进行 CD 素材的录制；含有 128 轨混音编辑器，配合双工声卡进行分期同步录音或放音。

Logic 是苹果公司推出的全能型音频工作站软件，最早是由德国 Emagic 公司开发的，2002 年被苹果公司收归自己旗下。目前 Logic 分为 Logic Pro 和 Logic Express 两个版本，Logic Pro 主要面向专业音频制作领域，它具备了 Logic 平台的所有功能。Logic Express 为 Logic Pro 的简化版本，主要为学生和教育人员设计。

Logic 软件运行平台完全过渡到了 Mac 上，PC 版本停止开发。借助于苹果电脑高性能优势，Logic 实现了和苹果电脑的完美对接，它可以不需要外接专门的硬件而得到类似于 Pro Tools 的专业品质。系统在功能上具备了 Pro Tools 的各项特点，已经在 MIDI 编曲功能方面、专业录音和音频制作领域，以及影视后期制作领域获得极大的声誉，拥有了一大批忠实用户。Logic 软件内置了大量顶级效果器，使得软件不仅功能强大，而且购买类似功能的插件和同档次的硬件设备相比费用节省了许多。另外，为了进一步获得影视音频后期制作领域的市场份额，Logic 系统开发了大量影视后期制作设计功能，如，Match EQ、Space Designer、Vocal Transformer 以及视频转场侦测等，为音频工程师进行高质量的影视后期音频制作提供了巨大的方便。

德国 SEK-D 公司的 SAM2496 则是功能十分完善的音频工作站软件。处理数字信号精度 24 比特、采样频率 96kHz，故称 2496 。其特点是全性能声音录制软件，含有多轨录音、保存声音素材、参量频率均衡、延时 / 混响时间效果、压缩 / 扩展动态处理、噪声抑制、多段立体声增强、多轨实时混音、非线性编辑、声音波形显示、刻录音乐CD、采样频率变换、声音变调、素材时间扩展 / 压缩以及一些其他特殊功能。

除以上音频处理软件外，目前有许多 MIDI 音序软件也在不断增加和完善音频方面的功能，以期成为 MIDI 音序和音频录制的全能音乐软件。其中较为著名的有 Sonar、Cubase 等。但是，这类软件仍是以做 MIDI 为主，音频功能主要是用于录吉他、贝司和鼓等少数音轨，因为国外的音乐人多数都搞过乐队，像吉他、贝司和鼓声一般都要录真的乐器。

2. 单一功能的软件

除了全功能音频软件外，数字音频工作站上还有单一功能的软件，用来完成单一音频处理功能。这类软件中较为有名的就是 Sound Forge，它是一个专门的波形编辑和处理软件，可以对单声道波形或是立体声波形进行各种剪接、加工和施加效果。当然，Sound Forge 软件不能处理多轨的音频信号，因此它最适用的场合是前面所说的第一类工作：声音剪辑和 CD 刻录。

3. 插件程序

除了全功能的音频软件和单一功能的音频软件，数字音频工作站中用到的还有一种软件就是插件。插件程序不能单独工作，但它可以附加到某个数字音频工作站的软件中，以增加新的功能。到目前为止，插件程序主要是为数字音频工作站提供新的效果器。

插件程序在格式上分为两种，一种是专用格式的，另一种是通用格式的。

专用格式的插件程序只能用于某一种特定的音频软件，其中较为有名的格式有 TDM 和 VST，前者专用于 Digidesign 公司的 Pro tools 系统，后者专用于 Steinberg 公司的 Cubase 软件。

通用格式的插件程序由于采用了较为流行的格式，因此可以用于许多个不同的音频软件。目前较为流行的通用格式为 Direct X，这是由微软公司开发和推广的，因此目前运行于 Windows 系统的音频软件如 SAM2496、Sonar 等都支持这种格式。

用于某种软件的插件程序不一定是由该软件的开发商自己编写的，目前任何一种音频软件，只要它能够打开市场，达到一定的销量，往往就会有许多公司来为它开发插件程序，这也就是大家常说的第三方插件程序。就说 Direct X 格式的插件程序吧，由于目前有越来越多的音频软件都开始支持和使用这种格式，因此有许多公司都开始为该格式开发插件程序，其中较为有名的有 WAVES 公司的 Native power pack、TC / WORKS 公司的 Native Reverb 等。这些插件程序可以为支持 DirectX 格式的音频软件增加混响、多段均衡、动态处理等效果。

除品质外，插件程序还可以为音频软件增加许多新的功能。比如 Cakewalk 公司的 FX2 插件程序，就提供了“多轨机模拟”、“功放模拟”的功能，可将录入的音频信号变成具有某种经典的多轨机或功放的音质特征。还有一个名为“Auto Tune”的插件程序，它可以对演唱或是独奏乐器的演奏进行音高修正，这种修正按用户选择的调式自动进行，或由用户对选中的区域进行手动修正。该软件在修正音高和音调时，不会造成声音的失真，或是留下人工改动的痕迹。如果用户经常给一些没有受过专业训练的演员录音，那么备上这个插件程序一定会十分有用。

第九节　MIDI 技术及设备

MIDI 的全称是 Musical Instrument Digital Interface（电子乐器数字接口），它是用于电子乐器（即 MIDI 设备）之间、电子乐器与计算机之间交换乐音信息的一种标准协议。MIDI 技术也是利用计算机来处理音乐信息的一种技术，它完全不同于原来的录音技术，而是直接通过计算机来进行音乐创作的一项重要技术。本节对 MIDI 技术的基本原理和常见 MIDI 设备做一介绍，以便掌握其在录音系统中的应用。

一、MIDI 基本原理

20 世纪 80 年代，电子乐器渐渐流行起来。电子乐器的主要代表是电子合成器，它把键盘与音源组合在一起，按动键盘上的各个键，通过控制音源就可以模拟出多种乐器的音色。电子合成器一诞生就在音乐界产生了极大的影响，不久以后，人们又发明了许多专用的电子乐器，比如电子钢琴、电子鼓等，而且还探索把多个电子乐器组合起来的方法，这样就出现了 MIDI 技术。

简单地说，MIDI 有两层意思：

（1）它是一种数字化接口标准，它使不同制造厂商生产的电子乐器之间的相互连接成为可能。MIDI 1.0 技术规范规定了信号的 I / O 接口、连接乐器的特定电缆、MIDI 消息数据的基本格式等。它能使各种 MIDI 兼容的设备，比如多个电子乐器、演奏实时控制器、音序器、音源、电脑等设备间互相传递信息。

（2）它是一种数字通信语言，有专门存储 MIDI 消息的 MIDI 文件。与数字音频不同，MIDI 的数据信息不是声音信息的数字化记录。MIDI 数据主要是电子合成器上键盘按键状况的数字化记录，主要包括按了哪一个键、音高、力度多大、持续时间多长、键释放等控制信息。MIDI 文件中包含多达 16 个通道、256 个音轨的演奏音符信息（键、通道号、音长、音量和击键力度等）。

MIDI 的这些数字信息不能通过 D / A 变换直接转换成声音，只能通过 MIDI 设备的音源来读取 MIDI 消息，然后根据这些控制信息去控制发声电路，最后转换成声音输出。

图 5.9.1 所示为 MIDI 技术产生音乐的流程。

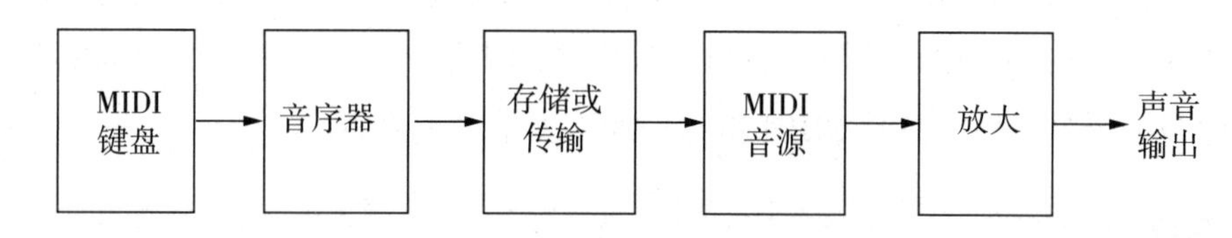

图 5.9.1 MIDI 音乐的产生过程

音序器是为 MIDI 作曲而设计的计算机程序或电子设备。音序器能够用来记录、播放、编辑 MIDI 事件信息。大多数音序器能输入、输出 MIDI 文件。MIDI 消息必须通过音源设备才能发出声音，但是不同音源的音色是完全不同的，所以相同的 MIDI 文件在不同的音源设备上播放，其效果可能完全不一样。

过去一直由于音源的技术原因，使得 MIDI 技术的发展受到一定的限制，习惯上认为 MIDI 音乐或电子音乐只能作为游戏软件之类低档产品的配乐。随着数字音频技术的发展，促进了 MIDI 设备的不断改进，特别是随着计算机技术的发展，采样音源和软音源技术逐渐成熟。高档计算机声卡中的合成器由于采用了采样回放技术，其生成的音乐音色效果比以前有了很大的进步，人们越来越难以分辨一段音乐中哪些是产生于乐器的录音，哪些是产生于声卡的合成声音。这样，MIDI 技术对音源设备的依赖性也就大大减弱了。

二、基本 MIDI 设备

配置一个基本的 MIDI 系统所需要的设备应包括 MIDI 消息输入设备、音序器和音源。

1.MIDI 消息输入设备

输入设备主要有 MIDI 键盘、含有 MIDI 键盘的设备以及其他具有 MIDI 消息输入功能的设备。

MIDI 键盘是一种类似钢琴键盘的设备，它的键盘上装有电子传感器。当人们按动 MIDI 键盘时，它并不发出声音，而是把按键的信息（音高、按键力度、持续时间等）转变为 MIDI 消息。

以 MIDI 键盘为主而制成的 MIDI 控制器，除了 MIDI 键盘外，往往还有许多其他输入 MIDI 消息的手段，比如与 MIDI 键盘一起连用的滑音轮、踏板等，可以增加 MIDI 消息输入的多样性。一些 MIDI 控制器还包括 MIDI 吹管、MIDI 吉他、MIDI 小提琴等，可以通过吹管、拨弦等手法输入 MIDI 消息，就像演奏传统的乐器一样。

MIDI 键盘只是输入 MIDI 消息的众多设备中的一种，大家也可以利用计算机本身的键盘和鼠标器来输入 MIDI 消息。另一方面，MIDI 键盘的种类本身也是多种多样的，在许多电子琴中配有 MIDI 接口，就可以用电子琴来输入 MIDI 消息。普通的 MIDI 键盘的手感与电子琴一样，只是 MIDI 键盘一般不直接发出声音。

2. 音序器

音序器（Sequencer）俗称编曲机，是 MIDI 消息的编辑和控制单元。其功能是把 MIDI 键盘输出的 MIDI 消息分轨地记录下来，把一首曲子所需的音色、节奏、音符等乐音要素按照一定的序列组织起来，使得音源能够实现同步播放。

作曲者可以在音序器中对这些分轨记录的 MIDI 消息进行编辑和修改。这里所说的“轨”是音轨（track），是借用了分轨录音机中的磁性记录轨的概念。可以按照声部或乐器分别对应一个轨，比如制作一首钢琴、小提琴、大提琴三重奏，可以分别把钢琴、小提琴和大提琴的 MIDI 演奏信息分别记录在一个轨上，这样可以对某一个声部的音量大小、音色进行单独处理。

MIDI 消息的编辑和控制单元可以是专门制成的硬件音序器（如 YAMAHA QY300），也可以是基于个人计算机的音序器软件（如 Cakewalk Master Track Pro 等）。相对于硬件音序器而言，基于个人计算机的软件音序器具有许多优点：音序器软件具有完备的录制、播放、编辑和同步功能，而且升级方便、界面友好；由于 PC 机强大的数据处理和图表能力，使得所有的编辑过程变得直观和直接；对于标准的剪贴功能，运行非常简单，可以把一个乐音素材从一个音轨移到另一音轨，把一个片断剪贴到剪贴板上供别处使用或者在一轨中复制一个段落；另外，大屏幕显示和图形界面格式使得各种复杂的操作变得容易；图表编辑模式允许用户通过鼠标的移动来改变音符的音高、开始和时间长度。

3. 音源

音源部分是系统的输出设备，音源可以是一块声卡。在前面两个单元中，所有被处理的信息都是 MIDI 消息，是一种控制信号，所有的 MIDI 消息只有通过音源设备才能转变为真正的声音。音源是一个可以产生很多音色样本的设备，所以是用来发声的。音源就是一个音色样本库，内部有很多不同音色的样本波形，比如有钢琴的音色样本、吉他的音色样本等。但是音源本身并不知道在什么时候该用什么音色发怎样的声音，这项任务是由 MIDI 控制信息来完成的。

音源设备对 MIDI 系统的音质起着决定性的作用，音源的档次高低直接决定了输出乐音的质量。产生 MIDI 乐音的方法很多，现在用得较多的方法有两种：一种是频率调制（Frequency Modulation，FM）合成法，另一种是乐音样本合成法，也称为波形表（Wavetable）合成法。

（1）频率调制合成法

20 世纪 80 年代初，美国斯坦福大学的一名叫 John Chowning 的研究生发明了一种产生乐音的新方法，这种方法称为数字式频率调制合成法，简称为 FM 合成法。他把几种乐音的波形用数字信号来表示，并且用计算机把它们进行不同的组合，通过数 / 模转换器来生成各种乐音音色。这一发明专利权授了 Yamaha 公司，该公司把这种技术做成集成电路芯片，使合成乐音工业发生了一次革命。

FM 合成法生成乐音的基本原理如图 5.9.2 所示。它由 5 个基本模块组成：数字载波器、调制器、声音包络发生器、数字运算器和数模转换器。数字载波器用了 3 个参数：音调、音量和各种波形；调制器用了 6 个参数：频率、调制深度、波形的类型、反馈量、颤音和音效；乐器声音除了有它自己的波形参数外，还有它自己的比较典型的声音包络线，声音包络发生器用来调制声音的电平，这个过程也称为幅度调制，并且作为数字式音量控制旋钮，它的 4 个参数写成 ADSR，这条包络线也称为音量升降维持释放（Attack Decay Sustain Release，ADSR）包络线。

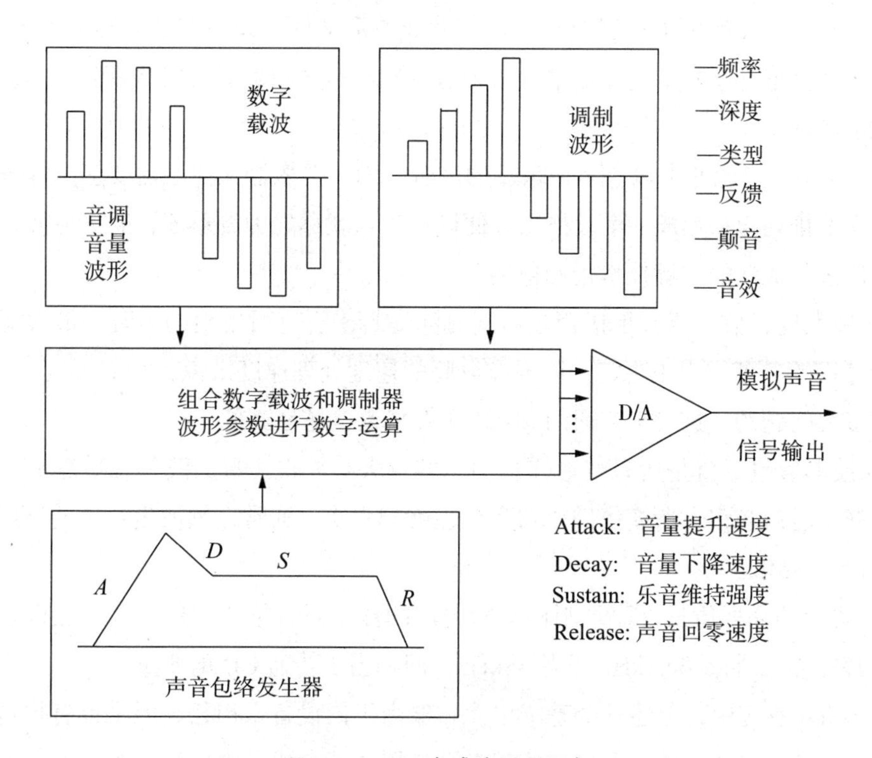

图 5.9.2 FM 合成法原理示意

在乐音合成器中，数字载波波形和调制波形有很多种，不同型号的FM合成器所选用的波形也各不同。通过改变各个波形参数，可以生成不同的乐音，例如：改变数字载波频率可以改变乐音的音调，改变它的幅度可以改变它的音量；改变波形的类型，如用正弦波、半正弦波或其他波形，会影响基本音调的完整性；快速改变调制波形的频率（即音调周期）可以改变颤音的特性；改变反馈量，就会改变正常的音调，产生刺耳的声音；选择的算法不同，载波器和调制器的相互作用也不同，生成的音色也不同。

FM合成器利用这些参数产生的乐音是否真实，它的真实程度有多高，取决于可用的波形源的数目、算法和波形的类型。

（2）波形表合成法

使用FM合成法来产生各种逼真的乐音是相当困难的，有些乐音几乎不能产生，因此很自然地就转向乐音样本合成法。这种方法就是把真实乐器发出的声音以数字的形式记录下来，播放时改变播放速度，从而改变音调周期，生成各种音阶的音符。

乐音样本的采集相对比较直观。音乐家在真实乐器上演奏不同的音符，选择采样频率为44.1kHz、16 Bit量化的乐音样本，这相当于CD的质量，把不同音符的真实声音记录下来，完成了乐音样本的采集。

"波形表"合成法是当今使用最广泛的一种乐音合成技术。波形表可形象地理解为把声音波形排成的一个表格，这些波形实际上就是真实乐器的声音样本。例如，钢琴声音样本就是把真实钢琴的声音录制下来存储成波形文件，如果需要演奏"钢琴"音色，合成芯片就会把这些样本播放出来。由于这些样本本来就是真实乐器录制成的，所以效果也非常逼真。

一个MIDI音源通常包含多种乐器的声音，而一个乐器又往往需要多个样本，所以把这些样本排列起来形成一个表格以方便调用。这就称之为波形表，简称为波表。

波形表合成法的主要技术指标包括：

① 最大复音数。复音是指合成器同时演奏若干音符时发出的声音。最大复音数直接由计算机的处理能力来决定，以现在电脑的速度处理速度来说，32甚至是64复音数是没有多大问题的，这对于普通的MIDI文件来说也是足够了。

② 波形容量。就是所有波形样本的总容量大小。很明显，波形容量越大，所容纳的波形样本也就越多，所模仿的乐器音色也就越真实。通常，软波表音源的波形容量大都是4Mb ~8Mb。

③ 波形的采样质量。即录制样本所采用的数字录音格式。一般的专业设备，其采样质量都是16比特、44.1kHz或者48kHz，即相当于普通CD的质量。

在MIDI系统中，上述三个基本单元一般由不同设备来担任，但是也有把这三个基本单元综合在一起的MIDI设备，这就是合成器。就合成器中的每一个单元来说，可能比不上独立组成的 MIDI 设备系统，但是由于三位一体的组合，它的体积大大缩小，便于携带和现场制作乐音，具有其他 MIDI 系统设备不可比拟的优点。

三、MIDI 系统连接

1. MIDI 端口

MIDI 技术规定合成器、音序器、MIDI 键盘等能通过一个标准的接口连接。每个符合 MIDI 规范的乐器通常包含一个接收器和一个发送器。接收器接收 MIDI 消息，并执行 MIDI 命令。它由光耦合器、通用异步接收发送器及其他必要的硬件组成。发送器以 MIDI 格式生成 MIDI 消息，并按照接口规范格式发送 MIDI 消息。

MIDI 设备使用以下三类端口来互连：MIDI 输入（IN）、MIDI 输出（OUT）和 MIDI 直通（THRU）端口。

MIDI 设备通过 IN 端口接收其他 MIDI 设备发出的 MIDI 消息，通过 OUT 端口输出本设备的 MIDI 消息，通过 THRU 端口将从 IN 端口接收到的 MIDI 消息输出到另一个 MIDI 设备。THRU 端口是为有多台 MIDI 设备的 MIDI 系统而设计的，通过这种 THRU 端口，可以完成多台 MIDI 设备的连接。这里所说的 MIDI 设备，实际上是指配备了 MIDI 接口，可以接收和发送 MIDI 消息的设备。无论是 PC 机还是合成器，只要配备了 MIDI 接口卡，它就成为一台 MIDI 设备。

2. 连接方式

两台 MIDI 设备的连接是最简单的 MIDI 系统。把一台合成器的 MIDI 输出端口接到另一台合成器的 MIDI 输入端口。这样，一个简单 MIDI 系统的连接就完成了，如图 5.9.3 所示，每一台合成器键盘上的演奏都能通过另一台合成器上的音源发出声音。这种简单 MIDI 系统可以把两台合成器组合为一体，让两个演奏者同时演奏。一个要求演奏技巧很高的乐曲，由一个人来演奏或许有些困难，而如果分解为两个人的演奏就比较容易完成。

在由两台 MIDI 设备构成的简单系统中，MIDI 设备可以没有主从之分，每台 MIDI 设备送出的 MIDI 消息，其目的地是明确唯一的。而在一般的 MIDI 系统中通常由三台以上的 MIDI 设备构成，这时 MIDI 电缆线的连接，以及 MIDI 消息的分配则要复杂一些。

三台以上的 MIDI 设备中，必须选定一台 MIDI 设备为主控设备，它负责传送命令信息。其他 MIDI 设备为从设备，接受主控设备发出的命令信息。主控设备一般是计算机，也可以是音序器、合成器。在硬件方面，它需要键盘或琴键；在软件方面，它必须配置能发出命令的相应软件。

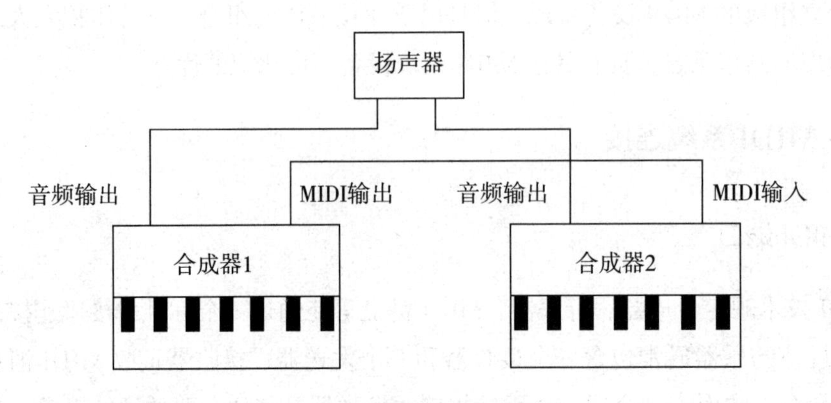

图 5.9.3　两台合成器的连接

如图 5.9.4 所示，这种 MIDI 系统的连接方式中的 MIDI 设备必须具备直通（THRU）端口。主控设备的 MIDI 消息通过 MIDI 输出（OUT）端口送到第 1 台从设备的 MIDI 输入（IN）端口，第 1 台从设备通过（THRU）直通端口将 MIDI 消息转发到第 2 台从设备的 MIDI 输入端口，如果还有第 3 台从设备，则可以通过第 2 台从设备的 MIDI 直通端口将 MIDI 消息转发到第 3 台从设备的 MIDI 输入端口，这样就可以连接多台 MIDI 设备。

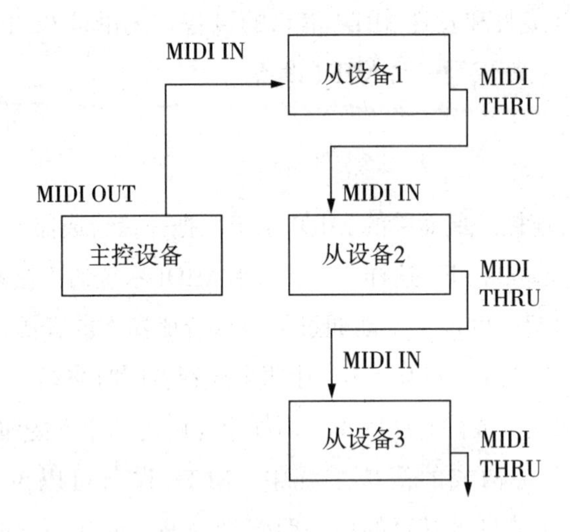

图 5.9.4　多台 MIDI 设备的串接

3.MIDI 通道

主控设备要发送信息给某台 MIDI 从设备，则需要通过一种代码来指定 MIDI 消息发送的目的设备，这种代码就是通道设置信息。MIDI 通道的设置信息用 4 位二进制代码来区分，4 位二进制代码可以区分 16 个通道。因此，MIDI 支持 16 通道的演奏、控制器和时间数据，MIDI 通道并不是指物理上的一根电缆线，而是 MIDI 消息中用来分配和安排 MIDI 数据流的一种逻辑通道。

一台 MIDI 设备并不是只能接收一个通道的数据，比如，一个音源可以同时接收多个通道的数据，同时演奏出多种乐器的声音。主控 MIDI 设备也可以把一组信息指定给一个通道，比如一组打击乐的演奏信息，包含各种的鼓乐，都指定给通道 10。

可见，MIDI 消息的正确传送还与 MIDI 通道的设置有关。如果一个 MIDI 系统中只有两台 MIDI 设备：MIDI 设备 A 和 MIDI 设备 B，则 MIDI 通道信息的作用并不明显，MIDI设备A的信息发送目的地是MIDI设备B。如果一个M1DI系统中有3台MIDI设备：主控设备、从设备 1 和从设备 2，它们按如图 5.9.4 所示的连接。MIDI 主控设备发出信息的目的地可以是从设备 1，也可以是从设备 2，也可以是从设备 3，MIDI 的通道设置信息就可以用来指定 MIDI 主控设备的信息发送目的地。比如，通过从设备 1 和从设备 2、从设备 3 的面板把从设备 1 设定为通道 1，把从设备 2 设定为通道 2，把从设备 3 设定为通道 3，当主控设备同时给从设备 1 和从设备 2、从设备 3 发送 MIDI 消息时，首先把发送给设备 1 的信息放在通道1，把发送给设备 2 的信息放在通道 2，从设备 3 的信息放在通道 3。MIDI 消息首先送到设备 1 的 MIDI IN 输入端口，MIDI 设备 1 把与自己所设通道号相同的信息接收下来，把与自己所设通道号不相同的信息通过 MIDI 直通端口送到设备 2 的 MIDI 输入端口。MIDI 设备 2 然后把与自己所设通道号相同的信息接收下来，把与自己所设通道号不相同的信息通过 MIDI 直通端口再转送出去到从设备 3。如果有更多的 MIDI 设备，可以依次转送。

通道信息只能由主控设备发出，所以 MIDI 从设备 1 和设备 2 不能发送通道信息。如果 MIDI 从设备 1 或设备 2 要向主控 MIDI 设备发送 MIDI 消息，则 MIDI 主控设备中的 MIDI 接口必须有两个 MIDI 输入端口，分别与 MIDI 从设备 1 和从设备 2 的 MIDI 输出端口相连接。

4.MIDI 电缆

MIDI 电缆线是一种屏蔽导线，如图 5.9.5 所示，它的两端各有一个五针的插头，目前只用其中的三针，即 4 针和 5 针用来传输 MIDI 信息数据，2 针接地，1 针和 3 针保留。50 英尺是 MIDI 专用电缆允许的最大长度，超出这个长度，就会导致信号衰减和外部干扰。

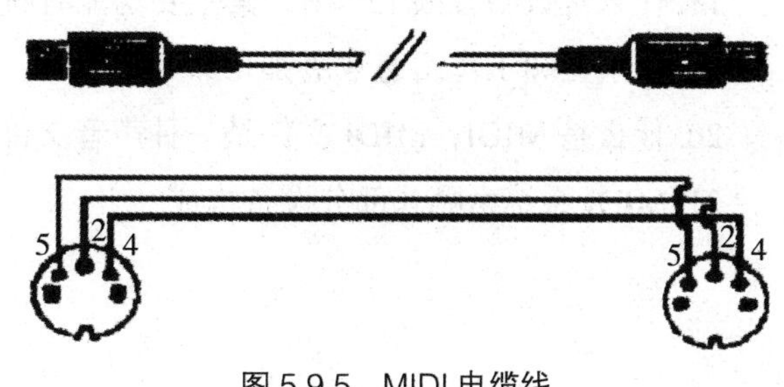

图 5.9.5　MIDI 电缆线

思考与练习题五

1. 什么叫取样？什么是奈奎斯特采样定律？

2. 什么是量化？量化电平的数目为什么不能太少也不能太多？

3. 模拟的信号转化为数字信号需要经过哪几步？

4. 数字信号的信噪比主要由数字化过程中那个指标决定？

5. A / D、D / A 转换器各起什么作用？

6. 数字音频信号为什么要进行压缩编码？我们常听的 MP3 使用什么压缩方式？

7.CD 的采样频率为什么选择 44.1kHz？

8. CD 的量化比特数是 16，它的信噪比是多少？如果量化比特提高到 20，它的信噪比是多少？

9. 数字信号记录到磁带或光盘上之前为什么要进行码型变换？

10. 画出数字录音系统的原理框图，并简述数字信号处理的流程。

11. DAT 与 DCC 的主要区别是什么？

12. R-DAT 与 S-DAT 的主要区别是什么？

13. MD 唱机的主要特点是什么？

14. 数字录音机有哪些优点和缺点？

15. MD 为什么叫磁光盘录音机？简述其工作原理。

16. CD 光盘和 MD 磁光盘的区别？

17. 存储卡式数字录音机有哪些优点？

18. 什么是数字音频工作站，其主要功能有哪些？

19. 数字音频工作站通常由哪几部分组成？

20. 什么是 MIDI，MIDI 文件是一种声音文件吗？

21. MIDI 系统由哪几部分设备构成？

第六章

还音设备

还音设备又称为放音设备，是录音系统中的一个重要组成部分，其主要作用就是将传声器、调音台、录音机等前级设备放还的比较弱的声音信号进行不失真地放大，并输出一定的功率，去推动扬声器发出洪亮而优美的声音供给录音师和听众聆听。本章主要讨论音频功率放大器、扬声器和音箱的基本工作原理以及它们在还音系统中的实际应用。

第一节　音频功率放大器

还音系统中所用音频放大器的主要作用是将输入的音频信号进行放大后，以足够的功率推动后级的扬声器发声，所以又称为音频功率放大器，简称功放。为了适应放还声音的需求，它往往由多级放大电路和辅助控制部分组成。

一、音频放大器的组成

在音响系统中，由于各种信号源的信号都很微弱（一般在几 mV 至 1V 左右），它们不足以推动扬声器发出响亮的声音，因此必须用音频放大器将这些很弱的信号进行放大。

在实际应用中，为了将微弱的音频信号放大到能够推动扬声器发声，所用的音频放大器需要经过前级电压放大和后级功率放大两级电路构成。前级电压放大也称为前置放大，在专业音响系统中通常将其安排在调音台部分，其主要作用是将输入的各种节目源音频信号进行初步的电压放大，并调整输入信号的音色、音量，提供给后级电路对音频信号进行处理；而后级功率放大称为音频功率放大（简称功放），在专业音响系统中通常是一台独立的设备，其主要作用是将前置放大器送来的信号（或调音台处理后的输出信号）进行无失真（高保真）的单纯功率放大，以提供足够大的功率去推动扬声器发声。

图 6.1.1 为模拟立体声音频放大器的基本组成框图。在立体声放大器中，为了减小两个声道的互扰，将两声道单独设置。每一通道内含前置放大和功率放大两部分，担任一个声道的放大任务，这样声道间隔离度比较高。另外，为了减少电源对电子线路的影响，有些高级音频功率放大器将电源部分单独装在一个壳体内，与前、后级放大电路分离。

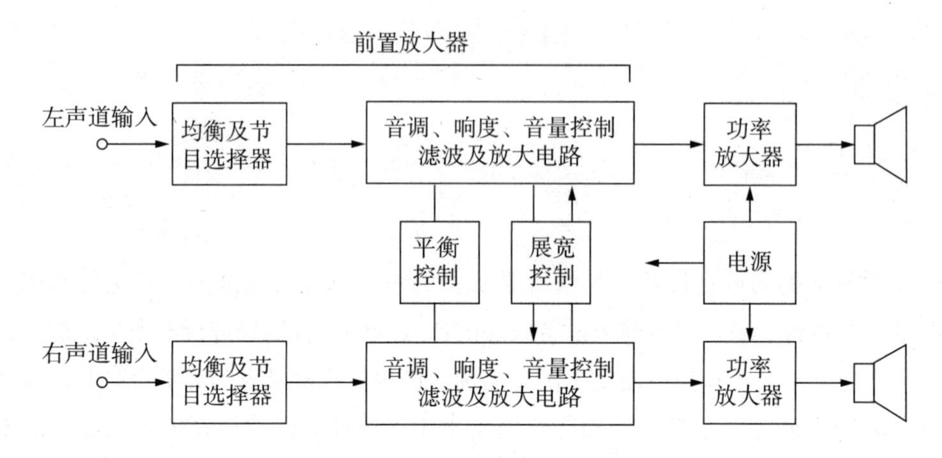

图 6.1.1　音频放大器组成框图

目前，前置放大器中的各电路单元通常由高品质的集成电路模块构成，性能优异、稳定可靠。不仅如此，有些功率放大器中的功率放大部分也已实现了集成化。

实际应用中，前置放大器和功率放大器可以独立装成两台设备，也可以组装在一台机器内。在一些非专业音响系统中，为了减少连接线、缩小体积、降低成本，往往将前置放大和功率放大放在一台机器内，构成组合式放大器。组合式放大器的使用效果一般不如专业音响系统中的独立两台设备形式，但用户使用起来比较方便，因此这种方式大多用在家用音响系统中。

1. 前置放大器的构成

前置放大器可接收多种信号源（如传声器、调谐接收器、电唱机、各种录音机、激光 CD、DVD、电脑等播放设备）的信号，并对不同信号源的信号进行相应的处理，以便为后级放大器提供适宜的电信号，使后级放大器得以稳定的工作。如图 6.1.2 所示为两声道之一前置放大器示意图。

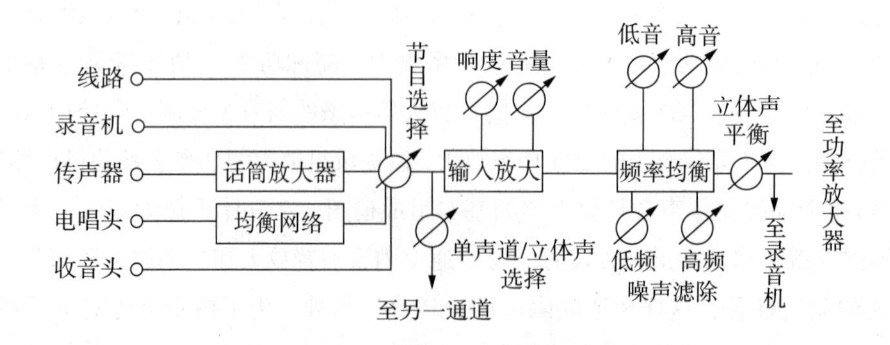

图 6.1.2　前置放大器示意图

前置放大器的主要作用是将接收到的输入信号进行各种处理与再放大，使之能满足功率放大器对输入信号电平的要求。为达到美化音质，满足人们对音响效果的某些主观要求，在这一部分设置有音量调节、响度控制、频率均衡、声像平衡等几个功能电路。

（1）预放大和均衡电路

信号源预放大和均衡电路是进行信号源预放大与校正输入信号的频率响应而设置的专用电路。比如对微弱的传声器输出信号进行放大、对不同的信号源的频率响应特性进行不同的均衡。过去常见的有：话筒放大器、电唱头均衡放大电路、磁头均衡放大电路等。

（2）等响度控制电路

根据等响度曲线，为了使重放声在不同声级时保持声音响度的平衡，某些前置放大器中常设置等响度控制电路，以补偿在低声压级时，人耳听觉高低频特性的不足。

响度补偿电路的特点是，它的输出频率特性会随着音量控制电位器的转动而变化。当音量开大时，频率特性保持平坦，随着音量的减小，低频和高频部分将按等响曲线形状相应提升。这样，不论音量电位器增大或减小，使人们对各种频率的声音听起来具有同样的相对响度。

（3）高低音均衡调节

通过频率均衡电路对声音的高、中、低频进行调节，以适应不同节目的特点并满足不同听音者的要求。

前置放大器对改善整个音响系统的性能，提高音质具有极为重要的作用。它的功能和地位相当于调音台，因为它的输入接自各种信号源设备，它的输出传输给功放和扬声器，因此，前置放大器也是一个民用音响系统的控制中心。

显然，在设计和选用音响系统设备时，采用了前置放大器就不必再用调音台，或者反之，采用了调音台就不必选用前置放大器。从结构、性能以及功能来说，前置放大器要比调音台简单得多。

2. 功率放大器的构成

音频功率放大器是要放大音频信号以足够的功率传输给扬声器系统，推动扬声器系统发声而还原出声音信号。音频功率放大器主要考虑的是如何获得最大的输出功率、最小的失真和最高的效率。就其功能来说，功率放大器比前置放大器的电路简单，但其消耗的功率远比前置放大器大。所以说功率放大器实质上就是要将直流电能转化为音频信号的交流电能。功率放大器的组成方框图如图 6.1.3 所示。

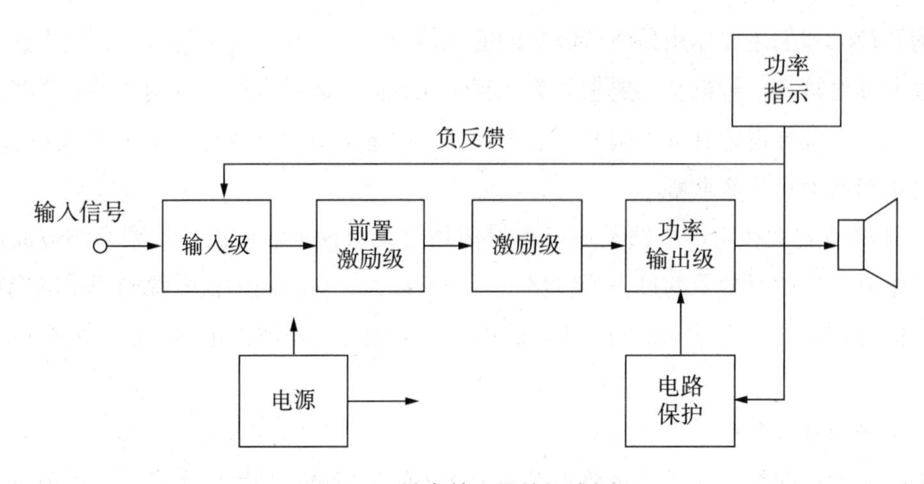

图 6.1.3　功率放大器的组成框图

输入级起着缓冲作用，其输入阻抗较高，以减小本级电路对前级电路的影响。激励级的作用是控制其后的功率输出级的晶体管能进入要求的工作状态，并提供足够的电压增益，输出较大的电压以推动功率放大输出级正常工作。功率输出级向扬声器提供足够的激励电流，以保证扬声器能正常发声。此外，功率输出级还向保护电路、功率指示电路提供控制信号，向输入级提供负反馈信号。因为功率放大器工作在高电压大电流的状态，还需要专门的电源供电电路。

二、音频功率放大器的分类

音频功率放大器的种类繁多，各具特色。根据不同的分类方法，可以把它们分为以下一些种类：

1. 根据输出级晶体管的工作状态分类

由于功率放大器在大电流、高电压的状态下工作，又要求输出很大的音频功率和较高的效率，所以按其末级功率放大晶体管的工作状态特性，可把功率放大器分成以下几类：

（1）甲类功率放大器

这类功率放大器的晶体管是在甲类工作状态下运行的，正弦波波形非常完整，不存在交越失真的问题，失真度很小。在 Hi–Fi 音响领域和录音室监听音箱里，很多厂家选用此类功放，如英国的罗特功放、日本的金嗓子功放都是甲类功率放大器。但是，甲类功放的损耗大、效率低、输出阻抗低，一般只用于小功率放大设备中。

（2）乙类功率放大器

这种功率放大器是在乙类工作状态下应用的，它是用两只晶体管共同完成声波的能量放大。一个晶体管在正半周内有放大作用，另一个晶体管在负半周内有放大作用，最后合成为一个完整的正弦波。由于两只功放管共同完成了声波的放大，所以，其输出功率较大，但是会有交越失真。

（3）甲乙类功率放大器

这是一种介于甲类和乙类之间的功率放大器。它能在较小的交越失真的情况下，获得较高的功率输出。这也是一种被广泛应用的功率放大器，多数用在大功率的文艺演出音响系统中。

2. 按输出级与扬声器的连接方法分类

（1）变压器耦合功率放大器

功放的输出级用变压器实现与扬声器的连接，可以实现扬声器的阻抗与功率放大器的最佳负载阻抗相匹配。由于变压器耦合损耗小，又能变换阻抗，使负载好匹配，所以在过去得到广泛的应用。

在现代扩声系统中，由于用输出变压器连接有两个缺点：一是变压器自身损耗较大，放大器的效率不能很高；二是输出变压器存在着频率失真，变压器本身在高频端和低频端的频率特性不好，使放大器的带宽受到限制。因此这种带有输出变压器的功放只用于电子管扩音机和需长距离传输音频功率信号的有线广播系统等特殊的场合。为了得到更高的效率和好的频响，现在普遍采用了无变压器的 OTL 和 OCL 电路。

（2）OTL 功率放大器

OTL 是英文 Output Transformer Less 的简写，意思是无输出变压器。OTL 功率放大器就是没有输出耦合变压器的放大器电路，它的输出端和扬声器之间用了隔直流电容，属交流功率放大器。由于功率输出采用电容耦合，因而其频率失真和非线性失真较小，传输效率较高。但是，电容器具有“阻低频通高频”的特性，所以低频响应还不够理想。若要改善低频响应，作为低阻功率耦合的电容器要求其容量很大，往往只能使用电解电容，而大容量的电解电容器通常具有较大的分布电感，不利于高频功率的传输。

总之，输出电容给功率放大器性能指标的进一步提高带来了一定的障碍。但是，OTL 功率放大器具有电路简单、性能稳定、可靠性较高等优点，目前仍为普及型功放的常用电路之一。

（3）OCL 功率放大器

OCL 是英文 Output Capacitor Less 的简写，意思是无输出电容。OCL 功率放大器指省去输出端大电容的功率放大电路。OCL 功率放大器的输出级与扬声器之间省去了输出电容，为直接耦合，中间既不要输入、输出变压器，也不要输出电容，使系统的低频响应更加平滑。它克服了 OTL 功放的缺点，具有频率范围宽、失真小、保真度高等优点。

OCL 电路也是一种互补对称输出的推挽电路，需要采用正负对称电源供电。它的最大特点是电路内部到扬声器全部采用直接耦合，中间既不要变压器也不要电容，电路性能更好，广泛用于现代高保真功放电路。

（4）BTL 功率放大器

BTL 是 Bridge Transformer less 的简写，意思是桥接推挽式放大电路。BTL 功率放大器的输出级与扬声器间采用电桥式（Bridge）的联接方式，主要解决 OCL、OTL，功放效率虽高，但电源利用率不高的问题。与 OTL 或 OCL 功率放大器相比，在相同的工作电压和负载条件下，BTL 功放的输出功率是 OTL 或 OCL 功放的 3～4 倍，但这种功放的电路较复杂、成本较高。BTL 功放通常只在工作电压较低而要求功放输出功率较大的场合才使用。

3. 按功率放大器所使用的器件分类

（1）电子管功率放大器

由于生产和制作电子管的工艺已相当成熟，使它具有极高的稳定性和极小的离散性，更由于电子管功率放大器具有特别柔和、细腻的音色，才使其成为音响电路中的一个宠儿。虽然电子管功放的静态指标不如其他类型的功放优越，但它的谐波失真、饱和失真、交越失真都较小，从而使电子管功放具有那种特有的、诱人的电子管音色。电子管功放电路的设计、安装和调试都比较简单，是高保真功放的常用电路形式之一。

（2）晶体管功率放大器

由于大功率晶体管的品种不断增多，性能稳定、可靠，又在功放电路中采用了各种优越的设计，如大电流、超动态、超线性的 DD 电路（菱形差动放大器），输入级采用低噪声、大动态范围的结型场效应管（FET），动态偏置，双电源供电等一系列技术，使晶体管功放电路能轻易地实现低失真（失真率小于 0.05%）、宽频响（频响达到 20Hz～20kHz）等技术指标，并能方便地在电路上加入各种保护功能。目前，晶体管功率放大器仍是优质专业级功率放大器的主流。

（3）VMOS 功率放大器

随着大功率 VMOS 场效应管性能的不断提高，已具备了用于大功率功放的各种条件。它用于大功率功放电路的独特之处在于，因为场效应管是电压控制型器件，低频放大时的功率增益比晶体三极管要高得多，所以使激励电路大为简化。它具有负温度特性且无两次击穿现象，因而无需对功率输出管进行复杂的保护。它是单极型器件，故高频瞬态特性较好。此外，它还具有噪声低、动态范围大等优点。VMOS 功放电路简单而性能优越，具有和电子管功放相似的音质。近几年来，VMOS 功率放大器的发展速度很快。

（4）集成电路功率放大器

随着集成电路制造技术的迅速发展，集成电路功率放大器已经在大量的生产和使用。它们具有体积小、电路简单、性能优越、保护功能齐全等优点，尤其在中、小功率的功率放大器中显示了独特的优越性，已成为中、小功率放大器的主流。目前，集成电路在大功率应用中的技术尚未完善，使得它在大功率功放中的应用受到一定的局限。但可以预料，随着大功率集成电路技术的不断成熟，它在音响功放中的应用将更广泛。

上述四种功放电路都有各自的特点，在音响领域中依据各自的优势而各占一方。

4. 按功率放大器与扬声器的匹配方式分类

（1）定阻输出式功放

定阻输出式功放的输出电压与负载阻抗有关，会随负载阻抗的变化而产生较大的电压波动。因此这种功放对负载的阻抗有严格的要求，负载的阻抗主要有 4Ω、8Ω 和 16Ω 等几种固定值。通常除远距离扩声外，我们常用的大多数录音和扩声系统均使用定阻功放。

（2）定压输出式功放

定压输出式功放的输出电压不随负载阻抗的变化而变化。因为功放的输出级采用了深度电压负反馈，所以在额定的功率范围内输出电压受负载变动的影响很小，即对负载阻抗的要求不高。

定压输出式功率放大器需使用输出变压器，要用线间变压器来和负载扬声器进行电压匹配，使负载能获得额定的输出功率。由于输出级使用了大功率的音频变压器，所以低频的频率失真，高频的瞬态响应都不佳，非线性失真也较大。这种功放特别适用于音质要求不高的有线广播系统，如大型商场的背景音响系统、工矿企业的有线广播系统等。

5. 按组成结构分类

音频功率放大器的厂牌及型号众多，可以按照组成结构区分成两大类：

（1）组合式专业功放

最常见的组合式专业功率放大器是前置放大器部分与后级功率放大部分结合在一起的音频功率放大器。典型的例子就是 Hi–Fi 音响用的组合放大器，虽然仅有一部设备，但全部扩声放大所需要的功能都齐备了。通常这种类型专业放大器除了扩声放大之外，还会附有一些效果和调控功能。

（2）纯后级功放

相对于前面所说的这种组合式放大器，大多数专业功率放大器都是只有后级功率放大部分的纯后级音频功率放大器，如录音室监听、舞台扩声用功放等。这些专业放大器功能单一，可获得充分的电声性能，显得声音强劲、饱满有力。

第二节　专业功放的技术特点

在专业录音和扩声系统中，所用的音频功率放大器在多数情况下只是纯后级音频功率放大器，其功能单一，内部的放大电路简洁，电源充沛，功率强大。本节将介绍专业功放的电路特点、技术参数和数字功率放大器基本原理。

一、专业功放的电路特点

功率放大器与其他小信号处理设备不同，它工作于高电压、大电流状态下，不仅要有几十分贝的电压增益，还要有很大的电流增益。这就要求功放不仅具有大功率的放大电路，还要具有充沛的电源供给、完善的过流、过压保护电路。

1. 充沛功率的稳压电源

电源电路为音频功率放大器提供能源，其性能的优劣对功放的音质好坏有极大影响。专业功率放大器的稳压电源电路必须要有足够大的功率，可以连续提供放大器所需要的大电流和高电压直流电，抗过载能力要强；输出电压稳定、内阻小、波纹系数小（绝对直流为最理想的情况）；50Hz 杂散磁场辐射干扰小。此外，电源电路直接与电网连接，容易对放大电路造成交流干扰，需要有良好的屏蔽。

（1）变压器和滤波电容是关键

功放大都采用交流稳压电源供电，其稳压原理与普通稳压电源相同。稳压电源最关键的部件是变压器和滤波电容。为了使功放尽量工作在线性区，电源功率要求很大，这就要求电源变压器的容量要很大，总容量通常选在几百 VA，甚至上千 VA。为了保证输出纹波系数小，并满足大动态的要求，滤波电容通常选得很大，一般都在几万微法到十几万微法。

对电源变压器除了容量上的要求以外，其他方面的要求也较高。早期的电源变压器多采用传统的方形变压器，因其漏磁大而且易产生干扰，近年逐步被环形变压器所取代。环形变压器具有用料少，重量轻、磁阻小、对外界干扰小、空载电流小、自身杂散磁场低等特点。

在使用方式上，早期的放大器多采用一只变压器供电，其最明显的弱点是左、右声道容易发生串扰，影响声像定位与清晰度。而近年制造的放大器，大多采用左、右声道分别由独立的变压器供电。由此获得的音质改善的效果，不是用更换晶体管、电阻、电容，以及改变电路等其他方法所能得到的。电源变压器采取独立分离方式，功放音质会得到明显改善，效果特别好。

音响发烧友常形象地把电源变压器比作“火牛”（如果是环型变压器则称为“环牛”），滤波电容比作“水塘”。“大火牛”加“大水塘”就能向功放供应充足的电力。凡是高保真音频功率放大器无一不在电源上大做文章，舍得在电源上投资是很多厂家的习惯做法。甚至有人主张电源部分的投资要占到整个功率放大器投资的一半，这种主张有无必要，虽然各人看法不一，但至少说明电源的重要性是不容置疑的。

尽管人们在电源上舍得投资，采用上千瓦的环形变压器，几十安培的整流管，几万至几十万微法的大滤波电容，在电路结构上采用双环形变压器，双全波高速整流线路，使供电质量得到很大的提高。但是由于电源仍是传统的低频稳压电源，它不但体积大、重量大、电损耗大，更重要的是阻止了功放音质的进一步提高。因此，人们把注意力瞄准了开关稳压电源。

（2）新型开关稳压电源的应用

近年来，功放专用开关稳压电源在国内开始受到重视。高频开关稳压电源具有高稳定度、高瞬态响应，能适合功放的大动态要求，是较为理想的功放电源，也是功放电源的发展方向。关于高频开关电源的工作原理可参考有关书籍，这里仅介绍一下它的优点。

首先，功放专用开关电源体积小、重量轻、功率大、效率高，用在功放中，给电路设计和布局带来了方便。工作频率为100kHz的开关电源，内阻低、速度高，使功放频带能得到扩展，并且增加了功放瞬态响应的速度。

用高频开关电源供电的功放音质将有明显的提高。功放的音域更加宽广，高音清晰、细腻；中音娇嫩甜润；低音更具有震撼力。一些很一般的功放，一旦换用开关电源，高低音将有明显的提升，音色变得亲切柔和。同时，由于高频开关电源的高频特性好，使功放的声场宽阔、声像定位准确，特别是由于该种电源的稳定性好，功放的工作点不会随输出功率的变化而变化。在大音量时，声场照样稳定，声像定位准确，演绎人声亲切自然，鼓声动态巨大，鼓点急速而不乱，干净利落，不拖泥带水。

2. 完善的保护电路

保护电路是功率放大器的重要组成部分之一，功率放大器工作在高电压、大电流、重负荷的条件下，一旦过强信号输入或输出负载短路时，功放输出管会因流过的电流过大而被烧坏。且过大的输出信号也极易使扬声器受损。另外，在强信号输入或开机、关机时，扬声器也会经不起大电流的冲击而损坏。因此，为了保证功率放大器与扬声器正常工作，必须对大功率音响设备的功率放大器设置保护电路。

一般专业级的放大器都需要配置保护电路，有负载短路保护、过压保护、过流保护以及高温保护等几种。当功放过载或负载端短路时，放大器的保护电路便会动作，并将其输出端断开。另外保护电路还有“开机延时”的功能，即放大器开机时，为防止对扬声器的冲击，由保护电路进行控制，延时数秒钟，待放大器稳定后，再与负载接通。无论是开机保护还是过载保护，面板上的保护指示灯都会给出指示，此时音箱与放大器内部的输出级是断开的，在保护状态下音箱上没有任何信号。

电子保护电路通过检测到的过载输出信号使有关电路断路或减少负载达到保护的作用。常用的电子保护电路有切断负载式、分流式、切断信号式和切断电源式等几种，其方框图如图 6.2.1 所示。

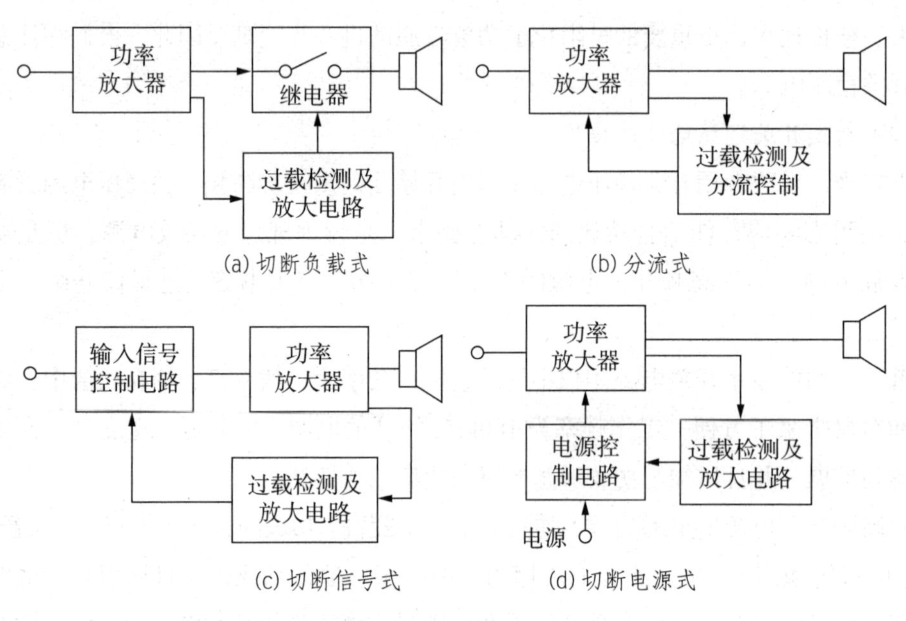

图 6.2.1　保护电路方框图

切断负载式保护电路主要由过载检测及放大电路、继电器两部分组成。当放大器输出过载或中心点电位（0CL 电路）偏离零点较大时，过载检测电路输出过载信号经放大后启动继电器断开扬声器回路，从而保护了扬声器。

分流式保护电路的工作原理是当功率放大器过载时，过载检测电路输出过载信号，控制并联在两功率输出管基极之间的分流电路，使其内阻减小，增加分流，从而使大功率管输出电流减小，达到保护大功率管和扬声器的目的。

切断信号式和切断电源式保护电路的工作原理与前两种方式基本相同。不同的是，仅用过载信号去控制输入信号控制电路或电源控制电路，切断输入信号或电源。这两种保护电路对其他原因导致的过载不具备保护能力，且切断电源式保护电路对电源的冲击较大，因此，实际中使用得较少。

另外，一些功放电路存在“开关声”，所以常常为之设计开机延时电路。专业放大器上一般都备有过载削波指示灯（peak），有些放大器还备有指针式或LED的音量表，可指示出额定负载阻抗时的输出功率情况，非常直观。

二、数字音频功率放大器

在模拟功率放大器中，甲类功放声音最为清晰透明，具有很高的保真度。但是，甲类功放的低效率（25%~50%）和高损耗却是它无法克服的先天缺陷。乙类功放虽然效率提高很多，已普遍应用于一般的家庭和专业场合，但实际效率也仅为50%左右。在一些效率要求高的场合和要求专业超大功率的情况下，效率极高的数字功放，就因其高效节能的特点而得以开发应用。

1. 数字功率放大器原理

数字功率放大器是把模拟音频信号首先变换成脉冲宽度调制信号PWM（Pulse Width Modulation，脉宽调制）。在PWM转换中，采用44.1kHz或48kHz的采样频率、8或16比特的量化比特率，转换后的信号波形如图6.2.2所示。

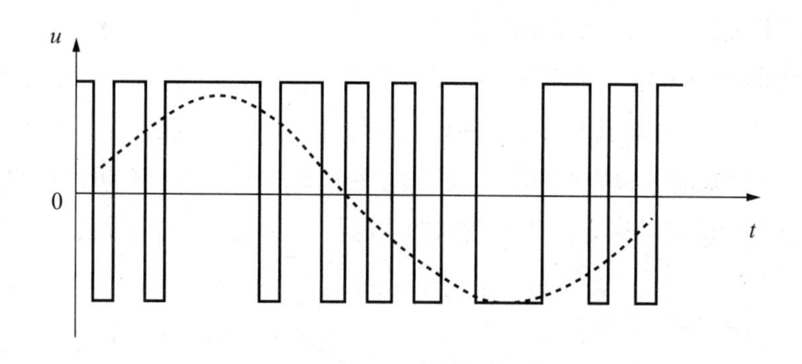

图6.2.2 脉冲宽度调制（PWM）波形

对转换后的PWM数字信号在脉冲放大电路中进行大功率的放大，因为只有0和1两个状态的数字信号放大时，在功率放大器件上的功率损耗极小，所以效率很高。对于放大后的脉冲信号，由于模拟音频信号全部包含在PWM的宽度变化之中，只要采用截止频率为30kHz~40kHz的低通滤波器，就可把模拟音频信号从PWM中过滤（解调）出来了。

图6.2.3是数字功放的原理方框图，为了让直接输出PCM信号的信号源能直接配接，机内还设有PCM / PWM脉冲编码转换装置。

图 6.2.3 数字功放的原理

最简单的调制器只需用一只运放构成一个比较器电路即可完成。把音频信号加上一定直流偏置后加到运放的正输入端，另外通过自激振荡生成一个三角形波加到运放的负输入端。当正端上的电位高于负端三角波电位时，比较器输出为高电平，反之则输出低电平。若音频输入信号为零，直流偏置置于三角波峰值的 1/2，则比较器输出的高低电平持续的时间一样，输出就是一个占空比为 1∶1 的方波。当有音频信号输入时，正半周期间，比较器输出高电平的时间比低电平长，方波的占空比大于 1∶1；负半周期间，由于还有直流偏置，所以比较器的正输入端的电平还是大于零，但声频信号幅度高于三角波幅度的时间却大为减少，方波占空比小于 1∶1。这样，比较器输出的波形就是一个脉冲宽度被声频信号幅度调制后的波形，称为 PWM 波形。这样，音频信息被调制到脉冲波形中。

数字功放的脉冲放大部分就是一个由脉冲信号控制的大电流开关，把比较器输出的 PWM 信号变成高电压、大电流的大功率 PWM 信号。能够输出的最大功率由负载、电源电压和晶体管允许流过的电流来决定。

低通滤波器部分需把大功率 PWM 波形中的声音信息还原出来。方法是用一个 LC 低通滤波器。当占空比大于 1∶1 的脉冲到来时，C 的充电时间大于放电时间，输出电平上升；窄脉冲到来时，放电时间长，输出电平下降，正好与原声频信号的幅度变化相一致，所以原声频信号被恢复出来。数字功放的信号变化过程如图 6.2.4 所示。

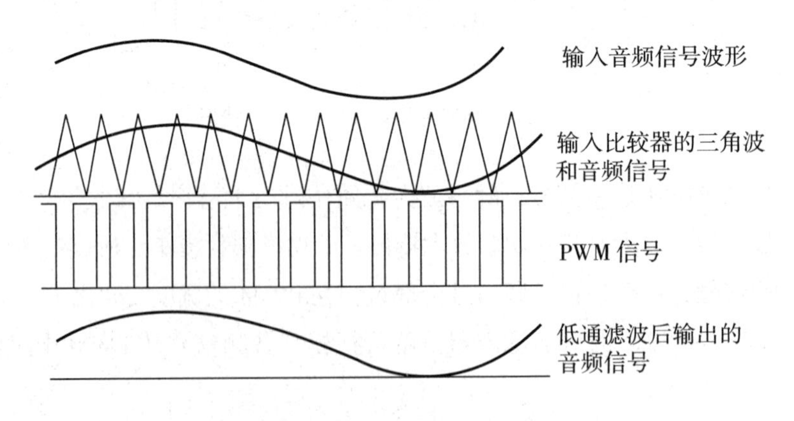

图 6.2.4 数字功放的信号波形

调制电路也是数字功放的一个特殊环节。要把 20kHz 以下的声频调制成 PWM 信号，三角波的频率至少要达到200kHz。若频率过低，要达到同样要求的失真标准，对无源LC低通滤波器的元件要求就高，结构复杂。频率高，输出波形的锯齿小，更加接近原波形，失真就小。但此时晶体管的开关损耗会随频率上升而上升，无源器件中的高频损耗、射频的趋肤效应会使整机效率下降。更高的调制频率还会出现射频干扰，所以调制频率也不能高于1MHz。

2. 数字功放的特性

数字功放比较特殊，它只有两种状态，即通、断。事实上，这种放大器还不是真正意义的数字放大器，它仅仅使用PWM调制，即用采样器的脉宽来模拟信号幅度。它的放大元件处于开关状态的一种工作模式。无信号输入时放大器处于截止状态，不耗电。工作时，靠输入信号让晶体管进入饱和状态，晶体管相当于一个接通的开关，把电源与负载直接接通。理想晶体管因为没有饱和压降而不耗电，实际上晶体管总会有很小的饱和压降而消耗部分电能。这种耗电只与管子的特性有关，而与信号输出的大小无关，所以特别有利于超大功率的场合。在理想情况下，数字功放的效率为100%，实际上能达到90%左右。

数字功放的效率高，延时约为模拟功放的1/6，因此声像定位更精确，中高音更清晰。但是在PWM编码调制过程中的信号过零失真（或称交越失真）比模拟功放要大。为此，Powersoft公司推出了解决此问题的一项新技术：自适应算法脉冲调宽技术，它的输出失真可以大大减小。

由于高效率的数字功放的设计制作需要高速开关器件作基础才能得以实现，因此，近年来世界各大音响公司不仅研制出大功率高速开关的MOSFET管，而且还研制出由该管组成的集成电路，这就使D类功率放大器的性能更加稳定可靠，简洁实用。

3.1Bit数字音频功率放大器

为了进一步提高数字功放的音质又不大幅度提高功率晶体管的开关速率，近年又研制出了另一种数字功放技术——采用2.8MHz的高取样频率和1Bit增量调制（△一∑调制）的编码方案。我们知道，这种编码方式输出的数字信号流是由“1”和“0”组成的等宽度脉冲序列。

1Bit数字功放的频响范围可达到2Hz～50kHz，失真更小，电源利用率可达到95%以上。但它需要更宽的频带、更高的开关速率、更复杂的编码电路和更高的生产成本。目前由于输出功率不能做到很大和价格太昂贵，尚未达到商品化阶段。

三、专业功放的技术参数

一台好的功放，要求能高保真地放大来自各种声源的声音信号，并能反映出该声音信号的音量、音调和音色，力图恢复该声源音质状况的本来面貌。对于立体声系统，还要能重现声音的位置以及周围的背景声、混响声和反射声等。具体评判一个功放的好坏，需要有一些具体的、客观的评判指标，下面对这些指标分别予以介绍。

1. 额定输出功率

输出功率有几种不同的计量方法，常见的有额定功率、最大不失真功率和音乐峰值功率，其计量方法如下。

额定功率：额定功率又叫 RMS 功率，是指放大器能长期承受的正弦交变功率。一般用单通道功率值来表述，它是指放大器配接额定负载时，在总的谐波失真系数小于 1%，负载两端测出 1kHz 的正弦波电压的平方，除以负载电阻而得出。即：

$$p_{RMS}=\frac{U^2_{1kHz}}{R_L}$$

最大不失真功率：指功率放大器在配接额定负载时，在 20Hz～20kHz 范围内，输出信号总谐波失真小于 1% 条件下，所能输出的最大功率。对立体声功率放大器来说，常用“左声道功率+右声道功率”来表示。

峰值音乐功率是指功率放大器在处理音乐信号时，能够在瞬时输出的最大功率。一般用各通道峰值音乐功率之和表示，峰值音乐功率反映放大器处理瞬态音乐信号的能力，它虽有一定实际意义，但只能作为考核放大器性能的辅助参考。

由于功率的计量方法不同，在实际标称时则出现很大差异。以皇冠 400 功率放大器为例，其各功率标注值如下：

额定功率（RMS）：260W（单路）

最大不失真功率：260W+260W

音乐峰值功率（PMPO）：2000W

按国际通行的规定，应采用额定功率和最大不失真功率来说明放大器的输出功率，一般不应单独用音乐峰值功率来标注。功率放大器的实际输出功率与它所带负载的阻抗大小有着密切联系，在使用中需加注意。

2. 输出阻抗

功率放大器输出级的内阻一般都很低，而输出阻抗是指功率放大器能长期工作，并能使负载获得最大输出功率的匹配阻抗。

功率放大器的输出阻抗一般为2Ω、4Ω、8Ω和16Ω等。在使用功率放大器时要特别注意它的输出阻抗匹配问题，不能使负载阻抗低于功放的额定输出阻抗。如果选用的负载（扬声器）阻抗高于功放的额定阻抗，则功放的输出功率将会下降；若选用的负载阻抗低于功放的额定输出阻抗，则可能会使功放因长期过载而烧毁。

3. 阻尼系数

当功率放大器对扬声器的激励信号突然终止以后，扬声器的振动不会因激励信号的终止而停止（尤其是谐振频率附近），扬声器本身的机械阻尼是无法让其纸盆突然停止下来的，而是按扬声器系统的固有振动频率逐渐衰减，从而使扬声器的瞬态特性变坏，音质出现拖泥带水，层次不清，透明度降低等现象。另外，扬声器在功放信号的激励下，纸盆随之振动。然而，纸盆的振动使音圈切割磁力线，产生感应电动势，这个感应电动势通过功放的内阻会影响功放的输出波形，从而产生失真现象。此时，功率放大器的内阻好比是并联在谐振回路两端的阻尼电阻，起到控制阻尼振荡衰减速率的作用。功率放大器的内阻越大，共振衰减越慢，这种阻尼振荡现象就越明显。

为了降低上述两种失真，使扬声器系统处于最佳的工作状态。对功率放大器的内阻常提出一定的要求，通常以阻尼系数来衡量。

阻尼系数是指功放的额定负载阻抗（与功放匹配的扬声器阻抗）与功放内阻之比。

从听觉上评价，阻尼系数大，则瞬态响应比较好，声音干净利落，不拖泥带水。高保真扩音机的阻尼系数应在10以上，但阻尼系数值也不是越大越好，而是要适当。不同的扬声器有着不同的阻尼系数最佳值。一般都在15～100。

因功放的等效内阻为功放内阻与功率传输线线阻之和，所以功率传输线的导线电阻会影响功放的等效内阻，从而影响了扬声器系统的阻尼特性。这也是为什么要选用较粗的音箱连接线的主要原因。

4. 转换速率（瞬态响应）

一台放大器能够不失真地重现正弦波，不等于能完整地放大前沿陡峭的矩形信号。为了衡量放大器在通过矩形波时引起前沿上升时间延迟，使输出信号产生失真，通常用放大器的转换速率来描述，这个指标越高越好。

转换速率表示给放大器一个输入电压后，在1微秒时间内，其输出电压的变化。一般要求放大器的转换速率大于10V/μs。音乐重放中有许多猝发性的脉冲信号，如钢琴及许多打击乐器和弹拨乐器都具有很陡的上升沿，放大器应把这些乐器特性如实放大。但如果转换速率不够，这些乐器特有的音色便会丧失。目前，集成电路的转换速率比较低，如运算放大器的转换速率只有4V/μs；而分立元件构成的功放电路较高，如日本

YAMAHA 专业功率放大器的转换速率高达 600V/μs。

深度负反馈是引起瞬态特性变差的主要原因，它会使音乐的层次感和透明度降低。为了提高信号波形的再现性和减轻瞬态互调失真，放大器的高速化是完全必要的。高保真放大器的转换速率要求在 20V/μs 以上。

5. 频率响应特性

功率放大器对各种不同频率信号的放大量是不同的，这种对不同频率信号的放大量变化的特性就称为频率响应特性，它是用来反映放大器对不同频率信号的放大能力，其不均匀度用相差多少 dB 来表示。

放大器的输入信号是由许多频率成分组成的复合信号，由于放大器存在着阻抗与频率有关的电抗元件及晶体管本身的结电容等，使放大器对不同频率信号的放大能力也不相同，从而引起输出信号的失真。频率响应通常用增益下降 3dB 以内的频率范围来表示。一般的高保真放大器为了能真实地反映各种信号，其频率响应通常应达到几赫兹到几十千赫兹的宽度。

理想的频率响应特性曲线在通频带内是平直的，即放大器的输出电平沿频率坐标的分布近似于一条直线。曲线平直，说明放大器对各频率分量的放大能力是均匀的，虽然人的听觉范围是 20Hz~20kHz，但为了改善瞬态响应和如实地反映各种音频信号的特点，对放大器往往要求有更宽的频率带宽，例如，从 10Hz~100kHz 频带内不均匀度应小于 10dB。总之，功率放大器的频带越宽越好。

6. 失真度

音频信号经过放大器之后，不可能完全保持原来的面貌，这就称为失真。失真的种类很多，除了上述的频率特性造成的失真以外，还有谐波失真、相位失真、互调失真和瞬态失真等，其中最主要的是谐波失真。

（1）谐波失真

谐波失真是指功率放大器中非线性畸变的状况，它是由非线性元器件所引起的，它使输出信号中出现输入信号中没有的谐波成分。谐波失真的大小用谐波失真系数来衡量，是用新增谐波电压的均方根值与原有基波电压的均方根值之比来表示。即：

谐波失真＝各次谐波的平方之和开平方根 / 基波电压的有效值平方根

谐波失真系数越小越好，越小说明了放大器的保真度越高。高保真放大器的谐波失真应小于 10%。专业功率放大器的谐波失真在额定功率输出时一般都很小（小于 0.1%，优秀的小于 0.03%）。

（2）相位失真

功率放大器和其他的音频系统一样，输出信号与输入信号之间一般是存在相位差的。相位失真也称相位畸变，是指音频信号经过放大器以后，对不同频率信号产生的相移的不均匀性，以其在工作频段内的最大相移和最小相移之差来表示。对于高保真放大器，要求其相位失真在 20kHz 范围内应小于 5%。

（3）互调失真

互调失真也是非线性失真的一种。当两个或两个以上不同频率的信号输入放大器后，由于放大器的非线性，其输出信号除原输入的信号外，还新产生了输入信号的和信号和差信号。

声音信号是由多频率信号复合而成的，这种信号通过非线性放大器时，各个频率信号之间便会相互调制，产生新的频率分量，形成所谓的互调失真。在选用放大器时，一定要注意放大器的非线性指标，尽量选用线性好的放大器，从而克服互调失真所产生的影响。

（4）瞬态失真

因放大器在大信号工作时的瞬间产生过载，形成非线性失真剧增。这种动态的非线性失真被称为瞬态互调失真。通常用正弦波信号列通过功放后，波形包络的保持能力来表示。瞬态互调失真是造成晶体管功率放大器音质不好的重要原因。

在晶体管和集成电路功率放大器中，瞬态互调失真往往比较严重。瞬态互调失真对音质的影响是明显的，在听觉上给人以不愉快的“金属声”，高频显得刺耳而不清晰。特别是对连续的突发信号，如语言、打击乐等，使放音高音层次变差，声像定位模糊，声音不够圆润，如钢琴有“吱吱”声出现、小提琴声有音色不纯感。由于人耳恰恰对这种非线性失真十分敏感，因此，瞬态互调失真是对音质影响较大的技术指标。

（5）削波失真

放大器因输入信号过强造成输出信号削波而引起的失真。克服削波失真的方法是让功率放大器在有足够储备功率下工作。

7. 信噪比

信噪比是指信号与噪声的比值，常用符号 S / N 来表示，是指放大器输出的有用信号电平与输出噪声电平之比，单位用 dB 表示。信噪比越大，表明混在信号中的噪声越小，放大器的性能越好。

放大器本身噪声的大小，还可以用噪声系数 N 来衡量，它的定义是：

$$N = \frac{\text{输入端信噪比}}{\text{输出端信噪比}}$$

由于晶体管本身的噪声，以及电阻上的热噪声，放大器输出端的信噪比往往要小于输入端的信噪比。信噪比高了意味着听音时“干净”，特别是在信号的间隙时会感到非常寂静，当你听音时能感到“动态范围大”“音质清晰”“干净”。一般功率放大器的信噪比应大于 90dB，专业功率放大器的信噪比则大于 100dB。

8. 输入灵敏度

功率放大器达到额定输出功率时，输入信号所需的电平值，称为输入灵敏度。功放的输入灵敏度约为＋ 4dB（注：0dB 为 0.775V）。

第三节　专业功放的应用

专业音频功率放大器是还音系统的关键设备，使用功率放大器时，不仅要注意其技术指标，还应对其匹配连接和安装给予充分的了解和重视，遇到问题时能够排查解决。下面我们来具体谈谈功放应用中的这些问题。

一、如何确定功率大小

专业扩声系统究竟需用多大的声功率，一般由厅堂面积和节目源的性质来决定。厅堂面积越大，所需功率就越大。欣赏音乐为主的厅堂所需功率可以小一些，而欣赏电影为主的厅堂所需功率要大些，以保证有足够的声压级。

以一座 400 平方米的厅堂为例，平时以 50W 的功放额定功率放音，对监听新闻节目已经够用，但欣赏音乐则可能需要有更大的功率放音。也就是说，一般情况下功放的额定功率选取应该要留有一定的余量，已备强劲的音乐扩声需要。

功放如果经常运行在音乐信号下，而音乐信号的起伏是很大的，就一般音乐而言，音乐峰值功率是功放的额定功率的 4 倍，为了使功放长期可靠地运行，就须让功放工作时留有储备量，也就是功率储备量。功放的储备量定义为：

功放的储备量＝功放的最大不失真功率 / 功放的工作功率

从高保真放音的要求来说，当然希望功率放大器的功率储备量越大越好。但是功率储备量太大，所需功率放大器的造价也随之变得昂贵，体积、重量也会增大。因而，对一般专业音响系统来说，留有适当的功率储备量就行了。

放大器的额定输出功率选择，一般是取其所需扩声功率的 1.3 ~ 1.5 倍，以保证系统具有一定承受大峰值冲击的能力。一般确定所需功率的方法有以下三种。

1. 估算法

估算法是一种根据经验总结出的功率计算方法。按厅堂体积来计算，通常每立方米空间需要 0.5W 到 1W，如以欣赏音乐为主，选择每立方米 0.5W 为宜；如果是欣赏电影为主，每立方米可以选择 1W。

例如一个 200 平方米的厅堂，房高 3 米，那么，以欣赏音乐为主时，选择功率为 300W 的放大器即可；以欣赏电影为主，则放大器的最大功率为 600W。

2. 图解法

图解法是根据音响手册已经计算好的坐标图来确定厅堂功率大小。坐标图的横轴是声功率，纵轴是厅堂体积，选择坐标图中声压级大小，即可确定功率。

3. 计算法

根据厅堂容积，利用声压级公式可计算出需要的功率（参考有关书籍）。

二、与音箱的匹配

从理论上讲，放大器与音箱匹配的条件主要有三个：一是功率匹配，放大器的额定功率等于音箱的额定功率；二是阻抗匹配，放大器的额定负载阻抗等于音箱的阻抗；三是音色匹配。

1. 功率的匹配

一套还音系统，一般是由功率放大器与音箱共同组成的。而其系统的性能好坏，与两者之间的匹配设计有很大的关系。扬声器一般可以承受 3 倍于额定功率的大信号冲击，瞬时可承受 5 倍于额定功率的峰值冲击而不损坏。由于专业音频放大器系统大多工作在大功率输出状态，很多人都倾向于使扬声器工作在满负荷状态。

在满足功放阻抗匹配的条件下，若功放输出的功率大于扬声器长期可靠运行的额定功率，扬声器虽能得到最大功率，但必然会使扬声器音圈发热，机械性能被破坏。若功放的输出功率小于扬声器的额定功率，扬声器发声功率不能充分发挥，还可能引起发声频段变窄，辐射声音不平衡。因此，必须使功放工作时的输出功率等于扬声器的额定功率。即功放的工作功率等于扬声器的额定功率，这是功放功率匹配条件。

实际应用中，对于功率匹配来讲，实际的配接原则应该是大马拉小车，即要求功率放大器的额定功率大于音箱的额定功率。采用这样方式配接的主要原因是考虑到功率放大器应具有一定的储备功率，一方面以适应较大动态范围的节目信号不致使功放过载而引起严重的非线性失真，烧毁功放；另一方面由于音箱可承受约 3 倍其额定功率的信号冲击，所以，客观上要求功放的功率要大一些。但如果功率过大，会导致音箱过载，严重的还会烧毁音箱。例如，在电影中常有一些突发的大功率信号，如果功放的额定功率比音箱额定功率大很多，当有这样的信号送入音箱后，音箱将发生机械过载，以至于烧毁音箱。考虑到上述因素，为了获得良好的音响效果，又要保证安全性，功率放大器的额定功率一定要有足够的储备功率，音箱一定要在额定功率下工作。比如，晶体管甲类放大器的额定功率为音箱额定功率的 1.3 倍，晶体管甲乙类则为 1.5 倍以上比较合适。

2. 阻抗匹配

功率放大器只有在接入额定阻抗的负载时，才可以输出额定的电功率，如果所接负载阻抗比额定负载阻抗大，则功放器就达不到额定的输出功率。反之，负载实际阻抗比额定阻抗小时，则功放器就会因输出功率过大而可能烧坏。

对于阻抗匹配，功放的额定负载阻抗与音箱的标称阻抗实际上可能不完全相等，所以要尽量使它们接近、符合。一般音频功率放大器的输出阻抗都很低，只有连接阻抗与之相符合的音箱，放大器才能有效地发挥作用。

定阻式功率放大器以固定阻抗形式输出音频功率信号，也就是要求音箱按规定的阻抗进行配接，才能得到额定功率的输出分配。例如，一台 100W 的功率放大器，它实际的输出电压是 28.3V（在一个恒定音频信号输入时），那么接上一只 8Ω 音箱时，可获得 100W 的音频功率信号。即：

$$p_o = \frac{u^2}{R_L} = \frac{28.3^2}{8} = 100\ (\mathrm{W})$$

如果两只 8Ω 音箱串联，即阻抗为 16Ω，那么实际输出功率

$$p_o = \frac{28.3^2}{16} = 50\ (\mathrm{W})$$

此时，其功放输出功率只有 50W。

如果两只 8Ω 音箱并联，即阻抗为 4Ω，那么实际输出功率

$$p_o = \frac{28.3^2}{4} = 200\ (\mathrm{W})$$

这时，功放已经超负荷了，机器会开始发热，最后将会损坏功率放大器。

可见，功放的输出功率与其负载阻抗是成反比的，理论上，阻抗减小至原来的 1/2，则功率增大到原来的 2 倍。实际上，此时功率增大会小于理论值，这主要原因是因为随着负载的减小，输出回路中电流增大，在输出内阻上的压降也会增大。

如果放大器的额定负载阻抗大于以音箱为负载的阻抗，不但不能增加放大器的不失

真功率，反而会加重放大器的工作量，在负重工作情况下，必定会导致瞬态失真。如果功放的额定负载阻抗小于以音箱为负载的阻抗，要是放大器的电源电压不够大，放大器工作起来，也不能轻松自在，反而会引起电压过载而产生失真。

为了远距离传输音频功率信号，减少在传输线上的能量损耗，有些专业功率放大器属定压输出方式，该方式以较高电压形式传送音频功率信号，对负载的阻抗匹配要求并不十分严格，允许在一定的范围之内选择。定压输出电压主要有 60V、90V、120V、240V 这四种，选用的输出电压越高，功率传输线的功率损耗就越小。

定压输出式功率放大器需使用输出变压器，定压式功放的负载要用线间变压器来进行电压匹配，使负载能获得额定的输出功率。定压输出式音频功率放大器采用负载并联输出，接线如图 6.3.1 所示。

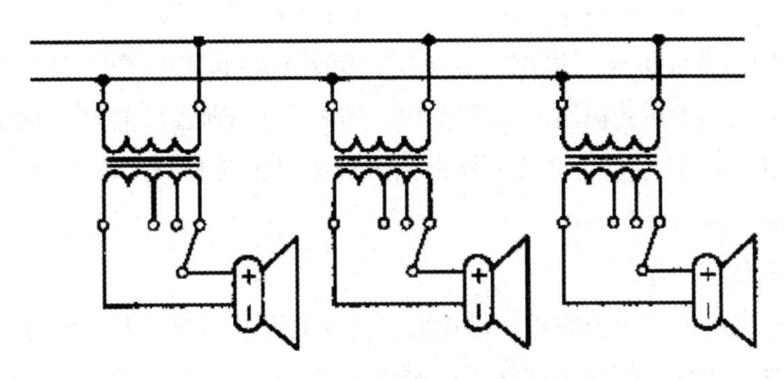

图 6.3.1 定压输出接线图

如果使用多只扬声器，多只扬声器的功率总和不得超过功率放大器的额定功率。另外，传输线的直径不要过小，以减小导线的电流损耗。

由于定压式功放的输出级使用了大功率的音频变压器，所以低频的频率失真，高频的瞬态响应都不佳，非线性失真也较大。这种功放特别适用于音质要求不高的有线广播系统，如大型商场的背景音响系统、工矿企业的有线广播系统等。

3. 音色的匹配

放大器与音箱匹配中，还有音色的匹配问题。这是一个相当主观的匹配条件，它受聆听者的爱好、文化修养等个人主观因素的影响。一般有两种匹配方式，一种是选择音色表现相同的功率放大器和音箱匹配，这样使音色相得益彰，韵味更浓；另一种就是选用不同音色的放大器和音箱，使不同的音色互相融合、互相弥补，以求得到更佳的音质。

三、专业功放的操作使用

功率放大器外部的旋钮和开关较少，操作极为简单。音量控制方式基本是一致的，比较容易调整和使用。但它前级连接的是信号源，后面接的是扬声器负载，前后操作不当对功放危害甚大。因此，使用时应注意以下几点：

（1）功放接入音响系统中，开机时，先开启其他音响设备，最后打开功放。关机时，先关闭功放，再关闭其他设备。这样，可以避免因开、关其他音响设备产生脉冲信号，使功放过载、烧毁功放或音箱。

（2）在功放工作时，音量（在调音台上控制）由小到大调节，直到适中。关闭时，音量由大到小调节，然后关闭。

专业放大器的面板都比较简单，特别是专业功放，通常只有电源开关和音量旋钮。由于音响系统一旦调试完毕后，功放的音量衰减器一般不需要再调整，有些功放就干脆将它装在背后，这样面板上非常简洁，仅有电源开关，例如美国 QSC 功放就采用这种形式。

专业放大器的音量标注与家用功放不同，例如右旋到底的“0”位是最小衰减量，即音量输出最大。因为在此标注的是衰减量，衰减量愈小则音量愈大。为提高调节的精度，提高信噪比，许多专业功率放大器采用多档波段开关和分压电阻网络构成 3dB 一档的“步进式衰减器”。

（3）不要满负荷工作

虽然保护电路一般都相当完善，但功放仍是音响设备中损坏率最高的一类设备。长时间满负荷工作会对放大器造成损坏，一般情况下，应让音量旋钮在满程的 1/3 处工作比较合适。当输入电平控制钮开大到 Clip 指示灯点亮时，即表示功放器已处在满负荷工作状态，此时输入电平就不能再大了。

（4）在功放工作过程中，不能任意更换功放的工作模式或扬声器负载，否则容易损坏功放。通常是先确定功放的工作模式，根据工作模式接好音箱扬声器负载。

（5）在功放工作过程中，不能任意更换音响系统中各音响设备的插头（包括调音台的插头），否则容易产生脉冲信号，经功放后形成功率脉冲，直接引向音箱的高音头，使高音头烧毁或使功放过载而损坏。

（6）连接要正确

调音台与功放的阻抗和电平要注意匹配，功放和与音箱的连接，主要注意阻抗匹配和功率匹配。一般在专业功放的背面设有音频信号接口，包括输入信号接口、输出信号接口，便于同各种音响设备连接。一般情况下，功放与音箱连线要短。功放与音箱之间的连线越短越粗，则对信号的衰减就越小。如有可能，使用专用接线效果会更好。连接时切记不可短路。

（7）桥接输出的使用

在专业音响系统中，经常使用桥接方式将立体声功放配接成单声道 BTL 方式，以获得比较大的功率。此时，其接线方式如图 6.3.2 所示。

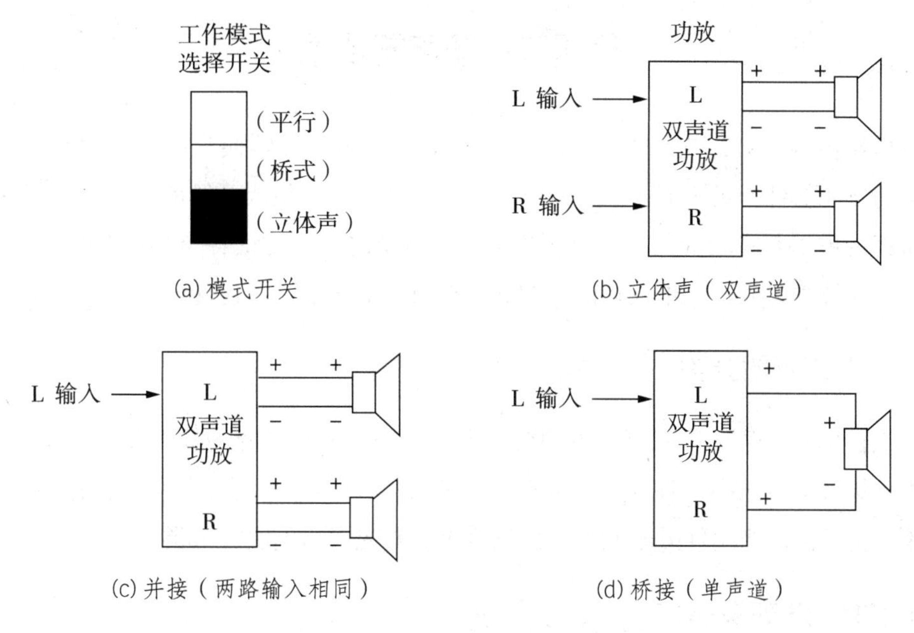

图 6.3.2 立体声功放的配接

一般在立体声功放后面有一个模式选择开关，如图 6.3.2 中 (a) 所示，一个是立体声，一个是单声道，一个就是桥接了；图中 (b) 为正常的双声道立体声连接方式，有左右两路输入信号，左右输出分别接两只扬声器输出；图 (c) 为单声道并接方式，只有一个声道信号输入到左路输入，功放输出的左右两路分别接两只扬声器；图 (d) 即桥接方式，双声道立体声功放这时相当于一台双倍大功率的功放使用。

桥接时，一路输入信号接入左声道输入，双声道功放的两路放大输出组成一个 BTL 电路，仅用一只扬声器要接二个输出端子的＋级（红端）。这时只开左通道的音量控制器就行了，桥接输出的功率，大约是在立体声时同阻抗的 3 倍左右。

（8）正确安放，注意散热

放大器应安放在平稳牢固的地方，注意避开厅堂中的通风死角，以有利于散热。由于功率放大器耗电较大，一般应单独使用一组电源接口，其机箱上部的散热孔不要被其他器材遮挡。

专业放大器接线端子较多，应定期对所连接设备的端子进行检查，看其有无松动或短路、断路等情况，以保证专业放大器作为音响视听系统的中心设备发挥作用。

第四节　扬声器技术

扬声器俗称喇叭，英文叫 Speaker，是一种能把电信号转换为声音并辐射到空气等介质中的换能器件。扬声器是还音系统的末级单元，它是组成音箱的一个核心部分，有人常常将扬声器与音箱混为一谈是不恰当的。本节将重点讨论各类扬声器的原理结构、性能特点及技术参数，关于音箱的结构和特点放在下一节进行讨论。

一、扬声器的分类

在人们的日常生活中，可以见到各种大小不同、形状各异的扬声器，如在电影院、歌舞厅等场合的音箱中，收音机、电视机、录放机等电器中，公园、广场的广播系统中都离不开扬声器。为了区分不同种类的扬声器，首先对它们进行分类。

1. 按换能原理来分

（1）电动式扬声器（又称动圈式扬声器），通常的纸盆扬声器、号筒扬声器和球顶扬声器都属此类；

（2）电磁式扬声器（又称舌簧式扬声器）；

（3）压电式扬声器（又称晶体式扬声器、陶瓷扬声器）；

（4）静电式扬声器（又称电容式扬声器）；

（5）气动式扬声器（又称气流调制扬声器）。

以上各种类型扬声器中，应用最广泛的是电动式扬声器。

2. 按磁路结构来分

（1）内磁式扬声器，没有杂散磁场对外影响；

（2）外磁式扬声器，有杂散磁场外漏，适用于不考虑杂散磁场的场合。

比如传统的显像管式彩色电视机中就必须选用内磁式扬声器，否则会对电视机的色彩产生严重影响。在 AV 中心里，应让音箱离开彩色电视机半米以上的距离，以免音箱内扬声器的杂散磁场对彩色电视机的图像干扰，产生偏色和失真现象。

3. 按振膜形状来分

（1）锥盆式扬声器，是扬声器中最常用的一种，它允许的振幅最大，易做成大口径扬声器，能够驱动空气产生强烈的低频重放效果。

（2）球顶式扬声器，虽然它的效率较低，但具有指向性宽、瞬态响应好、相位失真小等优点，适合重放中音和高音。

（3）平板式扬声器，具有频率范围宽、失真小和瞬态响应优良等优点，发出的声音纤细、明亮，但加工工艺复杂，成本较高。

4. 按辐射方式来分

（1）直射式扬声器，由振膜直接把声波辐射到周围空间，其优点是频响均匀、音质柔和，缺点是效率低、高频时指向性较强。

（2）号筒式扬声器，振膜的振动通过喇叭状的号筒向空间辐射声音。这种类型的扬声器主要作高音用，其突出的特点是辐射效率高（是直射式扬声器的数十倍）、辐射距离远，但频带较窄，音质不如球顶式纤细、柔和，主要用于室外喊话扩音。

5. 按工作频率来分

人耳能够听到的声音的频率范围为 20Hz ~ 20kHz，然而，在目前的技术条件下，没有一个扬声器能理想地覆盖这一频率范围，必须采用不同类型的扬声器进行合理的组合才能较好地完成这一频率范围内的声音重放。

（1）全频带扬声器：这种扬声器具有全频带放音的特性，用它组成的扬声器系统只要一只扬声器，重放立体声时的放音效果一致性较好，常被安装在小型监听音箱或汽车和家庭用音箱里，当然它的效果比不上两单元或三单元组成的扬声器系统。

（2）低音扬声器：低音扬声器重放低音的频率范围随口径大小而不同，大口径的低音扬声器重放的频率范围在几百赫兹以下，小口径的则在 2kHz ~ 3kHz 以下。

（3）中音扬声器：中音扬声器的口径为 9cm ~ 10cm，放音频率范围与低音和高音扬声器的频率范围衔接，为 1kHz ~ 5kHz 左右。

（4）高音扬声器：高音扬声器重放 5kHz 以上的频率，口径多在 9cm 以下。

由上述可知，若要在整个音频（20Hz ~ 20kHz）范围内实现高保真重放音乐信号，必须合理选配高、中、低音扬声器，以组合成扬声器系统的方式来工作，这就是音箱的作用。

6. 按单元结构形式分

扬声器按其结构形式的不同可分为：

（1）普通的单纸盆式。

（2）双纸盆单音圈同轴式，它能较好地解决频响和单元尺寸问题。

（3）复合式，将高、低音单元集成在一起以保证较宽的频响，在现代高档汽车音响中常用此种扬声器。

（4）组合号筒式，它是将几个小型号筒组合在一起，可以改善指向性。

7. 按振膜材料分

用不同振膜材料构成的扬声器有纸盆式扬声器、碳纤维扬声器、PP 盆扬声器、钛膜扬声器、玻纤扬声器等。

还有按不同的用途可分为：监听用扬声器、高保真扬声器、乐器用扬声器、汽车用扬声器、警报用扬声器、水中扬声器等，这里就不一一列举了。

二、扬声器原理结构

1. 电动扬声器

目前大量使用的是电动式扬声器，它是依据电磁换能原理而制成的。其基本结构与动圈传声器类似，在一个环形磁场里安装一个线圈（即音圈），当扬声器的音圈中有电流流过时，音圈就会受到磁场力的作用而产生振动（振动的方向随电流的方向而变化），而音圈与振膜连接（振膜的重量要轻并且要具有压缩空气的足够面积），音圈振动导致振膜振动，从而推动空气振动产生声波。这样就使电信号还原成声音信号，其结构原理如图 6.4.1 所示。

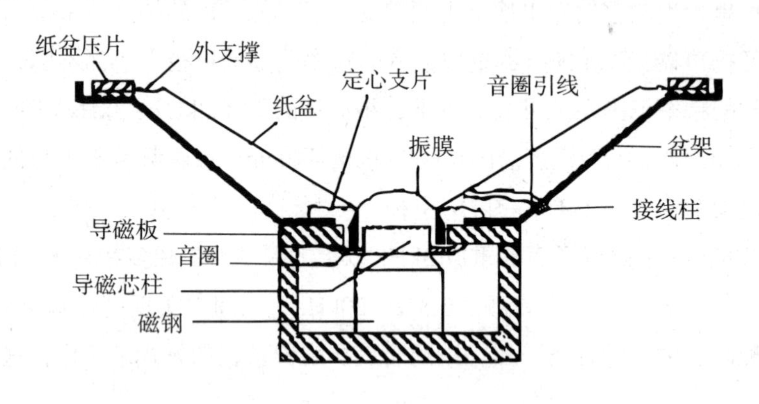

图 6.4.1　电动式扬声器结构

电动式扬声器的结构由三部分组成：磁路系统、振动系统和支撑辅助件。

① 磁路系统：扬声器的性能与磁路系统有密切关系，设计合理的磁路可得到较高效率的能量转换，在环形磁隙中应有足够大和均匀的磁通密度，这些与导磁材料的选择、磁铁的质量和磁路形式的选择等有关。磁路系统包括永磁体、导磁芯柱、导磁板和工作气隙，永磁体在气隙中提供的磁能被音圈利用。

② 振动系统：扬声器的振动系统包括策动元件音圈、辐射元件振膜和保证音圈在磁隙中处于正确位置的定心支片，这是纸盆扬声器的关键零部件。

③ 支撑及辅助件：它包括盆架、纸盆压片、引线、接线柱等，是扬声器必不可少的辅助件。

电动式扬声器按其结构形式的不同可分为普通纸盆扬声器、球顶形扬声器、号筒式扬声器及双纸盆扬声器等。

（1）纸盆式扬声器

过去，由于电动式扬声器的圆锥形振膜通常为纸质（俗称纸盆），因此，锥形扬声器也常称为纸盆扬声器。它是靠圆形纸盆振膜的振动产生声波，而振膜则靠盆架和定心支片支撑，磁场中的音圈随外加电信号而振动，与音圈直接相连的纸盆随着振动实现电信号向声信号的变换。

音圈是锥形纸盆扬声器的驱动单元，它是用很细的铜导线分两层绕在纸管上，一般绕有几十圈，放置于导磁芯柱与导磁板构成的磁隙中。音圈与纸盆固定在一起，当声音电流信号通入音圈后，音圈振动带动着纸盆振动。

定心支片用于支持音圈和纸盆的结合部位，保证其垂直而不倾斜。定心支片上有许多同心圆环，使音圈在磁隙中自由地上下移动而不作横向移动，保证音圈不与导磁板相碰。

纸盆所用材料有很多种类，一般有天然纤维和人造纤维两大类。天然纤维常采用棉、木材、羊毛、绢丝等，人造纤维则采用人造丝、尼龙、玻璃纤维等。由于纸盆是扬声器的声音辐射器件，在相当大的程度上决定着扬声器的放声性能，所以无论哪一种纸盆，都既要质轻又要刚性良好，不能因环境温度、湿度变化而变形。理论和实践证明，纸盆式扬声器的纸盆面积越大，越有利于声音的辐射，扬声器的可用最低频率也越向低频扩展。但是，随着频率的升高，纸盆不能因做整体振动而出现分割振动现象，从而产生失真。另外，纸盆的口径增大不但使重量增加，而且也降低了纸盆本身的机械强度。

考虑以上因素，一般低音用扬声器的口径为几十厘米；中音用扬声器的口径为1~10厘米；高音用扬声器口径。纸盆边缘的材料对扬声器的放声特性有很大的影响，特别是对扬声器的顺性（弹性系数的倒数）和低音频响等关系重大。目前，常见的低音扬声器的边缘材料有橡皮圈、布和泡沫塑料等多种，用以上材料作纸盆边缘的扬声器比纸边的低音扬声器放音性能要好。只需较小的口径即可获得大口径纸边扬声器的低音效果。但它们的电声转换效率较低，需要增加功率放大器的输出功率。

（2）球顶形扬声器

纸盆扬声器具有结构简单、能量转换效率高等优点，但也因为结构上的原因，使得它的指向性不尽如人意，因此，人们在锥形扬声器的基础上开发出了球顶形扬声器。与纸盆扬声器不同的是，它的振动体不是圆锥状，而是像它的名字，是一个呈半球状凸起的振动膜，如图 6.4.2 所示。

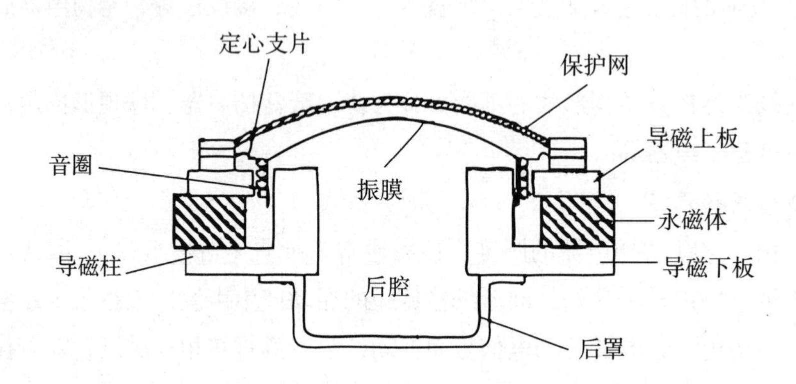

图 6.4.2　球顶高音扬声器的结构

球顶形扬声器是电动式扬声器的一种，其工作原理与纸盆式扬声器相同。球顶形扬声器的显著特点是中高频频率响应优异、瞬态响应好、失真小、指向性好，但效率较低，常作为扬声器系统的中、高音单元使用。

扬声器振膜的口径与重放声音的波长之比越小，则声音的辐射范围越宽，此比值越大，声音辐射的指向性越强。由于球顶形扬声器的振膜为半圆球形，所以对加宽声音的辐射范围有利。

作为球顶形扬声器的振膜材料，通常分为两大类：一类是软球顶，这种类型的扬声器所采用的振动材料大都是各种人造或者天然丝织产品，如丝绸、蚕丝、人造纤维等，它们在播放音乐时显得细腻、柔和、富有音乐感；第二类是硬球顶，采用这种振膜的扬声器，振膜材料是各种金属薄膜，如铝箔、钛箔及铍箔等，它们在进行音乐回放的时候富有冲击力，音场轮廓清晰，更适合打击乐器以及流行乐的重放。还有一种介乎两者之间的振膜材料，这是一种聚丙烯塑料（Poly Propylene，简称 PP 塑料）类的材料，通过注塑成型，由于成本较低的原因往往被用在低档单元中。这种材料兼有软球顶和硬球顶两种振膜的优点，如果生产技术控制得当，它们也能够发出很不错的声音来。

（3）号筒式扬声器

号筒扬声器的结构如图 6.4.3 所示。号筒扬声器的工作原理与锥形扬声器相同，都是利用载流导线（音圈）在磁场受力，推动振膜振动。号筒式扬声器是一种间接辐射式扬声器，它的振膜通过一个号筒向周围媒质辐射声波。号筒扬声器的小振膜发出的声波通过号筒向空气中作大面积辐射。

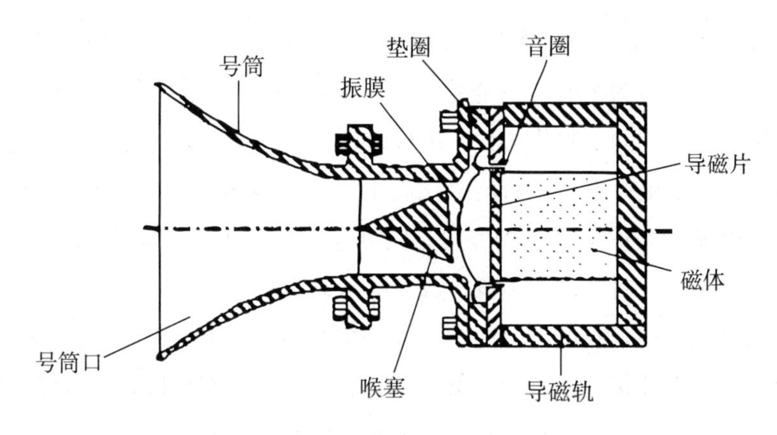

图 6.4.3　号筒式扬声器的结构

号筒是截面在长度方向逐渐变化的声管，它的作用是改进振膜与空气负载的匹配。号筒在声学上可以说是一种“声变压器”，它使音头的声阻抗（一般较高）与号筒口自由空间的声阻抗（一般较低）相匹配。为了使振膜容易同号筒连接，也为了使振膜刚性加大，大多采用球顶振膜或环形振膜。制作振膜的材料大多采用铝、钛、铍及其合金，以及聚酯塑料，或热压成型的浸酚醛树脂的布类。

号筒扬声器与直接辐射式扬声器相比，其典型特征是电声转换效率非常高，比纸盆扬声器和球顶形扬声器的效率约高 10 倍以上，且号筒扬声器的指向性可以控制。

号筒式扬声器的频率特性和指向性主要取决于锥形号筒的形状。重放频率越低，要求锥形号筒越长。所以，这种类型的扬声器主要作为中、高音用。它的效率比较高，但其音质不如球顶式纤细、柔和，主要用于公共场所的室外扩音使用。

（4）同轴扬声器

自然生活中乐器和人声在发声时，高低音均出自同一个点，是典型的“点声源”。而一般音箱中，高低音扬声器上下排列，发声不在同一点上，所发出的声音有高低音分离的现象，使音响声像定位产生失真。音箱的体积越大，这种失真就越明显。为了获得正确的声像定位，音响技术人员设计出了同轴扬声器，可以有效地提高声像定位的准确性。

同轴扬声器是将高、低音扬声器单元的磁铁和线圈安装于同一垂直的主线上，当音频电流流过高、低音单元的音圈引起发声时，由于高、低音扬声器在同一轴线位置上，因此，高、低音分频点衔接较好，声像定位更接近自然声。同轴扬声器音箱的代表性产品是英国的天朗音箱，如天朗 616 型音箱等。同轴扬声器音箱体积较小，一般用于监听场合。

2. 静电式扬声器

静电扬声器是利用加到电极板上的静电力而工作的扬声器，就其结构看，因正负极相向而成电容器状，所以又称为电容扬声器。它是由两块平行的固定极板作为一个电极，极板上打有许多小孔，为声音提供通路；在这两块极板之间，夹有一片用铝合金或塑料薄膜镀上一层金属制成的薄膜作为另一电极，两极板加上加有固定的直流极化高压（若为驻极体静电扬声器则可省去此直流极化高压）。当音频信号电压加到这薄膜电极上时，极板与膜片之间所产生的交变电场和恒定的静电场相互作用，使膜片产生振动而发声，通过两极板上的孔径，向外辐射声波，成为静电扬声器。

由于静电场施于振膜各部分上的驱动力是均匀的，整个振膜作同相位平面振动，且振膜薄而轻，与动圈式扬声器相比，静电扬声器突出优点是：瞬态响应好、失真小、频率响应可以很平直地达到 20kHZ。可以重放极为清脆的声音，有很好的解析力、细节清楚、声音逼真。

它的缺点是效率低，需要高压直流电源，容易吸尘。振膜加大失真亦会加大，故它不宜作低频扬声器，价格相对贵一些。

3. 平板式扬声器

从振膜外形看，扬声器振膜为平面状的扬声器称之为平面振膜扬声器，也有人称之为平板扬声器。像静电扬声器、电动扬声器等都可以做成平板振膜扬声器，比如电动式平板扬声器的结构如图 6.4.4 所示。

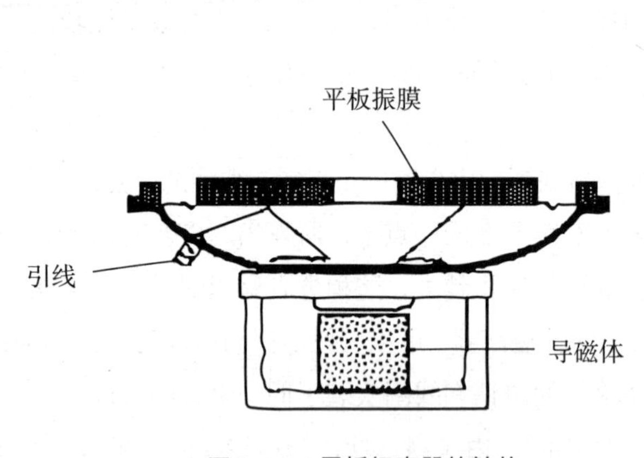

图 6.4.4　平板扬声器的结构

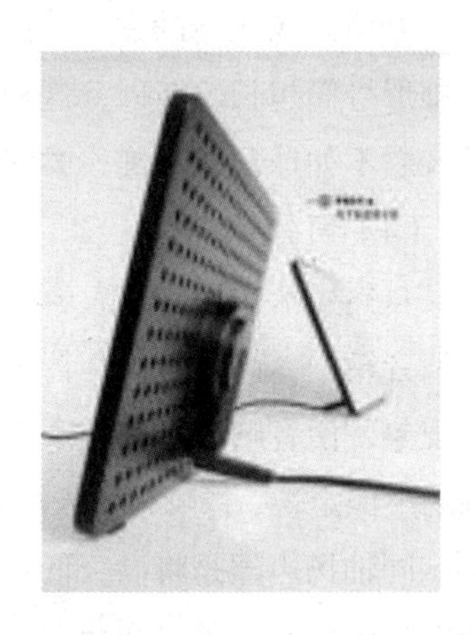
图 6.4.5　平板扬声器外形

电动平板扬声器也包括平板振动膜、音圈、盆架、磁路系统等，音圈一面连接在磁路系统上，另一面连接在平面振动板上。平板扬声器的主要优点有：可以得到平坦的声压频率特性；频带宽，失真小；在组成扬声器系统（音箱）时，各单元振膜处在同一平面，因而相位特性好。

目前，平板扬声器大致有两种类型，一是上述改进型电动式锥盆扬声器产品，可以做得比传统扬声器薄得多。另一类是采用英国 NXT 公司技术的超薄扬声器，这类箱体厚度 100mm 不过的产品，可平置于桌面，亦可壁挂，与大屏幕平板电视搭配起来卓有画龙点睛的效果，其外形如图 6.4.5 所示。

NXT 平板扬声器技术的诞生是扬声器技术的一次革命，因为它彻底改变了传统扬声器一直以来以活塞式运动的发声原理，而取而代之的是毫米级薄板随机振动的方式发音。它是用一块复合平板材料做振膜，在其上每一个单元面积受到音频电信号激励以后，都能作相互独立的振动，以至于可以将整块音板设想成是一个由微型扬声器组成的阵列。每个微型扬声器单元都辐射一个声音，它们最后又合成在一起，从宏观上形成一个我们所需要的声音输出。

平板扬声器具有相对较大的发声平面，较宽的频带。一个突出优点是无论尺寸大小或成本高低，其音质都保持了良好的清晰度，播放语音时声音非常清楚。

4. 压电扬声器

某种电介质（如石英、酒石酸钾钠等晶体）在压力作用下发生极化使两端表面间出现电势差的现象，称之为“压电效应”。它的逆效应，即置于电场中的电介质会发生弹性形变，称为“逆压电效应”或“电致伸缩”。利用这种压电材料的逆压电效应而工作的扬声器称为压电扬声器。

压电扬声器同电动式扬声器相比不需要磁路，和静电扬声器相比不需要偏压，结构简单、价格便宜，缺点是失真大而且工作不稳定。

由于篇幅所限，对一些新型的和特殊的扬声器如气流调制扬声器、离子扬声器、磁致失真扬声器、火焰调制扬声器、水下扬声器、海尔扬声器、Walsh 扬声器、数字扬声器等可以参阅有关书籍介绍。

三、扬声器的技术指标

扬声器是整个音响系统的终端，它的性能指标好坏也就决定着整套音响系统的放音质量。然而，迄今为止，扬声器仍是整个音频系统中最薄弱的一个环节。面对种类繁多、性能各异的扬声器，根据不同的爱好、不同的用途，在各项技术指标的选择上有相当大的灵活性。有关扬声器的技术指标主要有：有额定功率、额定阻抗、频率特性、谐波失真、灵敏度、指向性等。

1. 额定功率、额定噪声功率和最大功率

扬声器的额定功率是指扬声器能长时间正常连续工作的输入电功率，又称为不失真功率，它一般都标在扬声器后端的铭牌上。该功率是在额定频率范围内，非线性失真不

超过允许范围时测得的最大输入功率，单位是W(瓦)。扬声器在额定输入功率下工作时，不会产生过热和机械过载现象，发出的声音也不会产生明显失真。

在实际放声时，音频信号的幅度变化很大，有时会超过额定输入功率的很多倍，虽然这种情况持续的时间很短，但为了保证音质和工作的可靠性，音箱必须有一定的功率富余量。一般扬声器所能承受的最大功率约为额定输入功率的2倍~4倍。

额定噪声功率是指用规定的噪声信号测试所确定的额定功率值。

最大功率是指馈给扬声器以规定的模拟节目信号，信号的持续时间为1分钟，间隔时间为2分钟，如此重复10次，而不产生热和机械损坏的最大功率，最大功率通常是额定噪声功率的2倍~3倍。该功率表明扬声器短期承受持续时间较长的脉冲信号冲击的能力。应注意的是，这一功率不能作为长期连续工作的功率。

目前，常采用功率较大的功率放大器来推动扬声器系统，为此，应特别注意功率放大器的最大输出功率与扬声器系统的最大输入功率的选配。如果功率放大器的输出功率超过了扬声器系统所能承受的最大功率时，就会使扬声器烧毁。

扬声器有时也用长期最大功率、短期最大功率和额定最大正弦功率等指标来衡量。

2. 扬声器的输入阻抗、阻抗曲线

在功放推动扬声器放音输出时，常用一个纯电阻代替扬声器作负载，此电阻称为额定阻抗。额定阻抗是计算功放馈给扬声器的电功率的基准，用于匹配和测量。在额定频率范围内，复阻抗模值的最低值不应小于额定阻抗的80%，一般扬声器的额定阻抗多为8Ω。

扬声器的阻抗是一个随输入信号的频率而变化的量，其复阻抗的模值随频率变化的曲线称为阻抗曲线。阻抗曲线是扬声器在正常工作条件下测得的扬声器阻抗模值随频率变化的曲线，典型的阻抗曲线如图6.4.6所示，其中阻抗最大值后的第一个极小值（一般在200Hz~400Hz）定义为扬声器的额定阻抗，单位是欧姆。

扬声器的额定阻抗由制造厂家给出，也可以从给定的阻抗曲线上读出。对于纸盆扬声器，它是扬声器共振频率以上第一个阻抗最小值。

多数扬声器的阻抗为4Ω~8Ω。对于功放，扬声器系统的阻抗越低，其输出功率就越大，但是扬声器的阻抗不能低于功放所允许的阻抗范围，否则会使功放因过载而烧毁。当扬声器系统的阻抗高于功放的额定阻抗时，会使功放的输出功率降低，因此，在使用中须注意扬声器系统的阻抗应与功放的阻抗相匹配。

当加在扬声器振动系统上的音频驱动力的频率恰好等于（或近似等于）系统的固有频率人时，系统振动最强烈，振幅最大，我们把这种振动状态称为共振，此时的频率称之为共振频率。共振频率对应着阻抗最大值，一般应避开共振频率工作。

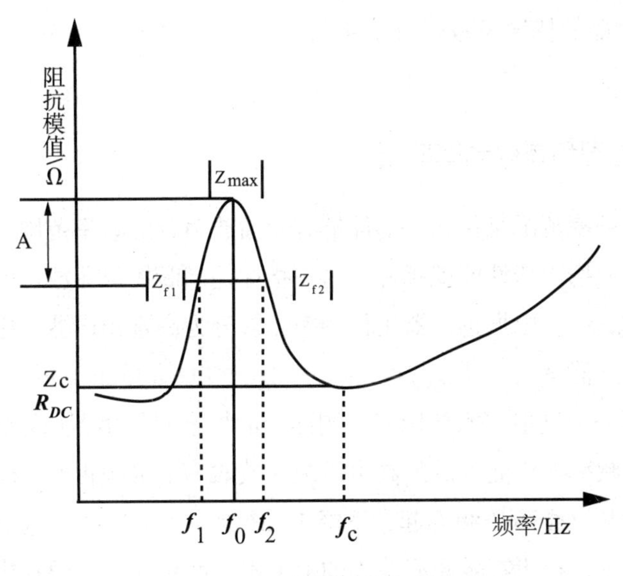

图 6.4.6　扬声器阻抗曲线

当扬声器工作频率远小于共振频率 f_O 时，扬声器的阻抗接近于直流电阻 R_{DC}。直流电阻 R_{DC} 略低于额定阻抗 Z_C，当不知额定阻抗 Z_C 时，通常可用万用表测出其直流电阻值，乘以 1.1 左右的系数，再调整成国标系列 4Ω、8Ω、16Ω、32Ω 等数值，即可得到扬声器的额定阻抗（非标准的额定阻抗值除外）。

3. 扬声器的特性灵敏度、效率、最大输出声压级

特性灵敏度表示将扬声器放在消声室中，在其输入端加上额定功率为 1W 的粉红噪声信号情况下，在其辐射方向上距离该扬声器 1 米处所测得的声压值。通常用 μ bar 作单位。所谓特性灵敏度级是指用 dB 为单位表示的特性灵敏度。

它是反映扬声器的效率和对信号的反应能力的指标。通常扬声器的灵敏度越高，其电声转换效率也就越高，对小信号的反应能力及解析力也就越强，对功率放大器的功率储备要求也就越低。若灵敏度相差 3dB 的两个扬声器，要达到同样的响度，推动这两个扬声器所用的功放的输出功率要相差一倍，因而在选择扬声器时应尽量选择灵敏度较高的，在组合扬声器系统中，尽可能使各扬声器的灵敏度指标趋于一致。

扬声器的效率表示在某一频带内所辐射的声功率与该频带内馈给扬声器的电功率的比值。效率的含义表示有多少电功率转换成了声功率。电动式扬声器的效率一般很低，仅有 1%～10%，而号筒式扬声器的效率较高，可达 10%～20%。

最大输出声压级是指当扬声器工作在最大功率时，在与特性灵敏度同样测试条件下所产生的声压级。即：

$$SPL_{MAX}=S_k+10\lg W_{MAX}$$

这里 S_k 为扬声器的特性灵敏度级（dB），W_{MAX} 为最大输入功率（W），SPL_{MAX} 表示最大输出声压级（dB）。

4. 额定频率范围和有效频率范围

扬声器的额定频率范围是指扬声器能够有效播放声音的频率范围。一般来说频率范围越宽、峰谷越小的扬声器性能就越好。这一指标是判断扬声器放声效果优劣和确定使用范围的主要参数之一。根据扬声器工作频率，常分为高音扬声器、中音扬声器、低音扬声器及全频带扬声器。

额定频率范围是指制造厂家按国家、国际产品标准对扬声器所限定的频率范围；而有效频率范围是在频率响应曲线的最高声压级区域取一个倍频程的宽度，求该宽度内的平均声压级。然后从这个声压级算起，下降 10dB 画一条水平线，这个水平线与频响曲线的交点对应的频率，称为有效频率范围的上下限，而包含上下限在内的频率范围称为扬声器的有效频率范围。如图 6.4.7 所示。

扬声器额定频率范围的规定通常有两种方法，一是 IEC（国际电工委员会）标准，另一是 JIS（日本工业标准）标准。

IEC 标准规定，在扬声器频响曲线上，在灵敏度最大的区域内取一个倍频程的范围求出平均声压级，再以该声压级为标准下降 10dB 划一条水平线，它与频响曲线相交的两个端点分别为上限频率和下限频率，这两个频率之间的范围即为有效频率范围，如图 6.4.7 所示。

JIS 标准规定，从扬声器的最低共振频率起到中频段，平均声压级向高频延伸以下降 10dB 处的频率止，这个频率定义为扬声器的有效重放频率范围。

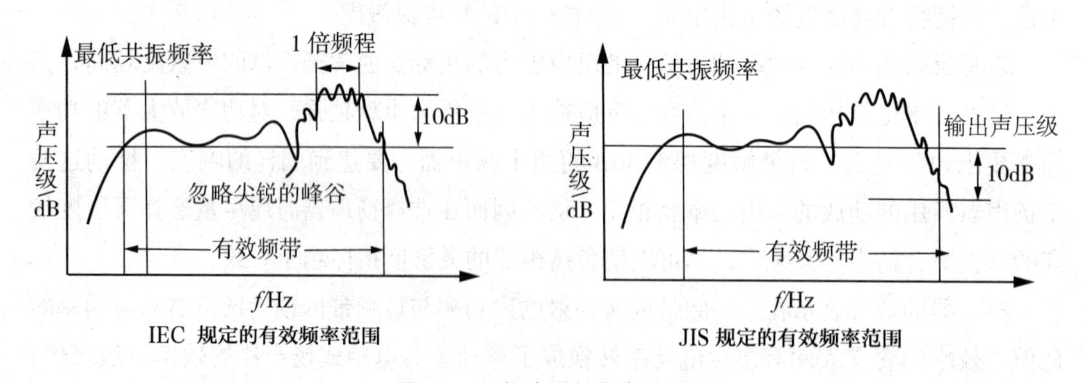

图 6.4.7　扬声器的频率范围

一般频率范围越宽、峰谷越小的扬声器性能就越好。这一指标是判断扬声器放声效果优劣和确定使用范围的主要参数。

5. 指向特性

一般总希望扬声器系统辐射出的声音能对声场真实的还原，并以同样的声压向四面八方辐射。但实际上，扬声器系统在不同方向上辐射出的声压是不同的，表示这种性能的指标称之为扬声器系统的指向特性。

扬声器指向特性是指扬声器向空间各个方向发声的声压分布状况。在自由声场中，可以直接用仪表测量出扬声器的指向特性，并用指向特性曲线来表示，如图 6.4.8 所示。

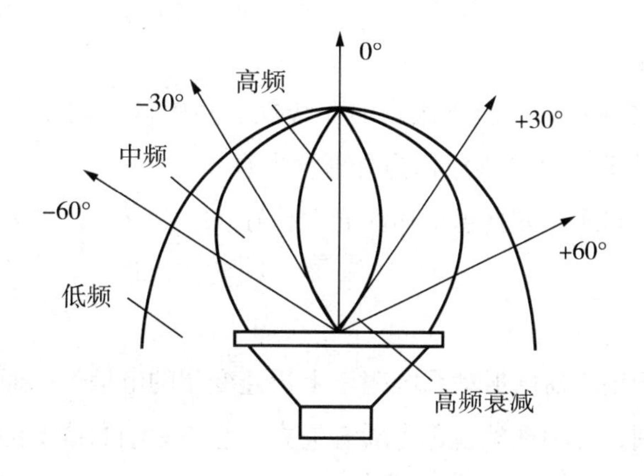

图 6.4.8　扬声器指向特性

一般来说，扬声器发声时总是有一定指向性的，其指向性的强弱主要取决于工作的频率、振膜的尺寸和辐射形式等。

在低频情况下，信号波长较长，扬声器辐射面的有效长度比辐射的声波波长小得多，此时扬声器可看作一个点源，其辐射的声波是无指向性的；随着信号频率的增高，声波的波长越来越短，当波长与辐射面的有效长度可以比拟时，由于声波的绕射特性和干涉特性，扬声器辐射的声波将出现明显的指向性。

具体地讲，扬声器指向性具有以下特征：

（1）指向特性随扬声器的工作频率而变化，频率越高，指向性就越强。

（2）在扬声器工作频率相同的条件下，口径大的扬声器要比口径小的扬声器具有更强的指向性。

（3）号筒式扬声器比直射式扬声器的指向性更强。

6. 非线性失真

扬声器的非线性失真是指在放音过程中，出现了输入信号中没有的频率成分。非线性失真包括谐波失真、互调失真和分谐波失真等。

（1）谐波失真

当扬声器输入某一频率的正弦信号时，扬声器输出信号中产生了原始信号（基波）中没有的谐波成分（如二次谐波、三次谐波等），这种现象称为谐波失真。谐波失真的大小用谐波失真系数来衡量。

（2）互调失真

当扬声器同时重放使音圈作大振幅振动的低频信号和音圈作小振幅振动的高频信号时，重放声中除了有两个信号及其谐波成分外，还会有两信号的和差的新的频率成分，这种失真称为互调失真。

（3）分谐波失真

当加给扬声器强纯音时，由于振膜的非线性会在中低音频段产生频率为信号频率 1/2 或 1/3 等的模糊声音，这种现象称为分谐波失真。

对扬声器来说，非线性失真越小其性能就越好。

7. 瞬态失真

瞬态失真是由于扬声器的振动系统跟不上快速变化的电信号，而引起的输出波形与输入波形之间的差别，这种现象就称为瞬态失真。它与频响曲线上的峰谷有关，在振膜的谐振点处瞬态失真较为严重。

如果给扬声器加上一个矩形信号，若输出的声信号仍为一个规整的矩形波，即信号的前、后沿都陡直，则说明扬声器的瞬态响应好，失真少。实际上，由于扬声器的结构、振膜材料特性等不利因素，信号的前、后沿不可能陡直。一般情况下，前沿是逐渐上升的，后沿是逐渐衰减拖尾的，这就表明扬声器的瞬态失真大，不能逼真地重放急剧变化的信号。

为了改善扬声器的瞬态失真，通常把扬声器的频响扩展至超音频段，以改善前沿特性，而拖尾时间的缩短则主要靠控制扬声器的阻尼来实现。

8. 纯音、可靠性

纯音是一个主观指标，它反映扬声器工作中纯音信号的质量。纯音合格是指在额定频率范围内，馈给扬声器额定功率的某一频率的正弦信号，扬声器应无机械杂声、碰圈声、垃圾声、调制声等。

使用寿命和可靠性也是衡量扬声器的技术指标。扬声器能够连续工作的时间越长，说明其使用寿命越好，长时间工作而不出现故障则表明其可靠性好。

总之，扬声器的技术指标很多，对其技术要求也很细，在使用扬声器的过程中，要根据具体情况选择不同技术指标的扬声器，以达到良好的效果。

第五节　音箱的技术特点

我们知道，单个扬声器由于受结构和材料的限制，要想不失真地重放整个音频范围内的音乐信号几乎是不可能的。为了使扬声器能在较宽的频带内放音，就要用多个扬声器组合来替代单个扬声器，即将不同类型、不同频率范围的扬声器组合起来，使其中每一个扬声器只负担一个较窄频带的重放，形成一个扬声器系统，也就是我们常说的音箱。本节就音箱的构成、技术特点和有关应用做一介绍。

一、音箱的技术特点

通常的音箱是将高、中、低音扬声器安装在专门设计的箱体内，并用分频器把输入信号分频以后分别送给相应的扬声器。一个设计良好的音箱，不仅要有一个性能优良的扬声器单元，而且还要有能与扬声器性能相匹配的箱体，这个箱体本身并不发音，而是用来展宽低频响应的助音部件，它还能阻尼扬声器的共振以改善非线性失真和瞬态响应。

箱体的另一个作用是消除扬声器放音的“声短路”现象。当功率放大器输出的电功率信号推动扬声器的纸盆产生振动时，在纸盆的前、后会形成空气的“压缩”和“舒散”现象，产生与之对应的声波的相位差为180º，此时，气压大的地方的空气会绕过纸盆的边缘向气压小的地方扩散，使纸盆前、后的声波相互抵消，辐射能力减弱，严重降低了扬声器的电声转换效率，同时也使扬声器的频率特性变差。这种因扬声器前、后的声波相位不同而形成的声波抵消现象称之为声短路现象。而且频率越低，这种现象就越明显。要使扬声器能很好地还原低频响应，必须避免“声短路”现象。克服“声短路”现象最实用的办法就是采用音箱，它的箱体阻断了扬声器前后声波的相互干扰。

音箱不但能消除声短路改善扬声器的低频响应，而且还能降低由于扬声器的共振所形成的失真，从而使扬声器能发出洪亮、浑厚、优美的声音。目前，一般音响系统中的还音扬声器都安装在与之性能相匹配的音箱中，根据箱体结构的不同和使用不同的扬声器单元，音箱有好多种，下面将它们的结构、原理和特点做简单的介绍。

1. 密闭式音箱技术特点

密闭式音箱又称封闭式音箱，其箱体完全密封。从原理上看，扬声器纸盆前后被分隔成两个互不通气的空间：一个是无限大的箱外空间，另一个是具有一定容积的密闭箱内空间。因此，它可以消除声短路及干涉现象。但由于箱体密封，纸盆振动会使箱内空气产生反复的压缩和膨胀，所以这种箱体的各部分必须具有足够的强度，否则容易因箱板产生振动而影响性能。密闭式音箱的共振频率与扬声器的共振频率成正比，因此，要想获得较低的系统低频下限，必须采用共振频率低的扬声器。例如，橡皮边扬声器的共振频率可达 30Hz 以下，采用这种扬声器时，音箱能得到较低的重放频率。

为了使频率响应不出现明显的峰谷值，在制作过程中，常常在音箱中充满吸音材料。吸音材料可以采用玻璃纤维等。此时，扬声器向后辐射的声能基本上都被箱内的吸声材料所吸收。密闭式专业音箱的工作示意图见图 6.5.1 所示。

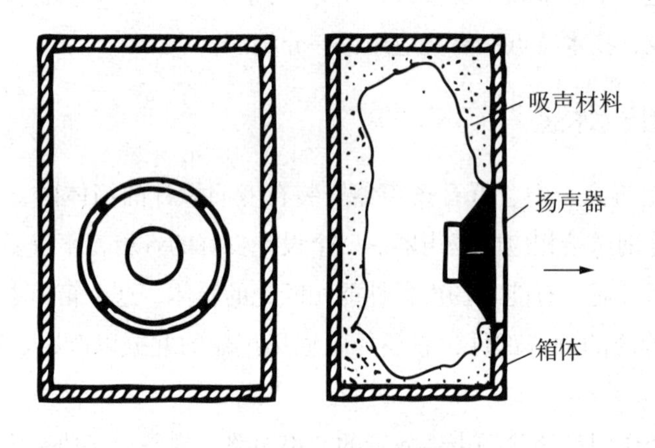

图 6.5.1　密闭式音箱

密闭式音箱的优点如下：

① 音箱结构简单，易于设计制作。

② 音箱音色柔和，适用于高保真音乐欣赏。

密闭式音箱的不足是，音箱效率较低，体积较大。密闭式音箱在欧美比较流行，其数量约占音箱总数的 40% 左右。

封闭式音箱中有两种典型的产品：一种是使用体积很大的箱体，使箱内的空气力顺很大，不影响扬声器的共振频率，这种音箱通常被称为无限障板式的封闭音箱；另一种是使用高顺性扬声器，并采用体积较小的箱体，利用箱内空气的力顺使扬声器振动系统的共振频率提高到设定的数值，这种音箱常被称为支撑式封闭音箱或气垫式封闭音箱。目前流行的书架式音箱就是采用这种方法设计成的。

2. 倒相式音箱的技术特点

倒相式音箱又称低频反射式音箱。它是将扬声器向后辐射的声波经安装在箱体上的圆形或方形的倒相孔移相 180º 后再送到前面去，与扬声器向前辐射的声波同相迭加，从而增加了低频声辐射，提高了声辐射的效率，扩展了低频响应。

倒相式音箱设计比封闭式要复杂。在密闭式音箱的前面板上开一个或几个出声孔，并在出声孔后面安装硬质材料做成的倒相管（导声管）就构成了倒相式音箱。扬声器背后辐射的声波可从倒相孔传出，以补充扬声器发出的声功率。倒相管内的空气起着与纸盆类似的作用，形成一个附加的声辐射器，通过合理设计倒相孔的大小，使箱内空腔的力顺和倒相管内空气质量发生共振，将声波相位倒转 180°，从而实现了声波的反相。这样，当音箱的共振频率等于或稍低于扬声器共振频率时，倒相孔辐射的声波与纸盆前面辐射的声波呈同相叠加，从而加强了低频声的辐射，这就是其设计的关键之处。这样，就使低频段的声音得到了加强，理论上可使其声功率加倍。实际上，倒相式音箱的性能同许多因素有关，如开孔尺寸、开孔位置、音箱体积与长宽比例等。在选购倒相式音箱时，还要注意音箱箱体的材料要有一定的厚度，材料要好，这样才能符合良好的重放要求。倒相式音箱的原理见图 6.5.2 所示。

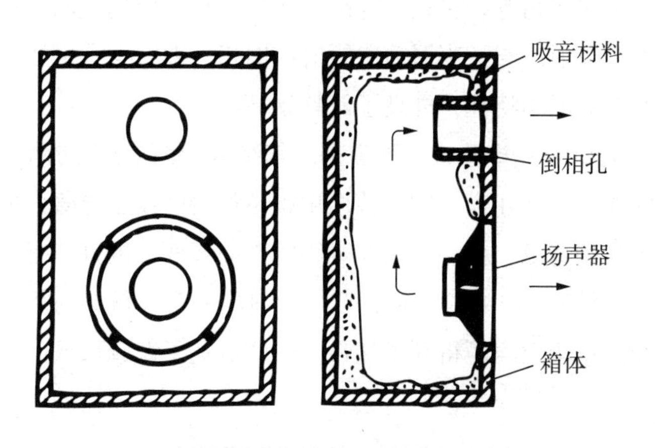

图 6.5.2　倒相式音箱

与密闭式音箱相比，倒相式音箱具有如下优点：

（1）效率高

在密闭式音箱中，纸盆向后辐射的声波被完全吸收，消耗在音箱内部，因而有 1/2 的辐射功率被白白浪费了。而倒相式音箱则充分利用了扬声器的后辐射声波，因而提高了低频辐射声压级。

（2）低音好

与同体积密闭式音箱相比，倒相式音箱能够在声压不下降的情况下，扩展低频重放的下限频率。

（3）失真小

密闭式音箱在其共振频率附近纸盆振幅最大，故由定心支片等非线性位移所造成的失真也最大。但在倒相式音箱中，在共振频率附近纸盆的振幅却最小。此时，音箱的辐射声压仍很高，这主要是由倒相孔辐射的，从而使非线性失真也减至最小。

（4）箱体小

在相同的低频重放下限频率的条件下，倒相式音箱的体积大约是密闭式的 60%。

然而，倒相式音箱也存在瞬态响应较差，容易产生声干涉现象，设计和调试较为复杂等不足之处。

目前，倒相式音箱品种很多，且鱼龙混杂。由于这个原因，选用理想的倒相式音箱不是一件容易的事情。倒相式音箱在日本和东南亚地区比较流行，约占音箱总数的 50% 左右。我国的专业音响系统中普遍采用倒相式音箱。

根据倒相式音箱的工作原理，出现了几种倒相式音箱的变形音箱：迷宫式音箱、声阻式音箱、空纸盆式音箱等。

空纸盆式音箱是倒相式音箱的变型。空纸盆式音箱又叫牵动纸盆音箱、辅助低音辐射器音箱、无源辐射音箱等，它是用空纸盆代替倒相管所构成的。适当加以控制可使空纸盆振动所产生的辐射声与扬声器前向辐射声同相，即完全和倒相型音箱工作状态相同。从而改善了音箱的低频特性，提高了低频频响。

迷宫式音箱是倒相型音箱的又一种变型。其结构如图 6.5.3 所示，它的箱体内用隔板隔成一个曲折的导管，像迷宫一样。箱内用吸声材料敷设于导管内壁。导管的一端紧密耦合在扬声器纸盆的背后，另一端接在音箱的正面或底面的开口上。当选择导管的长度为其谐振频率对应波长的 1/4 时，从管道口辐射出的声波就会与扬声器正面辐射的声波相位相同，从而使总辐射声压得到了加强，由此展宽了低频重放的范围。

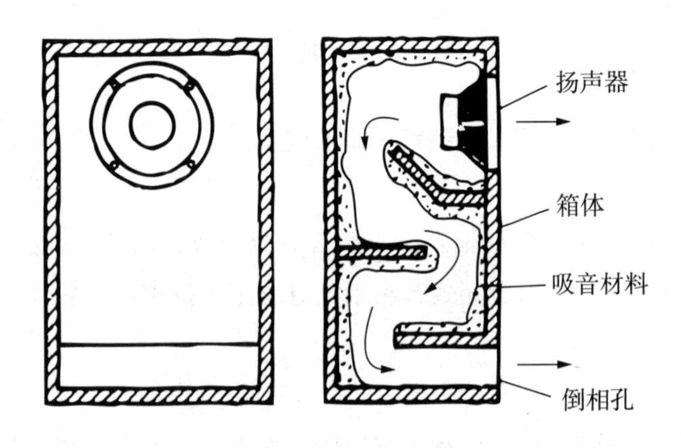

图 6.5.3　迷宫式音箱

由于这种音箱要将低频扩展，它的声导管需做得很长，这样就要在音箱内加装多层隔音板，这不但加重了音箱的重量，也使其结构更为复杂，所以，中小型专业音箱很少采用这种形式。这种音箱的低频特性很好，故通常用作低音音箱。

3. 超低音音箱技术特点

在一般家庭环境下，大部分人听音乐还都是使用小型音箱，聆听大部分音乐也都不觉得有何缺憾，这是因为在自然乐器的发声状况下，原本就很少有大量低频。从一般音箱都能够重放 100Hz 以上的低音来看，应付 95% 以上的音乐已经够用了。不过，对于专业音响系统，情况就大不相同了，因为超低音是厅堂还音的力量泉源，没有了超低音，许多电影声音和舞曲的感染力将会立即随之锐减，被声音环境包围的体验也将荡然无存。由此看来，超低音音箱在专业音响系统中的确是十分重要的器材。

超低音的音箱结构也可以分为密闭式与倒相式两大类，它们又有多种不同的变型。倒相式设计在外表看起来有倒相管，超低音扬声器除了往前推动的空气之外，它的背波也由倒相管反射传出。一般说来，在体积及功放功率相近的情况下，倒相式设计通常会有较好的低频延伸。

超低音音箱结构又可分为主动式与被动式。主动式超低音音箱就是本身附有专用功放的超低音音箱，所以也称作有源超低音音箱；被动式超低音音箱是没配有专用功放的超低音音箱，也称为无源超低音音箱。它的组成结构就是箱体、超低音扬声器及必须要有的分频网络（分音器），用户须另外用功放来推动。

4. 号筒式音箱技术特点

号筒式音箱是一种典型的高效率大动态音箱系统。我们知道，当大声喊话时，如用双手围成号角状放在嘴边会明显地提高声压级，使音量增大，且传播的距离更远，这就证明了号角系统能提高扬声器的还原效率。它的号筒喇叭口与较大空气负载耦合，驱动端直径很小。这种音箱的背面是全密封的，箱腔内的压力都在扬声器锥盆的背面上。为使锥盆前后压力保持平衡，倒相号筒装置于扬声器前面，其音响效果优于密闭式音箱和一般低音反射式音箱，如图 6.5.4 所示。

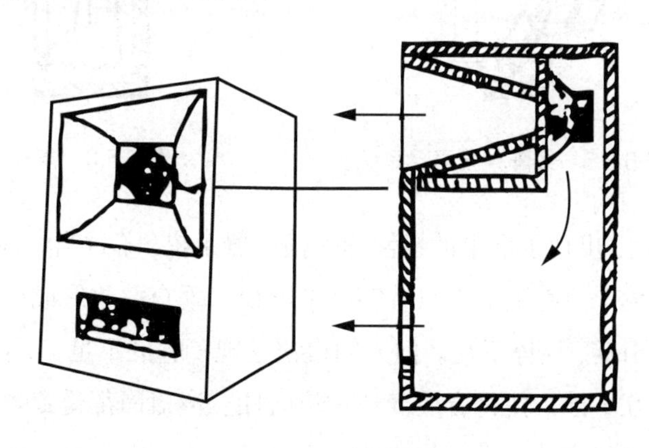

图 6.5.4　号筒式音箱

设计合理的号角式音箱，在放送音乐的过程中，音乐的细节分辨能力及微弱信号的再现能力都较强，即无论是对强信号还是弱信号的线性对比，都具有较大的动态范围，且有明显的真实感和定位感。号角音箱的失真之小，也是其他类型音箱所不能比拟的，因为在同样的声压级内，号角音箱所需的驱动功率比其他类型的音箱要小得多，它可以在微小的振动下发挥出很大的声音能量，扬声器的音圈移动很小，保持在活塞的振动区域内，因此失真极小，是高质量音响系统的佼佼者。

高效率号角式音箱虽然音响效果比一般的密闭式音箱和倒相式音箱好，但也有它的不足之处，最大的问题就是产品的设计十分复杂，造价太高，而且频响特性曲线也不容易做得十分平坦。如背腔体积的容量、滤波器设计不当，就会破坏了号角系统的优点，使性能变差，使用的扬声器单元也要求振动系统的机械强度好、重量轻、振动系统的谐振 Q 值也必须小，才能保证整体的设计要求。

5. 线阵列扬声器系统特点

线性阵列（Line Array）是一组排列成直线、间隔紧密的辐射单元，并具有相同的振幅与相位。图 6.5.5 是线性阵列扬声器系统的示意图。虽说是按直线排列，但覆盖面排列的角度有所不同。

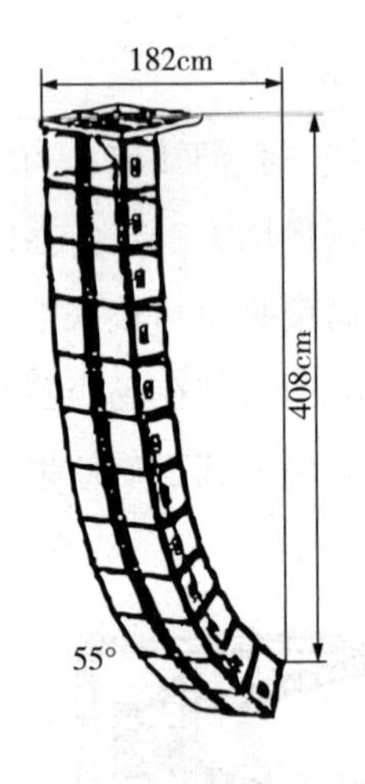

图 6.5.5　线阵列扬声器系统

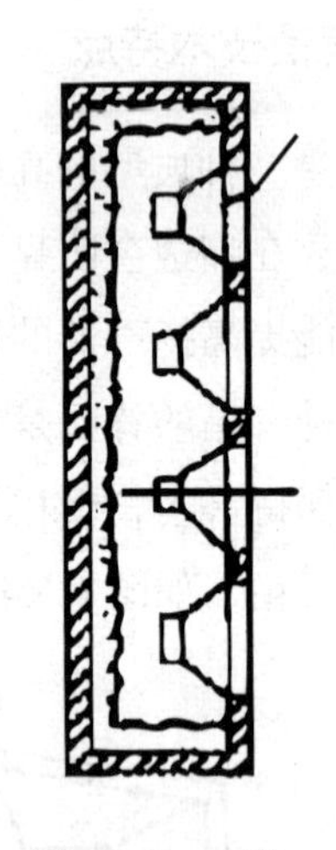

图 6.5.6　声柱

20 世纪 70 年代，出现了最早的线性阵列扬声器系统，不过当时尚不完善，是以“声墙”形式出现的。数十只甚至上百只音箱水平堆积、垂直叠放形成声墙，上万瓦的功率一开起来确实地动山摇、气势不凡。但人们很快发现了它的不足，不仅需要太多的音箱，而且音箱之间的相互干涉，使得音质变坏，指向性、覆盖面都受到影响。目前采用的线性阵列扬声器系统已经充分改进，与初期不可同日而语，在结构上也相当实用，例如几十只音箱，在很短时间之内，即可完成组装、吊挂、接线，马上投入使用。

线阵列的特点是相互叠加与抵消。最简单的线阵列扬声器是声柱，如图 6.5.6 所示，它是由多个特性完全相同的全频带扬声器排成一列构成的。更讲究的线阵列由一排周密间隔的高保真扬声器箱经组合而成。在阵列的主轴上产生相加的干涉，使沿轴线方向产生明显的指向性，而削弱性的干涉梳状效应则位于两边，高频段必须采用一些方法来加强其指向性来配合低中频。

线阵列由多个独立小扬声器系统单元组成，具有高水平音质和透彻平衡的声音表现、细致且无相位偏移音质、覆盖范围远、高指向性等特点。由于该阵列具有较强的垂直指向性，从而有效地投射声音，因此适用于大型、远距离的扩声系统。

近几年线阵列在现代扩声技术中扮演着越来越重要的角色。以线声源为基础的扬声器系统在确定的频率范围内，特性如同柱面波发射器一样，而且，即使在复杂的听闻条件下也可以有针对性地对确定的区域进行扩声。但关于线阵列的使用，还是有一些限制的。首先扩音要求的声压级决定所必需的音箱的数目，而设计良好的一个线阵列却会由于扬声器箱的方向性方面的问题而不能减少音箱的数目。其次当多个阵列聚焦在同一个方向时，由于覆盖图形的重叠，会产生令人厌恶的干涉。

二、扬声器系统的分频

目前，受技术条件限制，制作一个能从低音到高音的全频带扬声器有很大困难。所以，专业的扬声器系统都采用分频网络把音频分成 2～3 个频段，用专门设计的扬声器重放每个频段的声音。常见的分频网络为两分频和三分频。在一些高级音响系统中也有采用四分频和五分频的，即在低、中、高三分频的基础上进一步划分出超低音和超高音频段。

由于每种专用扬声器只重放某一频段的声音，需要把放大器输出的音频信号通过一定的分频元件或电路划分为相应的频段，这些分频元件组合成的电路被称为分频网络或分频器。在这里，频率的划分不是简单的分段，而是要保证在各频段的连接处相互覆盖。

专业音箱的使用的分频器有两大类，一类是电子分频器，一类是无源分频器。

1. 使用电子分频器

电子分频器一般接在调音台和功率放大器之间，它将高、中、低频分为三路分别送至各自的功率放大器，每台放大器推动专用的扬声器，各频段之间互不干扰，因此它的特点是无调制失真，瞬态特性好，同时有源分频器本身具有放大能力，可以灵活调整，使重放效果更佳。但由于电子分频器需要三套功率放大器放大后输出给各扬声器单元，因而需要增加功率放大器。另外电子分频器的电路较为复杂，制作成本也较高。

由于电子分频器采用有源分频，因此信号衰减小、分频特性好、失真小。但由于需要多台功率放大器，使产品成本加大许多，故目前大多在一些专业音响器材中采用。电子分频器在音响系统的工作位置框图如图 6.5.7 所示。

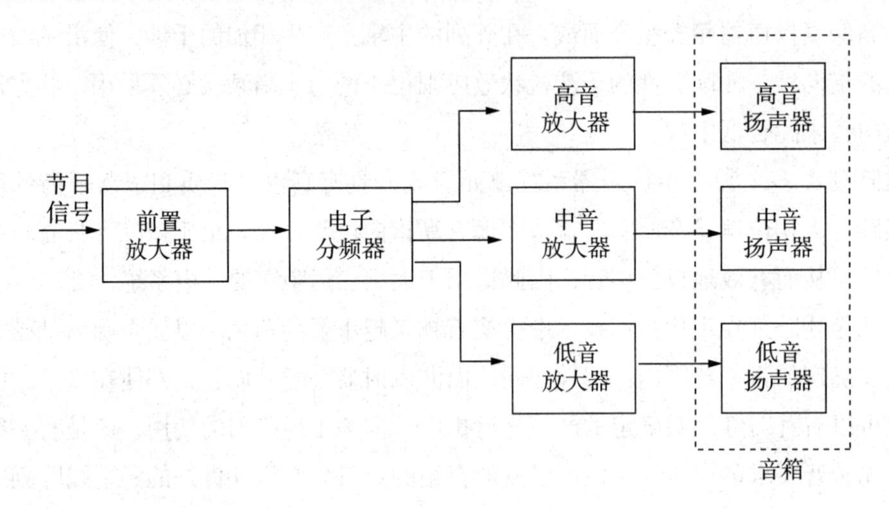

图 6.5.7　电子分频器工作位置

2. 用无源分频器分频

无源分频器由绕成空芯的电感线圈和无极性电解电容组成，由于其体积较大，一般安装在音箱内部。从放大器来的功率输出信号进入音箱后，先送往分频器，然后由分频器的输出端送往各专用扬声器。无源分频器在音响系统中的工作位置如图 6.5.8 所示。

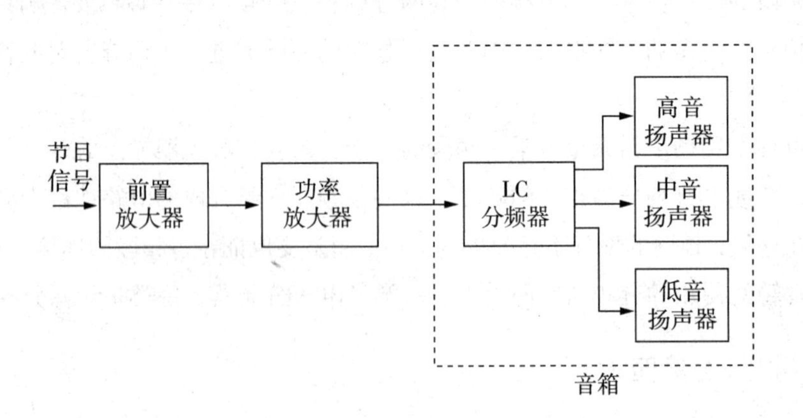

图 6.5.8　无源分频网络工作位置

无源分频器制作简单，成本较低，适应性较强，是目前使用最广的一种分频器。但是由于无源分频器接在放大器和扬声器之间，要承受功率放大器输出的较大功率，因此需要使用体积较大的电感和电容，同时电感还存在一定的直流电阻，因而降低了音箱的阻尼系数。另外，无源分频器的参数和扬声器阻抗的关系较大，而扬声器的阻抗又随工作频率的改变而改变，因此容易产生分频点的漂移。

三、扬声器系统的分类及技术指标

1. 扬声器系统的分类

扬声器系统的分类方法有很多，下面分别加以介绍：

（1）按用途分类

在音响系统中使用的音箱按用途不同可分成两大类：第一类是扩声音箱（亦称演出用音箱）；第二类则是监听音箱。这两类音箱因为使用的目的各不相同，设计时的考虑重点也不尽相同，特性有所差异，选用音箱时首先要按其用途正确选择。

① 扩声音箱

专业扩声音箱系统多是大功率、宽频带、高声级的音箱系统，为了有效地控制其声场，高频单元一般都用号角式扬声器以增强其指向性。专业扩声音箱的灵敏度一般都比较高，在厅堂扩声系统中用这类音箱系统向听众播放声音。

扩声音箱系统形式主要分两种，一种是组合式音箱，多是小型的扩声音箱，典型的是一个 15 寸中低频单元加上一个号角式高音，装于同一箱体内。另一种形式是各个频段分立，中低频采用音箱形式，高频采用驱动器配以指向性号角形式。号角扬声器有不同规格，同一个高频驱动器单元，根据指向性选配不同的号筒，从而达到将声波投射到不同的听观众区的目的。

② 监听音箱

所谓监听音箱是供录音师、音控师监听节目用的音箱。这类音箱应有极高的保真度和很好的动态特性，应不对节目作任何修饰和夸张，真实地反映音频信号的原来面貌。监听音箱通常被认为是完全没有“个性”的音箱。监听音箱的使用目的不是欣赏节目，而是通过监听音箱去及时、准确地发现节目声音存在的问题和缺陷。其解析力必须高于普通的欣赏型和扩声音箱。可以认为根据监听音箱来调整处理好的节目，用普通扬声器是找不出其毛病的。监听音箱的这种解析力要通过其良好的瞬态特性来保障。

监听音箱安装在监听室和录音室，由于室内容积不很大，因此监听音箱的体积一般总是比扩声用音箱小一些，监听音箱的中高音一般较少用恒指向号筒。

正因为监听音箱的要求很高，优质的监听音箱价格自然也较昂贵。但监听音箱对节目音质毫无修饰美化能力，节目信号中的缺陷会较多地暴露出来。因此，切勿以为用监听音箱作扩声音箱可以提高厅堂的音质。另外，监听音箱往往不具备扩声音箱的功率承受能力和高灵敏度。

（2）按音箱的结构分类

专业音箱的结构有多种多样，可以细分为：有限大障板型、背面敞开型、封闭式、倒相式、对称驱动型、空纸盆型、克尔顿型、声迷宫型、前向号筒型、背向号筒型、组合号筒型等多种结构音箱。前面已经介绍了应用最多的密闭式、倒相式和号筒式和阵列式音箱，它们各具特色。

密闭式专业音箱结构简单，体积较大，在欧美等国比较流行。设计合理的密闭式专业音箱，可以使低频段具有良好的重放特性。

倒相式音箱是国内比较流行的样式，其特点是效率高，箱体相对较小，但设计比密闭式音箱要复杂。它的面板上设有倒相管孔，可以使扬声器背后辐射的声波从倒相管孔中传出，以增加扬声器发出的声功率。

号筒式专业音箱的高频特性较好，主要用于大型的专业音响系统。近几年来，线阵列音箱在大型扩声系统中越来越多地使用到。

（3）按体积大小分类

① 落地式专业音箱

落地式专业音箱是指音箱体积较大，可直接安放于地面上的音箱。落地式音箱可安装口径较大的低音扬声器，因此低音特性较好，频响范围宽，功率也较大，但由于其扬声器数量多，声像定位往往不如书架式音箱清晰。

② 书架式专业音箱

体积较小，放音使用时需要单独将其架设起来，离地面有一定高度。因其扬声器数量少，口径小，故声像定位往往比较准确，但存在功率不够大，低频效果差的不足，在专业音响系统中通常用来作为辅助型专业音箱，如监听音箱和返听音箱等。在专业音响系统中，当书架式音箱用于播放歌曲或轻音乐时，其效果往往比落地式专业音箱更胜一筹。

（4）其他分类

扬声器系统按分频方式常分为：单分频音箱、二分频音箱、三分频音箱、四分频音箱、多分频音箱和超低音音箱。

按有无内置功率放大器可分为：无源音箱和有源音箱。

按技术特点可分为：有线广播型、防水型、迷你型、球型无指向式等音箱。

2. 扬声器系统的技术指标

评价扬声器系统的优劣，也有一组参数，其名称与扬声器的参数基本相同，但意义有所不同。这是因为扬声器系统是由箱体、扬声器、分频器等组成的，它不仅是一个扬声器，还是一个较大的系统，变化因素比较多。读者在学习的过程中应注意其区别。

（1）额定阻抗与阻抗特性

扬声器系统的额定阻抗一般由所采用的扬声器单元的额定阻抗来决定，这与前面所讨论扬声器额定阻抗是相同的。

但扬声器系统的阻抗特性比扬声器单元的阻抗特性要复杂得多。这是因为扬声器系统所用的扬声器单元多种多样，并且加上了分频网络的影响以及箱体的影响，因而使整个扬声器系统的阻抗特性随着结构形式、单元类型和分频器特性而产生较大的变化。由于箱体的特殊结构，声波在箱体内的辐射或反射甚至产生干涉，因而会影响扬声器系统的阻抗特性，使阻抗特性出现深谷，将严重影响扬声器系统的性能。图 6.5.9 为封闭式音箱的典型阻抗特性曲线。

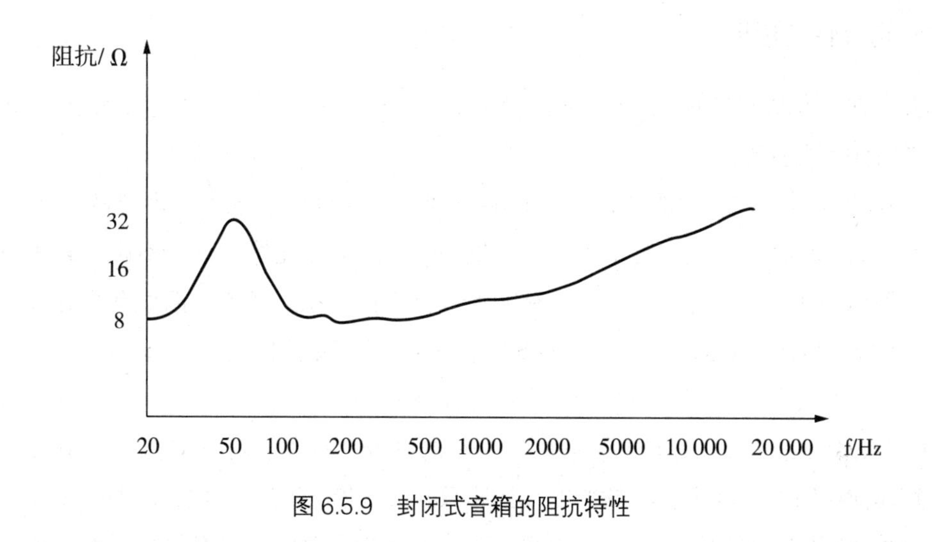

图 6.5.9　封闭式音箱的阻抗特性

（2）失真

扬声器系统的失真，比扬声器单元复杂得多，它是由组成扬声器系统的各个部分的失真合成而得到的，包括组成系统的每个扬声器的失真、箱体内驻波及壁板振动引起的失真、分频网络产生的失真等。因此，使用者必须重视扬声器系统的失真。

（3）额定频率范围与有效频率范围

扬声器系统重放的额定频率范围由产品标准指标给定，扬声器系统实际能达到的频率范围称为有效频率范围。

（4）特性灵敏度级与最大输出声压级

扬声器系统的特性灵敏度级与最大输出声压级的定义和测试计算方法，与扬声器单元的两个参量的定义和测试计算方法基本相同。

（5）功率

最大额定功率指音箱不会引起损坏所能接受的最大功率，使用时要注意不应超过该值的三分之二，以保证音箱的安全。

（6）指向性

不同的扬声器系统，由于结构和使用的扬声器单元不同，扬声器系统的指向性是不同的。在实际使用时，由于受使用环境的影响，使音质、音幅产生变化，所以应注意适当选择扬声器系统在室内的摆放位置。

四、扬声器系统的使用

扬声器系统（音箱）是整个还音系统的喉舌，对音箱的正确选用是至关重要的。在使用音箱时，一般要注意以下几点：

1. 选择性能指标

首先查阅音箱说明书中的有关技术参数，如有效频率范围、阻抗、灵敏度、额定功率、指向性、失真等。

在查阅说明书时应该注意，有效频响范围在国际 IEC 标准中有严格的规定，但有的厂商却只标出频率响应的范围，而不提供频响曲线的变化情况，也不说明此频响范围是按何种标准测得，因此这样提供的频响参数就变得毫无意义了。例如有一对音箱标明频响范围为 30Hz ~ 20kHz，但实际上低频在 70Hz 以下就明显衰减了，在 30Hz 可能已衰减了 20dB，而高频也只能平滑伸展到 14000Hz。相反，另一对音箱频响范围标明为 40Hz ~ 16kHz ± 3dB，尽管看上去后一对音箱的频响范围没有前一对宽，但事实上后一对音箱比前一对好，因为它的频响曲线标明只在 ± 3dB 范围内变化，因而平坦得多。

另外在额定功率的指标上也要注意。各厂家在功率值的标定上往往很不一致，有的标明是短期最大噪声功率、峰值承受功率、音乐功率、瞬时承受功率，因此数值往往比额定功率大许多倍。而各国的测量方法标准也往往宽严不一样，例如，日本的 JIS 标准往往要比国际 IEC 标准宽一些。因此，选购时必须弄清楚是按什么标准测试，标明的是额定功率还是峰值承受功率。

音箱的功率要考虑厅堂的大小和一定的功率储备。在其他因素相同的条件下，通常选择功率大的音箱，因为这样的产品有功率余量，在大功率放音时不易引起失真。音箱阻抗应与放大器匹配，过大过小都不好，特别是不能过小，以防损坏设备。音箱灵敏度也不宜太大或太小；可选 100dB / W / m 左右的声压级或更高一点比较合适，音箱的频响主要选其下限，因为高音一般都可达标，而低音达标较难，应选 40Hz 以下作为下限标准。

2. 音箱灵敏度与功率的关系

决定音箱输出声压级有三项重要的因素：音箱的效率、音箱的承受功率和放大器的输出功率。大家都知道，音箱的效率愈高，放大器推起来就愈省力，露天演唱会现场所用的扩声音箱就是高效率音箱，它们的音量大得惊人。举例来说，在800立方米空间，音箱声压级至少要有110dB。若音箱的灵敏度为95dB / W / m，放大器也必须拥有2000W的输出功率才能使该音箱推出如此大的声压级。相对地，若将音箱换成灵敏度为105dB / W / m，放大器只要有200W的功率就可以了。与前者相比，放大器的最低输出功率要求及音箱的承受功率都只需要前者的十分之一。

3. 根据用途确定音箱

音箱的种类很多，各国音箱的音色特点也不相同。一般来说，欧美音箱的音色和音质较好，日本音箱与之相比要逊色些。具体说，英国音箱的特点是有感染力，如B&W音箱音色质朴、淳厚；美国音箱强调音响性，瞬态感强，音色凌厉，如JBL音箱；德国音箱注意音响与音乐的兼容性,MBL音箱在这点上极为突出；日本音箱以价低取悦用户，外观比较华贵，近年来为提高音质也作了不少的努力。

从上述特点看，组建专业音响系统应该选用动态强劲的音箱，诸如JBL等。而用于单纯欣赏音乐时，应该选用音质优美的音箱，如B&W、MBL等名牌音箱。

4. 认真试听

对选用的音箱，应认真试听。最好用准备与之搭配的功率放大器推动试听，以获得第一手资料。试听时，应播放自己所熟悉的乐曲唱片，品种可多一些，如管弦乐、声乐、电子乐等，看其对哪类音乐重放效果更好。

5. 使用中要注意几点

（1）合理安放

两只主音箱的摆放要拉开一定距离，以获得较好的立体声效果。音箱的基座要牢固，不能因音箱放声而震动。音箱工作的环境要防止高温和干燥，应在通风处安放。音箱的上面不能摆放物品，防止因其共振而破坏音质。音箱是强磁场设备，要注意远离电视机、手表、磁带等物品。

（2）连线要短

音箱与放大器的连线应该尽量做到短而粗，现在国内有专门用于连接音箱的无氧纯铜线，对改善音质确有一定的帮助，可根据投资情况选用。

（3）响度要适当

音箱所能承受的功率有限，不要让其在满负荷下工作，一般大于最小推荐功率即可。如果长时间让音箱工作在极限功率，其寿命会减少，严重时还会损坏音箱。

（4）超低音音箱分频点的调整

专业音响系统使用的超低音音箱要负担整个系统的低音效果，超低音音箱的位置不能被聆听者察觉到，否则超低音音箱将会破坏声压的平衡性（如超低音音箱摆在左边，会感受到前方左声道声音较大）。可以做一项简单的测试：关掉所有音箱的音量，只打开超低音音箱；要是没有专用测试音源，可播放超低音丰富的唱片片段，为了集中注意力，可闭上眼睛，仔细聆听超低音音箱的声音，如果可以凭听觉分辨它的位置，那就表示超低音音箱分频点调得太高。

第六节　监听耳机

监听耳机（Head phones）是用小型扬声器单元通过耳垫与人耳的耳廓相耦合，将声音直接送到外耳道入口处的放音器件，是音响专业人员必备的监听工具。耳机与扬声器的不同之处在于，后者向大的空间辐射声能，而耳机仅在一个小的空腔内形成声压。在专业音响系统中，耳机主要用于录音和放音监听，即与调音台配合，供音响师用来对调音效果进行监听。

一、耳机的种类

耳机的种类繁多，可以按耳机的外形、声学结构、电声原理、用途或数据传输方式来进行分类。

1. 根据外形分类

我们常常用耳塞和耳机来区别大小耳机。

（1）耳塞

耳塞就是扬声器单元尺寸很小，能够塞入外耳道口，直接向耳道内辐射声音的耳机。它可以借助本身的悬挂系统（如某些耳挂式耳塞），或者利用耳朵的形状和软骨来固定在耳廓上（耳道口），如图 6.6.1 所示。

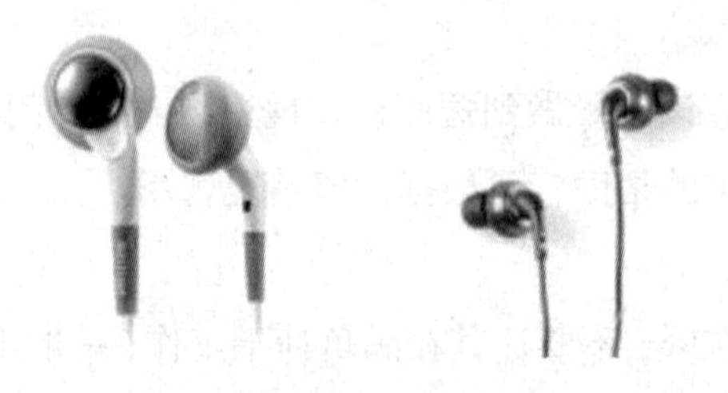

图 6.6.1　耳塞式耳机

用户还习惯把耳塞分为半入耳式和入耳式（或称耳道式）两种。凡是能插入外耳道的耳塞，都会被称为入耳式（或称耳道式）耳机，而其他类型大部分则归类为半入耳式。

（2）耳机

提起耳机都会联想到大尺寸的，能扣住整个耳廓的耳机，而非耳塞，如图6.6.2所示。

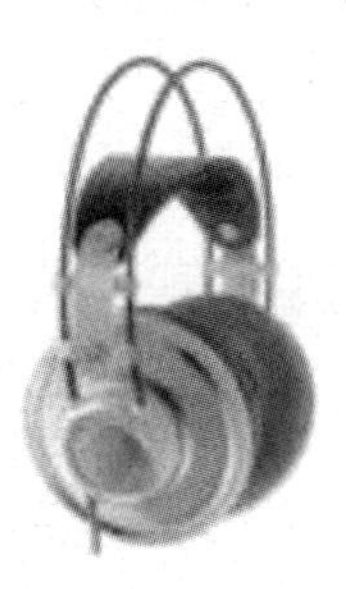

图6.6.2　耳机

在耳机类中，还可以根据耳罩大小细分为两种，即中尺寸和全尺寸耳机。

中尺寸耳机：它们的定义不是根据耳机口径，而是根据耳罩大小。如果耳机的耳罩不能完全包围耳廓，那它就属于中尺寸耳机。

全尺寸耳机：耳罩能完全包围耳廓，就算是全尺寸耳机。在佩戴方面，全尺寸耳机要相对舒适一些。

2. 根据结构形式分类

（1）塞入式

几乎所有耳塞，都可以归入塞入式这一类。塞入式的好处是轻便、携带方便，正是因为这个优势，几乎所有的随身听设备都配备耳塞。

（2）挂耳式

将耳机上附着上能折合的挂钩，使其能挂在耳廓上，使用了这种悬挂系统的耳机，都可以算挂耳式耳机。

这种佩戴方式不会破坏发型，便携性和舒适性也非常不错。但由于其悬挂方式不可能做到紧密贴近耳廓，所以始终会存在漏音问题，这会导致音质下降。

（3）头戴式

最常见的耳机类型，使用一根有弹性的头带，从头顶部夹住耳廓，由于不用考虑轻巧问题，耳罩一般都设计得比较大，顶级耳机几乎清一色都是全尺寸的设计。

这种耳机佩戴上不如耳挂式舒适，但是它能让耳罩紧贴耳廓，漏音问题基本不存在。这种耳机发展得非常完善，一般都能做到头带自适应，耳罩可小幅度旋转，这些小特点让佩戴变得舒适起来。但是并不适合便携，即使头带被设计成可折叠式，它的便携性也没有塞入式和耳挂式好。

3. 根据耳机的密闭程度分类

从耳机的密闭成都来分，分为密闭式、开放式和半开放式，如图 6.6.3 所示。

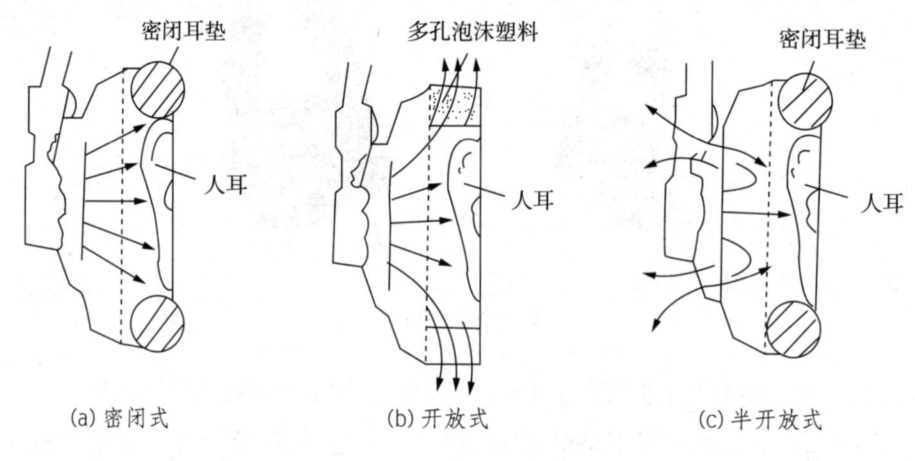

图 6.6.3　耳机的结构示意图

（1）密闭式

密闭式耳机的特点是耳罩和耳廓形成的空腔是密封的，耳机在耳道腔内所产生的声压与振膜的位移成正比，属于压强型耳机。这种耳机的重放声不会泄漏到外界，外界噪声也不易进入耳机，但长期佩戴感到压力较大，不够舒适。

密闭式的耳机可以较好地隔绝外部噪声，在小的振膜下可获得较好的低频特性，但如果密闭耳垫漏气，则频响会产生畸变。这种耳机的频响性能很好，故适合录音监听使用。

有不少使用者误认为密闭式的耳机就是监听耳机，其实错了。密闭式并不代表高档或者低档，从几十元到几万元的价位，都有密闭式耳机存在。比如，AKG K–55、森海塞尔 PX200 耳机就是两款密闭式耳机，它们被一些媒体宣传为监听级。其实这种类型的耳机除了隔绝噪声的优点之外，其在性能指标上并没有什么特别优势。

（2）开放式

如果能在耳机外罩外侧看到各式各样的孔，那么这款耳机十有八九就是开放式的。开放式的耳机密闭性不好，播放音乐时，还能听到耳罩之外的声音。

这种耳机的耳垫采用微孔泡沫塑料。这种耳机相当于小扬声器在人耳一定距离处放声，因而低频段的声阻抗减小，低频辐射声压下降，故频响特性还不够理想。

这种结构同样不能表明耳机的档次，从几十元到几万元的价位，都有开放式的耳机存在。

（3）半开放式

耳机耳垫采用密闭式结构，但声波会从耳机后部辐射出来。它克服了密闭式和开放式的缺点，能够获得平坦的频率响应。从听音评价表明，半开放式耳机的放声可得到逼真的立体声播放效果。因此，这种耳机比较流行，发展较快。

4. 根据传输方式分类

（1）有线耳机

耳机与音频输出是有线连接的，它的特点就是有金属导线直接连接音源设备。

（2）无线耳机

无线耳机没有线的束缚，但是多了一个无线接收器。在数字技术飞速发展的今天，无线耳机已经陆续进入应用市场，如图 6.6.4 所示就是一款常用的无线蓝牙耳机。

图 6.6.4 无线耳机

5. 按换能方式分类

可以分为电磁式、驻极体式、压电式、电动式、静电式等，但在专业音响系统中使用最广泛的是电动式和静电式。

6. 根据声道数分类

（1）单声道耳机

单声道耳机就是只有一个声音通道进行放音的过程。通常单声道是指把来自不同方位的音频信号混合后统一由录音机把它记录下来，再由一只耳机或音箱进行重放。有时也可以由两个耳机同时放还单一声道的声音。在单声道的耳机中，你只能感受到声音的前后位置及音色、音量的大小，而不能感受到声音的方位和从左到右等横向的移动。

（2）立体声耳机

由于人耳在单耳情况下是无法感知声音的方向的，但是我们有两只耳朵，所以就具备了感知和辨别声源方向的能力，并且随之而来的还能让我们去分辨声场的宽阔、纵深与否，这就是双耳效应（Binaural effect）。根据人耳的双耳效应，我们听音从单声道时代一路走到了立体声时代。

一般来说，立体声耳机会使用对应于两个耳朵的2个扬声器组成，就是以2.0的形态构成，也就是左声道和右声道。和单声道相比，立体声耳机具有各声源的方位感和分布感，提高了信息的可懂度，提高节目的力量感、临场感、层次感和解析度。

正是由于双耳效应的存在，在音乐制作的过程当中，录音师就可以将音乐信息分别配置于立体声扬声器系统中的左声道或者右声道扬声器，也就是我们在耳机上常见的“L、R”。不仅可以分别配置，在立体声音箱系统当中，录音师还能把这些音乐元素配置于两个扬声器之间，比如你听的大部分流行音乐，歌手的声音都是在最中间的，带给听众的感受就是仿佛歌手就在你正前方演唱。

（3）环绕声或3D耳机

原本环绕声需要通过多个扬声器组合才能还原环绕的声场。举例来说，若是5.1声道的家庭影院系统，会由中置、前方左右、后方左右环绕共5个喇叭，再加上一个重低音音箱组成；7.1声道则是在侧边增加2个喇叭，若要达到满意的配置，需要经过详细设计摆位才行。

但随着技术进步，原本只有立体声或2.0声道的立体声耳机，也开始出现能够呈现环绕效果的声音，通过虚拟编码呈现出5.1、7.1甚至9.1等宛如家庭剧院的多声道表现，因为不需占用大量空间就能模拟出具备方向性的多声道音效，不管是用来观赏影片、欣赏演唱会、甚至玩3D游戏等，在家中就能体验临场感十足的震撼表现。

这种耳机在结构上和普通立体声耳机差别不大，只是利用其专门的编码和解码软件配合，有的耳机内部加装有解码芯片，从而产生虚拟环绕声效果。目前市面上可连接环绕声耳机的设备相当多样化，包括电视、台式电脑或笔记本电脑、手机、PS5家用游戏主机等，因此也延伸出像是HDMI、USB、蓝牙配对等接口方式。举例来说，液晶电视通常通过HDMI来传输声音，PS5、PC等则可运用USB连接口；而手机、平板电脑等，蓝牙配对就相对方便。

二、耳机的工作原理

耳机的内部结构与扬声器非常类似，主要有动圈式、静电式、压电式三种类型。

1. 动圈式耳机的原理

动圈式耳机与扬声器的内部结构及原理相同，都是利用电信号激励振膜振动实现电声转换的。它其实就是一个微缩的电动扬声器，而且结构也大同小异。所谓的“动圈”

是细铜线绕制的线圈，有两条小小的引出线，分别接入信号源的正、负极。这个小圈被称为“音圈”，它一端与振膜相连，一端悬挂（不接触）在永磁体当中。当电流通过音圈时，音圈产生的磁场将和永磁体的磁场相作用，从而驱动振膜振动而产生声音。

限定动圈式驱动器性能的因素很多，如磁体的磁容量（这主要影响动态、瞬态、力度等），还有振膜特性等。由于这种电声理已经诞生几十年了，它早已发展到成熟阶段。目前根据国内的科技水平，我国完全可以生产出优质的动圈耳机驱动器来。

动圈式耳机具有技术成熟、经久耐用、可靠性好等优点，目前绝大多数的耳机都是动圈式驱动的。

2. 静电式耳机的原理

静电式耳机就是利用静电式（也称电容式）小型扬声器原理制造的，耳机有轻而薄的振膜，由高直流电压极化，极化所需的电能由交流电转化，也有电池供电的。振膜悬挂在由两块固定的金属板（定子）形成的静电场中，当音频信号加载到定子上时，静电场发生变化，静电场对电荷的引斥力推动膜片发声。

静电式耳机的从原理上能提供更细致的高频，但是由于成本高昂，静电式耳机目前数量很少。

3. 压电式耳机的原理

压电式耳机是根据压电效应的逆效应，即给压电材料（主要有陶瓷和晶体两大类）加上交变电压，它就会产生振动（电致伸缩）而发声。

这种耳机频响窄、音质差，一般很少使用。

三、耳机的主要特性

1. 耳机的技术指标

耳机的主要技术指标有：输入阻抗、灵敏度、频率响应、额定功率和谐波失真等。

（1）输入阻抗

耳机根据输入阻抗的不同可分为低阻和高阻两种。其中低阻主要有4Ω、8Ω、16Ω、32Ω、60Ω、100Ω、200Ω、300Ω和600Ω等规格；而高阻则主要有1kΩ、2kΩ和4kΩ等几种规格。目前普遍使用的为低阻耳机。

耳机的阻抗与音箱的阻抗有相同的定义。对于动圈耳机来说，阻抗是音圈的直流电阻和感抗的复阻抗之和，较低的阻抗只需要较小的输出功率就可以把耳机推响，而驱动阻抗高的耳机需要的功率更大。随身听、光驱和声卡的输出功率都比较小，一般都在

10mW 以下，必须借助耳机放大器才能推动。专门为随身听设计的耳机阻抗都在 100 Ω 以下，以 32 Ω 最常见。

（2）灵敏度

输入 1mW（毫瓦）电功率时，在仿真耳内产生的声压级称之为灵敏度，单位是 dB / mW。

可以知道，阻抗相同的前提下，灵敏度越高，耳机可以输出更高的声压，即对功率需求较低。因此，判断一个耳机是否好推，关键就看阻抗和灵敏度的高低。阻抗 120Ω 的部分耳机由于灵敏度高等原因，即使不用耳机放大器也能推动，不过部分推力过小的随身听和声卡不能推响。而 300Ω 以上的耳机则必须要用耳机放大器才能推动，因此在为随身听和电脑选择耳机时，除了档次上的配合，阻抗比灵敏度甚至更重要。因为如果连基本的音量都不能保证，那么肯定是不能很好地欣赏音乐的。

除此之外，耳机的主要指标还有频率响应、各项失真等，与扬声器的技术指标类似，就不加以细说了。

2. 耳机的应用特点

世界上第一只耳机是德国 Beyer dynamic（拜尔动力）公司于 1937 年设计生产的动圈式耳机 DT48，至今仍在销售。1947 年，奥地利的 AKG 公司成立，和德国的 SENNHEISER（森海塞尔）一起，这三家公司并列为世界三大耳机生产商。另外，一些人也把美国的 GRADO（歌德）算在内，称为四大耳机生产商。这些品牌历史悠久，实力雄厚，生产的耳机以中高档为主，也生产少量的廉价耳机，性价比较高。

另外，美国的 KOSS、德国的 MB QUART（德国歌德），以及日本的 ATH（铁三角）、SONY、STAX 等也是著名的耳机制造商。这些品牌中除了 SONY 以外，可能很多人都不熟悉，因为它们大多是民用产品。

由于耳机采用了直接将声音送入耳廓的重放方式，因而具有如下优点：

① 由于耳机与耳道直接耦合，重放时所需声功率极小，耗电量也很小。

② 由于耳机直接与人耳耦合，左、右耳机均为独立的电声换能器件，因此左、右两耳听到的声音能忠实保持两声道原有的声级差、相位差、时间差、音色差，亦即能得到很强的立体声效果。而用音箱系统放音时，左音箱发出的声音不仅传到听音者的左耳，而且也能传到听音者的右耳，即产生串音，对右音箱也是如此。

③ 耳机听音不受听音环境的影响，不用担心声场条件和噪声干扰，也不会影响别人。

④ 耳机的频率响应宽、谐波失真小。高质量的立体声耳机的频响可达 10Hz ~ 20kHz，谐波失真可达 0.02%。耳机的振动质量小，有的只有 0.1 克 ~ 0.3 克，惯性很小，对音乐信号有极强的跟随能力，瞬态响应很好。这些性能都是扬声器所不及的。

⑤ 耳机放声系统体积小，重量轻，价格便宜，使用方便。

当然耳机也具有其固有的一些缺点：

① 声像定位效果不如扬声器系统自然逼真。耳机立体声效果强，但有不自然的感觉，有时听音者会感到声像在头中或头顶。声像随头部转动而转动，听音不自然，声像自然感不及扬声器放声系统。

② 佩戴不舒适，耳机虽然很轻，但长时间佩戴对人的头部有压迫感和不舒适感。此外，与人耳耦合的松紧会影响低频特性。

③ 效率低。耳机的电声换能效率很低。

④ 长时间使用容易产生疲劳感，还有观点认为长时间使用会损害听力。

思考与练习题六

1. 音频功率放大器由哪几部分电路单元构成？
2. 音频功率放大器的作用是什么，其主要质量指标有哪些？
3. OTL、OCL、BTL 功率放大器的特点分别是什么？
4. 什么是阻尼系数？它是如何影响扩音的音质的？
5. 功放保护电路有哪几种形式？画出其方框图。
6. 为什么不能用音乐功率作为放大器的标称功率？
7. 数字式功放有哪些优缺点？
8. 定压式功放和定阻式功放分别用在什么地方？
9. 功放由开关电源供电有哪些优点？
10. 在扩声系统中如何选择功放？功率放大器的使用中要注意些什么？
11. 按换能原理来分扬声器可分为哪几类？
12. 扬声器的主要技术指标有哪些？
13. 高保真音响系统中为什么要用音箱？
14. 常见的音箱有哪几类，分别有什么特点？
15. 耳机有哪几种？请阐述环绕声耳机的工作原理。

第七章

音频系统的构建

音频系统（Audio system）通常是指影剧院、歌舞厅、礼堂、体育场馆、录音室、广播电台、电视台以及家庭等场所用于扩音或录音的音频设备的组合。从广义的概念来说，凡是把若干音频设备按一定规律连接起来，组成一个声音调控系统，能完成某一个特定的声音处理功能，都可以称之为音频系统。本章将重点介绍各类音频系统的构成和信号传输、设备连接、安装调控等方面的基本知识，对数字音频网络传输技术也做了阐述。

第一节　音频系统分类及组成

现代音频系统依据不同的使用场所和完成的功能不同，有多种不同类型，在系统的构成上有各自的特点，本节分别给予简单介绍。

一、音频系统的分类

音频系统的分类方法很多，在这里主要按音频系统的功能和任务的不同来分，可划分为扩声系统、录音制作系统和公共广播系统三大类。

1. 扩声系统

扩声系统的任务是把从传声器、CD 及 DVD 播放机、录音机等信号源设备送来的音频电信号进行放大、调整控制及美化加工，最终送到扬声器或耳机，还原成声音供人们聆听。扩声系统还可以有以下一些细分方法：

（1）根据环境不同，可分为室外扩声系统和室内扩声系统

室外扩声系统是指在广场、露天剧场、体育场、公园、车站、码头等室外环境扩声的音频系统。其中最常用的就是室外现场扩音，如大型广场集会、现场演出等，其主要作用是保证现场有较高的声压级和清晰度，使各处的听众都能听到、听清楚。

室外扩声系统的特点是：服务区域面积大、空间宽广、环境噪声大，声音传播以直达声为主，要求的声压级高。影响室外扩声的主要因素是，室外的环境噪声干扰往往较大，音响效果还受到气候条件、风向等影响。如果扩声现场周围有高楼大厦等声反射物

体，声波经多次反射容易引起重音，严重时会出现回声等问题，影响声音的清晰度和声像定位。

室内扩声系统是指在各种剧院、厅堂、会议室等室内场所进行扩声的音频系统。它是应用最广泛的音频系统，其特点是对音质的要求较高，而扩声质量受房间的建筑声学条件影响较大，有室内混响干扰。声反馈问题也是影响室内扩声的主要因素，由于现场扩声用的扬声器和拾音用的传声器常常是处于同一室内空间，很容易造成声反馈而引起啸叫。如何使声场分布均匀、响度适中而又稳定地扩声是室内扩声系统需要着力解决的问题。

室内扩声系统的种类繁多，又可分为以下几种：

① 厅堂扩声系统

包括各类影剧院、歌舞厅、体育馆等。它的专业性很强，既能用于语言扩声，又能供各类文艺演出使用，对音质的要求很高。系统设计不仅要考虑电声技术问题，还要涉及建筑声学问题，房间的体积和结构，混响、扩散、驻波效应等因素对音质都有较大影响。

② 会议扩声系统

会议扩声系统主要用于在会议室召开各种会议时扩声。系统设计主要考虑扩声的清晰度，也要涉及建筑声学问题，声反馈对会议扩声有较大影响。随着国内、国际交流的增多，近年来网络视频会议、电话会议等数字会议系统（DCN）发展很快，有的系统要求音、视频（图像）系统同步，全部采用电脑控制。会议扩声系统还包括会议讨论系统、表决系统、同声传译系统。

同声传译系统也称为即时传译系统，用于国际会议等场合，能把发言者的讲话通过若干名译员即时口译成几种国家语言，任由与会者用耳机选听。

③ 背景音乐系统

它常装设于餐厅、商场、酒店和楼宇等公共场所，采用许多分散的扬声器，播放声音较轻的音乐，目的是创造适当的环境气氛。其结构与后面介绍的公共广播系统很近似。

（2）按声源性质不同，分为语言扩声系统、音乐扩声系统、综合扩声系统

它们的主要区别是：语言扩声系统只是在清晰度、可懂度上有一定要求，频响通常为 250Hz ~ 4000Hz，声压级达 70dB 即可；音乐扩声系统相对于语言扩声系统其各方面要求较高，对声压级、频响、声场不均匀度、噪声、失真度等均要求较高。

（3）按声道数不同，分为单声道扩声系统、双声道扩声系统、多声道环绕声扩声系统

单声道系统多用于一般会场、厅堂的语言广播、背景音乐、有线广播等场合，有些俱乐部、歌舞厅等场合也采用这种形式。

双声道系统（即立体声系统）是目前使用最广泛的一种形式。双声道立体声扩声系

统的好处是可以准确还原声源的音质、声像和声场信息。其声像、视像的统一性，以及清晰度、层次感都要优于单声道扩声形式。但双声道立体声的一个致命的弱点是，只有中间最佳听音区才能获得好的立体声效果，偏离这个区域就不能听到音源的全部信息，而所谓最佳听音区是以左右两个音箱距离为边长在正前方构成的等边三角形的狭小区域内，且真正能获得良好听音的位置集中在两个音箱正前方的三角形的顶端。因而体育场馆等场合的扩声系统反而以单声道为宜。

多声道扩声系统仅应用于音乐厅、影剧院等特殊场合，比如早期的电影院就大多使用了四声道立体声系统扩声。多声道环绕声扩声系统是近年来新发展起来的，它首先使用在电影放映系统中，除原有左右主声道外，又增加了中置声道（主要重放语言对白信号）、效果声道（也称环绕声道），强化了观众的临场感觉，从而提高了电影欣赏和享受的吸引力。近年来出现的家庭影院系统就是将其原理移置到家用音响系统的成功范例。

（4）按功放的输出形式不同，分为定压输出扩声系统和定阻输出扩声系统

定压输出扩声系统中功率放大器输出电压是固定的，向扬声器负载传送声功率是通过中继音频变压器输送的。功放和扬声器的配接主要是要实现功率匹配，这种系统的优点是传输距离远、走线方便、造价低。这种形式的扩声系统一般只用于公共广播系统中。

定阻式输出扩声系统中功放的输出功率大小取决于负载的阻抗，只有当负载的额定阻抗值等于功放的额定输出阻抗时，此功放才能输出额定的功率，因而这种系统功放和音箱的配接注重于阻抗匹配。

另外，扩声系统还可按设备安装的形式分为固定扩声系统和流动扩声系统。常在各种大型场所（如体育场）为文艺演出而临时安装的系统即是流动演出系统。

2. 录音系统

录音系统就是用来完成各种音频节目的录音制作任务的音频系统。我们平时听的音乐磁带、CD 唱片和广播电台播放的音乐节目，都是通过专用的录音系统录制出来的。

录音系统的任务就是把从传声器、CD/DVD 播放机、录音机或调谐接收机等音源送来的音频信号进行放大、控制及加工美化，最后送到录音机或数字音频工作站中，进行声音的记录、编辑处理、缩混成节目；或送到唱片刻纹机的刻纹头上进行唱片（机械）录音；或刻录压制成 CD 光盘；或送到电影录音设备的光电系统上，进行电影（光学）录音。录音系统的最终目的是把音频信号记录下来，待到需要时再通过其他重放设备还原成为音频信号。

录音系统简单到甚至只有一只话筒和一台录音机，复杂到由数十只话筒和数十台专

业录音设备构成的庞大录音制作系统。依据音频节目录制的基本方式不同，也可以分为不同的类型，我们在此暂且将其分为两大类：

一种是主传声方式，它是在录音室或演播室，有时在活动现场布置有若干个传声器，通过调音设备将音频信号送到录音机直接录制成节目。最简单的录音系统只用一台录音机，利用机内的传声器来完成记录，这种方式适用于一般教育节目的录制或现场采访。对于正规节目而言，通常都需要有一系列录音设备和专用的录音房间。

另一种是多声道分轨录音与合成方式，现代流行音乐制品大量采用了这种系统。它是将各个声部或各种音响素材预先分别录在不同的音轨上，然后加工合成。这一系统必须要用到大型调音台和专业多轨录音机或数字音频工作站。

值得一提的是，目前随着数字化音频技术的发展，高性能多媒体计算机的日益普及，各种数字音频工作站已成为音频节目制作系统的主流，它给音频节目制作带来了极大的便利和性能的提高，使得节目的录制方式也发生着巨大的变革。

3. 公共广播系统

公共广播系统包括有线广播系统和无线广播两大类型：

（1）有线广播

有线广播系统的应用最为广泛，如为商厦、宾馆、公园、学校、机场、港口、地铁等提供背景音乐和广播节目的音频系统，其广播中心通过电缆将音频信号分配到各个扬声器；又如我国广大农村以县、乡、镇的有线广播台站，它们以站为核心构成了庞大的大功率有线广播体系，面向广大城乡居民传播大量的信息。这类扩声系统不存在声反馈的问题，它追求的往往是音响效果的完美和高保真的还音，有时还需要考虑与视觉与声像统一。

目前的多媒体计算机及网络系统也可以构成一种网络音频广播系统。利用录音设备把各种有声资料储存起来或放在网络服务器上，就如同文字、图书资料一样，随时提取重放，使得声音传播更久、更远、更为广泛。

（2）无线广播

有线广播系统中，传声器与扩声设备、功率放大器与扬声器之间的连接，都是通过电缆线来实现的，这不仅限制了声音传播的范围，在应用中有时也颇感不便。如现场直播时需要临时布线，这时无线广播就显示出它独特的优势。

在电视广播已高度发达的今天，无线音频广播仍具有灵活、快速、覆盖面积大等无可替代的优势。在重大的突发事件中，广播可及时传达各种信息，具有不可低估的作用。特别是遍布全球的成千上万无线广播电台，能使世界各地的人们普遍受益。

音频系统除了上述按音频系统的任务及目的的不同来分类外，还有其他分类方法。

例如按信号处理方式，可分为模拟音频系统和数字音频系统；按是否将音频设备与视频设备相结合，划分为“纯”音频（Hi–Fi 音响）系统和影音（AV）系统；还可以按使用对象不同，分为民用（家庭）音响系统和专业音频（专业音响）系统等。

二、音频系统的组成

音频系统有多种不同的类型，我们以用于一般文艺演出用的扩声系统和用于声音节目录制用的录音系统为例，分别加以介绍。

1. 扩声系统的组成

典型的扩声音频系统一般由以下几部分设备组成：

（1）音源设备

音源设备包括传声器、CD/DVD 机、无线接收调谐器、用于放音的各种录音机、电脑音频工作站等设备，用于提供多种多样的音频信号。

（2）调音台

调音台是音频系统里的指挥中心，它能够接收多路不同阻抗、不同电平的各种声源信号，并进行信号处理，还能进行混合、重新分配和编组，并有为下一级提供音频信号的多个输出接口。调音台还具有监听、信号显示及对讲功能。

在有些数字音频系统中，用专门的数字混音处理器代替调音台的功能。

（3）信号处理设备

音频信号处理设备包括均衡器、压缩 / 限幅器、延时混响器、降噪器、听觉激励器、反馈抑制器等，这些设备的目的和作用：一是对信号进行修饰以求得音色美化，达到更为优美动听或取得某些特殊效果；二是为了改进传输信道本身的质量，以求得改善信噪比和减少失真等。

（4）功率放大器和音箱

功率放大器是专业音频系统中的一个重要单元。来自调音台的音频信号经过信号处理器的处理后，被送到功率放大器，它将这个音频信号的能量进行放大后以推动音箱放声，把声音送入声场。

音箱是专业音频中很重要的一个组成部分，也是最有个性的单元之一，因为不同结构的音箱都有自己不同的风格，不同的特性，产生不同的音响效果。

系统设备的配置应根据实际需要出发，切忌使用“多而全”的配置方法。因为在系统中过多地插入并无实际需要的设备，不仅使造价提高，造成浪费，而且还应认识到音频信号多经过一级设备则会多引入一些噪声、失真以及受干扰的机会。

最简单的扩声系统组成如图 7.1.1 所示，它由传声器、音源设备、调音台，功放、扬声器等组成。如仅作会议扩音等用，除传声器外，其他音源设备也可根据实际情况省去不用。传声器的数量和音源设备的种类、数量根据实际需要而定。图 7.1.1 所示的简单系统仅具备“扩声”功能，基本上不具备声音处理能力，因此它仅适用于建声环境良好的会场及礼堂。由于该系统没有配置监听设备，所以最好将设备放在场内，以便音控人员能听到场内扩声效果。当然它也可装置于能听到场内音响状况的音控室内或用耳机监听。

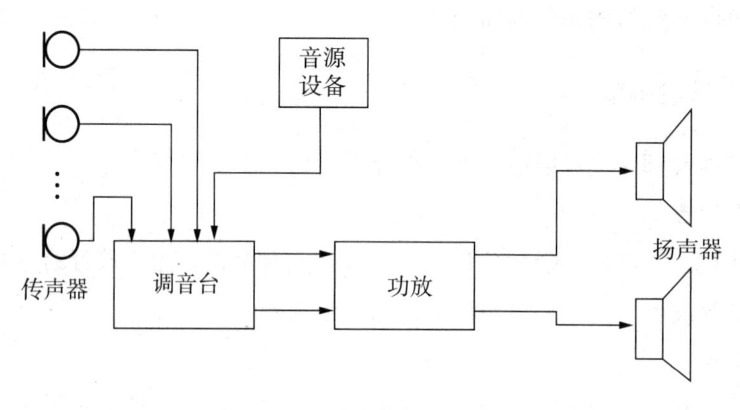

图 7.1.1　基本的扩音系统

图 7.1.1 是最基本的扩音系统，一般功能完善的、较复杂的系统都是在上述简单系统的基础上根据实际需要添加设备（主要是声音处理设备以及监听、返听子系统）而构成的，系统的具体构成应根据现场情况而定。例如，在设计会场、礼堂扩声系统时，如遇到厅堂本身频率特性不理想的情况，则应考虑在图 7.1.1 的基本系统中增设房间补偿均衡器，以补偿建声上的缺陷。

对于歌舞厅、剧院以及文艺演出所用扩音系统的设计，往往要考虑配备混响器 / 多重效果处理器、压缩 / 限幅器、激励器等声音处理设备，必要时还可加上反馈抑制器。效果器主要是混响，为声音提供必要的效果处理；压限器主要用于防止信号过载造成失真，损害系统，同时对抑制反馈也有一定的作用；反馈抑制器主要用来抑制现场的声反馈。这样就组成了较完善的具有声音处理能力的扩声系统。

另外，在这类系统中往往还要配备舞台返听系统和音控室监听系统。在厅堂扩声系统设计时，往往要求考虑扬声器的声辐射尽可能均匀地覆盖听众区，这样在舞台上的表演者可能会听不到（或听不清）场内的音响效果，不易找准表演时的“感觉”。因此在剧场，大型文艺演出和体积较大的歌舞厅的舞台上要设置给演员听的“返听”扬声器。在大型文艺演出中，返听系统有时会很复杂，这是因为有时要“分区”进行返听，即让乐队的一个声部听到除他们之外的声音，而他们自己的演奏则不在自己的返听音箱中出现，这样可以防止声反馈造成啸叫，提高扩音增益。当音控师不在场内而在音控室内进行调音，音控室内又不能很好地听到场内音响效果时，则要考虑设置监听系统，监听系统要求很高，因为它向音控师提供调整音响的依据。

如图 7.1.2 所示，给出了一个相对比较完备的扩音系统的例子。

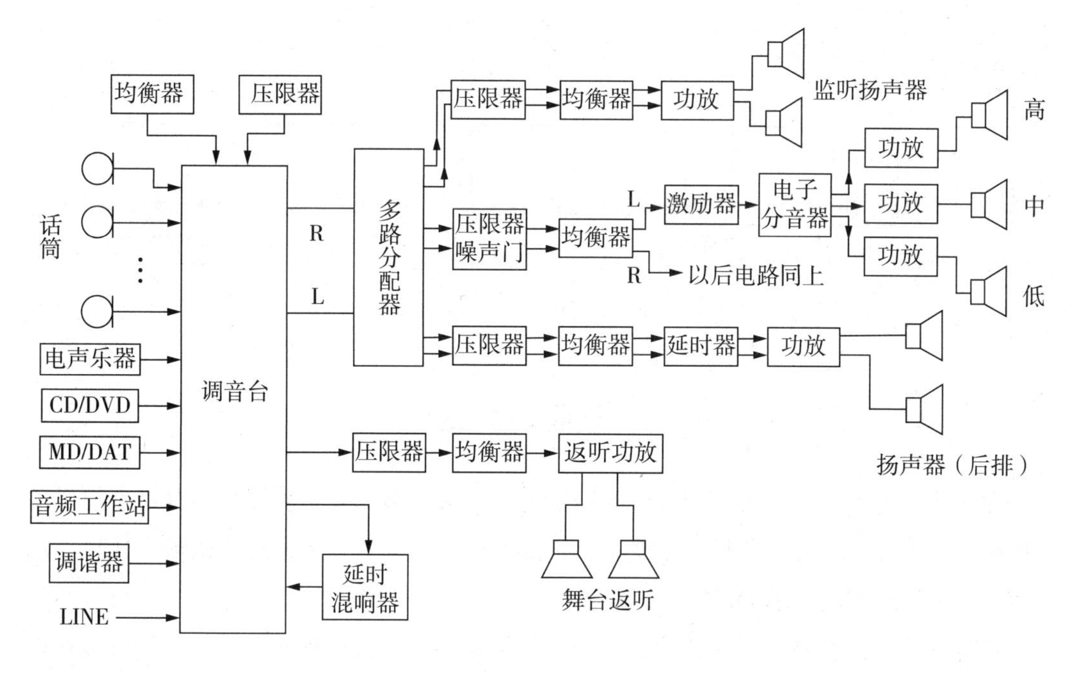

图 7.1.2　常见的扩音系统

在这个例子中，采用了一个“音频分配器”，它用于扩展设备（在此是调音台）带负载的路数。如果调音台有多路主输出则不必使用分配器。图 7.1.2 所示的系统并不能算是大系统，在音频工程中充其量只能算是中小规模的，可见专业音频系统所用设备一般都较多，其连接自然也就比上面最基本的扩声系统要复杂得多。

2. 录音系统的组成

录音系统的组成与扩声系统很相似，也由音源设备、调音台、信号处理设备、各种录音机、监听功率放大器及音箱等部分组成。主要不同的是加入了声音记录设备，声音记录设备有专业多轨录音机、立体声母带录音机、数字音频工作站及其它可以记录声音的设备。

根据录音的用途和要求不同，录音系统构成的复杂程度相差很大。如简单的新闻采访录音、一般音频采集等只要由简单的一两个设备构成。复杂的主要是节目现场录制系统、电视节目配音制作系统、电视演播室、专业录音棚系统等。图 7.1.3 所示为一小型的录音制作系统框图。

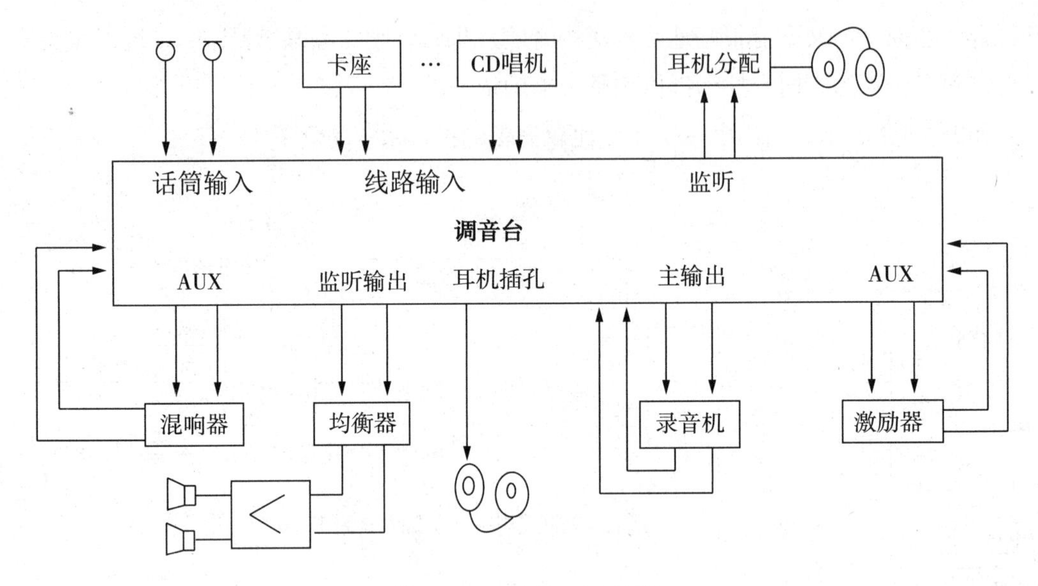

图 7.1.3　小型的录音系统

在专业录音中，专业录音调音台的功能也要强大得多，除了能输入音源设备提供的多种多样的音频信号外，还具有多轨录音机的返回输入通道、多通道直接输出接口、用于插入效果处理用的通道 INSERT 接口。

录音系统中监听是不可或缺的功能，它是贯穿整个录音过程的一环，是录音师赖以完成录音工作的依据。在广播电视现场直播节目中，监听系统很复杂，包括录音监听和现场扩声两大部分，无论对系统还是对音频制作人员都有很高要求。

调音台上监听信号分配为两部分：一是给控制室录音师、作曲家、音乐编辑或音乐监制的信号；一是给演播室演奏、演唱人员的返听信号。监听系统的构成包括：专业监听音箱、功放、分频器、耳机、耳机分配放大器等。

控制室的监听往往设置两套系统：一套是所谓远场监听系统，包括较大功率的音箱和功放，它给录音师提供较大功率的信号，使录音师仔细可以听到信号的细节部分。另一套是所谓的近场监听系统，有较小功率的音箱和功放组成，用于模仿家庭听音的环境。

演播室返听信号主要使用耳机、耳机分配器系统，必要时使用返听音箱。

另外，为了便于演播室与控制室之间在正式录音前或录音间隙中进行业务联系，两室之间应设有对讲系统（T. B）。对讲系统的操作开关，在控制室一般设置在调音控制台上，在演播室则设置在“播音员控制盒”上。

声音记录设备有多轨录音机、立体声母带录音机、电脑音频工作站、其他的可以记录声音的设备。这一类设备的种类很多，早期的录音是用磁带录音机，后来则以数字磁带录音机（DAT、SVHS、Hi-8 等）、盘片刻录机（CD 系列、MD 等）为主。目前，计算机数字音频工作站已逐渐成为主流，它以硬盘或光盘为载体，具有方便、灵活、高质、高效的优点，是专业应用的必然趋势。

如图 7.1.4 所示，给出了一个功能较完善的专业录音系统的例子。

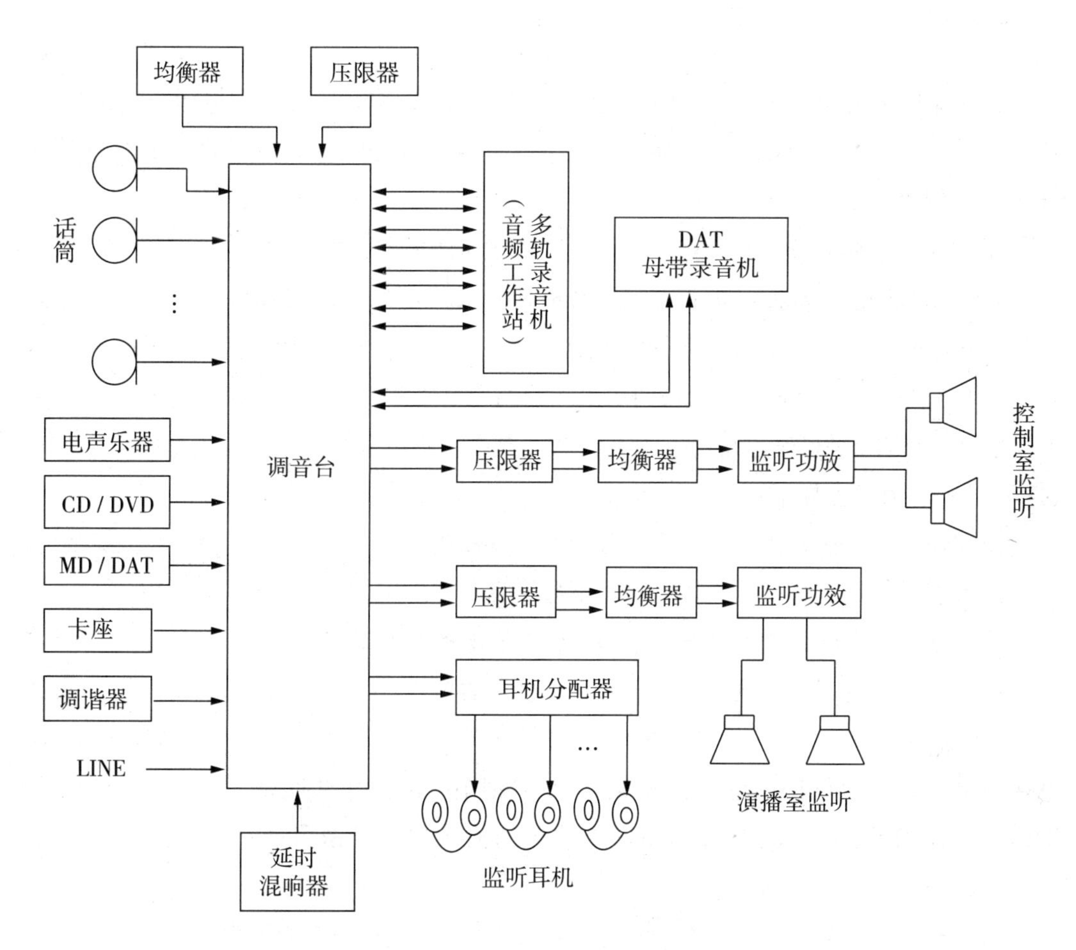

图 7.1.4　一个典型的录音系统

第二节　音频设备的接口

组成音频系统的每个设备都有其输入输出信号的接口。由于音频设备的种类、型号的不同，其接口的物理形式、传输信号格式、使用电缆都可能不同。在音频设备的配接中，必须要注意接口格式的一致，实现信号的不失真传输。本节就对音频设备的各种类型接口格式和使用线缆做一介绍。

一、音频接插件与线缆

1. 接插件

专业音频统中用的接插件种类较多，主要有 XLR 卡侬插头（也称标准连接器），6.35mm 三芯插头和 6.35mm 二芯插头，RCA 莲花插头和 DIN 多芯插接件。下面分别介绍这几类接插件。

（1）XLR 卡侬插头

卡侬（Cannon）插头是专业音频系统中使用最广泛的一类接插件，可用于传递音频系统中的各类信号，从传声器的微弱信号、线路电平信号直至功率信号都可由卡侬接插件连接，这是目前专业音频设备使用最广泛的一类接插件。一般平衡式输入、输出端子都是使用卡侬接插件来连接的。在某种意义上说，使用卡侬接插件也是专业音频系统的特征之一。其优点如下：

① 采用平衡传输方式，抗外界电磁干扰能力较强。

② 具有弹簧锁定装置，连接可靠，不易拉脱。

③ 插接件本身屏蔽效果良好，不易受到外界电磁场的干扰。

④ 插接件规定了信号流向，便于防止连接上的差错。

卡侬插头有公插头与母插头之分，插座也同样有公插座与母插座之分。公插的电接点是插针，而母插的电接点是插孔。按照国际上通用的惯例，以公插头或插座作信号的输出端；以母插头或插座作为信号的输入端。卡侬公插头与母插头的外形如图 7.2.1 所示：

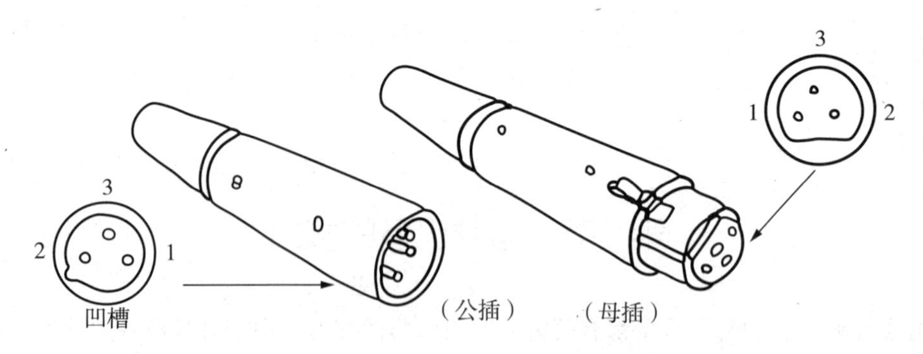

图 7.2.1　卡侬插头的外形

按照标准规定，卡侬连接器的 1 脚为接地端，2 脚为信号热端（参考正极），3 脚为信号冷端（参考负极）。大部分设备按照上述标准设计，但也有个别厂商的设备例外。因此，接线时应注意先看说明书上对卡侬插脚的定义，否则可能会接错，造成无声故障。

卡侬连接器除了上述三个接线端以外，还有一个外壳接地端，此端应根据外壳屏蔽接地的具体情况进行连接。有些设备信号地与机壳地是分开的，此时则应另行处理，不要将1脚与外壳地端连接。

采用卡侬插接件连接的情况主要有以下几种：

① 传声器与电缆的连接。

② 传声器电缆与调音台的连接（一般调音台低阻 Low–Z 输入习惯上用卡侬连接器，而高阻则用 6.35mm TRS 插接件）。

③ 调音台的主输出。

④ 功率放大器的输入。

⑤ 专业音源设备的输入、输出。

⑥ 音箱与电缆的连接。

音箱与电缆的连接采用卡侬插头、6.35mm 话筒插头以及接线端（柱）的情况都有。

另外，调音台与周边设备的连接，周边设备的输入、输出连接虽然也可以采用卡侬连接器，但大多数产品都采用 6.35 mm 话筒插头，而采用卡侬接插件的并不多见。

卡侬插头的拆卸方法较特殊，一般是顺时针向内拧紧拆卸螺丝后，向外拉出卡侬插头的插芯。也有少数卡侬插头的拆卸螺钉是采用逆时针方向向外拧下后拆卸的。因此拆开卡侬插头连接电缆时应注意方向，不要强行硬拧以免损坏螺纹。

两端都采用卡侬连接件的连接电缆，按照信号流向的规定，一端必然是卡侬公插头；另一端是卡侬母插头。这样的连接电线可以一根接一根地连接加长，非常方便。一般将两端插头上对应的引脚相连接，即两端的 1–1，2–2，3–3 之间是相互导通的，有时将它连成 1–1，2–3，3–2 的形式，这就构成了“反相线”。将这样的反相线插入到传声器与调音台的连接电缆中（即将话筒输入经反相线过渡），便可实现话筒信号的反相。对于没有反相开关的调音台，备一些这样的反相线就可以实现调音台输入信号的倒相功能。

（2）TRS 话筒插件

6.35mm 话筒插头（1/4 inch phone Jack）有两种，一种是三芯的（TRS Phone Jack），另一种是普通二芯话筒插头。

① 三芯话筒插头（TRS Jack）

6.35mm 三芯话筒插（TRS 插头）如图 7.2.2 所示，它有三个电接点 T（Top 或 Tip），R（Ring）和 S（Sleeve），分别叫作顶、环、套。

内部接线为：插头顶 T（Top）为信号热端，

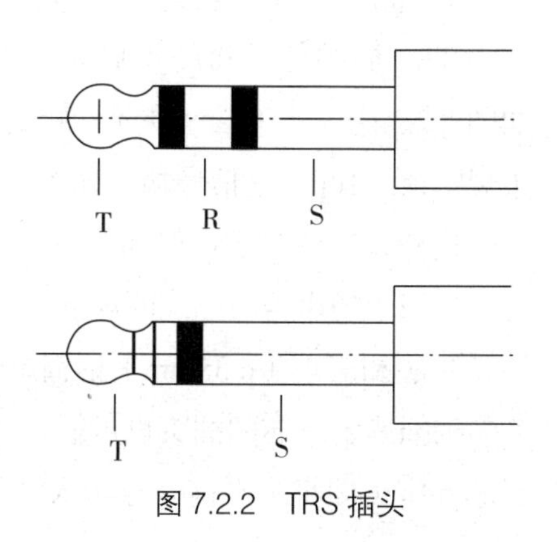

图 7.2.2　TRS 插头

插头环 R（Ring）为信号冷端，插头套 S（Sleeve）为接地端。

这种三芯插头主要用于单向传输信号，此时采用平衡传输 TRS 插头的这种用法主要用于调音台上话筒的输入（高阻 Hi–Z），调音台的线路输入、调音台的辅助输出，周边设备的输入，输出在采用平衡方式时也采用 TRS 接插件。

TRS 插头用于不平衡双向信号传输，主要是调音台的 Insert 插入口，通过 TRS 插头的一个电接点将信号引出调音台送至外接的声音处理设备进行处理，然后再通过 TRS 插头的另一个电接点返回调音台，第三个接点则作为地线端。TRS 插头在作双向信号传输时一般规定：顶（Top）—送出（Send），环（Ring）—返回（Return），套（Sleeve）—地，如图 7.2.3 所示。

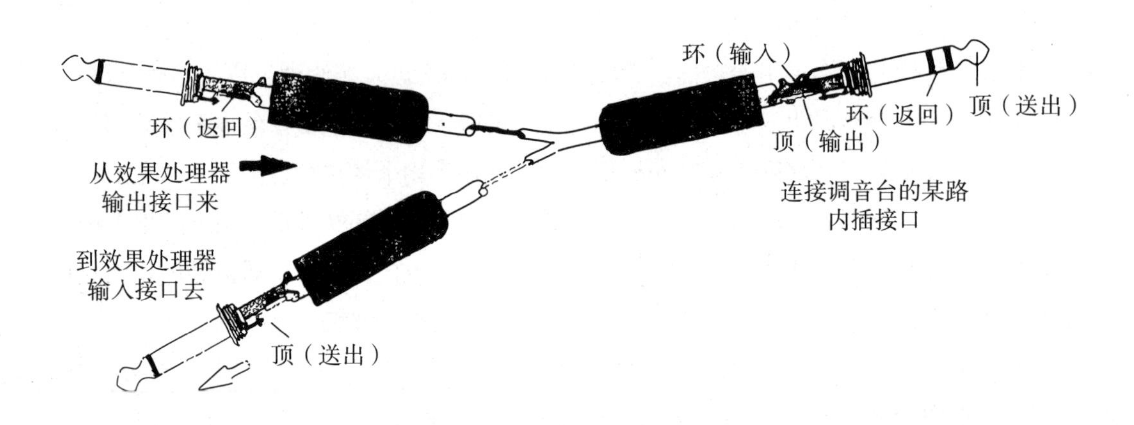

图 7.2.3　Insert 插口中 TRS 插头的连接

此外，三芯话筒插头还可以用作立体声设备输入、输出的插接件。立体声的接线方法为：顶（Top）—左声道，环（Ring）—右声道，套（Sleeve）—地。

② 6.35mm 二芯话筒插头

6.35mm 二芯话筒插头，就是普通家用设备中最多见的普通大二芯话筒插，它与三芯的 TRS 插的外形和尺寸基本一致，只是少一个电接点 R，只有顶和套两个电接点，如图 7.2.3 中下边的插头所示。因此这种插头只可用于信号的不平衡传输。二芯话筒插头规定顶（Top）是信号端，套（Sleeve）是接地端。

这种普通的二芯话筒插头可用于调音台、周边设备信号的不平衡方式输入、输出，有时也用于扬声器与电缆的连接。

二芯和三芯（6.35mm）话筒插头外形尺寸是一致的，因此二芯话筒插头可以插入三芯的插座，三芯的插头也可插入二芯的插座。对于信号输入的情况，将二芯插头插入三芯插座（即将不平衡信号送入平衡输入口）一般可以自动实现不平衡 / 平衡的连接，此时二芯插头将三芯插座内信号冷端与地相连。对于信号输出端，则要先弄清内部电路形式方可将二芯插头插入三芯插孔。

设备的平衡输出电路有两种方式：一种是变压器输出，另一种是差动电路输出。当设备平衡输出为变压器输出方式时，将二芯话筒插入三芯的输出插座即可实现平衡 / 不平衡转换。此时将变压器的输出冷端接地。但对于采用差动电路输出的情况，则一般不能将二芯插头插入三芯插座的方法来实现平衡 / 不平衡转换。

现代电声设备的输入、输出口一般都不用变压器，必要时采用外接方式，因此将二芯话筒插头插入三芯话筒插座的输入口是可行的，但一般应避免将二芯话筒插头插入三芯话筒插座的输出口。

③ 3.5mm 小三芯和小二芯 TRS 插头

3.5mm 三芯插头、3.5mm 或 2.5mm 二芯插头，也是应用很广的插头，它们的结构分别与大三大二芯插头相似，只是尺寸较小一些。常用于个人计算机的声卡耳机或线路输出，随身听、袖珍收音机、MD、MP3、录音笔等耳机输出或音频输出接口或话筒输入插口。三芯插头用于双声道耳机的连接方式和 6.35 三芯话筒插用作立体声设备输入、输出的接法相同。

（3）RCA 接插件

RCA 插头（莲花插头）是家用器材最常用的接插件，它是二线制的，只能用于信号的不平衡传输，如图 7.2.4 所示。由于专业音频系统中也常常使用家用的音源设备，这些设备的输出一般是 RCA 插座。数字音频设备中的 S / PDIF 接口也常常使用这样的接口。

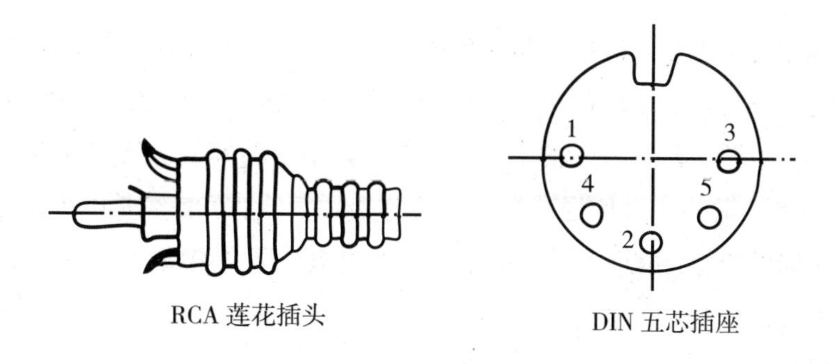

图 7.2.4　RCA 和 DIN 插件

RCA 插头的外壳有塑料的与金属的两种，在电声工程中应选用质量较好的具有金属外壳的那种 RCA 插头。

（4）DIN 接插件

音频系统连接中，偶尔还会遇到还有些设备的非平衡线路输入、输出端口是通过

DIN 五芯插接件来连接的。这是一种专门用于立体声信号传输的插接件，如图 7.2.4 所示。

录音机等音源设备上的 DIN 插座，其内部接线为：第 1、4 脚为左、右声道输入端，第 2 脚接地，第 3、5 脚为左、右声道输出端；而功放设备上的 DIN 插座内部接线则为：第 1、4 脚为左、右声道输出端，第 2 脚接地，第 3、5 脚为左、右声道输入端。

所有使用 DIN 插接件作为其信号端口的音频设备都是按上述标准连接的。这样，只要用一条顺着接的 DIN 插头馈线，即可在两设备之间实现立体声信号的双向馈送。

（5）专业音箱插头

在专业电声系统中，为了连接的方便和可靠，扬声器与功放的连接往往采用专用的专业音箱插头，如图 7.2.5 所示。这种插头接触电阻小，接触面积大，有锁定功能，接插也非常方便，所以广泛应用于专业音箱上。

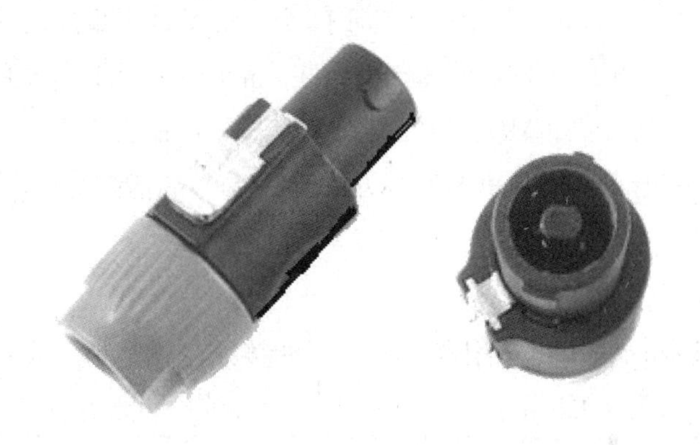

图 7.2.5　专用音箱插头

2. 音频连接线

音频系统中各个设备之间的连接，传声器、音箱与设备的连接都要用线缆。系统连接中用的线缆不仅与整个系统的信噪比有关，而且线缆的材料，分布参数特性对音质也有很大的影响。按照所传输信号的不同，音频工程中用的模拟音频信号传输线缆可以分成三类。第一类是微弱信号传送线缆，主要是指话筒线；第二类是电平信号传送电缆，用于各类设备间的连接；第三类是功率信号传送电缆，即音箱线。

下面分别介绍这几种线缆：

（1）话筒线

话筒线必须是屏蔽电缆。因为话筒线传送的为毫伏级信号，电平很低，为了防止受环境电磁干扰，必须采取屏蔽措施。话筒线有二芯屏蔽线与单芯屏蔽线之分，二芯的可用于平衡传输，单芯的只能用于不平衡传输。话筒线除了抗干扰的要求以外，对机械特性也有要求。由于话筒要经常移动，话筒线容易受到牵拉，而且也容易打结。为此，要求话筒线比一般的屏蔽线更柔软，并在电缆中加入纤维线，以提高抗拉强度。话筒屏蔽线的结构如图 7.2.6 所示。

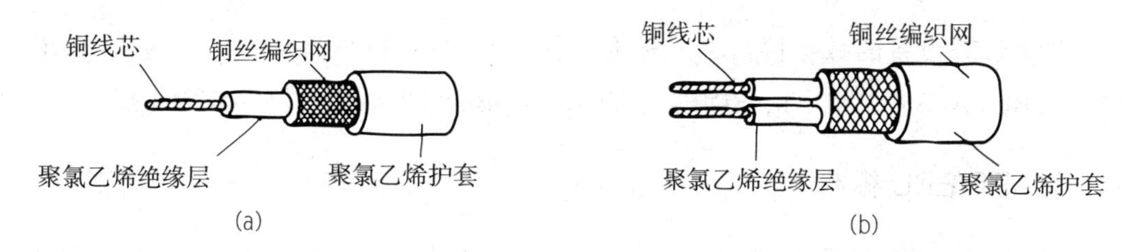

图 7.2.6　话筒屏蔽线的结构

选话筒线时应选金属屏蔽层紧密，质地柔软，有纤维线的话筒线用于音频系统。

（2）线路电平信号传输线

线路电平信号传输线用于音频系统中各个设备间的连接。这些连接线也应用屏蔽线以防干扰。线路电平信号传输线对机械特性没有特别的要求，用普通的屏蔽线即可。但线的材质对音质会有一些影响。故音频系统中用的线路电平传输线应尽量选用无氧铜线，既有助于改善音质，价格也较合理。

（3）音箱线

在专业音频系统的功放与音箱连接中，通常都希望使阻尼系数（FD）的值大些为好。影响 FD 值的因素有音箱分频电路阻抗和音箱连线内阻两个方面。功率放大器应尽可能降低输出内阻来提高阻尼系数，以增强功放对音箱的控制能力。音箱线的电阻即可看作是功率放大器输出电阻的一部分，当音箱线过长时，其电阻值可能会使阻尼系数大为降低。

首先音箱线应具有尽可能低的电阻。这一点在音频工程中尤为重要，因为音频工程中往往要使用较长的音箱线，其电阻不可忽视。因此音箱线应该尽量粗、短一些。在音响控制室与音箱距离太远的情况下，必要时可将功放就近安装于音箱附近。

其次音箱线的材料对音质也有影响，就音频工程而言可采用无氧铜的专用音箱线。其纯度越高，音质越佳。在音箱线选择时应尽量选择截面积大一些、股数多一些的。通常优质线材质地都很柔软，这也是鉴别音箱线质量的一种方法。在电声工程中所用的音箱线一般都较长，因此它对音质的影响也较大，在没有条件使用无氧铜的音箱线时，应尽量选择截面大一些、股数多一些的优质铜线。功放送往音箱的信号电压有几十伏，瞬时电流可高达几百安培。因此音箱线无须采用屏蔽措施。

音箱线不能使用单芯的音频同轴电缆来代替，因为这种电缆的屏蔽层是用铁质材料制成的。而铁的内阻又较大，不宜用于大功率信号的传输。要求音箱连接线的线阻一定不能超过功率放大器的内阻。所以，对于超长的音箱连线，如果其线阻超过了 0.02Ω，就应换用较粗的铜质导线。这样，不仅可以降低功放系统的线耗，而且保证了音质。

二、数字音频接口

数字音频设备的数据接口格式标准有很多，常用的数字音频接口有：S / PDIF、AES / EBU（AES3）、ADAT、SDIF–2、TDIF、R–BUS 和 AES10（MADI）等接口格式。

1. AES/EBU 标准

AES/EBU 的全称是 Audio Engineering Society / European Broadcast Union（音频工程师协会 / 欧洲广播联盟），现已成为美国和欧洲录音师协会制定的一种高级的专业数字音频接口标准。大量民用产品和专业音频数字设备如 CD 机、DAT、MD 机、数字调音台、数字音频工作站等都支持 AES/EBU。

AES / EBU 是一种通过基于单根双绞线对来传输数字音频数据的串行传输标准。它无须均衡即可在长达 100m 的距离上传输数据，如果均衡，可以传输更远距离。它提供两个信道的音频数据（最高 24Bit 量化），并且通道能够自锁定和自同步。它的时钟信息是由传输端控制，来自 AES/EBU 的比特流。它也提供了传输状态信息（channel status Bit）和一些误码的检测能力。它可以用于任何的采样频率，具有代表性的三个标准采样率是 32kHz、44.1kHz、48kHz，当然许多接口能够工作在其他不同的采样率上。

AES/EBU 提供“专业”和“消费”两种模式。它们两者最大的不同在于信道编码格式中的信道状态位格式的提供上。专业模式的状态位格式里包括数字信道的源和目的地址、日期时间码、采样点数、字节长度和其他信息。消费模式包括的东西就比较少，但包含了拷贝保护信息。另外，AES/EBU 标准提供“用户数据”，在它的位流里包含用户说明（例如厂商说明等）。

AES/EBU 的普通物理连接媒质有：

（1）平衡或差分连接，使用 XLR（卡侬头）连接器的三芯话筒屏蔽电缆，参数为阻抗 110Ω，电平范围 0.2V ~ 5Vpp。

（2）单端非平衡连接，使用 RCA 莲花插头的音频同轴电缆。

（3）光学连接，使用 Toslink 光纤连接器。

2. S/PDIF 标准

S/PDIF 的全称是 Sony/Philips Digital Interface Format，是 SONY 和 PHILIPS 公司制定的一种音频数据格式，由于被广泛采用，它成为事实上的民用数字音频格式标准。大量的消费类音响数字产品如民用 CD 机、DAT、MD 机、计算机声卡数字口等都支持 S/PDIF，在不少专业设备上也有该标准的接口。

S/PDIF 格式和 AES/EBU 有略微不同的结构。音频信息在数据流中占有相同位置，使得两种格式在原理上是兼容的。在某些情况下 AES/EBU 的专业设备和 S/PDIF 的用户设备可以直接连接，但是并不推荐这种做法，因为在电气技术规范和信道状态位中存在非常重要的差别，当混用协议时可能产生无法预知的后果。

S/PDIF 接口硬件使用的是光缆接口或同轴接口，如采用 BNC 连接器的 75Ω 同轴电缆，电平范围 0.2V ~ 5Vpp，距离在 10m 内；还可选用光学 Toslink 接头和塑料光缆，距离小于 1.5m；如果大于 1km 的距离，可使用玻璃光缆和使用编解码器。

现在的数字多轨录音机、DAT、CD 机和 MD 机上都在普遍使用 S / PDIF 格式。目前大多数计算机音频接口的数字输入偷出接口使用的都是 S / PDIF 的格式。

3. MADI 接口标准

多通道接口 MADI（Multichannel Audio Digital Interface 多声道音频数字接口）又被称为 AES10（被称为 AES10–1991 和 ANSI S4.43–1991 标准）。和其他两声道数据传输系统不同，MADI 格式主要实现了数字多轨录音机和数字多轨调音台，以及和其他多轨数字录音系统之间的多轨形式的连接。

MADI 采用更高的数据率来传送更大的信息量，它可以通过一条 75Ω 的同轴电缆在 50 米的距离内串行传送 56 个通道的音频数据。

虽然利用 AES/EBU 标准也可以在调音台和多通道录音机间进行互连，但每两个音频通道需要两根电缆（用于信号送出和返回），而用 MADI 进行互连只要求用两根音频电缆（再加一个主同步信号）就可以传送 56 个音频通道。

4. RJ45 网络接口

RJ45 接口是常用的以太网接口，RJ 是 Registered Jack 的缩写，意思是“注册的插座”，在 FCC（美国联邦通信委员会标准和规章）中 RJ 是描述公用电信网络的接口，计算机网络的 RJ45 是标准 8 位模块化接口的俗称。此接口广泛应用于局域网和 ADSL 宽带上网用户的网络设备间网线（称作五类或六类双绞线）的连接，现在成了音频设备间通过网络传输多通道音频信号的常用接口。

利用网络通过一根网线传输多达 64 路音频信号的技术已经很成熟，接口就是普通的网络接口，但是采用了专门的传输协议。目前，常用的网络音频传输协议有 Dante、A–NetTM 和早期的 CobraNet、EtherSound 等，它们都可以通过 RJ45 接口和五类或六类双绞线实时、远距离传输多路数字音频信号。

5. ADAT 接口标准

ADAT（又称 Alesis 多信道光学数字接口）是美国 Alesis 公司开发的一种数字音频

信号格式，因为最早用于该公司的 ADAT 八轨机，所以就称为 ADAT 格式，该格式使用一条光缆传送八个声道的数字音频信号，由于连接方便、稳定可靠，现在已经成为一种事实上的多声道数字音频信号格式，越来越广泛地使用在各种数字音频设备上。如计算机音频接口、多轨录音机、数字调音台，甚至是 MIDI 乐器上。

目前许多公司的多声道数字音频接口使用的都是 ADAT 接口。它能够支持最高 24 Bit/48kHz 的数字音频，以 8 轨为一编码序列来传送数字信号。

ADAT 格式的物理连接形式和 S/PDIF 的 Toslink 光纤接口一样，使用玻璃纤维光纤传输的距离 10 ~ 30 米。数据传输速率在 48kHz 时是 12Mbps ，在传输音频信号的同时也提供同步时钟信号给下级设备。不过有些设备会要求同步时钟由一根 9 针的 MIDI 同步缆线做专门 WORD 时钟信号连接。

尽管它们的连接端口和 AES/EBU、S/PDIF 的光纤端口全都一样，请不用尝试将 ADAT 格式的光纤信号接入一般两轨光纤输入 / 出端，ADAT 光纤的编码与两轨光纤数字编码是不一样的。

6. SDIF-2 接口

DIF-2 接口（Sony Digital Interface，索尼数字接口）协议是用于某些专业数字设备的互连上。它采用两个独立的非平衡式 BNC 同轴连接，每个音频通道一个。另外，还要为字时钟同步提供一个单独的 BNC 接口，它传输的是采样频率的对称方波信号。

在通过数字输入输出端口时，数据是以串行方式发送和接收的。SDIF-2 采用的是单端 75Ω 同轴电缆传送信号，而信号为 TTL 兼容信号。如要保证准确无误地工作，则三条同轴线应为相同的长度。有些多轨录音机采用用于 RS-422 兼容信号的 SDIF-2 平衡式 / 差分规格，这时使用双纽扁形导线，带有 50 针 D-Sub 型接口和一条 BNC 字时钟导线。

7. TDIF 多声道数字音频接口

DIF 是日本 TASCAM 公司开发的一种多声道数字音频格式，使用 25 针类似于计算机串行线的线缆来传送八个声道的数字信号。TDIF 的命运与 ADAT 正好相反，在推出以后 TDIF 没有获得其他厂家的支持，目前已经越来越少地被各种数字设备所采用。在计算机音频接口上，目前只有 MOTU 公司的 2408 上提供了 TDIF 的端口。

8. R-BUS 多声道数字音频接口

R-BUS 是 ROLAND 公司新推出的一种八声道数字音频格式，也被称为 RMDB II。它的插口和线缆都与 TASCAM 公司的 TDIF 相同，传送的也是八声道的数字音频信号，但它有两个新增的功能：第一，R-BUS 端口也可供电，这样当用户将一些小型器材（如

ROLAND公司的DIF-AT，它可以将R-BUS格式的数字信号转换为ADAT和TDIF格式）连接在其上使用时，这些器材可以不用插电；第二，除数字音频信号外，R-BUS还可以同时传送运行控制和同步信号。这样，当两件设备以R-BUS口连接时，在一台设备上就可以控制另一台设备。比如，用户将ROLAND公司最新的VSR-880多轨机通过R-Bus连在ROLAND的VM系列调音台上时，就可以在VM调音台上直接控制多轨机的运行。

三、数字音频线缆

数字音频的传输，本质上与使用何种线缆何种接口没有关系，只要传输的相变和延时以及因为阻抗不匹配而造成的信号反射等，不要超过系统崩溃的临界点，就没有问题。换句话说，要么没声音，只要有了声音，就完全和用什么线用什么接头没关系。但是采用不同的线缆，由于阻抗、传输相变和时延的影响，其传输带宽、传输距离都会受到限制。

1. 数字同轴电缆

同轴电缆有两个同心导体，导体和屏蔽层共用同一轴心。同轴线缆是由绝缘材料隔离的铜线导体，阻抗为75Ω，在里层绝缘材料的外部是另一层环形导体及其绝缘体，整个电缆由聚氯乙烯材料的护套包住。同轴电缆的接头分为RCA和BNC两种。

同轴电缆的优点是阻抗恒定，传输频带较宽，优质的同轴电缆频宽可达几百兆赫。同轴数字传输线标准接头应该是采用BNC头，其阻抗是75Ω，与75Ω的同轴电缆配合，可保证阻抗恒定，确保信号传输正确。传输带宽高，保证了音频的质量。

虽然同轴数字线缆的标准接头为BNC接头，但在一般的家用机上多用的是RCA作同轴接头。因为早期常见仪器设备上的BNC头不普及，所以厂商多以单端的RCA头代替。所以严格地说用RCA作同轴输出是个错误的做法，正确的做法是用BNC作同轴输出，因为BNC头的阻抗是严格的75Ω，刚刚好适合S/PDIF的格式标准。

同轴电缆是欧洲机喜欢用的，你可从Philips的机种上可以看出，凡是有数字输出的都有同轴输出。这就是视频设备上常用的视频线，家家户户的有线电视网络也是这种线缆，实在是太普通了。只是在使用这种方式传输时，应该在线路的两头使用一种110Ω/75Ω的阻抗适配器。

2. Toshiba光纤

理论上，光纤用来传输数字信号是最好的，它的信号强度衰减较少、电磁波干扰及屏蔽的问题也少，同时本身不会释放电磁波，一般说来传输频宽也较宽。

目前，家用音响一般使用成本最低的塑胶光纤连接器，Toshiba开发的Toslink就是其中之一。Toslink 过去为人诟病的地方是塑胶接头不够紧密。受限于成本的原因，光纤材质与制造品质也不太讲究，所以耳朵精一点的人马上就能分辨其不足之处。

制造光纤时，光纤本身的外径、同心度是否均匀一致、端点加工方式（分为有球型抛光与平面抛光两种方式，以前者为佳），以及接头的精密度，都会对光讯号的散逸、反射损失等造成影响。光纤另一个关键是将电与光形式互换的发射与接收模组，通常都使用 Toshiba 产品，少数采用 Sharp 模组，它们的良莠直接关系到声音表现，但使用者却无力改变。

第三节　音频系统的连接

专业的音频系统都是由许多个单元设备组成的。如果设备间连接不当，轻者会使整个音频系统指标下降，严重时甚至导致一些设备或整个系统不能正常工作。音频系统的连接一般可分为设备间信号传输、接地网络和供电系统三个方面，本节将重点讨论音频系统中的音频设备之间的互连问题。

一、系统连接的原则

一个音频系统的建立步骤是，首先根据使用要求设计音频系统、然后选定所用设备，再将这些分立设备按设计要求连接起来，经过调试构成一套完整的可以预定要求的音频系统。

音频系统的连接既有基本的规则，又具有一定的灵活性，具体操作应根据需要和实际情况来综合考虑。一般情况下系统设备之间的信号配接必须遵循一定的规律，主要有如下几个方面：

（1）目前调音台的输入端有很宽的灵敏度调节范围，可以接受从话筒级电平到线路级电平的各种信号输入，因此话筒、电声乐器、音源设备以及其他电声设备送来的节目信号都输入到调音台。

（2）调音台的输出、功放的输入、周边设备的输入输出都是线路电平，在专业设备中大多是 +4dB（1.228V），也有是 0dB（0.775V）的，这要根据实际的系统要求和使用设备来确定。

（3）设备的连接按照对信号处理所需的顺序，在满足“前级输出连接后级输入、前级输出电平与后级输入电平范围一致”前提下，才可以进行连接。

（4）注意设备的输出方式（有平衡和不平衡之别），以及接地方式（有设备地与信号地之别），必要时应考虑用传输变压器来耦合信号。

（5）选用合乎标准的连接器和线缆，小信号传输的电缆应尽可能短且屏蔽良好。

（6）设备的每路输出都要考虑负载的阻抗匹配。但是在有些特殊情况下，在其驱动能力足够的情况下可带数台设备作负载，也就是在前级输出带负载能力较强的前提下，允许将几台后级设备输入端并联起来挂在前级输出端上，但不允许将两路或两路以上设备的输出端并联起来。

（7）在数字音频设备的配接中，要注意接口格式的一致，必须与模拟接口严格地区分开来。

上述说明设备之间信号的配接要遵循的一般规律。相对来说，具体到某一设备在系统中的位置又具有一定的灵活性。例如在本章第一节图 8.1.2 所示的实例中，从多路分配器输出到后排扬声器功放输入之间的三台设备，压限器、均衡器、延时器的连接顺序就不是唯一的接法。尽管接法不同对总体性能和设备的正常使用不会有太大的影响，但还是有少许差异。若将压限器移至功放之前紧邻功放，则对保障功放不至于过激励最为有效。若按图中那样连接，则在压限器之后还要经过均衡器和延时器，这两部设备往往都有一定的增益调整（输出电平调整）功能，为保护功放可以在压限器上设定限幅的某个启动电平，此时限幅器不会输出高于设定电平的值，但由于均衡器、延时器可能调成正增益将电平提升，功放可能得到的最大输入就会高于规定值。可见将压限器移至功放前（紧邻功放），只要其限幅的启动电平调在功放可安全运行的最大输入范围之内，无论其前面的均衡器、延时器怎么调整，功放总是安全的。若将压限器按图中那样连接也有其优点，可以防止均衡器、延时器过载。这时只要系统在调试完毕后，不随便去调整均衡器和延时器的增益（电平），则仍然可以保证功放工作的安全。

下面就系统连接中要考虑的几个方面的内容作一具体的介绍，以便更深入地理解系统连接的规则。

二、设备互连中的问题

下面就互连中阻抗匹配、电平匹配、平衡与非平衡等问题分别加以讨论。

1. 阻抗匹配

在传统的音频系统中，设备的输入、输出之间的连接需要满足阻抗匹配的条件。所谓阻抗匹配就是指前一级设备的输出阻抗与后一级设备输入阻抗相等。阻抗匹配的连接方式是基于最大功率传输原理。要使音频电信号的传输状态达到最佳，信号输入端口的阻抗必须满足信号源输出端口对其负载的阻抗匹配要求，否则，将影响到音频设备的工作状态，造成输出信号失真。严重时，甚至有损坏音源设备的危险。

从理论上讲，输出阻抗与其负载阻抗相等时，信号的传输效率最高。过去电声系统中一般规定线路电平输入输出端口为600Ω 阻抗（也有为1000Ω），以便于连接。

现代音频声设备由于普遍采用晶体管电路和集成电路，即使在不用变压器耦合的情况下也可实现很低的输出阻抗，还可以实现很高的输入阻抗，于是在新型的设备中都普遍采用“跨接”方式。所谓跨接就是指前级设备具有很低的输出阻抗，而后级设备具有很高的输入阻抗，并且满足后级输入阻抗远大于前级输出阻抗（至少5倍以上）。

电压跨接方式的基本出发点是将前级输出的电压信号尽可能多地传递到后级去。由于在音频系统中，除非信号做远距离传输外，一般都可当作短线处理。而且信号电平很低，我们要求信号能实现高质量地传输，且负载的变化基本不影响信号的质量。当将信号源设计为一个恒压源，或者说负载远大于信号源内阻抗时，就能满足上述要求。最主要的是，信号源内阻低，可以加大信号的有效传输距离，改善传输的频率响应。

现今使用的音频系统中，音频设备的阻抗都是按上述原则设计的。几乎所有的小信号设备都采用跨接方式，即设备的输出阻抗设计得很小，输入阻抗却很大。系统设备间多是采用跨接方式连接的，匹配方式已很少见到。通常现代音频设备的输入阻抗都在几千欧姆以上，输出阻抗一般不高于数百欧姆，因此若一路输出带一个后级设备一般不需考虑阻抗问题。但是当一路输出带几个后级设备时，则要分析一下是否满足上面听讲到的“跨接”的条件，并由此决定可带后级设备的数量。

一般音频设备的连接，只要是负载阻抗大于信号输出端的阻抗，都能使之正常工作。但音频设备的输入阻抗不能设计得过高或过低，过高会降低其馈线的抗干扰性，过低则会造成其频响指标下降。目前的专业音频设备的输出、输入端口大多使用统一的标准，所有标准的音频设备都可以任意连接。

IEC268–15标准规定：所有音频设备的线路输出端阻抗都应在50Ω 以下，而作为负载的线路输入端阻抗则都应在10kΩ 以上。另外，传声器的信号馈送线一般较长，需要较强的抗干扰性，所以其输入接口阻抗一般在1kΩ 左右。

对于小信号音频设备都采用跨接方式，但是对于大功率信号的功放和音箱之间就必须要用严格的阻抗匹配。

现代音频功率放大器的输出阻抗都很小（指定阻式功放，以下若无特殊说明均为定阻式功放），以使功放能适应扬声器阻抗的变化，从而达到良好的瞬态响应。许多优质功放的阻尼系数都在数十以上，有的达到几百。

实际上，功放与音箱是按照功放标称的输出阻抗和音箱标称的输入阻抗来连接的。功放的输出阻抗有4Ω 和8Ω 两种，既可接4Ω 音箱，也可接8Ω 音箱。接4Ω 音箱时，功放的输出功率较8Ω 时大（在产品说明书中有说明）。两只8Ω 音箱可并接在功放输出端，此时为4Ω 工作状态。必须注意，音箱并接时阻抗会减小，其并联等效阻抗不得小于功放标称的最小输出阻抗（有些功放标称有2Ω 阻抗），否则会造成功放负载过荷而无法正常工作。

此外，功率放大器对传输线的阻抗要求也很严格，在高质量的扩声系统中要考虑传输线截面积大和传输线两端的接触电阻更小。选用高质量的音箱线和可靠性高和接触面大的接插件也相当重要。

2. 电平匹配

音频系统中通过设备外部的电线连接传送的信号可以分成以下几类：

（1）微信号：传声器输出信号（mV 级）

LP 唱机输出信号（mV 级）

（2）线路电平：调音台、周边效果设备输入 / 输出（+ 4dB，1.228V）

部分录音机的线路输入 / 输出（ 0dB，0.775V）

（3）功率传输类：功放输出（高电平，大电流）

显而易见，音频设备互连时，应注意输出、输入电平的匹配。否则，要么出现设备过激励，造成削波失真，要么激励信号不足，造成整个系统信噪比下降，对于某些信号处理设备还会因为输入电平不匹配而达不到应有的效果。

由于传声器的输出电平很小，所以用于拾取传声器信号的输入接口都是专门的 MIC 输入口，其内部接有高增益放大器。

一般音频设备（调音台、周边设备、功放）之间的连接是以线路电平传递信号的。一般有两种线路标准：一种是 +4dB（1.228V），这种标准是最普遍最多见的；另一种是 0dB（0.775V），不及上述 +4dB 的普遍。系统中采用设备的线路电平最好能统一，这样调整和使用时都会方便一些。但是，只要各级设备都有电平调节功能，0dB 和 +4dB 的设备一般也可共存于一个系统中，不会发生什么问题。另外，有一些声音处理设备，特别是效果器，为了兼顾电声乐器与专业音频系统的需要，设置了接口电平转换功能，该转换开关一般设置于设备的背后，可分为 +4dB、–10dB、–20dB 几挡，使用时应注意将其统一调整到 +4dB 挡。

此外还要注意，音频设备一般都有额定输入 / 输出电平，最小输入 / 输出电平，最大输入 / 输出电平，通常按有效值计算。要做到电平匹配，就是不仅要在额定信号状态下匹配，而且在信号出现尖峰时，也不发生过载。优质音频系统的峰值因素至少应按 10dB 来考虑（峰值因数定义为信号电压峰值与有效值之比，以分贝表示）。

如果电平不能直接匹配，就应采取适当的变换方法，使电平达到匹配。如采用变压器，或者电阻分压网络，变换时也要同时考虑到阻抗匹配。

实际上，现代音频设备都是按标准设计的，只需在设备选型及系统调音时加以注意，即可满足电平匹配的要求。

3. 平衡与不平衡连接

所谓平衡接法是指信号传输过程中，将信号线与传输线的接地屏蔽层用分开连接的方法，即一对信号线的两根芯线对于一个参考点（通常是指“地”）具有相同的阻抗；而不平衡连接则相反，即两根信号线中，其中一根信号线的与屏蔽层是连接的。当有共模干扰存在时，由于平衡接法的两个端子上所受到的干扰信号值基本相同，同时到达负载的两端，因而干扰信号在平衡传输的负载上可以互相抵消，即平衡电路具有较强的抗干扰能力。

在专业音频设备中，一般除功放与音箱馈线外，大多采用平衡输入、输出。而在家用音箱系统中，为了降低成本，经常采用不平衡输入、输出。但不平衡电路容易受外界干扰，极易产生噪声干扰。

平衡方式信号传输采用三线制。用三芯屏蔽电缆连接，其金属屏蔽网层作为接地线，其余两根芯线分别连接信号热端（参考正极性端）和冷端（参考负极性端）。由于在两条信号芯线上，受到的外界电磁干扰将在输入端上被相减抵消。因此传输线的抗干扰能力很强。

在许多场合，由于种种原因，专业音频系统中也常常使用一些家用的音响设备，它们的输出是不平衡的。此外一些电声乐器，如电吉他、电贝司、电键盘、合成器等也采用不平衡输出方式，因此音频系统的连接不可避免地会采用一些不平衡方式的连接。这时就应该采取以下的措施：

（1）采用不平衡方式时，尤其传送电平较低时，应尽可能缩短连接电缆的长度。

（2）必要时可在不平衡输出设备附近就地设置放大器提升电平，并转换成平衡传输方式后再进行长距离传输。

（3）也可用变压器将信号转换成平衡方式后再进行长线传输。

在要求较高的场合，又由于系统中有平衡和不平衡信号传输的设备存在，就常常需要进行平衡 / 不平衡，不平衡 / 平衡的转换，这种转换大多数情况下并不困难，但有少数情况就比较棘手，必须借助专门的转换器才能相互连接。转换器一般有无源变压器转换器和有源差分放大转换器。

在一些要求不高的场合中，信号的非平衡端子与平衡端子之间还是可以直接馈接的，其接线方法是：平衡端的热端接非平衡端的信号端，平衡端的冷端接非平衡端的地端，而平衡端的地端则接信号馈线的屏蔽层。

三、屏蔽与接地问题

音频系统的所有设备必须进入同一个公共的接地网络，其作用是建立屏蔽系统。

对音频系统的信噪比指标影响最大的是电磁感应干扰，这种干扰可分为电场干扰和电磁场干扰两种。其中电场干扰是由高压交变电场影响音频系统，从而引起其静电分布产生相应的变化所造成的，这种交变电场作用在系统的前级，经各级电路的放大后，会产生不容忽略的噪声电平。使用良导体（如铜、铝等）将设备屏蔽起来，并将其静电引入大地，即可有效地抑制此类干扰。电磁场干扰一般是由交变磁场作用在音频线路上，并形成电磁感应所造成的。屏蔽此类干扰，一般可使用高磁导率的材料，如铁氧体、坡莫合金以及各种软磁性材料等。

两种感应干扰噪声的频谱通常为 50Hz 或 60Hz 的工频及其各次谐波。高压输电线、高压霓虹灯等高压电器设备所辐射出的多为电场，而变压器、调光器等电器设备辐射出的则多为电磁场。由于这两类干扰通常都是同时存在的，所以音频系统的抗干扰屏蔽应使用对电场和电磁场都具有良好屏蔽作用的软磁性金属材料等。

专业音频设备一般都是用金属外壳封装起来的，其抗干扰性通常不会有问题。而信号传输线则应注意必须使用专门的音频同轴电缆，此类电缆的屏蔽层覆盖率在 90% 以上，并且是由铁质材料制成的，所以具有良好的抗干扰能力。

整个音频系统的接地网络分为两部分组成，一部分是屏蔽系统，另一部分为公共接地系统。

1. 屏蔽系统

音频设备的铁质外壳和信号馈线的屏蔽层的作用是将音频系统的所有部件都屏蔽起来。

一般的音频系统都是由多台分立设备串接起来的链路系统，如果其屏蔽系统也是依其音频系统设备中信号的走向串接成链状，则称其为链式接地方式。由于屏蔽系统是由内阻较高的铁质材料制作的，当它出现较强的交变静电感应时，就会因整个系统的电荷平衡速度较慢而产生电势，此电势影响到音频设备前级，会产生一定的噪声电平，即地阻干扰。此类干扰在链路较长的音频系统上尤为明显。因此，在复杂的音频系统中，应避免使用链式接地方式，而应使用星形接地方式，如图 7.3.1 所示。

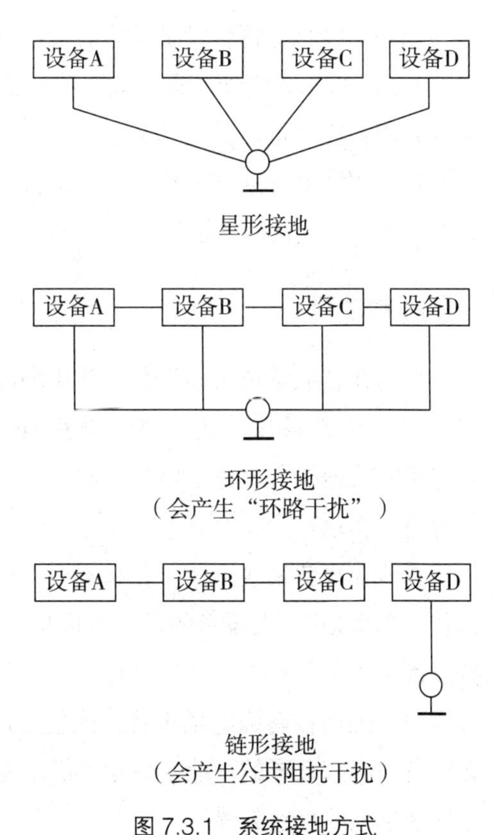

图 7.3.1　系统接地方式

星形接地方式，就是将音频系统的屏蔽链路划分成尽量小的段，每一段都通过单独的导线接到一个公共地端上，以避免地阻干扰。屏蔽的分段通常是以一台设备为单位，而馈线的屏蔽层则应一端接地，最好是在信号传输线的末端接地。设备的共地接线应尽量短粗，并宜使用高导电率的铜质或铝质导线，导线的一端可接在设备外壳的接地螺丝上，另一端应尽量靠近系统前级（如调音台），集中接到一起后，就近与真地装置相连。

另外，星形接地方式还可通过电源线的接地端进行。此时，系统的接地网络将集中于电源插板上。当然，用此方式接地时，所有设备的电源线都必须带有接地端；如遇到有个别设备的电源线没有接地端，亦可另用一根导线将其与电源插板的地端相连。不能让信号传输回路进入馈线的屏蔽层。这一点在非平衡式的信号传输线上尤其要注意，一定要用三芯同轴电缆，以便其信号端和接地端都走屏蔽层内的导线。

接地网络绝对不能出现有闭环回路的结构。产生闭环回路的原因一般是由于多条信号线的屏蔽层两端接地，或是在屏蔽层与电源地端之间形成的。这些由闭环回路所形成的大线圈，当受到其他电器设备辐射出的交变磁场的作用时，必然会出现工频感应电流，产生严重的噪声干扰。为了保证系统不出现地环路的结构，要求其各设备之间只能有一条接地导线互连。

设备之间的所有的音频电缆屏蔽层都采用一端接地（话筒电缆除外）。接地导线最好使用铜芯线材，每台设备都应有自己的接地线，不能将多台设备的接地端用一根导线串连起来，再引入真地装置。效果器设备的接地，最好是通过效果处理的输入接口进行，也就是说，应尽量靠近信号链路的前级接地。

信号馈线的屏蔽层如果需要一端接地，则其接地的最优方式一般是取信号传输线的末端接地（链式接地系统除外），而对于平衡与非平衡端口之间的接地，则应选择平衡端。

2. 接地线

接地在音频系统中不仅起到防止触电的作用，而且对防止干扰，提高整个系统的信噪比有着不容忽视的作用。为了防止通过地线将某些干扰引入音频系统，音频系统要设置专用的接地线，尽量不要与其他设备共用一根地线，尤其是可控调光设备。

（1）真地

真地，也就是接大地。在系统中信号的参考零电平称作信号地，埋设于地下的地线称作“真大地”，而设备的外壳构成机壳地，有时也称保护接地。屏蔽系统对电磁场的抗干扰作用与其是否接大地没有关系，而对于电场干扰的屏蔽，则必须接大地，屏蔽才起作用。因而在有强电场干扰，或较为严谨的场合当中，屏蔽系统必须处于真地状态。音频设备屏蔽系统的真地，一般可借用电源系统的真地装置，但在严谨的场合当中，必须使用单独的真地装置。

（2）一点接地

音频设备的接地原则是确保整个接地系统为“等电位”，接地的各点不应有电位差。因此接地点不应构成回路。在工程上采用“一点接地”的方式来确保上述基本要求。

在音频工程中，应将所有的信号地汇集于一点，通常是汇集于调音台，其连接是借助于信号电缆的金属编织屏蔽网层。此时应注意信号地需以调音台为中心呈辐射状连至各个设备，不能有地线回路。外壳地的汇集点通常是机架，它汇集各设备的外壳接地端。同样，外壳地也自机架一点呈辐射状，不可有回路。最后用粗铜线将调音台的信号地汇集点与机架上的外壳地汇集到为音频系统专门埋设的地线上。

固定安装的扩声系统由于采用上述机壳地、信号地各自集于一点，然后再从机架和调音台上将其引至接真大地端的方法。因此在设备连接中应该注意卡侬连接器上的外壳地不要和屏蔽层的金属编织网层相连，也不要使金属网层碰到卡侬插的外壳，否则，这样的接地方式就会造成有“地线回路”影响接地效果。

对于经常移动的系统，有时采用在单件设备上将信号地与外壳地接于一点的方法。此时，用卡侬插上的外壳地端与信号地相连。在这样的系统中，与真大地连接端只能取自调音台一点，否则也将出现“地线环路”。

总而言之，接地的原则是使整个接地系统成为一个等势体，不许存在地线环路。在工程中若出现交流声等问题，应首先从接地是否合理着手考虑解决的方法。

第四节　音频系统的调试

对音频系统进行调试是为了让音频系统能够正常运行，达到设计要求的唯一手段。对于一般的简单录音和扩音系统调试比较简单，而对于一些大型的专业音频系统就显得复杂得多，本节将以专业音频系统的调试为例来介绍音频系统的调试技术。

一、系统通电开启

音频系统安装完成之后，便可进行通电调试了。系统通电是给每台设备加电，验证每一单元是否都完好，连线是否正确，系统是否可发出声音。在此基础上才可进行细致调整、调试。系统通电虽说不复杂，但是工程上存在的一些问题都可以在这一项工作中进行验证。系统通电是保证工程质量的第一步。

1. 通电前的检查

通电前的检查非常重要，如果设备或线路有严重的问题却未及早发现，盲目地开机通电会造成系统更大范围的故障和损坏。通电之前一定要作充分准备，仔细对照系统图纸检查连线是否正确并对各单件设备做初步的检查，确认不存在短路故障的情况下才能给系统通电。

（1）连线的检查

系统通电前一定要仔细检查系统的连线，以防接线存在的问题祸及贵重的音频设备。在此仅强调几点关键问题：

① 现代音频设备都以单相交流电供电，通电前应检查向音频设备供电的配电板以及电源插座供电电压是否为 220V。如果在接线时误将两根相线接至单相电源插座上，则会有 380V 电压，会烧毁机器。

② 检查输入调音台的信号线是否存在与大功率线路短路的情况。若把高电压误送入调音台的输入端，就会烧毁调音台。

③ 功放输出端绝对不能短路，因此要重点检查音箱馈线、插头、插座，确保没有短路。可先拔去音箱插头，在音响控制室一端用万用表测音箱线两端的电阻，此时应该是开路。然后接上音箱插头，再在音响控制室端测其电阻，此阻值一般为音箱阻抗的 1.1 倍左右，如果考虑音箱线电阻，其阻值还会再大一些。插头短路是最常见的恶性事故，应引起注意。

（2）设备检验

音频系统中设备器材众多，如果个别设备有故障，常会造成大面积器材发生损坏的恶果。例如，功放损坏可能会出现输出端有很高的直流电压，这将引起音箱系统的损坏。专业音频器材、设备在出厂时虽然都经过严格检验，但这些器材往往要经过长途运输，有时还要几经转运才最终到达用户手中。装卸搬运的过程中有时难免碰撞，使设备造成损伤，仓储环境不良又可能使设备受潮。因此系统通电前，要先对单件设备先做逐个通电检查、测试。

上述对单件设备分别进行的初步测试主要包括以下几个方面：

① 检查设备电源：如果设备设有多种电源选择开关的，检查电源是否置于 220V 挡；设备没有 220V 电压挡而 110V 电压供电的机型，应考虑另配变压器。

单台设备接通电源观察是否有异常现象，在不加输入信号的情况下测量输出电压。此时，输出电压应基本为零，不应有直流电平输出，存在极小的输出交流电压即为输出噪声。

② 单独开机检查：从音源开始逐步检查信号的传输情况，只有信号在各个设备中传输良好，功放和音箱才会得到经过正确处理的信号，才可能有好的音质。进行这一步时，音箱和功放先不要连接上。检查时要顺着信号的去向，逐步检查它的电平设置、增益、相位及畅通情况，保证各个设备都能得到前级设备提供的最佳信号，也能为后级提供最

佳信号。在检查信号的同时，还应该逐一观察设备的工作是否正常，是否稳定。

这项工作的意义就在于：单台设备在这时出现故障或不稳定，处理起来比较方便，也不会危及其他设备的安全。因此，这项检查不要带入下一步进行。

2. 系统开启

在上述检验完好的基础上，系统开机运行将是安全的。

（1）开机

首先将各个设备的输入、输出电缆线正确地连接好。将各级设备的增益控制都调低，音量调至最小，然后自前级到后级逐个接通设备电源。关机则相反，即首先将音量调至最小，然后从后到前依次关闭设备电源。这样操作的好处在于可以有效地避免开、关机冲击电流对扬声器系统的反复伤害。现在对于设备比较多的音频系统一般都会配置一台开关机时序电源控制器，我们将按照开关机顺序将各个设备插到时序电源上，打开时序电源的开关后将会逐个延时开启设备电源。

（2）调音台输入电平调整

正常开机后，选用动态较小的 CD 唱片，用相应的信号源设备放音，将调音台上的总推子推至“0”（注意：“0”位不是最小位置，而是 0dB 位置）位，相应输入通道的分推子也推至“0”位。标准的调音台上“0”位在 70% 行程左右，此时，应将推子置于 70% 行程附近的一条特别明显的刻线处，慢慢旋大输入通道增益调节旋钮并观察 VU 表（如果没有 VU 表，也可以看 LED 等指示）读数，调至 VU 表通常指示在 –6VU 以下，最大读数不超过 0VU 即可。

（3）后续设备电平调整

按照信号流经设备的顺序，逐个调整其工作电平和增益。总的原则是保证各级声音信号处理设备为零增益，既不对信号电平进行提升，又不对信号电平进行衰减。除非系统中设备的线路电平标准不一致，这时一般需要通过设备的输入、输出电平控制，使单个设备具有一定的增益或衰减，以达到系统中各个设备工作电平适配。

（4）调整功率放大器增益

缓慢顺时针旋转功放的衰减器旋钮，使音量逐步增大。此时应听到音箱中有正常的节目声，功放的峰值 / 削波指示（Peak / C1ip）仅允许偶然有闪亮。这样，就可以用调音台总推子来控制系统音量了。

二、音频系统的调试

系统通电后还需进一步细致的调整、调试。这些调试工作有时还必须借助一些专用的仪器、设备才能很好地完成。常用的仪器、设备主要有：音频信号发生器、毫伏表、噪声发生器、声级计、实时频谱仪，需要测量混响时，则还需要电平记录仪。

1. 传声器的调整

音频系统中同时使用的多只传声器一般情况下应该是同相位的。在系统安装连接完成之前需将系统中所有传声器的相位都校正成同相的。在使用中由于特殊需要而要求将个别传声器接成反相位时，可利用调音台上的相位倒置开关或者插入一段“反相线”。

检验传声器相位的方法很简单，若两个传声器是同相位的，则这两个传声器指向同一声源时音量会明显增加；若两个传声器是反相的，则这两个传声器同时使用时音量反而会减轻。调整时，可任选一个传声器作基准，将系统中所有的传声器都与之比较，将相位与之相同的归为一类，相位与之不同的归为另一类。将为数较少的一类传声器相位进行调整，即把卡侬插头上 2 脚与 3 脚的接线互换，便可实现相位调整。

2. 声像定位调整

所谓声像定位就是让观众看到的声源位置和听到的声源来自同一个方位，也就是通常所说的声像和视像的重合。

为了最大程度地保证重放的立体声效果，应将 CD 机等音源的音频输出分左、右声道用两根线分别送入调音台的两个通道中，并将调音台上相应通道的声像定位钮（PAN）分别逆时针旋到最左边（L 处）或顺时针方向旋到最右边（R 处）。只有这样，才能将 CD 机的左声道输出送到左音箱，右声道输出送到右音箱。否则，就会引起左、右声道间的串音，即会出现影碟机左声道输出的信号一部分送到右音箱，另一部分送到左音箱的情况，从而严重影响了立体声的重放效果。

当我们把连接歌手演唱话筒的通道的声像定位钮置于中间位置时，其演唱声被等量地送到了左、右音箱，让人感觉到歌声来自中间位置；当我们将声像定位钮向左转动时，就会感到声像左移，反之，向右转动声像定位钮就会感觉到声像右移。因此，我们应根据歌手在舞台上的具体位置或移动方向来调节声像定位钮，从而产生准确的声像定位或声音移动感。如果有几个歌手同台演出，就应分别调整各自通道的声像定位钮，让听众欣赏到声像的空间分布感。

3. 均衡器的调整

均衡器有很多种不同用途，在这里只讨论用于音质补偿的使用要点。

对于均衡器而言，要是用得好，可以发挥其对音质的补偿作用；要是用得不好，极易弄巧成拙，适得其反。

使用均衡器，首先应该明确什么是好的音质。就歌声而言，应该是声音纯正，低音浑厚，中音明亮且圆润，高音清晰且细腻，各个声部合拍、柔和、有层次感，歌声有美感，使听众感到歌声动听悦耳；其次，对歌声各频段的音质与音色特点要非常熟悉，对歌手发声缺陷和音质上的特点，在调音之前最好有所了解，以便做到心中有数；当然，对于所使用的均衡器的性能特点（如分几个频段，每个频段的中心频率是多少，最大提升或衰减幅度是多大）和操作方法也应十分熟悉。

在使用均衡手段时，对声源和均衡器的频率特性等要全面考虑，不能顾此失彼。也就是说，在对某一频段进行提升或衰减时，要兼顾到因为提升或衰减而造成的其他影响。例如，为了增加男声的歌声厚度可提升 4000Hz 声音，若操作调音台上中音（MID）旋钮，结果必然会导致 1500Hz 左右的声音也被提升，有时会带来一些不好的效果，为了解决这个问题，在进行音质补偿时最好还是使用倍频式（9 段）均衡器。

4. 电子分频器的调试

电子分频器的调试可以分高、中、低频单独进行，其中分频器在系统中的用途不同，调试的方法也有区别。如果分频器仅用于低音音箱的分频，要让低音音箱单独工作，要将分频器的低音分频点取在 150Hz ~ 300Hz，适当调整低音信号的增益，感觉低音音量适当便可。然后与全频系统一道试听，再进行低音与全频音量的平衡；如果分频器用在全频系统中，就要求准确依照音箱厂家提供的参数，分别设定高、中、低频的分频点，然后反复进行各频段信号增益的调整，直到各频段的听感比较平衡后，在要求严格的场所还要参照频谱仪对各测试点测试的声压情况做进一步的微调。

5. 延时器的调整

在扩声系统中使用延时器的目的，除了产生一些声音的“特技效果”外，主要是用来防止重音、回声，改善音响的清晰度。延时器的调整应该以消除不同音箱的直达声到达听音者的时间差为原则。

在实际应用中将此时间差补偿到零很难实现，因为在某一点位置上实现为零的时间差，则其周围的位置上仍然不可避免地会有时间差。其次，如果将不同音箱的直达声到达的时间差完全补偿到零，在听觉上反而会不自然。因为在依靠建筑声学结构的场合下声压级的均匀分布主要是靠近次反射声对直达声的增强作用来实现的，此时近次反射声与直达声到达听众的时间差反映了厅堂的空间感。当然，近次反射声与直达声的时间差不能超过哈斯效应指出的 50ms，否则会使清晰度受到很大的影响。

6. 压限器的调整

调试压限器时，首先要设定压缩起始电平，通常不要设定太低，具体设置应视各种压限器的调节范围和信号情况而定。其次要设定压缩启动和恢复时间，通常启动时间不宜太长，对设备的保护而言，启动时间短一些将会更有利。同时，恢复时间不宜太短，以有利于在听感上保持较好的动态感。

这两项参数的调整总的来说要根据节目的具体情况，以听感自然，不觉得声音有明显的变化为准。一般工程中设定压缩比为4∶1左右。要特别注意压限器中噪声门的设定，如果系统没有明显的噪声，可以将噪声门关闭；如果有一定的噪声，可以将噪声门的门限电平设定在较低处，以免造成扩声信号断断续续的现象；如果系统的噪声较大，就应该从施工技术方面分析，不能单独靠噪声门来解决。

7. 厅堂声压级的测定

在上述调试的基础上，用声压计进行厅堂声压级的测定。采用粉红色噪声发生器作为噪声源，在高、中、低三个频段分别选取几个频率点测试。

测试调整的目标是：在保证信号最佳动态的前提下，经调整使得系统的扩声声压在各点都要达到设计的声压级，同时要参考高、中、低频段各点的情况，再分别对均衡器和电子分频器略作调整。如果各测试点声压级的值差较大，表明声场的均匀度不好，应该认真地进行分析和改进。首先要从建筑装饰的方面入手，假如这方面有较大的缺陷，影响声场的质量，那就应该提出可行的整改措施；假如装饰方面没有明显的缺陷，应该从音箱的摆位、指向及安装的形式方面进行分析，包括音箱与建筑四面的距离、音箱之间的安装位置要求、音箱的指向和频率特性等。

三、设备互连中注意的问题

下面就互连中阻抗匹配、电平匹配、平衡与非平衡等问题分别加以讨论。

1. 阻抗匹配

在传统的音频系统中，设备的输入、输出之间的连接需要满足阻抗匹配的条件。所谓阻抗匹配就是指前一级设备的输出阻抗与后一级设备输入阻抗相等。阻抗匹配的连接方式是基于最大功率传输原理。要使音频电信号的传输状态达到最佳，信号输入端口的阻抗必须满足信号源输出端口对其负载的阻抗匹配要求，否则，将影响到音频设备的工作状态，造成输出信号失真。严重时，甚至有损坏音源设备的危险。

从理论上讲，输出阻抗与其负载阻抗相等时，信号的传输效率最高。过去电声系统中一般规定线路电平输入输出端口为600Ω 阻抗（也有为1000Ω），以便于连接。

现代音频设备由于普遍采用晶体管电路和集成电路，即使在不用变压器耦合的情况下也可实现很低的输出阻抗，还可以实现很高的输入阻抗，于是在新型的设备中都普遍采用“跨接”方式。所谓跨接就是指前级设备具有很低的输出阻抗，而后级设备具有很高的输入阻抗，且满足后级输入阻抗远大于前级输出阻抗（至少 5 倍以上）。

电压跨接方式的基本出发点是将前级输出的电压信号尽可能多地传递到后级去。由于在音频系统中，除非信号做远距离传输外，一般都可当作短线处理。而且信号电平很低，我们要求信号能实现高质量传输，且负载的变化基本不影响信号的质量。当将信号源设计为一个恒压源，或者说负载远大于信号源内阻抗时，就能满足上述要求。最主要的是，信号源内阻低，可以加大信号的有效传输距离，改善传输的频率响应。

现今使用的音频系统中，音频设备的阻抗都是按上述原则设计的。几乎所有的小信号设备都采用跨接方式，即设备的输出阻抗设计得很小，输入阻抗却很大。系统设备间多是采用跨接方式连接的，匹配方式已很少见到。通常现代音频设备的输入阻抗都在几千欧姆以上，输出阻抗一般不高于数百欧姆，因此若一路输出带一个后级设备一般不需考虑阻抗问题。但是当一路输出带几个后级设备时，则要分析一下是否满足上面听讲到的“跨接”的条件，并由此决定可带后级设备的数量。

一般音频设备的连接，只要是负载阻抗大于信号输出端的阻抗，都能使之正常工作。但音频设备的输入阻抗不能设计得过高或过低，过高会降低其馈线的抗干扰性，过低则会造成其频响指标下降。目前的专业音频设备的输出、输入端口大多使用统一的标准，所有标准的音频设备都可以任意连接。

IEC268-15 标准规定：所有音频设备的线路输出端阻抗都应在 50Ω 以下，而作为负载的线路输入端阻抗则都应在 10kΩ 以上。另外，传声器的信号馈送线一般较长，需要较强的抗干扰性，所以其输入接口阻抗一般在 1kΩ 左右。

对于小信号音频设备都采用跨接方式，但是对于大功率信号的功放和音箱之间就必须要用严格的阻抗匹配。

现代音频功率放大器的输出阻抗都很小（指定阻式功放，以下若无特殊说明均为定阻式功放），以使功放能适应扬声器阻抗的变化，从而达到良好的瞬态响应。许多优质功放的阻尼系数都在数十以上，有的达到几百。

实际上，功放与音箱是按照功放标称的输出阻抗和音箱标称的输入阻抗来连接的。功放的输出阻抗有 4Ω 和 8Ω 两种，即可接 4Ω 音箱，也可接 8Ω 音箱。接 4Ω 音箱时，功放的输出功率较 8Ω 时大（在产品说明书中有说明）。两只 8Ω 音箱可并接在功放输出端，此时为 4Ω 工作状态。必须注意，音箱并接时，阻抗会减小，其并联等效阻抗不得小于功放标称的最小输出阻抗（有些功放标称有 2Ω 阻抗），否则会造成功放负载过荷而无法正常工作。

此外，功率放大器对传输线的阻抗要求也很严格，在高质量的扩声系统中要考虑传输线截面积大和传输线两端的接触电阻更小。选用高质量的音箱线和可靠性高和接触面大的接插件也相当重要。

2. 电平匹配

音频系统中通过设备外部的电线连接传送的信号可以分成以下几类：

（1）微信号：传声器输出信号（mV 级）

LP 唱机输出信号（mV 级）

（2）线路电平：调音台、周边效果设备输入 / 输出（+ 4dB，1.228V）

部分录音机的线路输入 / 输出（ 0dB，0.775V）

（3）功率传输类：功放输出（高电平，大电流）

显而易见，音频设备互连时，应注意输出、输入电平的匹配。否则，要么出现设备过激励，造成削波失真，要么激励信号不足，造成整个系统信噪比下降，对于某些信号处理设备还会因为输入电平不匹配而达不到应有的效果。

由于传声器的输出电平很小，所以用于拾取传声器信号的输入接口都是专门的 MIC 输入口，其内部接有高增益放大器。

一般音频设备（调音台、周边设备、功放）之间的连接是以线路电平传递信号的。一般有两种线路标准，一种是 +4dB（1.228V），这种标准是最普遍最多见的。另一种是 0dB（0.775V），不及上述 +4dB 的普遍。系统中采用设备的线路电平最好能统一，这样调整和使用时都会方便一些。但是，只要各级设备都有电平调节功能，0dB 和＋ 4dB 的设备一般也可共存于一个系统中，不会发生什么问题。另外，有一些声音处理设备，特别是效果器，为了兼顾电声乐器与专业音频系统的需要，设置了接口电平转换功能，该转换开关一般设置于设备的背后，可分为 +4dB、–10dB、–20dB 几挡，使用时应注意将其统一调整到 +4dB 挡。

此外还要注意，音频设备一般都有额定输入 / 输出电平，最小输入 / 输出电平，最大输入 / 输出电平，通常按有效值计算。要做到电平匹配，就是不仅要在额定信号状态下匹配，而且在信号出现尖峰时，也不发生过载。优质音频系统的峰值因素至少应按 10dB 来考虑（峰值因数定义为信号电压峰值与有效值之比，以分贝表示）。

如果电平不能直接匹配，就应采取适当的变换方法，使电平达到匹配。如采用变压器，或者电阻分压网络，变换时也要同时考虑到阻抗匹配。

实际上，现代音频设备都是按标准设计的，只需在设备选型及系统调音时加以注意，即可满足电平匹配的要求。

3. 平衡与不平衡连接

所谓平衡接法是指信号传输过程中，将信号线与传输线的接地屏蔽层用分开连接的方法，即一对信号线的两根芯线对于一个参考点（通常是指“地”）具有相同的阻抗；而不平衡连接则相反，即两根信号线中，其中一根信号线的与屏蔽层是连接的。当有共模干扰存在时，由于平衡接法的两个端子上所受到的干扰信号值基本相同，同时到达负载的两端，因而干扰信号在平衡传输的负载上可以互相抵消，即平衡电路具有较强的抗干扰能力。

在专业音频设备中，一般除功放与音箱馈线外，大多采用平衡输入、输出。而在家用音箱系统中，为了降低成本，经常采用不平衡输入、输出。但不平衡电路容易受外界干扰，极易产生噪声干扰。

平衡方式信号传输采用三线制。用三芯屏蔽电缆连接，其金属屏蔽网层作为接地线，其余两根芯线分别连接信号热端（参考正极性端）和冷端（参考负极性端）。由于在两条信号芯线上，受到的外界电磁干扰将在输入端上被相减抵消。因此传输线的抗干扰能力很强。

在许多场合，由于种种原因，专业音频系统中也常常使用一些家用的音响设备，它们的输出是不平衡的。此外一些电声乐器，如电吉他、电贝司、电键盘、合成器等也采用不平衡输出方式，因此音频系统的连接不可避免地会采用一些不平衡方式的连接。这时就应该采取以下措施：

（1）采用不平衡方式时，尤其传送电平较低时，应尽可能缩短连接电缆的长度。

（2）必要时可在不平衡输出设备附近就地设置放大器提升电平，并转换成平衡传输方式后再进行长距离传输。

（3）也可用变压器将信号转换成平衡方式后再进行长线传输。

在要求较高的场合，又由于系统中有平衡和不平衡信号传输的设备存在，就常常需要进行平衡 / 不平衡、不平衡 / 平衡的转换，这种转换大多数情况下并不困难，但有少数情况就比较棘手，必须借助专门的转换器才能相互连接。转换器一般有无源变压器转换器和有源差分放大转换器。

在一些要求不高的场合中，信号的非平衡端子与平衡端子之间还是可以直接馈接的，其接线方法是：平衡端的热端接非平衡端的信号端，平衡端的冷端接非平衡端的地端，而平衡端的地端则接信号馈线的屏蔽层。

4. 屏蔽与接地

音频系统的所有设备必须进入同一个公共的接地网络，其作用是建立屏蔽系统。

对音频系统的信噪比指标影响最大的是电磁感应干扰，这种干扰可分为电场干扰和电磁场干扰两种。其中电场干扰是由高压交变电场影响音频系统，从而引起其静电分布产生相应的变化所造成的，这种交变电场作用在系统的前级，经各级电路的放大后，会产生不容忽略的噪声电平。使用良导体（如铜、铝等）将设备屏蔽起来，并将其静电引入大地，即可有效地抑制此类干扰。电磁场干扰一般是由交变磁场作用在音频线路上，并形成电磁感应所造成的。屏蔽此类干扰，一般可使用高磁导率的材料，如铁氧体、坡莫合金以及各种软磁性材料等。

两种感应干扰噪声的频谱通常为 50Hz 或 60Hz 的工频及其各次谐波。高压输电线、高压霓虹灯等高压电器设备所辐射出的多为电场，而变压器、调光器等电器设备辐射出的则多为电磁场。由于这两类干扰通常都是同时存在的，所以音频系统的抗干扰屏蔽应使用对电场和电磁场都具有良好屏蔽作用的软磁性金属材料等。

专业音频设备一般都是用金属外壳封装起来的，其抗干扰性通常不会有问题。而信号传输线则应注意必须使用专门的音频同轴电缆，此类电缆的屏蔽层覆盖率在 90% 以上，并且是由铁质材料制成的，所以具有良好的抗干扰能力。

整个音频系统的接地网络分为两部分组成，一部分是屏蔽系统，另一部分为公共接地系统。

（1）屏蔽系统

音频设备的铁质外壳和信号馈线的屏蔽层的作用是将音频系统的所有部件都屏蔽起来。

一般的音频系统都是由多台分立设备串接起来的链路系统，如果其屏蔽系统也是依其音频系统设备中信号的走向串接成链状，则称其为链式接地方式。由于屏蔽系统是由内阻较高的铁质材料制作的，当其上出现较强的交变静电感应时，就会因整个系统的电荷平衡速度较慢而产生电势，此电势影响到音频设备前级，会产生一定的噪声电平，即地阻干扰。此类干扰在链路较长的音频系统上尤为明显。因此，在复杂的音频系统中，应避免使用链式接地方式，而应使用星形接地方式，如图 7.4.1 所示。

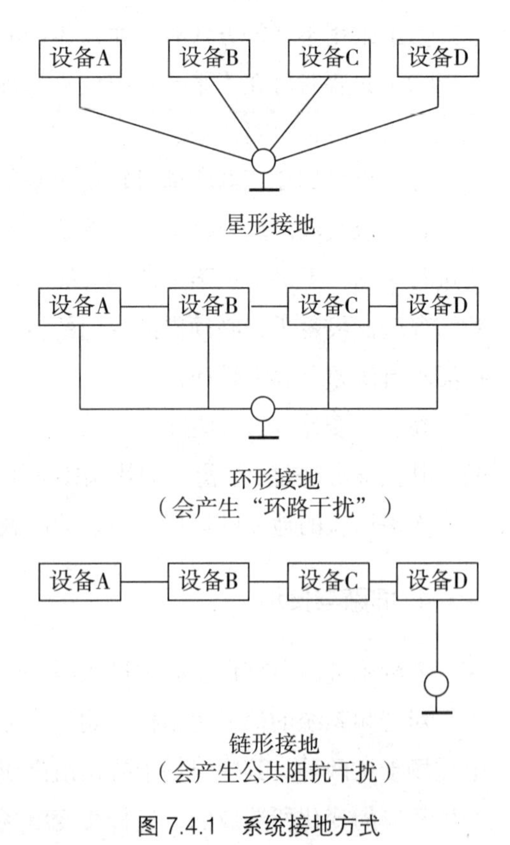

图 7.4.1　系统接地方式

星形接地方式，就是将音频系统的屏蔽链路划分成尽量小的段，每一段都通过单独的导线接到一个公共地端上，以避免地阻干扰。屏蔽的分段通常是以一台设备为单位，而馈线的屏蔽层则应一端接地，最好是在信号传输线的末端接地。设备的共地接线应尽量短粗，并宜使用高导电率的铜质或铝质导线，导线的一端可接在设备外壳的接地螺丝上，另一端应尽量靠近系统前级（如调音台），集中接到一起后，就近与真地装置相连。

另外，星形接地方式还可通过电源线的接地端进行。此时，系统的接地网络将集中于电源插板上。当然，用此方式接地时，所有设备的电源线都必须带有接地端；如遇到有个别设备的电源线没有接地端，亦可另用一根导线将其与电源插板的地端相连。不能让信号传输回路进入馈线的屏蔽层。这一点在非平衡式的信号传输线上尤其要注意，一定要用三芯同轴电缆，以便其信号端和接地端都走屏蔽层内的导线。

接地网络绝对不能出现有闭环回路的结构。产生闭环回路的原因一般是由于多条信号线的屏蔽层两端接地，或是在屏蔽层与电源地端之间形成的。这些由闭环回路所形成的大线圈，当受到其他电器设备辐射出的交变磁场的作用时，必然会出现工频感应电流，产生严重的噪声干扰。为了保证系统不出现地环路的结构，要求其各设备之间只能有一条接地导线互连。

设备之间的所有的音频电缆屏蔽层都采用一端接地（话筒电缆除外）。接地导线最好使用铜芯线材，每台设备都应有自己的接地线，不能将多台设备的接地端用一根导线串连起来，再引入真地装置。效果器设备的接地，最好是通过效果处理的输入接口进行，也就是说，应尽量靠近信号链路的前级接地。

信号馈线的屏蔽层如果需要一端接地，则其接地的最优方式一般是取信号传输线的末端接地（链式接地系统除外），而对于平衡与非平衡端口之间的接地，则应选择平衡端。

（2）接地线

接地在音频系统中不仅起到防止触电的作用，而且对防止干扰，提高整个系统的信噪比有着不容忽视的作用。为了防止通过地线将某些干扰引入音频系统，音频系统要设置专用的接地线，尽量不要与其他设备共用一根地线，尤其是可控调光设备。

在系统中信号的参考零电平称作信号地，埋设于地下的地线称作“真大地”，而设备的外壳构成机壳地，有时也称保护接地。屏蔽系统对磁场的抗干扰作用与其是否接大地没有关系，而对于电场干扰的屏蔽，则必须接大地，屏蔽才起作用。因而在有强电场干扰，或较为严谨的场合当中，屏蔽系统必须处于真地状态。音频设备屏蔽系统的真地，一般可借用电源系统的真地装置，但在严谨的场合当中，必须使用单独的真地装置。

音频设备的接地原则是确保整个接地系统为“等电位”，接地的各点不应有电位差。因此接地点不应构成回路。在工程上采用“一点接地”的方式来确保上述基本要求。

第五节　录音设备的同步

在音频系统中，往往需要几台设备之间进行信号的传输和数据的交换。在大型录音制作系统中，往往还要求系统中的两台或多台数字音频设备之间要有精确的同步，实现扩展系统的音频通道数，或者进行音频和视频同步制作。这就需要在两台设备之间规定一个共同的时间参考，将两台设备的运行同步锁定在一起。因此，有必要了解一些运用时间码进行音视频设备同步的方法。

一、设备同步与时间码

在如今的音频节目编辑制作系统中，设备之间的连接也日趋复杂化。多种音频设备，如调音台、多轨录音机、MIDI 音序器、合成器、效果处理器、视频编辑机和功率放大器等需要连接在一起。在这样一个庞大的系统中，保证这些设备之间的“同步”是它们协同工作的重要条件。同步控制是音乐录音棚中一个基本的要求，并且同步问题在模拟音频设备和数字音频设备中都是存在的。例如，将 32 轨的音频信号录制在两台 16 轨磁带录音机上，则这两台磁带录音机的磁带传动轴就需要锁定在一起，这个过程就称为同步。如果这两台音频设备没有进行同步，无论它们开始的时间多么一致，随着音频设备的运行，也会由于两台音频设备电机转速微小的差异而产生时间漂移。

简单地讲，同步是指两个或更多事件保持精确的时间关系。在声音节目制作中，是指两台或多台录制设备能够协调地进行录音及放音，表现为在同一时间或是同一点启动以及它们的运行速度等同（对磁带录音机而言为走带速度，对数字设备而言为 A / D 变换器的采样频率），简称为同步启动及同步保持。一个精确的同步系统包括一个“主控设备”和一个“从属设备”，并有一个同步器以时间码为参考将从属设备锁定于主控设备的运行速度上。

运用时间码进行同步是音频领域最常用的方法。下面就音频同步制作中常用的时间码及其应用问题做一分析，以帮助初入录音编辑制作行业的读者加深对时间码应用的认识。

目前有三种基本的时间码：SMPTE 时间码、MIDI 时间码（MTC）和 IEC 时间码。其中 SMPTE 码是 NTSC 制中采用的时间码，而 EBU 码是 PAL 制中采用的时间码。这两种时间码都应用在复杂的视频制作过程中。MTC 是广泛运用在 MIDI 设备之间的时间码。IEC 时间码则是用于 R–DAT 数字录音机之中的，较少用到。

1. SMPTE 时间码

SMPTE 时间码是 1967 年由美国电影电视工程师协会（Society of Motion Picture and Television Engineers）提出的用于对录像带进行编辑的一种绝对时间码。它记录在录像带上，与视频同步信号有严格的对应关系。SMPTE 时间码是一个高频电子数字信号，这个信号由一个时间码发生器产生的一些脉冲流组成。

SMPTE 时间码按记录方式分为纵向时间码（Longitudinal Time Code，LTC）和场逆程时间码（Vertical Internal Time Code，VITC）。SMPTE 时间码的记录格式为：时：分：秒：帧，共 8 位数字，分别对应 0 小时 ~ 23 小时、0 分钟 ~ 59 分钟、0 秒 ~ 59 秒以及每秒钟内的第几帧，在监视器下方用 ××：××：××：×× 显示。1 秒钟内的帧数取决于所用的电视制式，如 NTSC 制的帧频为 29.97 帧 / 秒。帧数表示 1 秒钟内播放的画面数。在声音后期合成中 SMPTE 时间码用于各种设备的同步启动及同步保持。

（1）LTC 时间码

LTC 码（Longitudinal Time Code，纵向时码，又称连续时码）是 SMPTE（Society of Motion Picture and Television Engineers 美国电影电视工程师协会）和 EBU（European Broadcasting Union 欧洲广播联合会）统一标准的编码形式。此时间码最初是为磁带录像机进行电子编辑而制定的一种地址码，它被记录在一条与磁带走带方向平行的专用时间码磁迹上，或在录像带和录音带的一条单独的音频磁迹上。由每帧 80Bit 的二进制码构成，它包括了与磁带位置相对应的视频信号的时间、空间关系，用时、分、秒、帧给每一帧画面标定地址。由于它的精确性和广泛的应用，使它成为了音视频领域中最强有力的时间码，具体时间码的内部结构可参考有关书籍。

音频制作中编码时间码的标准方法是利用 LTC，它记录在一个开放的声音通道上（通常为最高位置的可用磁迹）。LTC 是一种能转变成音频频率的数字信号，所以能记录在音轨上。在宽广的带速范围内不论正向或反向 LTC 都可以从所录磁迹上直接读出。

由于 LTC 码是用固定专用磁头记录在一个与磁带运行方向平行的单独磁迹上，在磁带录像机的视频编辑中存在两个缺点：一是当磁带运行速度很慢时，时间码可能被误读；二是当图像静止时，根本不能读出时间码。

对于传统的磁带录音机来说，由于磁迹的纵向记录特点，只能使用 LTC 时间码。所以在录音领域 LTC 码的运用是非常广泛的。在大多数的模拟和数字磁带录音机中、MIDI 软、硬件音频系统设备中都使用了 LTC 码。

（2）VITC 时间码

VITC 码（Vertical Internal Time Code，帧间时码）是 SONY 等公司研制并推广使用时间码形式，是记录在视频信号两帧之间的场消隐期内的时码脉冲信号。由每帧 90

Bit 二进制码构成，比 LTC 码多了 10Bit 用来保证时间码的精度，具体的内部结构在此不做阐述。

VITC 和 LTC 携带同样的信息，但它用在录像带中，记录在可见的图像范围之外，包含在视频信号中，实际上是在视频信号自身的场消隐时间内编码时间码信息。因为 VITC 是视频信号的一部分，所以专业录像机在慢动作和暂停工作状态仍能读出时间码，并且可以在任何速度下准确地读出时间码。VITC 码也有一些缺点，许多 VCR 系统不能解码，不像 LTC 能在任何时候录入，VITC 必须与视频图像同时记录。

VITC 码比 LTC 码优越的地方是，它插入在视频信号中，用视频磁头记录，在磁带慢速运行甚至静止的情况下也能被读出，因为它是图像信号的一部分，即使磁带停止不动，录像机的视频旋转磁头也能扫描到它。VITC 时码的另一个优点是不需要占用一个单独的音频轨迹，所以在视频编辑领域应用最广。

但是有一点不能忽略，即 VITC 码必须在记录图像信号的同时插入节目的视频信号之中，无法预先录在用于编辑的磁带上用于插入编辑。

2.MIDI 时间码

MIDI 时间码（MIDI Time Code）简称 MTC 码，是一种根据绝对时间编码而成的 MIDI 数据形式的时间码，采用 SMPTE/EBU 相同的格式，但是通过 MIDI 电缆来传送，其显示也是以时、分、秒、帧的形式。

在 MIDI 系统中，将各个乐器和设备锁定在一起的方法可用 MIDI 同步，由指定的主控设备向锁定的从属设备提供基准时间码。所用的时间码与 SMPTE 有所不同。SMPTE 时间码在同步期间作为保持不变的绝对定时参数，称为标准定时参数。在电脑音乐制作中则建立以节拍为绝对定时参数，这是为了防止 MIDI 时钟和乐曲位置以定时为参数，不适应节拍同步，于是产生出 MIDI 时间码（MIDI Time Code，MTC）。MTC 是将 SMPTE 时间码转换成 MIDI 协议中规定的数据格式，并通过 MIDI 系统的链路分配将时间码字和指令进入能够理解和执行 MTC 指令的设备和乐器。SMPTE–MTC 转换器可设计成一个内置式或独立设备；或者将各种功能集成为一个同步器或 MIDI 接口 / 转接线 / 同步器系统（有专用设备）。

在使用 MTC 码时，帧频率是经常用到的一个选项，经常使用的帧频为 24fps、25fps、29.97fps 或 30fps。在一个用 MTC 时间码同步控制的音频系统中，只有在主机和从机都选择了相同的帧频率时才能很好地同步。

此时间码是在 MIDI 的基础上发展起来的，所以主要应用于音频领域。如大多数的数字录音设备、数字调音台、MIDI 音频设备中都支持 MTC 时间码功能。

3. IEC 时间码

IEC 标准由国际电工委员会制定，规定 DAT 按照 SMPTE / EBU 的标准完成全部数据的记录的标准。此格式规定，将输入的 SMPTE / EBU 时间码对应 DAT 的周期进行转换并记录在子码区内。由于 DAT 的帧频为 33.33Hz，SMPTE 的帧频为 29.97Hz，所以当时间码用于 DAT 记录时，应转换为 DAT 帧频的时间码。

4. MMC 控制码

MMC（MIDI Machine Control MIDI 机器控制）即 MIDI 机器控制命令信号，早期的一种 MIDI 控制码。它并不是一种时间码，它和 MTC 码一样都也是通过 MIDI 信号电缆传送的，是 MIDI 数据形式的机器控制码。通过它只能控制音频设备的启动、停止、前进、后退等动作，不能够实现时间上的严格同步。

在每一个 MIDI 系统中，将各个乐器和设备锁定在一起的最基本方法是 MIDI 同步。这个同步协议最初是应用于电子音乐系统中，目的是使诸 MIDI 设备的精确定时单元锁定在一起。这种协议通过在标准 MIDI 电缆中传输的 MIDI 实时信息来工作。同其他形式的同步一样，其中一个 MIDI 设备必须指定为主机，它向锁定的全部从机提供实时信息。

MIDI 实时信息由四个基本类型组成，分别是：定时时钟、开始、停止和继续。“定时时钟”就是以每四分音符 24 次（24bps）的速率传送给 MIDI 系统中的所有设备。在收到一个定时时钟信息后，“开始”指令指示所有连接着的设备从它们内部次序的开头开始工作。如果一个节目在次序中间，“开始”指令便重新定位次序回到它的开头，并在这个点上开始工作。传送出一个“停止”指令后，系统中的所有设备停止在它们的当前位置上，等待后面的一个信息。接收到 MIDI“继续”信息时，MIDI“继续”信息将指示所有音序器或鼓机从次序停止的精确点重新开始工作。使用这些命令，MIDI 设备之间可以很容易地进行同步。M1DI 时钟和乐曲速度是有关系的，当主机的乐曲速度加快后，每秒钟内所发送的 MIDI 时钟点也会增加，这时从机的乐曲速度也会增加。

5. 字时钟

对于数字音频设备来说，无论是 MTC 还是 SMPTE 时间码都不能提供足够的精度。高精度的数字音频设备之间，往往需要使用“字时钟”（Word Clock）同步信号来进行同步锁定，其精度和采样频率是一样的。就录音而言，声音信号是以二进制的数据流（由许多独立的采样值经编码后形成二进制脉冲序列）记录在相关媒介上。数据流的速率与模拟录音或放音的磁带走带速度同属一个含义。字时钟就是通过精确的采样频率来控制数字系统中数据流的速率。在时钟周期内数字设备要发送或是接收一个声音采样值数据。例如，设备的采样频率是48kHz，则每秒钟内时钟就要采样48000次。字时钟就是通过这种方法来控制数字音频系统中的“磁带速度”。实际上，在通常的数字磁带录音系统中，字时钟还用来控制磁带实际物理转速（此处的物理转速即指磁带的真正转动速度，而非数据流的传输速度），也就是磁带的速度需要调整得与字时钟同步。

字时钟信号可以由音频设备自身发出，也可以从外部的信号源接收到。许多数字音频格式，如S / PDIF、TDIF、AES / EBU和ADAT光缆信号等都包括字时钟信号。当然，字时钟信号也可以脱离开音频数据，单独进行传输。

二、设备间同步方法

1. 模拟设备之间的同步

在模拟设备之间，可用时间码控制两台或多台设备实现同步。在使用模拟磁带录音机进行同步录音的情况下，具体的做法是在每台磁带录音机的一条音轨上录入SMPTE时间码，称为打上同步码，然后再使用一台模拟磁带同步器将它们连接起来。操作如下：按下主控录音机的放音键（P1ay键），同步器接收到SMPTE时间码即开始调整所有录音机的磁带位置及走带速度，直到它们从乐曲的同一位置开始放音。

同步器是一种可以从主控设备和从属设备上读出时间码信息，并将这些时间码信息进行比较，然后输出控制信息，从而控制从属设备，使其能够以主控设备的速度运行的设备。当主 / 从设备的时间码读出速率完全一样时，表明主 / 从设备间处在锁定状态，即完全同步。

同步器完成了上面的同步操作，则进入了同步启动状态。虽然各录放机是在同一时刻启动，但各录音机的电机转速总会有些偏差，经过一段时间后，它们又会逐渐进入非同步运行状态。为此就需要同步器在放音过程中不断监听来自每台录音机录入的SMPTE时间码，一旦发生偏差，以主控录音机带速为基准及时调整其他录音机带速，重新恢复到同步运行状态。

2. 模拟设备与数字设备之间的同步

将一台模拟的音频设备与一台数字设备进行同步，其基本概念与进行两台模拟音频设备的同步是一样的，这两个系统必须从同一时间点开始工作，并且一直保持着相同的回放速度。

模拟设备与数字设备之间的同步运行是通过同步器来实现的。其连接如图7.5.1所示。同步器的基本功能是控制一个或多个多轨录音机的“走带”（模拟磁带录音机用走带，而硬盘记录用采样频率更确切），使它们的位置或速度精确地跟随主机的走带传输速率。同步器读取出模拟录音机磁带上的时间码 SMPTE 或 MTC 信号，依据时间码的速率生成字时钟信号。如果 SMPTE 时间码速率是 30 帧每秒，而数字音频设备的采样频率是 48kHz，那么 SMPTE 时间码的每一帧就对应着字时钟的 1600 个周期（48000 / 30=1600）。同步器的另一个作用是监视 SMPTE 时间码的流速，及时调整字时钟与之对应的数字音频系统的带速，从而保证两者的速度始终是同步的。例如，Digidesign 公司的 SMPTE Slave Driver 同步器就可以将数字音频工作站与数控模拟调音台精确同步，从而实现前期同步录音和后期自动缩混操作。

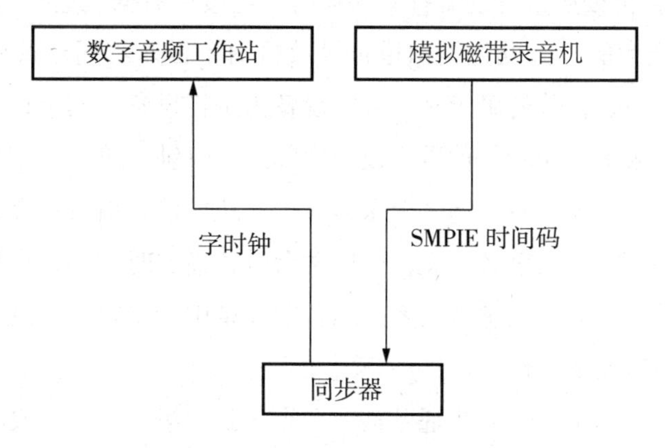

图 7.5.1　数字与模拟设备进行同步

3. 数字音频设备之间的同步

数字音频设备之间也是通过时间码来实现同步启动的。根据设备的不同，可能采用的时间码有 SMPTE、MTC 或 SATC（Sample accurate Time Code，采样精度时间码）。起始同步的精度取决于所采用的时间码类型。其中 SATC 直接产生于字时钟，提供了精确到一个采样的同步启动。MTC 提供的精度可达到 1/4 帧，对于帧频为 30 帧 / 秒，则其精度为 1 / 120s，这大致相当于 48kHz 采样频率情况下的 400 个采样点。SMPTE 码可以提供更高的精度，但是，如果使用的是某些数字音频软件，在被软件接收到之前，SMPTE 码首先被转换为 MTC，这意味着此时只能够使用 MTC 所提供的精度了。

当一台数字音频设备与另一台数字音频设备相连接时，设备必须以同样的采样频率工作，并且发送和接收信号中的比特必须同时开始。对于互连的设备而言，重要的一点就是共用同一个时基信号，以便能同时处理某一个采样。时基不准确会导致噪声提高，甚至在音频信号中产生“咔哒”或“噗噗”声。

在全部使用数字设备的情况下，实现同步保持是非常方便的，只需要用相同的数字接口连接即可。大多数数字音频数据流具有自时钟，接收电路读取输入的数字码流，取出字时钟信号后将其与内部时钟作比较，以便产生稳定的数据。

在有些情况下，要求传送独立的同步信号，只要将各个设备的字时钟端口连接起来，就可将所有数字设备的采样频率锁定在一个值上，精确地按照相同的采样频率录放音，也就是说，具有同一“带速”。不论是哪种情况，在简单应用时，接收机可以锁定到比特流的采样频率上。

当使用数字式设备时，虽然48kHz的采样频率对于所有设备来说都是相同的，但是各个数字音频设备的采样频率也会有所差异。比如当两部数字音频设备都被设置为48kHz的采样频率时，实际上一台设备可能是47.998kHz，而另外一台设备可能是48.001kHz。如果各自按照自身的采样频率运行，连接后数据流速率将会不相等。以录、放音两台设备互连为例，会发生类似模拟录放机两台带速不同导致放音音调改变的现象。为了解决这个问题，首先确定某个数字设备为主控设备，其余设备为从属设备。设定主控设备的采样频率，切断其他数字设备内部的字时钟，改为以主控设备的采样频率作为外字时钟控制。主控设备传递一个采样数据，从属设备播放一个采样数据。如果两台设备再播放同一内容的数字音频文件，则两台设备播放时间和速度相同的，从而做到从属设备随主控设备而运行的主从关系。当数字设备中的字时钟实现了相互同步后，它们就会按照相同的速度来工作。

设置音频系统中的字时钟同步通常需要两个步骤。第一，各个设备的字时钟必须被真正连接起来。可以从主控设备到从属设备建立起数字音频的连接并同时传送字时钟，比如将主控设备的S / PDIF输出连接到从属设备的S / PIDIF输入，将主控设备ADAT光缆输出连接到从属设备ADAT光缆输入等。有些时候，可能需要使用专用的字时钟电缆，比如当进行比较复杂的设置时，或是所使用的设备只有字时钟输入 / 输出口，而没有数字音频输入 / 输出口的设备时。对于较大的系统，也可以根据各个设备上输入 / 输出口的情况来进行搭配与组合。

第二个步骤就是对从属设备进行设置，让它使用主控设备上的字时钟。在电脑上使用数字音频软件 / 硬件组合时，这个步骤通常就是取设置软件中的“sync source”（同步信号源）或是“audio clock source”（音频时钟源）选项。在音频硬件设备上，它们有可能是硬件面板上的一个按钮，或是一个隐含起来的组合键。对于像DAT录音机，它可以在数字输入 / 输出口被打开或是关闭时自动进行切换。如果使用数字音频软件支持以软件为基础的同步保持功能，那么就将这个功能屏蔽掉，而使用硬件设备上的字时钟功能。实际上，在有些情况下，这些以软件为基础的同步连续功能会对以硬件为基础的同步产生不良影响，从而出现问题，甚至导致整个同步过程失败。

4. 同步方法综合运用实例

图7.5.2举例说明了在录音棚中的各个设备之间的同步方法。录制所用的设备有：

模拟调音台、模拟 24 轨磁带录音机、16 轨硬盘录音机、音序器、键盘合成器以及数字音频工作站。录制过程是：首先用键盘合成器演奏出旋律，并输入到装有音序器的电脑中，以 MIDI 文件的形式保存；然后将这几轨 MIDI 文件通过调音台录在 24 轨磁带录音机的音轨上，为了扩充设备，将多轨磁带录音机和硬盘机连接起来，接下来的音轨录在磁带录音机和硬盘机上；后期缩混时将硬盘机和多轨磁带录音机的信息输入到数字音频工作站中，最后合成立体声录制在 DAT 中。

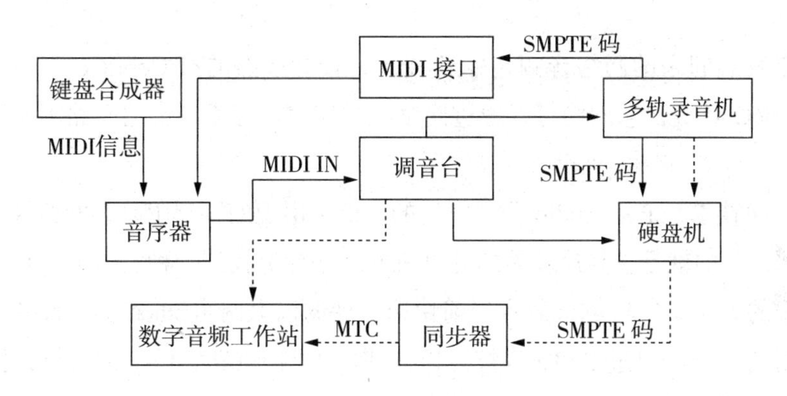

图 7.5.2　录音棚中的各个设备之间的同步方法

在这个系统中，前期的录制首先要保证合成器与音序器的同步，音序器响应键盘发出的 MIDI 信号，完成二者的同步；然后要保证多轨磁带录音机、硬盘机与电脑中的音序器的同步，在多轨磁带录音机上的音轨上录上 SMPTE 时间码，作为整个系统同步的标准，多轨磁带录音机将 SMPTE 时间码发送到硬盘机上，则将硬盘机锁定到多轨磁带录音机的运行速度上；在后期的缩混中，则要保证硬盘机与多轨磁带录音机和数字音频工作站的同步，在硬盘机与数字音频工作站之间连接一个同步器，可以将 SMPTE 时间码转换成 MIDI 时间码。图中标明了同步信号的流程，其中实线为前期录音的同步信号走向，虚线为后期制作的信号流向。

第六节　网络音频传输技术

随着计算机网络的飞速发展，给传统音频系统的信号传输带来了新的机遇和挑战。目前，传统的数字接口技术已经很成熟，利用以太网实现数字音频传输是研究的热点和今后音频传输发展的方向。本节主要讨论用互联网来实时传输数字音频信号的技术与其在音响系统中的应用。

一、网络音频传输技术简介

随着数字音频技术和网络技术的发展，使得音频信号在以太网上的传输呈现出好多优越性。一方面，计算机网络传输较之模拟信号传输，其无论在传输的稳定性和处理的灵活性上都有较大的优势；另一方面，以太网协议让计算机在局域网中的互联互通以及管理和监控变得更加简便、容易实现，这就给音频系统的构建提供了更为完美的网络传输方案。

近几年发展起来的网络音频传输新技术，较为成熟的有 CobraNet、EtherSound 和 Dante、A-NetTM 等，它们均可以通过网络线缆实时、远距离传输多路不压缩的数字音频信号。

CobraNet 技术是 PeakAudio 公司开发的，最早出现的，利用以太网传输非压缩音频信号的技术，目的就是在高速发展的计算机网络平台上找到一种实时的、稳定的专业音频数据传输的方法。CobraNet 兼容当前快速发展的以太网（EtherNet）设备，音频的数据流和控制信号可以通过 CAT5 双绞线以快速以太网 100BASE-T 标准格式接入，每条 CAT5 网线可传输 64 路 CD 标准音质的音频信号；一般情况下的传输距离为 100 米，如果采用光纤传输，其最大传输距离可以达到 50 公里；彻底杜绝了普通扩声系统远距离传输信号衰减过大，线路铺设复杂，电磁干扰大的难题；并且每路音频信号的传输路径可以任意设置，从而大大简化了音响系统的设计与施工。自从 CobraNet 技术问世以来，得到了包括 Peavey、QSC、Hamman、Crown，Bose，YAMAHA，Biamp 等数十家国际一流音频设备公司的支持。从某种意义上讲，由 CobraNet 技术带动的整个专业音响行业正向着计算机网络化方向进军。

之后由法国 Digigram 公司开发的 EtherSound 网络传输系统也是一种基于以太网传输音频信号的技术。它以更低的延时，更快更稳定的传输，一根网线双向 64 通道的传输能力，不得不承认它的优势所在。而 YAMAHA 公司也推出了许多更适合于现场及专业场所使用的音频设备以配合 EtherSound 的推广使用，这可以更多的降低大家的资金投入和更方便地使用。

在这些网络技术的基础上，为了更加迎合市场的需求，Audinate 又于 2003 年推出了 Dante 网络音频传输技术，这是一种融合了很多新技术的完全兼容以太网的数字音频传输技术。

还有就是 AVIOM 的 A-Net 的网络传输技术，它是一种较为专业的，仅利用以太网硬件来实现网络音频传输的技术。而且 AVIOM 也推出了其支持 YAMAHA 数字调音台的 16 通道输出卡 AVIOM 16/O-Y1。

其他的专用以太网技术还有 Pro Co 公司的低时延 Catalyst；Gibson 公司的 MaGIC；

AudioRail 公司的时分复用 MII 协议；Hear 公司的 HearBus; Intelligent 公司的 SmartBuss; TOA 公司的 NX-100 系统以及 Lab.gruppen 的 NomadLink。各款产品都有其自身的优势，专门针对某个领域的应用而开发。

二、各种网络音频传输技术特点

1.CobraNet 技术

CobraNet 技术可以实现在 100M 以太网上传输双向 64 个 48kHz 采样、20Bit 的音频信号通道。下面以其传输原理作为网络音频传输技术的典型加以介绍。

（1）以太网与 CobraNet 的数据帧结构

我们知道在网络中的设备进行相互通信的时候，由于网络连接涉及软件和硬件以及通信协议的问题，所以国际标准化组织专门为网络传输定义了一个模型，让大家共同遵守，这个模型称为 OSI（即 Open System Interconnect Reference Model 开放式系统互联参考模型）。该模型由下向上共分为七层，从一层到七层分别称为物理层、数据层、网络层、传输层、会话层、表示层和应用层。

我们的 CobraNet 就是面向数据层面的协议，数据层是属于低层的通信协议，是以帧为单位的数据包进入到互联网（Internet）上去的。在以太网构建的局域网中，MAC 帧则是一个数据包了，其他所有的同步或非同步信息都是包含在这个数据包中进行传输的，图 7.6.1 表示的是标准以太网 MAC 帧的格式。

图 7.6.1 上面的虚线表示在 MAC 帧发送之前，物理层封装上去的称作前导字段（连续 7 个 10101010）和起始界定符（10101011）共 8 个字节。这 8 个字节是要提醒网络内的所有接收器——现在开始传送新的 MAC 帧了。图中实线框内表示的就是 MAC 帧的全部 1518 个字节（每个字节是 8 位，也叫 8Bit）的分配。

前导字段（7个字节 10101010……）
帧起始界定符（10101011）
目的 MAC 地址（6 字节）
源 MAC 地址（6 字节）
以太网数据类型（2 字节）
信息 （最大 1500 字节）
填充字节（需要时）
帧校验序列（FCS 4 字节）

图 7.6.1 MAC 帧格式

需要注意的是 MAC 帧只是完成了数据层（OSI 第二层）协议的工作，当数据传输到目的地以后，MAC 帧就已经被打开，而只将上图中“数据”这个部分传输到上层协议中，上层协议（或处理单元）

还要继续分析这个数据包。图 7.6.1 表示的数据包是为 Internet 网服务的，那么这个“数据”块中还包含目的地址（IP 地址）、源地址（IP 地址）、协议（TCP 协议）和数据等数据。这样看起来就像一个大的数据包包含着一个小的数据包一样，我们管这个过程叫“封装”。

CobraNet 数据包也类似于图 7.6.2 那样被“封装”在 MAC 帧中，由于 MAC 帧中标注的协议类型是 CobraNet 专用数据类型，所以在接收端接收到这个数据包后不会再向高层传送而直接被送到了 CobraNet 的同步解码器（我们称为 CobraNet Core）。在同步解码器中识别的 CobraNet 数据包，根据 CobraNet 的报头信息协议还要再分为三种类型：Beat 数据包协议、预约数据包协议和音频数据包协议。下面我们分别加以介绍：

① Beat 数据包

Beat 数据包结构见图 7.6.2 所示。

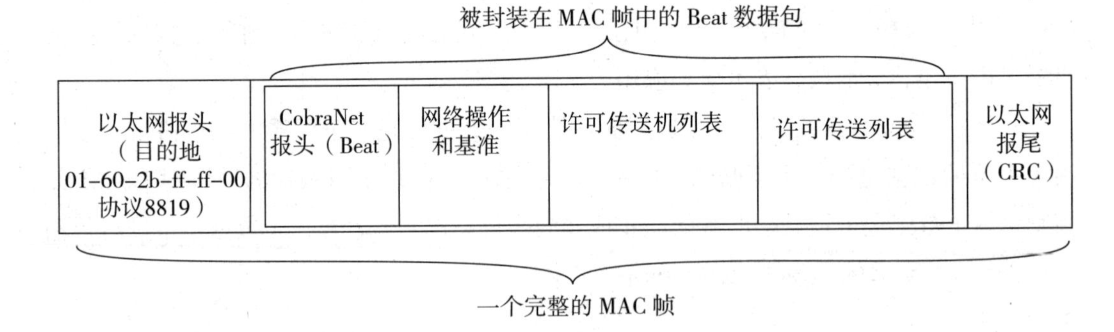

图 7.6.2　Beat 数据包结构

在 CobraNet 中优先级最大的一台设备自动担任了称之为 Conductor 的角色，Beat 数据包就是由网络中唯一的 Conductor 设备发出的。一个数据包大约 100 个字节，每秒钟发送 750 次，总共占用大约 1M 的带宽。目的是在整个网络中建立起一个同步的“时钟节奏”，这样才能保证全网络中的 CobraNet 设备在一个“步调”上传送。

使用 Conductor 发送网络同步传输信息是基于两个方面的目的，第一是由于 100MBit/s 的以太网络仍然保留了 CSMA/CD 的监听等待传输机制来防止发生冲突，CobraNet 为了及时传输数据而抑制了它以后，为了避免发生冲突而采用了类似“令牌网”的手段而引入了这个 Beat 数据包；第二个原因就是以太网本身是一个非同步传输网络，所以是没有网络基准时钟的，这对于音频这种同步信号来说是无法传输的。

图 7.6.2 中的许可传送机列表就是让网络中的所有传送器接收到这个数据包后，依据传送列表中被分配的传送顺序开始传送音频数据。

② 预约数据包

预约数据包的构见图 7.6.3 所示。

以太网报头（目的地 01-60-2b-ff-ff-01 协议8819）	CobraNet 报头（预约包）	网络性能报告	IP 地址	转发预约列表（传送机请求）	反向预约列表（接收机请求）	以太网报尾（CRC）

图 7.6.3　预约数据包结构

预约数据包是网络内所有的 CobraNet 设备向外定期（一秒钟一个设备发一次）发送的组播数据包，每个包包含 100 字节的数据量，总共约占用 10k 的带宽。这个数据包的作用有两个，一是每个 CobraNet 设备（无论是发送机还是接收机）定期向 Conductor 发出预约传送（或接收）请求，并等待批准；二是定期向网络公布自己的 CobraNet 优先级和 IP 地址。

公布 CobraNet 优先级的目的是：全部 CobraNet 设备的优先顺序必须在网络中时刻进行排队，这样当网络中突然失去 Conductor（比如断电）的时候，排在后面的 CobraNet 设备立刻充当 Conductor 的角色。

这里提到公布 IP 地址可能令人费解，我们在前面不是提到过 CobraNet 只是工作在数据层的吗？事实上每一个 CobraNet 设备在开机的时候都会动态地得到一个 IP 地址，这个 IP 地址不是为 CobraNet 信息本身服务的，而是为其他非同步信息的高级管理软件（如 PeakAudio 开发的 Discovery 、CobraCAD 等上层管理软件）使用的。

③ 音频数据包

频数据包的结构见图 7.6.4 所示。

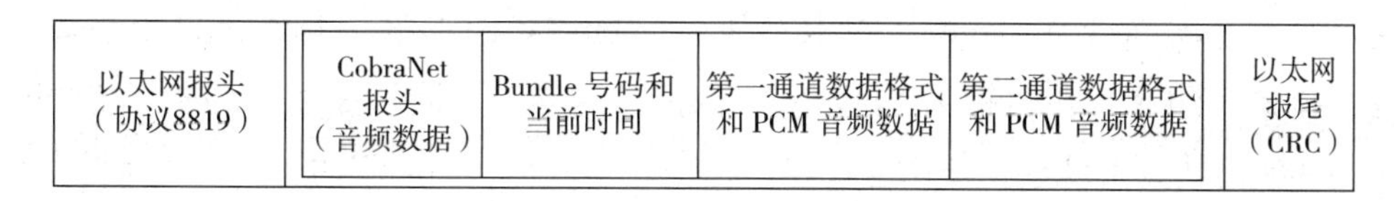

图 7.6.4　音频数据包结构

当传送机的传送请求得到批准以后，开始向目的地址发送同步音频数据。这个目的地址可以是一个（单播），也可以是多个（组播），区分的依据就是按 Bundle 号码：1 ~ 255 的 Bundle 号码表示的是组播地址；256 ~ 65279 的 Bundle 号码则表示单播地址。

音频数据包数据在整个 CobraNet 数据中占据了绝大多数，一个包大约包含了 1280 个字节的数据，加之其他报头和报尾数据，一个 Bundle（在 48kHz 采样率、20Bit 量化下，每个 Bundle 包含 8 个 PCM 音频数据通道）大约要消耗 8M 的带宽。目前版本的 CobraNet 在音频采样速率上支持 48kHz 和 96kHz，量化比特率支持 16Bit、20Bit 和 24Bit 三种，默认是 48kHz 采样，20Bit 量化。

除了以上三种必须的数据包类型外，还有两种可选的数据传送包：串口包桥（Serial Bridge）和 IP 数据包桥（Packet Bridge）。这两种数据包和 CobraNet 的音频数据传送本身没有任何关系，是一种附加的功能。也就是说我们可以通过 CobraNet 网络传送和音频无关的串口或 IP 格式的控制数据。

（2）CobraNet 网络

CobraNet 是建立在标准以太网构架下的网络传输协议，是工作在数据层的低层传输协议，所以 CobraNet 是无法穿透到网络层的，这就意味着 CobraNet 会被路由器隔断在局域网内部，而无法进入到互联网（Internet）上去。也就是说 CobraNet 不属于 TCP/IP，也不能穿过路由器进入 Internet，它只能在局域网中传递，这还是因为现在全球的 Internet 的网络带宽还远远不能达到 CobraNet 的要求。同样，IEEE802.11 的无线局域网带宽也是不够的，所以目前能传输 CobraNet 的物理介质只有双绞线和光纤。

CobraNet 必须使用星型（或链星型）网络结构，所有的 CobraNet 设备都必须通过以太网交换机互相连接在一起，这样的结构与标准的以太网设备是一致的。由于 CobraNet 采用了同步通信技术，所以其同步数据报必须在有限的时间误差内广播到所有节点，这主要取决于交换机的交换原理和通过数量，一般来说最远节点 CobraNet 设备之间的交换机数量不能超过 6 个（若存在 Spanning Tree，则按照树型结构的最远点计算）。

（3）CobraNet 硬件设备

尽管 Peak Audio 公司开发并推广了 CobraNet 技术，但他们公司却不生产产品的，其他厂家只是向 Peak Audio 购买技术专利和 CobraNet CODEC（即 CobraNet 的编码解码器，就是一组芯片，也称为 CobraNet Core）。这样，不同厂家生产的基于 CobraNet 技术的音频传输设备就会在使用上存在一些差异，但是不同品牌的产品理论上讲是都可以互相通信的，因为它们都是遵守相同的通信协议的。

应用 CobraNet 技术的产品，从标准的输入输出设备、功率放大器、有源扬声器系统直到各类网络化的信号处理设备，可以说是应有尽有，并且在 2000 年悉尼奥运会、2004 年雅典奥运会、澳大利亚悉尼国际机场、迪士尼乐园、英国伦敦西特鲁机场、爱尔兰都柏林机场等都得到了成功的应用。CobraNet 以其良好的互通性、低成本的造价、可靠性、稳定性、可预见的发展速度和良好的商业运作机制已经在这一市场占领了较大的份额。

2.EtherSound 技术

EtherSound 是由法国 Digigram 公司开发的一种基于以太网传输音频信号的另一种技术。Ethersound 音频网络的技术规范，从起初的单向最大 64 通道的传输、到双向 64 共 128 通道传输，从支持最大 100Mbps 的带宽、到支持上 Giga bps 的带宽，ES 系统经历了多次的改版，但始终不变的是以菊花链为主的网络连接传输方式。直到最近的 ES100 规范推出，才正式宣告了 Ether sound 的环形 Ring connection 时代到来。

Ethersound 网络传输技术不能传递串口信号以及其他 IP 数据，它的技术最大亮点就是极低的延时，因此 EtherSound 技术最适合应用到现场演出中去。

（1）EtherSound 数据包协议特征

和 CobraNet 协议不同，EtherSound 数据包只有一种格式，其同步信号和音频数据在一个数据包中共存，换句话说就是一种自同步技术。

EtherSound 同步方式借鉴了总线式同步数据传送方式，如火线 IEEE1394 接口协议，数据包发送的频率就是同步频率。对于一个菊花链 / 星型结构的网络系统，由用户在搭建系统的时候根据系统的配置自己设定一个同步信号发送设备，并将其命名为“Primary Master”，后面的设备与它进行同步，它的作用与 CobraNet 的 Conductor 作用类似，只是工作原理不同。

需要注意的是 EtherSound 数据流每经过一个设备就要增加一点延时，同步具有相对性。所有设备都不具备识别以太网 MAC 地址的能力，也就是说它们不是通过以太网的 MAC 地址寻址方式通信的（CobraNet 是通过 MAC 寻址），这样来的好处是避开了以太网封装 / 去封装过程，使得网络延时大大缩短，不利之处就是网络中不能包含有任何其他数据格式的数据，当然也包括普通 IP 数据，因为所有的 EtherSound 设备无法识别这些“杂质”，这使得 EtherSound 网络的扩展功能变的复杂化。

（2）EtherSound 的网络结构

EtherSound 是根据标准的以太网框架建造的，允许此系统使用现成的以太网硬件（如交换机和路由器），经济且现成的 5 类双绞线。此系统具有单向或双向音频信号流、双向控制和状态数据功能，并基于熟悉的主 / 从设计，称为“Primary Master”的设备起其他所有相接设备的时钟源作用。

EtherSound 设备系统可以采用菊花链结构或以太网星型结构或者这两种结构的混合形式如图 7.6.5 所示。

、，如图 7.6.5 所示。

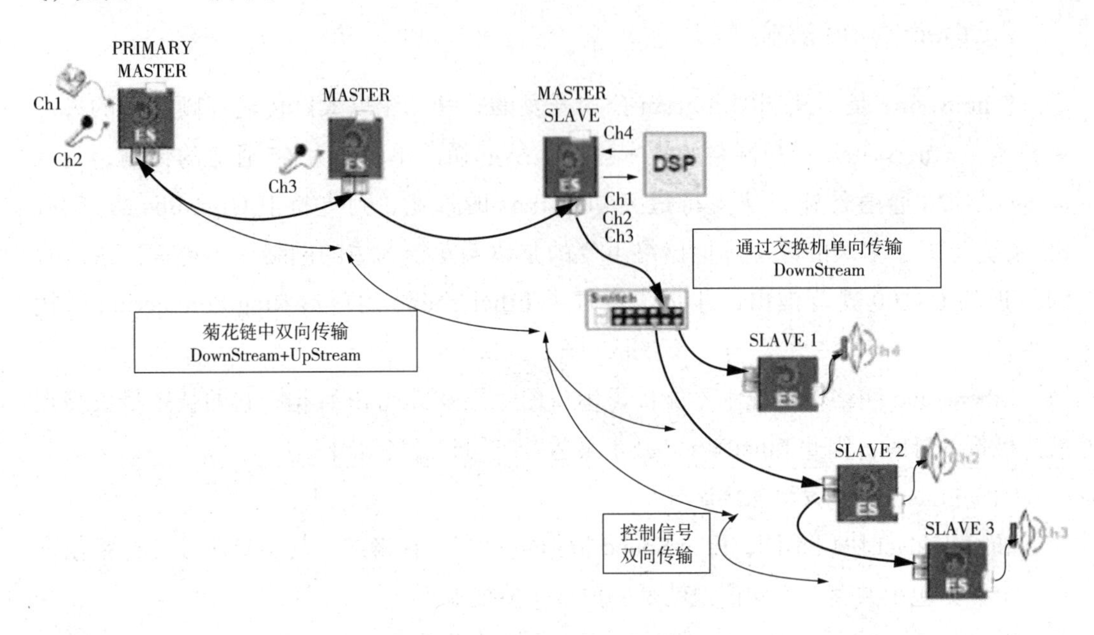

图 7.6.5　EtherSound 网络拓扑结构

当采用菊花链结构时，音频的传输可以单方向或者双方向，这取决于每个节点的硬件属性是否支持双向传输。唯一的问题是当 EtherSound 数据流通过以太网交换机的时候只能是沿着一个方向（Downstream）传递音频数据，也就是说无论这台交换机上连接了多少个 EtherSound 设备，同时只能有一台经过配置的设备可以向网络中发送音频数据，其他节点只能用来接收。这种数据包是广播类型的，但是由于每个端口是等带宽数据传输，所以只能使用全双工的交换机而不能使用 HUB。对于数据量比较小的非同步控制信号，则可以进行双向传输的。

现在新版本的 EtherSound ES100 支持环形拓扑，不管是线路还是设备出了问题，系统都能自动找到路径来传输信号。

（3）EtherSound 的硬件设备

EtherSound 硬件的生产也和 CobraNet 类似，有些是 Digigram 公司自己生产的，还有一些是 OEM 合作生产的，比如 AuviTran 出品的 AVY16-ES 就是为 YAMAHA 乐器公司生产的 Mini-YGDAI 格式的 EtherSound 接口卡，这种网卡除了可以安装在 YAMAHA PM1D、PM5D、M7CL 等系列数字调音台上外，还可以安装在 YAMAHA 出品的 DME24N/64N 数字 DSP 接口箱和 NEXO 网络系统等。

3.Dante 音频传输技术

Dante 是一种基于第四层的 IP 网络技术，为点对点的音频连接提供了一种低延时、高精度和低成本的解决方案。Dante 技术可以在以太网（100M 或者 1000M）上传送高精度时钟信号以及专业音频信号并可以进行复杂的路由。与以往传统的音频传输技术相比，它继承了 CobraNet 与 EtherSound 所有的优点，如无压缩的数字音频信号，保证了良好的音质效果；解决了传统音频传输中繁杂的布线问题，降低了成本；适应现有网络，无须做特殊配置；网络中的音频信号，都以“标签”的形式进行标注等。同时具备以下一些自身独特的优势：

① 网络的高兼容特性，Dante 技术可以适应现有的网络结构，而无须为它做一些特殊的配置。可以允许音频信号和控制数据以及其他毫不相干的数据流共享在同一个网络中而不受干扰，这样用户就可以最大程度地利用现有的网络系统而无须独立为音频系统建立专用网络。在 Dante 网络系统中可以加入现有的普通 TCP/IP 设备，如 PC 机音频工作站。相比较，CobraNet 技术对网络带宽和抖动的敏感，所以兼容的其他网络设备不能使用过多的网络流量，如果流量过多将无法控制。而对于 EtherSound 技术来说，就根本无法容忍网络中的其他类型设备了，所以兼容问题就无从谈起。

② 每一个接入到网络中的音频信号，都会以“标签”的形式进行标注，这样网络中的任何接收点，只要选择了这个“标签”就可以任意接收这路音频信号。这点和 CobraNet 技术的 Bundle 号码类似。发送器和接收器可以放置到网络中的任何端点，移动这些节点也不需要对网络结构做任何的调整。

③ 音频通道的传输模式可以是单播，也可以是多播，最大程度地利用已有的网络带宽。对于多播的数据包，采用了树形的分发方式传递数据，并且只将数据传送到那些希望接收到的接收器中，而不会到处广播。在这个过程中，每个设备不需要关心自己的信号要路由到哪里去，也无须关心这些信号是从哪里来，这大大减轻了断点设备的配置复杂性，还可以大大减轻网络的带宽压力。

④ 采用 Zeroconf 技术，利用自动配置服务器自动查找接口设备、标识标签以及区分 IP 地址等工作，而无须启动高层级别的 DNS 或者 DHCP 服务，同时也省略了复杂的手工网络配置，也更不需要专业的 IT 工具包。全部的路由可以由一个专用的软件，使用一一对应的通道名称就可以完成这个路由过程。

⑤ 精确时钟同步和自愈系统，能保证一个最小化的网络延时用来满足专业音响的苛刻要求。这种方式还允许不同的传输流体采用不同的采样率在同一个网络中传输，这和以前使用的 CobraNet 及 EtherSound 完全不同。

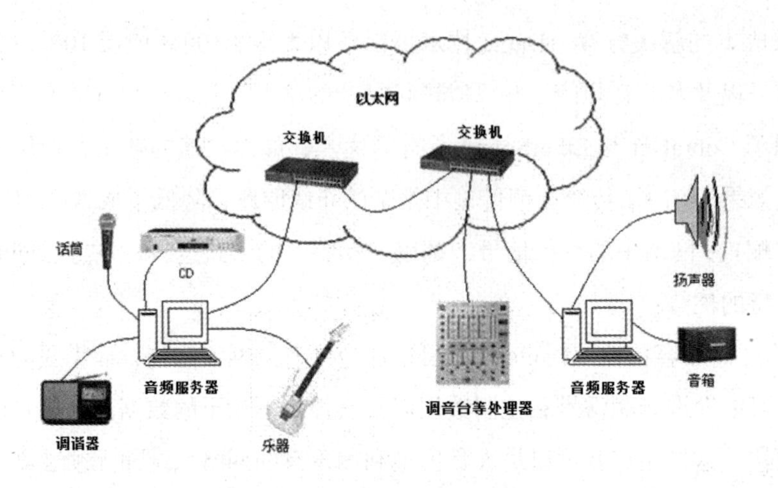

图 7.6.6　Dante 网络连接示意图

这些独特的优势，将成为 Dante 技术在专业音频领域及其他工程领域的奠基石。Dante 硬件主要就是一个输入转换卡和输出转换卡。比如采用 Audinate 公司新推出的 Dante-MY16-AUD 卡，将其插到音频服务器主机上，并与交换机相连，即可实现基于 Dante 技术的数字音频传输。真正实现了音频网络达到“即插即用”的功能，方便那些不了解任何网络技术的人。

Dante 数字音频传输技术依靠其自身强有力的优势广泛应用于专业音响行业、广播系统、电话会议系统、楼宇智能音频系统、大型运动会等行业。音频传输正在向数字化、网络化发展，Dante 网络音频技术更能代表了未来音频传输技术的发展方向。

4. A-Net 技术

Aviom 公司独自研制的 A-Net 数字音频传输技术是建立在物理层的技术，使用标准的 CAT5e 线缆和 RJ-45 端子。一条五类线可以传输多通道、无压缩、超短延时（整个系统 0.8 毫秒）、远距离（点对点设备间 150 米）的数字音频。

Aviom 使用纯粹的物理层技术，使用硬件来组织和移动数字比特。通常会用一块专利芯片用来组织并控制它们，分为 Pro16 和 Pro64 两个版本，使用标准 CAT5e 线缆和 RJ-45 端子，专门针对数据密集型音频流。

（1）A-Net 传输网络

A-Net 建立于以太网（Ethernet）或局域网 LAN（Local Area Network）的技术基础上，专著于音频信号的网络传输。Aviom 的数字音频传输网络是基于专门硬件实现的，其典型的传输系统如图 7.6.7 所示。主要使用了输入模块、输出模块和系统桥三种设备。可广泛应用于扩声设备、广播、录音棚、现场表演、大剧院、排练室、乐队演出及商业应用等。

典型的网络硬件是 AN–16/I 输入模块及 AN–16/0 输出模块，它们只须 CAT5e 线，使传输高质量 24Bit 音频信号，多至 64 条信道。此系统中，每个部件可远至 150 米，信号等候延误少于 0.8 毫秒。此数码传输网络可进行单向传输多至 64 信道，双向传输多至 32 信道。具有灵活的扩展性，超越现时传统一般多芯信号缆。

使用 AN–16SB 系统挢，只须用 CAT5 类线连接多至 4 个 AN–16/i 输入模块或 AN–16/0 输出模块的信号，将多至 64 条信道合后单向传输或将多至 32 条信道合并后实现双向传输。

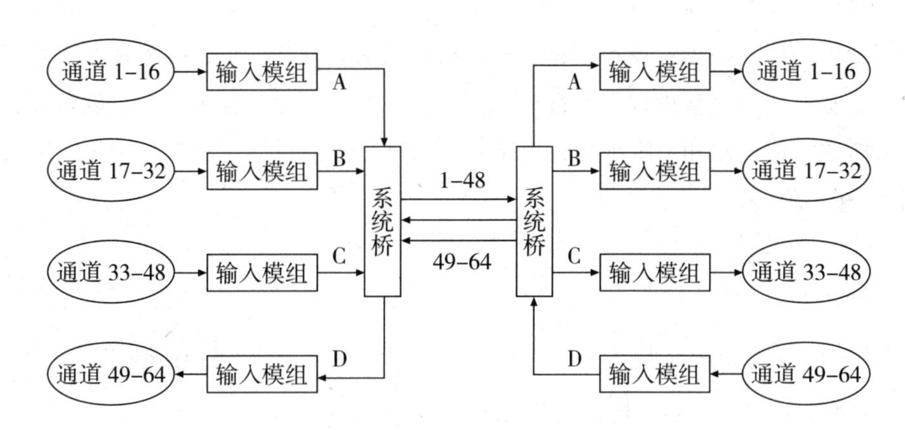

图 7.6.7　AVIOM 音频数字传输系统

（2）A–Net 硬件设备介绍

我们可以见到的 A–Net 产品有：AVIOM 16/O–Y1、AN–16/O、AN–16/I、AN–16SB、AN–16/I–M，此外还有很多的个人监听产品。

AN–16/O 是一个将 A–Net 信号转变为模拟输出的部件，支持 16 个通道，48kHz 采样，24Bit 的信号，支持 A–NET 信号的输出和扩展，可以设置为专业产品的 +4dB 和 –10dB 的信号电平标准。

AN–16/I 是一个输入的部件，接受的是 LINE 的电平信号，可以选择不同的输入电平匹配，立体声链结（每个通道对），4 个位置的增益开关（+22，+4，0，–10dB），支持 A–Net 信号的输出和扩展。当然，还有支持话筒输入的，带话放的输入模块 AN–16/I–M 与 AN–16/I 不同的是支持的更全面，功能更强大。

很多时候 16 个通路是不够的，那么就可以使用 32，或者最多 64 个通道的系统了，这个时候就需要用网络桥加以联结。AN–16SB 系统桥作为系统的扩展和信号的交换设备，可以连接 AN 系列输入部件及输出部件，提供多通道数码音频传输网路，把多至 4 条 A–Net 信号线合并在一根 CAT5 线缆上，另一台 A–16SB 就把已合并 64 个通道的 A–Net 信号分流至 4 条独立信号在线上。这无疑增加了系统的可用性、方便性。

再有就是要介绍 AVIOM 16/O-Y1 YAMAHA 输出介面卡了，这是一个可以很多 YAMAHA 的数字调音台直接插入的设备，通过他可以直接从 YAMAHA 的数字调音台上直接输出 A-Net 信号，然后发送给 AN-16/O 使用了，减少了信号的 AD/DA 转换，增加了更多的稳定性和易用性。当然对于音质方面也是加分的。

目前，市面上大多数国际知名数字调音台都支持 A-Net 网络传输技术。Yamaha，Allen and Heath，Soundcraft 等纷纷推出 A-Net 网络传输技术输出介面卡。

三、利用网络音频传输技术构成的录音系统

我们利用网络音频传输技术构建了一套典型的录音系统，可供读者在音响系统的设计中参考。本系统的构成由以下几部分组成：中央控制部分，音源及周边设备部分，录音室（演播室）传声器和监听部分，控制室监听部分，演播厅现场扩声部分。系统的构成如图 7.6.8 所示。

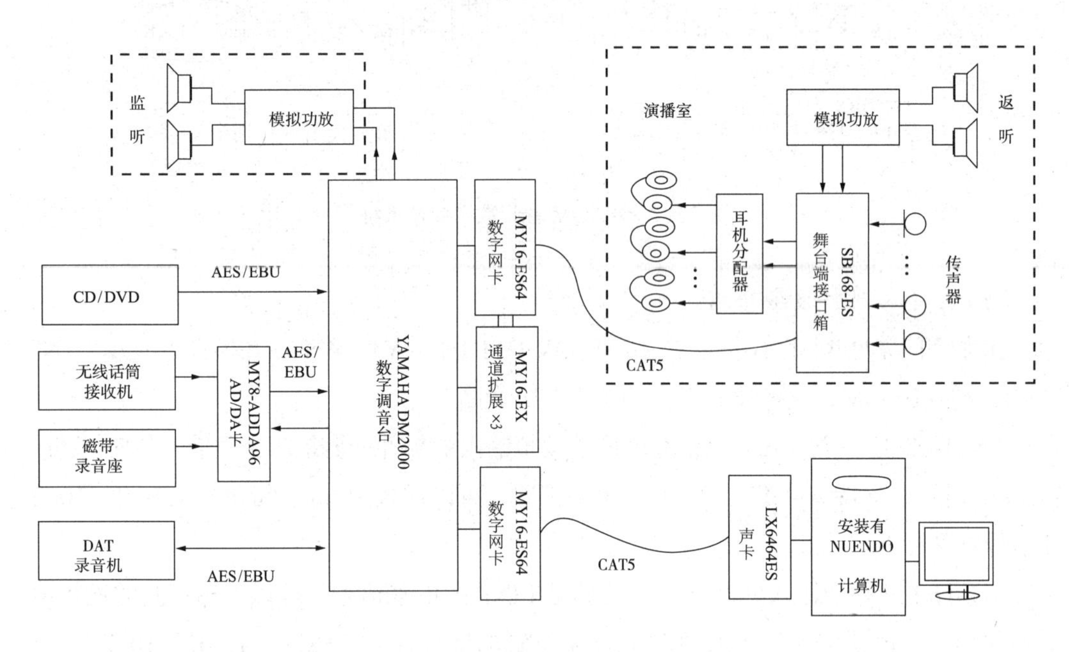

图 7.6.8　数字录音系统原理图

1. 中央控制部分

中央控制部分是整个音响系统的心脏，它的性能好坏决定整个音响系统的好坏，为此我们选择 YAMAHA 推出的 DM2000 数字调音台。它具有高度的灵活性和强大的扩展能力，除了内置的模拟和数字 I/O 外，DM2000 还提供 6 个 mini-YGDAI 插槽，用于扩展 I/O 接口和效果器插件卡。

新设计的支持 16 通道的 mini-YGDAI 接口卡有 ADAT、AES 和 TDIF 格式，如

MY8-ADDA96 多通道 A/D、D/A 接口卡，因此在满负荷时，最多有 96 个数字 I/O。更重要的是 YAMAHA 公司为其生产了可以双向传输 64 路音频的 EtherSound 格式的数字网卡系列，如 MY16-ES64 数字网卡可以直接用于 mini-YGDAI 扩展插槽。

2. 音源及周边设备

CD/DVD 播放机可以利用其具有的数字输出端口，用 AES/EBU 格式的 XLR 插头，通过 110Ω 平衡双绞线连接到数字调音台的两轨数字输入端口。

DAT 数字录音机用同样的 AES/EBU 格式和数字调音台输入相连。不同的是，在这里将数字调音台的两轨数字输出连接到 DAT 录音机的输入端口，这样 DAT 录音机就可以用作现场录音。

对于无线话筒接收机、模拟 AV 设备以及效果器等模拟周边设备的接入，一种方式是直接用模拟方式和数字调音台模拟端口连接；在这里我们使用了在调音台上安装 MY8-DDA96 多通道 A/D、D/A 接口卡的方式连接。

3. 录音棚传声器和返听部分

录音棚（或演播室）部分的核心设备是 YAMAHA SB168-ES 舞台接口箱，多路传声器的输出信号都可以通过 SB168-ES 用 CAT5 网线和 DM2000 调音台连接。监听耳机信号和演播室返听以及对讲信号都可以从 SB168-ES 舞台接口箱取出。

我们在 DM2000 调音台上安装了一块 MY16-ES64 数字网卡，它是可以双向传输 64 路音频的 EtherSound 格式网卡。这一 MY16-ES64 数字网卡可以通过 5 类双绞线与网络交换机和 SB-168-ES 舞台接口箱连接。

YAMAHA 公司的 SB-168-ES 舞台接口箱具有 16 路带幻相供电的话筒输入插口和 8 路模拟信号输出，并且是一台标准的 EtherSound 设备，可以组成菊花链形式网络。在此我们利用 SB-168-ES 的模拟输出提供演员监听和演播室返送信号，用它的网络输出口连接到功率放大器的 MY16-ES64 网卡接口。

4. 控制室监听部分

控制监听部分完全可以通过 MY8-ADDA96 多通道 A/D、D/A 接口卡从 DM2000 调音台连接到数字式功率放大器。但是，在此我们选用了从调音台控制室监听输出模拟输出端口到功放，主要是从成本和方便性考虑选用了模拟方式。

5. 演播厅扩声扬声部分

扩声系统我们选以 YAMAHA DME4io-ES 数字混音引擎为信号处理中心。

DME4io–ES 是具备多种音频处理能力的数字混音引擎，如混音、均衡、压缩、音箱处理器、反馈抑制器以及更多的音频处理功能。主扩声功放我们选用了具有 EtherSound 网络接口的 TX4n 系列数字功放，通过 CAT5 网线和 DME4io–ES 的输出口相连。它也可以通过 MY16–ES64 网卡直接和调音台扩展槽中的 MY16–ES64 网卡连接。

6. 录音部分

我们采用了电脑数字音频工作站作为本系统的多轨录音机。用于多轨录音的数字音频工作站电脑中插入一块 LX6464ES 接口声卡，即可以用一根网线实现与调音台之间实现双向 64 通道的不压缩音频实时传输。

这一系统还可以方便地通过网络交换机连接到上百米远的其他演播现场和组成庞大的录音和扩声体系，完全适用于各种大型的录音棚录音和电视台的大型演播厅录音音响系统。

思考与练习题七

1. 音频系统有哪几类？室内扩声与室外扩声有什么不同？
2. 一个录音系统由哪些设备组成？请画出一个多轨录音系统框图。
3. 请画出一个扩声系统的原理方框图，并标出信号流程。
4. 常用的模拟和数字音频接口有哪几种，分别有什么特点？
5. 常见音频传输线缆有哪几种，各有什么特点？
6. SMPTE 时间码和 MTC 码有何异同？什么是字时钟？
7. 数字音频设备之间如何实现同步？
8. 如何构成一个能够实现音视频同步配音的系统？
9. 音频系统连接要遵循哪几方面的规律？
10. 音频系统中主要有哪几种电平标准，其数值大致是多少？
11. 如何正确地进行平衡与不平衡转换？
12. 音频系统中的干扰噪声引入途径有哪些？如何克服外界噪声干扰？
13. 音频系统的开、关机应如何操作，为什么？
14. 网络音频传输技术有哪些优越性？
15. 试着设计一个完全数字化的录音系统，画出设备组成方框图。
16. 比较 CobraNet、EtherSound、Dante 和 A–Net 四种网络音频传输技术的特点。

参考文献

1. 朱伟 . 录音技术 [M]. 北京：中国广播电视出版社，2003.1.

2. 伍建阳 . 艺术录音基础 [M]. 北京：中国广播电视出版社，1998.10.

3. 傅黎明 . 录音原理与技术 [M]. 北京：军事谊文出版社，1994.12.

4. 王兴亮等 . 现代音响与调音技术 [M]. 西安：西安电子科技大学，2000.9.

5. 李鸿宾 . 音响技术与调音技巧 [M]. 北京：机械工业出版社，2006.4.

6. 锡忠，隋文红 . 实用音响技巧 [M]. 北京：中国计量出版社，1995.10.

7. 倪其育 . 音频技术教程 [M]. 北京：国防工业出版社，2006.6.

8. 张绍高 . 数字声频技术原理及应用 [M]. 北京：国防工业出版社，2000.7.

9. 王以真 . 实用扩声技术 [M]. 北京：国防工业出版社，2004.1.

10. 孙建京 . 现代音响工程 [M]. 北京：人民邮电出版社，2002.3.

11. 胡泽 等 . 计算机数字音频工作站 [M]. 北京：中国广播电视出版社，2003.1.

12. 姚国强 . 影视录音 [M]. 北京：中国广播电视出版社，2001.10.

13. 卢官明，宗昉 . 数字音频原理及应用 第三版 [M]. 北京：机械工业出版社，2022.1.

14. 韩宪柱 . 数字音频技术及应用 [M]. 北京：中国广播电视出版社，2003.1.

15. 周耀平 等 . 扩声技术与工程 [M]. 北京：机械工业出版社，2007.9.

16. 梁华 . 音像与调音调光技术 [M]. 北京：人民邮电出版社，2005.4.

17. 彭妙颜，周锡韬 . 数字声频设备与系统工程 [M]. 北京：国防工业出版社，2006.2.

18. 陈华 . 音频技术及应用 [M]. 成都：西南交通大学出版社，2007.10.

19. 周小东 . 录音工程师手册 [M]. 北京：中国广播电视出版社，2006.8.

20. 贺志坚，郑虎鸣 . 数字传声器原理与应用 [M]. 电声技术 [J]，2008.10.

21. 宋耀武 . 网络音频技术 . 演艺设备与科技 [J]，2006.03.

22. 兆翦 .CobraNet 与 EtherSound 音频传输技术比较 [M]，2008.06.20.

23. 张飞碧，项珏 . 数字音视频及其网络传输技术 [M]. 北京：机械工业出版社，2010.5.